THE LARGE SCALE STRUCTURE OF SPACE-TIME

S.W.HAWKING & G.F.R.ELLIS

时空的大尺度结构

[英] 史蒂芬·霍金 [南非] G.F.R.埃利斯 著

王文浩 译 李泳 审校

湖南科学技术出版社

图书在版编目(CIP)数据

时空的大尺度结构/(英)史蒂芬·霍金,(南非)G.F.R.埃利斯著;王文浩译.—长沙:湖南科学技术出版社,2021.3

ISBN 978-7-5710-0832-1

Ⅰ.①时… Ⅱ.①史…②G…③王… Ⅲ.①时空—研究 Ⅳ.①O412.1

中国版本图书馆CIP数据核字(2020)第226332号

SHIKONG DE DACHIDU JIEGOU

时空的大尺度结构

著　　者:[英] 史蒂芬·霍金 [南非] G. F. R. 埃利斯

译　　者:王文浩

策划编辑:吴　炜

责任编辑:杨　波

出版发行:湖南科学技术出版社

社　　址:长沙市开福区芙蓉中路一段416号

网　　址:http://www.hnstp.com

湖南科学技术出版社天猫旗舰店网址:http://hnkjcbs.tmall.com

印　　刷:长沙超峰印刷有限公司

厂　　址:宁乡市金洲新区泉洲北路100号

邮　　编:410600

版　　次:2021年3月第1版

印　　次:2021年3月第1次印刷

开　　本:787mm×1092mm　1/16

印　　张:25

字　　数:326千字

书　　号:ISBN 978-7-5710-0832-1

定　　价:128.00元

前　言

本书的主题是空间尺度从 10^{-13} cm（基本粒子半径）到 10^{28} cm（宇宙半径）的时空结构。根据第 1 章和第 3 章解释的理由，全部论述以爱因斯坦广义相对论为基础。这一理论提出了两个著名的关于宇宙的预言：其一，大质量星体的最终归宿是坍缩到事件视界背后的包含奇点的“黑洞”；其二，我们的过去存在奇点，在某种意义上，它构成我们这个宇宙的开端。我们讨论的主要目的就是发展这两个结果。它们主要有赖于两方面的研究：首先是关于时空的类时曲线族和零曲线族性态的理论，其次是任意时空中各种因果关系本质的研究。我们将详细考察这些主题。此外，我们建立了 Einstein 场方程解从给定的初始数据开始的时间演化的理论。讨论还补充考察了 Einstein 场方程一系列精确解的整体性质，其中许多解显示出令人相当意外的性态。

本书内容部分基于作者之一（霍金）的 Adams 奖论文。书里的许多思想源自与 R. Penrose 和 R. P. Geroch 的讨论，在此对他们的帮助表示感谢。我们建议读者去查阅他们在下述出版物发表的文章：*Battelle Rencontres*（Penrose，1968），*Midwest Relativity Conference Report*（Geroch，1970c），*Varenna Summer School Proceedings*（Geroch，1971）和 *Pittsburgh Conference Report*（Penrose，1972b）。我们还从与许多同事的讨论和他们的建议中获益匪浅，特别是 B. Carter 和 D. W. Sciama，为此也对他们表示衷心的谢意。

剑桥　　　　　　　　　　史蒂芬·霍金
1973 年 1 月　　　　　　G. F. R. 埃利斯

目　　录

1 引力的角色

时下广为接受的物理学观点认为，关于宇宙的讨论可分为两个部 1
分：第一是不同物理领域所满足的局域性定律的问题，这些定律通常表述为各种形式的微分方程；第二是这些方程的边界条件及方程解的整体性质的问题，在某种意义上这需要我们考虑时空的边界。这两部分并不是相互独立的，实际上人们一直认为那些局域性定律取决于宇宙的大尺度结构。一般说来，这一观点源于 Mach，最近又为 Dirac（1938）、Sciama（1953）、Dicke（1964）、Hoyle 和 Narlikar（1964），及其他学者所发展。我们将采取比较中庸的方式来讨论：我们既接受那些已经实验确证的局域物理定律，同时也考察它们在宇宙的大尺度结构下意味着什么。

我们假定实验室确立的物理定律也适用于条件可能完全不同的其他时空点，当然这是一种大胆的外推。如果这种外推不成立，我们就认为这些局域的实验室定律遭遇了某种新的物理领域，但其存在尚不能为我们的实验所确认，因为它在太阳系尺度的区域内可能几乎没什么变化。事实上，我们的大部分结果均与物理定律的具体性质无关，而仅涉及某些一般特性，诸如伪 Riemann 几何的时空描述和能量密度的正定性等。

目前已知的物理学基本相互作用可分为四类：强的和弱的核作用、电磁作用和引力作用。其中引力作用是迄今已知的最弱的相互作用（两电子间的引力与静电力之比 Gm^2/e^2 约为 10^{-40}）。尽管如此，在形成宇宙的大尺度结构过程中，引力扮演着主要角色。这是因为强作
用和弱作用均属极短程（$\sim10^{-13}$ cm 甚至更短）作用。虽然电磁力属长 2
程作用，但对宏观物体，同性电荷间的排斥力很容易被周围异性电荷间的吸引力所平衡。而另一方面，引力似乎总是吸引性的。因此，对足够大的物体，其所有粒子的引力场叠加起来，将形成一个超越所有其他相互作用的力场。

引力不仅在大尺度占主导地位，而且以相同方式作用于每一个粒子。这种普适性最先为 Galileo 所认识，他发现任意两个物体以相同速度下落。后来，Eotvös 实验、Dicke 及其合作者(Dicke，1964)的实验，都以极高的精度确认了这一点。人们还发现光在引力场作用下也会发生偏转。因为一般认为没有任何信号传播得比光更快，这就意味着引力决定了宇宙的因果结构，即引力决定了哪些时空事件彼此能因果关联。

引力的这些特性导致了一系列严峻的问题。如果在某一区域聚集了足够多的物质，那么从区域向外发射的光将在引力作用下发生根本的偏转，最终光被拉回来。关于这一点，Laplace 在 1798 年就认识到了。他指出，一个密度如同太阳但半径是太阳半径的 250 倍的天体，将产生巨大的引力场，以至光也不可能从其表面逸出。那么早就提出这样的预言，确乎令人惊讶，所以我们有必要把他的论文翻译出来，附在书后。

运用 Penrose 闭合俘获面的概念，我们可以更精确地描述大质量物体对光的拉回现象。考虑包围物体的某个球面 $\mathscr{T}$。某一时刻，由 $\mathscr{T}$ 发出闪光。在下一时刻 t，向内、向外传播的光波波前分别形成球面 $\mathscr{T}_1$，$\mathscr{T}_2$。正常情形下，$\mathscr{T}_1$ 的球面面积将小于 $\mathscr{T}$($\mathscr{T}_1$ 代表的是向内传播的光)，$\mathscr{T}_2$ 的球面面积将大于 $\mathscr{T}$($\mathscr{T}_2$ 代表的是向外传播的光，见图 1)；然而，如果 $\mathscr{T}$ 包围的是一个质量足够大的物体，则 $\mathscr{T}_1$，$\mathscr{T}_2$ 的球面
3 面积将小于 $\mathscr{T}$。这时 $\mathscr{T}$ 称为闭合俘获面。只要引力保持吸引性质，即只要物体的能量密度不变成负的，那么随着时间 t 延长，$\mathscr{T}_2$ 的球面面积将越来越小。由于 $\mathscr{T}$ 内物质运动的速度不可能超过光速，因此这些物质将被局限在边界逐渐缩小的区域内，并在有限时间内缩小到零。这意味着发生了什么可怕的事情，但实际上我们将证明，在此情形下，只要满足某些合理的条件，就必然会出现时空奇点。

我们可以把奇点看作现有物理定律失效的区域，或者也可以认为它代表了时空边缘的一部分，不过，那个部分在距离有限而不是无限的某个地方。从这点说，奇点还不是那么讨厌，但边界条件的问题依然存在。换句话说，我们不知道从奇点会产生什么结果。

我们认为存在这样两种情形，在其中物质的充分聚积均可导致形成闭合俘获面。第一种情形是恒星的引力坍缩。对质量大于两倍太阳质量的恒星，在核燃料行将耗尽的时候，就可能发生这种引力坍缩现

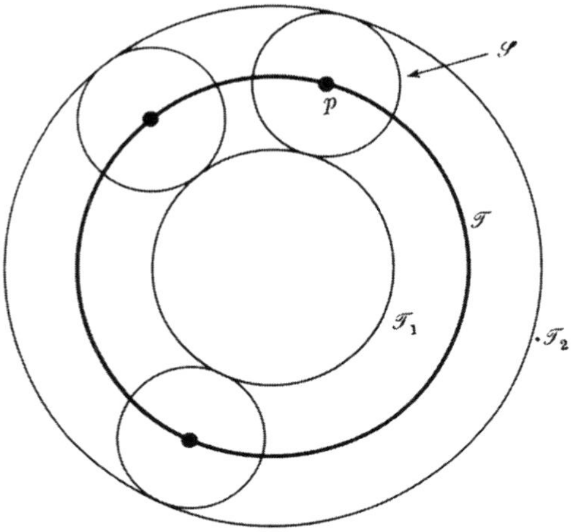

图 1　某一时刻由 $\mathscr{T}$ 发出闪光。在下一时刻 t，由 p 点发出的光形成以 p 为中心的球面 $\mathscr{S}$。包络面 $\mathscr{T}_1$，$\mathscr{T}_2$ 分别是向内、向外传播的光波波前。若 $\mathscr{T}_1$，$\mathscr{T}_2$ 的球面面积均小于 $\mathscr{T}$，则 $\mathscr{T}$ 称为闭合俘获面

象。此时星体将坍缩成一种外部观察者无法看见的奇点。另一种情形则是整个宇宙本身。最近的微波背景辐射观测表明，我们的宇宙所包含的物质足以形成造成时间反向的闭合俘获面。这意味着在过去，即目前这个宇宙膨胀阶段的初始时刻，存在着奇点。这个奇点原则上是可见的，它或许可以解释为宇宙的开端。

在本书中，我们将基于 Einstein 的广义相对论来研究时空的大尺 4
度结构。这一理论的预言与迄今所有的实验都并行不悖。不过，我们的处理方式更一般化，以便囊括那些对 Einstein 理论的修正，如 Brans-Dicke 理论等。

虽然希望本书的大多数读者多少熟悉一些广义相对论，我们还是力求写成一本自足的书，只要求读者具备简单的微积分、代数和点集拓扑等方面的知识。为此，我们用第 2 章来讲述微分几何，其处理方式相当现代，以一种明显与坐标系无关的方式来建立各种定义。当然，为计算方便，我们也会不时地使用各种指标。我们还将最大程度地避免使用纤维丛概念。已具有微分几何知识的读者可跳过这一章。

在第 3 章，我们基于时空数学模型的三个假设，建立了广义相对

论的形式体系。这一时空数学模型是具有 Lorentz 符号差的度规 $\mathbf{g}$ 下的流形 $\mathscr{M}$。度规 $\mathbf{g}$ 的物理意义由前两个假设说明：一个关于局部因果性，另一个关于能量动量的局域守恒性。这两个假设是广义相对论和狭义相对论共有的，并为狭义相对论的实验证据所支持。第三个假设，关于度规 $\mathbf{g}$ 的场方程的假设，则没有很好的实验基础。然而我们的大部分结果仅依赖于场方程的一个性质：正物质密度的作用是吸引性的。这一性质是广义相对论和某些修正理论（如 Brans - Dicke 理论）所共有的。

在第 4 章，我们将通过考虑曲率对类时和零测地线族的影响来探讨曲率的意义。这两种测地线族分别代表微小粒子和光线的时空轨迹。曲率可以解释为引起两相邻测地线作相对加速运动的引力差，或潮汐力。如果能量-动量张量满足某种正定条件，则这种引力差的作用总是使非转动测地线族产生汇聚。由 Raychaudhuri 方程（4.26）可以证明，这样的结果将导致测地线相交的焦点或共轭点。

为了看清这些焦点的意义，我们在二维 Euclid 空间考虑一维曲面
5 $\mathscr{S}$（图 2）。令 p 为 $\mathscr{S}$ 外一点，则有某条从曲面 $\mathscr{S}$ 到 p 点的曲线短于或等于其他自 $\mathscr{S}$ 到 p 点的曲线。显然，这条曲线就是测地线，即直线，且正交于 $\mathscr{S}$。在图 2 所示情形下，实际上存在三条经过 p 且正交

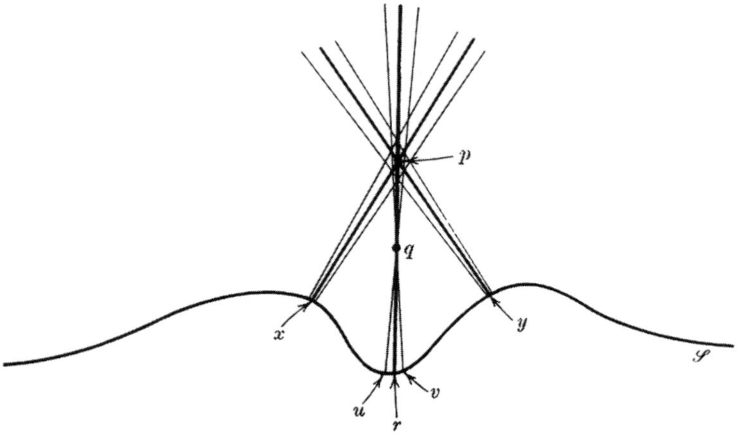

图 2 由于在曲面 $\mathscr{S}$ 到 p 之间存在焦点 q，直线 rp 不可能是从 $\mathscr{S}$ 到 p 的最短路线。事实上最短路线是 xp 或 yp

于 $\mathscr{S}$ 的测地线。过 r 点的测地线显然不是从 $\mathscr{S}$ 到 p 的最短曲线。为了认识这一点(Milnor,1963)，我们注意到，邻近的两条过 u，v 点且正交于 $\mathscr{S}$ 的测地线与过点 r 的测地线交于 $\mathscr{S}$ 与 p 之间的焦点 q。连接线段 uq 与 qp，我们得到从 $\mathscr{S}$ 到 p 的曲线，其长度等于直线 rp。然而，uqp 并非直线，我们可以把它在 q 点的角“磨圆”，得到从 $\mathscr{S}$ 到 p 且短于 rp 的曲线。这说明 rp 不是从 $\mathscr{S}$ 到 p 的最短曲线。事实上最短曲线是 xp 或 yp。

这些概念也可移植到具有 Lorentz 度规 $\mathbf{g}$ 的四维时空流形 $\mathscr{M}$ 上。此时，我们不考虑直线而考虑测地线。我们也不考虑最短曲线，而考虑点 p 与类空曲面 $\mathscr{S}$ 之间的最长类时曲线(由于度规的 Lorentz 符号差，此时不存在最短类时曲线，但可能有最长类时曲线)。这种最长曲线一定是与 $\mathscr{S}$ 截面正交的测地线，且 $\mathscr{S}$ 与 p 之间的所有正交于 $\mathscr{S}$ 6
的测地线都不可能有焦点。对零测地线也可证明类似结果。这些结果将在第 8 章用于证明一定条件下奇点的存在性。

第 5 章讨论 Einstein 方程的一系列精确解。这些解均具严格对称性，因而是不现实的。但它们为后续章节提供了有用的例证，并可阐明不同的可能性态。具体来说，高度对称的宇宙学模型几乎全都具有时空奇点。长期以来，人们认为这些奇点纯粹是高度对称的结果，它们在更为实际的模型中不会出现。我们的目标之一就是要说明，事实并非如此。

我们将在第 6 章研究时空的因果结构。在狭义相对论里，能因果影响某个事件的事件，和受某个事件因果影响的事件，分别处于过去和未来光锥的内部(图 3)。但在广义相对论里，决定光锥的度规 $\mathbf{g}$ 通常是逐点变化的，时空流形 $\mathscr{M}$ 的拓扑也不一定是 Euclid 空间 R^4。由此产生了更多的可能情形。例如，人们可以通过叠合图 3 中 $\mathscr{S}_1$ 和 $\mathscr{S}_2$ 面上的对应点来产生一个具有 $R^3\times S^1$ 拓扑的时空，其中有可能包含闭合的类时曲线。这样一种曲线的存在将导致因果关系的破坏，因为它允许我们回到过去。我们将主要讨论那种不允许出现因果破坏的时空。在这种时空里，对任意给定的类空曲面 $\mathscr{S}$，均存在一个最大时空区域(称为 $\mathscr{S}$ 的 Cauchy 发展)，其中的事件总可以根据 $\mathscr{S}$ 上的状态来预言。Cauchy 发展具有这样一种性质(整体双曲性)：如果其中的两点能用类时曲线连接起来，那么两点间必存在一条最长的类时曲线，这条曲线将是一测地线。

时空的因果结构可用于定义时空的边界或边缘。这种时空边界既代表无穷远，也代表有限距离上时空边缘的一部分，即时空的奇点。

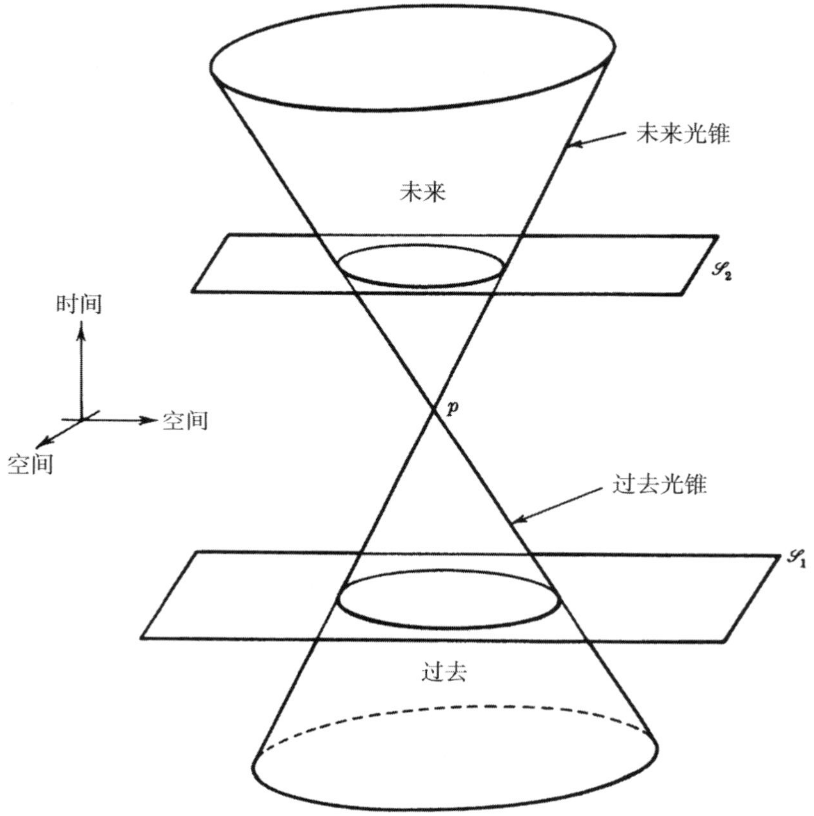

图 3　在狭义相对论里，某一事件 p 的光锥是所有通过 p 的光线的集合。p 的过去在过去光锥内，p 的未来则在未来光锥内

在第 7 章，我们探讨广义相对论的 Cauchy 问题。我们将说明，类空曲面上的初始状态决定了曲面 Cauchy 发展的唯一解，而这个解在某种意义上将连续依赖于初始状态。我们将这些内容列为一章是出
7 于完整性的考虑,同时也因为它用了前一章的很多结果。但这一章不是理解后面章节所必需的。

第 8 章将讨论时空奇点的定义。这有一定难度，因为我们还不能认为这些奇点是时空流形 $\mathscr{M}$ 的一部分。

这之后我们证明四个定理，它们确立了一定条件下必然出现时空
奇点。这些条件分为三种：首先要求引力必须是吸引性的，这可以表
述为关于能量-动量张量的一个不等式；其次要求某个区域有足够多的
物质以阻止任何事物从该区域逃逸出去，为满足这个条件，要求存在
一闭合俘获面，或要求整个宇宙在空间上是闭合的；第三个要求是不 8
得违反因果性。当然，这个要求对其中一个定理是不必要的。论证的
主要思想是，利用第 6 章的结果证明，某些点对之间必然存在最长类
时曲线。然后我们再说明，如果不存在奇点，那么必存在焦点，这说
明点对间不存在最长曲线。

接下来我们描述 Schmidt 提出的一种时空边界的构造过程。这种边界代表某种时空奇点，但可能不同于第 6 章定义的代表奇点的因果边界的部分。

在第 9 章，我们将说明，质量大于 1.5 倍太阳质量的恒星，在其演化的最后阶段，会满足第 8 章定理 2 的第二个条件。此时出现的奇点有可能隐身于事件视界的背后，从而无法从外面看到。对外部观察者而言，恒星原来的地方似乎出现了一个“黑洞”。我们将讨论这种黑洞的性质，说明它们最终将成为 Kerr 解中的某个状态。假如情况确实如此，那么我们可以为从黑洞提取能量设定一个上限。在第 10 章我们将证明，第 8 章的定理 2、3 的第二个条件，在时间反转的意义上，能在整个宇宙得到满足。从这个意义说，奇点存在于过去，它构成我们看到的这个宇宙或其部分的开端。

本书 § 3.1、§ 3.2 和 § 3.3 属基础的引导材料。想弄懂奇点存在性定理的读者，只需进一步阅读第 4 章、§ 6.2～§ 6.7 以及 § 8.1 和 § 8.2。这些定理对坍缩星体的应用见 § 9.1(还用了附录 B 的结果)；而对宇宙整体的应用见 § 10.1，它还需要理解 Robertson - Walker 宇宙模型(§ 5.3)。我们将奇点本性的讨论放在 § 8.1、§ 8.3～§ 8.5 和 § 10.2。Taub - NUT 空间作为例子在讨论中起着重要作用(§ 5.8)，Bianchi I 型宇宙模型(§ 5.4)也有一定意义。

愿意和我们一起讨论黑洞的读者，只需阅读第 4 章、§ 6.2～§ 6.6、§ 6.9 以及 § 9.1～§ 9.3。当然，要明白这些讨论还需弄懂 Schwarzschild 解(§ 5.5)和 Kerr 解(§ 5.6)。

最后，主要对 Einstein 方程的时间演化特性感兴趣的读者只需阅 9
读 § 6.2～§ 6.6 和第 7 章。他还可以从 § 5.1、§ 5.2 和 § 5.5 中找到

有趣的例子。

我们尽力为读者编制了索引，用来导引书中引入的所有定义及其相互关系。

2
微分几何

下一章讨论的、应用于本书其余部分的时空结构，是一种具有 10
Lorentz度规和相伴仿射联络的流形。

本章里，我们在§2.1引入流形概念。在§2.2引入向量和张量，它们均为定义在流形上的自然几何对象。在§2.3，通过对流形映射的讨论引出张量和子流形的诱导映射定义。在§2.4，我们通过向量场定义的诱导映射的导数给出Lie导数定义。这一节还将定义另一种微分算符，即仅依赖于流形结构的外微分，它将出现在Stokes定理的一般形式里。

在§2.5，我们将引入一种叫联络的附加结构，并由联络来定义协变导数和曲率张量。在§2.6我们会看到，联络与流形的度规有关；曲率张量被分解为Weyl张量和Ricci张量，这两个张量通过Bianchi恒等式相互联系。

其余部分讨论微分几何里的其他各种问题。§2.7讨论超曲面上的诱导度规和联络，并导出Gauss-Codacci关系。§2.8引入度规定义的体积元，并用来证明Gauss定理。最后在§2.9，我们简单讨论纤维丛概念。这里主要讨论切丛、线性标架丛和规范正交标架丛。这些讨论将使早先引入的许多概念在优美的几何形式下获得重构。§2.7和§2.9的内容仅在以后的一两处用到，它们不是理解本书的主要内容所必需的。

2.1 流形

本质上说，流形是一种局部类似于Euclid空间的空间，它可以通 11
过坐标拼块来覆盖。这种结构允许我们定义微分，但不能内禀地区分不同的坐标系。因此，能够通过流形结构来定义的概念都是那些与坐标系选择无关的概念。在一些预备性的定义之后，我们将给出流形概念的准确表述。

设 R^n 为 ***n* 维 Euclid 空间**，即 R^n 是具有普通拓扑(开集和闭集均以普通方式定义)的所有 n 元组 $(x^1, x^2, \cdots, x^n)$ $(-\infty<x^i<\infty)$的集合。令$\frac{1}{2}R^n$ 为R^n 的下半空间，即 $x^1\leqslant 0$ 的 R^n 区域。映射 ϕ 将开集 $\mathscr{O}\subset R^n$(或$\frac{1}{2}R^n$)映射到开集 $\mathscr{O}'\subset R^m$(或$\frac{1}{2}R^m$)，如果开集 $\mathscr{O}'$ 里像点 $\phi(p)$的坐标$(x'^1, x'^2, \cdots, x'^m)$是开集 $\mathscr{O}$ 里 p 点坐标 $(x^1, x^2, \cdots, x^n)$的 r 次连续可微函数(即第 r 阶导数存在并连续)，则称映射 ϕ 是 C^r类的。如果一个映射对所有 $r\geqslant 0$ 均属 C^r，则称映射 ϕ 是C^∞ 的。而 C^0映射指连续映射。

我们说 R^n 的开集 $\mathscr{O}$上的函数 f 是局部 Lipschitz 的，意思是，对每个具有紧致闭包的开集 $\mathscr{U}\subset\mathscr{O}$，存在一常数 K，使对于每一点对 p，$q\in\mathscr{U}$，有$|f(p)-f(q)|\leqslant K|p-q|$成立。这里$|p|$表示

$$\{(x^1(p))^2+(x^2(p))^2+\cdots+(x^n(p))^2\}^{\frac{1}{2}}。$$

如果 $\phi(p)$的坐标是 p 点坐标的局部 Lipschitz 函数，则称映射 ϕ 是局部 Lipschitz 的，记为C^{1-}。类似地，如果映射 ϕ 是 C^{r-1}的，且 $\phi(p)$的坐标的$(r-1)$阶导数均为 p 点坐标的局部 Lipschitz 函数，我们称$\phi(p)$是 C^{r-}的。以下我们通常只说 C^r，但类似的定义和结果对 C^{r-}也成立。

若 $\mathscr{P}$是R^n (或$\frac{1}{2}R^n$)上任一集合，ϕ 为从 $\mathscr{P}$到 $\mathscr{P}'\subset R^m$(或$\frac{1}{2}R^m$)的映射。如果 ϕ 是某个从开集 $\mathscr{O}$ (包含 $\mathscr{P}$)到开集 $\mathscr{O}'$(包含 $\mathscr{P}'$)的 C^r映射在$\mathscr{P}$和 $\mathscr{P}'$的限制，则称映射 ϕ 是C^r 的。

一个 ***n* 维 C^r 流形** $\mathscr{M}$就是一个带有 C^r 坐标卡集$\{\mathscr{U}_\alpha, \phi_\alpha\}$的集合 $\mathscr{M}$，或者说，就是坐标卡$(\mathscr{U}_\alpha, \phi_\alpha)$的集合。这里 $\mathscr{U}_\alpha$ 是 $\mathscr{M}$的子集，ϕ_α 是相应的$\mathscr{U}_\alpha$ 到R^n 上开集的一一映射，它使得

(1)$\mathscr{U}_\alpha$覆盖 $\mathscr{M}$，即 $\mathscr{M}=\bigcup_\alpha \mathscr{U}_\alpha$，

12 (2)若 $\mathscr{U}_\alpha\cap\mathscr{U}_\beta$ 非空，则映射

$$\phi_\alpha\circ\phi_\beta^{-1}: \phi_\beta(\mathscr{U}_\alpha\cap\mathscr{U}_\beta)\to\phi_\alpha(\mathscr{U}_\alpha\cap\mathscr{U}_\beta)$$

是从 R^n 的开子集到R^n 的开子集的C^r 映射(参见图 4)。

每个 $\mathscr{U}_\alpha$ 均为一**局部坐标邻域**。其局部坐标 $x^a (a=1, \cdots, n)$由映射 ϕ_α 定义(即，若 $p\in\mathscr{U}_\alpha$，则 p 点的坐标就是 $\phi_\alpha(p)$在 R^n 的坐标)。条件(2)要求的是，在两个局部坐标邻域的重叠区域，一邻域的坐标

是另一邻域坐标的 C^r 函数，反之亦然。

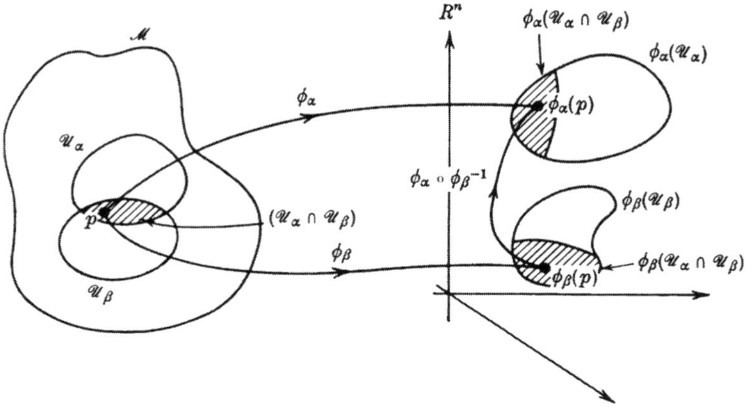

图 4　在坐标邻域 $\mathscr{U}_\alpha$ 和 $\mathscr{U}_\beta$ 的重叠区域，其坐标通过 C^r 映射 $\phi_\alpha \circ \phi_\beta^{-1}$ 而关联

所谓一坐标卡集与给定的 C^r 坐标卡集**相容**，是指这两个坐标卡集的并也是整个 $\mathscr{M}$ 的 C^r 坐标卡集。由所有与给定坐标卡集相容的坐标卡集组成的坐标卡集称为流形的**完备坐标卡集**。因此，完备坐标卡集是覆盖 $\mathscr{M}$ 的所有可能坐标系的集合。

$\mathscr{M}$ 的拓扑可由以下陈述来定义：$\mathscr{M}$ 的开集由属于完备坐标卡集的那些 $\mathscr{U}_\alpha$ 的并集组成。这种拓扑使每个 ϕ_α 映射均为同胚。

只需将“R^n”换成“$\frac{1}{2}R^n$”，我们就可以像上面那样定义带边的 C^r 微分流形。为此，将 $\mathscr{M}$ 的**边界**（记为 $\partial\mathscr{M}$）定义为 $\mathscr{M}$ 的所有这样一些点的集合：其在映射 ϕ_α 下的像均落在 R^n 内 $\frac{1}{2}R^n$ 的边界上。这里 $\partial\mathscr{M}$ 是一 $(n-1)$ 维无界 C^r 流形。

这些定义似乎过于复杂了。然而，简单的例子即可说明，为了描 13
述空间，我们通常需要不止一个坐标邻域。**二维 Euclid 平面** R^2 显然是一流形。直角坐标系 $(x, y; -\infty < x < \infty, -\infty < y < \infty)$ 能在一个坐标邻域内覆盖整个平面，这里 ϕ 是恒等映射。极坐标系 (r, θ) 覆盖坐标邻域 $(r > 0, 0 < \theta < 2\pi)$，因此我们需要至少两个这样的坐标邻域才能覆盖 R^2。**二维柱面** C^2 是由 R^2 平面上的点 (x, y) 和 $(x + 2\pi, y)$ 叠合生成的流形，这里 (x, y) 为邻域 $(0 < x < 2\pi, -\infty < y < \infty)$ 内点的

坐标，显然，我们需要两个这样的坐标邻域才能覆盖 C^2。**Möbius 带**是用类似方法通过叠合点(x,y)和$(x+2\pi,-y)$获得的流形。**单位二维球面** S^2可刻画为由方程$(x^1)^2+(x^2)^2+(x^3)^2=1$ 定义的 R^3 曲面。于是

$$(x^2,\ x^3;-1<x^2<1,\ -1<x^3<1)$$

是分别在 $x^1>0$ 和 $x^1<0$ 两区域的坐标邻域，而我们需要六个这样的坐标邻域来覆盖曲面。实际上，不可能用单一的坐标邻域来覆盖 S^2。***n* 维球面**S^n 可类似定义为R^{n+1}上满足方程

$$(x^1)^2+(x^2)^2+\cdots+(x^{n+1})^2=1$$

的点集。

如果在完备坐标卡集里存在这样的坐标卡集$\{\mathscr{U}_\alpha,\phi_\alpha\}$，使得对每一个非空交集 $\mathscr{U}_\alpha\cap\mathscr{U}_\beta$，其 Jacobi 行列式 $|\partial x^i/\partial x'^j|$ 均为正，这里$(x^1,x^2,\cdots,x^n)$和$(x'^1,x'^2,\cdots,x'^n)$分别是点在 $\mathscr{U}_\alpha$ 和 $\mathscr{U}_\beta$ 下的坐标，则称流形是**可定向的**。Möbius 带则是非定向流形的一个例子。

至此给出的流形定义是非常一般的。在大多数场合，有必要再加两个条件来保证其局部性态的合理性：$\mathscr{M}$是 Hausdorff 的；$\mathscr{M}$是仿紧的。

所谓 **Hausdorff 空间**，是说拓扑空间 $\mathscr{M}$满足 Hausdorff 可分性公理：对 $\mathscr{M}$ 中的任意不同两点 p,q，存在不相交的开集 $\mathscr{U}$ 和 $\mathscr{V}$ 使 $p\in\mathscr{U}$，$q\in\mathscr{V}$。我们或许认为，流形必为 Hausdorff 的，但事实并非如此。例如，考虑如图 5 的情形。当且仅当 $x_b=y_{b'}<0$ 时，我们叠合两条直线上的点 b 和b'。这样，每一点都包含在同胚于 R^1 的开子集的
14 某一(坐标)邻域内，但显然不存在不相交的开邻域 $\mathscr{U}$，$\mathscr{V}$ 满足 $a\in\mathscr{U}$，$a'\in\mathscr{V}$。这里 a 是$x=0$ 的点，a'是$y=0$ 的点。

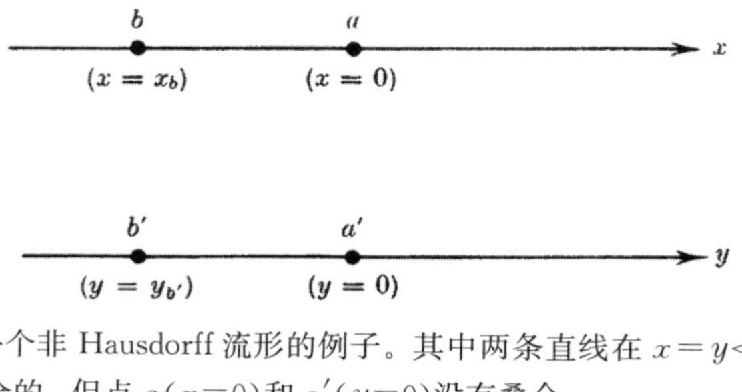

图 5　一个非 Hausdorff 流形的例子。其中两条直线在 $x=y<0$ 区域是叠合的，但点 $a(x=0)$和 $a'(y=0)$没有叠合

如果每一点 $p\in\mathscr{M}$ 均有一开邻域仅与有限个集合 $\mathscr{U}_\alpha$ 相交，则称坐标卡集$\{\mathscr{U}_\alpha,\phi_\alpha\}$是**局部有限的**。如果对$\mathscr{M}$的每一坐标卡集$\{\mathscr{U}_\alpha,\phi_\alpha\}$均存在一局部有限的坐标卡集$\{\mathscr{V}_\beta,\Psi_\beta\}$，其中每个 $\mathscr{V}_\beta$ 均包含于某一 $\mathscr{U}_\alpha$ 中，则称 $\mathscr{M}$ 为**仿紧的**。一个连通 Hausdorff 流形是仿紧的，当且仅当存在一可数基，即存在一个由开集构成的可数集合，使其中任一开集均可表示为集合中若干开集的并(Kobayashi and Nomizu(1963)，271 页)。

除非另有说明，本书**所有流形均为仿紧、连通、无边的 C^∞ Hausdorff 流形**。以后将看到，当我们给 $\mathscr{M}$设置了某种附加结构（如存在仿射联络，见 §2.4)后，仿紧性要求会因其他约束而自动满足。

C^k 流形 $\mathscr{M}$上的**函数** f 是$\mathscr{M}$到R^1的映射。如果在任一坐标邻域 $\mathscr{U}_\alpha$ 上，f 的表示 $f\circ\phi_\alpha^{-1}$ 为$\mathscr{M}$上 p 点局部坐标的C^r 函数，则称 f 在 p 点是C^r ($r\leqslant k$)类的。如果对每一点 $p\in\mathscr{V}$，f 均为C^r 函数，则称 f 是$\mathscr{M}$的集合 $\mathscr{V}$ 上的C^r 函数。

我们以后要用到仿紧流形的下面一个性质：对仿紧 C^k 流形上任一给定的局部有限坐标卡集$\{\mathscr{U}_\alpha,\phi_\alpha\}$，我们总可以找到一组 C^k 函数 g_α(例如见 Kobayashi and Nomizu(1963)，272 页)，使

(1)对每一 α，$\mathscr{M}$上有 $0\leqslant g_\alpha\leqslant 1$；

(2)g_α 的支集，即集合$\{p\in\mathscr{M}:g_\alpha(p)\neq 0\}$的闭包，包含于相应的 $\mathscr{U}_\alpha$；

(3)对所有 $p\in\mathscr{M}$，有 $\sum\limits_\alpha g_\alpha(p)=1$。

这样一组函数称为**单位分解**。具体地说，这一结果对 C^∞ 函数为真，但对解析函数明显不适用(解析函数可表示为每一点 $p\in\mathscr{M}$ 的某 15
个邻域上的收敛幂级数，而且，如果它在任意开邻域为零，则它处处为零)。

最后，流形 $\mathscr{A},\mathscr{B}$ 的 **Cartesian 积** $\mathscr{A}\times\mathscr{B}$ 是具有由 $\mathscr{A},\mathscr{B}$ 的流形结构所定义的自然结构的流形：对任意点 $p\in\mathscr{A}$，$q\in\mathscr{B}$，存在分别包含 p,q 的坐标邻域$\mathscr{U}$，$\mathscr{V}$使点$(p,q)\in\mathscr{A}\times\mathscr{B}$包含于$\mathscr{U}\times\mathscr{V}$的坐标邻域，$\mathscr{U}\times\mathscr{V}$ 在$\mathscr{A}\times\mathscr{B}$内具有坐标$(x^i,y^j)$，这里 x^i 是点 p 在$\mathscr{U}$ 中的坐标，y^j 是点 q 在 $\mathscr{V}$ 中的坐标。

2.2 向量与张量

张量场是流形结构以自然方式定义在流形上的几何对象的集合。一个张量场等价于定义在流形每一点的张量，因此我们从一点的向量这个基本概念出发，先定义流形上一点的张量。

$\mathscr{M}$上的C^k**曲线**$\lambda(t)$是从实直线R^1的一个区间到$\mathscr{M}$的C^k映射。过点$\lambda(t_0)$与C^1曲线$\lambda(t)$相切的**向量**（逆变向量）$(\partial/\partial t)_\lambda|_{t0}$是一算符，它将点$\lambda(t_0)$处的每一个$C^1$函数$f$映射为数$(\partial f/\partial t)_\lambda|_{t0}$，或者说，$(\partial f/\partial t)_\lambda$是$f$在$\lambda(t)$方向上关于参数$t$的导数。具体地说，

$$\left(\frac{\partial f}{\partial t}\right)_\lambda\bigg|_t=\lim_{s\to 0}\frac{1}{s}\{f(\lambda(t+s))-f(\lambda(t))\}。\qquad(2.1)$$

曲线参量t显然服从关系$(\partial/\partial t)_\lambda t=1$。

如果$(x^1,x^2,\cdots,x^n)$是p点某一邻域的局部坐标，则

$$\left(\frac{\partial f}{\partial t}\right)_\lambda\bigg|_{t0}=\sum_{j=1}^n\frac{\mathrm{d}x^j(\lambda(t))}{\mathrm{d}t}\bigg|_{t=t0}\cdot\frac{\partial f}{\partial x^j}\bigg|_{\lambda(t0)}=\frac{\mathrm{d}x^j}{\mathrm{d}t}\frac{\partial f}{\partial x^j}\bigg|_{\lambda(t0)}。$$

（从这里开始，我们都采用**求和约定**，即重复指标表示对该指标所有值求和。）因此，点p的每个切向量均可表示为坐标导数

$$(\partial/\partial x^1)|_p,\cdots,(\partial/\partial x^n)|_p$$

的线性组合。反过来，给定这些算符的某个线性组合$V^j(\partial/\partial x^j)|_p$
16 （这里V^j为任意数），对$t\in[-\varepsilon,\varepsilon]$，我们考虑由$x^j(\lambda(t))=x^j(p)+tV^j$定义的曲线$\lambda(t)$，则曲线在$p$点的切向量就是$V^j(\partial/\partial x^j)|_p$。因此$p$点的切向量构成由坐标导数$(\partial/\partial x^j)|_p$生成的$R^1$上的向量空间，向量空间的结构由下面的关系确定：

$$(\alpha X+\beta Y)f=\alpha(Xf)+\beta(Yf)。$$

它对所有向量$\mathbf{X},\mathbf{Y}$，数α，β和函数f均成立。向量$(\partial/\partial x^j)_p$是彼此独立的（否则，至少存在一组系数$V^j$使$V^j(\partial/\partial x^j)|_p=0$，其中至少有一个不为零的$V^j$。将此关系应用到每一坐标$x^k$上，则有

$$V^j\partial x^k/\partial x^j=V^k=0,$$

与假定矛盾），故$\mathscr{M}$在p点的所有切向量所张成的空间，记为$T_p(\mathscr{M})$或简记为T_p，是一个n维向量空间。这个代表p点所有方向的集合的空间叫$\mathscr{M}$在p点的**切向量空间**。我们可以将向量$\mathbf{V}\in T_p$视为p点的一个箭头，代表在p点的切向量为$\mathbf{V}$的曲线$\lambda(t)$的方向。

$\mathbf{V}$ 的“长”由曲线参数 t 按关系 $V(t)=1$ 确定。[由于 $\mathbf{V}$ 是算符，我们用粗体，其分量 V^j 和 $\mathbf{V}$ 作用于函数 f 产生的 $V(f)$ 为数，故用斜体。]

若 $\{\mathbf{E}_a\}(a=1,\cdots,n)$ 为 p 点的 n 个线性独立向量的任一集合，则向量 $\mathbf{V}\in T_p$ 可写成 $\mathbf{V}=V^a\mathbf{E}_a$，这里数 $\{V^a\}$ 是 $\mathbf{V}$ 在 p 点的基向量 $\{\mathbf{E}_a\}$ 下的分量。特别是，我们可以取 $\mathbf{E}_a$ 为坐标基 $(\partial/\partial x^j)|_p$，于是分量 $V^i=V(x^i)=(\mathrm{d}x^i/\mathrm{d}t)|_p$ 为坐标函数 x^i 在 $\mathbf{V}$ 方向上的导数。

p 点的 **1-形式**(协变向量)$\boldsymbol{\omega}$ 是 p 点向量空间 T_p 上的实值线性函数。设 $\mathbf{X}$ 是 p 点的某一向量，则 $\boldsymbol{\omega}$ 将 $\mathbf{X}$ 映射为一个数，记作 $\langle\boldsymbol{\omega},\mathbf{X}\rangle$。于是线性性意味着

$$\langle\boldsymbol{\omega},\ \alpha\mathbf{X}+\beta\mathbf{Y}\rangle=\alpha\langle\boldsymbol{\omega},\ \mathbf{X}\rangle+\beta\langle\boldsymbol{\omega},\mathbf{Y}\rangle$$

对所有 $\alpha,\beta\in R^1$ 和 $\mathbf{X},\mathbf{Y}\in T_p$ 成立。对给定的 1-形式 $\boldsymbol{\omega}$，由 $\langle\boldsymbol{\omega},\mathbf{X}\rangle=$(常数)定义的 T_p 的子空间是线性的。由此，我们可将 p 点上 1-形式 $\boldsymbol{\omega}$ 视为 T_p 的那样一对平面，使当 $\langle\boldsymbol{\omega},\mathbf{X}\rangle=0$ 时，向量 $\mathbf{X}$ 在一个平面，而 $\langle\boldsymbol{\omega},\mathbf{X}\rangle=1$ 时，$\mathbf{X}$ 在另一个平面。

给定 p 点的基向量 $\{\mathbf{E}_a\}$，我们可由下述条件定义唯一的 n 个 1-形式 $\{\mathbf{E}^a\}$ 的集合：$\mathbf{E}^i$ 将任一向量 $\mathbf{X}$ 映射为数 X^i($\mathbf{X}$ 在基向量 $\{\mathbf{E}_a\}$ 下的第 i 个分量)。特别地，$\langle\mathbf{E}^a,\mathbf{E}_b\rangle=\delta^a{}_b$。如果由法则 17

$$\langle\alpha\boldsymbol{\omega}+\beta\boldsymbol{\eta},\mathbf{X}\rangle=\alpha\langle\boldsymbol{\omega},\mathbf{X}\rangle+\beta\langle\boldsymbol{\eta},\mathbf{X}\rangle$$

对任意 1-形式 $\boldsymbol{\omega},\boldsymbol{\eta}$，任意 $\alpha,\beta\in R^1$ 和 $\mathbf{X}\in T_p$，定义 1-形式的线性组合，那么，我们可以将 $\{\mathbf{E}^a\}$ 视为 1-形式的一个基，因为 p 点的任一 1-形式 $\boldsymbol{\omega}$ 均可表示为 $\boldsymbol{\omega}=\omega_i\mathbf{E}^i$，这里数 ω_i 定义为 $\omega_i=\langle\boldsymbol{\omega},\mathbf{E}_i\rangle$。由此，$p$ 点的所有 1-形式在 p 点构成一 n 维向量空间，即切向量空间 T_p 的**对偶空间** T_p^*。1-形式的基 $\{\mathbf{E}^a\}$ 是向量基 $\{\mathbf{E}_a\}$ 的**对偶基**。对任意 $\boldsymbol{\omega}\in T^*_p$，$\mathbf{X}\in T_p$，数 $\langle\boldsymbol{\omega},\mathbf{X}\rangle$ 可通过 $\boldsymbol{\omega},\mathbf{X}$ 在对偶基 $\{\mathbf{E}^a\}$，$\{\mathbf{E}_a\}$ 下的分量 ω_i，X^i 由关系

$$\langle\boldsymbol{\omega},\mathbf{X}\rangle=<\omega_i\mathbf{E}^i,X^j\mathbf{E}_j>=\omega_iX^i。$$

来表示。

$\mathscr{M}$ 上的函数 f 通过如下规则定义了 p 点的 1-形式 $\mathrm{d}f$：对每一向量 $\mathbf{X}$，

$$\langle\mathrm{d}f,\mathbf{X}\rangle=Xf。$$

$\mathrm{d}f$ 称为 f 的**微分**。设 $(x^1,x^2,\cdots,x^n)$ 是局部坐标，则 p 点的微分 $(\mathrm{d}x^1,\mathrm{d}x^2,\cdots,\mathrm{d}x^n)$ 的集合构成 1-形式的基，它与 p 点的向量基 $(\partial/\partial x^1,\partial/\partial x^2,\cdots,\partial/\partial x^n)$ 构成对偶基，因为

$$\langle \mathrm{d}x^i, \partial/\partial x^j \rangle = \partial x^i/\partial x^j = \delta^i{}_j 。$$

由这组基，任一函数 f 的微分 $\mathrm{d}f$ 为

$$\mathrm{d}f = (\partial f/\partial x^i)\mathrm{d}x^i 。$$

如果 $\mathrm{d}f$ 不为零，则曲面$\{f=常数\}$是$(n-1)$维流形。所有满足$\langle \mathrm{d}f, \mathbf{X}\rangle = 0$的向量 $\mathbf{X}$ 构成的 T_p 的子空间，由曲面$\{f=常数\}$上所有经过 p 点的曲线的切向量组成。如果 $\alpha \neq 0$，则 $\alpha\mathrm{d}f$ 还是曲面的法线。

由 p 点的切向量空间 T_p 及其对偶 1-形式空间 T_p^* 可构成 Cartesian 积

$$\Pi_r^s = \underbrace{T_p^* \times T_p^* \times \cdots \times T_p^*}_{r\text{ 项}} \times \underbrace{T_p \times T_p \times \cdots \times T_p}_{s\text{ 项}},$$

即向量和 1-形式的有序集$(\boldsymbol{\eta}^1, \cdots, \boldsymbol{\eta}^r, \mathbf{Y}_1, \cdots, \mathbf{Y}_s)$，这里 $\mathbf{Y}_s$ 和 $\boldsymbol{\eta}^r$ 分别为任意向量及其对偶 1-形式。

p 点的(r,s)**型张量**是 Cartesian 积 Π_r^s 的函数，它对每一变元都是线性的。设 $\mathbf{T}$ 是 p 点的(r,s)型张量，$\mathbf{T}$ 将 Π_r^s 的元素$(\boldsymbol{\eta}^1, \cdots, \boldsymbol{\eta}^r, \mathbf{Y}_1, \cdots, \mathbf{Y}_s)$映射为数

$$T(\boldsymbol{\eta}^1, \cdots, \boldsymbol{\eta}^r, \mathbf{Y}_1, \cdots, \mathbf{Y}_s)。$$

18 然后，映射的线性性质意味着

$$T(\boldsymbol{\eta}^1, \cdots, \boldsymbol{\eta}^r, \alpha\mathbf{X}+\beta\mathbf{Y}, \mathbf{Y}_2, \cdots, \mathbf{Y}_s) = \alpha \cdot T(\boldsymbol{\eta}^1, \cdots, \boldsymbol{\eta}^r, \mathbf{X}, \mathbf{Y}_2, \cdots, \mathbf{Y}_s) + \beta \cdot T(\boldsymbol{\eta}^1, \cdots, \boldsymbol{\eta}^r, \mathbf{Y}, \mathbf{Y}_2, \cdots, \mathbf{Y}_s)$$

对所有 $\alpha, \beta \in R^1$ 和 $\mathbf{X}, \mathbf{Y} \in T_p$ 成立。

所有这种张量组成的空间称为**张量积**

$$T_s^r(p) = \underbrace{T_p \otimes \cdots \otimes T_p}_{r\text{ 项}} \otimes \underbrace{T_p^* \otimes \cdots \otimes T_p^*}_{s\text{ 项}}。$$

特别地，$T_0^1(p) \in T_p, T_1^0(p) = T_p^*$。

(r,s)型**张量的加法**由下面的法则定义：$(\mathbf{T}+\mathbf{T}')$是 p 点的(r,s)型张量，对所有 $\mathbf{Y}_i \in T_p$，$\boldsymbol{\eta}^j \in T_p^*$，有

$$(T+T')(\boldsymbol{\eta}^1, \cdots, \boldsymbol{\eta}^r, \mathbf{Y}_1, \cdots, \mathbf{Y}_s) = T(\boldsymbol{\eta}^1, \cdots, \boldsymbol{\eta}^r, \mathbf{Y}_1, \cdots, \mathbf{Y}_s) + T'(\boldsymbol{\eta}^1, \cdots, \boldsymbol{\eta}^r, \mathbf{Y}_1, \cdots, \mathbf{Y}_s)。$$

类似地，**张量与标量** $\alpha \in R^1$ **的乘法法则**定义为：$(\alpha\mathbf{T})$是一张量，它对所有 $\mathbf{Y}_i \in T_p$，$\boldsymbol{\eta}^j \in T_p^*$，有

$$(\alpha T)(\boldsymbol{\eta}^1, \cdots, \boldsymbol{\eta}^r, \mathbf{Y}_1, \cdots, \mathbf{Y}_s) = \alpha \cdot T(\boldsymbol{\eta}^1, \cdots, \boldsymbol{\eta}^r, \mathbf{Y}_1, \cdots, \mathbf{Y}_s)。$$

根据这些张量的加法和数乘运算法则，张量积 $T_s^r(p)$是 R^1 上一 n^{r+s} 维向量空间。

设 $\mathbf{X}_i \in T_p (i=1,\cdots,r)$，$\boldsymbol{\omega}^j \in T_p^* (j=1,\cdots,s)$，我们用 $\mathbf{X}_1 \otimes \cdots \otimes \mathbf{X}_r \otimes \boldsymbol{\omega}^1 \otimes \cdots \otimes \boldsymbol{\omega}^s$ 来表示 $T_s^r(p)$ 的元素。这些元素将 Π_r^s 的元素 $(\boldsymbol{\eta}^1,\cdots,\boldsymbol{\eta}^r,\mathbf{Y}_1,\cdots,\mathbf{Y}_s)$ 映射为

$$\langle \boldsymbol{\eta}^1,\mathbf{X}_1\rangle\langle \boldsymbol{\eta}^2,\mathbf{X}_2\rangle\cdots\langle \boldsymbol{\eta}^r,\mathbf{X}_r\rangle\langle \boldsymbol{\omega}^1,\mathbf{Y}_1\rangle\cdots\langle \boldsymbol{\omega}^s,\mathbf{Y}_s\rangle。$$

类似地，设 $\mathbf{R}\in T_s^r(p)$，$\mathbf{S}\in T_q^p(p)$，我们用 $\mathbf{R}\otimes\mathbf{S}$ 来表示 $T_{s+q}^{r+p}(p)$ 的元素。这些元素将 Π_{r+p}^{s+q} 的元素 $(\boldsymbol{\eta}^1,\cdots,\boldsymbol{\eta}^{r+p},\mathbf{Y}_1,\cdots,\mathbf{Y}_{s+q})$ 映射为数

$$R(\boldsymbol{\eta}^1,\cdots,\boldsymbol{\eta}^s,\mathbf{Y}_1,\cdots,\mathbf{Y}_r)S(\boldsymbol{\eta}^{s+1},\cdots,\boldsymbol{\eta}^{s+q},\mathbf{Y}_{r+1},\cdots,\mathbf{Y}_{r+p})。$$

利用积 $\otimes$ 运算，p 点的张量空间组成 R 上的代数。

如果 $\{\mathbf{E}_a\}$，$\{\mathbf{E}^a\}$ 分别是 T_p 和 T_p^* 的对偶基，则

$$\{\mathbf{E}_{a1}\otimes\cdots\otimes\mathbf{E}_{a_r}\otimes\mathbf{E}^{b1}\otimes\cdots\otimes\mathbf{E}^{b_s}\},(a_i,b_j \text{ 分别从 } 1 \text{ 取到 } n),$$

是 $T_s^r(p)$ 的一个基。任一张量 $T\in T_s^r(p)$ 可由这组基表示为

$$\mathbf{T}=T^{a1\cdots ar}{}_{b1\cdots b_s}\mathbf{E}_{a1}\otimes\cdots\otimes\mathbf{E}_{a_r}\otimes\mathbf{E}^{b1}\otimes\cdots\otimes\mathbf{E}^{b_s},$$

这里，$\{T^{a1\cdots ar}{}_{b1\cdots b_s}\}$ 是 $\mathbf{T}$ 在对偶基 $\{\mathbf{E}_a\}$，$\{\mathbf{E}^a\}$ 下的**分量**，它由下式 19
给出：

$$T^{a1\cdots ar}{}_{b1\cdots b_s}=T(\mathbf{E}^{a1},\cdots,\mathbf{E}^{ar},\mathbf{E}_{b1},\cdots,\mathbf{E}_{b_s})。$$

p 点的张量代数的各种关系均可通过张量的分量来表示，例如：

$$(T+T')^{a1\cdots ar}{}_{b1\cdots b_s}=T^{a1\cdots ar}{}_{b1\cdots b_s}+T'^{a1\cdots ar}{}_{b1\cdots b_s},$$

$$(\alpha T)^{a1\cdots ar}{}_{b1\cdots b_s}=\alpha\cdot T^{a1\cdots ar}{}_{b1\cdots b_s},$$

$$(T\otimes T')^{a1\cdots ar+p}{}_{b1\cdots b_{s+q}}=T^{a1\cdots ar}{}_{b1\cdots b_s}T'^{ar+1\cdots ar+p}{}_{b_{s+1}\cdots b_{s+q}}。$$

这样表达很方便，所以我们通常用它来表达张量关系。

如果 $\{\mathbf{E}_{a'}\}$ 和 $\{\mathbf{E}^{a'}\}$ 分别是 T_p 和 T_p^* 的一对对偶基，则它们可由 $\{\mathbf{E}_a\}$ 和 $\{\mathbf{E}^a\}$ 来表示：

$$\mathbf{E}_{a'}=\Phi_{a'}{}^{a}\ \mathbf{E}_a, \tag{2.2}$$

这里 $\Phi_{a'}{}^{a}$ 是一 $n\times n$ 非奇异矩阵。类似地，

$$\mathbf{E}^{a'}=\Phi^{a'}{}_{a}\ \mathbf{E}^a, \tag{2.3}$$

这里 $\Phi^{a'}{}_{a}$ 是另一个 $n\times n$ 非奇异矩阵。由于 $\{\mathbf{E}_{a'}\}$，$\{\mathbf{E}^{a'}\}$ 是对偶基，

$$\delta^{b'}{}_{a'}=\langle\mathbf{E}^{b'},\mathbf{E}_{a'}\rangle=\langle\Phi^{b'}{}_{b}\ \mathbf{E}^{b},\Phi_{a'}{}^{a}\ \mathbf{E}_a\rangle=\Phi_{a'}{}^{a}\ \Phi^{b'}{}_{b}\ \delta_a{}^{b}=\Phi_{a'}{}^{a}\ \Phi^{b'}{}_{a},$$

即 $\Phi_{a'}{}^{a}$ 和 $\Phi^{a'}{}_{a}$ 互为逆矩阵，且 $\delta^{a}{}_{b}=\Phi^{a}{}_{b'}\ \Phi^{b'}{}_{b}$。

张量 $\mathbf{T}$ 在对偶基 $\{\mathbf{E}_{a'}\}$，$\{\mathbf{E}^{a'}\}$ 下的分量 $T^{a'1\cdots a'r}{}_{b'1\cdots b'_s}$ 由下式给出：

$$T^{a'1\cdots a'r}{}_{b'1\cdots b'_s}=T(\mathbf{E}^{a'1},\cdots,\mathbf{E}^{a'r},\mathbf{E}_{b'1},\cdots,\mathbf{E}_{b'_s})。$$

它们与 $\{\mathbf{E}_a\}$，$\{\mathbf{E}^a\}$ 基下张量 $\mathbf{T}$ 的分量 $T^{a1\cdots ar}{}_{b1\cdots b_s}$ 的关系可表示为

$$T^{a'1\cdots a'r}{}_{b'1\cdots b'_s}=T^{a1\cdots ar}{}_{b1\cdots b_s}\Phi^{a'1}{}_{a1}\cdots\Phi^{a'r}{}_{ar}\Phi_{b'1}{}^{b1}\cdots\Phi_{b'_s}{}^{b_s}。\tag{2.4}$$

在$\{\mathbf{E}_a\}$,$\{\mathbf{E}^a\}$基下,具有分量 $T^{ab\cdots d}{}_{ef\cdots g}$ 的(r,s)型张量 $\mathbf{T}$ 关于第一个逆变指标和第一个协变指标的**缩并**,可定义为$(r-1,s-1)$型张量 $C^1_1(\mathbf{T})$,它在相同基下的分量是 $\mathbf{T}^{ab\cdots d}{}_{af\cdots g}$,即

$$C^1_1(\mathbf{T})=T^{ab\cdots d}{}_{af\cdots g}\mathbf{E}_b\otimes\cdots\otimes\mathbf{E}_d\otimes\mathbf{E}^f\otimes\cdots\otimes\mathbf{E}^g。$$

20 设$\{\mathbf{E}_{a'}\}$,$\{\mathbf{E}^{a'}\}$是另一对对偶基,则它们定义的缩并 $C^1_1(\mathbf{T})$是

$$\begin{aligned}C'^1_1(\mathbf{T})&=T^{a'b'\cdots d'}{}_{a'f'\cdots g'}\mathbf{E}_{b'}\otimes\cdots\otimes\mathbf{E}_{d'}\otimes\mathbf{E}^{f'}\otimes\cdots\otimes\mathbf{E}^{g'}\\&=\Phi^{a'}{}_a\Phi^a{}_{h'}T^{h'b'\cdots d'}{}_{a'f'\cdots g'}\Phi_{b'}{}^b\cdots\Phi_{d'}{}^d\Phi^{f'}{}_f\cdots\Phi^{g'}{}_g\cdot\\&\qquad\mathbf{E}_b\otimes\cdots\otimes\mathbf{E}_d\otimes\mathbf{E}^f\cdots\otimes\mathbf{E}^g\\&=T^{ab\cdots d}{}_{af\cdots g}\mathbf{E}_b\otimes\cdots\otimes\mathbf{E}_d\otimes\mathbf{E}^f\otimes\cdots\otimes\mathbf{E}^g=C^1_1(\mathbf{T}),\end{aligned}$$

由此可见,张量的缩并 C^1_1 与定义它们的基无关。类似地,我们可对任意一对逆变指标和协变指标进行缩并。(如果我们要缩并两个逆变或协变指标,则得出的张量将依赖于所用的基。)

(2,0)型张量的对称部分是由下式定义的张量 $S(\mathbf{T})$:对所有 $\boldsymbol{\eta}_1$,$\boldsymbol{\eta}_2\in T^*_p$,

$$S(\mathbf{T})(\boldsymbol{\eta}_1,\boldsymbol{\eta}_2)=\frac{1}{2!}\{T(\boldsymbol{\eta}_1,\boldsymbol{\eta}_2)+T(\boldsymbol{\eta}_2,\boldsymbol{\eta}_1)\}。$$

我们将 $S(\mathbf{T})$的分量 $S(\mathbf{T})^{ab}$ 记为 $T^{(ab)}$,于是

$$T^{(ab)}=\frac{1}{2!}\{T^{ab}+T^{ba}\}。$$

类似地,$\mathbf{T}$ 的斜对称部分的分量记为

$$T^{[a,b]}=\frac{1}{2!}\{T^{ab}-T^{ba}\}。$$

一般地,在一组给定的协变和逆变指标下,张量的对称和反对称部分可分别通过对指标加圆括号和方括号来表示。因此

$$T_{(a_1\cdots a_r)}{}^{b\cdots f}=\frac{1}{r!}\{T_{a_1\cdots a_r}{}^{b\cdots f}\text{ 对 }a_1\text{ 到 }a_r\text{ 的全部排列求和}\}$$

和

$$T_{[a_1\cdots a_r]}{}^{b\cdots f}=\frac{1}{r!}\{T_{a_1\cdots a_r}{}^{b\cdots f}\text{ 对 }a_1\text{ 到 }a_r\text{ 的全部排列的交错和}\}。$$

例如,

$$K^a{}_{[bcd]}=\frac{1}{6}\{K^a{}_{bcd}+K^a{}_{dbc}+K^a{}_{cdb}-K^a{}_{bdc}-K^a{}_{cbd}-K^a{}_{dcb}\}。$$

21 如果一个张量在一组给定的协变和逆变指标下,等于其对同样指标的对称化部分,则它是**对称的**;同样,如果一个张量等于其反对称化

部分，则它是**反对称的**。例如，对(2,0)型张量 **T**，若 $T_{ab}=\frac{1}{2}(T_{ab}+T_{ba})$，则 **T** 是对称的(我们也可将其表示为 $T_{[ab]}=0$)。

张量的一个特别重要的子集是$(0,q)$型张量的集合，它对所有 q 个位置(因此 $q\leqslant n$)均是反对称的。这样的张量称为 ***q*-形式**。如果 **A** 和 **B** 分别为 p-形式和 q-形式，我们可定义$(p+q)$-形式 $\mathbf{A}\wedge\mathbf{B}$。这里 $\wedge$ 是斜对称张量积$\otimes$；即，$\mathbf{A}\wedge\mathbf{B}$ 是$(0,p+q)$型张量，其分量由

$$(A\wedge B)_{a\cdots bc\cdots f}=A_{[a\cdots b}B_{c\cdots f]}$$

确定。这个法则意味着$(\mathbf{A}\wedge\mathbf{B})=(-1)^{pq}(\mathbf{B}\wedge\mathbf{A})$。利用这种乘积运算，所有形式组成的空间(即对所有的 p，由 p-形式构成的空间，包括 1-形式，定义标量为 0-形式)构成形式的 Grassmann 代数。设$\{\mathbf{E}^a\}$是 1-形式的基，那么形式 $E^{a_1}\wedge\cdots\wedge E^{a_p}$($a_i$ 从 1 到 n)是 p-形式的基，因为任何 p-形式 **A** 均能表达为 $\mathbf{A}=A_{a\cdots b}\mathbf{E}^a\wedge\cdots\wedge\mathbf{E}^b$，这里 $A_{a\cdots b}=A_{[a\cdots b]}$。

至此，我们考虑了定义在流形某一点的张量集合。$\mathscr{M}$内开集$\mathscr{U}$的一组局部坐标$\{x^i\}$在$\mathscr{U}$的每一点 p 定义了向量的基$\{(\partial/\partial x^i)|_p\}$和 1-形式的对偶基$\{(\mathrm{d}x^i)|_p\}$，从而也定义了$\mathscr{U}$的每一点 p 上(r,s)型张量的基。这样一个张量基称为张量的坐标基。集合 $\mathscr{V}\subset\mathscr{U}$上的$(r,s)$型 C^k **张量场 T** 是 $T^r_s(p)$的元素对每一点 $p\in\mathscr{V}$ 的赋值，它使**张量 T** 在开子集 $\mathscr{V}$ 上定义的任一坐标基下的分量均为 C^k 函数。

一般情况下，我们不需要张量的坐标基。就是说，对 $\mathscr{V}$ 上给定的任一向量基$\{\mathbf{E}_a\}$和对偶的 1-形式基$\{\mathbf{E}^a\}$，在 $\mathscr{V}$ 内不一定存在任何开集，都能有局部坐标系$\{x^a\}$，使 $\mathbf{E}_a=\partial/\partial x^a$，$\mathbf{E}^a=\mathrm{d}x^a$。然而，如果我们使用坐标基，则会得到某些具体的结果。特别是，对任一函数 f，满足关系 $E_a(E_bf)=E_b(E_af)$，这等价于关系$\partial^2f/\partial x^a\partial x^b=\partial^2f/\partial x^b\partial x^a$。如果我们将坐标基 $\mathbf{E}_a=\partial/\partial x^a$ 变换到另一坐标基 $\mathbf{E}_{a'}=\partial/\partial x^{a'}$，将(2.2)，(2.3)式用到 x^a，$x^{a'}$，便有

$$\Phi_{a'}{}^{a}=\frac{\partial x^a}{\partial x^{a'}},\quad \Phi^{a'}{}_{a}=\frac{\partial x^{a'}}{\partial x^a}。$$

显然，通过给定函数 $E_a{}^i$($\mathbf{E}_a$ 对于坐标基$\{\partial/\partial x^i\}$的分量)，一般的基 22
$\{\mathbf{E}_a\}$可由坐标基$\{\partial/\partial x^i\}$来获得。这样，(2.2)式化为 $\mathbf{E}_a=E_a{}^i\partial/\partial x^a$ 形式，(2.3)式化为 $\mathbf{E}_a=E^a{}_i\mathrm{d}x^a$ 形式，这里矩阵 $E^a{}_i$ 与矩阵 $E_a{}^i$ 对偶。

2.3 流形的映射

在这一节里，我们通过 C^k 流形映射的一般概念来定义“嵌入”、“浸入”和有关的张量映射。前两个概念在以后子流形研究中相当有用，而张量映射的概念则在曲线族性态研究和流形的对称性研究方面扮演着重要角色。

从 n 维 C^k 流形 $\mathscr{M}$ 到 n' 维 $C^{k'}$ 流形 $\mathscr{M}'$ 的映射 ϕ，如果在 $\mathscr{M}$ 和 $\mathscr{M}'$ 的任意局部坐标系下，$\mathscr{M}'$ 上的像点 $\phi(p)$ 的坐标是 $\mathscr{M}$ 上 p 点坐标的 C^r 函数，则称它为 C^r **映射**（$r\leqslant k, r\leqslant k'$）。因为映射一般是多到一而不是一一的（例如，当 $n>n'$ 时，映射不可能是一一的），所以一般没有逆映射。如果 C^r 映射确有逆映射，则逆映射一般不是 C^r 的（例如，如果 ϕ 是由 $x\rightarrow x^3$ 定义的 $R^1\rightarrow R^1$ 映射，则 ϕ^{-1} 在 $x=0$ 点是不可微的）。

如果 f 是 $\mathscr{M}'$ 上函数，则映射 ϕ 在 $\mathscr{M}$ 上定义了这样一个函数 $\phi^* f$，使它在 p 点的值等于 f 在 $\phi(p)$ 的值，即

$$\phi^* f(p)=f(\phi(p))。\tag{2.5}$$

因此，ϕ 将点从 $\mathscr{M}$ 映射到 $\mathscr{M}'$，而 ϕ^* 则将函数从 $\mathscr{M}'$ 线性地映射到 $\mathscr{M}$。

如果 $\lambda(t)$ 是过点 $p\in\mathscr{M}$ 的一条曲线，则它在 $\mathscr{M}'$ 的像曲线 $\phi(\lambda(t))$ 过 $\phi(p)$ 点。如果 $r\geqslant 1$，则像曲线在 $\phi(p)$ 点的切向量记为 $\phi_*(\partial/\partial t)_\lambda|_{\phi(p)}$，我们可将其视为向量 $(\partial/\partial t)_\lambda|_p$ 在 ϕ 下的像。显然，ϕ_* 是 $T_p(\mathscr{M})$ 到 $T_{\phi(p)}(\mathscr{M}')$ 的线性映射。根据(2.5)式和向量作为方向导数的定义(2.1)式，向量映射 ϕ_* 可通过如下关系来刻画：对 $\phi(p)$ 点的每一个 $C^r(r\geqslant 1)$ 函数 f 和 p 点的向量 $\mathbf{X}$，有

$$X(\phi^* f)|_p=\phi_* X(f)|_{\phi(p)}。\tag{2.6}$$

利用 $\mathscr{M}$ 到 $\mathscr{M}'$ 的向量映射 ϕ_*，对 $r\geqslant 1$ 情形，我们可由如下条件定义从 $T^*_{\phi(p)}(\mathscr{M}')$ 到 $T^*_p(\mathscr{M})$ 的线性 1-形式映射 ϕ^*：向量－1-形式
23 的缩并在映射下保持不变。这样，1-形式 $A\in T^*_{\phi(p)}$ 就被映射到 $\phi^*\mathbf{A}\in T^*_p$，这里，对任意向量 $\mathbf{X}\in T_p$，

$$\langle\phi^*\mathbf{A},\mathbf{X}\rangle|_p=\langle\mathbf{A},\phi_*\mathbf{X}\rangle|_{\phi(p)}。$$

由此得

$$\phi^*(\mathrm{d}f)=\mathrm{d}(\phi^* f)。\tag{2.7}$$

映射 ϕ_* 和 ϕ^* 可通过如下规则分别扩展为 $\mathscr{M}$ 到 $\mathscr{M}'$ 的逆变向量映射和 $\mathscr{M}'$ 到 $\mathscr{M}$ 的协变向量映射：$\phi_*: \mathbf{T}\in T^r_0(p)\to\phi_*\mathbf{T}\in T^r_0(\phi(p))$，这里对任一 $\boldsymbol{\eta}^i\in T^*_{\phi(p)}$，

$$T(\phi^*\boldsymbol{\eta}^1,\cdots,\phi^*\boldsymbol{\eta}^r)|_p=\phi_*T(\boldsymbol{\eta}^1,\cdots,\boldsymbol{\eta}^r)|_{\phi(p)}$$

和

$$\phi^*:\mathbf{T}\in T^0_s(\phi(p))\to\phi^*\mathbf{T}\in T^0_s(p),$$

其中对任一 $\mathbf{X}_i\in T_p$，

$$\phi^*\mathbf{T}(\mathbf{X}_1,\cdots,\mathrm{X}_s)|_p=T(\phi_*\mathbf{X}_1,\cdots,\phi_*\mathbf{X}_s)|_{\phi(p)}。$$

当 $r\geqslant1$，如果 $\phi_*(T_p(\mathscr{M}))$ 的维数为 s，我们称 $\mathscr{M}$ 到 $\mathscr{M}'$ 的 C^r 映射 ϕ 在 p 点的**秩为** s。若在 p 点 $s=n$（故 $n\leqslant n'$），则称 ϕ 是**单射的**，从而 T_p 内没有张量可通过 ϕ_* 映射到零；若 $s=n'$（故 $n\geqslant n'$），则称 ϕ 是**满射的**。

如果一个 C^r 映射 $\phi(r\geqslant0)$ 及其逆映射均为 C^r 映射，则称 ϕ 为**浸入映射**。就是说，对每一点 $p\in\mathscr{M}$，均存在一邻域 $\mathscr{U}$，使逆映射 ϕ^{-1} 在 $\phi(\mathscr{U})$ 上的限制也是 C^r 映射，这意味着 $n\leqslant n'$。由隐函数定理（Spivak（1965），41 页），当 $r\geqslant1$ 时，ϕ 为浸入当且仅当它在每一点 $p\in\mathscr{M}$ 均为单射；从而 ϕ_* 是 T_p 到其像 $\phi_*(T_p)\subset T_{\phi(p)}$ 的同构。像 $\phi(\mathscr{M})$ 称为 $\mathscr{M}'$ 的 n 维**浸入子流形**。这个子流形可以自相交，即 ϕ 不必是 $\mathscr{M}$ 到 $\phi(\mathscr{M})$ 的一一映射，虽然它在 $\mathscr{M}$ 的足够小邻域的限制是一一的。如果浸入在诱导拓扑下与其像同胚，则称它为**嵌入**。因此，嵌入是一一的浸入；但不是所有一一的浸入均为嵌入，参见图 6。映射 ϕ 称为真映射，如果它在任意紧集 $\mathscr{K}\subset\mathscr{M}'$ 的逆像 $\phi^{-1}(\mathscr{K})$ 是紧的。还可证明，一一的真浸入是嵌入。$\mathscr{M}$ 在嵌入 ϕ 下的像 $\phi(\mathscr{M})$ 称为 $\mathscr{M}'$ 的 n 维**嵌入子流形**。

当映射 ϕ 是一一 C^r 映射，且其逆 ϕ^{-1} 是 $\mathscr{M}'$ 到 $\mathscr{M}$ 的 C^r 映射，我们称 ϕ 是 $\mathscr{M}$ 到 $\mathscr{M}'$ 的 C^r **微分同胚**。在此情形下，$n=n'$，并且当 $r\geqslant1$ 24
时 ϕ 不仅是单射，还是满射；反之，隐函数定理表明，如果 ϕ_* 是 p 点的单射和满射，则存在 p 点的某个开邻域 $\mathscr{U}$，使 $\phi:\mathscr{U}\to\phi(\mathscr{U})$ 是一微分同胚。因此，如果 ϕ_* 是 T_p 到 $T_{\phi(p)}$ 的同构，则 ϕ 是 p 点附近的局部微分同胚。

当映射 ϕ 是 $C^r(r\geqslant1)$ 微分同胚时，ϕ_* 将 $T_p(\mathscr{M})$ 映射到 $T_{\phi(p)}(\mathscr{M}')$，$(\phi^{-1})^*$ 将 $T^*_p(\mathscr{M})$ 映射到 $T^*_{\phi(p)}(\mathscr{M}')$。因此，对任意 r，s，我们可对任意 $\mathbf{X}_i\in T_p$，$\boldsymbol{\eta}^i\in T^*_p$ 定义 $T^r_s(p)$ 到 $T^r_s(\phi(p))$ 的映射 ϕ_*：

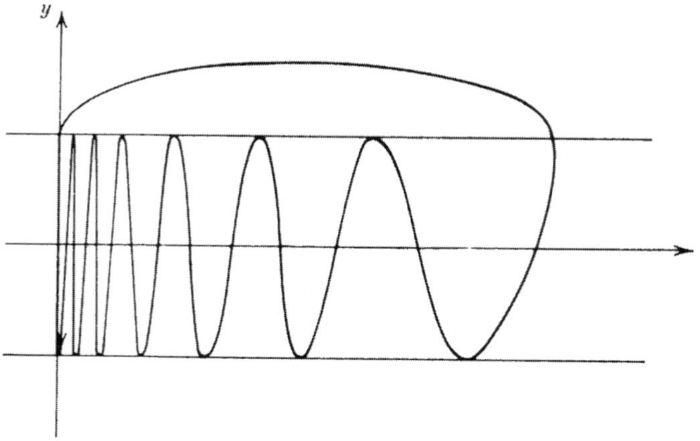

图 6 R^2 内非嵌入的 R^1 的一一浸入。这个映射通过将曲线 $y=\sin(1/x)$的光滑部分叠加到曲线$\{(y,0);-\infty<y<1\}$而获得

$$T(\boldsymbol{\eta}^1,\cdots,\boldsymbol{\eta}^s,\mathbf{X}_1,\cdots,\mathbf{X}_r)|_p=\\ \phi_* T((\phi^{-1})^*\boldsymbol{\eta}^1,\cdots,(\phi^{-1})^*\boldsymbol{\eta}^s,\phi_*\mathbf{X}_1,\cdots,\phi_*\mathbf{X}_r)|_{\phi(p)}。$$

这个从 $\mathscr{M}$上的(r,s)型张量到 $\mathscr{M}'$上的(r,s)型张量的映射,保留了张量代数的各种对称性和关系,就是说,$\phi_*\mathbf{T}$ 的缩并等于 ϕ_*($\mathbf{T}$ 的缩并)。

2.4 外微分与 Lie 导数

我们将研究流形上的三种微分算符,前两种纯由流形结构定义,第三种(见§2.5)通过给流形附加结构来定义。

25 **外微分**算符 d 将r-形式场线性映射到$(r+1)$-形式场。当它作用到 0-形式场(即函数)f 时,给出由下式定义的 1-形式场 $\mathrm{d}f$ (参见§2.2):

$$\langle \mathrm{d}f,\mathbf{X}\rangle = Xf \quad 对所有向量场\ \mathbf{X}。\tag{2.8}$$

当作用到 r-形式场

$$\mathbf{A}=A_{ab\cdots d}\mathrm{d}x^a\wedge\mathrm{d}x^b\wedge\cdots\wedge\mathrm{d}x^d$$

时,则产生下式定义的$(r+1)$-形式场 $\mathrm{d}\mathbf{A}$

$$\mathrm{d}\mathbf{A}=\mathrm{d}A_{ab\cdots d}\wedge\mathrm{d}x^a\wedge\mathrm{d}x^b\wedge\cdots\wedge\mathrm{d}x^d。\tag{2.9}$$

为说明这个$(r+1)$-形式场与定义所用的坐标系$\{x^a\}$无关,我们考虑

另一组坐标$\{x^{a'}\}$。这时

$$\mathbf{A}=A_{a'b'\cdots d'}\mathrm{d}x^{a'}\wedge\mathrm{d}x^{b'}\wedge\cdots\wedge\mathrm{d}x^{d'},$$

其中分量$A_{a'b'\cdots d'}$由

$$A_{a'b'\cdots d'}=\frac{\partial x^a}{\partial x^{a'}}\frac{\partial x^b}{\partial x^{b'}}\cdots\frac{\partial x^d}{\partial x^{d'}}A_{ab\cdots d}$$

给出。因此,由这些坐标定义的$(r+1)$-形式场 d**A** 为

$$\begin{aligned}d\mathbf{A}&=dA_{a'b'\cdots d'}\mathrm{d}x^{a'}\wedge\mathrm{d}x^{b'}\wedge\cdots\wedge\mathrm{d}x^{d'}\\&=\mathrm{d}\left(\frac{\partial x^a}{\partial x^{a'}}\frac{\partial x^b}{\partial x^{b'}}\cdots\frac{\partial x^d}{\partial x^{d'}}A_{ab\cdots d}\right)\wedge\mathrm{d}x^{a'}\wedge\mathrm{d}x^{b'}\wedge\cdots\wedge\mathrm{d}x^{d'}\\&=\frac{\partial x^a}{\partial x^{a'}}\frac{\partial x^b}{\partial x^{b'}}\cdots\frac{\partial x^d}{\partial x^{d'}}dA_{ab\cdots d}\wedge\mathrm{d}x^{a'}\wedge\mathrm{d}x^{b'}\wedge\cdots\wedge\mathrm{d}x^{d'}\\&\quad+\frac{\partial^2 x^a}{\partial x^{a'}\partial x^{e'}}\frac{\partial x^b}{\partial x^{b'}}\cdots\frac{\partial x^d}{\partial x^{d'}}A_{ab\cdots d}\wedge\mathrm{d}x^{e'}\wedge\mathrm{d}x^{a'}\wedge\mathrm{d}x^{b'}\wedge\cdots\wedge\mathrm{d}x^{d'}+\\&\quad\cdots+\cdots\\&=dA_{ab\cdots d}\wedge\mathrm{d}x^a\wedge\mathrm{d}x^b\wedge\cdots\wedge\mathrm{d}x^d。\end{aligned}$$

这是因为$\partial^2x^a/\partial x^{a'}\partial x^{e'}$关于$a'$和$e'$对称,而$\mathrm{d}x^{e'}\wedge\mathrm{d}x^{a'}$是斜对称的。注意,这个定义仅对**形式**有效;当用张量积替代$\wedge$积时,它将与所用的坐标系有关。利用关系$\mathrm{d}(fg)=g\mathrm{d}f+f\mathrm{d}g$(它对任意函数$f,g$均成立),则对任意$r$-形式**A**和**B**,有$\mathrm{d}(\mathbf{A}\wedge\mathbf{B})=\mathrm{d}\mathbf{A}\wedge\mathbf{B}+(-1)^r\mathbf{A}\wedge\mathrm{d}\mathbf{B}$。由(2.8)式可知,$\mathrm{d}f$在局部坐标下可写成$\mathrm{d}f=(\partial f/\partial x^i)\mathrm{d}x^i$,于是$\mathrm{d}(\mathrm{d}f)=(\partial^2 f/\partial x^i\partial x^j)\mathrm{d}x^i\wedge\mathrm{d}x^j=0$,因为第一项是对称的,而第二项是斜对称的。类似地,由(2.9)式可知,

$$\mathrm{d}(\mathrm{d}\mathbf{A})=0$$

对所有r-形式场**A**成立。

当$\phi:\mathscr{M}\to\mathscr{M}'$是$C^r(r\geqslant2)$映射而$A$是$\mathscr{M}'$上的$C^k(k\geqslant2)$形式场 26
时,由(2.7)式,算符 d 与流形映射可交换:

$$\mathrm{d}(\phi^*\mathbf{A})=\phi^*(\mathrm{d}\mathbf{A})。$$

在这个意义上,两个算符是对易的(等价于偏导数的链式法则)。

算符 d 自然出现在流形的 Stokes 定理的一般形式里。我们首先定义n-形式的积分:令$\mathscr{M}$是可定向且带边$\partial\mathscr{M}$的n维紧致流形,$\{f_\alpha\}$为有限定向坐标卡集$\{\mathscr{U}_\alpha,\phi_\alpha\}$的单位分解,那么如果**A**是$\mathscr{M}$上的$n$-形式场,则**A**在$\mathscr{M}$上的积分定义为

$$\int_{\mathscr{M}}\mathbf{A}=(n!)^{-1}\sum_\alpha\int_{\phi_\alpha(\mathscr{U}_\alpha)}f_\alpha A_{12\cdots n}\mathrm{d}x^1\mathrm{d}x^2\cdots\mathrm{d}x^n,\qquad(2.10)$$

这里，$A_{12\cdots n}$ 是 **A** 在坐标邻域 $\mathscr{U}_\alpha$ 内关于局部坐标的分量，等号右边是 R^n 的开集 $\phi_\alpha(\mathscr{U}_\alpha)$上的普通多重积分。由此，通过局部坐标将 $\mathscr{M}$上的形式映射到R^n，然后在 R^n 上进行标准的重积分运算，就得到该形式在 $\mathscr{M}$上的积分。单位分解的存在保证了这种运算的整体有效性。

积分(2.10)是确定的，因为如果选择另一组坐标卡集$\{\mathscr{V}_\beta,\psi_\beta\}$及其单位分解$\{g_\beta\}$，我们可得积分

$$(n!)^{-1}\sum_\beta\int_{\psi_\beta(\mathscr{V}_\beta)}g_\beta A_{1'2'\cdots n'}\mathrm{d}x^{1'}\mathrm{d}x^{2'}\cdots\mathrm{d}x^{n'},$$

这里，$x^{i'}$ 是相应的局部坐标。在两坐标卡集的一个坐标邻域的重叠区域($\mathscr{U}_\alpha\cap\mathscr{V}_\beta$)上比较这两个量，第一个表式可写成

$$(n!)^{-1}\sum_\alpha\sum_\beta\int_{\phi_\alpha(\mathscr{U}_\alpha\cap\mathscr{V}_\beta)}f_\alpha g_\beta A_{12\cdots n}\mathrm{d}x^1\mathrm{d}x^2\cdots\mathrm{d}x^n,$$

第二个表式可写成

$$(n!)^{-1}\sum_\alpha\sum_\beta\int_{\psi_\beta(\mathscr{U}_\alpha\cap\mathscr{V}_\beta)}f_\alpha g_\beta A_{1'2'\cdots n'}\mathrm{d}x^{1'}\mathrm{d}x^{2'}\cdots\mathrm{d}x^{n'}。$$

比较形式 **A** 和 R^n 上重积分的变换法则，两表达式在每一点均相等，故 $\int_{\mathscr{M}}\mathbf{A}$ 与所选择的坐标卡集和单位分解无关。

27 类似地，我们还可证明，如果 ϕ 是 $\mathscr{M}$ 到 $\mathscr{M}'$ 的 $C^r(r\geqslant1)$微分同胚，那么积分是微分同胚下的不变量：

$$\int_{\mathscr{M}}\phi_*\mathbf{A}=\int_{\mathscr{M}}\mathbf{A}。$$

运用算符 d，我们可将**一般的 Stokes 定理**表述如下：设 **B** 是 $\mathscr{M}$的$(n-1)$-形式场，则

$$\int_{\partial\mathscr{M}}\mathbf{B}=\int_{\mathscr{M}}\mathrm{d}\mathbf{B},$$

它可由上述定义来证明(例如，见 Spivak，1965)。本质上说，它是微积分基本定理的一般形式。为了进行左边的积分，我们需要给 $\mathscr{M}$ 的边界$\partial\mathscr{M}$ 定义方向，规定如下：若 $\mathscr{U}_\alpha$ 是 $\mathscr{M}$ 的定向坐标卡集的一个坐标邻域且与$\partial\mathscr{M}$相交，则由$\partial\mathscr{M}$的定义，$\phi_\alpha(\mathscr{U}_\alpha\cap\partial\mathscr{M})$在 R^n 的 $x^1=0$ 平面内，$\phi_\alpha(\mathscr{U}_\alpha\cap\mathscr{M})$在 $x^1\leqslant0$ 的下面。于是坐标$(x^2,x^3,\cdots,x^n)$在$\partial\mathscr{M}$的邻域$\mathscr{U}_\alpha\cap\partial\mathscr{M}$内是定向的。我们还可以证明这也为$\partial\mathscr{M}$定义了一个定向坐标卡集。

由流形结构自然定义的另一种微分是 **Lie 微分**。考虑 $\mathscr{M}$上任一 $C^r(r\geqslant1)$向量场 **X**。根据常微分方程的基本定理(Burkill，1956)，过

$\mathscr{M}$的每一点 p 存在唯一一条极大值曲线 $\lambda(t)$，使 $\lambda(0)=p$，且曲线在点 $\lambda(t)$ 的切向量为 $\mathbf{X}|_{\lambda(t)}$。若 $\{x^i\}$ 是局部坐标，从而曲线 $\lambda(t)$ 具有坐标 $x^i(t)$ 且向量 $\mathbf{X}$ 有分量 X^i，则曲线是微分方程组

$$\mathrm{d}x^i/\mathrm{d}t=X^i(x^1(t),\cdots,x^n(t))$$

的一个局部解。这条曲线称为切向量 $\mathbf{X}$ 的过初始点 p 的**积分曲线**。对 $\mathscr{M}$ 的每一点 q，存在 q 的开邻域 $\mathscr{U}$ 和 $\varepsilon>0$，同时对 $\mathscr{U}$ 的每一点 p 沿积分曲线 X 取一参数距离 t，那么只要 $|t|<\varepsilon$ 时，我们总可以通过 $\mathbf{X}$ 来定义一族微分同胚 $\phi_t:\mathscr{U}\to\mathscr{M}$（事实上，$\phi_t$ 构成一个单参数局部微分同胚群，因为对 $|t|,|s|,|t+s|<\varepsilon$，有 $\phi_{t+s}=\phi_t\circ\phi_s=\phi_s\circ\phi_t$，因此，$\phi_{-t}=(\phi_t)^{-1}$，从而 ϕ_0 是恒等映射）。这个微分同胚将 p 点的每个 (r,s) 型张量场 $\mathbf{T}$ 映射为 $\phi_{t*}\mathbf{T}|_{\phi t(p)}$。

张量场 $\mathbf{T}$ 关于 $\mathbf{X}$ 的 **Lie 导数** $L_{\mathbf{X}}\mathbf{T}$ 定义为这一张量场族关于 t 的 28
负导数在 $t=0$ 的值，即

$$L_{\mathbf{X}}\mathbf{T}|_p=\lim_{t\to0}\frac{1}{t}\{\mathbf{T}|_p-\phi_{t*}\mathbf{T}|_p\}。$$

从 ϕ_* 的性质可知

(1)$L_{\mathbf{X}}\mathbf{T}$ 保持张量型不变，即，如果 $\mathbf{T}$ 是 (r,s) 型张量场，则 $L_{\mathbf{X}}\mathbf{T}$ 也是 (r,s) 型张量场；

(2)$L_{\mathbf{X}}\mathbf{T}$ 线性地映射张量，并保持其缩并不变；和普通微积分一样，我们可以证明 Leibniz 法则：

(3)对任意张量 $\mathbf{S},\mathbf{T}$，$L_{\mathbf{X}}(\mathbf{S}\otimes\mathbf{T})=L_{\mathbf{X}}\mathbf{S}\otimes\mathbf{T}+\mathbf{S}\otimes L_{\mathbf{X}}\mathbf{T}$。

直接由定义：

(4)$L_{\mathbf{X}}f=Xf$，这里 f 是任一函数。

在映射 ϕ_t 下，点 $q=\phi_{-t}(p)$ 被映射到点 p。故 ϕ_{t*} 是从 T_q 到 T_p 的映射。因此，从(2.6)知

$$(\phi_{t*}Y)f|_p=Y(\phi_t^*f)|_q。$$

如果 $\{x^i\}$ 是 p 点邻域的局部坐标，则 $\phi_{t*}\mathbf{Y}$ 在 p 点的坐标分量为

$$(\phi_{t*}Y)^i|_p=\phi_{t*}Y|_p x^i=Y^j|_q\frac{\partial}{\partial x^j(q)}(x^i(p))$$

$$=\frac{\partial x^i(\phi_t(q))}{\partial x^j(q)}Y^j|_q。$$

现在

$$\frac{\mathrm{d}x^i(\phi_t(q))}{\mathrm{d}t}=X^i|_{\phi t(q)},$$

因此

$$\frac{\mathrm{d}}{\mathrm{d}t}\left(\frac{\partial x^i(\phi_t(q))}{\partial x^j(q)}\right)\bigg|_{t=0}=\frac{\partial X^i}{\partial x^j}\bigg|_p,$$

故

$$(L_{\mathbf{X}}Y)^i=-\frac{\mathrm{d}}{\mathrm{d}t}(\phi_{t*}Y)^i\,|_{t=0}=\frac{\partial Y^i}{\partial x^j}X^j-\frac{\partial X^i}{\partial x^j}Y^j。\qquad(2.11)$$

我们可将上式重写，即对所有 C^2 函数 f，有

$$(L_{\mathbf{X}}Y)f=X(Yf)-Y(Xf)。$$

有时我们将 $L_{\mathbf{X}}\mathbf{Y}$ 记为$[\mathbf{X},\mathbf{Y}]$，即

$$L_{\mathbf{X}}\mathbf{Y}=-L_{\mathbf{Y}}\mathbf{X}=[\mathbf{X},\mathbf{Y}]=-[\mathbf{Y},\mathbf{X}]。$$

如果两个向量场 **X**,**Y** 的 Lie 导数为零，则称这些向量场是可对易的。在此情形下，我们由 p 点出发，先沿 **X** 的积分曲线经过参数距离 t，再沿 **Y** 的积分曲线经过参数距离 s，或者，先沿 **Y** 的积分曲线经过参数距离 s，再沿 **X** 的积分曲线经过参数距离 t，最后将到达同一点（图
29
7）。因此，由给定点 p 出发沿 **X**,**Y** 的积分曲线所能达到的所有点的集合，将形成一个经过 p 点的浸入的二维子流形。

为得到 1-形式 $\boldsymbol{\omega}$ 的 Lie 导数的分量，我们先通过缩并关系（Lie 导数性质(3)）

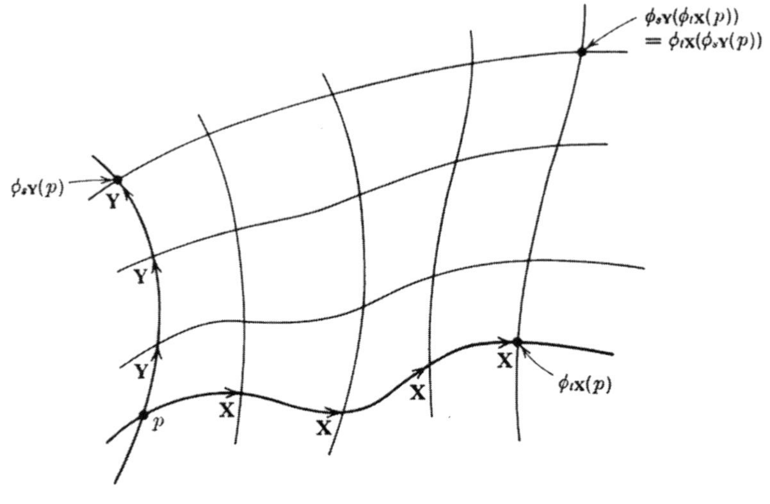

图 7 可对易向量场 **X**,**Y** 从 p 点出发沿不同路径分别到达 $\phi_{t\mathbf{X}}(p)$ 和 $\phi_{s\mathbf{Y}}(p)$ 点的变换。连续运用这些变换可以走遍二维曲面所有点

$$L_{\mathbf{X}}(\boldsymbol{\omega}\otimes\mathbf{Y})=L_{\mathbf{X}}\boldsymbol{\omega}\otimes\mathbf{Y}+\boldsymbol{\omega}\otimes L_{\mathbf{X}}\mathbf{Y}$$

得到(由 Lie 导数性质(2))

$$\mathbf{L}_{\mathbf{X}}\langle\boldsymbol{\omega},\mathbf{Y}\rangle=\langle L_{\mathbf{X}}\boldsymbol{\omega},\mathbf{Y}\rangle+\langle\boldsymbol{\omega},L_{\mathbf{X}}\mathbf{Y}\rangle,$$

这里 **X**,**Y** 是两任意 C^1 向量场；然后取 **Y** 为基向量 $\mathbf{E}_i$。这样，在 $\mathbf{E}_i=\partial/\partial x^i$下，我们得坐标分量为

$$(L_{\mathbf{X}}\boldsymbol{\omega})_i=(\partial\omega_i/\partial x^j)X^j+\omega_j(\partial X^j/\partial x^i),$$

这是因为(2.11)式意味着

$$(L_{\mathbf{X}}(\partial/\partial x^i))^j=-\partial X^j/\partial x^i。$$

类似地，要得到任意(r,s)型 $C^r(r\geqslant1)$张量场 **T** 的 Lie 导数的分量，我们先将推广 Leibniz 法则用于

$$L_{\mathbf{X}}(\mathbf{T}\otimes\mathbf{E}^a\otimes\cdots\otimes\mathbf{E}^d\otimes\mathbf{E}_e\otimes\cdots\otimes\mathbf{E}_g),$$

然后对所有指标进行缩并，最后得到的分量为 30

$$(L_{\mathbf{X}}T)^{ab\cdots d}{}_{ef\cdots g}=(\partial T^{ab\cdots d}{}_{ef\cdots g}/\partial x^i)X^i-T^{ib\cdots d}{}_{ef\cdots g}\partial X^a/\partial x^i-$$
$$\text{所有上指标})+T^{ab\cdots d}{}_{if\cdots g}\partial X^i/\partial x^e+(\text{所有下指标})。\qquad(2.12)$$

由(2.7)式，任意 Lie 导数与 d 对易，即对任意 p-形式场 **ω**，

$$\mathrm{d}(L_{\mathbf{X}}\boldsymbol{\omega})=L_{\mathbf{X}}(\mathrm{d}\boldsymbol{\omega})。$$

从这些公式及其几何解释可知，(r,s)型张量场 **T** 的 Lie 导数 $L_{\mathbf{X}}\mathbf{T}|_p$ 不仅依赖于向量场 **X** 在 p 点的方向，还依赖于 **X** 在相邻点的方向。因此，这样的两个由流形结构定义的微分算符局限性太强，不可能用作在流形上建立物理量的场方程所需要的偏导数概念的推广；算符 d 仅作用于形式，而普通的偏导数是一个方向导数，与 Lie 导数不同的是，它仅依赖于我们所考虑的点的方向。通过在流形上引入附加结构，我们可获得这样一种推广了的导数，即协变导数。下一节就讨论这个问题。

2.5 协变微分与曲率张量

我们在流形上引入的附加结构是 $\mathscr{M}$上的(仿射)联络。$\mathscr{M}$的 p 点上的**联络**∇ 是一运算法则，它为 p 点的每个向量场 **X** 赋以微分算符 $\nabla_{\mathbf{X}}$，将任一 $C^r(r\geqslant1)$向量场 **Y** 映射为向量场$\nabla_{\mathbf{X}}\mathbf{Y}$。这里，

(1)$\nabla_{\mathbf{X}}\mathbf{Y}$ 是以 **X** 为变元的张量，即，对任意函数 f,g 和C^1 向量场 **X**,**Y**,**Z**,

$$\nabla_{f\mathbf{X}+g\mathbf{Y}}\mathbf{Z}=f\,\nabla_{\mathbf{X}}\mathbf{Z}+g\,\nabla_{\mathbf{Y}}\mathbf{Z};$$

（这相当于要求导数$\nabla_{\mathbf{X}}$仅依赖于$\mathbf{X}$在p点的方向）；

（2）$\nabla_{\mathbf{X}}\mathbf{Y}$对$\mathbf{Y}$是线性的，即对任意$C^1$向量场$\mathbf{Y}$，$\mathbf{Z}$和$\alpha,\beta\in R^1$，

$$\nabla_{\mathbf{X}}(\alpha\mathbf{Y}+\beta\mathbf{Z})=\alpha\nabla_{\mathbf{X}}\mathbf{Y}+\beta\nabla_{\mathbf{X}}\mathbf{Z};$$

（3）对任一C^1函数f和C^1向量场$\mathbf{Y}$，

$$\nabla_{\mathbf{X}}(f\ \mathbf{Y})=X(f)\mathbf{Y}+f\ \nabla_{\mathbf{X}}\mathbf{Y}。$$

31 这样，$\nabla_{\mathbf{X}}\mathbf{Y}$是$\mathbf{Y}$（关于$\nabla$）在$p$点的**$\mathbf{X}$方向的协变导数。**由性质（1），我们可将$\mathbf{Y}$的**协变导数**$\nabla\mathbf{Y}$定义为（1，1）型张量场，当它与$\mathbf{X}$缩并后产生向量$\nabla_{\mathbf{X}}\mathbf{Y}$。于是有

$$(3)\Leftrightarrow\nabla(f\ \mathbf{Y})=\mathrm{d}f\otimes\mathbf{Y}+f\nabla\mathbf{Y}。$$

C^k流形$\mathscr{M}$上的$C^r(k\geqslant r+2)$**联络**是一运算法则，它为每一点赋以联络∇，使得如果$\mathbf{Y}$是$\mathscr{M}$上的C^{r+1}向量场，则$\nabla\mathbf{Y}$是C^r张量场。

在邻域$\mathscr{U}$上，给定任一C^{r+1}向量基$\{\mathbf{E}_a\}$及其对偶的1-形式基$\{\mathbf{E}^a\}$，我们可将$\nabla\mathbf{Y}$的分量写为$Y^a{}_{;b}$，这样，

$$\nabla\mathbf{Y}=Y^a{}_{;b}\mathbf{E}^b\otimes\mathbf{E}_a。$$

在邻域$\mathscr{U}$上，联络由n^3个C^r函数$\Gamma^a{}_{bc}$确定。$\Gamma^a{}_{bc}$定义为

$$\Gamma^a{}_{bc}=\langle\mathbf{E}^a,\nabla_{\mathbf{E}_b}\mathbf{E}_c\rangle\Leftrightarrow\nabla\mathbf{E}_c=\Gamma^a{}_{bc}\mathbf{E}^b\otimes\mathbf{E}_a。$$

对任一C^1向量场$\mathbf{Y}$，

$$\nabla\mathbf{Y}=\nabla(Y^c\mathbf{E}_c)=\mathrm{d}Y^c\otimes\mathbf{E}_c+Y^c\Gamma^a{}_{bc}\mathbf{E}^b\otimes\mathbf{E}_a。$$

因此，$\nabla\mathbf{Y}$在坐标基$\{\partial/\partial x^a\}$，$\{\mathrm{d}x^b\}$下的分量为

$$Y^a{}_{;b}=\partial Y^a/\partial x^b+\Gamma^a{}_{bc}Y^c。$$

函数$\Gamma^a{}_{bc}$的变换性质由联络性质（1），（2），（3）确定；因为如果

$\mathbf{E}_{a'}=\Phi_{a'}{}^a\mathbf{E}_a$，$\mathbf{E}^{a'}=\Phi^{a'}{}_a\mathbf{E}^a$，

$$\Gamma^{a'}{}_{b'c'}=\langle\mathbf{E}^{a'},\nabla_{\mathbf{E}_{b'}}\mathbf{E}_{c'}\rangle=\langle\Phi^{a'}{}_a\mathbf{E}^a,\nabla_{\Phi_{b'}{}^b\mathbf{E}_b}(\Phi_{c'}{}^c\mathbf{E}_c)\rangle=$$

$$\Phi^{a'}{}_a\Phi_{b'}{}^b(\mathbf{E}_b(\Phi_{c'}{}^a)+\Phi_{c'}{}^c\Gamma^a{}_{bc})。$$

我们可将它重写为

$$\Gamma^{a'}{}_{b'c'}=\Phi^{a'}{}_a(E_{b'}(\Phi_{c'}{}^a)+\Phi_{b'}{}^b\Phi_{c'}{}^c\Gamma^a{}_{bc})。$$

特别地，如果基是由坐标$\{x^a\}$，$\{x^{a'}\}$定义的坐标基，则变换法则为

$$\Gamma^{a'}{}_{b'c'}=\frac{\partial x^{a'}}{\partial x^a}\left(\frac{\partial^2x^a}{\partial x^{b'}\partial x^{c'}}+\frac{\partial x^b}{\partial x^{b'}}\frac{\partial x^c}{\partial x^{c'}}\Gamma^a{}_{bc}\right)。$$

由于存在$\mathbf{E}_{b'}(\Phi_{c'}{}^a)$项，$\Gamma^a{}_{bc}$不能像张量的分量那样变换。但如果$\nabla\mathbf{Y}$和$\hat{\nabla}\mathbf{Y}$是不同联络获得的协变导数，则

$$\nabla Y-\hat{\nabla}Y=(\Gamma^a{}_{bc}-\hat{\Gamma}^a{}_{bc})Y^c\mathbf{E}^b\otimes\mathbf{E}_a$$

为一张量。因此，差$(\Gamma^a{}_{bc}-\hat{\Gamma}^a{}_{bc})$是张量的分量。

协变导数的定义可通过如下法则扩展到任意$C^r(r\geqslant 1)$张量场(试 32
比较 Lie 导数法则)：

(1)若 $\mathbf{T}$ 是(q,s)型 C^r 张量场，则$\nabla\mathbf{T}$ 是$(q,s+1)$型 C^{r-1} 张量场；

(2)∇ 是线性的，并可与缩并对易；

(3)对任意张量场 $\mathbf{S},\mathbf{T}$，Leibniz 法则成立，即

$$\nabla(\mathbf{S}\otimes\mathbf{T})=\nabla\mathbf{S}\otimes\mathbf{T}+\mathbf{S}\otimes\nabla\mathbf{T};$$

(4)对函数 f 有$\nabla f=\mathrm{d}f$。

我们将$\nabla\mathbf{T}$ 的分量写为$(\nabla_{\mathbf{E}h}T)^{a\cdots d}{}_{e\cdots g}=T^{a\cdots d}{}_{e\cdots g;h}$。因为由性质(2)，(3)可导出

$$\nabla_{\mathbf{E}b}\mathbf{E}^c=-\Gamma^c{}_{ba}\mathbf{E}^a,$$

这里$\{\mathbf{E}^a\}$是$\{\mathbf{E}_a\}$的对偶基，运用类似于推导(2.12)式的方法，可得$\nabla\mathbf{T}$ 的坐标分量为

$$T^{ab\cdots d}{}_{ef\cdots g;h}=\partial T^{ab\cdots d}{}_{ef\cdots g}/\partial x^h+\Gamma^a{}_{hj}T^{jb\cdots d}{}_{ef\cdots g}$$
$$+(\text{所有上指标})-\Gamma^j{}_{he}T^{ab\cdots d}{}_{jf\cdots g}-(\text{所有下指标})。\qquad(2.13)$$

作为特例，分量为 $\delta^a{}_b$ 的单位张量 $\mathbf{E}_a\otimes\mathbf{E}^a$ 的协变导数为零，所以分量为$\delta^{(a_1}{}_{b_1}\delta^{a_2}{}_{b_2}\cdots\delta^{a_s)}{}_{b_s}$，$\delta^{[a_1}{}_{b_1}\delta^{a_2}{}_{b_2}\cdots\delta^{a_p]}{}_{b_p}(p\leqslant n)$的一般单位张量的协变导数也为零。

如果 $\mathbf{T}$ 是沿 C^r 曲线$\lambda(t)$定义的 $C^r(r\geqslant 1)$张量场，我们可将 **$\mathbf{T}$ 沿曲线$\lambda(t)$的协变导数** $\mathrm{D}\mathbf{T}/\partial t$ 定义为$\nabla_{\partial/\partial t}\bar{\mathbf{T}}$，这里 $\bar{\mathbf{T}}$ 是将 $\mathbf{T}$ 扩展到λ 的某一开邻域的任意C^r 张量场。$\mathrm{D}\mathbf{T}/\partial t$ 是沿曲线$\lambda(t)$定义的 C^{r-1}张量场，与扩展 $\bar{\mathbf{T}}$ 无关。用分量表示，如果 $\mathbf{X}$ 是曲线 $\lambda(t)$的切向量，则$\mathrm{D}T^{a\cdots d}{}_{e\cdots g}/\partial t=T^{a\cdots d}{}_{e\cdots g;h}X^h$。特别地，我们可选择局部坐标使$\lambda(t)$有坐标 $x^a(t)$，$X^a=\mathrm{d}x^a/\mathrm{d}t$，于是对向量场 $\mathbf{Y}$ 有

$$\mathrm{D}Y^a/\partial t=\partial Y^a/\partial t+\Gamma^a{}_{bc}Y^c\mathrm{d}x^b/\mathrm{d}t。\qquad(2.14)$$

如果 $\mathrm{D}\mathbf{T}/\partial t=0$，则称张量 $\mathbf{T}$ 是沿 λ **平行移动**的。给定具有端点 p,q 的曲线$\lambda(t)$，常微分方程解的理论证明，如果联络∇ 至少是 C^{-1} 的，那么我们将任意给定张量由 p 出发沿λ 作平行移动，即可得到 q 点的唯一张量。因此，沿曲线 λ 的平行移动是从$T^r_s(p)$到$T^r_s(q)$的线性映射，它保持所有张量积和张量缩并不变。因此，在特殊情形下，如果我们沿给定曲线从 p 点到q 点平行移动向量的基，它就决定了从 T_p 到 T_q 的一个同构。(如果曲线存在自相交，p,q 可以是同一点。)

33 一种特殊情形是考虑沿曲线 λ 的切向量自身的协变导数。如果

$$\nabla_{\mathbf{X}}\mathbf{X}=\frac{\mathrm{D}}{\partial t}\left(\frac{\partial}{\partial t}\right)_{\lambda}$$

平行于 $(\partial/\partial t)_{\lambda}$，即如果存在函数 f （也许是零）使 $X^{a}{}_{;b}X^{b}=f\,X^{a}$，则称曲线 $\lambda(t)$ 为**测地曲线**。对这种曲线，我们可以沿曲线找一个新参数 $v(t)$ 使

$$\frac{\mathrm{D}}{\partial v}\left(\frac{\partial}{\partial v}\right)_{\lambda}=0;$$

这个参数称为**仿射参数**。相伴的切向量 $\mathbf{V}=(\partial/\partial v)_{\lambda}$ 平行于 $\mathbf{X}$，但其大小由 $V(v)=1$ 确定；它满足方程

$$V^{a}{}_{;b}V^{b}=0 \iff \frac{\mathrm{d}^{2}x^{a}}{\mathrm{d}v^{2}}+\Gamma^{a}{}_{bc}\frac{\mathrm{d}x^{b}}{\mathrm{d}v}\frac{\mathrm{d}x^{c}}{\mathrm{d}v}=0, \tag{2.15}$$

第二个表达式是局部坐标表示，可以通过将(2.14)式用于向量 $\mathbf{V}$ 来获得。测地曲线的仿射参数确定到一个加数和一个乘积因子，即确定到变换 $v'=av+b$，这里 a,b 为常数。我们可自由选择 b，相当于自由选择初始点 $\lambda(0)$；也可以自由选择 a，相当于自由地以一个常数标度因子来对向量 $\mathbf{V}$ 进行归一化，$\mathbf{V}'=(1/a)\mathbf{V}$。任一由这些仿射参数得到的参数化曲线都称为**测地线**。

给定一 $C^{r}(r\geqslant 0)$ 联络，将标准的常微分方程存在性定理应用于(2.15)式，则对 $\mathscr{M}$ 任意一点 p 及 p 点的向量 $\mathbf{X}_{p}$，$\mathscr{M}$ 存在以 p 为始点、以 $\mathbf{X}_{p}$ 为初始方向的极大测地线 $\lambda_{\mathbf{X}}(v)$，即 $\lambda(0)=p$，$(\partial/\partial v)_{\lambda}|_{v=0}=\mathbf{X}_{p}$。如果 $r\geqslant 1-$，则这条测地线是唯一的，且连续地依赖于 p 和 $\mathbf{X}_{p}$。如果 $r\geqslant 1$，则它可微地依赖于 p 和 $\mathbf{X}_{p}$，这意味着，如果 $r\geqslant 1$，我们可定义一 C^{r} 映射 $\exp: T_{p}\to\mathscr{M}$，这里对每一 $\mathbf{X}\in T_{p}$，$\exp(\mathbf{X})$ 是 $\mathscr{M}$ 内沿测地线 $\lambda_{\mathbf{X}}$ 距点 p 一个单位参数距离的点。这种映射不一定对所有 $\mathbf{X}\in T_{p}$ 有定义，因为测地线 $\lambda_{\mathbf{X}}(v)$ 不一定对所有 v 有定义。如果 v 确实取遍所有值，则称测地线 $\lambda_{\mathbf{X}}(v)$ 是**完备**测地线。如果 $\mathscr{M}$ 上所有测地线均为完备的，即如果 exp 对 $\mathscr{M}$ 每一点 p 的所有 T_{p} 均有定义，则称流形 $\mathscr{M}$ 是**测地完备的**。

不论 $\mathscr{M}$ 完备与否，映射 $\exp_{p}$ 在 p 点的秩都是 n。因此，根据隐函
34 数定理(Spivak，1965)，分别存在 T_{p} 的原点的开邻域 $\mathscr{N}_{0}$ 和 $\mathscr{M}$ 内 p 点的开邻域 $\mathscr{N}_{p}$，使映射 exp 是 $\mathscr{N}_{0}$ 到 $\mathscr{N}_{p}$ 的 C^{r} 微分同胚。这种邻域 $\mathscr{N}_{p}$ 称为 p 点的**正规邻域**。我们还可进一步选择 $\mathscr{N}_{p}$ 为**凸的**，即 $\mathscr{N}_{p}$ 内的任意

一点 q，总能通过完全包含在 $\mathcal{N}_p$ 内的唯一一条从 q 出发的测地线，与 $\mathcal{N}_p$ 内其他任意一点 r 连接起来。在凸正规邻域 $\mathcal{N}$ 内，我们可选取任一点 $q\in\mathcal{N}$ 来定义坐标$(x^1,\cdots,x^n)$，然后选择 T_q 的一个基$\{\mathbf{E}_a\}$，并通过关系 $r=\exp(x^a\mathbf{E}_a)$定义 $\mathcal{N}$ 内点 r 的坐标(即在基$\{\mathbf{E}_a\}$下将 T_q 的点 $\exp^{-1}(r)$的坐标赋给 r)。这样，$(\partial/\partial x^i)|_q=\mathbf{E}_i$，$\Gamma^i{}_{(jk)}|q=0$ (由(2.15)式)。这种坐标称为基于 q 的**正规坐标**。Geroch(1968c)曾用正规邻域的存在性来证明具有 C^1 联络的、连通的 C^3Hausdorff 流形 $\mathcal{M}$ 具有可数基。因此我们可从流形上 C^1 联络的存在来推断 C^3 流形的仿紧性。在这些邻域内，测地线的"正规"局部性态与测地线在一般空间里的大范围性态有着截然不同的性质。在一般空间里，一方面，任意两点间一般不可能通过测地线来连接，另一方面，经过某点的某些测地线可能在另一点"聚焦"。以后我们会遇到这两种性态的事例。

给定 C^r 联络∇，我们可根据关系

$$\mathbf{T}(\mathbf{X},\mathbf{Y})=\nabla_{\mathbf{X}}\mathbf{Y}-\nabla_{\mathbf{Y}}\mathbf{X}-[\mathbf{X},\mathbf{Y}]$$

来定义(1,2)型 C^{r-1} 张量场 $\mathbf{T}$。这里 $\mathbf{X},\mathbf{Y}$ 是任意两个 C^r 向量场。这个张量称为**挠率张量**。在坐标基下，其分量为

$$T^i{}_{jk}=\Gamma^i{}_{jk}-\Gamma^i{}_{kj}\text{。}$$

我们将只研究**无挠**联络，即假定 $\mathbf{T}=0$。在此情形下，联络的坐标分量满足$\Gamma^i{}_{jk}=\Gamma^i{}_{kj}$，所以这种联络经常被称为对称联络。联络是无挠的，当且仅当对所有函数 f 有 $f_{;ij}=f_{;ji}$。从测地线方程(2.15)可知，无挠联络完全取决于 $\mathcal{M}$上测地线的性态。

当挠率为零，任意 C^1 向量场 $\mathbf{X},\mathbf{Y}$ 的协变导数与其 Lie 导数有如下关系：

$$[\mathbf{X},\mathbf{Y}]=\nabla_{\mathbf{X}}\mathbf{Y}-\nabla_{\mathbf{Y}}\mathbf{X}\ \Leftrightarrow\ (L_{\mathbf{X}}\mathbf{Y})^a=Y^a{}_{;b}X^b-X^a{}_{;b}Y^b,\quad(2.16)$$

而对任意(r,s)型 C^1 张量场 $\mathbf{T}$，我们有 35

$$(L_{\mathbf{X}}T)^{ab\cdots d}{}_{ef\cdots g}=T^{ab\cdots d}{}_{ef\cdots g;h}X^h-T^{jb\cdots d}{}_{ef\cdots g}X^a{}_{;j}-$$

$$(\text{所有上指标})+T^{ab\cdots d}{}_{if\cdots g}X^j{}_{;e}+(\text{所有下指标})\text{。}\quad(2.17)$$

容易证明，外导数也与协变导数有关：

$$\mathrm{d}\mathbf{A}=A_{a\cdots c;d}\,\mathrm{d}x^d\wedge\mathrm{d}x^a\wedge\cdots\wedge\mathrm{d}x^c\Leftrightarrow(\mathrm{d}A)_{a\cdots cd}=(-)^pA_{[a\cdots c;d]},$$

这里 $\mathbf{A}$ 是任意 p-形式。由此，与外导数或 Lie 导数有关的方程总可以用协变导数来表达。然而，由定义知，Lie 导数和外导数与联络无关。

如果我们从给定 p 点出发沿曲线 γ 平行移动向量 $\mathbf{X}_p$，最后再回到 p 点，一般会得到一个不同于 $\mathbf{X}_p$ 的向量 $\mathbf{X}'_p$。如果由 p 点出发取不同

的曲线γ'作平行移动，则在p点得到的新向量一般也会不同于$\mathbf{X}_p$和$\mathbf{X}'_p$。平行移动的这种非可积性对应于协变导数并不总是可交换的事实。**Riemann（曲率）张量**为这种不可交换性提供了一个度量。给定C^{r+1}向量场$\mathbf{X}, \mathbf{Y}, \mathbf{Z}$，我们用$C^r$联络$\nabla$定义一个$C^{r-1}$向量场$\mathbf{R}(\mathbf{X},\mathbf{Y})\mathbf{Z}$：

$$\mathbf{R}(\mathbf{X},\mathbf{Y})\mathbf{Z}=\nabla_{\mathbf{X}}(\nabla_{\mathbf{Y}}\mathbf{Z})-\nabla_{\mathbf{Y}}(\nabla_{\mathbf{X}}\mathbf{Z})-\nabla_{[\mathbf{X},\mathbf{Y}]}\mathbf{Z}。\tag{2.18}$$

于是，$\mathbf{R}(\mathbf{X},\mathbf{Y})\mathbf{Z}$关于$\mathbf{X},\mathbf{Y},\mathbf{Z}$是线性的，还可以证明，$\mathbf{R}(\mathbf{X},\mathbf{Y})\mathbf{Z}$在$p$点的值仅依赖于$\mathbf{X},\mathbf{Y},\mathbf{Z}$在$p$点的值，即它是一个(3,1)型$C^{r-1}$张量场。为了将(2.18)式写成分量形式，我们将向量$\mathbf{Z}$的二阶协变导数$\nabla\nabla\mathbf{Z}$定义为$\nabla\mathbf{Z}$的协变导数$\nabla(\nabla\mathbf{Z})$；它有分量

$$Z^a{}_{;bc}=(Z^a{}_{;b})_{;c}。$$

于是(2.18)式可写成

$$\begin{aligned}R^a{}_{bcd}X^cY^dZ^b &=(Z^a{}_{;d}Y^d)_{;c}X^c-(Z^a{}_{;d}X^d)_{;c}Y^c-Z^a{}_{;d}(Y^d{}_{;c}X^c-X^d{}_{;c}Y^c)\\&=(Z^a{}_{;dc}-Z^a{}_{;cd})X^cY^d,\end{aligned}$$

这里，对偶基$\{\mathbf{E}_a\}$，$\{\mathbf{E}^a\}$下的Riemann张量分量$R^a{}_{bcd}$由关系$R^a{}_{bcd}=\langle\mathbf{E}^a,\mathbf{R}(\mathbf{E}_c,\mathbf{E}_d)\mathbf{E}_b\rangle$定义。由于$\mathbf{X},\mathbf{Y}$是任意向量，关系

$$Z^a{}_{;dc}-Z^a{}_{;cd}=R^a{}_{bcd}Z^b\tag{2.19}$$

通过Riemann张量刻画了$\mathbf{Z}$的二阶协变导数的非对易性。

36 由于以下关系

$$\begin{aligned}&\nabla_{\mathbf{X}}(\boldsymbol{\eta}\otimes\nabla_{\mathbf{Y}}\mathbf{Z})=\nabla_{\mathbf{X}}\boldsymbol{\eta}\otimes\nabla_{\mathbf{Y}}\mathbf{Z}+\boldsymbol{\eta}\otimes\nabla_{\mathbf{X}}\nabla_{\mathbf{Y}}\mathbf{Z}\\&\qquad\Rightarrow\langle\boldsymbol{\eta},\nabla_{\mathbf{X}}\nabla_{\mathbf{Y}}\mathbf{Z}\rangle=X(\langle\boldsymbol{\eta},\nabla_{\mathbf{Y}}\mathbf{Z}\rangle)-\langle\nabla_{\mathbf{X}}\boldsymbol{\eta},\nabla_{\mathbf{Y}}\mathbf{Z}\rangle\end{aligned}$$

对任意C^2 1-形式场$\boldsymbol{\eta}$和向量场$\mathbf{X},\mathbf{Y},\mathbf{Z}$均成立，所以(2.18)式意味着

$$\begin{aligned}\langle\mathbf{E}^a,\mathbf{R}(\mathbf{E}_c,\mathbf{E}_d)\mathbf{E}_b\rangle=&E_c(\langle\mathbf{E}^a,\nabla_{\mathbf{E}_d}\mathbf{E}_b\rangle)-E_d(\langle\mathbf{E}^a,\nabla_{\mathbf{E}_c}\mathbf{E}_b\rangle)-\\&\langle\nabla_{\mathbf{E}_c}\mathbf{E}^a,\nabla_{\mathbf{E}_d}\mathbf{E}_b\rangle+\langle\nabla_{\mathbf{E}_d}\mathbf{E}^a,\nabla_{\mathbf{E}_c}\mathbf{E}_b\rangle-\langle\mathbf{E}^a,\nabla_{[\mathbf{E}_c,\mathbf{E}_d]}\mathbf{E}_b\rangle。\end{aligned}$$

以坐标基为基，我们就得到用联络的坐标分量表示的Riemann张量的坐标分量

$$R^a{}_{bcd}=\partial\Gamma^a{}_{db}/\partial x^c-\partial\Gamma^a{}_{cb}/\partial x^d+\Gamma^a{}_{cf}\Gamma^f{}_{db}-\Gamma^a{}_{df}\Gamma^f{}_{cb}。\tag{2.20}$$

由这些定义式可以证明，除对称性

$$R^a{}_{bcd}=-R^a{}_{bdc}\ \Leftrightarrow\ R^a{}_{b(cd)}=0。\tag{2.21a}$$

之外，曲率张量还有如下对称性

$$R^a{}_{[bcd]}=0\quad\Leftrightarrow\quad R^a{}_{bcd}+R^a{}_{dbc}+R^a{}_{cdb}=0。\tag{2.21b}$$

类似地，Riemann张量的一阶协变导数满足**Bianchi恒等式**

$$R^a{}_{b[cd;e]}=0 \iff R^a{}_{bcd;e}+R^a{}_{bec;d}+R^a{}_{bde;c}=0。\qquad(2.22)$$

现在很清楚,仅当在 $\mathscr{M}$ 的所有点上$R^a{}_{bcd}=0$ 时,向量沿任意闭曲线的平行移动才是局部可积的(即对每一点 $p\in\mathscr{M}$, $\mathbf{X}'_p$ 必然与 $\mathbf{X}_p$ 相同)。在此情形下,我们说联络是**平直的**。

通过缩并曲率张量,我们可以定义 **Ricci 张量**为具有分量

$$R_{bd}=R^a{}_{bad}$$

的(0,2)型张量。

2.6 度规

点 $p\in\mathscr{M}$上的**度规张量 g** 是 p 点的一个(0,2)型对称张量,故 $\mathscr{M}$ 上的 C^r 度规就是一个 C^r 对称张量场 **g**。p 点的度规 **g** 为每一向量 $\mathbf{X}\in T_p$赋予了"大小"$(|g(\mathbf{X},\mathbf{X})|)^{1/2}$,并定义了向量 $\mathbf{X},\mathbf{Y}\in T_p$ 之间的"角的余弦"

$$\frac{g(\mathbf{X},\mathbf{Y})}{(|g(\mathbf{X},\mathbf{X})\cdot g(\mathbf{Y},\mathbf{Y})|)^{\frac{1}{2}}},$$

这里 $g(\mathbf{X},\mathbf{X})\cdot g(\mathbf{Y},\mathbf{Y})\neq 0$; 若 $g(\mathbf{X},\mathbf{Y})=0$, 则称向量 $\mathbf{X},\mathbf{Y}$ 是**正交的。** 37

g 在基$\{\mathbf{E}_a\}$下的分量为

$$g_{ab}=g(\mathbf{E}_a,\mathbf{E}_b)=g(\mathbf{E}_b,\mathbf{E}_a),$$

即分量为基向量 $\mathbf{E}_a$ 的标量积。如果用坐标基$\{\partial/\partial x^a\}$,则

$$\mathbf{g}=g_{ab}\mathrm{d}x^a\otimes\mathrm{d}x^b。\qquad(2.23)$$

由度规定义的切空间的大小可以通过路径长度与流形的大小联系起来。C^0 和分段 C^1 的曲线 $\gamma(t)$上点 $p=\gamma(a)$与点 $q=\gamma(b)$之间的**路径长度**定义为

$$L=\int_a^b(|g(\partial/\partial t,\partial/\partial t)|)^{\frac{1}{2}}\mathrm{d}t,\qquad(2.24)$$

这里,$\partial/\partial t$ 为曲线$\gamma(t)$的切向量,$g(\partial/\partial t,\partial/\partial t)$在曲线 $\gamma(t)$的所有点有相同的符号。我们可将(2.23)和(2.24)式象征性地表示为

$$\mathrm{d}s^2=g_{ij}\mathrm{d}x^i\mathrm{d}x^j。$$

在经典教科书里,它代表坐标位移 $x^i\rightarrow x^i+\mathrm{d}x^i$ 所确定的"无限小"弧长。

如果对所有向量 $\mathbf{Y}\in T_p$,不存在非零向量 $\mathbf{X}\in T_p$ 使$g(\mathbf{X},\mathbf{Y})=0$,则称度规在 p 点是**非退化的。** 如果用分量表示,所谓度规 **g** 非退化是

指其分量矩阵(g_{ab})是非奇异的。从现在起,我们总假定度规张量是非退化的。于是,通过关系

$$g^{ab}g_{bc}=\delta^a{}_c$$

(即分量矩阵(g^{ab})是矩阵(g_{ab})的逆),我们可以在$\{\mathbf{E}^a\}$的对偶基$\{\mathbf{E}_a\}$下定义分量为 g^{ab} 的唯一(2,0)型对称张量。显然,矩阵(g^{ab})也是非奇异的。因此,张量 g^{ab} 和g_{ab} 可用来确定协变张量变元和逆变张量变元之间的同构,或者说,用来“提升或降低指标”。这样,若 X^a 是逆变向量的分量,则 X_a 是唯一相伴的协变向量分量,这里 $X_a=g_{ab}X^b$,$X^a=g^{ab}X_b$;类似地,对(0,2)型张量 T_{ab},我们可伴以唯一张量 $T^a{}_b=g^{ac}T_{cb}$,$T_a{}^b=g^{bc}T_{ac}$,$T^{ab}=g^{ac}g^{bd}T_{cd}$。我们通常把这些相伴的协变和逆变张量视为同一几何对象的表示(特别是,对偶基下的 g_{ab},
38 $\delta_a{}^b$ 和g^{ab}可视为同一几何对象 $\mathbf{g}$ 的表示),尽管在某些情形下我们有不止一个度规,并且需要仔细区分用哪个度规来提升或降低指标。

度规 $\mathbf{g}$ 在 p 点的**符号差**是矩阵(g_{ab})在 p 点的正本征值的数目减去负本征值的数目。若 $\mathbf{g}$ 是非退化且连续的,则符号差在 $\mathscr{M}$ 上是一常数;通过适当选取基$\{\mathbf{E}_a\}$,任意一点 p 的度规分量均可化为如下形式

$$g_{ab}=\mathrm{diag}(\underbrace{+1,+1,\cdots,+1}_{\frac{1}{2}(n+s)\text{项}},\underbrace{-1,\cdots,-1}_{\frac{1}{2}(n-s)\text{项}}),$$

这里 s 是 $\mathbf{g}$ 的符号差,n 是 $\mathscr{M}$ 的维数。在此情形下,基向量构成 p 点的规范正交集合,即每一基向量均为与其他基向量正交的单位向量。

符号差为 n 的度规称为**正定度规**。对正定度规,$g(\mathbf{X},\mathbf{X})=0\Rightarrow\mathbf{X}=0$,其正则形式为

$$g_{ab}=\mathrm{diag}(\underbrace{+1,\cdots,+1}_{n\text{ 项}})。$$

在“度规”一词的拓扑意义下,正定度规也是空间的“度量”。

符号差为$(n-2)$的度规称为 **Lorentz 度规**。其正则形式为

$$g_{ab}=\mathrm{diag}(\underbrace{+1,\cdots,+1}_{n-1\text{ 项}},-1)。$$

对具有 Lorentz 度规的 $\mathscr{M}$,其在 p 点的非零向量可分为三类:向量 $\mathbf{X}\in T_p$ 视 $g(\mathbf{X},\mathbf{X})$为负、零和正,分别被称为**类时的**、**零的**和**类空的**。零向量构成 T_p 的双光锥,它将类时向量与类空向量分离开来(图 8)。如果 $\mathbf{X},\mathbf{Y}$ 是 p 点同一半光锥内的任意两个非类空(即类时或零的)向量,

则 $g(\mathbf{X},\mathbf{Y})\leqslant 0$，等号仅当 **X** 和 **Y** 为平行零向量时成立（即当 $\mathbf{X}=\alpha\mathbf{Y}$ 时，$g(\mathbf{X},\mathbf{Y})=0$）。

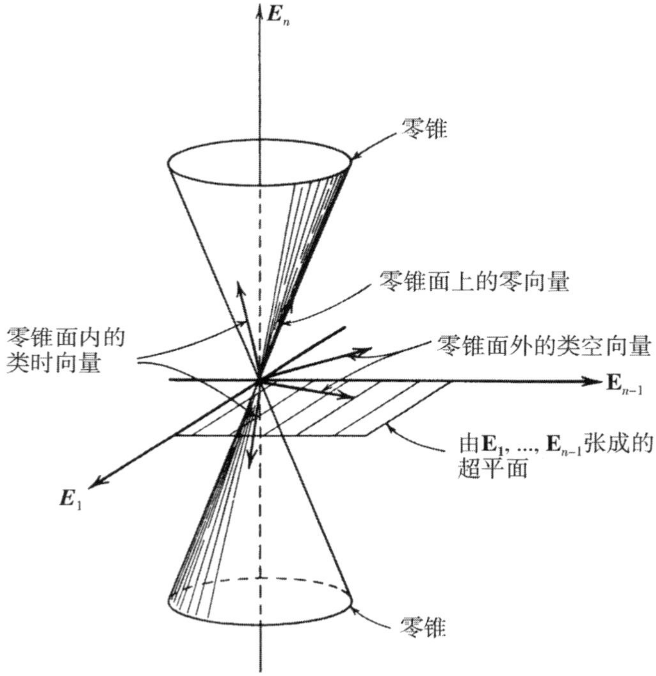

图 8　由 Lorentz 度规定义的零锥

任意仿紧 C^r 流形都容许 C^{r-1} 正定度规（即定义在整个 $\mathscr{M}$ 上的度规）。为了看清这一点，令 $\{f_\alpha\}$ 为局部有限坐标卡集 $\{\mathscr{U}_\alpha,\phi_\alpha\}$ 的单位分解，然后我们用

$$g(\mathbf{X},\mathbf{Y})=\sum_\alpha f_\alpha\langle(\phi_\alpha)_*\mathbf{X},(\phi_\alpha)_*\mathbf{Y}\rangle$$

来定义 g，这里 $\langle,\rangle$ 是 Euclid 空间 R^n 的自然标积。这样，我们可通过把 Euclid 空间映射到 $\mathscr{M}$，而用坐标卡集来确定度规。这样的度规在坐标卡集变化时显然不是不变量，因此 $\mathscr{M}$ 上存在很多正定的度规。

与此形成对比的是，当且仅当仿紧 C^r 流形容许不为零的 C^{r-1} 线素场时，它才可能容许存在 C^{r-1} Lorentz 度规。所谓线素场，是指为 $\mathscr{M}$ 的每一点 p 赋以一对相等且相反的向量 $(\mathbf{X},-\mathbf{X})$，就是说，线素场就像是符号未定的向量场。为了看清这一点，令 $\hat{\mathbf{g}}$ 为定义在流形上的 C^{r-1} 正定度规，然后我们由

$$g(\mathbf{Y},\mathbf{Z})=\hat{g}(\mathbf{Y},\mathbf{Z})-2\,\frac{\hat{g}(\mathbf{X},\mathbf{Y})\hat{g}(\mathbf{X},\mathbf{Z})}{\hat{g}(\mathbf{X},\mathbf{X})}$$

来定义每一点 p 的 Lorentz 度规 $\mathbf{g}$，这里 $\mathbf{X}$ 是 p 点的向量对$(\mathbf{X},-\mathbf{X})$中的一个向量。(注意：由于 $\mathbf{X}$ 出现偶数次，所以选 $\mathbf{X}$ 或 $-\mathbf{X}$ 是无关紧要的。)于是，$g(\mathbf{X},\mathbf{X})=-\hat{g}(\mathbf{X},\mathbf{X})$，并且，如果 $\mathbf{Y},\mathbf{Z}$ 在 $\hat{\mathbf{g}}$ 下与 $\mathbf{X}$ 正交，则它们在 $\mathbf{g}$ 下也与 $\mathbf{X}$ 正交，并有 $g(\mathbf{Y},\mathbf{Z})=\hat{g}(\mathbf{Y},\mathbf{Z})$。因此，$\hat{\mathbf{g}}$ 的规范正
40 交基也是 $\mathbf{g}$ 的规范正交基。由于 $\hat{\mathbf{g}}$ 不是唯一的，因此，如果在 $\mathscr{M}$ 上存在某个 Lorentz 度规，则必然存在多个这样的度规。反之，若 $\mathbf{g}$ 是给定的 Lorentz 度规，我们来考虑方程 $g_{ab}X^b=\lambda\hat{g}_{ab}X^b$，这里 $\hat{\mathbf{g}}$ 是任意正定度规。这个方程有一个负的和$(n-1)$个正的本征值，于是，负本征值对应的本征向量场 $\mathbf{X}$ 将是确定到一个符号和一个规范因子的局部向量场；我们可通过关系 $g_{ab}X^aX^b=-1$ 来规范，从而也就在 $\mathscr{M}$ 上定义了一个线素场。

事实上，任一非紧流形均容许有一线素场。而紧流形当且仅当其 Euler 不变量为零时才容许线素场(例如，环面 T^2 容许但球面 S^2 不容许)。以后将证明，仅当流形是非紧的，它才能当作合理的时空模型，故 $\mathscr{M}$ 上会存在多个 Lorentz 度规。

至此，度规张量和联络一直是作为流形 $\mathscr{M}$ 的分立结构引入的。然而，对 $\mathscr{M}$ 上给定的度规 $\mathbf{g}$，在 $\mathbf{g}$ 的协变导数为零，即

$$g_{ab;c}=0 \tag{2.25}$$

的条件下，可在 $\mathscr{M}$ 上定义唯一的无挠联络。在这个联络下，向量的平行移动将保持 $\mathbf{g}$ 所定义的标积不变，特别是，向量的大小是一不变量。例如，若$\partial/\partial t$ 是某测地线的切向量，则 $g(\partial/\partial t,\partial/\partial t)$沿测地线是常数。

根据(2.25)式，我们有

$$X(g(\mathbf{Y},\mathbf{Z}))=\nabla_{\mathbf{X}}(g(\mathbf{Y},\mathbf{Z}))=\nabla_{\mathbf{X}}g(\mathbf{Y},\mathbf{Z})+g(\nabla_{\mathbf{X}}\mathbf{Y},\mathbf{Z})+$$
$$g(\mathbf{Y},\nabla_{\mathbf{X}}\mathbf{Z})=g(\nabla_{\mathbf{X}}\mathbf{Y},\mathbf{Z})+g(\mathbf{Y},\nabla_{\mathbf{X}}\mathbf{Z})$$

对任意 C^1 向量场 $\mathbf{X},\mathbf{Y},\mathbf{Z}$ 成立。加上 $Y(g(\mathbf{Z},\mathbf{X}))$的类似表达式，再减去 $Z(g(\mathbf{X},\mathbf{Y}))$的类似表达式，可得

$$g(\mathbf{Z},\nabla_{\mathbf{X}}\mathbf{Y})=\frac{1}{2}\{-Z(g(\mathbf{X},\mathbf{Y}))+Y(g(\mathbf{Z},\mathbf{X}))+X(g(\mathbf{Y},\mathbf{Z}))+$$
$$g(\mathbf{Z},[\mathbf{X},\mathbf{Y}])+g(\mathbf{Y},[\mathbf{Z},\mathbf{X}])-g(\mathbf{X},[\mathbf{Y},\mathbf{Z}])\}。$$

选择 $\mathbf{X},\mathbf{Y},\mathbf{Z}$ 为基向量，我们就可以用度规分量 $g_{ab}=g(\mathbf{E}_a,\mathbf{E}_b)$的导数和基向量的 Lie 导数来表示联络的分量

$$\Gamma_{abc}=g(\mathbf{E}_a,\nabla_{\mathbf{E}_b}\mathbf{E}_c)=g_{ad}\Gamma^d{}_{bc}\text{。}$$

特别地，如果我们用坐标基，则这些 Lie 导数都为零，这样就得到通常的联络的坐标分量的 Christoffel 关系

$$\Gamma_{abc}=\frac{1}{2}\{\partial g_{ab}/\partial x^c+\partial g_{ac}/\partial x^b-\partial g_{bc}/\partial x^a\}\text{。}\tag{2.26}$$

从现在开始，我们假定 $\mathscr{M}$ 上的联络是由 C^r 度规 **g** 确定的唯一的 41
C^{r-1} 无挠联络。借助这个联络，我们可在 q 点的邻域内用 q 点向量的规范正交基来定义正规坐标系（§2.5）。在这种坐标系下，**g** 在 q 点的分量 g_{ab} 为 $\pm\delta_{ab}$，而联络的分量 $\Gamma^a{}_{bc}$ 在 q 点为零。我们以后提到"正规坐标"均指用规范正交基定义的正规坐标。

由度规定义的联络的 Riemann 张量是 C^{r-2} 张量，它除了具有对称性(2.21)之外，还具有对称性

$$R_{(ab)cd}=0\ \Leftrightarrow\ R_{abcd}=-R_{bacd}\text{；}\tag{2.27a}$$

作为(2.21)和(2.27a)的推论，Riemann 张量对指标对 $\{ab\}$，$\{cd\}$ 也是对称的，即

$$R_{abcd}=R_{cdab}\text{。}\tag{2.27b}$$

这意味着 Ricci 张量是对称的：

$$R_{ab}=R_{ba}\text{。}\tag{2.27c}$$

曲率标量 R 是 Ricci 张量的缩并：

$$R=R^a{}_a=R^a{}_{bad}g^{bd}\text{。}$$

由于这些对称性，R_{abcd} 有 $\frac{1}{12}n^2(n^2-1)$ 个独立代数分量，这里 n 是 $\mathscr{M}$ 的维数，其中 $\frac{1}{12}n(n+1)$ 个可由 Ricci 张量的分量来表示。若 $n=1$，则 $R_{abcd}=0$；若 $n=2$，则 R_{abcd} 有一个独立分量，其实就是函数 R；若 $n=3$，则曲率张量完全由 Ricci 张量确定；若 $n>3$，则曲率张量的其余分量可由 **Weyl 张量** C_{abcd} 来表示。Weyl 张量 C_{abcd} 定义为

$$C_{abcd}=R_{abcd}+\frac{2}{n-2}\{g_{a[d}R_{c]b}+g_{b[c}R_{d]a}\}+\frac{2}{(n-1)(n-2)}Rg_{a[c}g_{d]b}\text{。}$$

上式等号右边后两项包含了曲率张量的对称性(2.21)和(2.27)，因此 C_{abcd} 也具有这些对称性。除此之外，我们很容易证明

$$C^a{}_{bad}=0,$$

就是说，我们可以将 Weyl 张量视为曲率张量的一部分，其所有缩并均为零。

42 Weyl 张量的另一个特征在于它是一个共形不变量。我们说 $\mathbf{g}$ 和 $\hat{\mathbf{g}}$ **是共形的**，意思是对某些适当可微的非零函数 Ω，有

$$\hat{\mathbf{g}}=\Omega^2\mathbf{g}。\tag{2.28}$$

于是，对 p 点的任意向量 $\mathbf{X},\mathbf{Y},\mathbf{V},\mathbf{W}$，

$$\frac{g(\mathbf{X},\mathbf{Y})}{g(\mathbf{V},\mathbf{W})}=\frac{\hat{g}(\mathbf{X},\mathbf{Y})}{\hat{g}(\mathbf{V},\mathbf{W})},$$

所以，在共形变换下，向量间的角度和长度比均保持不变。特别是，T_p 的零光锥结构在共形变换下也保持不变，因为分别有

$$g(\mathbf{X},\mathbf{X})>0,=0,<0\ \Rightarrow\ \hat{g}(\mathbf{X},\mathbf{X})>0,=0,<0,$$

由于度规分量之间有关系

$$\hat{g}_{ab}=\Omega^2 g_{ab},\qquad \hat{g}^{ab}=\Omega^{-2}g^{ab},$$

故由度规(2.28)定义的联络的坐标分量之间有关系

$$\hat{\Gamma}^a{}_{bc}=\Gamma^a{}_{bc}+\Omega^{-1}\left(\delta^a{}_b\frac{\partial\Omega}{\partial x^c}+\delta^a{}_c\frac{\partial\Omega}{\partial x^b}-g_{bc}g^{ad}\frac{\partial\Omega}{\partial x^d}\right)。\tag{2.29}$$

计算 $\hat{\mathbf{g}}$ 的 Riemann 张量，我们得

$$\hat{R}^{ab}{}_{cd}=\Omega^{-2}R^{ab}{}_{cd}+\delta^{[a}{}_{[c}\Omega^{b]}{}_{d]},$$

这里，　$\Omega^a{}_b:=4\Omega^{-1}(\Omega^{-1})_{;be}g^{ae}-2(\Omega^{-1})_{;c}(\Omega^{-1})_{;d}g^{cd}\delta^a{}_b$；

这个方程里的协变导数是那些由度规 $\mathbf{g}$ 确定的协变导数。于是有（假定 $n>2$）

$$\hat{R}^b{}_d=\Omega^{-2}R^b{}_d+(n-2)\Omega^{-1}(\Omega^{-1})_{;dc}g^{bc}-(n-2)^{-1}\Omega^{-n}(\Omega^{n-2})_{;ac}g^{ac}\delta^b{}_d$$

和

$$\hat{C}^a{}_{bcd}=C^a{}_{bcd},$$

最后这个方程说明 Weyl 张量是共形不变的。这些关系式意味着

$$\hat{R}=\Omega^{-2}R-2(n-1)\Omega^{-3}\Omega_{;cd}g^{cd}-(n-1)(n-4)\Omega^{-4}\Omega_{;c}\Omega_{;d}g^{cd}。\tag{2.30}$$

将 Riemann 张量分解为 Ricci 张量和 Weyl 张量之后，我们可用 Bianchi 恒等式(2.22)导出 Ricci 张量和 Weyl 张量之间的微分关系：缩并(2.22)式，得

$$R^a{}_{bcd;a}=R_{bd;c}-R_{bc;d},\tag{2.31}$$

43 再缩并，得

$$R^{a}{}_{c;a}=\frac{1}{2}R_{;c}。$$

根据 Weyl 张量的定义,我们可将(2.31)式改写为如下形式(若 $n>3$)

$$C^{a}{}_{bcd;a}=2\,\frac{n-3}{n-2}\left(R_{b[d;c]}-\frac{1}{2(n-1)}g_{b[d}R_{;c]}\right)。\qquad (2.32)$$

若 $n\leqslant 4$,则(2.31)式包含了 Bianchi 恒等式(2.22)的所有信息,所以,如果 $n=4$,则(2.32)式等价于这些恒等式。

如果一个微分同胚 $\phi:\mathscr{M}\to\mathscr{M}$ 将度规映射到自身,即在每一点上,$\phi_*\mathbf{g}$ 等于 $\mathbf{g}$,则称该微分同胚是**等距的。**由此知,映射 $\phi_*:T_p\to T_{\phi(p)}$ 保持标积不变,因为

$$g(\mathbf{X},\mathbf{Y})|_p=\phi_*g(\phi_*\mathbf{X},\ \phi_*\mathbf{Y})|_{\phi(p)}=g(\phi_*\mathbf{X},\ \phi_*\mathbf{Y})|_{\phi(p)}。$$

如果由向量场 **K** 生成的微分同胚 ϕ_t 的局部单参数群是等距变换群(即对每一个 t,变换 ϕ_t 是等距变换),则称向量场 **K** 为 **Killing 向量场。**度规关于 **K** 的 Lie 导数为

$$L_{\mathbf{K}}\mathbf{g}=\lim_{t\to 0}\frac{1}{t}(\mathbf{g}-\phi_{t*}\mathbf{g})=0,$$

这是因为对每一个 t,$\mathbf{g}=\phi_{t*}g$。但由(2.17)式,$L_{\mathbf{K}}g_{ab}=2K_{(a;b)}$,故 Killing 向量场 **K** 满足 Killing 方程

$$K_{a;b}+K_{b;a}=0。\qquad (2.33)$$

反之,如果 **K** 是满足 Killing 方程的向量场,那么 $L_{\mathbf{K}}\mathbf{g}=0$,故

$$\begin{aligned}\phi_{t*}\mathbf{g}|_p&=\mathbf{g}|_p+\int_0^t\frac{\mathrm{d}}{\mathrm{d}t'}(\phi_{t'*}\mathbf{g})|_p\mathrm{d}t'\\&=\mathbf{g}|_p+\int_0^t\frac{\mathrm{d}}{\mathrm{d}s}(\phi_{t'*}\phi_{s*}\mathbf{g})_{s=0}|_p\mathrm{d}t'\\&=\mathbf{g}|_p+\int_0^t\left(\phi_{t'*}\frac{\mathrm{d}}{\mathrm{d}s}\phi_{s*}\mathbf{g}\right)_{s=0}|_p\mathrm{d}t'\\&=\mathbf{g}|_p-\int_0^t\phi_{t'*}(L_{\mathbf{K}}\mathbf{g}|_{\phi_{t'-}(p)})\mathrm{d}t'=\mathbf{g}|_p。\end{aligned}$$

因此,**K** 是 Killing 向量场当且仅当它满足 Killing 方程。于是我们可局部地选择坐标 $x^a=(x^\upsilon,t)(\upsilon=1,\cdots,n-1)$,使 $K^a=\partial x^a/\partial t=\delta^a{}_n$; 44
在此坐标下,Killing 方程具有形式

$$\partial g_{ab}/\partial t=0\ \Leftrightarrow\ g_{ab}=g_{ab}(x^\upsilon)。$$

一般空间不具任何对称性,也就不容许任何 Killing 向量场。但特定的空间可能容许 r 个线性独立的 Killing 向量场 $\mathbf{K}_\alpha(\alpha=1,\cdots,r)$。

我们将看到,在这样的空间里,所有 Killing 向量场的集合构成 R 上的 r 维 Lie 代数,其代数积由 Lie 括号[,]给出(见(2.16)式),这里$0\leqslant r\leqslant \frac{1}{2}n(n+1)$。(如果度规是退化的,上限还可能更大。)由这些向量场生成的局部微分同胚群是流形 $\mathscr{M}$上等距变换的 r 维 Lie 群。$\mathscr{M}$的完全的等距变换群可以包括某些非 Killing 向量场生成的离散等距变换(如平面的反射变换);空间对称性都由完全的等距变换群刻画。

2.7 超曲面

若 $\mathscr{S}$ 是$(n-1)$维流形,$\theta:\mathscr{S}\rightarrow\mathscr{M}$ 是嵌入,则称 $\mathscr{S}$ 的像$\theta(\mathscr{S})$是 $\mathscr{M}$上的**超曲面**。若 $p\in\mathscr{S}$,则在映射 θ_* 下,T_p 在 $T_{\theta(p)}$ 内的像是过原点的$(n-1)$维平面。因此,存在某个非零形式 $\mathbf{n}\in T^*_{\theta(p)}$ 使对任一向量 $\mathbf{X}\in T_p$ 有$\langle\mathbf{n},\theta_*\mathbf{X}\rangle=0$。除了一个符号和归一化因子,形式 $\mathbf{n}$ 是唯一的。若$\theta(\mathscr{S})$由方程 $f=0$(这里 $\mathrm{d}f\neq0$)局部地确定,则 $\mathbf{n}$ 可局部地看作 $\mathrm{d}f$。如果 $\theta(\mathscr{S})$在 $\mathscr{M}$上是双侧的,则可将 $\mathbf{n}$ 取为在 $\theta(\mathscr{S})$上处处不为零的 1-形式。当 $\mathscr{S}$ 和 $\mathscr{M}$ 均为可定向流形时,正是这种情形。在此情形下,$\mathbf{n}$ 方向的选择与 $\theta(\mathscr{S})$和 $\mathscr{M}$ 的取向有关:若$\{x^i\}$是获自 $\mathscr{M}$ 的定向坐标卡集的局部坐标,并使$\theta(\mathscr{S})$局部地满足方程$x^1=0$和 $\mathbf{n}=\alpha\mathrm{d}x^1$,这里 $\alpha>0$,则$(x^2,\cdots,x^n)$为 $\theta(\mathscr{S})$的定向局部坐标。

如果 $\mathbf{g}$ 是 $\mathscr{M}$ 的度规,则嵌入将诱导出 $\mathscr{S}$ 的度规 $\theta^*\mathbf{g}$,在这里,如果 $\mathbf{X},\mathbf{Y}\in T_p$,则 $\theta^*g(\mathbf{X},\mathbf{Y})|_p=g(\theta_*\mathbf{X},\theta_*\mathbf{Y})|_{\theta(p)}$。这个度规有时称为 $\mathscr{S}$ 的**第一基本型**。如果 $\mathbf{g}$ 正定,则度规 $\theta^*\mathbf{g}$ 也正定。但如果 $\mathbf{g}$ 是 Lorentz 型的,则 $\theta^*\mathbf{g}$ 为

(a) Lorentz 型的,如果 $g^{ab}n_an_b>0$ (在此情形下,称 $\theta(\mathscr{S})$为**类时超曲面**);

45 (b) 退化的,如果 $g^{ab}n_an_b=0$ (在此情形下,称 $\theta(\mathscr{S})$为**零超曲面**);

(c) 正定的,如果 $g^{ab}n_an_b<0$ (在此情形下,称 $\theta(\mathscr{S})$为**类空超曲面**)。

为看清这一点,我们考虑向量 $N^b=n_ag^{ab}$。它与所有与 $\theta(\mathscr{S})$相切的向量正交,即与 $T_{\theta(p)}$ 的子空间 $H=\theta_*(T_p)$里的所有向量正交。首先假定 $\mathbf{N}$ 本身不在子空间内,于是,如果$(\mathbf{E}_2,\cdots,\mathbf{E}_n)$是 T_p 的一个基,

那么$(\mathbf{N},\theta_*(\mathbf{E}_2),\cdots,\theta_*(\mathbf{E}_n))$是线性独立的，因而也是 $T_{\theta(p)}$ 的一个基。在这个基下，$\mathbf{g}$ 的分量为

$$g_{ab}=\begin{pmatrix} g(\mathbf{N},\mathbf{N}) & 0 \\ 0 & g(\theta_*(\mathbf{E}_i),\theta_*(\mathbf{E}_j)) \end{pmatrix}=\begin{bmatrix} g(\mathbf{N},\mathbf{N}) & 0 \\ 0 & \theta^* g(\mathbf{E}_i,\mathbf{E}_j) \end{bmatrix}。$$

因为已假定 $\mathbf{g}$ 是非退化的，这就说明 $g(\mathbf{N},\mathbf{N})\neq 0$。若 $\mathbf{g}$ 是正定的，则 $g(\mathbf{N},\mathbf{N})$ 必然是正定的，从而诱导度规 $\theta^*\mathbf{g}$ 也是正定的。若 $\mathbf{g}$ 是 Lorentz 型的，而 $g(\mathbf{N},\mathbf{N})=g^{ab}n_a n_b<0$，则 $\theta^*\mathbf{g}$ 必然是正定的，因为 $\mathbf{g}$ 分量的矩阵仅有一个负本征值。类似地，若 $g(\mathbf{N},\mathbf{N})=g^{ab}n_a n_b>0$，则 $\theta^*\mathbf{g}$ 为 Lorentz 度规。现在假定 $\mathbf{N}$ 与 $\theta(\mathscr{S})$ 相切，则必存在某非零向量 $\mathbf{X}\in T_p$ 使 $\theta_*(\mathbf{X})=\mathbf{N}$。但对所有 $\mathbf{Y}\in T_p$ 有 $g(\mathbf{N},\theta_*\mathbf{Y})=0$，这意味着 $\theta^* g(\mathbf{X},\mathbf{Y})=0$。因此 $\theta^*\mathbf{g}$ 是退化的。同样，令 $\mathbf{Y}$ 等于 $\mathbf{X}$，有

$$g(\mathbf{N},\mathbf{N})=g^{ab}n_a n_b=0。$$

如果 $g^{ab}n_a n_b\neq 0$，我们可将法向形式 $\mathbf{n}$ 归一化到单位长度，即 $g^{ab}n_a n_b=\pm 1$。在此情形下，映射 $\theta^*:T^*_{\theta(p)}\to T^*_p$ 在 $T^*_{\theta(p)}$ 的$(n-1)$维子空间 $H^*_{\theta(p)}$（它由 $\theta(p)$ 上所有满足 $g^{ab}n_a\omega_b=0$ 的形式 $\boldsymbol{\omega}$ 组成）上是一一的，因为 $\theta^*\mathbf{n}=0$ 且 $\mathbf{n}$ 不在 H^* 内。因此，逆映射$(\theta^*)^{-1}$是从 T^*_p 到 $H^*_{\theta(p)}$ 上的满射 $\widetilde{\theta_*}$，从而也是到 $T^*_{\theta(p)}$ 内的映射。

这个映射可按通常方式扩展为 $\mathscr{S}$ 的协变张量到 $\mathscr{M}$ 上的 $\theta(\mathscr{S})$ 的协变张量的映射。由于已经有了 $\mathscr{S}$ 到 $\theta(\mathscr{S})$ 的逆变张量的映射 θ_*，我们可将 θ_* 扩展为 $\mathscr{S}$ 到 $\theta(\mathscr{S})$ 的任意张量的映射 $\widetilde{\theta_*}$。这个映射具有这样的性质：对所有指标，$\widetilde{\theta_*}\mathbf{T}$ 对 $\mathbf{n}$ 有零缩并，即对于任一张量 $\mathbf{T}\in T^r_s(\mathscr{S})$，有

$$(\widetilde{\theta_*}T)^{a\cdots b}{}_{c\cdots d}n_a=0 \quad 和 \quad (\widetilde{\theta_*}T)^{a\cdots b}{}_{c\cdots d}g^{ce}n_e=0。$$

我们由 $\mathbf{h}=\widetilde{\theta_*}(\theta^*\mathbf{g})$ 在 $\theta(\mathscr{S})$ 上定义一个张量 $\mathbf{h}$。用归一化形式的 $\mathbf{n}$ 来表示（记住 $g^{ab}n_a n_b=\pm 1$），

$$h_{ab}=g_{ab}\mp n_a n_b,$$

这是因为它隐含着 $\theta^*\mathbf{h}=\theta^*\mathbf{g}$ 和 $h_{ab}g^{bc}n_c=0$。

张量 $h^a{}_b=g^{ac}h_{cb}$ 是一个投影算符，即 $h^a{}_b h^b{}_c=h^a{}_c$。它将向量 46
$\mathbf{X}\in T_{\theta(p)}$ 投影到它在与 $\theta(\mathscr{S})$ 相切的 $T_{\theta(p)}$ 的子空间 $H=\theta_*(T_p)$ 内的部分：

$$X^a=h^a{}_b X^b\pm n^a n_b X^b,$$

其中第二项代表 **X** 与 $\theta(\mathscr{S})$ 垂直的部分。同样，$h^a{}_b$ 还将形式 $\boldsymbol{\omega}\in T^*{}_{\theta(p)}$ 投影到它在子空间 $H^*{}_{\theta(p)}$ 的部分：

$$\omega_a = h^b{}_a\omega_b \pm n_a n^b \omega_b。$$

类似地，我们可将任意张量 $\mathbf{T}\in T^r_s(\theta(p))$ 投影到它在空间

$$H^r_s(\theta(p)) = \underbrace{H_{\theta(p)}\otimes\cdots\otimes H_{\theta(p)}}_{r\text{ 项}}\otimes\underbrace{H^*{}_{\theta(p)}\otimes\cdots\otimes H^*{}_{\theta(p)}}_{s\text{ 项}}$$

的部分，即它在所有指标都与 **n** 垂直的部分。

映射 θ_* 是 T_p 到 $H_{\theta(p)}$ 的一一映射。于是，我们先用 $h^a{}_b$ 将 $T_{\theta(p)}$ 投影到 $H_{\theta(p)}$，然后用逆映射 $(\theta)^{-1}_*$，就定义了一个从 $T_{\theta(p)}$ 到 T_p 的映射 $\widetilde{\theta^*}$。由于已经有了从 $\theta(\mathscr{S})$ 的形式到 $\mathscr{S}$ 的形式的映射 θ^*，我们可将 θ^* 的定义扩展为从 $\theta(\mathscr{S})$ 的任意型张量到 $\mathscr{S}$ 的张量的映射 $\widetilde{\theta_*}$，它具有这样的性质：对任意张量 $\mathbf{T}\in T^r_s(p)$，有 $\widetilde{\theta^*}(\widetilde{\theta_*}\mathbf{T})=\mathbf{T}$；对任意张量 $\mathbf{T}\in H^r_s(\theta(p))$，有 $\widetilde{\theta_*}(\widetilde{\theta^*}\mathbf{T})=\mathbf{T}$。如果 $\mathscr{S}$ 的张量和 $\theta(\mathscr{S})$ 内 H^r_s 的张量在映射 $\widetilde{\theta_*}$ 和 $\widetilde{\theta^*}$ 下相互对应，我们就认为两个张量是相同的。特别地，我们就可以把 **h** 看作 $\theta(\mathscr{S})$ 的诱导度规。

如果 $\bar{\mathbf{n}}$ 是单位法向量 **n** 在 $\theta(\mathscr{S})$ 的某个开邻域上的扩展，则 $\theta(\mathscr{S})$ 上由

$$\chi_{ab} = h^c{}_a h^d{}_b \bar{n}_{c;d}$$

定义的张量 $\boldsymbol{\chi}$ 称为 $\mathscr{S}$ 的**第二基本型**。它与 **n** 的扩展无关，因为 $h^a{}_b$ 的投影将协变导数限制在 $\theta(\mathscr{S})$ 的切向上。场 $\bar{\mathbf{n}}$ 可局部地表示为 $\bar{\mathbf{n}}=\alpha \mathrm{d}f$ 的形式，这里 f 和 α 是 $\mathscr{M}$ 上的函数，在 $\theta(\mathscr{S})$ 上 $f=0$。于是 χ_{ab} 必然是对称的，因为 $f_{;ab}=f_{;ba}$ 而 $f_{;a}h^a{}_b=0$。

$\mathscr{S}$ 上的诱导度规 $\mathbf{h}=\theta^*\mathbf{g}$ 定义了 $\mathscr{S}$ 上的联络。我们将用双竖线"‖"来表示这个联络下的协变微分。对任一张量 $\mathbf{T}\in H^r_s$，

$$T^{a\cdots b}{}_{c\cdots d\|e} = \overline{T}^{i\cdots j}{}_{k\cdots l;m} h^a{}_i \cdots h^b{}_j h^k{}_c \cdots h^l{}_d h^m{}_e,$$

这里 $\overline{\mathbf{T}}$ 是 **T** 在 $\theta(\mathscr{S})$ 上某个开邻域的扩展。这个定义与扩展无关，因为这些 h 将协变微分限制在了 $\theta(\mathscr{S})$ 的切向上。为说明这个公式是对
47 的，我们仅需证明诱导度规的协变导数为零，且挠率张量为零。之所以如此，是因为

$$h_{ab\|c} = (g_{ef} \mp \bar{n}_e \bar{n}_f)_{;g} h^e{}_a h^f{}_b h^g{}_c = 0,$$

和 $$f_{\|ab}=h^e{}_a h^g{}_b f_{;eg}=h^e{}_a h^g{}_b f_{;ge}=f_{\|ba}。$$

诱导度规 **h** 的曲率张量 $R'^a{}_{bcd}$ 可以像下面那样与 $\theta(\mathscr{S})$ 上的曲率张量 $R^a{}_{bcd}$ 和第二基本型 $\boldsymbol{\chi}$ 联系起来。若 $\mathbf{Y}\in H$ 是 $\theta(\mathscr{S})$ 上向量场，则

$$R'^a{}_{bcd}Y^b=Y^a{}_{\|dc}-Y^a{}_{\|cd}。$$

现在

$$Y^a{}_{\|dc}=(Y^a{}_{\|d})_{\|c}=(\bar{Y}^e{}_{;f}h^g{}_e h^f{}_i)_{;k}h^a{}_g h^i{}_d h^k{}_c$$
$$=\bar{Y}^e{}_{;fk}h^a{}_e h^f{}_d h^k{}_c\mp\bar{Y}^e{}_{;f}\bar{n}_e\bar{n}^g{}_{;k}h^f{}_d h^a{}_g h^k{}_c\mp\bar{Y}^e{}_{;f}\bar{n}^f\bar{n}_{i;k}h^a{}_e h^i{}_d h^k{}_c$$

和 $$\bar{Y}^e{}_{;f}\bar{n}_e h^f{}_d=(\bar{Y}^e\bar{n}_e)_{;f}h^f{}_d-\bar{Y}^e\bar{n}_{e;f}h^f{}_d=-\bar{Y}^e\bar{n}_{e;f}h^f{}_d,$$

由于 $\theta(\mathscr{S})$ 上 $\bar{Y}^e\bar{n}_e=0$，因此

$$R'^a{}_{bcd}Y^b=(R^e{}_{bkf}h^a{}_e h^k{}_c h^f{}_d\pm\chi_{bd}\chi^a{}_c\mp\chi_{bc}\chi^a{}_d)Y^b。$$

上式对所有 $\mathbf{Y}\in H$ 成立，所以

$$R'^a{}_{bcd}=R^e{}_{fgh}h^a{}_e h^f{}_b h^g{}_c h^h{}_d\pm\chi^a{}_c\chi_{bd}\mp\chi^a{}_d\chi_{bc}。\qquad(2.34)$$

此即著名的 Gauss 方程。

将方程对指标 a,c 缩并，然后乘以 h^{bd}，我们可得到诱导度规的曲率标量 R'：

$$R'=R\mp2R_{ab}n^a n^b\pm(\chi^a{}_a)^2\mp\chi^{ab}\chi_{ab}。\qquad(2.35)$$

我们还可以导出第二基本型与 $\theta(\mathscr{S})$ 上的曲率张量 $R^a{}_{bcd}$ 之间的另一个关系。为此，减去表达式

$$(\chi^a{}_a)_{\|b}=(\bar{n}^a{}_{;d}h^d{}_a)_{;e}h^e{}_b$$

和 $$(\chi^a{}_b)_{\|a}=(\bar{n}^c{}_{;d}h^a{}_c h^d{}_e)_{;f}h^f{}_a h^e{}_b,$$

得到 $$\chi^a{}_{b\|a}-\chi^a{}_{a\|b}=R_{ef}n^f h^e{}_b。\qquad(2.36)$$

此即著名的 Codacci 方程。

2.8 体积元与 Gauss 定理

如果 $\{\mathbf{E}^a\}$ 是 1-形式的基，则可用它来构造 n-形式

$$\boldsymbol{\varepsilon}=n!\ \mathbf{E}^1\wedge\mathbf{E}^2\wedge\cdots\wedge\mathbf{E}^n。$$

如果 $\{\mathbf{E}^{a'}\}$（通过 $\mathbf{E}^{a'}=\Phi^{a'}{}_a\mathbf{E}^a$ 与 $\{\mathbf{E}^a\}$ 联系）是 1-形式的另一个基，则这个基下的 n-形式 $\boldsymbol{\varepsilon}'$ 与 $\boldsymbol{\varepsilon}$ 有如下关系 48

$$\boldsymbol{\varepsilon}'=\det(\Phi^{a'}{}_a)\boldsymbol{\varepsilon},$$

因此形式不是唯一的。然而，我们可用度规的存在性来定义（在给定基下）形式

$$\boldsymbol{\eta}=|g|^{\frac{1}{2}}\boldsymbol{\varepsilon}$$

这里 $g\equiv\det(g_{ab})$。这个形式有分量

$$\eta_{ab\cdots d}=n!\ |g|^{\frac{1}{2}}\delta^1{}_{[a}\delta^2{}_b\cdots\delta^n{}_{d]}。$$

只要 $\det(\Phi^{a'}{}_a)>0$，则 g 的变换律恰好能消去行列式 $\det(\Phi^{a'}{}_a)$。因此，如果 $\mathscr{M}$ 是定向的，则定义在定向坐标卡集的坐标基上的 n-形式场 $\boldsymbol{\eta}$ 都是相同的。就是说，只要给了 $\mathscr{M}$ 的定向，我们就可以在 $\mathscr{M}$ 上定义唯一的 n-形式场 $\boldsymbol{\eta}$，即**正则 n-形式**。

逆变反对称张量

$$\eta^{ab\cdots d}=g^{ae}g^{bf}\cdots g^{dh}\eta_{ef\cdots h}$$

有分量

$$\eta^{ab\cdots d}=(-)^{\frac{1}{2}(n-s)}n!\ |g|^{\frac{1}{2}}\delta^{[a}{}_1\,\delta^b{}_2\cdots\delta^{d]}{}_n,$$

这里 s 是 $\mathbf{g}$ 的符号差（故度规分量矩阵 (g_{ab}) 的负特征值数目为 $\frac{1}{2}(n-s)$）。因此这些张量满足关系

$$\eta^{ab\cdots d}\eta_{ef\cdots h}=(-)^{\frac{1}{2}(n-s)}n!\ \delta^a{}_{[e}\delta^b{}_f\cdots\delta^d{}_{h]}。\tag{2.37}$$

Christoffel 关系意味着 $\eta_{ab\cdots d}$ 和 $\eta^{ab\cdots d}$ 关于度规定义的联络的协变导数为零，即，

$$\eta^{ab\cdots d}{}_{;e}=0=\eta_{ab\cdots d;e}。$$

利用正则 n-形式，我们可将 n 维子流形 $\mathscr{U}$ 的（在度规 $\mathbf{g}$ 下的）体积定义为 $\frac{1}{n!}\int_{\mathscr{U}}\boldsymbol{\eta}$。这样 $\boldsymbol{\eta}$ 可作为 $\mathscr{M}$ 上的正定的体积测度。我们通常也在这个意义上使用它，并记为 $\mathrm{d}v$。注意，d 在这里不代表外微分算符，$\mathrm{d}v$ 只是 $\mathscr{M}$ 上的测度。若 f 是 $\mathscr{M}$ 上的函数，则我们可定义它在 $\mathscr{U}$ 上相对于这个体积测度的积分

$$\int_{\mathscr{U}}f\,\mathrm{d}v=\frac{1}{n!}\int_{\mathscr{U}}f\boldsymbol{\eta}$$

49 在局部定向坐标 $\{x^a\}$ 下，它可以表示为重积分

$$\int_{\mathscr{U}}f\ |g|^{\frac{1}{2}}\mathrm{d}x^1\mathrm{d}x^2\cdots\mathrm{d}x^n,$$

这个积分是坐标变换下的不变量。

若 $\mathbf{X}$ 是 $\mathscr{M}$ 上的向量场，它与 $\boldsymbol{\eta}$ 的缩并将是 $(n-1)$-形式场 $\mathbf{X}\cdot\boldsymbol{\eta}$，这里

$$(\mathbf{X}\cdot\boldsymbol{\eta})_{b\cdots d}=X^a\eta_{ab\cdots d}\,。$$

这个 $(n-1)$-形式可在任何 $(n-1)$ 维紧致定向子流形 $\mathscr{V}$ 上进行积分。我们将这个积分写成

$$\int_{\mathscr{V}} X^a \mathrm{d}\sigma_a=\frac{1}{(n-1)!}\int_{\mathscr{V}}\mathbf{X}\cdot\boldsymbol{\eta},$$

这里，可以认为正则形式 $\boldsymbol{\eta}$ 在子流形 $\mathscr{V}$ 上定义了一个取值为体积测度的形式 $\mathrm{d}\sigma_a$。若 $\mathscr{V}$ 的取向由法向形式 n_a 的方向给定，则 $\mathrm{d}\sigma_a$ 可表示为 $n_a\mathrm{d}\sigma$，这里 $\mathrm{d}\sigma$ 是子流形 $\mathscr{V}$ 上的正定体积测度。除非 n_a 是归一化的，否则体积测度 $\mathrm{d}\sigma$ 不是唯一的。如果 n_a 在 $\mathscr{M}$ 的度规 $\mathbf{g}$ 下归一化为单位长，即 $n_an_bg^{ab}=\pm1$，则 $\mathrm{d}\sigma$ 等于 $\mathscr{V}$ 上的诱导度规所定义的体积测度（为看清这一点，只需要简单选定一组正交基，并以 n_ag^{ab} 作为其中的一个基向量）。

借助正则形式，我们可从 Stokes 定理导出 Gauss 公式：对 $\mathscr{M}$ 的任一紧致 n 维子流形 $\mathscr{U}$，

$$\int_{\partial\mathscr{U}} X^a\mathrm{d}\sigma_a=\frac{1}{(n-1)!}\int_{\partial\mathscr{U}}\mathbf{X}\cdot\boldsymbol{\eta}=\frac{1}{(n-1)!}\int_{\mathscr{U}}\mathrm{d}(\mathbf{X}\cdot\boldsymbol{\eta})\,。$$

但是，

$$\begin{aligned}(\mathrm{d}(\mathbf{X}\cdot\boldsymbol{\eta}))_{a\cdots de}&=(-)^{n-1}(X^g\eta_{g[a\cdots d})_{;e]}\\&=(-)^{n-1}\delta^s{}_{[a}\cdots\delta^t{}_d\delta^u_{e]}\eta_{gs\cdots t}X^g{}_{;u}\\&=(-)^{(n-1)-\frac{1}{2}(n-s)}\frac{1}{n!}\eta^{s\cdots tu}\eta_{a\cdots de}\eta_{gs\cdots t}X^g_{;u}\\&=\eta_{a\cdots de}\delta^s{}_{[s}\cdots\delta^t{}_t\delta^s{}_{g]}X^g{}_{;u}\\&=n^{-1}\eta_{a\cdots de}X^g{}_{;g},\end{aligned}$$

其中两次运用了(2.37)式。因此，

$$\int_{\partial\mathscr{U}}X^a\mathrm{d}\sigma_a=\int_{\mathscr{U}}X^g{}_{;g}\mathrm{d}v$$

对任一向量场 $\mathbf{X}$ 均成立；此即 Gauss 定理。注意，保证这一定理成立 50
的 $\mathscr{U}$ 的定向由正规形式 $\boldsymbol{\eta}$ 按下述方式给定：当 $\mathbf{X}$ 为指向 $\mathscr{U}$ 外的向量时，$\langle\mathbf{n},\mathbf{X}\rangle$ 为正。如果度规 $\mathbf{g}$ 使 $g^{ab}n_an_b<0$，则向量 $g^{ab}n_b$ 指向 $\mathscr{U}$ 的内部。

2.9 纤维丛

流形 $\mathscr{M}$ 的某些几何性质可以很方便地通过构造一种所谓纤维丛的流形来研究。在局部上，纤维丛是流形与某一适当空间的直积。本节我们将给出纤维丛的定义，并考虑以后用的四个实例：切丛 $T(\mathscr{M})$，张量丛 $T^r_s(\mathscr{M})$，线性标架丛（或称基丛）$L(\mathscr{M})$ 和规范正交标架丛 $O(\mathscr{M})$。

C^s 流形 $\mathscr{M}$ 上的 C^k **丛**（$s \geqslant k$）是一个 C^k 流形 $\mathscr{E}$ 和一个 C^k 满射 $\pi: \mathscr{E} \to \mathscr{M}$。流形 $\mathscr{E}$ 称为全空间，$\mathscr{M}$ 为底空间，π 为投影。在不会出现误解的地方，我们将丛简记为 $\mathscr{E}$。一般情形下，点 $p \in \mathscr{M}$ 的逆像 $\pi^{-1}(p)$ 无须与 $\mathscr{M}$ 的另一点 $q \in \mathscr{M}$ 的逆像 $\pi^{-1}(q)$ 同胚。丛的最简单的例子是**积丛**（$\mathscr{M} \times \mathscr{A}, \mathscr{M}, \pi$）。这里 $\mathscr{A}$ 是某个流形，投影 π 定义为对所有 $p \in \mathscr{M}$，$v \in \mathscr{A}$，$\pi(p, v) = p$。例如，如果 $\mathscr{M}$ 取圆 S^1，$\mathscr{A}$ 取实直线 R^1，则可构造圆柱面 C^2 作为底空间 S^1 上的积丛。

局部积丛也称纤维丛。因此，所谓带纤维 $\mathscr{F}$ 的**纤维丛**是指，对 $\mathscr{M}$ 上每一点 $q \in \mathscr{M}$，存在邻域 $\mathscr{U}$，使 $\pi^{-1}(\mathscr{U})$ 与 $\mathscr{U} \times \mathscr{F}$ 同构。这句话也可理解为，对每一点 $p \in \mathscr{U}$，存在 $\pi^{-1}(p)$ 到 $\mathscr{F}$ 的微分同胚 ϕ_p，使 $\psi(u) = (\pi(u), \phi_{\pi(u)})$ 定义的映射 ψ 是一个微分同胚 $\psi: \pi^{-1}(\mathscr{U}) \to \mathscr{U} \times \mathscr{F}$。由于 $\mathscr{M}$ 是仿紧的，我们可通过开集 $\mathscr{U}_\alpha$ 来选择 $\mathscr{M}$ 的局部有限覆盖。如果 $\mathscr{U}_\alpha$ 和 $\mathscr{U}_\beta$ 是两个这样的覆盖中的元素，则对每一点 $p \in (\mathscr{U}_\alpha \cap \mathscr{U}_\beta)$，映射

$$(\phi_{\alpha,p}) \circ (\phi_{\beta,p}{}^{-1})$$

是 $\mathscr{F}$ 到自身的微分同胚。因此点 $p \in \mathscr{M}$ 的逆像 $\pi^{-1}(p)$ 必然全部同
51 胚到 $\mathscr{F}$（反之亦然）。例如，Möbius 带是 S^1 上带 R^1 纤维的纤维丛，我们需要两个开集 $\mathscr{U}_1$，$\mathscr{U}_2$ 来给出形如 $\mathscr{U}_i \times R^1$ 的覆盖。这个例子说明，如果某个流形在局部上是两个其他流形的直积，一般来说它不一定是一个积流形。正因为这一点，纤维丛的概念才那么重要。

切丛 $T(\mathscr{M})$ 是 C^k 流形 $\mathscr{M}$ 上的纤维丛，它以集合 $\mathscr{E} = \bigcup_{p \in \mathscr{M}} T_p$ 为自然的流形结构，并有从 $\mathscr{E}$ 到 $\mathscr{M}$ 的自然投影。因此投影 π 将 T_p 的每一点映射为 p。在 $\mathscr{E}$ 上，流形结构由局部坐标 $\{z^A\}$ 按下述方式定义：令 $\{x^i\}$ 是 $\mathscr{M}$ 上开集 $\mathscr{U}$ 的局部坐标，则任一向量 $\mathbf{V} \in T_p$（对任一点 $p \in \mathscr{U}$）可表示为 $\mathbf{V} = V^i \partial / \partial x^i |_p$。$\pi^{-1}(\mathscr{U})$ 的坐标 $\{z^A\}$ 定义为 $\{z^A\} = \{x^i, V^a\}$。通过坐标邻域 $\mathscr{U}_\alpha$ 选定 $\mathscr{M}$ 的覆盖之后，相应的坐标卡就定义了

$\mathscr{E}$的C^{k-1}坐标卡集，它使$\mathscr{E}$成为一个(n^2 维)C^{k-1} 流形。为检验这一点，我们仅需注意，在交集($\mathscr{U}_\alpha \cap \mathscr{U}_\beta$)里，某点的坐标$\{x^i{}_\alpha\}$是同一点的另一坐标$\{x^i{}_\beta\}$的$C^k$ 函数，而某向量场的分量$\{V^a{}_\alpha\}$是同一向量场的分量$\{V^a{}_\beta\}$的C^{k-1} 函数。因此，在$\pi^{-1}(\mathscr{U}_\alpha \cap \mathscr{U}_\beta)$里，坐标$\{x^A{}_\alpha\}$是坐标$\{x^A{}_\beta\}$的$C^{k-1}$函数。

纤维$\pi^{-1}(p)$就是T_p，因此是n 维向量空间。向量空间的结构在映射$\phi_{\alpha,p}: T_p \to R^n$ 下保持不变。映射$\phi_{\alpha,p}$ 由$\phi_{\alpha,p}(u)=V^a(u)$给定，即$\phi_{\alpha,p}$ 将p 点的向量映入其在坐标$\{x^a{}_\alpha\}$下的分量。若$\{x^a{}_\beta\}$是另一局部坐标，则映射$(\phi_{\alpha,p})\circ(\phi_{\beta,p}{}^{-1})$是$R^n$ 到自身的线性映射，因此这个映射是一般线性群$GL(n,R)$（全体非奇异$n\times n$ 矩阵构成的群）的一个元素。

用同样的方法，我们可以定义$\mathscr{M}$上的(r,s)**型张量丛**，记为$T^r_s(\mathscr{M})$。我们先构造集合$\mathscr{E}=\bigcup_{p\in\mathscr{M}} T^r_s(p)$，将投影$\pi$定义为将$T^r_s(p)$内的每一点映射到$p$，然后对$\mathscr{M}$的任一坐标邻域$\mathscr{U}$，由$\{x^A\}=$ 52
$\{x^i, T^{a\cdots b}{}_{c\cdots d}\}$将局部坐标$\{z^A\}$赋给$\pi^{-1}(\mathscr{U})$，其中$\{x^i\}$是点$p$ 的坐标，$\{T^{a\cdots b}{}_{c\cdots d}\}$是$\mathbf{T}$ 的坐标分量（就是说，$\mathbf{T}=T^{a\cdots b}{}_{c\cdots d}\,\partial/\partial x^a \otimes\cdots\otimes \mathrm{d}x^d|_p$）。这就使$\mathscr{E}$成为一个$n^{r+s+1}$ 维的C^{k-1}流形。$T^r_s(\mathscr{M})$内的任一点u 对应于$\pi(u)$的唯一一个(r,s)型张量$\mathbf{T}$。

线性标架丛（或基丛）$L(\mathscr{M})$是C^{k-1} 纤维丛，其定义如下：全空间$\mathscr{E}$由$\mathscr{M}$ 的所有点的所有基组成，这是由每一点$p\in\mathscr{M}$ 的所有非零线性独立的n 元组向量$\{\mathbf{E}_a\}$($\mathbf{E}_a\in T_p(a=1,\cdots,n)$)组成的集合。投影$\pi$是将$p$ 点的基映射到p 点的自然投影。如果$\{x^i\}$是开集$\mathscr{U}\subset\mathscr{M}$的局部坐标，则

$$\{z^A\}=\{x^a, E_1{}^j, E_2{}^k, \cdots, E_n{}^m\}$$

是$\pi^{-1}(\mathscr{U})$的局部坐标，其中$E_a{}^j$ 是向量$\mathbf{E}_a$ 在坐标基$\partial/\partial x^i$ 下的第j个分量。一般线性群$GL(n,R)$按下述方式作用于$L(\mathscr{M})$：若$\{\mathbf{E}_a\}$是点$p\in\mathscr{M}$的基，则$\mathbf{A}\in GL(n,R)$映射$u=\{p,\mathbf{E}_a\}$到

$$A(u)=\{p,\ A_{ab}E_b\}。$$

当$\mathscr{M}$ 上存在符号差为s 的度规$\mathbf{g}$ 时，我们可定义$L(\mathscr{M})$的子丛——**规范正交标架丛**$O(\mathscr{M})$，它由$\mathscr{M}$ 的所有点P（在度规$\mathbf{g}$ 下）的规范正交基组成。$O(\mathscr{M})$受$GL(n,R)$的子群$O\Big(\frac{1}{2}(n+s),\ \frac{1}{2}(n-$

$s)\big)$的作用，该子群由非奇异实矩阵 A_{ab} 构成，并满足

$$A_{ab}G_{bc}A_{dc}=G_{ad},$$

这里 G_{bc} 是矩阵

$$\mathrm{diag}(\underbrace{+1,+1,\cdots,+1}_{\frac{1}{2}(n+s)\text{项}},\underbrace{-1,\cdots,-1}_{\frac{1}{2}(n-s)\text{项}})。$$

它将$(p,\mathbf{E}_a)\in O(\mathscr{M})$映射到$(p,A_{ab}\mathbf{E}_b)\in O(\mathscr{M})$。在 Lorentz 度规(即 $s=n-2$)下，群 $O(n-1,1)$称为 n 维 Lorentz 群。

丛的 C^r **截面**是一 C^r 映射 $\Phi:\mathscr{M}\to\mathscr{E}$，使 $\pi\circ\Phi$ 是 $\mathscr{M}$ 上的恒等映射。因此，截面就是通过 C^r 映射将纤维 $\pi^{-1}(p)$的元素 $\Phi(p)$赋给 $\mathscr{M}$ 的每一点 p。切丛 $T(\mathscr{M})$的截面是 $\mathscr{M}$ 上的向量场；$T^r_s(\mathscr{M})$的截面是 $\mathscr{M}$ 上的(r,s)型张量场；$L(\mathscr{M})$的截面是 $\mathscr{M}$ 上的 n 个在每一点都线性独立的非零向量场的集合$\{\mathbf{E}_a\}$；而 $O(\mathscr{M})$的截面是 $\mathscr{M}$ 上一组规范正交向量场。

53 由于零向量和零张量分别在 $T(\mathscr{M})$和 $T^r_s(\mathscr{M})$上定义了截面，所以这些纤维丛总是容许有截面的。如果 $\mathscr{M}$ 是可定向非紧流形，或是 Euler 数为零的紧致流形，则存在处处不为零的向量场，从而存在 $T(\mathscr{M})$的处处不为零的截面。丛 $L(\mathscr{M})$和 $O(\mathscr{M})$可能容许也可能不容许有截面。例如，$L(S^2)$不容许有截面，但 $L(R^n)$容许有截面。如果 $L(\mathscr{M})$容许有截面，则称 $\mathscr{M}$ 是**可平行化的。**Geroch(1968c)曾证明，当且仅当非紧的四维 Lorentz 流形 $\mathscr{M}$ 是可平行化的，它才容许有旋量结构。

用纤维丛 $L(\mathscr{M})$的语言，我们能以优美的几何方式描述 $\mathscr{M}$ 的联络。$\mathscr{M}$ 的联络可视为使向量沿 $\mathscr{M}$ 的任一曲线 $\gamma(t)$平行移动的一套规则。因此，若$\{\mathbf{E}_a\}$是点 $p=\gamma(t_0)$的一个基，即$\{p,\mathbf{E}_a\}$是 $L(\mathscr{M})$的一点 u，则通过沿 $\gamma(t)$平行移动基$\{\mathbf{E}_a\}$，我们可唯一地得到其他任何一点$\gamma(t)$的基，即在纤维 $\pi^{-1}(\gamma(t))$上得到唯一的一点 $\bar{\gamma}(t)$。因此 $L(\mathscr{M})$上存在唯一曲线 $\bar{\gamma}(t)$，称为 $\gamma(t)$的提升，并有

(1)$\bar{\gamma}(t_0)=u$；

(2)$\pi(\bar{\gamma}(t))=\gamma(t)$；

(3)由点 $\bar{\gamma}(t)$代表的基在 $\mathscr{M}$ 上沿曲线 $\gamma(t)$平行移动。

在局部坐标$\{z^A\}$下，曲线$\bar{\gamma}(t)$由$\{x^a(\gamma(t)),E_m{}^i(t)\}$给定，这里

$$\frac{\mathrm{d}E_m{}^i(t)}{\mathrm{d}t}+E_m{}^j\ \Gamma^i{}_{aj}\frac{\mathrm{d}x^a(\gamma(t))}{\mathrm{d}t}=0。$$

考虑纤维丛$L(\mathscr{M})$在u点的切空间$T_u(L(\mathscr{M}))$。它有坐标基$\{\partial/\partial z^A|_u\}$。由所有过$p$点的曲线$\gamma(t)$的提升的切向量$\{(\partial/\partial t)_{\bar{\gamma}(t)}|_u\}$张成的$n$维子空间，称为切空间$T_u(L(\mathscr{M}))$的**水平子空间**$H_u$。在局部坐标系下，

$$\begin{aligned}\left(\frac{\partial}{\partial t}\right)_{\bar{\gamma}}&=\frac{\mathrm{d}x^a(\gamma(t))}{\mathrm{d}t}\frac{\partial}{\partial x^a}+\frac{\mathrm{d}E_m{}^i}{\mathrm{d}t}\frac{\partial}{\partial E_m{}^i}\\&=\frac{\mathrm{d}x^a(\gamma(t))}{\mathrm{d}t}\left(\frac{\partial}{\partial x^a}-E_m{}^j\ \Gamma^i{}_{aj}\frac{\partial}{\partial E_m{}^i}\right),\end{aligned}$$

因此H_u的坐标基为$\{\partial/\partial x^a-E_m{}^j\ \Gamma^i{}_{aj}\partial/\partial E_m{}^i\}$。这样，$\mathscr{M}$的联络决定了$L(\mathscr{M})$每一点的切空间的水平子空间。反之，$\mathscr{M}$的联络可通过在点$u\in L(\mathscr{M})$给定满足以下条件的$T_\mu(L(\mathscr{M}))$的$n$维子空间来定义：

(1)若$\mathbf{A}\in GL(n,R^1)$，则映射$A_*:T_u(L(\mathscr{M}))\rightarrow T_{A(u)}(L(\mathscr{M}))$将水平子空间$H_u$映射到$H_{A(u)}$内；

(2)H_u不包含属于垂直子空间V_u的非零向量。

这里，垂直子空间V_u定义为纤维$\pi^{-1}(\pi(u))$的曲线的切向量张成的 54
$T_u(L(\mathscr{M}))$的n^2维子空间。在局部坐标系下，V_u由向量$\{\partial/\partial E_m{}^i\}$张成。性质(2)意味着$T_u$是$H_u$和$V_u$的直和。

投影映射$\pi:L(\mathscr{M})\rightarrow\mathscr{M}$诱导一个线性满射$\pi_*:T_u(L(\mathscr{M}))\rightarrow T_{\pi(u)}(\mathscr{M})$，使$\pi_*(V_u)=0$，且$\pi_*$在$H_u$的限制为到$T_{\pi(u)}$的一一到上映射。这样，逆映射$\pi_*^{-1}$是$T_{\pi(u)}(\mathscr{M})$到$H_u$上的线性映射。因此，对任一向量$\mathbf{X}\in T_p(\mathscr{M})$和点$u\in\pi^{-1}(p)$，存在唯一的向量$\bar{\mathbf{X}}\in H_u$，即所谓$\mathbf{X}$的**水平提升**，使$\pi_*(\bar{\mathbf{X}})=\mathbf{X}$。给定$\mathscr{M}$的曲线$\gamma(t)$和在$\pi^{-1}(\gamma(t_0))$内的初始点$u$，我们可构造$L(\mathscr{M})$的唯一曲线$\bar{\gamma}(t)$，这里$\bar{\gamma}(t)$经过$u$，其切向量是$\mathscr{M}$上$\gamma(t)$的切向量的水平提升。因此一旦知道了$L(\mathscr{M})$在每一点的水平子空间，我们就可定义基在$\mathscr{M}$中沿曲线$\gamma(t)$的平行移动；然后，我们还可以通过计算张量场$\mathbf{T}$在平行移动后的基下的分量对$t$的普通导数，来定义张量场$\mathbf{T}$沿曲线$\gamma(t)$的协变导数。

如果$\mathscr{M}$存在协变导数为零的度规$\mathbf{g}$，则可将规范正交标架平行移

动到规范正交标架。这样，水平子空间在 $L(\mathscr{M})$ 内与 $O(\mathscr{M})$ 相切并定义 $O(\mathscr{M})$ 的联络。

类似地，通过向量和张量的平行移动，$\mathscr{M}$ 的联络分别定义了 $T(\mathscr{M})$ 和 $T_s^r(\mathscr{M})$ 的切空间的 n 维水平子空间。这些水平子空间分别有坐标基

$$\left\{\frac{\partial}{\partial x^a}-V^e\ \Gamma^f{}_{ae}\frac{\partial}{\partial V^f}\right\}$$

和

$$\left\{\frac{\partial}{\partial x^e}-(T^{f\cdots b}{}_{c\cdots d}\Gamma^a{}_{ef}+(\text{所有下指标})\right.$$

$$\left.-T^{a\cdots b}{}_{f\cdots d}\Gamma^f{}_{ec}-(\text{所有上指标}))\frac{\partial}{\partial T^{a\cdots b}{}_{c\cdots d}}\right\}。$$

与 $L(\mathscr{M})$ 的情形一样，π_* 将这些水平子空间一一映上到 $T_{\pi(u)}(\mathscr{M})$。同样，我们可通过 π_* 的逆给出任一向量 $\mathbf{X}\in T_{\pi(u)}$ 的唯一的水平提升 $\overline{\mathbf{X}}\in T_u$。在 $T(\mathscr{M})$ 的特殊情形下，u 本身对应于唯一向量 $\mathbf{W}\in T_{\pi(u)}(\mathscr{M})$，故存在由联络定义在 $T(\mathscr{M})$ 上的内禀水平向量场 $\overline{\mathbf{W}}$。在局部坐标 $\{x^a, V^b\}$ 下，

$$\overline{\mathbf{W}}=V^a\left(\frac{\partial}{\partial x^a}-V^e\ \Gamma^f{}_{ae}\frac{\partial}{\partial V^f}\right)。$$

55 这个向量场可解释如下：$\overline{\mathbf{W}}$ 的过 $u=(p,\mathbf{X})\in T(\mathscr{M})$ 的积分曲线是 $\mathscr{M}$ 在 p 点的切向量为 $\mathbf{X}$ 的测地线的水平提升。因此向量场 $\overline{\mathbf{W}}$ 代表了 $\mathscr{M}$ 的所有测地线。特别地，所有过点 $p\in\mathscr{M}$ 的测地线族就是 $\overline{\mathbf{W}}$ 的过纤维 $\pi^{-1}(p)\subset T(\mathscr{M})$ 的积分曲线族。曲线在 $\mathscr{M}$ 内至少在 p 点自相交，但曲线在 $T(\mathscr{M})$ 内则处处不相交。

3 广义相对论

为了讨论奇点的出现和广义相对论可能遭遇的失败，我们必须精确地表述理论，并指出它在多大程度上是独一无二的。因此，呈现在大家面前的理论，是一系列关于时空数学模型的基本假设。 56

我们在§3.1节引入数学模型，在§3.2节引入关于局部因果性和局部能量守恒的前两个假设。这两个假设是广义相对论和狭义相对论共有的，因而可以认为经过了许多旨在检验狭义相对论的实验的验证。§3.3推导物质场的方程，并从Lagrangian函数导出能量-动量张量。

§3.4提出第三个假设，即Einstein的场方程。它不像前两个假设那样有很好的实验基础，但我们会看到，任何其他可能的方程似乎多少都有一些不良性质，要么就需要存在额外的尚未经实验检验的场。

3.1 时空流形

我们用于描述时空（即全部事件的集合）的数学模型，是一个$(\mathscr{M}, g)$对，其中$\mathscr{M}$是连通的四维 Hausdorff C^∞流形，g是$\mathscr{M}$的 Lorentz 度规（即符号差为+2的度规）。

如果两个模型$(\mathscr{M}, g)$和$(\mathscr{M}', g')$**等距**，就是说，存在微分同胚θ：$\mathscr{M} \to \mathscr{M}'$，将度规$g$变换为$g'$，即$\theta_* g = g'$，我们就把它们看作等价的。于是严格来说，时空模型不只是一个$(\mathscr{M}, g)$，而是与$(\mathscr{M}, g)$等价的所有$(\mathscr{M}', g')$对组成的整个等价类。通常，我们只讨论这个等价类中的一个代表$(\mathscr{M}, g)$，但这种$(\mathscr{M}, g)$对只能确定到一种等价关系的事实在某些情形下是非常重要的，特别是在第7章关于 Cauchy 问题的讨论中更是如此。

由于我们对不连通分支毫无概念，因此我们总是将流形$\mathscr{M}$取为连通的。取为 Hausdorff 流形是因为它似乎与我们日常经验一致。但 57

在第 5 章，我们将考虑一个无须这一条件的例子。Hausdorff 条件连同存在 Lorentz 度规，意味着 $\mathscr{M}$ 是仿紧的(Geroch，1968c)。

流形自然对应于我们直觉观念下的空间和时间的连续性。迄今为止，π 介子散射实验(Foley 等，1967)已经在小到 10^{-15} cm 的距离上确认了这种连续性。但我们很难将它延伸到更小的尺度，因为那将要求粒子具有极高的能量，以至可能产生若干其他粒子，对实验结果造成干扰。因此，时空的流形模型在距离小于 10^{-15} cm 的尺度上也许是不合适的，此时我们应当用时空在那个尺度具有某种其他结构的理论。但不能认为这种流形图像的失效会影响广义相对论，除非典型的引力作用尺度已小到这个量级。这种情形大概要到密度约为 $10^{58}\,g\ \mathrm{cm}^{-3}$ 时才会出现，但这种极端条件已经超乎我们目前的知识范围了。即便如此，利用时空的流形模型，加上某些合理的假设，我们将在第 8～10 章证明，广义相对论也必然出现破裂。问题可能出在场方程，也可能是度规需要量子化，还可能是流形结构本身已被破坏了。

度规 g 使我们能将一点 $p\in\mathscr{M}$ 上的非零向量划分为三类：视 $g(\mathbf{X},\mathbf{X})$ 为负、正或零，分别称非零向量 $\mathbf{X}\in T_p$ 为**类时的、类空的或零的**(比较图 5)。

度规的可微阶 r 应足以满足我们需要定义的场方程。这一点可在分布意义上来定义，只要度规的坐标分量 g_{ab} 和 g^{ab} 都是连续的，并有相对于局部坐标的局部平方可积的广义一阶导数。(R^n 上的一组函数 $f_{;a}$ 是 R^n 上函数 f 的广义导数，是指对 R^n 上任一具有紧支集的 C^∞ 函数 ψ，有

$$\int f_{;a}\psi\,\mathrm{d}^n x=-\int f(\partial\psi/\partial x^a)\,\mathrm{d}^n x。)$$

58 但这个条件太弱，因为它既不能保证测地线的存在性，也不能保证其唯一性，而这是 C^{2-} 度规所要求的。(对 C^{2-} 度规来说，其坐标分量的一阶坐标导数满足局部 Lipschitz 条件，见 §2.1。)事实上，对于本书大部分内容，我们都假定度规至少是 C^2 的，这允许我们在每一点定义场方程(包含度规的二阶导数)。在 §8.4，我们将度规条件放宽至 C^{2-}，并证明它不会影响与奇点出现相关的结果。

在第 7 章，为了说明场方程的时间演化取决于适当的初始条件，我们将采用不同的可微性条件。在那里，我们要求度规分量及其一阶到 $m(m\geqslant 4)$ 阶的广义导数均为局部平方可积的。如果度规是 C^4 的，这

当然是正确的。

实际上,度规的可微阶也许并没有多少物理意义。因为我们不可能对度规作精确测量,总会有些许误差,所以我们不可能确定在它的各阶导数中实际存在的不连续性。因此,我们总是用 C^{∞} 度规来代表我们的测量。

如果假定度规是 C^r 的,则流形的坐标卡集必然是 C^{r+1} 的。由于我们总能在 $C^s(s \geqslant 1)$坐标卡集上找到某个解析的坐标卡子集(Whitney (1936), 参见 Munkres (1954)),因此,没必要从一开始就假定坐标卡集是解析的,尽管当度规为 C^r 时我们从物理上只能确定 C^{r+1} 的坐标卡集。

我们还必须为模型$(\mathscr{M}, g)$增设某种条件以保证它包含了所有非奇性的时空点。如果存在等距 C^r 嵌入 $\mu: \mathscr{M} \to \mathscr{M}'$, 则称 C^r 型$(\mathscr{M}', g')$对是$(\mathscr{M}, g)$的 C^r **扩张**;如果存在这种扩张$(\mathscr{M}', g')$,我们必须将 $\mathscr{M}'$的点也看作时空点。因此,我们必须要求模型$(\mathscr{M}, g)$是**不可 C^r 扩展的**,就是说,在 $\mu(\mathscr{M})$不等于 $\mathscr{M}'$的地方不存在$(\mathscr{M}, g)$的 C^r 扩张$(\mathscr{M}', g')$。

作为不是不可扩张的$(\mathscr{M}_1, g_1)$对的例子,我们来考虑 x 轴去掉了 $x_1=-1$ 到 $x_1=+1$ 之间线段的二维 Euclid 空间。一种显而易见的扩展方法是简单恢复丢失的点。当然我们也可以这样来扩张:再取同一空间$(\mathscr{M}_2, g_2)$,然后将$|x_1|<1$ 在 x_1 轴上的底边与$|x_2|<1$ 在 x_2,轴上的顶边叠合起来,将$|x_1|<1$ 在 x_1 轴上的顶边上与$|x_2|<1$ 在 x_2
轴上的底边叠合起来,这样得到的空间$(\mathscr{M}_3, g_3)$固然是不可扩展的,但 59
也是不完备的,因为丢失了点 $x_1=\pm 1$, $y_1=0$。我们找不回这些点,因为我们已非常过分地把 x 轴顶边和底边在不同的叶面上扩展了。然而,如果取由 $1<x_1<2, -1<y_1<1$ 定义的 $\mathscr{M}_3$ 的子集 $\mathscr{U}$,则可扩展$(\mathscr{U}, g_3|_{\mathscr{U}})$对并还原点 $x_1=1$, $y_1=0$。这个例子促使我们对不可扩展性作出更强的定义:如果 $\mathscr{M}$内不存在带非紧致闭包的开集 $\mathscr{U} \subset \mathscr{M}$,使得$(\mathscr{U}, g|_{\mathscr{U}})$对具有扩展$(\mathscr{M}', g')$且 $\mathscr{U}$的像的闭包是紧致的,那么我们称$(\mathscr{M}, g)$对是 C^r **局部不可扩展的**。

3.2 物质场

$\mathscr{M}$上存在各种不同的场,像电磁场、中微子场等,它们描述了时空的物质成分。这些场所服从的方程可表述为 $\mathscr{M}$ 上张量关系。在这些关系中，所有关于位置的导数均为度规 g 定义下关于对称联络的协变导数。之所以如此是因为由流形结构定义的唯一关系是张量关系，而迄今所定义的唯一联络也是由度规给定的。如果 $\mathscr{M}$ 还存在另一个联络，则这两个联络之间的差将是一个张量，我们可将它视为另一个物理场。类似地，$\mathscr{M}$ 上的另一种度规也可视为某个物理场。（物质场方程有时表示为 $\mathscr{M}$ 上的旋量关系。但本书不涉及这种关系，因为它们对我们要考虑的问题不是必需的。事实上，所有旋量方程均可代以为更为复杂的张量方程，例如，见 Ruse (1937)。）

我们获得的理论取决于我们让它包容什么样的物质场。我们当然应该包括所有实验观察到的那些场，但我们也可以假定存在某种尚未测知的场。例如，Brans 和 Dicke (Dicke(1964)，附录 7)就假定存在一种与能量-动量张量的迹有弱耦合的长程标量场。按 Dicke(1964，附录 2)给出的形式，我们可将 Brans - Dicke 理论简单地看作带有附加标量场的广义相对论。这种标量场是否已经在实验上观察到了，目前仍在争论中。

60 我们将理论所包含的物质场记为 $\Psi_{(i)}{}^{a\dots b}{}_{c\dots d}$，这里下标$(i)$代表所考虑场的序数。下述两个关于 $\Psi_{(i)}{}^{a\dots b}{}_{c\dots d}$ 所满足的方程的本性的假设，是狭义相对论和广义相对论共有的。

假设(a)：局部因果性

支配物质场的方程必将满足如下一点：如果 $\mathscr{U}$ 是凸正规邻域，p 和 q 为 $\mathscr{U}$ 上的点，那么 p，q 间能传递信号的条件是，当且仅当 p，q 能用一条完全处于 $\mathscr{U}$ 内的 C^1 曲线连接起来。这条曲线的切向量处处不为零，并且不是类时曲线就是零曲线，我们称这种曲线为**非类空曲线**。（在相对论表述中，我们排除了各种沿类空曲线运动的超光速粒子的可能性。）信号是由 p 传到 q 还是由 q 传到 p，取决于 $\mathscr{U}$ 的时间方向。至于能否在所有时空点赋以一致的时间方向，这个问题将在 § 6.2 考虑。

这一假设更为准确的表述可通过物质场的 Cauchy 问题来给出。令 $p\in\mathscr{U}$ 使过 p 点的每一条非类空曲线均在 $\mathscr{U}$ 内与类空面 $x^4=0$ 相交。令 $\mathscr{F}$ 是曲面 $x^4=0$ 上所有由 $\mathscr{U}$ 内自 p 点出发的非类空曲线到达的那些点的集合。于是我们要求物质场在 p 点的值必须由场及其直到某个有限阶的导数在 $\mathscr{F}$ 上的值唯一确定，而不是由场在 $\mathscr{F}$ 连续收缩所能达到的任意真子集上的值唯一确定。(对 Cauchy 问题更充分的讨论见第 7 章。)

正是这个假设将度规与 $\mathscr{M}$ 上的其他场区别开来,并赋以独特的几何性质。如果$\{x^a\}$是$\mathscr{U}$内 p 点附近的正规坐标,那么$\mathscr{U}$内自 p 点出发的非类空曲线可到达的那些点,其坐标满足

$$(x^1)^2+(x^2)^2+(x^3)^2-(x^4)^2\leqslant 0。$$

这在直觉上是显而易见的(证明见第 4 章)。这些点的边界由 p 点的零锥在指数映射下的像组成,也就是经过 p 点的所有零测地线的集合。因此,通过观察哪些点可与 p 点交流,我们就可确定 T_p 内的零锥 N_p。一旦 N_p 已知,我们就可将 p 点的度规确定到某个共形因子。这 61
一点可由以下看出:令 $\mathbf{X},\mathbf{Y}\in T_p$ 分别是类时和类空向量,方程

$$g(\mathbf{X}+\lambda\mathbf{Y},\mathbf{X}+\lambda\mathbf{Y})=g(\mathbf{X},\mathbf{X})+2\lambda g(\mathbf{X},\mathbf{Y})+\lambda^2 g(\mathbf{Y},\mathbf{Y})=0$$

在 $g(X,X)<0$ 和 $g(Y,Y)>0$ 时有两实根 λ_1 和 λ_2。若 N_p 已知,则 λ_1,λ_2 可定。但

$$\lambda_1\lambda_2=g(\mathbf{X},\mathbf{X})/g(\mathbf{Y},\mathbf{Y})。$$

因此,类时向量和类空向量的长度比可由零锥确定。于是,若 $\mathbf{W}$ 和 $\mathbf{Z}$ 是 p 点的任意两个非零向量,则

$$g(\mathbf{W},\mathbf{Z})=\frac{1}{2}(g(\mathbf{W},\mathbf{W})+g(\mathbf{Z},\mathbf{Z})-g(\mathbf{W}+\mathbf{Z},\mathbf{W}+\mathbf{Z}))。$$

上式右边每一项的长度均可与 $\mathbf{X}$ 或 $\mathbf{Y}$ 的长度相比,故 $g(\mathbf{W},\mathbf{Z})/g(\mathbf{X},\mathbf{X})$也可确定。(若 $\mathbf{W}+\mathbf{Z}$ 为零向量,则我们可用含 $\mathbf{W}+2\mathbf{Z}$ 的相应表达式。)这样,通过对局域因果性的观察,我们能把度规测定到一个共形因子。实际上,利用任何信号不能快过电磁辐射这一实验事实,我们很容易进行这种测量。这说明光必然沿零测地线运动。然而,这是电磁场所满足的一组特定方程的结果,而不是相对论本身的结果。我们还将在第 6 章对因果性作进一步讨论。我们将特别证明,因果关系以及其他一些结果可用来确定 $\mathscr{M}$的拓扑结构。度规的共形因子可由下述假设(b)确定。这样,理论的所有要素在物理上都是可观察的。

假设(b):能量和动量的局域守恒

支配物质场的方程应满足:存在一个对称张量 T^{ab},即能量-动量张量,它取决于场、场的协变导数和度规,且具有如下属性:

(i) T^{ab}在开集$\mathscr{U}$上为零,当且仅当所有物质场在$\mathscr{U}$上为零;

（ii）T^{ab}服从方程

$$T^{ab}_{;b}=0。\tag{3.1}$$

62 条件（i）表达了所有的场都有能量的原则。人们或许会以如下理由来反对“仅当”：可能存在两个非零场，其中一个的能量-动量张量正好与另一个的相抵消。这种可能性与负能量的存在性有关，我们将在§3.3讨论。

如果度规容许Killing向量场$\mathbf{K}$，则可积分方程（3.1）来得到守恒律。为看清这一点，我们定义向量$\mathbf{P}$，其分量为$P^a=T^{ab}K_b$。于是，

$$P^a_{;a}=T^{ab}_{;a}K_b+T^{ab}K_{b;a}。$$

由守恒方程，上式第一项为零。由于T^{ab}对称且$2K_{(a;b)}=L_{\mathbf{K}}g_{ab}=0$（因为$\mathbf{K}$是Killing向量），第二项也为零。因此，若$\mathscr{D}$是带边$\partial\mathscr{D}$的紧致可定向区域，则由Gauss定理（§2.7），

$$\int_{\partial\mathscr{D}}P^b\mathrm{d}\sigma_b=\int_{\mathscr{D}}P^b_{;b}\mathrm{d}v=0。\tag{3.2}$$

上式可解释为，能量-动量张量的$\mathbf{K}$分量在闭曲面上的总通量为零。

当度规同狭义相对论的情形一样是平直的，则我们可取坐标$\{x^a\}$，使度规分量为$g_{ab}=e_a\delta_{ab}$（不求和），这里δ_{ab}是Kronecker δ，如果$a=4$，则e_a为-1；如果$a=1,2,3$，则e_a为$+1$。于是向量

$$\underset{\alpha}{\mathbf{L}}=\partial/\partial x^\alpha\ (\alpha=1,2,3,4)$$

为Killing向量（它们生成四个平移），并有

$$\underset{\alpha\beta}{\mathbf{M}}=e_\alpha x^\alpha\frac{\partial}{\partial x^\beta}-e_\beta x^\beta\frac{\partial}{\partial x^\alpha}（不求和；\alpha,\beta=1,2,3,4）$$

（它们生成时空中的六种“旋转”）。这些等距变换构成平直时空的等距变换的10参数Lie群，也就是非均匀Lorentz群。它们可用来定义服从（3.2）式的10个向量$\underset{\alpha}{P}{}^a$和$\underset{\alpha\beta}{P}{}^a$。我们可认为$\underset{4}{\mathbf{P}}$代表能量流，$\underset{1}{\mathbf{P}},\underset{2}{\mathbf{P}},\underset{3}{\mathbf{P}}$为线性动量流的三个分量，$\underset{\alpha\beta}{\mathbf{P}}$可解释为角动量流。

如果度规不是平直的，那么一般不存在Killing向量，上述积分守
63 恒律也就不成立。但在q点的适当邻域内，我们可引入法向坐标$\{x^a\}$，于是在q点，度规的分量g_{ab}为$e_a\delta_{ab}$（不求和），联络的分量$\Gamma^a{}_{bc}$为零。我们可在q点取一邻域$\mathscr{D}$，其中g_{ab}和$\Gamma^a{}_{bc}$与它们在q点的值差一任意小量，于是$\underset{\alpha}{L}{}_{(a;b)}$和$\underset{\alpha\beta}{M}{}_{(a;b)}$在$\mathscr{D}$上并不严格为零，而是在那个邻域$\mathscr{D}$内与零差一任意小量。因此，

$$\int_{\partial\mathscr{D}_\alpha} P^b \mathrm{d}\sigma_b \quad \text{and} \quad \int_{\partial\mathscr{D}_{\alpha\beta}} P^b \mathrm{d}\sigma_b$$

在一阶近似下仍将为零，即是说，在时空小区域内仍有近似的能量、动量和角动量守恒。利用这一点可证明，对孤立的小物体来说，只要其内部物质的能量密度非负，则它将大致沿与其内部构造无关的类时测地线运动（关于相对论里小物体运动的讨论，见 Dixon，1970）。这可看作是 Galileo 原理，即所有物体等速下落。用 Newton 力学的话来说，就是所有物体的惯性质量（$\mathbf{F}=m\mathbf{a}$ 中的 m）和被动的引力质量（引力场作用其上的质量）均相等。这一点已分别为 Eötvos 和 Dicke 的高精度实验（Dicke，1964）所证实。

假设(a)使我们能将每一点的度规确定到某个共形因子。利用假设(b)可将不同点的这些共形因子联系起来，因为守恒方程 $T^{ab}{}_{;b}=0$ 对度规 $\hat{g}=\Omega^2 g$ 导出的联络一般并不成立。实现这些因子间联系的一个方法是观察小“试验”粒子的轨迹，并由此确定类时测地曲线。这样，如果 $\gamma(t)$ 是具有切向量 $\mathbf{K}=(\partial/\partial t)_\gamma$ 的曲线，那么从(2.29)式可得

$$\frac{\hat{\mathbf{D}}}{\partial \mathbf{t}}\mathbf{K}^{\mathbf{a}}=\frac{\mathbf{D}}{\partial t}K^a+2\Omega^{-1}\Omega_{;b}K^bK^a-\Omega^{-1}(K^bK^c\hat{g}_{bc})\hat{g}^{ad}\Omega_{;d}\text{。}$$

因为 $\gamma(t)$ 是时空度规 g 下的测地线，故 $K^{[b}(\mathbf{D}/\partial t)K^{a]}=0$，于是

$$K^{[b}\frac{\hat{\mathbf{D}}}{\partial t}K^{a]}=-(K^cK^d\hat{g}_{cd})K^{[b}\hat{g}^{a]e}(\log\Omega)_{;e}\text{。} \tag{3.3}$$

知道了共形结构，我们就可选一个代表度规共形等价类的度规 $\hat{g}$，并对任一“试验”粒子计算(3.3)式左边的项。这样，(3.3)式右边的项就可将 $(\log\Omega)_{;b}$ 确定到加一个 $K^a\hat{g}_{ab}$ 乘积项。通过考虑另一条其切向量 K'^a 64
不与 K^a 平行的曲线 $\gamma'(t)$，我们可确定 $(\log\Omega)_{;b}$，从而可将各处的 Ω 确定到一个常数乘积因子。这个常数因子用于规定我们的测量单位，可任意选取。

当然，这并非实际测量共形因子的方法，我们只是要利用如下事实：时空中存在大量相似系统（如原子中的电子态），其内部运动决定了一系列沿类时曲线的事件，这些曲线代表着它们在时空中的位置。事件间的间隔，似乎独立于其过去的历史。因为两个相邻系统测量的间隔都是一致的。如果能将这些系统与外部物质场有效地隔离开来（故它们必然沿测地线运动），并假定其内部运动与时空曲率无关，则它唯一依赖的就是度规了。因此，一条曲线上相继发生的两事件之间的曲

线长，对任意曲线上每一对相继发生的事件来说都是相同的。如果将此弧长取作测量单位，则可确定时空中任一点的共形因子。

事实上，我们也许无法将系统与其外部物质场隔离开来。于是，在 Brans-Dicke 理论里就出现了一处处不为零的标量场。然而，共形因子仍可在守恒方程 $T^{ab}{}_{;b}=0$ 成立的必要条件下确定。从这一点说，能量-动量张量 T_{ab} 的性态决定着共形因子。

3.3　Lagrangian 表述

对一组给定的场，假设(b)的条件(i)和(ii)并未告诉我们如何构造其能量-动量张量，也没说明它是否唯一。实际上我们主要依靠对能量和动量的直觉认识。不过，对于场方程可从 Lagrangian 函数导出的情形，能量-动量张量有确定且唯一的表达式。

设 L 是 Lagrangian 函数，它是度规、场 $\Psi_{(i)}{}^{a\ldots b}{}_{c\ldots d}$ 及其一阶协变导数的某个标量函数。假定在四维紧致区域 $\mathscr{D}$ 内，作用量

$$I=\int_{\mathscr{D}} L\,\mathrm{d}v$$

65 在场的变分下是稳定的，则我们可得到各种场的方程。所谓 $\mathscr{D}$ 内**场 $\Psi_{(i)}{}^{a\ldots b}{}_{c\ldots d}$ 的变分**是指一族单参数场 $\Psi_{(i)}(u,r)$，这里 $u\in(-\varepsilon,\varepsilon)$，$r\in\mathscr{M}$，使

(i) $\boldsymbol{\Psi}_{(i)}(0,r)=\boldsymbol{\Psi}_{(i)}(r)$，

(ii) $\boldsymbol{\Psi}_{(i)}(u,r)=\boldsymbol{\Psi}_{(i)}(r)$　当 $r\in\mathscr{M}-\mathscr{D}$。

将 $\partial\Psi_{(i)}(u,r)/\partial u|_{u=0}$ 记为 $\Delta\Psi_{(i)}$，于是

$$\left.\frac{\partial I}{\partial u}\right|_{u=0}=\sum_{(i)}\int_{\mathscr{D}}\Bigg(\frac{\partial L}{\partial\boldsymbol{\Psi}_{(i)}{}^{a\ldots b}{}_{c\ldots d}}\Delta\Psi_{(i)}{}^{a\ldots b}{}_{c\ldots d}+\frac{\partial L}{\partial\boldsymbol{\Psi}_{(i)}{}^{a\ldots b}{}_{c\ldots d;e}}\Delta(\Psi_{(i)}{}^{a\ldots b}{}_{c\ldots d;e})\Bigg)\mathrm{d}v,$$

这里，$\Psi_{(i)}{}^{a\ldots b}{}_{c\ldots d;e}$ 是 $\Psi_{(i)}$ 的协变导数的分量。但 $(\Delta\Psi_{(i)}{}^{a\ldots b}{}_{c\ldots d;e})=(\Delta\Psi_{(i)}{}^{a\ldots b}{}_{c\ldots d})_{;e}$，故第二项可表示为

$$\sum_{(i)}\int_{\mathscr{D}}\left[\left(\frac{\partial L}{\partial\boldsymbol{\Psi}_{(i)}{}^{a\ldots b}{}_{c\ldots d;e}}\Delta\,\Psi_{(i)}{}^{a\ldots b}{}_{c\ldots d}\right)_{;e}-\left(\frac{\partial L}{\partial\boldsymbol{\Psi}_{(i)}{}^{a\ldots d}{}_{c\ldots d;e}}\right)_{;e}\Delta\Psi_{(i)}{}^{a\ldots b}{}_{c\ldots d}\right]\mathrm{d}v.$$

这个表达式的第一项可写为

$$\int_{\mathscr{D}} Q^a{}_{;a}\,\mathrm{d}v = \int_{\partial\mathscr{D}} Q^a\,\mathrm{d}\sigma_a\,,$$

其中 **Q** 是一向量，其分量为

$$Q^e = \sum_{(i)} \frac{\partial L}{\partial \Psi_{(i)}{}^{a\ldots b}{}_{c\ldots d;e}} \Delta \Psi_{(i)}{}^{a\ldots b}{}_{c\ldots d}\,。$$

上述积分为零，这是因为条件(ii)相当于说 $\Delta\Psi_{(i)}$ 在边界 $\partial\mathscr{D}$ 上为零。因此，为使 $\partial I/\partial u|_{u=0}$ 对整个体积 $\mathscr{D}$ 上的所有变分为零，其充分必要条件就是 **Euler - Lagrange** 方程

$$\frac{\partial L}{\partial \Psi_{(i)}{}^{a\ldots b}{}_{c\ldots d}} - \left(\frac{\partial L}{\partial \Psi_{(i)}{}^{a\ldots b}{}_{c\ldots d;e}}\right)_{;e} = 0 \tag{3.4}$$

对所有 i 成立。这些就是场方程。

考虑由度规变化引起的作用量变化，我们就可从 Lagrangian 函数得到能量-动量张量。假定变分 $g_{ab}(u,r)$ 使场 $\Psi_{(i)}{}^{a\ldots b}{}_{c\ldots d}$ 保持不变，但 66
改变度规的分量 g_{ab}，则有

$$\left.\frac{\partial I}{\partial u}\right|_{u=0} = \int_{\mathscr{D}} \left(\sum_{(i)} \frac{\partial L}{\partial \Psi_{(i)}{}^{a\ldots b}{}_{c\ldots d;e}} \Delta(\Psi_{(i)}{}^{a\ldots b}{}_{c\ldots d;e}) + \frac{\partial L}{\partial g_{ab}} \Delta g_{ab} \right) \mathrm{d}v + \int_{\mathscr{D}} L\,\frac{\partial(\mathrm{d}v)}{\partial g_{ab}} \Delta g_{ab}\,。\tag{3.5}$$

最后一项的出现是因为体积测度 $\mathrm{d}v$ 依赖于度规，所以度规变化时它也会改变。为了估计这一项，我们应该记得，$\mathrm{d}v$ 实际上是分量为 $\eta_{abcd} = (-g)^{1/2}\,4!\ \delta_{[a}{}^1\delta_b^2\delta_c^3\delta_{d]}{}^4$ 的4-形式 $(4!)^{-1}\boldsymbol{\eta}$，这里 $g \equiv \det(g_{ab})$。因此，

$$\begin{aligned}\frac{\partial \eta_{abcd}}{\partial g_{ef}} &= \frac{1}{2}(-g)^{-\frac{1}{2}} \frac{\partial g}{\partial g_{ef}}\ 4!\ \delta_{[a}{}^1\delta_b{}^2\delta_c{}^3\delta_{d]}{}^4 \\ &= -\frac{1}{2}(-g)^{-\frac{1}{2}} g^{ef} g\ 4!\ \delta_{[a}{}^1\delta_b{}^2\delta_c{}^3\delta_{d]}{}^4 \\ &= \frac{1}{2} g^{ef} \eta_{abcd}\,。\end{aligned}$$

故

$$\frac{\partial(\mathrm{d}v)}{\partial g_{ab}} = \frac{1}{2} g^{ab}\,\mathrm{d}v\,。$$

(3.5) 式第一项的出现是因为，即使 $\Delta\Psi_{(i)}{}^{a\ldots b}{}_{c\ldots d}$ 为零，$\Delta(\Psi_{(i)}{}^{a\ldots b}{}_{c\ldots d;e})$ 也未必为零，因为度规的变化将引起联络分支量 Γ^a_{bc} 的变化。因为两联络之差如同张量一样变换时，$\Delta\Gamma^a_{bc}$ 可视为一张量的分量。它们与度规分量的变分之间存在如下关系：

$$\Delta\Gamma^a_{bc}=\frac{1}{2}g^{ad}\{(\Delta g_{db})_{;c}+(\Delta g_{dc})_{;b}-(\Delta g_{bc})_{;d}\}。$$

(导出上式最简单的方法,是注意到它是一种张量关系,因而必然在任意坐标系下成立。特别是,我们可选取 p 点的正规坐标系。在此坐标系下,分量 Γ^a_{bc} 和分量 g_{ab} 的坐标导数在 p 点为零。这就证明由以上公式在 p 点成立。)利用这个关系,$\Delta\Psi_{(i)}{}^{a\dots b}{}_{c\dots d;e}$ 可通过 $(\Delta g_{bc})_{;d}$ 和通常的分部积分来表示(用分部积分得到只含 Δg_{ab} 的被积函数),于是,可将 $\partial I/\partial u$ 写为

$$\frac{1}{2}\int_{\mathscr{D}}(T^{ab}\Delta g_{ab})\mathrm{d}v,$$

67 这里 T^{ab} 是某个对称张量的分量,通常将它作为场的能量-动量张量。(这个张量和所谓正则能量-动量张量之间关系,见 Rosenfeld,1940。)

作为 $\Psi_{(i)}{}^{a\dots b}{}_{c\dots d}$ 服从的场方程的结果,这个能量-动量张量满足守恒方程。假定有一微分同胚 $\phi:\mathscr{M}\to\mathscr{M}$,它在除了 $\mathscr{D}$ 内部的任何地方均为恒等映射。于是,由微分映射下的积分不变性可得

$$I=\int_{\mathscr{D}}L\,\mathrm{d}v=\frac{1}{4!}\int_{\mathscr{D}}\mathrm{L}\boldsymbol{\eta}=\frac{1}{4!}\int_{\phi(\mathscr{D})}L\boldsymbol{\eta}=\frac{1}{4!}\int_{\mathscr{D}}\phi^*(L\boldsymbol{\eta})。$$

因此

$$\frac{1}{4!}\int_{\mathscr{D}}(L\boldsymbol{\eta}-\phi^*(L\boldsymbol{\eta}))=0。$$

如果微分同胚 ϕ 由向量场 $\mathbf{X}$(仅在 $\mathscr{D}$ 的内部不为零)生成,则有

$$\frac{1}{4!}\int_{\mathscr{D}}L_{\mathbf{X}}(L_{\boldsymbol{\eta}})=0。$$

但

$$\frac{1}{4!}\int_{\mathscr{D}}L_{\mathbf{X}}(L_{\boldsymbol{\eta}})=\sum_{(i)}\int_{\mathscr{D}}\left(\frac{\partial L}{\partial\Psi_{(i)}{}^{a\dots b}{}_{c\dots d}}-\left(\frac{\partial L}{\partial\Psi_{(i)}{}^{a\dots b}{}_{c\dots d;e}}\right)_{;e}\right)\times L_{\mathbf{X}}\Psi_{(i)}{}^{a\dots b}{}_{c\dots d}\mathrm{d}v+\frac{1}{2}\int_{\mathscr{D}}T^{ab}L_{\mathbf{X}}g_{ab}\mathrm{d}v。$$

第一项为零是场方程的结果。对第二项,$\mathrm{L}_{\mathbf{X}}g_{ab}=2X_{(a;b)}$。故

$$\int_{\mathscr{D}}(T^{ab}L_{\mathbf{X}}g_{ab})\mathrm{d}v=2\int_{\mathscr{D}}((T^{ab}X_a)_{;b}-T^{ab}{}_{;b}X_a)\mathrm{d}v。$$

右边第一项可化为沿 $\mathscr{D}$ 边界的积分,它等于零,因为 $\mathbf{X}$ 在边界上为零;于是第二项对任意 $\mathbf{X}$ 也必为零,因此有 $T^{ab}{}_{;b}=0$。

现在我们举几个以后用得着的场的 Lagrangian 函数的例子。

例 1:标量场 Ψ

标量场可代表像 π^0 介子的粒子，其 Lagrange 函数为

$$L=-\frac{1}{2}\psi_{;a}\psi_{;b}g^{ab}-\frac{1}{2}\frac{m^2}{\hbar^2}\psi^2$$

这里 m，$\hbar$ 为常数。Euler－Lagrange 方程(3.4)为

$$\psi_{;ab}g^{ab}-\frac{m^2}{\hbar^2}\psi=0。$$

能量-动量张量为 68

$$T_{ab}=\psi_{;a}\psi_{;b}-\frac{1}{2}g_{ab}\left(\psi_{;c}\psi_{;a}g^{cd}+\frac{m^2}{\hbar^2}\psi^2\right)。\tag{3.6}$$

例 2：电磁场

电磁场由1-形式**A**(所谓势函数)来描述，它被确定到加减一个标量函数的梯度。Lagrangian 函数为

$$L=-\frac{1}{16\pi}F_{ab}F_{cd}g^{ac}g^{bd},$$

这里电磁场张量 F 定义为 2d**A**，即 $F_{ab}=2A_{[b;a]}$。变分 A_a，则 Euler—Lagrange 方程(3.4)为

$$F_{ab;c}g^{bc}=0。$$

它与 $F_{[ab;c]}=0$(即方程 d**F** ＝d(d**A**)＝0)构成无源电磁场的 Maxwell 方程组。能量-动量张量为

$$T_{ab}=\frac{1}{4\pi}(F_{ac}F_{bd}g^{cd}-\frac{1}{4}g_{ab}F_{ij}F_{kl}g^{ik}g^{jl})。\tag{3.7}$$

例 3：荷电标量场

这实际上是两个实标量场 ψ_1 和 ψ_2 的组合。两个标量场组合成复标量场 $\psi=\psi_1+\mathrm{i}\psi_2$，它可代表如 π^+ 介子和 π^- 介子的粒子。标量场和电磁场的总 Lagrangian 函数为

$$L=-\frac{1}{2}(\psi_{;a}+\mathrm{i}eA_a\psi)g^{ab}(\bar{\psi}_{;b}-\mathrm{i}eA_b\bar{\psi})-\frac{1}{2}\frac{m^2}{\hbar^2}\psi\bar{\psi}-\frac{1}{16\pi}F_{ab}F_{cd}g^{ac}g^{bd},$$

这里 e 是常数，$\bar{\psi}$ 是 ψ 的复共轭。独立变分 ψ，$\bar{\psi}$ 和 A_a，得

$$\psi_{;ab}g^{ab}-\frac{m^2}{\hbar^2}\psi+\mathrm{i}eA_ag^{ab}(2\psi_{;b}+\mathrm{i}eA_b\psi)+\mathrm{i}eA_{a;b}g^{ab}\psi=0,$$

及其复共轭，以及

$$\frac{1}{4\pi}F_{ab;c}g^{bc}-\mathrm{i}e\psi(\bar{\psi}_{;a}-\mathrm{i}eA_a\bar{\psi})+\mathrm{i}e\bar{\psi}(\psi_{;a}+\mathrm{i}eA_a\psi)=0。$$

能量—动量张量为

$$T_{ab}=\frac{1}{2}(\psi_{;a}\bar{\psi}_{;b}+\bar{\psi}_{;a}\psi_{;b})+\frac{1}{2}(-\psi_{;a}\mathrm{ie}A_b\bar{\psi}+\bar{\psi}_{;b}\mathrm{ie}A_a\psi+$$

$$\bar{\psi}_{;a}\mathrm{ie}A_b\psi-\psi_{;b}\mathrm{ie}A_a\bar{\psi})+\frac{1}{4\pi}F_{ac}F_{bd}g^{cd}+e^2A_aA_b\psi\bar{\psi}+Lg_{ab}。$$

69 例 4:等熵理想流体

这里采用一种特别的方法。我们用密度函数 ρ 和类时曲线汇(即所谓流线)来描述流体。所谓曲线汇是指其曲线通过 $\mathscr{M}$ 的每一点的一族曲线。若 $\mathscr{D}$ 是一足够小的紧致区域,则我们可用微分同胚 $\gamma:[a,b]\times N\to\mathscr{D}$ 来表示这个曲线汇,这里 $[a,b]$ 是 R^1 上某一闭区间,$\mathscr{N}$ 为某个三维带边流形。如果曲线的切向量 $\mathbf{W}=(\partial/\partial t)_\gamma$,$t\in[a,b]$,处处都是类时的,则称这些曲线为类时曲线。定义切向量 $\mathbf{V}$ 为 $\mathbf{V}=(-g(\mathbf{W},\mathbf{W}))^{-1/2}\mathbf{W}$,故 $g(\mathbf{V},\mathbf{V})=-1$。流体的流向量定义为 $\mathbf{j}=\rho\mathbf{V}$,并要求它是守恒的,即 $j^a_{;a}=0$。规定了作为 ρ 的函数的弹性势能(或内能)ε 之后,流体行为也就确定了。Lagrangian 函数取为

$$L=-\rho(1+\varepsilon)。$$

当流线改变,ρ 被调整以保持 j^a 守恒时,我们要求作用量 I 是稳定的。流线的变分是一微分映射 $\gamma:(-\delta,\delta)\times[a,b]\times\mathscr{N}\to\mathscr{D}$,它使

$$\gamma(0,[a,b],\mathscr{N})=\gamma([a,b],\mathscr{N})$$

且在 $\mathscr{M}-\mathscr{D}$ 上有 $\gamma(u,[a,b],\mathscr{N})=\gamma([a,b],\mathscr{N})(u\in(-\delta,\delta))$。

于是有 $\Delta\mathbf{W}=L_{\mathbf{K}}\mathbf{W}$,这里向量 $\mathbf{K}$ 为 $\mathbf{K}=(\partial/\partial u)_\gamma$。这个向量可视为变分作用下流线上某点的位移。由此,

$$\Delta V^a=V^a_{;b}K^b-K^a_{;b}V^b-V^aV^bK_{b;c}V^c。$$

利用 $(\Delta(j^a{}_{;a})=0=(\Delta j^a)_{;a}$ 这一事实,我们有

$$(\Delta\rho)_{;a}V^a+\Delta\rho V^a{}_{;a}+\rho_{;a}\Delta V^a+\rho(\Delta V^a)_{;a}=0。$$

代入 ΔV^a 并沿流线积分,得

$$\Delta\rho=(\rho K^b)_{;b}+\rho K_{b;c}V^bV^c。$$

因此,作用量积分的变分为

$$\left.\frac{\partial I}{\partial u}\right|_{u=0}=-\int_{\mathscr{D}}\left\{((\rho K^b)_{;b}+\rho K_{b;c}V^bV^c)\left(1+\frac{\mathrm{d}(\rho\varepsilon)}{\mathrm{d}\rho}\right)\right\}\mathrm{d}v。$$

分部积分,

$$\left.\frac{\partial I}{\partial u}\right|_{u=0}=\int_{\mathscr{D}}\left\{\left(\rho\left(1+\frac{\mathrm{d}(\varepsilon\rho)}{\mathrm{d}\rho}\right)\dot{V}^a+\rho\left(\frac{\mathrm{d}(\varepsilon\rho)}{\mathrm{d}\rho}\right)_{;c}(g^{ca}+V^cV^a)\right)K_a\right\}\mathrm{d}v,$$

70 这里 $\dot{V}^a\equiv V^a_{;b}V^b$。如果上式对所有 $\mathbf{K}$ 为零,则有

$$(\mu+p)\dot{V}^a=-p_{;b}(g^{ba}+V^bV^a),$$

这里 $\mu=\rho(1+\varepsilon)$ 是能量密度，$p=\rho^2(\mathrm{d}\varepsilon/\mathrm{d}\rho)$ 是压强。因此，作为流线的加速度矢量的 $\dot{V}^a$ 由垂直于流线的压力梯度决定。

为了得到能量-动量张量，我们对度规变分。注意到流的守恒可表示为

$$(j^a)_{;a}=\frac{1}{(\sqrt{-g})}\frac{\partial}{\partial x^a}((\sqrt{-g})j^a)=0。$$

变分计算可以简化。对于给定的流线，守恒方程可通过流线上某点的初值唯一地确定 j^a 在同一流线上每一点的值。因此在度规变化时，$(\sqrt{-g})j^a$ 是不变的。但

$$\rho^2=g^{-1}((\sqrt{-g})j^a(\sqrt{-g})j^b)g_{ab},$$

故

$$2\rho\Delta\rho=(j^aj^b-j^cj_cg^{ab})\Delta g_{ab},$$

于是

$$\begin{aligned}T^{ab}&=\left\{\rho(1+\varepsilon)+\rho^2\frac{\mathrm{d}\varepsilon}{\mathrm{d}\rho}\right\}V^aV^b+\rho^2\frac{\mathrm{d}\varepsilon}{\mathrm{d}\rho}g^{ab}\\&=(\mu+p)V^aV^b+pg^{ab}。\end{aligned}\tag{3.8}$$

我们称任何具有上述能量-动量张量形式（不论它是否由Lagrangian函数导出）的物质为**理想流体**。将能量-动量守恒方程（3.1）应用到（3.8）式，得

$$\mu_{;a}V^a+(\mu+p)V^a{}_{;a}=0,\tag{3.9}$$

$$(\mu+p)\dot{V}^a+(g^{ab}+V^aV^b)p_{;b}=0。\tag{3.10}$$

它们与 Lagrangian 函数导出的方程完全相同。如果压强仅是能量密度 μ 的函数，则称理想流体是**等熵的**。在此情形下，我们可引入守恒的密度 ρ 和内能 ε，并从 Lagrangian 函数导出方程和能量-动量张量。

我们也可赋予此流体以守恒的电荷 e（即 $J^a{}_{;a}=0$，这里 $\mathbf{J}=e\mathbf{V}$ 是电流）。带电流体和电磁场的 Lagrangian 函数为

$$L=-\frac{1}{16\pi}F_{ab}F_{cd}g^{ac}g^{bd}-\rho(1+\varepsilon)-\frac{1}{2}J^aA_a。$$

最后一项给出了流体与场的相互作用。于是分别变分 $\mathbf{A}$、流线和度 71
规，有

$$F^{ab}{}_{;b}=4\pi J^a,$$

$$(\mu+p)\dot{V}^a=-p_{;b}(g^{ab}+V^aV^b)+F^a{}_bJ^b,$$
$$T^{ab}=(\mu+p)V^aV^b+pg^{ab}+\frac{1}{4\pi}\left(F^a{}_cF^{bc}-\frac{1}{4}g^{ab}F_{cd}F^{cd}\right)。$$

3.4　场方程

至此，度规 g 尚未具体化。在不包含引力效应的狭义相对论里，度规总被认为是平直的。人们或许认为，通过保留度规的平直性并在时空中引入附加场就可将引力包括进来。然而实验证明，在太阳附近光线是弯曲的。因为光线是零测地线，这就意味着时空度规不可能是平直的，甚至不可能与平直度规共形。因此我们必须对时空曲率做出某些规定。现已清楚，这种规定可以这么来选取，它应使得在缓慢改变的小曲率极限下能重新得到 Newton 引力理论的结果。因此不必引入外场来描述引力。这不是说不能存在具有部分引力效应的附加场，实际上这种标量场已由 Jordan(1955)，Brans 和 Dicke(见 Dicke，1964)分别提出过。然而，如前所述，我们可简单地将这种附加场看作另一种物质场，从而将其包含于总能量-动量张量内。因此，这里我们还是采取这样一种观点，即时空度规本身就代表着引力场。于是问题变成了如何寻求场方程以便将度规与物质分布联系起来。

这些方程应当是一些张量方程，仅通过能量-动量张量与物质相联系，就是说，它们无法分辨两个具有相同能量和动量分布的不同的物质场。这可以认为是对 Newton 理论的推广，即物体的主动引力质量(产生引力场的质量)等于被动引力质量(受引力场作用的质量)。这已为 Kreuzer 实验(Kreuzer，1968)所确认。

为了确定场方程的形式，我们考虑 Newton 理论的极限情形。因为 Newton 引力场方程不包含时间，故与此相应的理论应当在静态度
72 规下确定。所谓静态度规，是指容许有类时 Killing 向量 **K** 的度规，这
些 Killing 向量垂直于一族类时曲面。这些曲面可视为一系列常时间曲面，并可用参数 t 来标记。我们定义单位类时向量 **V** 为 f^{-1}**K**，这里 $f^2=-K^aK_a$。于是 $V^a{}_{;b}=-\dot{V}^aV_b$，这里 $\dot{V}^a=V^a{}_{;b}V^b=f^{-1}f_{;b}g^{ab}$ 代表对 **V** 的积分曲线(当然也是 **K** 的积分曲线)的测地性的偏离。注意 $\dot{V}^aV_a=0$。

这些积分曲线定义了静态参照系，就是说，对于那些以这些曲线之一为历史的粒子来说，时空度规似乎与时间无关。由静止释放并沿测地线行走的粒子，相对于这个静止参照系将表现出具有初始加速度 $-\dot{V}$。若 f 与 1 仅有微小偏差，则由静止释放的自由运动粒子的初始加速度近似等于 f 梯度的负值。这意味着我们应将 $f-1$ 视为类似于 Newton 引力势能的量。

为导出这个势能的方程，我们可以考虑 $\dot{V}^a$ 的散度：

$$\dot{V}^2_{;a}=(V^2{}_{;b}V^b)_{;a}=V^a{}_{;b;a}V^b+V^2_{;b}V^b_{;a}$$

$$=R_{ab}V^aV^b+(V^a{}_{;a})_{;b}V^b+(V_b\dot{V}^b)^2=R_{ab}V^aV^b。$$

但 $$\dot{V}^a_{;a}=(f^{-1}f_{;b}g^{ab})_{;a}=-f^{-2}f_{;a}f_{;b}g^{ab}+f^{-1}f_{;ba}g^{ab}$$

且 $$f_{;ab}V^aV^b=-f_{;a}V^a_{;b}V^b=-f^{-1}f_{;a}f_{;b}g^{ab},$$

故有 $$f_{;ab}(g^{ab}+V^aV^b)=fR_{ab}V^aV^b。$$

左边的项是 f 在三维曲面$\{t$ 为常数$\}$诱导度规下的 Laplace 算子。如果度规几乎是平直的，则它对应于 Newton 势的 Laplace 算子。于是，如果上式右边等于质量密度的 $4\pi G$ 倍加弱场极限（即 $f\approx1$）下的小量，我们就在弱场极限下得到与 Newton 理论一致的结果。

如果存在形如

$$R_{ab}=K_{ab}, \tag{3.11}$$

的关系，其中 K_{ab} 是能量-动量张量和度规的张量函数，使 $(4\pi G)^{-1}K_{ab}V^aV^b$ 等于质量密度加 Newton 极限下的小量，则确实是那样的情形。现在我们就假定有这种形式的关系。

因为 R_{ab} 满足缩并的 Bianchi 恒等式 $R_a{}^b{}_{;b}=\frac{1}{2}R_{;a}$，(3.11)式意味着 73

$$K_a{}^b{}_{;b}=\frac{1}{2}K_{;b}。 \tag{3.12}$$

它说明似乎当然的方程 $K_{ab}=4\pi GT_{ab}$ 不可能正确。因为(3.12)式和守恒方程 $T_a{}^b{}_{;b}=0$ 意味着 $T_{;a}=0$。例如，对理想流体，这意味着 $\mu-3p$ 在整个时空是一常量，这显然不是一般流体所满足的。

事实上，一般说来，能量-动量张量所满足的唯一一阶恒等式就是守恒方程。由此，对所有能量-动量张量，满足恒等式(3.12)的关于能量-动量张量和度规的唯一张量函数 K_{ab} 是

$$K_{ab}=\kappa(T_{ab}-\frac{1}{2}Tg_{ab})+\Lambda g_{ab}, \tag{3.13}$$

这里 κ 和 Λ 是常数。这些常数的值可由 Newton 极限确定。考虑能量密度 μ 和压强 p 的理想流体，其流线为 Killing 向量的积分曲线(即流体相对于静止坐标系不动)，则能量-动量张量则由(3.8)式给出。将它代入(3.13)和(3.11)式，有

$$f_{;ab}(g^{ab}+V^aV^b)=f\left(\frac{1}{2}\kappa(\mu+3p)-\Lambda\right)。 \tag{3.14}$$

在 Newton 极限下，压强 p 与能量密度 μ 相比总是非常小的。(我们这里用光速为 1 的自然单位，在光速为 c 的单位里，表达式 $\mu+3p$ 应改为 $\mu+3p/c^2$。)于是，当 $\kappa=8\pi G$ 而 $|\Lambda|$ 非常小时，我们就得到与 Newton 理论基本一致的结果。我们还将用 $G=1$ 的质量单位。在这些单位下，10^{28}g 质量对应于 1 cm 长度。Sandage(1961，1968)对遥远星系的观察为 $|\Lambda|$ 确定了一个 $10^{-56}\,\mathrm{cm}^{-2}$ 量级的极限，我们通常取 Λ 为零，但要记住它可能还有其他值。

这样，我们可在三维曲面 $\{t=常数\}$ 的紧致区域 $\mathscr{F}$ 上积分(3.14)式，并将其左边变换为 f 的梯度在二维边界面 $\partial\mathscr{F}$ 上的积分：

$$\int_{\mathscr{F}} f(4\pi(\mu+3p))\mathrm{d}\sigma=\int_{\mathscr{F}} f_{;ab}(g^{ab}+V^aV^b)\mathrm{d}\sigma$$
$$=\int_{\partial\mathscr{F}} f_{;a}(g^{ab}+V^aV^b)\mathrm{d}\tau_b,$$

74 这里，$d\sigma$ 是三维曲面 $\{t=常数\}$ 在诱导度规下的体积元；$d\tau_b$ 是三维曲面内的二维曲面 $\partial\mathscr{F}$ 的面元。这个积分类似于二维曲面内所有物质的 Newton 公式，但它与 Newton 理论的情形有两点重要区别：

(i) 右边的积分中出现了因子 f。这意味着：在 f 远小于 1 (Newton 势为很大的负数)的区域里的物质对总质量的贡献要小于处于 f 接近于 1(Newton 势为小负数)的区域里相同物质的贡献。

(ii)压强对总质量有贡献。这意味着在某种场合下压强能够增强而不是阻抗引力坍缩。

方程 $$R_{ab}=8\pi\left(T_{ab}-\frac{1}{2}Tg_{ab}\right)+\Lambda g_{ab}$$

称为 Einstein 方程，并经常写成其等价形式

$$\left(R_{ab}-\frac{1}{2}Rg_{ab}\right)+\Lambda g_{ab}=8\pi T_{ab}\text{。}\tag{3.15}$$

因为两边均为对称函数，它们构成度规及其一阶和二阶导数的 10 个耦合的非线性偏微分方程组。不过方程两边的协变散度恒等于零，就是说

$$\left(R^{ab}-\frac{1}{2}Rg^{ab}+\Lambda g^{ab}\right)_{;b}=0$$

和

$$T^{ab}{}_{;b}=0$$

独立于场方程而成立。因此，场方程其实只提供 6 个独立的关于度规的微分方程。事实上这正是确定时空所需的方程数目，因为 10 个度规分量中有 4 个可通过坐标变换的 4 个自由度来任意赋值。换个角度看，如果流形 $\mathscr{M}$ 的两个度规 g_1 和 g_2 之间存在一个微分同胚 θ，则它们定义的是同一个时空。因此，场方程只能将度规确定到微分同胚下的等价类，且有 4 个自由度用于选择微分同胚。

我们将在第 7 章考虑 Einstein 方程的 Cauchy 问题，并将证明，给定适当的初始条件，场方程连同物质场方程足以确定时空的演化，并满足因果性假设(a)。

Einstein 方程还可以通过变分方法导出，它要求作用量 75

$$I=\int_{\mathscr{D}}(A(R-2\Lambda)+L)\mathrm{d}v\tag{3.16}$$

在 g_{ab} 的变分下是稳定的，这里 L 是物质的 Lagrangian 函数，A 为适当常数。由于

$$\Delta((R-2\Lambda)\mathrm{d}v)=((R-2\Lambda)\frac{1}{2}g^{ab}\Delta g_{ab}+R_{ab}\Delta g^{ab}+g^{ab}\Delta R_{ab})\mathrm{d}v\text{。}$$

最后一项可写为

$$\begin{aligned}g^{ab}\Delta R_{ab}\mathrm{d}v&=g^{ab}((\Delta\Gamma^{c}{}_{ab})_{;c}-(\Delta\Gamma^{c}{}_{ac})_{;b})\mathrm{d}v\\&=(\Delta\Gamma^{c}{}_{ab}g^{ab}-\Delta\Gamma^{d}{}_{ad}g^{ac})_{;c}\mathrm{d}v\text{。}\end{aligned}$$

于是可将其变换为边界 $\partial\mathscr{D}$ 上的积分，因为($\Delta\Gamma^{a}{}_{bc}$ 在边界上为零，所以积分也为零。因此，

$$\left.\frac{\partial I}{\partial u}\right|_{u=0}=\int_{\mathscr{D}}\{A((\frac{1}{2}R-\Lambda)g^{ab}-R^{ab})+\frac{1}{2}T^{ab}\}\Delta g_{ab}\mathrm{d}v\text{,}\tag{3.17}$$

这样，如果 $\partial I/\partial u$ 对所有 Δg_{ab} 为零，令 $A=(16\pi)^{-1}$，我们就得到 Einstein 方程。

或许有人会问，如果对度规和曲率张量的其他标量组合导出的作

用量进行变分，是否也能得到一组合理的方程呢？然而，曲率标量是度规张量的二阶导数的唯一线性标量，也只有在此情形下，我们才能通过变换去掉面积分并保留仅包含度规的二阶导数的方程。如果试图采用 $R_{ab}R^{ab}$ 或 $R_{abcd}R^{abcd}$ 等其他标量，那将得到包含度规张量的四阶导数的方程。这似乎不能令人满意，因为物理学的其他所有方程都是一阶或二阶的。假如场方程是四阶的，那么为了确定度规的演化，我们就不仅需要明确度规及其一阶导数的初值，还需要明确其二阶和三阶导数的初值。

我们将假定场方程不包含度规的高于二阶的导数。如果场方程从 Lagrangian 函数导出，则作用量必为(3.16)的形式。当然，我们也可以导出不同于 Einstein 方程的其他方程组，只要限定变分 Δg_{ab} 的形式，满足作用量对它稳定的要求。

例如，我们可限定度规共形于平直度规，即假定

$$g_{ab}=\Omega^2\eta_{ab},$$

76 这里 η_{ab} 和在狭义相对论下一样是平直度规。于是

$$\Delta g_{ab}=2\Omega^{-1}\Delta\Omega g_{ab}$$

作用量是不变的，只要

$$\{(A(\frac{1}{2}R-\Lambda)g^{ab}-R^{ab})+T^{ab}\}\Delta\Omega g_{ab}=0$$

对所有 $\Delta\Omega$ 成立，即 $R+A^{-1}T=4\Lambda$。

根据(2.30)式，

$$R=-6\Omega^{-3}\Omega_{|bc}\eta^{bc}=-6\Omega^{-1}\Omega_{;bc}g^{bc}+12\Omega^{-2}\Omega_{;c}\Omega_{;d}g^{cd},$$

这里 | 表示对平直度规 η_{ab} 的协变微分。如果度规是静态的，则 Ω 沿 Killing 向量 **K** 的积分曲线为常数(即与时间 t 无关)，**K** 的大小将正比于 Ω。因此，

$$\begin{aligned}f_{;ab}(g^{ab}+V^aV^b)f^{-1}&=\Omega_{;ab}(g^{ab}+V^aV^b)\Omega^{-1}\\&=-\frac{1}{6}R+2\Omega^{-2}\Omega_{;a}\Omega_{;b}g^{ab}-\Omega^{-1}\Omega_{;a}\\&V^a_{;b}V^b\\&=-\frac{1}{6}R+f^{-2}f_{;a}f_{;b}g^{ab}。\end{aligned}$$

于是，f 的 Laplace 算子等于 $-\frac{1}{6}R$ 加一个正比于 f 的梯度平方的项。

最后一项在弱场近似下可忽略。由场方程，$-\frac{1}{6}R$ 等于$\frac{1}{6}A^{-1}T-\frac{2}{3}\Lambda$。对理想流体，$T=-\mu+3p$。因此，只要 Λ 是小量或零，同时 $A^{-1}=-24\pi$，我们就得到与 Newton 理论一致的结果。

这个将度规限定为共形平直的理论，就是著名的 Nordström 理论。它可重述为这样一种理论：其中度规是平直度规 $\boldsymbol{\eta}$，而引力相互作用由外加标量场 ϕ 表示。如前所述，这种理论不能与大质量天体附近的光线弯曲现象一致，也不能解释观测到的水星近日点进动。

如果将度规限定为

$$g_{ab}=\Omega^2(\eta_{ab}+W_aW_b),$$

这里 W_a 是任意1-形式场，我们其实也能得到光线弯曲和水星近日点进动。在静态度规且 W_a 平行于类时 Killing 向量时，这将给出 Newton 极限。然而也有 W_a 不平行于 Killing 向量的其他静态度规，它们无法给出 Newton 极限。另外，这种对度规形式的限定似乎过于 77
人为了。看来更自然的方式是，除了要求度规是 Lorentz 型的，我们对它不作任何限制。

于是我们采用我们的第三个假设：

假设(c)：场方程

Einstein 场方程(3.15)式在 $\mathscr{M}$上成立。

这些场方程的预言，与迄今为止对光线弯曲和水星近日点进动的实验观测，在实验误差范围内都是一致的。当然，我们现在还不知道，是否存在一个应当包含于能量-动量张量的长程标量场。

4
曲率的物理意义

78 在这一章，我们考虑时空曲率对类时曲线族和零曲线族的影响。这些曲线代表流体的流线或光子的历史。在§4.1和§4.2，我们导出这些曲线族的涡量、剪切和膨胀的变化率公式。膨胀的变化率方程(Raychaudhuri 方程)在第 8 章证明奇点定理时扮演着中心角色。§4.3 讨论能量-动量张量的一般不等式，它们意味着物质的引力效应总是趋向使类时曲线和零曲线汇聚。在§4.4 我们会看到，这些能量条件的一个结果是，在一般时空里非转动类时曲线族或零曲线族会出现共轭点(或称焦点)。§4.5 将证明，共轭点的存在意味着我们可以改变两点间的曲线，使零测地线变为类时曲线；或使类时测地线变成更长的类时曲线。

4.1 类时曲线

在第 3 章我们看到，如果度规是静态的，则类时 Killing 向量的大小与 Newton 引力势之间存在关联。一个物体是否处于引力场中，要看它由静止释放后，是否相对于 Killing 向量所定义的静止参照系做加速运动。然而，一般说来时空并不一定具有 Killing 向量，因此我们也不可能有一种特殊的参照系用来测量加速度。我们能采用的最好方法就是取两个邻近的物体来测量其相对加速度。这种方法可用来测量引力场的梯度。如果我们用度规来类比 Newton 势，则 Newton 势场的梯度就对应于度规的二阶导数。这些物理量均可用 Riemann 张量来
79 描述。因此可预期，两相邻物体的相对加速度将与 Riemann 张量的某些分量有关。

为了更精确地研究这种关系，我们将考察具有单位类时切向量 $\mathbf{V}$($g(\mathbf{V},\mathbf{V})=-1$)的类时曲线汇。这些曲线可能代表试验小粒子的历史(此时曲线是测地线)，也可能代表流体的流线。如果流体是理想流

体，则由(3.10)式，

$$(\mu+p)\dot{V}^a=-p_{;b}h^{ab}, \tag{4.1}$$

这里 $\dot{V}^a=V^a{}_{;b}V^b$ 是流线的加速度，$h^a{}_b=\delta^a{}_b+V^aV_b$ 是一张量，它将向量 $\mathbf{X}\in T_q$ 投影到 $\mathbf{X}$ 在 T_q 的垂直于 $\mathbf{V}$ 的子空间 H_q 的分量。我们也可将 h_{ab} 视为 H_q 的度规(参见§2.7)。

设 $\lambda(t)$ 是具有切向量 $\mathbf{Z}=(\partial/\partial t)_\lambda$ 的曲线，那么我们可沿 $\mathbf{V}$ 的积分曲线将 $\lambda(t)$ 的每一点移动距离 s 来构造曲线族 $\lambda(t,s)$。如果将 $\mathbf{Z}$ 定义为 $(\partial/\partial t)_{\lambda(t,s)}$，则由 Lie 导数定义(见§2.4)，$L_{\mathbf{V}}\mathbf{Z}=0$，换句话说，

$$\frac{\mathrm{D}}{\partial s}Z^a=V^a{}_{;b}Z^b。 \tag{4.2}$$

我们可将 $\mathbf{Z}$ 理解为相邻两曲线上的任意两点沿各自曲线走过相同距离时的间距。如果将数倍的 $\mathbf{V}$ 加到 $\mathbf{Z}$ 上，则这个和向量代表的是相邻曲线上两点走过不同距离时的间距。实际上，我们主要关心的是相邻曲线的分离，而不是曲线上两点间的间距。也就是说，我们只关心 $\mathbf{Z}$ 的平行于 $\mathbf{V}$ 的分量的模，即只关心 $\mathbf{Z}$ 在每一点 q 到空间 Q_q 的投影，这里 Q_q 由只差一个 $k\mathbf{V}$(k 为任一常数)因子的向量的等价类组成。它也可由垂直于 $\mathbf{V}$ 的向量组成的(T_q 的)子空间 H_q 来代表。$\mathbf{Z}$ 到 H_q 的投影记为 ${}_\perp\mathbf{Z}^a=h^a{}_bZ^b$。在流体情形下，${}_\perp\mathbf{Z}$ 相当于在流体的静止参照系上测得的流体相邻两点间的距离。

从(4.2)式有

$${}_\perp\frac{\mathrm{D}}{\partial s}({}_\perp Z^a)=V^a{}_{;b\perp}Z^b。 \tag{4.3}$$

它给出了在 H_q 上测得的无限邻近的两条曲线分离的变化率。再次运 80
用 $\mathrm{D}/\partial s$ 并投影到 H_q，有

$$h^a{}_b\frac{\mathrm{D}}{\partial s}\left(h^b{}_c\frac{\mathrm{D}}{\partial s}{}_\perp Z^c\right)=h^a{}_b(V^b{}_{;cd\perp}Z^cV^d+V^b{}_{;c}V^c{}_{;d}V_eZ^eV^d+$$
$$V^b{}_{;c}V^cV^e{}_{;d}Z_eV^d+V^b{}_{;c}h^c{}_eZ^e{}_{;d}V^d)。$$

改变第一项的求导次序并利用(4.2)式，则上式简化为

$$h^a{}_b\frac{\mathrm{D}}{\partial s}\left(h^b{}_c\frac{\mathrm{D}}{\partial s}{}_\perp Z^c\right)=-R^a{}_{bcd\perp}Z^cV^bV^d+h^a{}_b\dot{V}^b{}_{;c\perp}Z^c+\dot{V}^a\dot{V}_{b\perp}Z^b。 \tag{4.4}$$

这个方程通称偏离方程或 Jacobi 方程，它给出了 H_q 上测得的无限邻近的两条曲线分离的相对加速度，即分离的二阶时间导数。可以看出，

如果曲线是测地线，则相对加速度仅依赖于 Riemann 张量。

在 Newton 理论里，每个质点的加速度取决于引力势 Φ 的梯度，因而间距为 Z^a 的两个粒子的相对加速度为 $\Phi_{;ab}Z^b$。于是 Riemann 张量项 $R_{abcd}V^bV^d$ 类似于 Newton 理论的 $\Phi_{;ac}$。这个“潮汐力”效应可通过自由落向地球的粒子球的例子看出来。由于球内每个粒子均沿通过地心的直线运动，但那些离地球较近的粒子的运动要快于那些离地球较远的粒子，因此这一过程一经开始，球体就无法继续保持球形而是被扭曲为同体积的椭球。

为了进一步研究偏离方程，我们在 $\mathbf{V}$ 的积分曲线 $\gamma(s)$ 的某一点 q 上分别引入 T_q 和 $T^*{}_q$ 的对偶规范正交基 $\mathbf{E}_1,\mathbf{E}_2,\mathbf{E}_3,\mathbf{E}_4$ 和 $\mathbf{E}^1,\mathbf{E}^2,\mathbf{E}^3,\mathbf{E}^4$，并令 $\mathbf{E}_4=\mathbf{V}$。我们可以令这些基沿曲线 $\gamma(s)$ 移动来得到 $\gamma(s)$ 的每一点上的类似的基。但如果基沿 $\gamma(s)$ 平行移动（即每个向量的 $\mathrm{D}/\partial s$ 为零），则 $\mathbf{E}_4$ 就无法保持与 $\mathbf{V}$ 相等，$\mathbf{E}_1,\mathbf{E}_2,\mathbf{E}_3$ 也无法保持与 $\mathbf{V}$ 垂直，除非 $\gamma(s)$ 是测地线。为此我们引入一个沿 $\gamma(s)$ 的新导数，即所谓 **Fermi 导数** $\mathrm{D_F}/\partial s$。对沿 $\gamma(s)$ 的向量场 $\mathbf{X}$，Fermi 导数定义为

$$\frac{\mathrm{D_F}\mathbf{X}}{\partial s}=\frac{\mathrm{D}\mathbf{X}}{\partial s}-g\left(\mathbf{X},\frac{\mathrm{D}\mathbf{V}}{\partial s}\right)\mathbf{V}+g(\mathbf{X},\mathbf{V})\frac{\mathrm{D}\mathbf{V}}{\partial s}。$$

81 它具有如下性质：

(i) 如果 $\gamma(s)$ 是测地线，则 $\mathrm{D_F}/\partial s=\mathrm{D}/\partial s$；

(ii) $\mathrm{D_F}\mathbf{V}/\partial s=0$；

(iii) 如果 $\mathbf{X},\mathbf{Y}$ 是沿 $\gamma(s)$ 的向量场，使

$$\frac{\mathrm{D_F}\mathbf{X}}{\partial s}=0=\frac{\mathrm{D_F}\mathbf{Y}}{\partial s},$$

则 $g(\mathbf{X},\ \mathbf{Y})$ 沿 $\gamma(s)$ 是一常数；

(iv) 如果 $\mathbf{X}$ 是沿 $\gamma(s)$ 且垂直于 $\mathbf{V}$ 的向量场，则

$$\frac{\mathrm{D_F}\mathbf{X}}{\partial s}=_{\perp}\left(\frac{\mathrm{D}\mathbf{X}}{\partial s}\right)。$$

（性质(iv)说明 Fermi 导数是导数 $\mathrm{D}/\partial s$ 的自然推广。）

因此，如果使 T_q 的规范正交基沿 $\gamma(s)$ 移动，以使每一基向量的 Fermi 导数为零，则可得 $\gamma(s)$ 的每一点的规范正交基，且 $\mathbf{E}_4=\mathbf{V}$。向量 $\mathbf{E}_1,\mathbf{E}_2,\mathbf{E}_3$ 可理解为沿 $\gamma(s)$ 给出的一组非转动轴。在物理上可以通过指向每一向量的小陀螺来实现。

通过下述规则，可将向量场上定义的沿 $\gamma(s)$ 的 Fermi 导数扩展到

任意张量场：

(i) $\mathrm{D_F}/\partial s$ 是一线性映射，它将沿 $\gamma(s)$ 的 (r,s) 型张量场映射到 (r,s) 型张量场，并与缩并对易；

(ii) $\dfrac{\mathrm{D_F}}{\partial s}(\mathbf{K}\otimes\mathbf{L})=\dfrac{\mathrm{D_F}\mathbf{K}}{\partial s}\otimes\mathbf{L}+\mathbf{K}\otimes\dfrac{\mathrm{D_F}\mathbf{L}}{\partial s}$；

(iii) $\dfrac{\mathrm{D_F}f}{\partial s}=\dfrac{\mathrm{d}f}{\mathrm{d}s}$，这里 f 是一函数。

根据这些规则，$T^*{}_q$ 的对偶基 $\mathbf{E}^1,\mathbf{E}^2,\mathbf{E}^3,\mathbf{E}^4$ 也是沿 $\gamma(s)$ 的 Fermi 移动基。运用 Fermi 导数，(4.3)和(4.4)式可写成

$$\frac{\mathrm{D_F}}{\partial s}{}_\perp Z^a=V^a{}_{;b\perp}Z^b, \tag{4.5}$$

$$\frac{\mathrm{D^2{}_F}}{\partial s^2}{}_\perp Z^a=-R^a{}_{bcd\perp}Z^cV^bV^d+h^a{}_b\ \dot{V}^b{}_{;c\perp}Z^c+\dot{V}^a\ \dot{V}{}_{b\perp}Z^b。\tag{4.6}$$

我们也可用 Fermi 移动对偶基来表述这些方程。由于 $_\perp\mathbf{Z}$ 垂直于 $\mathbf{V}$，故 82
它仅有 $\mathbf{E}_1,\mathbf{E}_2,\mathbf{E}_3$ 上的分量。于是 $_\perp\mathbf{Z}$ 可表示为 $Z^\alpha\boldsymbol{E}_\alpha$，这里我们约定：希腊字母指标仅取数值 1,2,3。这样 (4.5)和(4.6) 式可用通常导数写为

$$\frac{\mathrm{d}}{\mathrm{d}s}Z^\alpha=V^\alpha{}_{;\beta}Z^\beta, \tag{4.7}$$

$$\frac{\mathrm{d}^2}{\mathrm{d}s^2}Z^\alpha=(-R^\alpha{}_{4\beta4}+\dot{V}^\alpha{}_{;\beta}+\dot{V}^\alpha\dot{V}_\beta)Z^\beta, \tag{4.8}$$

这里 $V^\alpha{}_{;\beta}$ 是 $V^a{}_{;b}$ 在 $a=\alpha,b=\beta$ 时的分量。由于分量 Z^α 服从一阶线性常微分方程(4.7)，它们可用某点 q 的值来表示

$$Z^\alpha(s)=A_{\alpha\beta}(s)Z^\beta|_q, \tag{4.9}$$

这里 $A_{\alpha\beta}(s)$ 是 3×3 矩阵，它是 q 点的单位矩阵，满足

$$\frac{\mathrm{d}}{\mathrm{d}s}A_{\alpha\beta}(s)=V_{\alpha;\gamma}A_{\gamma\beta}(s)。\tag{4.10}$$

在流体情形，可以认为矩阵 $A_{\alpha\beta}$ 代表着一个在 q 点呈球形的流体元的形状和方向。这个矩阵可写为

$$A_{\alpha\beta}=O_{\alpha\delta}S_{\delta\beta}, \tag{4.11}$$

这里 $O_{\alpha\beta}$ 是具有正定行列式的正交矩阵，$S_{\alpha\beta}$ 是对称矩阵。它们同时被选作 q 点的单位矩阵。我们可以认为，$O_{\alpha\beta}$ 代表相邻曲线在 Fermi 移动基下的转动，而 $S_{\alpha\beta}$ 则代表这些曲线相对于 $\gamma(s)$ 的分离，并可将 $S_{\alpha\beta}$ 的行列式(等于 $A_{\alpha\beta}$ 的行列式)视为由相邻曲线围成的垂直于 $\gamma(s)$

的面元的三维体积。

在 $A_{\alpha\beta}$ 为单位矩阵的 q 点，$\mathrm{d}O_{\alpha\beta}/\mathrm{d}s$ 是反对称矩阵而 $\mathrm{d}S_{\alpha\beta}/\mathrm{d}s$ 是对称矩阵。因此，q 点上相邻曲线的转动速率由 $V_{\alpha;\beta}$ 的反对称部分给出，而其相对于 $\gamma(s)$的分离的变化速率则由 $V_{\alpha;\beta}$ 的对称部分给出。由此我们定义涡量张量为

$$\omega_{ab}=h_a{}^c h_b{}^d V_{[c;d]}, \tag{4.12}$$

定义膨胀张量为

$$\theta_{ab}=h_a{}^c h_b{}^d V_{(c;d)}, \tag{4.13}$$

83 体积膨胀则定义为

$$\theta=\theta_{ab}h^{ab}=V_{a;b}h^{ab}=V^a{}_{;a}。 \tag{4.14}$$

进而我们定义剪切张量为 θ_{ab} 的无迹部分：

$$\sigma_{ab}=\theta_{ab}-\frac{1}{3}h_{ab}\theta, \tag{4.15}$$

定义涡向量为

$$\omega^a=\frac{1}{2}\eta^{abcd}V_b\omega_{cd}=\frac{1}{2}\eta^{abcd}V_bV_{c;d}。 \tag{4.16}$$

向量 **V** 的协变导数可由这些量表示为

$$V_{a;b}=\omega_{ab}+\sigma_{ab}+\frac{1}{3}\theta h_{ab}-\dot{V}_aV_b。 \tag{4.17}$$

流体速度向量的梯度的这种分解，可直接与 Newton 流体力学情形类比。

在 Fermi 移动规范正交基下，涡量和膨胀可用矩阵 $A_{\alpha\beta}$ 及其逆 $A^{-1}{}_{\alpha\beta}$来表示：

$$\omega_{\alpha\beta}=-A^{-1}{}_{\gamma[\alpha}\frac{\mathrm{d}}{\mathrm{d}s}A_{\beta]\gamma}, \tag{4.18}$$

$$\theta_{\alpha\beta}=A^{-1}{}_{\gamma(\alpha}\frac{\mathrm{d}}{\mathrm{d}s}A_{\beta)\gamma}, \tag{4.19}$$

$$\theta=(\det\mathbf{A})^{-1}\frac{\mathrm{d}}{\mathrm{d}s}(\det\mathbf{A})。 \tag{4.20}$$

由偏离方程(4.8)，有

$$\frac{\mathrm{d}^2}{\mathrm{d}s^2}A_{\alpha\beta}=(-R_{\alpha4\gamma4}+\dot{V}_{\alpha;\gamma}+\dot{V}_\alpha\dot{V}_\gamma)A_{\gamma\beta}。 \tag{4.21}$$

如果已知 Riemann 张量，我们即可根据这个方程来计算涡量、剪切以及膨胀沿 **V** 的积分曲线的移动。

将(4.21)式乘以$A^{-1}{}_{\beta\gamma}$并取其反对称部分,得

$$\frac{\mathrm{d}}{\mathrm{d}s}\omega_{\alpha\beta}=2\omega_{\gamma[\alpha}\theta_{\beta]\gamma}+\dot{V}_{[\alpha;\beta]}。\qquad(4.22)$$

由此可见,涡量的移动依赖于加速度的反对称梯度而不是“潮汐力”。上式的另一种形式为

$$\frac{\mathrm{d}}{\mathrm{d}s}(A_{\gamma\alpha}\omega_{\gamma\delta}A_{\delta\beta})=A_{\gamma\alpha}\dot{V}_{[\gamma;\delta]}A_{\delta\beta}。\qquad(4.23)$$

因此,如果曲线是测地线,则 $A_{\gamma\alpha}\omega_{\gamma\delta}A_{\delta\beta}$ 是常数矩阵。特别地,如果曲 84
线是测地线而涡量在曲线的某一点为零,则涡量在曲线的所有点均为零。如果曲线是理想流体的流线,则由(4.1)式,有

$$\dot{V}_{[\alpha;\beta]}=-\frac{1}{\mu+p}\omega_{\alpha\beta}\frac{\mathrm{d}p}{\mathrm{d}s}。$$

如果流体是等熵的,上式隐含着守恒律:

$$WA_{\gamma\alpha}\omega_{\gamma\delta}A_{\delta\beta}=常数,\qquad(4.24)$$

这里

$$\log W=\int\frac{\mathrm{d}p}{\mu+p}。$$

这一守恒律是 Newton 涡量守恒律在相对论下的形式。在测地线或压强为零情形,它取通常形式,即涡向量的大小反比于垂直于流体元涡向量的截面面积。如果压强不为零,此时存在额外的相对论效应。这种效应源于这样一个事实,即流体的压缩将对流体做功,从而引起流体元的质量(即惯性)的增大(参见(3.9)式)。这说明流体受到压缩时其涡量的增长要小于我们预期的相反情形下的变化。

(4.21)式乘以$A^{-1}{}_{\beta\gamma}$并取对称部分,得

$$\frac{\mathrm{d}}{\mathrm{d}s}\theta_{\alpha\beta}=-R_{\alpha4\beta4}-\omega_{\alpha\gamma}-\omega_{\gamma\beta}-\theta_{\alpha\gamma}\theta_{\gamma\beta}+\dot{V}_{(\alpha;\beta)}+\dot{V}_{\alpha}\dot{V}_{\beta}。\qquad(4.25)$$

(用 Fermi 导数取代通常导数,并将所有向量投影到垂直于 **V** 的子空间的方法,我们可在一般的非规范正交的非 Fermi 移动基下表示这一方程和(4.23)式。)

(4.25)式的迹为

$$\frac{\mathrm{d}}{\mathrm{d}s}\theta=-R_{ab}V^aV^b+2\omega^2-2\sigma^2-\frac{1}{3}\theta^2+\dot{V}^a{}_{;a},\qquad(4.26)$$

这里

$$2\omega^2=\omega_{ab}\omega^{ab}\geqslant0,$$

$$2\sigma^2=\sigma_{ab}\sigma^{ab}\geqslant0。$$

分别由 Landau 和 Raychaudhuri 独立发现的这一方程,对以后的讨论

85 极为重要。我们可从中看出，涡旋就像离心力一样导致膨胀，而剪切则产生收缩。对流线有切向量 V^a 的理想流体，由场方程知，项 $R_{ab}V^aV^b=4\pi(\mu+3p)$。因此可以预料，这一项也能引起收缩。我们将在 § 4.3 对这一项的符号进行一般的讨论。

(4.25)式的无迹部分为

$$\frac{\mathrm{D_F}}{\partial s}\sigma_{ab}=-C_{acbd}V^cV^d+\frac{1}{2}h_a{}^ch_b{}^dR_{cd}-\omega_{ac}\omega^c{}_b-\sigma_{ac}\sigma^c{}_b-\frac{2}{3}\theta\sigma_{ab}+h_a{}^ch_b{}^d\dot{V}_{(c;d)}-\frac{1}{3}h_{ab}(2\omega^2-2\sigma^2+\dot{V}^a{}_{;a}+\frac{1}{2}R_{cd}h^{cd}),\tag{4.27}$$

这里 C_{abcd} 是 Weyl 张量。这个张量无迹，因此不会直接出现在膨胀方程(4.26)中。但由于膨胀方程的右边有 $-2\sigma^2$ 项，故 Weyl 张量通过引起剪切来间接产生收敛。Riemann 张量可根据 Weyl 张量和 Ricci 张量表示为

$$R_{abcd}=C_{abcd}-g_{a[d}R_{c]b}-g_{b[c}R_{d]a}-\frac{1}{3}Rg_{a[c}g_{d]b}。$$

其中 Ricci 张量由 Einstein 方程给出：

$$R_{ab}-\frac{1}{2}g_{ab}R+\Lambda g_{ab}=8\pi T_{ab}。$$

因此，Weyl 张量代表着不由局部物质分布确定的曲率部分。但它不是完全任意项，因为 Riemann 张量必须满足 Bianchi 恒等式：

$$R_{ab[cd;e]}=0$$

它可重写为

$$C^{abcd}{}_{;d}=J^{abc},\tag{4.28}$$

这里

$$J^{abc}=R^{c[a;b]}+\frac{1}{6}g^{c[b}R^{;a]}。\tag{4.29}$$

这些方程类似于电动力学的 Maxwell 方程

$$F^{ab}{}_{;b}=J^a,$$

这里 F^{ab} 是电磁场张量，J^a 是源电流。因此，在某种意义上说，我们可将 Bianchi 恒等式(4.28)视为 Weyl 张量的场方程，只是在这里，某一点的曲率取决于其他点的质量分布。(这种方法已被用于分析引力辐射行为，见 Newman and Penrose (1962)，Newman and Unti (1962)和 Hawking (1966*a*)。)

4.2 零曲线

如同对类时曲线的作用一样，Riemann 张量也会影响零曲线的分 86
离变化率。为简明起见，这里我们只考虑零测地线情形。这些曲线代表光子的历史。Riemann 张量的作用主要表现为引起光线的扭曲或聚焦成簇。

为考察这一点，我们考虑具有切向量 $\mathbf{K}(g(\mathbf{K},\mathbf{K})=0)$ 的零测地线汇的偏离方程。这里的情形与上节类时测地线的情形有两点重要区别。首先，我们可以通过要求 $g(\mathbf{V},\mathbf{V})=-1$ 来归一化类时曲线的切向量 $\mathbf{V}$，这实际上相当于用弧长 s 将曲线参数化。但在零曲线情形下，这显然是不可能的，因为它们的弧长为零。我们最多能选取一个仿射参数 v，这样，切向量 $\mathbf{K}$ 服从方程

$$\frac{\mathrm{D}}{\mathrm{d}v}K^a=K^a{}_{;b}K^b=0。$$

然而，我们还可以让 v 乘以一个沿每条曲线都不变化的函数 f。这样我们得到另一仿射参数 fv，其相应的切向量是 $f^{-1}\mathbf{K}$。因此，如果将曲线看做流形的点集，则切向量其实只能唯一确定到沿曲线的一个常数因子。第二点区别是，现在 T_q 关于 $\mathbf{K}$ 的商空间 Q_q 不与 T_q 的垂直于 $\mathbf{K}$ 的子空间 H_q 同构，这是因为 H_q 包含了向量 $\mathbf{K}$ 本身（因为 $g(\mathbf{K},\mathbf{K})=0$）。事实上，下面会看到，我们并不真的对整个 Q_q 感兴趣，而只是对由 H_q 内相差一个 $\mathbf{K}$ 因子的向量等价类组成的子空间 S_q 感兴趣。在光线的情形下，S_q 的组元代表着由同一光源同时发出的两条相邻光线的分离。

类似于类时曲线情形，我们在曲线 $\gamma(v)$ 的一点 q 引入 T_q 和 $T^*{}_q$ 的对偶基 $\mathbf{E}_1,\mathbf{E}_2,\mathbf{E}_3,\mathbf{E}_4$ 和 $\mathbf{E}^1,\mathbf{E}^2,\mathbf{E}^3,\mathbf{E}^4$。但现在这些基无法取为规范正交的。我们取 $\mathbf{E}_4$ 等于 $\mathbf{K}$；取 $\mathbf{E}_3$ 为另一个零向量 $\mathbf{L}$，它和 $\mathbf{E}_4$ 有负的单位标积（$g(\mathbf{E}_3,\mathbf{E}_3)=0$，$g(\mathbf{E}_3,\mathbf{E}_4)=-1$），$\mathbf{E}_1$ 和 $\mathbf{E}_2$ 则取为相互垂直且与 $\mathbf{E}_3$ 和 $\mathbf{E}_4$ 也垂直的单位类空向量。

$$(g(\mathbf{E}_1,\mathbf{E}_1)=g(\mathbf{E}_2,\mathbf{E}_2)=1,$$
$$g(\mathbf{E}_1,\mathbf{E}_2)=g(\mathbf{E}_1,\mathbf{E}_3)=g(\mathbf{E}_1,\mathbf{E}_4)=0,\text{等等})。$$

注意，由于基向量的非规范正交性，形式 $\mathbf{E}^3$ 实际上等于形式 87
$-K^ag_{ab}$，$\mathbf{E}^4$ 等于 $-L^ag_{ab}$。可看出，$\mathbf{E}_1,\mathbf{E}_2,\mathbf{E}_4$ 构成 H_q 的一个基，而

$\mathbf{E}_1,\mathbf{E}_2,\mathbf{E}_3$ 到 Q_q 的投影构成 Q_q 的一个基，$\mathbf{E}_1$ 和 $\mathbf{E}_2$ 的投影构成 S_q 的一个基。通常我们并不区分向量 $\mathbf{Z}$ 和它到 Q_q 或 S_q 的投影。我们称具有上述 $\mathbf{E}_1,\mathbf{E}_2,\mathbf{E}_3,\mathbf{E}_4$ 性质的基为**伪规范正交基**。将它们沿 $\gamma(v)$ 作平行移动，可得 $\gamma(v)$ 的每一点的伪规范正交基。

我们用这个基来研究零测地线的偏离方程。如果 $\mathbf{Z}$ 代表相邻曲线上相应点之间的间距，则如前所述有

$$L_{\mathbf{K}}\mathbf{Z}=0,$$

故

$$\frac{\mathrm{D}}{\mathrm{d}v}Z^a=K^a{}_{;b}Z^b, \tag{4.30}$$

且

$$\frac{\mathrm{D}^2}{\mathrm{d}v^2}Z^a=-R^a{}_{bcd}Z^cK^bK^d。 \tag{4.31}$$

在伪规范正交基下，$K^a{}_{;4}$ 为零（因为 $\mathbf{K}$ 是测地线）。因此可将(4.30)式的 1，2 和 3 分量表示为一组常微分方程：

$$\frac{\mathrm{d}}{\mathrm{d}v}Z^\alpha=K^\alpha{}_{;\beta}Z^\beta,$$

和前面一样，这里希腊指标取值 1，2，3。这说明，$\mathbf{Z}$ 到空间 Q_q 的投影服从只含 $\mathbf{Z}$ 的投影而不包括平行于 $\mathbf{K}$ 的 $\mathbf{Z}$ 分量的移动方程。而且，由于$(K^ag_{ab}K^b)_{;c}=0$，故 $K^3{}_{;c}=0$。这意味着 $Z^3=-Z^aK_a$ 沿测地线 $\gamma(v)$ 是一常量。我们可将此理解为，自同一光源不同时刻发出的光线将保持不变的时间间隔。事实正是这样，因此我们更感兴趣的是具有纯空间间隔的相邻零测地线的性态，即我们只对满足 $Z^3=0$ 的向量 $\mathbf{Z}$ 感兴趣。这种向量的投影处于子空间 S_q 内，并服从方程

$$\frac{\mathrm{d}}{\mathrm{d}v}Z^m=K^m{}_{;n}Z^n,$$

这里 m,n 仅取值 1，2。它类似于类时情形的(4.7)式，不过我们这里只涉及联络向量 $\mathbf{Z}$ 的二维空间。

88 如同上节，Z^m 可由它在某点 q 的值来表示：

$$Z^m(v)=\hat{A}_{mn}(v)Z^n|_q,$$

这里 $\hat{A}_{mn}(v)$ 是 2×2 矩阵，满足

$$\frac{\mathrm{d}}{\mathrm{d}v}\hat{A}_{mn}(v)=K_{m;p}\hat{A}_{pn}(v), \tag{4.32}$$

$$\frac{\mathrm{d}^2}{\mathrm{d}v^2}\hat{A}_{mn}(v)=-R_{m4p4}\hat{A}_{pn}(v)。 \tag{4.33}$$

和前面一样，我们将 $K_{m;n}$ 的反对称部分称为涡量 $\hat{\omega}_{mn}$，$K_{m;n}$ 的对称部分称为分离速率 $\hat{\theta}_{mn}$，$K_{m;n}$ 的迹称为膨胀 $\hat{\theta}$，并定义剪切 $\hat{\sigma}_{mn}$ 为 $\hat{\theta}_{mn}$ 的无迹部分。这些量也都服从前面那些类似的量的方程：

$$\frac{\mathrm{d}}{\mathrm{d}v}\hat{\omega}_{mn}=-\hat{\theta}\hat{\omega}_{mn}+2\hat{\omega}_{p[m}\hat{\sigma}_{n]p}, \tag{4.34}$$

$$\frac{\mathrm{d}}{\mathrm{d}v}\hat{\theta}=-R_{ab}K^aK^b+2\hat{\omega}^2-2\hat{\sigma}^2-\frac{1}{2}\hat{\theta}^2, \tag{4.35}$$

$$\frac{\mathrm{d}}{\mathrm{d}v}\hat{\sigma}_{mn}=-C_{m4n4}-\hat{\theta}\hat{\sigma}_{mn}-\hat{\sigma}_{mp}\hat{\sigma}_{pn}-\hat{\omega}_{mp}\hat{\omega}_{pn}+\delta_{mn}(\hat{\sigma}^2-\hat{\omega}^2)。 \tag{4.36}$$

方程(4.35)类似于类时测地线的 Raychaudhuri 方程。我们再次看到，涡量引起膨胀而剪切引起收缩。我们将在下节说明，Ricci 张量 $-R_{ab}K^aK^b$ 通常是负的，因而引起聚焦。如前所述，Weyl 张量不直接影响膨胀，但会造成扭曲，而扭曲反过来会造成收缩（参见 Penrose, 1966）。

4.3 能量条件

在实际宇宙中，能量-动量张量由大量不同的物质场的贡献所组成。因此，即使我们知道每个场的精确形式，也知道支配它的运动方程，要想精确描述能量-动量张量，也是一件复杂而不可能的事情。实际上，我们对极端密度和压力条件下的物质行为几乎一无所知，似乎没有希望通过 Einstein 方程来预言宇宙会出现奇点，因为我们不知道方程右边是什么。但是，我们可以为能量-动量张量假定一些物理上合理 89
的不等式。本节就讨论这一问题。我们会发现，在许多场合，这些不等式足以证明会出现奇点，而与能量-动量张量的精确形式无关。

第一个不等式是：

弱能量条件

对每一点 p∈$\mathscr{M}$ 的任一类时向量 $\mathbf{W}\in T_p$，能量-动量张量服从不等式 $T_{ab}W^aW^b\geqslant 0$。根据连续性条件，这对任一零向量 $\mathbf{W}\in T_p$ 也成立。

对世界线在 p 点有单位切向量 $\mathbf{V}$ 的观察者来说，他看到的局部能量密度为 $T_{ab}V^aV^b$。于是这个假定相当于说，任何观察者测得的能量密度都是非负的。这在物理上看是非常合理的。为进一步考察这个假定的意义，我们利用这样的事实：在规范正交基 $\mathbf{E}_1,\mathbf{E}_2,\mathbf{E}_3,\mathbf{E}_4$（$\mathbf{E}_4$ 类时）下，p 点的能量-动量张量的分量 T^{ab} 可表示为下述四种正则形式之一。

Ⅰ型

$$T^{ab}=\begin{pmatrix} p_1 & & & 0 \\ & p_2 & & \\ & & p_3 & \\ 0 & & & \mu \end{pmatrix}。$$

90 这是能量-动量张量具有类时本征向量 $\mathbf{E}_4$ 的一般情形。本征向量是唯一的，除非 $\mu=-p_\alpha(\alpha=1,2,3)$。本征值 μ 代表世界线在 p 点有单位切向量 $\mathbf{E}_4$ 的观察者测得的能量密度，本征值 $p_\alpha(\alpha=1,2,3)$ 代表三个类空方向 $\mathbf{E}_\alpha$ 上的主压强。我们观察到的所有具有非零静质量的场，都具有这种能量-动量张量形式；所有具有零静质量的场，除了具有下面的Ⅱ型的那些场之外，其能量-动量张量也都具有这种形式。

Ⅱ型

$$T^{ab}=\begin{pmatrix} p_1 & 0 & & 0 \\ 0 & p_2 & & \\ & & \nu-\kappa & \nu \\ 0 & & \nu & \nu+\kappa \end{pmatrix},\quad \nu=\pm1。$$

这是能量一动量张量具有双重零本征向量$(\mathbf{E}_3+\mathbf{E}_4)$的特殊形式。只是在零静质量场代表沿 $\mathbf{E}_3+\mathbf{E}_4$ 方向传播的辐射时，其能量-动量张量才会出现这种形式。此时 p_1,p_2 和 κ 均为零。

Ⅲ型

$$T^{ab}=\begin{pmatrix} p & 0 & 0 & 0 \\ 0 & -\nu & 1 & 1 \\ 0 & 1 & -\nu & 0 \\ 0 & 1 & 0 & \nu \end{pmatrix}。$$

这是能量-动量张量具有三重零本征向量$(\mathbf{E}_3+\mathbf{E}_4)$的特殊形式。我们没有观察到具有这种能量-动量张量形式的场。

Ⅳ型

$$
T^{ab}=\begin{pmatrix} p_1 & 0 & \multicolumn{2}{c}{0} \\ 0 & p_2 & & \\ & & -\kappa & \nu \\ \multicolumn{2}{c}{0} & \nu & 0 \end{pmatrix},\quad \kappa^2<4\nu^2。
$$

这是能量-动量张量不具有类时或零本征向量的一般形式。我们没有观察到具有这种能量-动量张量形式的场。

对Ⅰ型，弱能量条件在 $\mu\geqslant 0$，$\mu+p_\alpha\geqslant 0(\alpha=1,2,3)$时成立；对Ⅱ型，弱能量条件在 $p_1\geqslant 0$，$p_2\geqslant 0$，$\kappa\geqslant 0$，$\nu=+1$ 时成立。这些不等式是非常合理的要求，也为所有实验观测的场所满足。对物理上不可实现的Ⅲ型和Ⅳ型，弱能量条件不会成立。

对 Brans 和 Dicke(见 Dicke，1964)提出的标量场 ϕ，弱能量条件也成立。他们要求这种场处处为正，且有形如(3.6)式的能量-动量张量(这时 $m=0$)。而其他场的能量张量则为 ϕ 乘以这种标量场不存在时所应有的能量张量。

对 Hoyle 和 Narlikar(1963)提出的“C”场，弱能量条件不成立。这个 C 场也是一个 $m=0$ 的标量场，只是此处能量-动量张量有相反的符号，因而能量密度是负的。这种情形允许同时产生正能量场的量子与负能量 C 场的量子，其过程出现在由 Hoyle 和 Narlikar 提出的稳恒态宇宙模型里。在那个模型里，当粒子因宇宙膨胀而分离时，新物质会源 91
源不断地产生出来以维持不变的平均密度。然而这一过程伴有量子力学困难。因为即使过程截面非常小，正负能量量子可能具有的无穷相空间也会导致在有限时空区域里产生无穷多的正负能量量子对。

如果弱能量条件成立，这种灾难就可能不会出现。如果更强的能量条件成立，则不可能有物质创生，就是说，如果时空在某个时刻是空的，并且没有物质从无穷远处进来，则它必将永远是空的。反过来说，某个时刻出现的物质不可能消失，它必然在另一时刻出现。这个加强的条件就是

主能量条件

对每一类时向量 W_a，$T^{ab}W_aW_b \geqslant 0$ 且 $T^{ab}W_a$ 为非类空向量。

这一条件可理解为，对任何观察者来说，局部能量密度是非负的，局部能量流向量是非类空向量。一种等价的说法是，在任意规范正交基下，能量大于 T_{ab} 的其他分量，即对每个 a，b，

$$T^{00} \geqslant |T^{ab}|。$$

当 $\mu \geqslant 0$，$-\mu \leqslant p_\alpha \leqslant \mu(\alpha=1,2,3)$时，它对Ⅰ型成立；当 $\nu=+1$，$\kappa \geqslant 0$，$0 \leqslant p_i \leqslant \kappa(i=1,2)$时，它对Ⅱ型成立。换言之，主能量条件就是弱能量条件外加一个要求：压强不应超过能量密度。这对所有已知的物质形式都成立，事实上，我们也确实有理由相信它在所有场合都成立。例如，沿 $\mathbf{E}_\alpha$ 方向传播的声波速度是 $\mathrm{d}p_\alpha/\mathrm{d}\mu$（绝热）乘以光速。根据§3.2的假设(a)，任何信号不可能快于光速传播，故 $\mathrm{d}p_\alpha/\mathrm{d}\mu$ 必小于或等于1。于是 $p_\alpha \leqslant \mu$，因为对任何已知物质形式，当能量密度较小时压强也较小。(Bludman 和 Ruderman(1968，1970)曾证明，可能存在这样的场，其质量的重正化能导致压强大于密度。但我们感到，这也许恰好意味着重正化理论的失败，而不是证明那种情形会发生。)现在我们考虑
92 如图9展示的一种情形，其中有梯度处处类时的 C^2 函数 t（我们将在

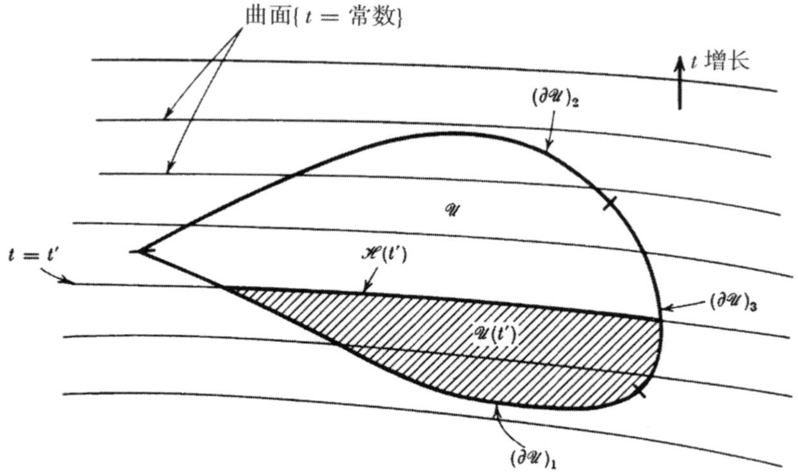

图9 具有过去和未来非类时边界$(\partial\mathscr{U})_1$，$(\partial\mathscr{U})_2$ 以及类时边界$(\partial\mathscr{U})_3$ 的时空紧致区域 $\mathscr{U}$。$\mathscr{U}$ 位于曲面 $\mathscr{H}(t')$ 的过去（由 $t=t'$ 定义）的那部分为 $\mathscr{U}(t')$

§6.4证明，只要时空不处在破坏因果性的边缘，这种函数是存在的)。紧致区域 $\mathscr{U}$ 的边界 $\partial\mathscr{U}$ 包括：$(\partial\mathscr{U})_1$，其法线形式 **n** 非类空且使 $n_a t_{;b} g^{ab}$ 为正；$(\partial\mathscr{U})_2$，其法线形式 **n** 非类空且使 $n_a t_{;b} g^{ab}$ 为负；其余部分为 $(\partial\mathscr{U})_3$(它可能为空)。法线形式 **n** 的符号由以下要求确定：对所有指向 $\mathscr{U}$ 外的向量 **X**，$\langle \mathbf{n}, \mathbf{X} \rangle$ 为正(参见§2.8)。$t=t'$ 的曲面记为 $\mathscr{H}(t')$，$\mathscr{U}$ 内 $t<t'$ 的区域记为 $\mathscr{U}(t')$。为以后§7.4的应用，我们建立一个不等式，它不仅对能量-动量张量 T^{ab} 成立，而且对任意满足主能量条件的对称张量 S^{ab} 也成立。将不等式用于能量-动量张量，可以证明，只要 T^{ab} 在 $(\partial\mathscr{U})_3$ 和初始面 $(\partial\mathscr{U})_1$ 上为零，则它将处处为零。

引理 4.3.1

存在某个正常数 P，使任何满足主能量条件并在 $(\partial\mathscr{U})_3$ 上为零的张量 S^{ab} 有

$$\int_{\mathscr{H}(t)\cap\mathscr{U}} S^{ab} t_{;a} \mathrm{d}\sigma \leqslant -\int_{(\partial\mathscr{U})_1} S^{ab} t_{;a} \mathrm{d}\sigma_b + P\int^t \left(\int_{\mathscr{H}(t')\cap\mathscr{U}} S^{ab} t_{;a} \mathrm{d}\sigma_b\right) \mathrm{d}t' + \int^t \left(\int_{\mathscr{H}(t')\cap\mathscr{U}} S^{ab}{}_{;a} \mathrm{d}\sigma_b\right) \mathrm{d}t'。$$

考虑体积分 93

$$I(t)=\int_{\mathscr{U}(t)} (S^{ab} t_{;a})_{;b} \mathrm{d}v=\int_{\mathscr{U}(t)} S^{ab} t_{;ab} \mathrm{d}v+\int_{\mathscr{U}(t)} S^{ab}{}_{;b} t_{;a} \mathrm{d}v。$$

由 Gauss 定理，它可变换为在 $\mathscr{U}(t)$ 边界的积分：

$$I(t)=\int_{\partial\mathscr{U}(t)} S^{ab} t_{;a} \mathrm{d}\sigma_b。$$

$\mathscr{U}(t)$ 的边界由 $\mathscr{U}(t)\cap\partial\mathscr{U}$ 和 $\mathscr{U}\cap\mathscr{H}(t)$ 组成。由于 S^{ab} 在 $(\partial\mathscr{U})_3$ 上为零，故

$$I(t)=\int_{\mathscr{U}(t)\cap(\partial\mathscr{U})_1}+\int_{\mathscr{U}(t)\cap(\partial\mathscr{U})_2}+\int_{\mathscr{U}\cap\mathscr{H}(t)}。$$

根据主能量条件，$S^{ab} t_{;a}$ 是非类空向量，并有 $S^{ab} t_{;a} t_{;b} \geqslant 0$。因为 $(\partial\mathscr{U})_2$ 的法线形式非类空且使 $n_a t_{;b} g^{ab}<0$，故右边第二项非负，于是

$$\int_{\mathscr{U}\cap\mathscr{H}(t)} S^{ab} t_{;a} \mathrm{d}\sigma_b \leqslant -\int_{\mathscr{U}(t)\cap(\partial\mathscr{U})_1} S^{ab} t_{;a} \mathrm{d}\sigma_b+\int_{\mathscr{U}(t)} (S^{ab} t_{;ab}+S^{ab}{}_{;b} t_{;a}) \mathrm{d}v。$$

由于 $\mathscr{U}$ 紧致，故 $t_{;ab}$ 的分量在类时向量为 $t_{;a}$ 方向的任意规范正交基下有上界，因此存在某个 $P>0$，使在 $\mathscr{U}$ 上有

$$S^{ab} t_{;ab} \leqslant P S^{ab} t_{;a} t_{;b}$$

对任一服从主能量条件的 S^{ab} 成立。$\mathscr{U}(t)$ 上的体积分可分解为 $\mathscr{H}(t')\cap\mathscr{U}$ 上的面积分和对 t' 的积分：

$$\int_{\mathscr{U}(t)}(PS^{ab}t_{;a}t_{;b}+S^{ab}{}_{;b}t_{;a})\mathrm{d}v=\int^{t}\left\{\int_{\mathscr{H}(t')\cap\mathscr{U}}(PS^{ab}t_{;b}+S^{ab}{}_{;b})\mathrm{d}\sigma_a\right\}\mathrm{d}t',$$

这里 $\mathrm{d}\sigma_a$ 是 $\mathscr{H}(t')$的面元。于是

$$\int_{\mathscr{H}(t)\cap\mathscr{U}}S^{ab}t_{;a}\mathrm{d}\sigma_b\leqslant-\int_{\mathscr{U}(t)\cap(\partial\mathscr{U})_1}S^{ab}t_{;a}\mathrm{d}\sigma_b+$$

$$P\int^{t}\left(\int_{\mathscr{H}(t')\cap\mathscr{U}}S^{ab}t_{;a}\mathrm{d}\sigma_b\right)\mathrm{d}t'+\int^{t}\left(\int_{\mathscr{H}(t')\cap\mathscr{U}}S^{ab}{}_{;a}\mathrm{d}\sigma_b\right)\mathrm{d}t'。\quad\square$$

作为这一结果的直接推论，我们有

守恒定理

94 如果能量一动量张量服从主能量条件，并在$(\partial\mathscr{U})_3$ 和初始面$(\partial\mathscr{U})_1$上为零，则它在 $\mathscr{U}$ 上处处为零。

令

$$x(t)=\int_{\mathscr{U}(t)}T^{ab}t_{;a}t_{;b}\mathrm{d}v=\int^{t}\left(\int_{\mathscr{H}(t')\cap\mathscr{U}}T^{ab}t_{;a}\mathrm{d}\sigma_b\right)\mathrm{d}t'\geqslant 0,$$

于是由上述引理得 $\mathrm{d}x/\mathrm{d}t\leqslant Px$。但对足够早的 t，$\mathscr{H}(t)$不与 $\mathscr{U}$ 相交，故 x 为零。因此，对所有使 T^{ab} 在 $\mathscr{U}$ 上为零的 t，x 皆为零。 □

由守恒定理可知，如果能量-动量张量在集合 $\mathscr{S}$ 上为零，则它在未来 Cauchy 发展 $D^+(\mathscr{S})$上也为零。$D^+(\mathscr{S})$定义为所有这样一些点的集合，每一条通过其任一点的指向过去的非类空曲线与 $\mathscr{S}$ 相交(图10)(参见§6.5)。这是因为，若 q 是$D^+(\mathscr{S})$上任一点，则 $D^+(\mathscr{S})$中点 q 的过去区域是紧致的(命题 6.6.6)，因而可取为 $\mathscr{U}$。这一结果相

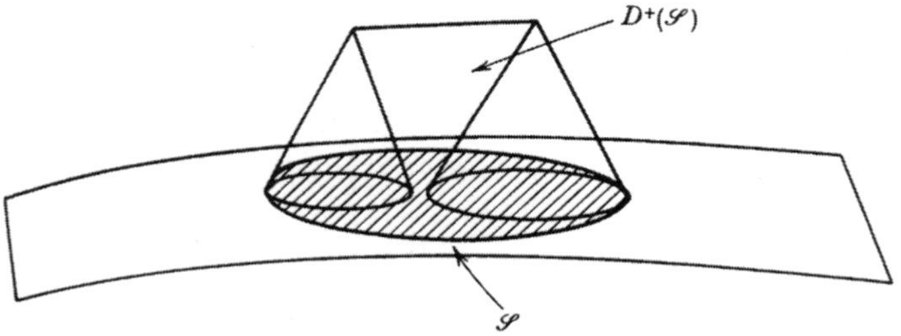

图 10　类空集合 $\mathscr{S}$ 的未来 Cauchy 发展 $D^+(\mathscr{S})$

当于说，主能量条件意味着物质不可能运动得比光快。

对我们考虑奇点来说，弱能量条件的重要性在于它意味着物质对零测地线汇总是具有收敛(严格说来是非发散)的作用。如果涡量为零，则膨胀 $\hat{\theta}$ 服从方程

$$\frac{\mathrm{d}}{\mathrm{d}v}\hat{\theta}=-R_{ab}K^aK^b-2\hat{\sigma}^2-\frac{1}{2}\hat{\theta}^2。$$

故在此情形下，如果对任意零向量 $\mathbf{W}$ 有 $R_{ab}W^aW^b\geqslant 0$，则 $\hat{\theta}$ 沿零测地 95
线单调减小。我们称此为**零收敛条件**。根据 Einstein 方程

$$R_{ab}-\frac{1}{2}g_{ab}R+\Lambda g_{ab}=8\pi T_{ab},$$

这一条件隐含于弱能量条件中，而与 Λ 的值无关。

由(4.26)式可以看出，如果对任意类时向量 $\mathbf{W}$ 有 $R_{ab}W^aW^b\geqslant 0$，则涡量为零的类时测地线汇的膨胀 θ 沿测地线也是单调减小的。我们将此称为**类时收敛条件**。由 Einstein 方程，类时收敛条件成立，要求能量-动量张量服从不等式

$$T_{ab}W^aW^b\geqslant W^aW_a\left(\frac{1}{2}T-\frac{1}{8\pi}\Lambda\right)。$$

这个不等式在

$$\mu+p_\alpha\geqslant 0,\quad \mu+\Sigma p_\alpha-\frac{1}{4\pi}\Lambda\geqslant 0,$$

时，对Ⅰ型成立；而在

$$\nu=+1,\quad \kappa\geqslant 0,\ p_1\geqslant 0,\ p_2\geqslant 0 \text{ 和 } p_1+p_2-\frac{1}{4\pi}\Lambda\geqslant 0$$

时，对Ⅱ型成立。

如果能量-动量张量在 $\Lambda=0$ 时服从上述不等式，则称能量-动量张量满足**强能量条件**。这是比弱能量条件更强的要求，但对总能量-动量张量来说在物理上仍然是合理的。对Ⅰ型的一般情形，只有在负能量密度或大的负压强情形下，这一条件才可能被破坏(例如，对密度为 $1\ \mathrm{g\ cm^{-3}}$ 的理想流体，仅当压强 $p<-10^{15}$ 个大气压时它才不成立)。对电磁场和 m 为零的标量场，它都是成立的(特别地，它对 Brans - Dicke 标量场也成立)。而对 m 不为零的标量场，能量-动量张量形式为(§3.3)

$$T_{ab}=\phi_{;a}\phi_{;b}-\frac{1}{2}g_{ab}(\phi_{;c}\phi_{;d}g^{cd}+m^2\phi^2)。$$

因此，如果 W^a 是单位类时向量，则

$$T_{ab}W^aW^b-\frac{1}{2}W_aW^aT=(\phi_{;a}W^a)^2-\frac{1}{2}\frac{m^2}{\hbar^2}\phi^2 \qquad (4.37)$$

有可能为负。但由标量场方程，我们有

$$\frac{1}{2}\frac{m^2}{\hbar^2}\phi^2=\frac{1}{2}\phi\phi_{;ab}g^{ab}。$$

96 将其代入(4.37)式，并在区域 $\mathscr{U}$ 上积分，则右边为

$$\frac{1}{2}\int_{\mathscr{U}}(g^{ab}+2W^aW^b)\phi_{;a}\phi_{;b}\mathrm{d}\sigma-\frac{1}{2}\int_{\partial\mathscr{U}}\phi\phi_{;a}g^{ab}\mathrm{d}\sigma_b。$$

因为 $g^{ab}+2W^aW^b$ 是正定度规，上式第一项非负。而第二项要在区域 $\mathscr{U}$ 的尺度比波长 h/m 大得多时才比第一项小。对 π 介子（它可用 $m=6\times10^{-25}$ g 的标量场作经典描述），其波长为 3×10^{-13} cm，因此虽然 π 介子的能量-动量张量也许不能在每一点都满足强能量条件，但这不影响类时测地线在大于 10^{-12} cm 尺度上收敛。当时空的曲率半径小于 10^{-12} cm 时，这也许会导致第 8 章的奇点定理不成立，但这种曲率已经足够极端了，我们完全可以将其看作奇点（§10.2）。

4.4 共轭点

我们在§4.1 看到，在类时测地线汇里，代表曲线 $\gamma(s)$ 与相邻曲线的分离的向量分量，满足 Jacobi 方程：

$$\frac{\mathrm{d}^2}{\mathrm{d}s^2}Z^\alpha=-R_{\alpha4\beta4}Z^\beta \quad (\alpha,\beta=1,2,3)。\qquad (4.38)$$

方程的解被称为沿 $\gamma(s)$ 的 **Jacobi 场**。由于解可通过给定 Z^α 和 $\mathrm{d}Z^\alpha/\mathrm{d}s$ 在 $\gamma(s)$ 的某一点的值来确定，因此沿 $\gamma(s)$ 有 6 个独立的 Jacobi 场。在 $\gamma(s)$ 的某一点 q，有 3 个独立的 Jacobi 场为零。它们可表示为

$$Z^\alpha(s)=A_{\alpha\beta}(s)\frac{\mathrm{d}}{\mathrm{d}s}Z^\beta|_q,$$

这里

$$\frac{\mathrm{d}^2}{\mathrm{d}s^2}A_{\alpha\beta}(s)=-R_{\alpha4\gamma4}A_{\gamma\beta}(s), \qquad (4.39)$$

$A_{\alpha\beta}(s)$ 是一个 3×3 矩阵，它在 q 点为零。这些 Jacobi 场可视为代表过 q 点的相邻测地线间的分离。与前面类似，我们可定义沿 $\gamma(s)$ 且
97 在 q 点为零的 Jacobi 场的涡量、剪切和膨胀等：

$$\omega_{\alpha\beta}=A^{-1}{}_{\gamma[\beta}\frac{\mathrm{d}}{\mathrm{d}s}A_{\alpha]\gamma}, \tag{4.40}$$

$$\sigma_{\alpha\beta}=A^{-1}{}_{\gamma(\beta}\frac{\mathrm{d}}{\mathrm{d}s}A_{\alpha)\gamma}-\frac{1}{3}\delta_{\alpha\beta}\theta, \tag{4.41}$$

$$\theta=(\det\mathbf{A})^{-1}\frac{\mathrm{d}}{\mathrm{d}s}(\det\mathbf{A})。 \tag{4.42}$$

它们也服从 § 4.1 导出的方程，且有 $\dot{V}_\alpha=0$。特别地，

$$A_{\gamma\alpha}\omega_{\gamma\delta}A_{\delta\beta}=\frac{1}{2}\left(A_{\gamma\alpha}\frac{\mathrm{d}}{\mathrm{d}s}A_{\gamma\beta}-A_{\gamma\beta}\frac{\mathrm{d}}{\mathrm{d}s}A_{\gamma\alpha}\right)$$

沿 $\gamma(s)$ 为常数。但在 $A_{\alpha\beta}$ 为零的 q 点，它将为零。因此，$\omega_{\alpha\beta}$ 在 $A_{\alpha\beta}$ 非奇异的地方为零。

如果沿 $\gamma(s)$ 存在一个 Jacobi 场，它不恒等于零，但在 p 和 q 点为零，则我们称点 p 与**点 $\boldsymbol{q}$ 沿 $\boldsymbol{\gamma(s)}$ 共轭**。我们可将 p 点视为过 q 点的无限邻近的测地线的交点。（但请注意，交于 p 点的可能只是无限邻近的测地线，而不要求从 q 点出发的不同测地线经过 p 点。）沿 $\gamma(s)$ 且在 q 点为零的 Jacobi 场由矩阵 $A_{\alpha\beta}$ 描述，因此，当且仅当 $A_{\alpha\beta}$ 在 p 点奇异时，点 p 才沿 $\gamma(s)$ 共轭于点 q。膨胀 θ 定义为 $(\det\mathbf{A})^{-1}\mathrm{d}(\det\mathbf{A})/\mathrm{d}s$。由于 $A_{\alpha\beta}$ 服从(4.39)式（其中 $R_{\alpha4\gamma4}$ 有限），故 $\mathrm{d}(\det\mathbf{A})/\mathrm{d}s$ 有限。因此，如果 θ 在 p 点趋于无穷，则 p 点沿 $\gamma(s)$ 共轭于 q 点；反过来也成立，因为 $\theta=\mathrm{d}(\log(\det\mathbf{A}))/\mathrm{d}s$，而 $A_{\alpha\beta}$ 仅在孤立点才是奇异的，否则它将是处处奇异的。

命题 4.4.1

如果在某点 $\gamma(s_1)(s_1>0)$ 膨胀 θ 为负值 $\theta_1<0$ 且处处有 $R_{ab}V^aV^b\geqslant0$，则在 $\gamma(s_1)$ 与 $\gamma(s_1+3/(-\theta_1))$ 之间存在沿 $\gamma(s)$ 共轭于点 q 的一个点，只要 $\gamma(s)$ 能够扩展到那个参数值。（如果时空是测地不完备的，这一点未必可能。在第 8 章我们将把这种不完备性解释为奇点存在的证据。）

矩阵 $A_{\alpha\beta}$ 的膨胀 θ 服从 Raychaudhuri 方程(4.26)：

$$\frac{\mathrm{d}}{\mathrm{d}s}\theta=-R_{ab}V^aV^b-2\sigma^2-\frac{1}{3}\theta^2,$$

这里我们用到涡量为零的事实。上式右边所有项皆负，故对 $s>$ 98

s_1，有

$$\theta \leqslant \frac{3}{s-(s_1+3/(-\theta_1))}。$$

这样，θ 将趋于无穷，且对于 s_1 与 $s_1+3/(-\theta_1)$之间的某个值存在一点与 q 点共轭。 □

换句话说，如果类时收敛条件成立，且自 q 点出发的相邻测地线开始在$\gamma(s)$收敛，则只要 $\gamma(s)$能扩展到足够大的参数值 s，某个与$\gamma(s)$无限邻近的测地线就必然与 $\gamma(s)$相交。

命题 4.4.2

如果 $R_{ab}V^aV^b \geqslant 0$，且在点 $p=\gamma(s_1)$上潮汐力 $R_{abcd}V^bV^d$ 不为零，则存在值 s_0 和 s_2 使点 $q=\gamma(s_0)$和点 $r=\gamma(s_2)$沿 $\gamma(s)$共轭，只要 $\gamma(s)$能够扩展到这些参数值。

(4.39)式沿 $\gamma(s)$的解由 $A_{\alpha\beta}$ 和 $\mathrm{d}A_{\alpha\beta}/\mathrm{d}s$ 在 p 点的值唯一确定。考虑由所有那些满足 $A_{\alpha\beta}|_p=\delta_{\alpha\beta}$，$(\mathrm{d}A_{\alpha\beta}/\mathrm{d}s)|_p$ 对称且迹 $\theta|_p \leqslant 0$的解构成的解集 P。对 P 内每个解，存在某个值 $s_3>s_1$ 使 $A_{\alpha\beta}(s_3)$是奇异的。这是因为，如果 $\theta|_p<0$，则由前述结果知存在这样的 s_3；如果 $\theta|_p=0$，则$(\mathrm{d}\sigma_{\alpha\beta}/\mathrm{d}s)|_p$ 不为零，由此 σ^2 为正，从而使 θ 在 $s>s_1$ 时变负。解集 P 的元素与所有非正迹（即具有$(\mathrm{d}A_{\alpha\beta}/\mathrm{d}s)|_p$ 的值）的 3×3 对称矩阵组成的空间 S 一一对应。因此存在 S 到$\gamma(s)$的映射 η，它将每个初值$(\mathrm{d}A_{\alpha\beta}/\mathrm{d}s)|_p$赋给曲线 $\gamma(s)$上 $A_{\alpha\beta}$ 首次变为奇异的那些点。映射 η 是连续的。而且，如果$(\mathrm{d}A_{\alpha\beta}/\mathrm{d}s)|_p$ 的某个分量很大，那么$\gamma(s)$上相应的点将处于 p 点附近，因为在此极限下，(4.39)式里的 $R_{\alpha4\gamma4}$ 项已无关紧要，而解类似于平直空间下的结果。因此存在某个 $C>0$ 和某个$s_4>s_1$，使得如果$(\mathrm{d}A_{\alpha\beta}/\mathrm{d}s)|_p$ 的某个分量大于C，则 $\gamma(s)$上相应的点应在$\gamma(s_4)$之前。然而，由所有分量小于或等于C 的矩阵构成的S 的子空间是紧致的，这说明存在某个 $s_5>s_1$，使 $\eta(S)$处于从 $\gamma(s_1)$到 $\gamma(s_5)$的线段上。现考虑点 $r=\gamma(s_2)$，此处 $s_2>s_5$。如果在 r 与 p 之间不存在r 的共轭点，则在 r 点为零的 Jacobi 场必有在 p 点为正的膨
99 胀θ（否则它们将在 P 集内，而 P 集代表的是所有具有零涡量的 Jacobi 场，它们在 p 点的膨胀非正）。于是从上述结果，存在点 $q=\gamma(s_0)$

($s_0 < s_1$)，它是点 r 沿 $\gamma(s)$ 的共轭点。 □

在有实际物理意义的解（尽管不一定是具有高度对称的精确解）中，我们通常认为每一条类时测地线都能遇上某种物质或某种引力辐射，从而包含某些 $R_{abcd}V^bV^d$ 不为零的点。于是，我们可以合理地假定，在这种解里，每一条类时测地线都包含着共轭点对，只要它能在过去和未来两个方向上扩展得足够远。

我们还可以考虑垂直于类空三维曲面 $\mathscr{H}$ 的类时测地线汇。所谓**类空三维曲面** $\mathscr{H}$ 是指由 $f=0$ 局部定义的嵌入三维子流形，此处 f 是一 C^2 函数且当 $f=0$ 时有 $g^{ab}f_{;a}f_{;b}<0$。我们用 $N^a=(-g^{bc}f_{;b}f_{;c})^{-1/2}g^{ad}f_{;d}$ 来定义 $\mathscr{H}$ 的单位法向量 $\mathbf{N}$，用 $\chi_{ab}=h_a{}^c h_b{}^d N_{c;d}$ 来定义 $\mathscr{H}$ 的第二基本张量 $\boldsymbol{\chi}$，这里 $h_{ab}=g_{ab}+N_aN_b$ 称为 $\mathscr{H}$ 的第一基本张量（或称诱导度规张量，参见§2.7）。由定义知，$\boldsymbol{\chi}$ 是对称张量。垂直于 $\mathscr{H}$ 的类时测地线汇由单位切向量 $\mathbf{V}$ 等于 $\mathscr{H}$ 的单位法向量 $\mathbf{N}$ 的类时测地线组成。于是我们有，在 $\mathscr{H}$ 上，

$$V_{a;b}=\chi_{ab}。\tag{4.43}$$

我们用向量 $\mathbf{Z}$ 来表示垂直于 $\mathscr{H}$ 的测地线 $\gamma(s)$ 与相邻的另一条垂直于 $\mathscr{H}$ 的测地线之间的分离，则 $\mathbf{Z}$ 服从 Jacobi 方程(4.38)。在 $\mathscr{H}$ 的测地线 $\gamma(s)$ 的某一点 q，$\mathbf{Z}$ 满足初始条件：

$$\frac{\mathrm{d}}{\mathrm{d}s}Z^\alpha=\chi_{\alpha\beta}Z^\beta。\tag{4.44}$$

我们将满足上述条件的沿 $\gamma(s)$ 的 Jacobi 场表示为

$$Z^\alpha(s)=A_{\alpha\beta}(s)Z^\beta|_q，$$

这里

$$\frac{\mathrm{d}^2}{\mathrm{d}s^2}A_{\alpha\beta}=-R_{\alpha4\gamma4}A_{\gamma\beta}，\tag{4.45}$$

在 q 点，$A_{\alpha\beta}$ 是单位阵，并有

$$\frac{\mathrm{d}}{\mathrm{d}s}A_{\alpha\beta}=\chi_{\alpha\gamma}A_{\gamma\beta}。\tag{4.46}$$

如果存在沿 $\gamma(s)$ 不处处为零的 Jacobi 场，它在 q 点满足初始条件 100
(4.44)，并在 p 点为零，则我们称 $\gamma(s)$ 上的 p 点**沿 $\gamma(s)$ 共轭于 $\mathscr{H}$**。换句话说，点 p 沿 $\gamma(s)$ 共轭于 $\mathscr{H}$，当且仅当 $A_{\alpha\beta}$ 在 p 点奇异。我们可将 p 点视为垂直于 $\mathscr{H}$ 的相邻测地线的交点。类似前述，在且仅在膨胀 θ 趋于无穷的地方，$A_{\alpha\beta}$ 才是奇异的。在 q 点，$A_{\gamma\alpha}\omega_{\gamma\alpha}A_{\delta\beta}$ 的初值为

零,因此 $\omega_{\alpha\beta}$ 在 $\gamma(s)$ 上为零。θ 的初值为 $\chi_{ab}g^{ab}$。

命题 4.4.3

如果 $R_{ab}V^aV^b \geqslant 0$, $\chi_{ab}g^{ab} < 0$,则在与 $\mathscr{H}$ 相距 $3/(-\chi_{ab}g^{ab})$ 的距离内,存在沿 $\gamma(s)$ 共轭于 $\mathscr{H}$ 的点,只要 $\gamma(s)$ 能扩展到足够远。

和命题 4.4.1 一样,它可用 Raychaudhuri 方程(4.26)证明。 □

我们称方程

$$\frac{\mathrm{d}^2}{\mathrm{d}v^2}Z^m = -R_{m4n4}Z^n \qquad (m, n = 1, 2)$$

沿零测地线 $\gamma(v)$ 的解为**沿 $\boldsymbol{\gamma(v)}$ 的 Jacobi 场**。分量 Z^m 可视为每一点 q 的空间 S_q 内的向量在基 $\mathbf{E}_1$ 和 $\mathbf{E}_2$ 下的分量。我们说点 p 沿零测地线 $\gamma(v)$ 与点 q 共轭,是指沿 $\gamma(v)$ 存在一个不恒等于零的 Jacobi 场,它在点 q 和 p 为零。如果 $\mathbf{Z}$ 是一连接过 q 点的相邻零测地线的向量,则分量 Z^3 处处为零。因此可将 p 点视为过 q 点的无限邻近的测地线的交点。用 2×2 矩阵 $\hat{A}_{mn}$ 来代表在 q 点为零的沿 $\gamma(v)$ 的 Jacobi 场,则

$$Z^m(v) = \hat{A}_{mn}\frac{\mathrm{d}}{\mathrm{d}v}Z^n\bigg|_q。$$

和前面一样:$\hat{A}_{lm}\hat{\omega}_{lk}\hat{A}_{kn} = 0$, 因此 p 点为零的 Jacobi 场的涡量也为零。同样, p 点沿零测地线 $\gamma(v)$ 与 q 点共轭,当且仅当

$$\hat{\theta} = (\det\hat{\mathbf{A}})^{-1}\frac{\mathrm{d}}{\mathrm{d}v}(\det\hat{\mathbf{A}})$$

在 p 点趋于无穷。类比命题 4.4.1,我们有

命题 4.4.4

101 如果 $R_{ab}K^aK^b \geqslant 0$ 处处成立,如果膨胀 $\hat{\theta}$ 在某点 $\gamma(v_1)$ 为负 $\hat{\theta}_1 < 0$,则在 $\gamma(v_1)$ 与 $\gamma(v_1 + 2/(-\hat{\theta}))$ 之间存在沿 $\gamma(v)$ 与 q 点共轭的点,只要 $\gamma(v)$ 能扩展到足够远。

矩阵 $\hat{A}_{mn}$ 的膨胀 $\hat{\theta}$ 服从方程(4.35):

$$\frac{\mathrm{d}}{\mathrm{d}v}\hat{\theta} = -R_{ab}K^aK^b - 2\hat{\sigma}^2 - \frac{1}{2}\hat{\theta}^2,$$

于是证明过程同前。 □

命题 4.4.5

如果 $R_{ab}K^aK^b \geqslant 0$ 处处成立，如果 $K^cK^dK_{[a}R_{b]cd[e}K_{f]}$ 在点 $p=\gamma(v_1)$ 不为零，则存在 v_0 与 v_2 使 $q=\gamma(v_0)$ 和 $r=\gamma(v_2)$ 沿 $\gamma(v)$ 共轭，只要 $\gamma(v)$ 能扩展到这些值。

如果 $K^cK^dK_{[a}R_{b]cd[e}K_{f]}$ 不为零，则 R_{m4n4} 也不为零。以下证明类似命题 4.4.2。 □

同类时测地线情形一样，这个条件对经过物质的零测地线依然满足，只要这些物质不是纯辐射的（§4.3 的Ⅱ型能量-动量张量）并沿测地线的切向量 **K** 方向运动，这个条件在虚空空间也成立，只要零测地线包含了某个点，在这个点上 Weyl 张量不为零，且 **K** 不处于 $K^cK^dK_{[a}C_{b]cd[e}K_{f]}=0$ 的某个方向上（至多可以有 4 个这样的方向）。因此我们有理由假定，对有实际物理意义的解来说，每一条类时或零测地线都将包含 $K^aK^bK_{[c}R_{d]ab[e}K_{f]}$ 不为零的某个点。我们称满足这一条件的时空满足**一般性条件**。

类似地，我们也可以考虑垂直于类空二维曲面 $\mathscr{S}$ 的零测地线情形。所谓**类空二维曲面** $\mathscr{S}$ 是指由 $f_1=0$，$f_2=0$ 局部定义的嵌入二维子流形，这里 f_1 和 f_2 是 C^2 函数，使当 $f_1=0$ 时，$f_2=0$，因此 $f_{1;a}$ 和 $f_{2;a}$ 不为零也不平行，而且

$$(f_{1;a}+\mu f_{2;a})(f_{1;b}+\mu f_{2;b})g^{ab}=0$$

对 μ 的两个不同的实值 μ_1，μ_2 成立。于是处于这个二维曲面上的任一向量必是类空的。我们将两垂直于 $\mathscr{S}$ 的零向量 $N_1{}^a$ 和 $N_2{}^a$ 定义为 102
分别正比于 $g^{ab}(f_{1;b}+\mu_1 f_{2;b})$ 和 $g^{ab}(f_{1;b}+\mu_2 f_{2;b})$，并按

$$N_1{}^a N_2{}^b g_{ab}=-1$$

归一化。引入两个相互正交且与 $N_1{}^a$ 和 $N_2{}^a$ 正交的类空单位向量 $Y_1{}^a$ 和 $Y_2{}^a$，可得到一个伪规范正交基。我们定义 $\mathscr{S}$ 的两个第二基本形式的零张量为

$${}_n\chi_{ab}=-N_{nc;d}(Y_1{}^cY_{1a}+Y_2{}^cY_{2a})(Y_1{}^dY_{1b}+Y_2{}^dY_{2b}),$$

这里 n 取值 1,2。张量 ${}_1\chi_{ab}$ 和 ${}_2\chi_{ab}$ 是对称的。

对应于两个零法向量 $N_1{}^a$ 和 $N_2{}^a$，存在两族垂直于 $\mathscr{S}$ 的零测地

线。考虑切向量 $\mathbf{K}$ 在 $\mathscr{S}$ 上等于 $\mathbf{N}_2$ 的一族。在 $\mathscr{S}$ 上取 $\mathbf{E}_1=\mathbf{Y}_1,\mathbf{E}_2=\mathbf{Y}_2,\mathbf{E}_3=\mathbf{N}_1,\mathbf{E}_4=\mathbf{N}_2$，并使其沿零测地线平行移动，我们可选定伪规范正交基 $\mathbf{E}_1,\mathbf{E}_2,\mathbf{E}_3,\mathbf{E}_4$。代表相邻零测地线与零测地线 $\gamma(v)$ 的分离的向量 $\mathbf{Z}$ 到空间 S_q 的投影满足(4.30)式和 $\gamma(v)$ 在 $\mathscr{S}$ 的点 q 的初始条件：

$$\frac{\mathrm{d}}{\mathrm{d}v}Z^m={}_2\chi_{mn}Z^n。\tag{4.47}$$

和前面一样，这些场的涡量为零。膨胀 $\hat{\theta}$ 的初始值为 ${}_2\chi_{ab}g^{ab}$。类比命题 4.4.3，我们有：

命题 4.4.6

如果 $R_{ab}K^aK^b\geqslant 0$ 处处成立，且 ${}_2\chi_{ab}g^{ab}$ 为负，则在距 $\mathscr{S}$ 的仿射距离 $2/(-{}_2\chi_{ab}g^{ab})$ 内，存在沿 $\gamma(v)$ 共轭于 $\mathscr{S}$ 的点。□

根据其定义，共轭点的存在意味着测地线族存在自相交或焦散曲线。共轭点的更深层意义将在下节讨论。

4.5　弧长的变分

103 在这一节里，我们讨论分段 C^3 但可能具有切向量不连续的点的类时和非类空曲线。我们要求在这些点上，两个切向量

$$\left.\frac{\partial}{\partial t}\right|_{-}\text{和}\quad\left.\frac{\partial}{\partial t}\right|_{+}\text{满足 } g\left(\left.\frac{\partial}{\partial t}\right|_{-},\left.\frac{\partial}{\partial t}\right|_{+}\right)=-1,$$

即它们都向内指向零锥的同一半。

命题 4.5.1

令 $\mathscr{U}$ 是 q 点的凸正规坐标邻域，则 $\mathscr{U}$ 内从 q 点出发的类时(或非类空)曲线可到达的点是那些形如 $\exp_q(\mathbf{X})$，$\mathbf{X}\in T_q$ 的点，这里 $g(\mathbf{X},\mathbf{X})<0$(或 $\leqslant 0$)。(这里及本节其余部分，我们都考虑将映射 exp 限制在 T_q 的原点的邻域，它在 $\exp_q$ 下与 $\mathscr{U}$ 微分同胚。)

换句话说，自 q 点出发的零测地线形成在 $\mathscr{U}$ 内的这样一个区域的边界，$\mathscr{U}$ 内自 q 点出发的类时或非类空曲线都能到达这个区域。虽然从直觉上看这一点相当明显，但由于它对因果性概念有根本意义，我们

还是来严格证明它。先建立以下引理：

引理 4.5.2

在$\mathscr{U}$内，过 q 点的类时测地线正交于常数$\sigma(\sigma<0)$的三维曲面，这里 σ 在点 $p\in\mathscr{U}$的值定义为$g(\exp_q{}^{-1}p,\exp_q{}^{-1}p)$。

证明基于这样一个事实：相邻测地线上等（参数）距离的两个点之间的分离向量，如果初始时与测地线垂直，则以后仍保持与测地线垂直。更准确地说，令 $\mathbf{X}(t)$为 T_q 内一条曲线，$g(\mathbf{X}(t),\mathbf{X}(t))=-1$。我们必须证明，定义在$\mathscr{U}$内的相应曲线$\lambda(t)=\exp_q(s_0\mathbf{X}(t))$（$s_0$ 为常数）垂直于类时测地线 $\gamma(s)=\exp_q(s\mathbf{X}(t_0))$（$t_0$ 为常数）。于是，利用$\alpha(s,t)=\exp_q(s\mathbf{X}(t))$所定义的二维曲面 α，我们需要证明（图 11）

$$g\left(\left(\frac{\partial}{\partial s}\right)_\alpha,\left(\frac{\partial}{\partial t}\right)_\alpha\right)=0。$$

现在

$$\frac{\partial}{\partial s}g\left(\frac{\partial}{\partial s},\frac{\partial}{\partial t}\right)=g\left(\frac{\mathrm{D}}{\partial s}\frac{\partial}{\partial s},\frac{\partial}{\partial t}\right)+g\left(\frac{\partial}{\partial s},\frac{\mathrm{D}}{\partial s}\frac{\partial}{\partial t}\right)。$$

由于$\partial/\partial s$ 是从 q 点出发的测地线的单位切向量，故上式右边第一项为 104
零。在第二项中，根据 Lie 导数定义，有

$$\frac{\mathrm{D}}{\partial s}\frac{\partial}{\partial t}=\frac{\mathrm{D}}{\partial t}\frac{\partial}{\partial s}。$$

故有 $$\frac{\partial}{\partial s}g\left(\frac{\partial}{\partial s},\frac{\partial}{\partial t}\right)=g\left(\frac{\partial}{\partial s},\frac{\mathrm{D}}{\partial t}\frac{\partial}{\partial s}\right)=\frac{1}{2}\frac{\partial}{\partial t}g\left(\frac{\partial}{\partial s},\frac{\partial}{\partial s}\right)=0。$$

因此 $g(\partial/\partial s,\partial/\partial t)$与 s 无关。但在 $s=0$，$(\partial/\partial t)_\alpha=0$。故 $g(\partial/\partial s,\partial/\partial t)$恒等于零。 □

命题 4.5.1 的证明 令 C_q 为点q 的所有类时向量的集合，这些向量构成以原点为顶点的实心光锥的内部；令 $\gamma(t)$为$\mathscr{U}$内自 q 到 p 的类时曲线，$\bar{\gamma}(t)$为 $\bar{\gamma}(t)=\exp_q{}^{-1}(\gamma(t))$定义的 T_q 上的分段C^2 曲线，然后将 T_q 的切空间与 T_q 自身等同起来，我们有

$$(\partial/\partial t)_\gamma|_q=(\partial/\partial t)_{\bar{\gamma}}|_q。$$

因此在 q 点，$(\partial/\partial t)_{\bar{\gamma}}$ 是类时的。这说明曲线 $\bar{\gamma}(t)$将进入区域 C_q。但 105
$\exp_q(C_q)$是$\mathscr{U}$内σ 为负的区域，而根据上面的引理，在这样的区域里，

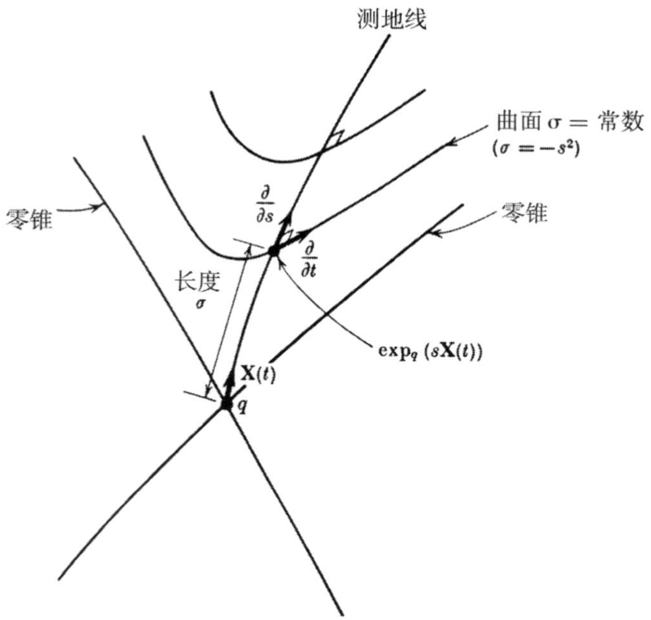

图 11 在正规邻域内，距 q 点距离为常数的曲面垂直于过 q 点的测地线

常数 σ 的曲面是类空的。因此，σ 必然沿曲线 $\gamma(t)$ 单调下降，因为类时的 $(\partial/\partial t)_\gamma$ 不可能与常数 σ 的曲面相切，还因为在 $\gamma(t)$ 的任意非可微点，两个切向量都指向零锥的同一半。于是，$p\in\exp_q(C_q)$，这就完成了对类时曲线的证明。为要证明非类空曲线 $\gamma(t)$ 在 $\exp_q(\overline{C}_q)$ 内，我们对 $\gamma(t)$ 作一小变分使其成为一条类时曲线。令 $\mathbf{Y}$ 是 T_q 的向量场，且在 $\mathscr{U}$ 内诱导的向量场 $\exp_{q*}(\mathbf{Y})$ 处处类时，从而 $g(\mathbf{Y},(\partial/\partial t)_\gamma|_q)<0$。对每个 $\varepsilon\geqslant0$，令 $\beta(r,\varepsilon)$ 为 T_q 上始于原点的曲线，使切向量 $(\partial/\partial r)_\beta$ 等于 $(\partial/\partial t)_{\bar\gamma}|_{t=r}+\varepsilon\mathbf{Y}|_{\beta(\gamma,\varepsilon)}$。于是 $\beta(r,\varepsilon)$ 可微地依赖于 r 和 ε。对每一个 $\varepsilon>0$，$\exp_q(\beta(r,\varepsilon))$ 是 $\mathscr{U}$ 内的类时曲线，因而包含于 $\exp_q(C_q)$。因此，非类空曲线 $\exp_q(\beta(r,0))=\gamma(r)$ 包含于 $\overline{\exp_q(C_q)}=\exp_q(\overline{C}_q)$。□

推论

如果点 $p\in\mathscr{U}$ 可以通过从 q 出发的非类空曲线而不是类时曲线到

达，则 p 处于从 q 出发的零测地线上。 □

非类空曲线 $\gamma(t)$ 上自 q 到 p 的长度为

$$L(\gamma,q,p)=\int_q^p\left[-g\left(\frac{\partial}{\partial t},\frac{\partial}{\partial t}\right)\right]^{\frac{1}{2}}\mathrm{d}t,$$

这里积分在曲线的可微段进行。

在正定度规下，我们可找到两点间的最短曲线，但在 Lorentz 度规下不存在任何最短曲线，因为任何曲线均可通过变形成为长度为零的零曲线。然而，在某些情形，两点间，或一点与一个三维类空曲面之间，可能存在最长的非类空曲线。我们先考虑两点靠近的情形，然后在两点不靠近的一般情形下，导出必要条件，而这种情形的充分条件，我们将在 § 6.7 讨论。

命题 4.5.3

令 q 和 p 为凸正规邻域 $\mathscr{U}$ 内两点，那么，如果 q 和 p 之间可用 $\mathscr{U}$ 内一条非类空曲线连接，则最长的这样一条曲线就是 $\mathscr{U}$ 内自 q 到 p 的唯一非类空测地线。而且，如果定义曲线长度为 $\rho(q,p)$（假如长度存在，否则定义长度为零），则 $\rho(q,p)$ 是 $\mathscr{U}\times\mathscr{U}$ 上的连续函数。 106

由凸正规邻域的定义（§ 2.5）知，$\mathscr{U}$ 内存在唯一测地线 $\gamma(t)$ 且 $\gamma(0)=q$，$\gamma(1)=p$。由于该测地线可微地依赖于其端点，故函数

$$\sigma(q,p)=\int_0^1 g\left(\left(\frac{\partial}{\partial t}\right)_\gamma,\left(\frac{\partial}{\partial t}\right)_\gamma\right)\mathrm{d}t$$

在 $\mathscr{U}\times\mathscr{U}$ 上可微。（这个函数 σ 就是引理 4.5.2 的常数 σ。）因此 $\rho(q,p)$ 在 $\mathscr{U}\times\mathscr{U}$ 上连续，因为它在 $\sigma<0$ 时等于 $[-\sigma(q,p)]^{1/2}$，否则为零。剩下要说明的是，如果 q 和 p 可用 $\mathscr{U}$ 内的类时曲线连接，则它们之间的类时测地线 γ 为这些曲线中最长的一条。如前所述，令 $\alpha(s,t)$ 为 $\exp_q(s\mathbf{X}(t))$，这里 $g(\mathbf{X}(t),\mathbf{X}(t))=-1$。如果 $\lambda(t)$ 是 $\mathscr{U}$ 内自 q 到 p 的类时曲线，则它可表示为 $\lambda(t)=\alpha(f(t),t)$。于是

$$\left(\frac{\partial}{\partial t}\right)_\lambda=f'(t)\left(\frac{\partial}{\partial s}\right)_\alpha+\left(\frac{\partial}{\partial t}\right)_\alpha。$$

由引理 4.5.2，上式右边的两向量相互正交，又因 $g((\partial/\partial s)_\alpha,(\partial/\partial s)_\alpha)=-1$，有

$$g\left(\left(\frac{\partial}{\partial \mathrm{t}}\right)_{\lambda},\left(\frac{\partial}{\partial t}\right)_{\lambda}\right)=-(f'(\mathrm{t}))^2+g\left(\left(\frac{\partial}{\partial t}\right)_{\alpha},\left(\frac{\partial}{\partial t}\right)_{\alpha}\right)\geqslant-(f'(t))^2,$$

当且仅当$(\partial/\partial t)_{\alpha}=0$,即当且仅当$\lambda$是测地曲线时,等号成立。于是

$$L(\lambda,q,p)\leqslant\int_q^p f'(t)\mathrm{d}t=\rho(q,p),$$

当且仅当λ是$\mathscr{U}$内唯一的自q到p的测地曲线时,等号成立。 □

现在我们考虑q和p不必包含于凸正规邻域$\mathscr{U}$的情形。为了导出自q到p的类时曲线$\gamma(t)$是自q到p的那类曲线中的最长曲线的必要条件,我们考虑$\gamma(t)$的小变分。$\gamma(t)$的**变分**α是一C^{1-}映射$\alpha:(-\varepsilon,\varepsilon)\times[0,t_p]\to\mathscr{M}$使

(1) $\alpha(0,t)=\gamma(t)$;

(2) 存在$[0,t_p]$的细分$0=t_1<t_2<\cdots<t_n=t_p$,使α在每个$(-\varepsilon,\varepsilon)\times[t_i,t_{i+1}]$上是$C^3$的;

(3) $\alpha(u,0)=q$, $\alpha(u,t_p)=p$;

(4) 对每一常数u, $\alpha(u,t)$是一类时曲线。

107 向量$(\partial/\partial u)_{\alpha}|_{u=0}$称为**变分向量 Z**。反过来,给定沿$\gamma(t)$的、在$q$和$p$上为零的连续且分段$C^2$的向量场$\mathbf{Z}$,我们可定义变分$\alpha$,使$\mathbf{Z}$通过

$$\alpha(u,t)=\exp_r(u\mathbf{Z}|_r)$$

成为其变分向量。这里,对$\varepsilon>0$和$r=\gamma(t)$, $u\in(-\varepsilon,\varepsilon)$。

引理 4.5.4

在变分α下,自q到p的曲线长度的变分为

$$\left.\frac{\partial L}{\partial u}\right|_{u=0}=\sum_{i=1}^{n-1}\int_{ti}^{t\,i+1}g\left(\frac{\partial}{\partial u},\left\{f^{-1}\frac{\mathrm{D}}{\partial t}\frac{\partial}{\partial t}-f^{-2}\left(\frac{\partial f}{\partial t}\right)\frac{\partial}{\partial t}\right\}\right)\mathrm{d}t$$
$$+\sum_{i=2}^{n-1}g\left(\frac{\partial}{\partial u},\left[f^{-1}\frac{\partial}{\partial t}\right]\right),$$

这里$f^2=g(\partial/\partial t,\partial/\partial t)$是向量的大小,$[f^{-1}\partial/\partial t]$是在$\gamma(t)$的一个奇点处的间断点。

我们有:

$$\left.\frac{\partial L}{\partial u}\right|_{u=0}=\sum\frac{\partial}{\partial u}\int\left(-g\left(\frac{\partial}{\partial t},\frac{\partial}{\partial t}\right)\right)^{\frac{1}{2}}\mathrm{d}t$$
$$=-\sum\int g\left(\frac{\mathrm{D}}{\partial u}\frac{\partial}{\partial t},\frac{\partial}{\partial t}\right)f^{-1}\mathrm{d}t$$

$$=-\sum\int g\left(\frac{\mathrm{D}}{\partial t}\frac{\partial}{\partial u},\frac{\partial}{\partial t}\right)f^{-1}\mathrm{d}t$$

$$=-\sum\int\left\{\frac{\partial}{\partial t}\left(g\left(\frac{\partial}{\partial u},\frac{\partial}{\partial t}\right)\right)f^{-1}-g\left(\frac{\partial}{\partial u},\frac{\mathrm{D}}{\partial t}\frac{\partial}{\partial t}\right)f^{-1}\right\}\mathrm{d}t\text{。}$$

分部积分第一项即得所需公式。 □

我们可选取参数 t 为弧长 s 来简化公式。此时，$g(\partial/\partial t,\partial/\partial t)=-1$。将单位切向量 $\partial/\partial s$ 记为 $\mathbf{V}$，有

$$\left.\frac{\partial L}{\partial u}\right|_{u=0}=\sum_{i=1}^{n-1}\int_{t_i}^{t_{i+1}}g(\mathbf{Z},\dot{\mathbf{V}})\mathrm{d}s+\sum_{i=2}^{n-1}g(\mathbf{Z},[\mathbf{V}]),$$

这里 $\dot{\mathbf{V}}=\mathrm{D}\mathbf{V}/\partial s$ 是加速度。由此式我们再次看到，$\gamma(t)$ 成为自 q 到 p 的最长曲线的必要条件是，$\gamma(t)$ **应当是不间断测地曲线**，否则我们可选取某个变分来产生更长的曲线。

我们还可以考虑自类时三维曲面 $\mathscr{H}$ 到点 p 的类时曲线 $\gamma(t)$。曲线 $\gamma(t)$ 的变分 α 可像前面一样定义，但条件(3)代替为

(3) $\alpha(u,0)$ 位于 $\mathscr{H}$ 上，$\alpha(u,t_p)=p$。

这样，在 $\mathscr{H}$ 上变分向量 $\mathbf{Z}=\partial/\partial u$ 处于 $\mathscr{H}$ 内。

引理 4.5.5 108

$$\left.\frac{\partial L}{\partial u}\right|_{u=0}=\sum_{i=1}^{n-1}\int_{t_i}^{t_{i+1}}g(\dot{\mathbf{V}},\mathbf{Z})\mathrm{d}s+\sum_{i=2}^{n-1}g(\mathbf{Z},[\mathbf{V}])+g(\mathbf{Z},\mathbf{V})\Big|_{\mathbf{s}=0}\text{。}$$

证明同引理 4.5.4。 □

由此我们看到，$\gamma(t)$ 成为自 $\mathscr{H}$ 到点 p 的最长曲线的必要条件是，$\gamma(t)$ **应当是垂直于 $\mathscr{H}$ 的不间断测地曲线。**

我们看到，在变分 α 下，类时测地曲线长度的一阶导数为零。进一步，我们来计算它的二阶导数。定义自 q 到 p 的测地曲线 $\gamma(t)$ 的两参数变分 α 为 C^1 映射：

$$\alpha:(-\varepsilon_1,\varepsilon_1)\times(-\varepsilon_2,\varepsilon_2)\times[0,t_p]\to\mathscr{M}$$

使

(1) $\alpha(0,0,t)=\gamma(t)$；

(2) 存在 $[0,t_p]$ 的细分 $0=t_1<t_2<\cdots<t_n=t_p$ 使 α 在每个

$$(-\varepsilon_1,\varepsilon_1)\times(-\varepsilon_2,\varepsilon_2)\times[t_i,t_{i+1}]$$

上是 C^3 的；

（3）$\alpha(u_1,u_{2,}0)=q$，　$\alpha(u_1,u_2,t_p)=p$；

（4）对所有常数 u_1,u_2，$\alpha(u_1,u_2,t)$是类时曲线。

我们将相应的两变分向量定义为

$$\mathbf{Z}_1=\left(\frac{\partial}{\partial u_1}\right)_\alpha\Bigg|_{\substack{u_1=0\\u_2=0}},\qquad \mathbf{Z}_2=\left(\frac{\partial}{\partial u_2}\right)_\alpha\Bigg|_{\substack{u=0\\u_2=0}},$$

反过来，给定两个沿 $\gamma(t)$连续且分段 C^2 的向量场 $\mathbf{Z}_1$，$\mathbf{Z}_2$，我们可定义一变分 α，使二者通过下式成为变分向量：

$$\alpha(u_1,u_2,t)=\exp_r(u_1\mathbf{Z}_1+u_2\mathbf{Z}_2),$$
$$r=\gamma(t)。$$

引理 4.5.6

在测地曲线 $\gamma(t)$的两参数变分 α 下，曲线长度的二阶导数为

$$\frac{\partial^2 L}{\partial u_2\partial u_1}\Bigg|_{\substack{u_1=0\\u_2=0}}=\sum_{i=1}^{n-1}\int_{ti}^{t\ i+1}g\left(\mathbf{Z}_1,\left\{\frac{\mathrm{D}^2}{\partial s^2}(\mathbf{Z}_2+g(\mathbf{V},\mathbf{Z}_2)\mathbf{V})-\mathbf{R}(\mathbf{V},\mathbf{Z}_2)\mathbf{V}\right\}\right)\mathrm{d}s+$$
$$\sum_{i=2}^{n-1}g\left(\mathbf{Z}_1,\left[\frac{\mathrm{D}}{\partial s}(\mathbf{Z}_2+g(\mathbf{V},\mathbf{Z}_2)\mathbf{V})\right]\right)。$$

109 由引理 4.5.4 我们有：

$$\frac{\partial L}{\partial u_1}\Bigg|_{\substack{u_1=0\\u_2=0}}=\sum\int g\left(\frac{\partial}{\partial u_1},\left\{f^{-1}\frac{\mathrm{D}}{\partial t}\frac{\partial}{\partial t}-f^{-2}\left(\frac{\partial f}{\partial t}\right)\frac{\partial}{\partial t}\right\}\right)\mathrm{d}t+$$
$$\sum g\left(\frac{\partial}{\partial u_1},\left[f^{-1}\frac{\partial}{\partial t}\right]\right)。$$

因此，

$$\frac{\partial^2 L}{\partial u_2\partial u_1}\Bigg|_{\substack{u_1=0\\u_2=0}}=\sum\int g\left(\frac{\mathrm{D}}{\partial u_2}\frac{\partial}{\partial u_1},\left\{f^{-1}\frac{\mathrm{D}}{\partial t}\frac{\partial}{\partial t}-f^{-2}\left(\frac{\partial f}{\partial t}\right)\frac{\partial}{\partial t}\right\}\right)\mathrm{d}t-$$
$$\sum\int g\left(\frac{\partial}{\partial u_1},\left\{f^{-2}\left(\frac{\partial f}{\partial u_2}\right)\frac{\mathrm{D}}{\partial t}\frac{\partial}{\partial t}-f^{-1}\frac{\mathrm{D}}{\partial u_2}\frac{\mathrm{D}}{\partial t}\frac{\partial}{\partial t}-\right.\right.$$
$$2f^{-3}\left(\frac{\partial f}{\partial u_2}\right)\left(\frac{\partial f}{\partial t}\right)\frac{\partial}{\partial t}+f^{-2}\left(\frac{\partial^2 f}{\partial u_2\partial t}\right)\frac{\partial}{\partial t}+$$
$$\left.\left.f^{-2}\left(\frac{\partial f}{\partial t}\right)\frac{\mathrm{D}}{\partial u_2}\frac{\partial}{\partial t}\right\}\right)\mathrm{d}t+$$

$$\sum g\left(\frac{\mathrm{D}}{\partial u_2}\frac{\partial}{\partial u_1},\left[f^{-1}\frac{\partial}{\partial t}\right]\right)+$$

$$\sum g\left(\frac{\partial}{\partial u_1},\frac{\mathrm{D}}{\partial u_2}\left[f^{-1}\frac{\partial}{\partial t}\right]\right)。$$

由于 $\gamma(t)$是不间断测地曲线，上式第一和第三项为零。在第二项中，我们可以写出

$$\frac{\mathrm{D}}{\partial u_2}\frac{\mathrm{D}}{\partial t}\frac{\partial}{\partial t}=-\mathbf{R}\left(\frac{\partial}{\partial t},\frac{\partial}{\partial u_2}\right)\frac{\partial}{\partial t}+\frac{\mathrm{D}}{\partial t}\frac{\mathrm{D}}{\partial u_2}\frac{\partial}{\partial t}$$
$$=-\mathbf{R}\left(\frac{\partial}{\partial t},\frac{\partial}{\partial u_2}\right)\frac{\partial}{\partial t}+\frac{\mathrm{D}^2}{\partial t^2}\frac{\partial}{\partial u_2}$$

和
$$\frac{\partial^2 f}{\partial u_2\partial t}=-\frac{\partial}{\partial t}\left(f^{-1}g\left(\frac{\mathrm{D}}{\partial u_2}\frac{\partial}{\partial t},\frac{\partial}{\partial t}\right)\right)$$
$$=-\frac{\partial}{\partial t}\left\{f^{-1}\frac{\partial}{\partial t}\left(g\left(\frac{\partial}{\partial u_2},\frac{\partial}{\partial t}\right)\right)-f^{-1}g\left(\frac{\partial}{\partial u_2},\frac{\mathrm{D}}{\partial t}\frac{\partial}{\partial t}\right)\right\}。$$

在第四项中，

$$\frac{\mathrm{D}}{\partial u_2}\left[f^{-1}\frac{\partial}{\partial t}\right]=\left[f^{-1}\frac{\mathrm{D}}{\partial t}\frac{\partial}{\partial u_2}+f^{-3}g\left(\frac{\mathrm{D}}{\partial t}\frac{\partial}{\partial u_2},\frac{\partial}{\partial t}\right)\frac{\partial}{\partial t}\right]。$$

然后取参数 t 为弧长 s，即得所需结果。 □

尽管表达形式并不一目了然，但从定义我们知道，曲线长度的二阶导数在两参数变分向量场 $\mathbf{Z}_1$ 和 $\mathbf{Z}_2$ 下是对称的。我们看到，它仅依赖于 $\mathbf{Z}_1$ 和 $\mathbf{Z}_2$ 到垂直于 $\mathbf{V}$ 的空间的投影。因此，我们可将注意力集中在变分向量垂直于 $\mathbf{V}$ 的变分 α 上。我们定义 T_γ 为(无限维)向量空间，它由所有垂直于 $\mathbf{V}$ 并在 q 和 p 为零的、沿 $\gamma(t)$连续且分段 C^2 的向量场组成。于是，$\partial^2 L/\partial u_2\partial u_1$ 是 $T_\gamma\times T_\gamma$ 到 R^1 的对称映射。我们可将 110
其视为 T_γ 上的对称张量，并记为

$$L(\mathbf{Z}_1,\mathbf{Z}_2)=\left.\frac{\partial^2 L}{\partial u_2\partial u_1}\right|_{\substack{u_1=0\\u_2=0}},\quad \mathbf{Z}_1,\mathbf{Z}_2\in T_\gamma。$$

我们也可以计算垂直于 $\mathscr{H}$ 的类时测地线 $\gamma(t)$上自 $\mathscr{H}$ 到 p 的长度的二阶导数。除了允许 $\gamma(t)$的一个端点在 $\mathscr{H}$ 上变化外，其他处理同前。

引理 4.5.7

自 $\mathscr{H}$ 到 p 的 $\gamma(t)$长度的二阶导数为

$$\frac{\partial^2 L}{\partial u_2 \partial u_1}\bigg|_{\substack{u_1=0\\u_2=0}} = \sum_{i=1}^{n-1}\int_{ti}^{t\,i+1} g\left(\mathbf{Z}_1, \left\{\frac{\mathrm{D}^2}{\partial s^2}\mathbf{Z}_2 - \mathbf{R}(\mathbf{V},\mathbf{Z}_2)\mathbf{V}\right\}\right)\mathrm{d}s +$$

$$\sum_{i=2}^{n-1} g\left(\mathbf{Z}_1, \left[\frac{\mathrm{D}}{\partial s}\mathbf{Z}_2\right] + g\left(\mathbf{Z}_1, \frac{\mathrm{D}}{\partial s}\mathbf{Z}_2\right)\bigg|_{\mathscr{H}} - \chi(\mathbf{Z}_1,\mathbf{Z}_2)\bigg|_{\mathscr{H}}\right.,$$

这里我们已经取 $\mathbf{Z}_1$ 和 $\mathbf{Z}_2$ 垂直于 $\mathbf{V}$，而 $\chi(\mathbf{Z}_1,\mathbf{Z}_2)$ 是 $\mathscr{H}$ 的第二基本张量。

上式前两项与引理 4.5.6 的相同。其余项为：

$$\frac{\mathrm{D}}{\partial u_2} g\left(\frac{\partial}{\partial u_1}, f^{-1}\frac{\partial}{\partial t}\right)\bigg|_{\mathscr{H}} = f^{-1} g\left(\frac{\mathrm{D}}{\partial u_2}\frac{\partial}{\partial u_1}, \frac{\partial}{\partial t}\right)\bigg|_{\mathscr{H}} +$$

$$f^{-3} g\left(\frac{\mathrm{D}}{\partial u_2}\frac{\partial}{\partial t}, \frac{\partial}{\partial t}\right) g\left(\frac{\partial}{\partial u_1}, \frac{\partial}{\partial t}\right)\bigg|_{\mathscr{H}} + f^{-1} g\left(\frac{\partial}{\partial u_1}, \frac{\mathrm{D}}{\partial t}\frac{\partial}{\partial u_2}\right)\bigg|_{\mathscr{H}}。$$

由于$\partial/\partial u_1$ 垂直于$\partial/\partial t$，故上式第二项为零。如果取 t 为弧长 s，则$\partial/\partial t$等于 $\mathscr{H}$ 的单位法向量 $\mathbf{N}$。因为 $\gamma(t)$的端点仅限于在 $\mathscr{H}$ 上变化，故$\partial/\partial u_1$ 始终垂直于 $\mathbf{N}$。故

$$g\left(\frac{\mathrm{D}}{\partial u_2}\frac{\partial}{\partial u_1}, \mathbf{N}\right) = \frac{\partial}{\partial u_2} g\left(\frac{\partial}{\partial u_1}, \mathbf{N}\right) - g\left(\frac{\partial}{\partial u_1}, \frac{\mathrm{D}}{\partial u_2}\mathbf{N}\right) = -\chi\left(\frac{\partial}{\partial u_1}, \frac{\partial}{\partial u_2}\right)。$$

□

如果 $L(\mathbf{Z}_1,\mathbf{Z}_2)$是负半定的，则称自 q 到 p 的类时测地曲线 $\gamma(t)$ 是**极大的**类时测地线。换言之，如果 $\gamma(t)$非极大，则存在小变分 α，它将产生一条更长的自 q 到 p 的曲线。类似地，如果 $L(\mathbf{Z}_1,\mathbf{Z}_2)$是负半定的，则称自 $\mathscr{H}$ 到 p 且垂直于 $\mathscr{H}$ 的类时测地曲线是**极大的**类时测地线。同样，如果 $\gamma(t)$非极大，则必存在小变分，它将产生一条更长的自 $\mathscr{H}$ 到 p 的曲线。

111 **命题 4.5.8**

自 q 到 p 的类时测地曲线 $\gamma(t)$是极大的，当且仅当在(q,p)间不存在沿 $\gamma(t)$的共轭于 q 的点。

假定(q,p)间没有共轭点。我们引入沿 $\gamma(t)$的 Fermi 移动规范正交基。在 q 点为零的沿 $\gamma(t)$的 Jacobi 场可由矩阵 $A_{\alpha\beta}(t)$表示，$A_{\alpha\beta}(t)$在(q,p)上非奇异，但在 q 点奇异，在 p 点也可能奇异。由于共轭点是孤立的，$\mathrm{d}(\log \det\mathbf{A})/\mathrm{d}s$ 在 $A_{\alpha\beta}$ 奇异处趋于无穷。因此，C^0 且分段 C^2

的向量场 $\mathbf{Z}\in T_\gamma$ 在$[q,p]$上可表示为

$$Z^\alpha=A_{\alpha\beta}W^\beta,$$

这里 W^β 在$[q,p]$上 C^0 且分段 C^2。于是,

$$\begin{aligned}
L(\mathbf{Z},\mathbf{Z})&=\sum\int_0^{s_p}A_{\alpha\beta}W^\beta\left\{\frac{\mathrm{d}^2}{\mathrm{d}s^2}(A_{\alpha\delta}W^\delta)+R_{\alpha4\gamma4}A_{\gamma\delta}W^\delta\right\}\mathrm{d}s+\\
&\quad\sum A_{\alpha\beta}W^\beta\left[\frac{\mathrm{d}}{\mathrm{d}s}(A_{\alpha\delta}W^\delta)\right]\\
&=\lim_{\varepsilon\to0+}\sum\int_\varepsilon^{s_p}A_{\alpha\beta}W^\beta\left\{2\frac{\mathrm{d}}{\mathrm{d}s}A_{\alpha\delta}\frac{\mathrm{d}}{\mathrm{d}s}W^\delta+A_{\alpha\delta}\frac{\mathrm{d}^2}{\mathrm{d}s^2}W^\delta\right\}\mathrm{d}s+\\
&\quad\sum A_{\alpha\beta}W^\beta A_{\alpha\delta}\left[\frac{\mathrm{d}}{\mathrm{d}s}W^\delta\right]\\
&=-\sum\int_0^{s_p}\left\{A_{\alpha\beta}\frac{\mathrm{d}}{\mathrm{d}s}W^\beta A_{\alpha\delta}\frac{\mathrm{d}}{\mathrm{d}s}W^\delta+\right.\\
&\quad\left.W^\beta\left(\frac{\mathrm{d}}{\mathrm{d}s}A_{\alpha\beta}A_{\alpha\delta}-A_{\alpha\beta}\frac{\mathrm{d}}{\mathrm{d}s}A_{\alpha\delta}\right)\frac{\mathrm{d}}{\mathrm{d}s}W^\delta\right\}\mathrm{d}s。
\end{aligned}$$

(我们取极限是因为 W^δ 的二阶导数在 q 点可能无定义。)但

$$\left(\frac{\mathrm{d}}{\mathrm{d}s}A_{\alpha\beta}A_{\alpha\delta}-A_{\alpha\beta}\frac{\mathrm{d}}{\mathrm{d}s}A_{\alpha\delta}\right)=-2A_{\alpha\beta}\boldsymbol{\omega}_{\alpha\gamma}A_{\gamma\delta}=0。$$

因此 $L(\mathbf{Z}_1,\mathbf{Z}_2)\leqslant0$。

反之,假定沿 $\gamma(t)$存在一点 $r\in(q,p)$与 q 共轭。令 $\mathbf{W}$ 为沿 $\gamma(t)$的在 q 点和 r 点为零的 Jacobi 场。令 $\mathbf{K}\in T_\gamma$,使

$$K^a g_{ab}\frac{\mathrm{D}}{\partial s}W^b=-1$$

在点 r 成立。通过令 $\mathbf{W}$ 在$[r,p]$上为零,可将 $\mathbf{W}$ 扩展到点 p。令 $\mathbf{Z}$ 等 112
于$\varepsilon\mathbf{K}+\varepsilon^{-1}\mathbf{W}$,其中 ε 为一常数。于是

$$L(\mathbf{Z},\mathbf{Z})=\varepsilon^2L(\mathbf{K},\mathbf{K})+2L(\mathbf{K},\mathbf{W})+2\varepsilon^{-2}L(\mathbf{W},\mathbf{W})=\varepsilon^2L(\mathbf{K},\mathbf{K})+2。$$

因此,只要 ε 取得足够小,就能使 $L(\mathbf{Z},\mathbf{Z})$为正。 □

对于自 $\mathscr{H}$ 到 p 且垂直于 $\mathscr{H}$ 的类时测地曲线 $\gamma(t)$的情形,我们可得到类似的结果。

命题 4.5.9

自 $\mathscr{H}$ 到 p 的类时测地曲线 $\gamma(t)$是极大的,当且仅当在$(\mathscr{H},q)$内不存在沿 $\gamma(t)$共轭于 $\mathscr{H}$ 的点。 □

我们同样考虑自 q 到 p 的非类空曲线 $\gamma(t)$ 的变分。我们感兴趣的是这样一种情形，在此情形下，可以找到 $\gamma(t)$ 的某个变分 α 使 $g(\partial/\partial t,\partial/\partial t)$ 处处为负，或者说，使它产生一条自 q 到 p 的类时曲线。在变分 α 下，

$$\frac{\partial}{\partial u}\left(g\left(\frac{\partial}{\partial t},\frac{\partial}{\partial t}\right)\right)=2g\left(\frac{\mathrm{D}}{\partial u}\frac{\partial}{\partial t},\frac{\partial}{\partial t}\right)=2g\left(\frac{\mathrm{D}}{\partial t}\frac{\partial}{\partial u},\frac{\partial}{\partial t}\right)$$
$$=2\frac{\partial}{\partial t}\left(g\left(\frac{\partial}{\partial u},\frac{\partial}{\partial t}\right)\right)-2g\left(\frac{\partial}{\partial u},\frac{\mathrm{D}}{\partial t}\frac{\partial}{\partial t}\right)。\quad(4.48)$$

为了得到一条自 q 到 p 的类时曲线，我们要求上式在 $\gamma(t)$ 上处处小于或等于零。

命题 4.5.10

如果 p 和 q 之间可用一条不是零测地线的非类空曲线连接，则它们也可用一条类时曲线连接。

如果 $\gamma(t)$ 不是自 p 到 q 的零测地曲线，则必存在切向量不连续的某个点；或必存在加速度矢量 $(\mathrm{D}/\partial t)(\partial/\partial t)$ 不为零且不平行于 $\partial/\partial t$ 的某个开区间。先考虑没有间断点的情形，我们有

$$g\left(\frac{\mathrm{D}}{\partial t}\frac{\partial}{\partial t},\frac{\partial}{\partial t}\right)=\frac{1}{2}\frac{\partial}{\partial t}\left(g\left(\frac{\partial}{\partial t},\frac{\partial}{\partial t}\right)\right)=0。$$

这说明 $(\mathrm{D}/\partial t)(\partial/\partial t)$ 在不为零和不与 $\partial/\partial t$ 平行时是一类空向量。令
113 $\mathbf{W}$ 为沿 $\gamma(t)$ 的类时向量场，使 $g(\mathbf{W},\partial/\partial t)<0$。于是，在变分向量为

$$\mathbf{Z}=x\mathbf{W}+y\frac{\mathrm{D}}{\partial t}\frac{\partial}{\partial t}$$

的变分下，我们可得到自 p 到 q 的类时曲线，其中

$$x=c^{-1}\mathrm{e}^{b}\int_{t_q}^{t}\mathrm{e}^{-b}\left(1-\frac{1}{2}ya^{2}\right)\mathrm{d}t,$$

这里

$$a^{2}=g\left(\frac{\mathrm{D}}{\partial t}\frac{\partial}{\partial t},\frac{\mathrm{D}}{\partial t}\frac{\partial}{\partial t}\right),$$

$$c=-g\left(\mathbf{W},\frac{\partial}{\partial t}\right),$$

$$b=-\int_{t_q}^{t}c^{-1}g\left(\mathbf{W},\frac{\mathrm{D}}{\partial t}\frac{\partial}{\partial t}\right)\mathrm{d}t,$$

而 y 是$[p,q]$上一 C^2 非负函数，使 $y_p=y_q=0$ 及

$$\int_{t_q}^{t_p} e^{-b}\left(1-\frac{1}{2}ya^2\right)dt=0。$$

现在假定存在某个细分 $t_q<t_1<t_2<\cdots<t_p$，使切向量$\partial/\partial t$ 在每一段$[t_i, t_{i+1}]$上连续。如果线段$[t_i, t_{i+1}]$不是零测地曲线，则可将其变形为相同端点间的类时曲线。这样，我们只需要证明，从一条由切向量在间断点$\gamma(t_i)$不相互平行的零测地线段构成的非类空曲线，我们可以得到一条类时曲线。在每一段$[t_i, t_{i+1}]$上，可将参数 t 取为仿射参数。间断点$[\partial/\partial t]|_{t_i}$ 是一类空向量，因为它是同一半零锥里两个非平行零向量的差。因此我们可找到一个沿$[t_{i-1}, t_{i+1}]$的 C^2 向量场 $\mathbf{W}$，使得在$[t_{i-1}, t_i]$上有 $g(\mathbf{W},\partial/\partial t)>0$，在$[t_i, t_{i+1}]$上有 $g(\mathbf{W},\partial/\partial t)<0$。于是，从变分向量场 $\mathbf{Z}=x\mathbf{W}$ 的变分我们可得到 $\gamma(t_{i-1})$和 $\gamma(t_{i+1})$之间的一条类时曲线。这里，对 $t_{i-1}\leqslant t\leqslant t_i$，$x=c^{-1}(t_{i+1}-t_i)(t-t_{i-1})$；对 $t_i\leqslant t\leqslant t_{i+1}$，$x=c^{-1}(t_i-t_{i-1})(t_{i+1}-t)$。其中 $c=-g(\mathbf{W},\partial/\partial t)$。 □

因此，如果 $\gamma(t)$不是测地曲线，则它可通过变分给出一条类时曲线；如果它是测地曲线，则参数 t 可取为仿射参数。于是我们看到，通过变分来生成类时曲线的必要但非充分的条件是，变分向量$\partial/\partial u$ 在$\gamma(t)$上处处垂直于切向量$\partial/\partial t$，否则$(\partial/\partial t)g(\partial/\partial u,\partial/\partial t)$将会在 $\gamma(t)$的某一点为正。对这样的变分，一阶导数$(\partial/\partial u)g(\partial/\partial t,\partial/\partial t)$为零，所以我们仍需考察其二阶导数。

因此，我们需要考虑自 q 到 p 的零测地线 $\gamma(t)$的两参数变分 α。 114
变分 α 的定义同前，只是根据上述理由，现在我们仅限于讨论变分向量

$$\left.\frac{\partial}{\partial u_1}\right|_{\substack{u_1=0\\u_2=0}} \quad 和 \quad \left.\frac{\partial}{\partial u_2}\right|_{\substack{u_1=0\\u_2=0}}$$

垂直于 $\gamma(t)$的切向量$\partial/\partial t$ 的变分。

在这种变分下研究 L 的性态并不方便，因为$(-g(\partial/\partial t,\partial/\partial t))^{1/2}$在 $g(\partial/\partial t,\partial/\partial t)=0$ 时是不可微的。因此我们改为通过

$$\Lambda\equiv-\sum_{i=1}^{n-1}\int_{t_i}^{t_{i+1}} g\left(\frac{\partial}{\partial t},\frac{\partial}{\partial t}\right)dt$$

来考虑变分。显然，$\gamma(t)$的变分 α 能生成自 q 到 p 的类时曲线的必要但非充分的条件是，Λ 应当为正。

我们有

$$
\begin{aligned}
\frac{1}{2}\frac{\partial^2}{\partial u_2\partial u_1}\left(g\left(\frac{\partial}{\partial t},\frac{\partial}{\partial t}\right)\right)&=\frac{\partial^2}{\partial u_2\partial t}\left(g\left(\frac{\partial}{\partial u_1},\frac{\partial}{\partial t}\right)\right)-\frac{\partial}{\partial u_2}\left(g\left(\frac{\partial}{\partial u_1},\frac{\mathrm{D}}{\partial t}\frac{\partial}{\partial t}\right)\right)\\
&=\frac{\partial^2}{\partial u_2\partial t}\left(g\left(\frac{\partial}{\partial u_1},\frac{\partial}{\partial t}\right)\right)-\\
&\quad g\left(\frac{\partial}{\partial u_1},\left\{\frac{\mathrm{D}^2}{\partial t^2}\frac{\partial}{\partial u_2}-\mathbf{R}\left(\frac{\partial}{\partial t},\frac{\partial}{\partial u_2}\right)\frac{\partial}{\partial t}\right\}\right)
\end{aligned}
$$

于是，

$$
\begin{aligned}
\frac{1}{2}\frac{\partial^2\Lambda}{\partial u_2\partial u_1}\bigg|_{\substack{u_1=0\\u_2=0}}=&\sum\int g\left(\frac{\partial}{\partial u_1},\left\{\frac{\mathrm{D}^2}{\partial t^2}\frac{\partial}{\partial u_2}-\mathbf{R}\left(\frac{\partial}{\partial t},\frac{\partial}{\partial u_2}\right)\frac{\partial}{\partial t}\right\}\right)\mathrm{d}t+\\
&\sum g\left(\frac{\partial}{\partial u},\left[\frac{\mathrm{D}}{\partial t}\frac{\partial}{\partial u_2}\right]\right)。
\end{aligned}
\tag{4.49}
$$

这一公式与类时曲线长度的变分非常相似。可以看到，对正比于切向量$\partial/\partial t$的变分向量，Λ的变分为零，这是因为$\partial/\partial t$为零，$\mathbf{R}(\partial/\partial t,\partial/\partial t)(\partial/\partial t)=0$（因为 Riemann 张量是反对称的）。这样的变分不过是相当于将$\gamma(t)$重新参数化。因此，如果要得到给出类时曲线的变分，我们仅需考虑变分向量到$\gamma(t)$的每一点q上的空间S_q的投影。换言之，如果引入沿$\gamma(t)$的伪规范正交基$\mathbf{E}_1,\mathbf{E}_2,\mathbf{E}_3,\mathbf{E}_4$，且$\mathbf{E}_4=\partial/\partial t$，则$\Lambda$的变分将仅依赖于变分向量的分量$Z^m(m=1,2)$。

115 **命题 4.5.11**

如果在$[q,p]$间不存在沿$\gamma(t)$与q共轭的点，则对变分向量$\partial/\partial u|_{u=0}$垂直于$\gamma(t)$的切向量$\partial/\partial t$且不处处为零或正比于$\partial/\partial t$的$\gamma(t)$的任一变分$\alpha$，$\mathrm{d}^2\Lambda/\mathrm{d}u^2|_{u=0}$为负。换句话说，如果在$[q,p]$间没有与$q$共轭的点，则不存在$\gamma(t)$的小变分能生成$q$和$p$之间的类时曲线。

证明类似于命题 4.5.8，只是需要用到§4.2 的 2×2 矩阵$\hat{A}_{mn}$。□

命题 4.5.12

如果在(q,p)间存在沿$\gamma(t)$与q共轭的点r，则存在$\gamma(t)$的变分，它生成q和p之间的类时曲线。

证明有点繁琐，因为我们必须说明切向量已变得处处类时。令

W^m 为 Jacobi 场(在点 q 和 r 为零)在空间 S(见§4.2)的分量,服从

$$\frac{\mathrm{d}^2}{\mathrm{d}t^2}W^m=-R_{m4n4}W^n,$$

这里,为方便起见,t 取为仿射参数。因为 W^m 至少是 C^3 的,同时 $\mathrm{d}W^m/\mathrm{d}t$ 在 q 和 r 不为零,故我们可写 $W^m=f\hat{W}^m$,这里 $\hat{W}^m$ 是单位向量,f 和 $\hat{\mathbf{W}}$ 是 C^2 的。于是

$$\frac{\mathrm{d}^2}{\mathrm{d}t^2}f+hf=0,$$

这里 $$h=\hat{W}^m\frac{\mathrm{d}^2}{\mathrm{d}t^2}\hat{W}^m+R_{m4n4}\hat{W}^m\hat{W}^n。$$

取 $x\in[r,p]$使 W^m 在$[r,x]$不为零,令 h_1 是 h 在$[r,x]$上的极小值,取$a>0$ 使$a^2+h_1>0$,取 $b=\{-f(\mathrm{e}^{at}-1)^{-1}\}|_x$,则场

$$Z^m=\{b(\mathrm{e}^{at}-1)+f\}\hat{W}^m$$

在 q 和 x 上为零,并在(q,x)满足

$$Z^m\left(\frac{\mathrm{d}^2}{\mathrm{d}t^2}Z^m+R_{m4n4}Z^n\right)>0$$

我们选取自 q 到x 的$\gamma(t)$的变分 $\alpha(u,t)$,使其变分向量$\partial/\partial u|_{u=0}$ 在 S 上的分量等于 Z^m,并使 116

$$g\left(\frac{\mathrm{D}}{\partial u}\frac{\partial}{\partial u},\frac{\partial}{\partial t}\right)\bigg|_{u=0}$$

满足

$$g\left(\frac{\mathrm{D}}{\partial u}\frac{\partial}{\partial u},\frac{\partial}{\partial t}\right)\bigg|_{u=0}+g\left(\frac{\partial}{\partial u},\frac{\mathrm{D}}{\partial t}\frac{\partial}{\partial t}\right)\bigg|_{u=0}=\begin{cases}-\varepsilon t & 对\ 0\leqslant t\leqslant\frac{1}{4}t_x,\\ \varepsilon\left(t-\frac{1}{2}t_x\right) & 对\ \frac{1}{4}t_x\leqslant t\leqslant\frac{3}{4}t_x,\\ \varepsilon(t_x-t) & 对\ \frac{3}{4}t_x\leqslant t\leqslant t_x,\end{cases}$$

这里 t_x 是t 在x 的值,$\varepsilon>0$ 但小于 $Z^m(\mathrm{d}^2Z^m/\mathrm{d}t^2+R_{m4n4}Z^n)$ 在区域 $\frac{1}{4}t_x\leqslant t\leqslant\frac{3}{4}t_x$ 内的最小值。于是由(4.49)式知,$(\partial^2/\partial u^2)g(\partial/\partial t,\partial/\partial t)$ 在$[q,x]$上处处为负,从而对足够小的 u,α 将给出自 q 到 x 的类时曲线。如果将这段曲线与点 x 和 p 之间的 γ 线段连接起来,我们将得到自 q 到 p 的非类空曲线,而且它不是零测地曲线。于是,存在曲线的

变分，它生成一条自 q 到 p 的类时曲线。 □

用类似方法可以证明：

命题 4.5.13

如果 $\gamma(t)$是一条自二维曲面 $\mathscr{S}$ 到点 p 的正交于 $\mathscr{S}$ 的零测地曲线，且在$[\mathscr{S},p]$内不存在沿 γ 与 $\mathscr{S}$ 共轭的点，则不存在 $\gamma(t)$的小变分能生成自 $\mathscr{S}$ 到 p 的类时曲线。 □

命题 4.5.14

如果在$(\mathscr{S},p)$内存在沿 γ 与 $\mathscr{S}$ 共轭的点，则存在 γ 的变分，它生成 $\mathscr{S}$ 和 p 之间的类时曲线。 □

这些关于类时和非类空曲线的变分的结果，将在第 8 章用于说明为什么不存在最长的测地线。

5
精确解

在某种意义上，可以认为任何时空度规均满足 Einstein 场方程 117

$$R_{ab}-\frac{1}{2}Rg_{ab}+\Lambda g_{ab}=8\pi T_{ab} \tag{5.1}$$

（这里我们用第 3 章的单位），这是因为，从时空（$\mathscr{M}$，$\mathbf{g}$）的度规张量确定了(5.1)的左边各项，我们就可以**定义** T_{ab} 为它右边的项。这样定义的物质张量一般难有合理的物理性质，而只有当方程的物质内容合理时，方程的解才有意义。

所谓 Einstein 场方程的**精确解**是指这样一种时空（$\mathscr{M}$，$\mathbf{g}$），它满足有特定形式的物质的能量-动量张量 T_{ab} 的场方程，而物质满足第 3 章的假设(a)（局域因果性）和 § 4.3 的某个能量条件。特别是，对虚空空间（$T_{ab}=0$）、电磁场（T_{ab} 具有(3.7)式形式）、理想流体（T_{ab} 具有(3.8)式形式）或既包含电磁场又包含理想流体的空间，我们都可以求出它们的精确解。由于场方程的复杂性，除非空间具有高度对称性，否则我们无法找到精确解。精确解也是一种理想化，因为任一时空区域都可能包含多种形式的物质，而我们只能对非常简单的物质内容寻求精确解。尽管如此，精确解毕竟给出了广义相对论可能出现的定性特征的概念，它们也是场方程现实解所可能具有的特性。我们列举的事例说明了解的多种性态，都将在以后章节里用到。我们主要依照解的整体特性来讨论。虽然这些解的局域形式早已为人所知，但许多整体性质是最近才被发现的。

在 § 5.1 和 § 5.2，我们考察最简单的 Lorentz 度规，即常曲率的 Lorentz 度规。§ 5.3 讨论空间各向同性且均匀的宇宙学模型；§ 5.4
讨论其最简单的各向异性的推广形式。我们将证明，只要 Λ 不取太大 118
的正值，所有这些简单模型都包含一个奇性的原点。在 § 5.5，我们考察球对称度规，它描述了巨大的带电天体或中性天体周围的场。§ 5.6 则描述轴对称度规，它描述一种特殊类型的巨型旋转天体周围的场。

§5.7 描述Gödel宇宙。§5.8 给出 Taub－NUT 解。这些解可能并不代表真实的宇宙，但人们的兴趣正在于它们病态的整体性质。最后，§5.9 提出其他一些令人感兴趣的精确解。

5.1 Minkowski 时空

Minkowski 时空($\mathscr{M}$,$\boldsymbol{\eta}$)是广义相对论里最简单的虚空时空，实际上也就是狭义相对论时空。从数学上讲，这种时空是带有平直 Lorentz 度规 $\boldsymbol{\eta}$ 的流形 R^4。根据 R^4 的自然坐标(x^1,x^2,x^3,x^4)，度规 $\boldsymbol{\eta}$ 可表示为如下形式

$$ds^2=-(dx^4)^2+(dx^1)^2+(dx^2)^2+(dx^3)^2。\qquad(5.2)$$

如果用球极坐标(t,r,θ,ϕ)，这里 $x^4=t$，$x^3=r\cos\theta$，$x^2=r\sin\theta\cos\phi$，$x^1=r\sin\theta\sin\phi$，则度规形式为

$$ds^2=-dt^2+dr^2+r^2(d\theta^2+\sin^2\theta d\phi^2)。\qquad(5.3)$$

显然，这个度规在 $r=0$ 和 $\sin\theta=0$ 处是奇异的，但这是因为我们使用的坐标在这些点上是不容许的。为了得到常规的坐标邻域，我们必须对坐标系规定一些限制，例如，要求坐标取值范围限定在 $0<r<\infty$，$0<\theta<\pi$，$0<\phi<2\pi$ 之间。我们需要两个这样的坐标邻域来覆盖整个 Minkowski 空间。

通过选取由 $v=t+r$，$w=t-r(\Rightarrow v\geqslant w)$定义的超前和延迟零坐标 v,w，我们可以得到另一个坐标系，度规相应地变为

$$ds^2=-dvdw+\frac{1}{4}(v-w)^2(d\theta^2+\sin^2\theta d\phi^2),\qquad(5.4)$$

这里$-\infty<v<\infty$，$-\infty<w<\infty$。度规里不存在 dv^2,dw^2 项，对应于曲面$\{w=常数\}$，$\{v=常数\}$为零(即 $w_{;a}w_{;b}g^{ab}=0=v_{;a}v_{;b}g^{ab}$)这一事实，见图 12。

119 在度规形如(5.2)的坐标系中，测地线形式为 $x^a(v)=b^av+c^a$，这里 b^a,c^a 为常数。因此指数映射 $\exp_p:T_p\to\mathscr{M}$由下式给出：

$$x^a(\exp_p\mathbf{X})=X^a+x^a(p),$$

这里 X^a 是 $\mathbf{X}$ 在 T_p 的坐标基$\{\partial/\partial x^a\}$下的分量。由于 exp 是一一且到上的映射，故它是 T_p 与 $\mathscr{M}$之间的微分同胚。这样，$\mathscr{M}$的任意两点均可用唯一的测地线来连接。又因为 exp 对所有 p 都定义在 T_p 的每一点，因此($\mathscr{M}$,$\boldsymbol{\eta}$)是测地完备的。

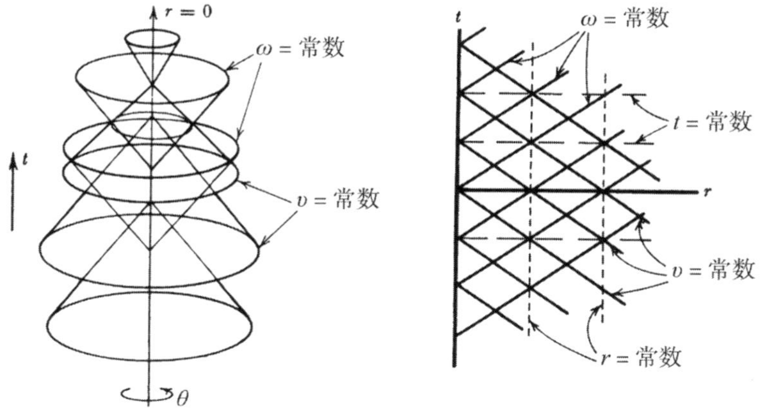

(i)　　　　　　　　(ii)

图 12　Minkowski 空间。零坐标 $v(w)$ 可视为以光速向内(外)传播的球面波。它们分别构成超前(推迟)坐标系。曲面$\{w=$常数$\}$与曲面$\{v=$常数$\}$的交集是一个二维球面

(i)v,w 坐标面(一个坐标被压缩)。

(ii)(t,r)平面,其中每一点代表一个半径为 r 的二维球面。

对类空三维曲面 $\mathscr{S}$,其未来(过去)的 Cauchy 发展 $D^+(\mathscr{S})$($D^-(\mathscr{S})$)定义为所有这样一些点 $q\in\mathscr{S}$ 的集合:过 q 点的每一条过去方向(未来方向)的不可扩展的非类空曲线均交于 $\mathscr{S}$,参见 § 6.5。如果 $D^+(\mathscr{S})\cup D^-(\mathscr{S})=\mathscr{M}$,即如果 $\mathscr{M}$ 的每一条不可扩展的非类空曲线均交于 $\mathscr{S}$,则称 $\mathscr{S}$ 为 Cauchy 曲面。在 Minkowski 时空中,曲面$\{x^4=$常数$\}$是覆盖整个 $\mathscr{M}$ 的一族 Cauchy 曲面。然而我们也可以找出不是 Cauchy 曲面的不可扩展的类空曲面,例如曲面

$$\mathscr{S}_\sigma:\{-(x^4)^2+(x^1)^2+(x^2)^2+(x^3)^2=\sigma=\text{常数}\},$$

其中 $\sigma<0$, $x^4<0$ 就是完全处于以 O 为原点的过去零锥内的类空曲 120
面,因而不是 Cauchy 曲面(图 13)。事实上,$\mathscr{S}_\sigma$ 的未来 Cauchy 发展是以 $\mathscr{S}_\sigma$ 和原点的过去光锥为界的区域。由引理 4.5.2,过原点 O 的类时测地线正交于曲面 $\mathscr{S}_\sigma$。若 $r\in D^+(\mathscr{S}_\sigma)\cup D^-(\mathscr{S}_\sigma)$,则过 r 和 O 的类时测地线是 r 与 $\mathscr{S}_\sigma$ 之间的最长类时曲线。但是,如果 r 不在 $D^+(\mathscr{S}_\sigma)\cup D^-(\mathscr{S}_\sigma)$ 内,则在 r 与 $\mathscr{S}_\sigma$ 之间不存在最长类时曲线。因为在这种情形下,要么 r 处于 $\sigma\geqslant 0$ 区域,此时不存在过 r 且与 $\mathscr{S}_\sigma$ 正交的类时测地线;要么 r 处于 $\sigma<0$, $x^4\geqslant 0$ 区域,此时虽存在过 r 且与 $\mathscr{S}_\sigma$ 正交的

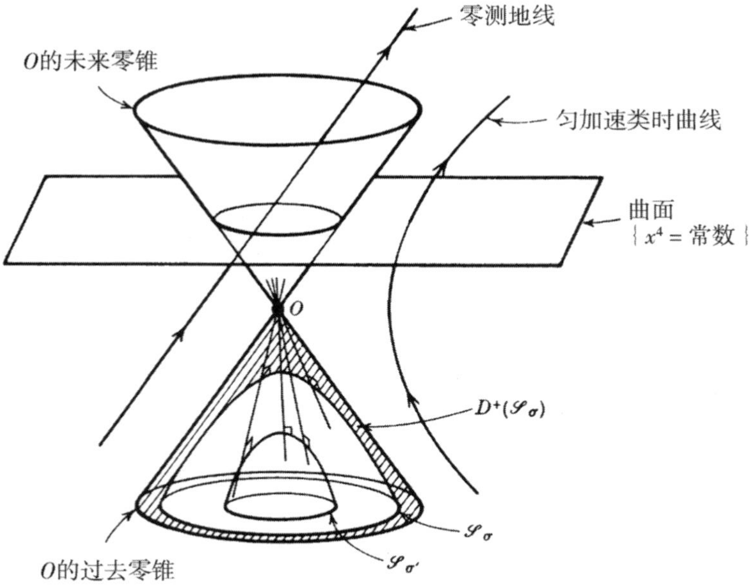

图 13　Minkowski 时空中的 Cauchy 曲面$\{x^4=$常数$\}$，和不是 Cauchy 面的类空曲面 $\mathscr{S}_\sigma$，$\mathscr{S}_{\sigma'}$。垂直于曲面 $\mathscr{S}_\sigma$，$\mathscr{S}_{\sigma'}$ 的法向测地线均交于 O 点

类时测地线，但它不是 r 与 $\mathscr{S}_\sigma$ 之间的最长曲线，因为它在 O 点包含了 $\mathscr{S}_\sigma$ 的共轭点(参见图 13)。

为了研究 Minkowski 时空在无穷远处的结构，我们用 Penrose 为
121 这种时空发明的有趣的表达方式。从零坐标 v，w 出发，我们定义新的零坐标，它将 v，w 的无穷远点变换为有限值；为此，我们用 $\tan p=v$，$\tan q=w$ 来定义 p，q，这里 $-\frac{1}{2}\pi<p<\frac{1}{2}\pi$，$-\frac{1}{2}\pi<q<\frac{1}{2}\pi$ (且 $p\geqslant q$)。于是，$(\mathscr{M},\boldsymbol{\eta})$的度规有如下形式

$$\mathrm{d}s^2=\sec^2 p\sec^2 q\left(-\mathrm{d}p\,\mathrm{d}q+\frac{1}{4}\sin^2(p-q)(\mathrm{d}\theta^2+\sin^2\theta\mathrm{d}\phi^2)\right)。$$

因此，物理度规 $\boldsymbol{\eta}$ 共形于$\bar{\mathbf{g}}$：

$$\mathrm{d}\bar{s}^2=-4\mathrm{d}p\,\mathrm{d}q+\sin^2(p-q)(\mathrm{d}\theta^2+\sin^2\theta\mathrm{d}\phi^2)。\tag{5.5}$$

通过定义

$$t'=p+q,\ r'=p-q,$$

这里

$$-\pi < t' + r' < \pi,\ -\pi < t' - r' < \pi,\ r' \geqslant 0; \tag{5.6}$$

度规$\bar{\mathbf{g}}$可简化为更常用的形式，即(5.5)化为

$$\mathrm{d}\bar{s}^2 = -(\mathrm{d}t')^2 + (\mathrm{d}r')^2 + \sin^2 r'(\mathrm{d}\theta^2 + \sin^2\theta \mathrm{d}\phi^2)。 \tag{5.7}$$

于是，整个 Minkowski 时空由度规

$$\mathrm{d}s^2 = \frac{1}{4}\sec^2\left(\frac{1}{2}(t' + r')\right)\sec^2\left(\frac{1}{2}(t' - r')\right)\mathrm{d}\bar{s}^2$$

的区域(5.6)给定，这里 $\mathrm{d}\bar{s}^2$ 由(5.7)式确定。(5.3)式中坐标 t，r 与 t'，r' 的关系为

$$2t = \tan\left(\frac{1}{2}(t' + r')\right) + \tan\left(\frac{1}{2}(t' - r')\right),$$

$$2r = \tan\left(\frac{1}{2}(t' + r')\right) - \tan\left(\frac{1}{2}(t' - r')\right)。$$

这样，度规(5.7)局部等同于完全均匀时空的 Einstein 静态宇宙(见§5.3)的度规。我们可以解析地将(5.7)式扩展到整个 Einstein 静态宇宙，也就是说，我们可以扩展坐标系以覆盖流形 $R^1 \times S^3$。在这个流形上，$-\infty < t' < \infty$ 和 r'，θ，ϕ 被看作 S^3 的坐标(坐标奇点在$r'=0$，$r'=\pi$和 $\theta=0$，$\theta=\pi$，类似于(5.3)式的坐标奇点。这些奇点可通过变换到(5.7)式中奇点邻域的其他局部坐标系来去除)。压缩两维之后，Einstein 静态宇宙可表示为嵌入具有度规 $\mathrm{d}s^2 = -\mathrm{d}t^2 + \mathrm{d}x^2 + \mathrm{d}y^2$ 的三维 Minkowski 空间的柱面 $x^2 + y^2 = 1$(整个 Einstein 静态宇宙可作为柱面 $x^2 + y^2 + z^2 + w^2 = 1$ 嵌入具有度规 $\mathrm{d}s^2 = -\mathrm{d}t^2 + \mathrm{d}x^2 + \mathrm{d}y^2 + \mathrm{d}z^2 + \mathrm{d}w^2$ 的五维 Euclid 空间，参见 Robertson(1933))。

由此可知，整个 Minkowski 时空共形于 Einstein 静态宇宙中由
(5.6)式划定的区域，即图 14 中的阴影区域。因此可以认为，区域的边 122
界代表了 Minkowski 时空在无穷远的共形结构。它包括零曲面 $p=\pi/2$(记做 $\mathscr{I}^+$)和 $q=-\pi/2$(记做 $\mathscr{I}^-$)，以及点 $p=\pi/2$，$q=\pi/2$(记做 i^+)；$p=\pi/2$，$q=-\pi/2$(记做 i^0)和 $p=-\pi/2$，$q=-\pi/2$(记做 i^-)。在 Minkowski 空间中，任意未来方向的类时测地线在无穷大的正(负)仿射参数都趋向于 i^+(i^-)，因此我们可以认为，任何类时测地线都始于 i^- 而终于 i^+(参见图 15(i))。类似地，可以认为零测地线始于 $\mathscr{I}^-$ 而止于 $\mathscr{I}^+$；而类空测地线则始于 i^0 而止于 i^0。于是我们可以认为，i^+ 和 i^- 分别代表未来和过去类时无穷远，
$\mathscr{I}^+$ 和 $\mathscr{I}^-$ 分别代表未来和过去零无穷远，i^0 代表类空无穷远。(但非 123

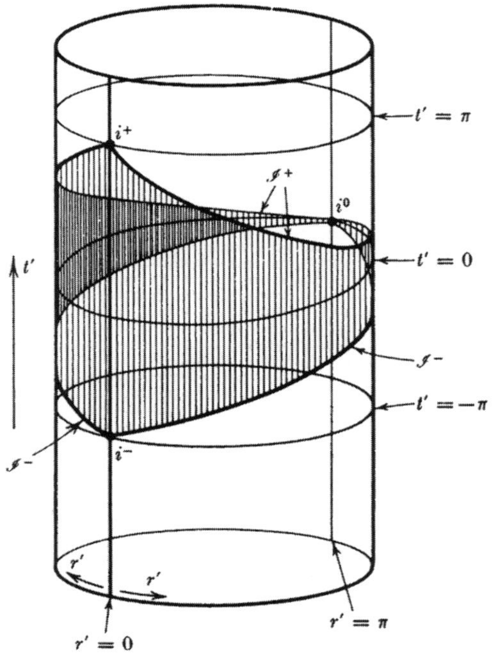

图 14　由嵌入柱面表示的 Einstein 静态宇宙。坐标 θ,ϕ 已被压缩。每个点代表面积为 $4\pi\sin^2 r'$的二维球面的一半。阴影区共形于整个 Minkowski 时空，其边界（i^+，i^0 和 i^-零锥的部分）可视为 Minkowski 时空的共形无穷远

测地曲线不服从这些规则，例如，非测地类时曲线可以始于 $\mathscr{I}^-$ 而止于 $\mathscr{I}^+$ 。）由于 Cauchy 曲面与所有类时测地线和零测地线相交，所以，它将表现为处处到达 i^0 边界的一个空间截面。

我们也可画出（t'，r'）平面（如图 15(ii)）来代表无穷远的共形结构。如图 12(ii)那样，图 15(ii)的每个点代表一个球面 S^2，而其径向零测地线则由$\pm45^\circ$直线来代表。事实上，任何球对称时空的无穷远结构都可以用这种图来表示，我们称它为 **Penrose 图**。在这种图上，我们将用单线表示无穷远点，用点划线表示极坐标原点，用双线表示不可去奇点。

我们所描述的 Minkowski 空间的共形结构，是指那种我们所认为的时空在无穷远处的“正常”性态。在以后章节里我们还会遇到不同类型的性态。

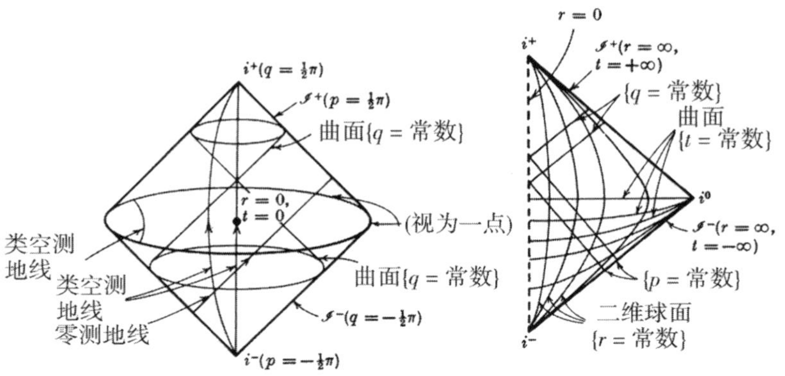

(i)　　　　(ii)

图 15

(i)图 14 的阴影区，只有一个坐标被压缩，表示 Minkowski 时空及其共形无穷远。

(ii) Minkowski 时空的 Penrose 图。除了 i^+，i^0 和 i^- 三个单点和直线 $r=0$ 上的点（这些位置上的极坐标皆奇异）以外，图中每一点代表一个二维球面。

最后需要指出的是，通过叠合 $\mathscr{M}$ 上那些在无定点离散等距变换 124
下等价的点（例如，叠合点 (x^1, x^2, x^3, x^4+c) 与点 (x^1, x^2, x^3, x^4)，其中 c 是常数，我们可将拓扑结构从 R^4 变换到 $R^3\times S^1$，并将闭合类时线引入时空），我们可以得到局部等同于 $(\mathscr{M}, \boldsymbol{\eta})$ 却有不同（大尺度）拓扑性质的空间。显然，对所有如此导出的空间来说，$(\mathscr{M}, \boldsymbol{\eta})$ 是通用覆盖空间，这一点已为 Auslander 和 Markus(1958) 详细研究过。

5.2　de Sitter 时空与反 de Sitter 时空

常曲率时空度规局部由条件 $R_{abcd}=\frac{1}{12}R(g_{ac}g_{bd}-g_{ad}g_{bc})$ 来刻画。这个方程等价于 $C_{abcd}=0=R_{ab}-\frac{1}{4}Rg_{ab}$，因此 Riemann 张量只取决于 Ricci 标量 R。于是，根据缩并的 Bianchi 恒等式，R 在整个时空是一常数。事实上，这些时空都是均匀的。Einstein 张量为

$$R_{ab}-\frac{1}{2}Rg_{ab}=-\frac{1}{4}Rg_{ab}。$$

因此,我们可以认为这些空间是 $\Lambda=R/4$ 的虚空空间场方程的解,或具有常数密度 $R/32\pi$ 和常数压强 $-R/32\pi$ 的理想流体的场方程的解。但后一种选择似乎不合理,因为在此情形下,我们不能同时保证密度和压强为正。此外,运动方程(3.10)对这种流体是不确定的。

$R=0$ 的常曲率空间是 Minkowski 时空。$R>0$ 的常曲率空间是 **de Sitter 时空**,它有拓扑 $R^1\times S^3$(见 Schrödinger (1956)对这种空间的有趣解释)。我们很容易将它形象地表示为具有度规

$$-\mathrm{d}v^2+\mathrm{d}w^2+\mathrm{d}x^2+\mathrm{d}y^2+\mathrm{d}z^2=\mathrm{d}s^2$$

的五维平直空间 R^5 里的双曲面(图 16)

$$-v^2+w^2+x^2+y^2+z^2=\alpha^2$$

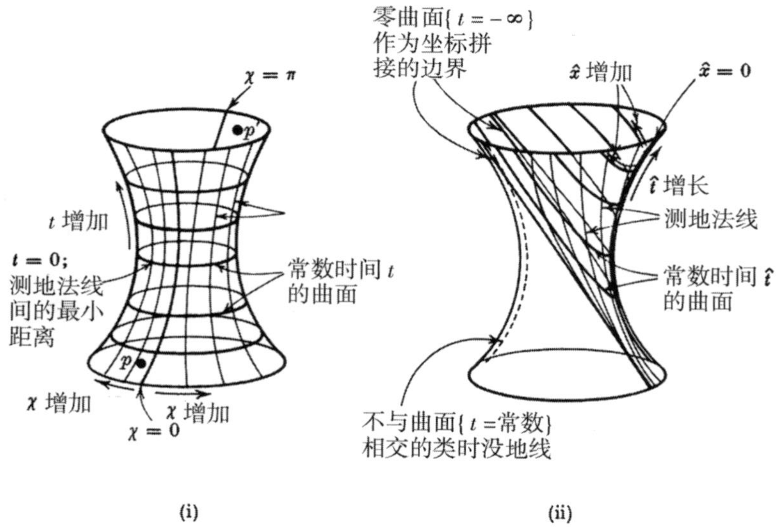

图 16 嵌入五维平直空间(图中有两维被压缩)的双曲面所代表的 de Sitter 时空

(i)坐标(t,χ,θ,ϕ)覆盖整个双曲面,截面$\{t=常数\}$为曲率 $k=+1$ 的曲面。

(ii)坐标$(\hat{t},\hat{x},\hat{y},\hat{z})$覆盖半个双曲面,曲面$\{\hat{t}=常数\}$为平直三维空间,其测地法线自无穷远过去的某一点开始发散。

通过关系

$$\alpha\sinh(\alpha^{-1}t)=v,\ \alpha\cosh(\alpha^{-1}t)\cos\chi=w,$$

$$\alpha\cosh(\alpha^{-1}t)\sin\chi\cos\theta=x,\ \alpha\cosh(\alpha^{-1}t)\sin\chi\sin\theta\cos\phi=y,$$
$$\alpha\cosh(\alpha^{-1}t)\sin\chi\sin\theta\sin\phi=z$$

我们可在双曲面上引入坐标(t, χ, θ, ϕ)。在此坐标下,度规形式为 125

$$\mathrm{d}s^2=-\mathrm{d}t^2+\alpha^2\cosh^2(\alpha^{-1}t)\{\mathrm{d}\chi^2+\sin^2\chi(\mathrm{d}\theta^2+\sin^2\theta\mathrm{d}\phi^2)\}。$$

这个度规在 $\chi=0$, $\chi=\pi$ 和 $\theta=0$, $\theta=\pi$ 的奇点只不过是那种随极坐标出现的奇点。除了这些平凡奇点外,坐标覆盖整个空间 $-\infty<t<\infty$, $0\leqslant\chi\leqslant\pi$, $0\leqslant\theta\leqslant\pi$, $0\leqslant\phi\leqslant 2\pi$。常数 t 的空间截面是具有正常数曲率的球面 S^3,也是 Cauchy 曲面。它们的测地法线先单调收缩到最小间距,然后再扩展到无穷远(图 16(i))。

我们也可以在双曲面上引入坐标

$$\hat{t}=\alpha\log\frac{w+v}{\alpha},\qquad \hat{x}=\frac{\alpha x}{w+v},\qquad \hat{y}=\frac{\alpha y}{w+v},\qquad \hat{z}=\frac{\alpha z}{w+v}$$

在此坐标下,度规形式为

$$\mathrm{d}s^2=-\mathrm{d}\hat{t}^2+\exp(2\alpha^{-1}\hat{t})(\mathrm{d}\hat{x}^2+\mathrm{d}\hat{y}^2+\mathrm{d}\hat{z}^2)。$$

但这些坐标仅覆盖半个双曲面,因为 $\hat{t}$ 在 $w+v\leqslant 0$ 上没有定义(图 16 126
(ii))。

$w+v>0$ 的 de Sitter 空间区域构成宇宙的**稳恒态**模型的时空,这种时空模型最早由 Bondi 和 Gold(1948)、Hoyle(1948)分别提出。在这个模型里,假定物质沿曲面{$\hat{t}$=常数}的测地法线运动。当物质进一步分离时,更多的物质会不断地产生出来以维持密度为一常数。Bondi 和 Gold 没有为模型寻求场方程。不过,Pirani(1955)、Hoyle 和 Narlikar(1964)已经指出,如果我们在通常物质之外再引入负能量密度的标量场,则可将度规视为 Einstein 方程($\Lambda=0$)的一个解。那个标量场("C"场)还决定着物质的连续产生。

稳恒态理论的好处是能做出简单而又明确的预言。但从我们的观点看,它有两个不令人满意的地方:一是存在负能量,这一点我们已在§4.3 讨论过;另一点是它的时空只是半个 de Sitter 空间,还可以扩展。尽管存在这些美学上的异议,对稳恒态理论的真正检验还在于其预言是否与实验观测一致。现在看来,它似乎并不一致,尽管观测结果还不是很确定。

de Sitter 空间是测地完备的,但这种空间仍有些点无法用任何测地线连接起来。这就截然不同于那些具有正定度规的空间。在具有正定度规的空间里,测地线的完备性保证了空间中任意两点至少可用一条测地线连接。代表稳恒态宇宙的半个 de Sitter 空间在过去是不完备的(有些测地线在整个空间是完备的,它们穿过了稳恒态区域的边界,因而在那个区域内是不完备的)。

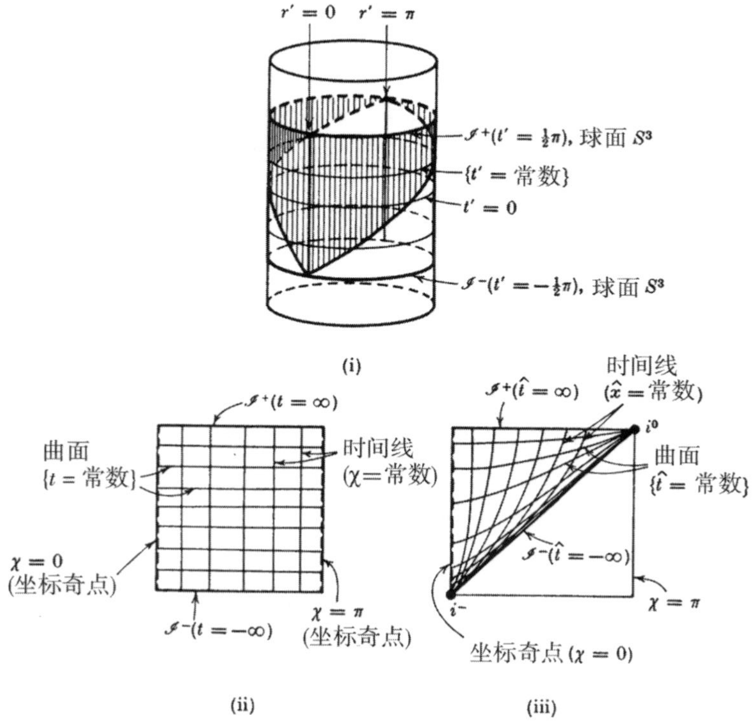

图 17

(i)de Sitter 空间共形于 Einstein 静态宇宙中 $-\pi/2<t'<\pi/2$ 部分,稳恒态宇宙共形于图中的阴影区。

(ii)de Sitter 时空的 Penrose 图。

(iii)稳恒态时空的 Penrose 图。

在(ii),(iii)中,每个点代表一个面积为 $2\pi\sin^2\chi$ 的二维球面;零线处于 $45°$,$\chi=0$ 和 $\chi=\pi$ 叠合。

为了研究 de Sitter 时空在无穷远的性质,我们将时间坐标 t' 定义为

$$t'=2\arctan(\exp\alpha^{-1}t)-\frac{1}{2}\pi,$$

这里

$$-\frac{1}{2}\pi < t' < \frac{1}{2}\pi。 \tag{5.8}$$

于是

$$ds^2 = \alpha^2 \cosh^2(\alpha^{-1}t') d\bar{s}^2,$$

这里 $d\bar{s}^2$ 由(5.7)式给定(令 $r' = \chi$)。因此,de Sitter 空间与 Einstein 静态宇宙中由(5.8)式确定的那部分空间共形(图 17(i))。相应地,de Sitter 空间的 Penrose 图为图 17(ii),其中的一半是构成稳恒态宇宙的那半个 de Sitter 空间的 Penrose 图(图 17(iii))。 127

我们看到,与 Minkowski 空间不同的是, de Sitter 空间对类时曲线和零曲线都有在未来和过去的类空无穷远。这一区别对应于这样一个事实:在 de Sitter 时空里,对观察者的测地线族来说,同时存在粒子视界和事件视界。

在 de Sitter 空间里,我们考察一族有着类时测地线历史的粒子。这些粒子必然始于类空无穷远 $\mathscr{I}^-$ 并止于类空无穷远 $\mathscr{I}^+$。令 p 是粒子 O 的世界线上的某个事件,即历史上的某一时刻(沿 O 的世界线的 128
固有时)。p 的过去零锥是 p 时刻能被 O 观察到的时空的所有事件的集合。某些其他粒子的世界线可能与这个零锥相交,这些粒子对 O 来说是可见的;反之,可能存在一些粒子,它们的世界线不与这个零锥相交,它们这时对 O 来说还是不可见的。在稍后于 p 的时刻,O 可观察到更多粒子,但仍有些粒子是不可见的。我们将 O 在 p 时刻可见到的粒子与该时刻不可见粒子的分界称为观察者 O 在事件 p 的**粒子视界**,它代表处于观察者 O 的视野极限的那些粒子的历史。注意,仅当粒子族内所有粒子的世界线均已知时,粒子视界才可能确定。如果某个粒 129
子处于视界面上,则事件 p 就是粒子的生成光锥与 O 的世界线相交的一点。另一方面,在 Minkowski 空间里,所有其他粒子,如果沿类时测地线运动,则对 O 的世界线上的任意事件 p 都是可见的。只要我们仅考虑测地线的观测者族,就可以认为粒子视界的存在是过去零无穷远的类空性的一个结果(图 18)。

所有在 p 的过去零锥外的事件,直到事件 p 所代表的时刻,都未被 O 所见。O 的世界线在 $\mathscr{I}^+$ 上有一极限。在 de Sitter 时空里,O 的过去零锥(由对实际时空取极限得到,也可直接获自共形时空)是两类事件之间的分界:O 在某一时刻可观察的事件和 O 永远也无法观察的

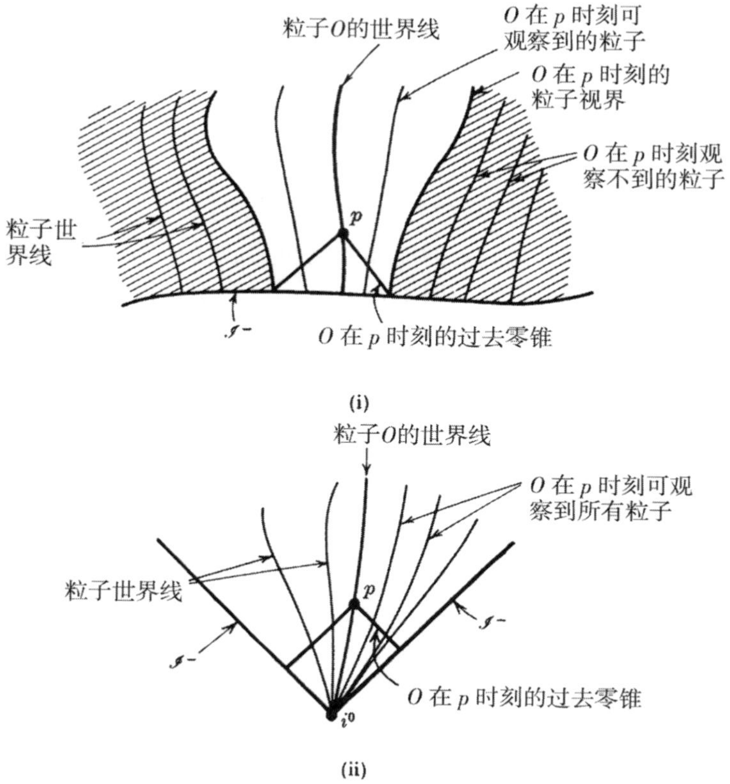

图 18

(i)由测地曲线汇定义的粒子视界，此时过去零无穷远 $\mathscr{I}^-$ 为类空的。

(ii)若 $\mathscr{I}^-$ 为零，则不存在这种粒子视界。

事件。我们称这个界面为世界线的**未来事件视界**。它是世界线的过去的边界。另一方面，在 Minkowski 时空里，任一测地观察者的极限零锥均包含整个时空，故不存在测地观察者永远无法看见的事件。然而，如果观察者作匀加速运动，则其世界线可能有一个未来事件视界。我们可以认为，测地观察者的未来事件视界的存在是 $\mathscr{I}^+$ 的类空性的一个结果(图 19)。

考虑 de Sitter 时空里观察者 O 的事件视界，并假定在其世界线上的某一固有时刻(事件 p)，其光锥与粒子 Q 的世界线相交。于是，在 p 之后的时刻，粒子 Q 对观察者 O 来说总是可见的。但是，在 Q 的世

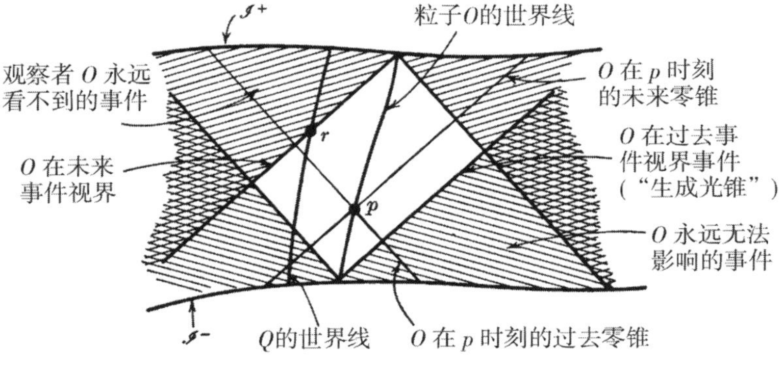

(i)

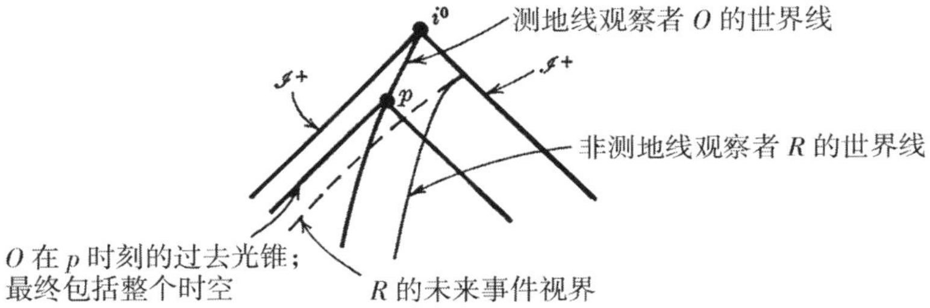

(ii)

图 19

(i)粒子 O 的未来事件视界，当未来无穷远 $\mathscr{I}^+$ 为类空时存在；O 的过去事件视界，当过去无穷远 $\mathscr{I}^-$ 为类空时存在。

(ii)如果未来无穷远包括零 $\mathscr{I}^+$ 和 i^0，则对测地观察者 O 不存在未来事件视界，但加速的观察者 R 可以有未来事件视界。

界线上，存在着某个处于 O 的未来事件视界的事件 r，O 永远不可能看见 Q 的世界线上那些发生于 r 之后的事件。不仅如此，在 O 的世界线上，从任一定点直到他看到事件 r，观察者经历了无限的固有时；而在 Q 的世界线上，从任一给定事件到发生事件 r，只经历了有限的固有时，在 Q 的观察者看来，r 不过是他的世界线上的一个普通事件。因此，O 在无限的时间内只能看到 Q 的历史中的有限部分。用更物理的语言说，就是当 O 看 Q 时，他看到了红移，而且 O 看 Q 的世界线上的点趋于 r 时，引起的红移将趋于无穷。相应地，Q 也不可能看到 O 的世界线上某一点之后的事件，他也只能看到 O 的世界线上那点附近伴有巨大红移的点。

在 O 的世界线上任一点，未来零锥是 O 在该点及其以后时刻所能影响的事件集合的边界。为了获得时空里 O 能在任意时刻影响的事
130 件的最大集合，我们取 O 的世界线在过去无穷远 $\mathscr{I}^-$ 上的极限点的未来光锥，即我们取世界线的未来边界（它可视为 O 的生成光锥）。只要过去无穷远 $\mathscr{I}^-$ 是类空的（这时它实际上是 O 的过去事件视界），这样的未来光锥对测地观察者来说有着非平凡的存在性。由上述讨论显然可知，对稳恒态宇宙来说（它的类时测地线和零测地线有零过去无穷远，还有类空的未来无穷远），任何基本的观察者都有未来事件视界，但没有过去粒子视界。

通过叠合 de Sitter 空间的点，我们可以得到局部等价于 de Sitter
131 空间的其他空间。最简单的例子是叠合双曲面上的对径点 p，p'（图 16）。这样得到的空间不是时间可定向的。如果时间沿 p 点箭头的方向增长，则对径点叠合意味着它也必然沿 p' 点的箭头方向增长，但我们无法将这种未来半零锥与过去半零锥之间的叠合连续扩展到整个双曲面上。Calabi 和 Markus(1962)仔细研究过这种叠合产生的空间，他们特别证明了，当且仅当叠合的空间不是时间可定向的，其任意一点才能通过测地线与其他任意点连接起来。

$R<0$ 的常曲率空间称为**反 de Sitter 空间**。它有拓扑 $S^1\times R^3$，并可用五维平直空间 R^5 里的双曲面

$$-u^2-v^2+x^2+y^2+z^2=1$$

来代表。这种五维平直空间 R^5 有度规

$$\mathrm{d}s^2=-(\mathrm{d}u)^2-(\mathrm{d}v)^2+(\mathrm{d}x)^2+(\mathrm{d}y)^2+(\mathrm{d}z)^2。$$

这个空间存在闭合类时线，但它不是单连通的。如果我们解开圆周 S^1（以获得其覆盖空间 R^1），则可得到反 de Sitter 空间的通用覆盖空间，它不包含任何闭合类时线，其拓扑为 R^4。以后我们说到“反 de Sitter 空间”指的就是这个通用覆盖空间。

这个通用覆盖空间可由度规

$$\mathrm{d}s^2=-\mathrm{d}t^2+\cos^2 t\{\mathrm{d}\chi^2+\sinh^2\chi(\mathrm{d}\theta^2+\sin^2\theta\mathrm{d}\phi^2)\} \qquad (5.9)$$

来表示。这个坐标系仅覆盖部分空间，并在 $t=\pm\frac{1}{2}\pi$ 处有表观奇点。整个空间可用坐标$\{t',r,\theta,\phi\}$来覆盖，其度规具有静态形式

$$\mathrm{d}s^2=-\cosh^2 r\mathrm{d}t'^2+\mathrm{d}r^2+\sinh^2 r(\mathrm{d}\theta^2+\sin^2\theta\mathrm{d}\phi^2)。$$

在此形式下，空间由具有非测地法线的曲面$\{t'=\text{常数}\}$来覆盖。

为了研究无穷远的结构，我们定义坐标 r'：

$$r'=2\arctan(\exp r)-\frac{1}{2}\pi,\ 0\leqslant r'<\frac{1}{2}\pi$$

于是有 $ds^2=\cosh^2 r d\bar{s}^2$，这里 $d\bar{s}^2$ 由(5.7)式给定。就是说，整个反 de Sitter 空间与 Einstein 静态柱面中 $0\leqslant r'<\pi/2$ 那部分空间共形。反 de Sitter 空间的 Penrose 图见图 20。在这种情形下，零无穷远和类空无穷远可视为类时曲面，有拓扑 $R^1\times S^2$。

我们不可能找到一种共形变换来把类时无穷远变为有限而同时又 133 不会将 Einstein 静态时空缩为一点(如果某个共形变换将时间坐标变为有限，则它也将空间截面放大为无穷)，所以，我们用分离的两点 i^+，i^- 来代表类时无穷远。

曲线$\{\chi,\theta,\phi$ 为常数$\}$是正交于曲面$\{t=\text{常数}\}$的测地线，它们在曲面的未来(或过去)某一点 q(或 p)汇聚，这种汇聚正是原来形式的度规出现表观(坐标)奇点的原因。这些坐标覆盖的区域介于曲面 $t=0$ 与那些法线开始发散的零曲面之间。

反 de Sitter 空间还有两个有趣的性质。首先，作为类时无穷远的结果，空间不存在任何形式的 Cauchy 曲面。虽然我们能找到完全覆盖空间的类时曲面族(如曲面$\{t'=\text{常数}\}$)，其中每一曲面均为完整的时空截面，但我们也能找到不与曲面族中任一给定曲面相交的零测地线。在任意这样的曲面上给定初值，我们无法预言超出曲面的 Cauchy 发展的事情。故自曲面$\{t=0\}$始，我们只能在坐标(t,χ,θ,ϕ)覆盖的区域内进行预言。任何试图超出该区域的预言都将因为来自类时无穷远的新信息而不可能实现。

第二，对应于 $t=0$ 的测地法线在 p 和 q 汇聚这一事实，所有来自 p 的过去类时测地线将向外扩展(垂直于曲面$\{t=\text{常数}\}$)并重新汇聚于 q。事实上，在此空间内，从任一点出发的所有(不论是向过去的还是未来的)类时测地线都将重新汇聚于某个像点，然后从该像点发散出去再重新汇聚于下一个像点，如此反复。因此，自 p 出发的未来类时测地线永远到达不了 $\mathscr{I}$。相比之下，自 p 到 $\mathscr{I}$ 的未来零测地线则形成 p 的未来边界。类时测地线与零测地线的这种分离，导致在 p 的未来(即从 p 出发的未来方向的类时线到达的区域)出现自 p 出发的任何测地线无法到达的区域。从 p 出发的未来方向的类时曲线所能到达

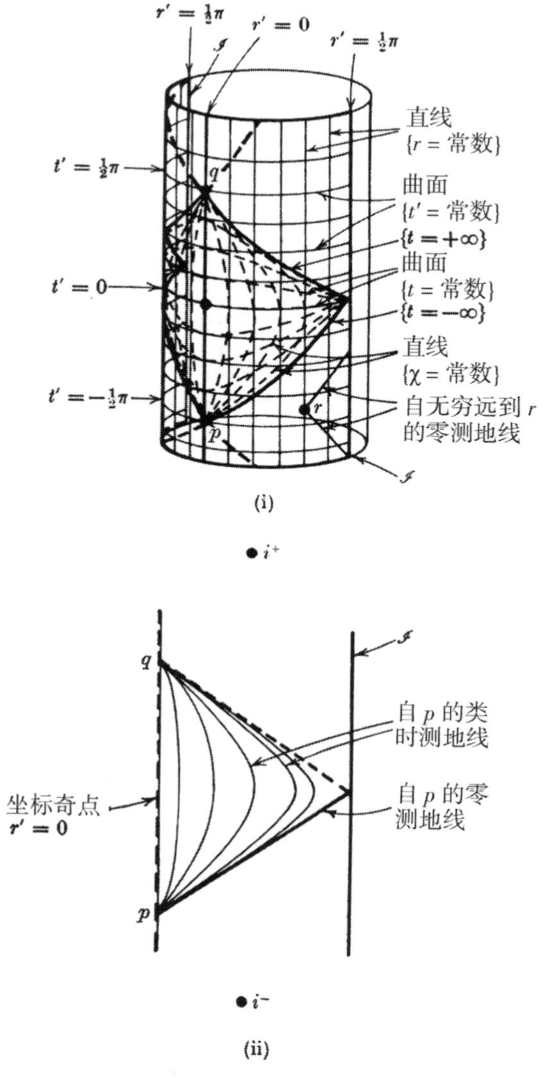

图 20

(i)通用反 de Sitter 空间与半个 Einstein 静态宇宙共形。坐标(t',r,θ,ϕ)覆盖整个空间，而坐标(t,χ,θ,ϕ)仅覆盖如图所示的菱形区域。与曲面$\{t=$常数$\}$正交的测地线收敛于 p，q 两点，然后发散进入类似的菱形区域。

(ii)通用反 de Sitter 空间的 Penrose 图。无穷远包括类时曲面 $\mathscr{I}$ 和分离点 i^+，i^-。图中还显示了某些类时测地线和零测地线的投影。

的点的集合，就是那些在 p 的未来零锥之外的点的集合；而从 p 出发的未来方向的类时测地线所能到达的点的集合，则形成类似于坐标 (t, χ, θ, ϕ) 所覆盖的无穷菱形区域链的内部。我们注意到，曲面 $t=0$ 的 134
Cauchy 发展区域内的所有点，都能通过从曲面出发的唯一测地法线到达，但 Cauchy 发展之外的寻常点则不可能通过曲面的任何测地法线到达。

5.3 Robertson - Walker 空间

至此，我们尚未考虑精确解与物理宇宙之间的关系。沿着 Einstein 的思路，我们要问，能否找到某种时空作为适当形式的物质场的精确解，而且它对可观测宇宙的大尺度性质能给予很好的说明？如果答案是肯定的，则我们可以宣称我们拥有了一个合理的"宇宙学模型"或物理宇宙的模型。

但是，若不对现有的某些思想加以综合取舍我们就无法构造宇宙学模型。在最早的宇宙学里，人类把自身置于宇宙中心的主宰地位。自 Copernicus 时代以来，我们的地位已降低为在一个中等大小的星系的边缘绕着一颗中等大小的恒星旋转的中等大小的行星，而这个星系本身也不过是局部星系群里的一员。其实，我们今天已经没什么好骄傲的了，我们不再声称我们在空间的位置具有任何意义的特殊。按 Bondi(1960)的说法，我们将这种假定称为 **Copernicus 原理**。

对这个多少有些含糊的原理，一种合理的诠释是将它理解为，从某个恰当的尺度看，宇宙在空间上是近似均匀的。

这里所谓空间的均匀性是指，存在一自由作用于 $\mathscr{M}$ 的等距变换群，其可迁曲面是类空三维曲面。换言之，这些曲面上的任一点均等价于同一曲面上任何其他点。当然，宇宙并不是严格空间均匀的，还存在诸如恒星和星系等局部不均匀性。尽管如此，我们仍可以合理地假定宇宙在足够大的尺度上是空间均匀的。

虽然我们可以构建满足这种均匀性要求的数学模型(见下节)，但要通过观察来直接检验这种均匀性则是十分困难的，因为没什么简单方法可以用来测量我们与遥远天体之间的距离。这种困难可以克服，因为原则上我们可以很容易地在对河外星系的观察中发现**各向同性**(即我们能看出不同方向上的观察结果是否相同)，而各向同性与均匀

135 性是密切相关的。迄今为止进行的各向同性观测结果表明，我们周围的宇宙是近似球对称的。

特别是，观测表明，河外星系射电源的分布是近似各向同性的，而最近观测的宇宙微波背景辐射，在我们检测过的区域，也是高度各向同性的（进一步讨论见第 10 章）。

我们完全可以写出并验证所有球对称时空的度规，尤其是 Schwarzschild 和 Reissner – Nordström 解（见 § 5.5），但它们都是渐近平直的空间。一般说来，球对称空间可能至多存在两点，从这两点看，空间才呈球对称。尽管它们可作为大质量天体附近的时空模型，但只能作为与我们从某个非常特殊的位置附近看到的与各向同性相一致的宇宙模型。例外的情形是那些宇宙在时空的每一个**点**都呈各向同性的模型。因此，我们应将 Copernicus 原理解释为，宇宙关于每一点都是近似球对称的（因为它对我们就是近似球对称的）。

正如 Walker（1944）证明的，每一点的严格球对称意味着宇宙是空间均匀的，它容许一个六参数等距变换群，其可迁曲面是常曲率的三维类空曲面。这种空间称为 **Robertson – Walker**（或 **Friedmann**）**空间**（Minkowski 空间、de Sitter 空间和反 de Sitter 空间均属一般 Robertson – Walker 空间的特例）。由此我们可得出结论：这些空间都是我们可观测区域的时空大尺度几何的良好近似。

在各种 Robertson – Walker 空间里，我们可选取坐标使度规有如下形式：

$$\mathrm{d}s^2 = -\mathrm{d}t^2 + S^2(t)\mathrm{d}\sigma^2,$$

这里 $\mathrm{d}\sigma^2$ 是常曲率三维空间度规，与时间无关。这些三维空间，按照其度规是常正曲率、常负曲率或零曲率，而各具不同的几何性质。重新定标函数 S，我们可将前两种情形的曲率 K 归一化为 $+1$ 或 -1。于是度规 $\mathrm{d}\sigma^2$ 可写为

$$\mathrm{d}\sigma^2 = \mathrm{d}\chi^2 + f^2(\chi)(\mathrm{d}\theta^2 + \sin^2\theta\mathrm{d}\phi^2),$$

136 这里

$$f(\chi) = \begin{cases} \sin\chi & \text{如果} \quad K = +1, \\ \chi & \text{如果} \quad K = 0, \\ \sinh\chi & \text{如果} \quad K = -1. \end{cases}$$

当 $K=0$ 或 -1 时，坐标 χ 从 0 取到 ∞；但当 $K=+1$ 时，χ 则从 0 取到 2π。当 $K=0$ 或 -1 时，三维空间微分同胚于 R^3，因而是“无限的”；

但当 $K=+1$ 时,它们微分同胚于三维球面 S^3,因而是紧致的(“闭合的”或“有限的”)。我们可通过叠合这些三维空间中适当的点,来获得其他整体拓扑;甚至在负曲率或零曲率情形,我们也可以通过这种方式来得到紧致的三维空间(Löbell,1931)。但是这种常负曲率紧致曲面可能不具有连续的等距变换群(Yano and Bochner,1953)——尽管每一点均存在 Killing 向量,但由这些 Killing 向量仍无法确定整体 Killing 向量场,而且它们生成的局部等距变换群也不能连接起来形成整体的等距变换群。在零曲率情形,紧致空间只能有三参数等距变换群。无论哪种情形,叠合产生的空间都不会是各向同性的。我们不打算在此进行这种叠合,因为我们当初考察这些空间,就在于它们是各向同性的(因而有六参数等距变换群)。事实上,唯一不会产生各向异性空间的叠合,是正常曲率情形下叠合 S^3 的对径点。

Robertson - Walker 解的对称性要求能量-动量张量具有理想流体的形式,其密度 μ 和压强 p 仅是时间坐标 t 的函数,其流线是常曲线(χ,θ,ϕ)(所以坐标系是随动坐标系)。这种流体可视为宇宙物质的平滑近似,这样,函数 $S(t)$ 代表相邻流线(即“邻近”星系)间的距离。

在这些空间里,能量守恒方程(3.9)形如

$$\dot{\mu}=-3(\mu+p)S^{\bullet}/S。\tag{5.10}$$

Raychaudhuri 方程(4.26)形如

$$4\pi(\mu+3p)-\Lambda=-3S^{\bullet\bullet}/S。\tag{5.11}$$

剩下的场方程(本质上是(2.35))可写为

$$3S^{\bullet 2}=8\pi(\mu S^3)/S+\Lambda S^2-3K。\tag{5.12}$$

只要 $S^{\bullet}\neq 0$,我们就可以通过(5.10)和(5.11)的一次积分来导出 137
(5.12),以 K 为任意积分常数。因此,这个场方程的实际作用就是将积分常数等同为三维空间{$t=$常数}的度规 $d\sigma^2$ 的曲率。

我们可合理地假定(参见能量条件,§4.3)密度 μ 为正且压强 p 非负。(事实上,目前估计值为 $10^{-31}\,\mathrm{g\ cm^{-3}}\leqslant\mu_0\leqslant 10^{-29}\,\mathrm{g\ cm^{-3}}$, $0\leqslant p_0\ll\mu_0$)。于是,若 Λ 为零,则(5.11)式说明 S 不可能为常数,或者说,这个场方程意味着宇宙要么在膨胀,要么在收缩。正如 Slipher 和 Hubble 最早发现的那样,河外星系的观察表明它们正远离我们而去,这说明宇宙中的物质目前正在膨胀。最近观测确定的 $S^{\bullet}/S$ 在当前的值为

$$H \equiv (\dot{S}/S)|_0 \approx 10^{-10}/\text{年},$$

这个值在2倍的范围内均可认为是正确的。由此，从(5.11)式可知，若Λ为零，则S在有限时间t_0之前(即沿银河系的世界线测得的时间t_0)必然已经为零，这里

$$t_0 < H^{-1} \approx 10^{10}\text{ 年}。$$

而从(5.10)可知，密度随宇宙膨胀而下降，反过来说，密度在过去较高，且随$S \to 0$而无限增长。因此，这不仅是一个坐标奇点问题(例如由坐标(5.9)表示的反de Sitter宇宙的情形)，它表明，密度在奇点趋于无穷的事实意味着曲率张量定义的某个标量也是无穷的。正因为这一点，这种奇点才比Newton理论的情形更糟糕。在两种理论的情形下，所有粒子的世界线都交于一点，而那一点的物质密度成为无穷大。但在相对论的这个情形，时空本身在$S=0$处成了奇点。我们必须从时空流形排除这个奇点，因为没有什么已知的物理定律能在这里成立。

这种奇性是Robertson－Walker解最显著的特征，它出现在所有满足$\mu+3p$为正而Λ为负、零或不是太大的正数的模型里。它意味着宇宙(或至少是我们有物理认识的那部分宇宙)在有限的时间之前有一个开端。然而，这一结果是从严格的空间均匀性和球对称性的假定下
138 导出的。尽管这些假定在当前足够大的尺度上可能是一种合理的近似，但在局部肯定是不成立的。人们或许认为，当我们追溯宇宙演化的过去，局部的不规则性也许就会增长并阻止奇点的出现，而使宇宙发生“反弹”。这种设想是否会出现？具有非均匀的现实的物理解是否还将包含奇点？这些是宇宙学的中心问题，也构成本书所要讨论的主题。结果表明，有可靠证据使我们相信，物理宇宙在过去的确有奇点。

如果适当确定了p和μ之间的关系，积分(5.10)式就可以得到作为S函数的μ。事实上，压强p在宇宙目前这个阶段是非常小的，如果p和Λ为零，则从(5.10)式可得

$$\frac{4\pi}{3}\mu = \frac{M}{S^3},$$

这里M是一常数，而(5.12)式变为

$$3\dot{S}^2 - 6M/S = -3K \equiv E/M。\tag{5.13}$$

前一个方程表述了压强为零时的质量守恒，后一个(**Friedmann 方程**)则是在物质随动体积形式下的能量守恒方程。常数E代表动能势能之和。如果E为负(即K为正)，则S将增至某一最大值，然后再减小

到零;如果 E 为正或零(即 K 为负或零),则 S 将无限增大。

如果我们重新标定时间参数 $\tau(t)$,定义

$$d\tau/dt = S^{-1}(t), \tag{5.14}$$

则(5.13)的具体解有如下简单形式

$S = (E/3)(\cosh\tau - 1)$, $t = (E/3)(\sinh\tau - \tau)$, 如果 $K = -1$;

$S = \tau^2$, $t = \frac{1}{3}\tau^3$, 如果 $K = 0$;

$S = (-E/3)(1 - \cos\tau$, $t = (-E/3)(\tau - \sin\tau)$, 如果 $K = 1$。

($K=0$ 的情形就是 Einstein - de Sitter 宇宙,显然 $S \propto t^{2/3}$。)

如果 p 非零且为正,则定性行为是一样的。特别是,当 $p=(\gamma-1)\mu$ (这里 γ 是一常数,$1\leqslant\gamma\leqslant 2$)时,我们有 $\frac{4}{3}\pi\mu = M/S_{\gamma}^{3}$,而(5.12)的解 139
在奇点附近有形式

$$S \propto t^{2/3\gamma}。$$

如果 Λ 为负值,则解从某个初始奇点开始膨胀,达到最大值后再坍缩为第二个奇点。如果 Λ 为正,则对 $K=0$ 或 -1,解将一直膨胀下去,并渐近地趋于稳恒态模型;对 $K=+1$,解存在多种可能性。如果 Λ 大于某一临界值 Λ_{crit}($p=0$ 时 $\Lambda_{crit}=(-E/3M)^3/(3M)^2$),则解将从初始奇点开始一直膨胀,并渐近趋于稳恒态宇宙模型。如果 $\Lambda=\Lambda_{crit}$,则存在三个解,首先是静态解,即 **Einstein 静态宇宙**(形如(5.7)的度规是 Einstein 静态解在 $\mu+p=(4\pi)^{-1}$,$\Lambda=1+8\pi p$ 条件下的特例);其次还存在一个从初始奇点开始渐近趋于Einstein宇宙的解;第三个解则从无穷远过去的 Einstein 宇宙开始,然后一直膨胀下去。如果 $\Lambda<\Lambda_{crit}$,则存在两个解:一个解自初始奇点开始膨胀然后坍缩为第二个奇点,另一个解从无穷远过去的无穷大半径开始收缩,达到最小半径后开始膨胀。只有这个解和在无穷远过去接近稳恒态宇宙的解,才可能代表我们观察到的宇宙,而且不含奇点。在这些模型里,$\ddot{S}$ 总是正的,这似乎与我们观测到的遥远星系的红移相矛盾(Sandage,1961,1968)。并且,这些模型里的最大物质密度似乎也不比当前的物质密度大多少,这使我们很难理解诸如宇宙微波背景辐射和宇宙氦丰度等现象。这些现象似乎表明宇宙在其历史上曾有过一个极高温高密度的阶段。

如同前面研究的情形,我们可求出 Robertson - Walker 空间到

Einstein 静态空间的共形映射。这里用(5.14)式定义的坐标 τ 作为时间坐标，于是度规形式为

$$ds^2 = S^2(\tau)\{-d\tau^2 + d\chi^2 + f^2(\chi)(d\theta^2 + \sin^2\theta d\phi^2)\}。\tag{5.15}$$

在 $K=+1$ 情形，上式已共形于 Einstein 静态空间(取 $\tau=t'$，$\chi=r'$就和(5.7)式的记号一致了)。于是，这些空间恰好被映射到由 τ 值确定的
140 的那部分 Einstein 静态空间。当 $p=\Lambda=0$，τ 的范围为 $0<\tau<\pi$，因此整个空间被映射到 Einstein 静态宇宙的这个区域，而其边界被映射到三维球面 $\tau=0$，$\tau=\pi$。(若 $p>0$，则被映射到 $0<\tau<a<\pi$ 对应的区域，这里 a 是某一常数。)在 $K=0$ 情形，同样的坐标代表与平直空间共形的空间(见(5.15)式)，因此，利用 § 5.1 的共形变换，我们得到被映射到 Einstein 宇宙中代表 Minkowski 时空的菱形的一部分的那些空间(图 14)。这样的区域同样取决于 τ 的值。当 $\Lambda=0$ 时，$0<\tau<\infty$，所以这个空间(即 $p=0$ 时的 Einstein - de Sitter 空间)共形于代表 Minkowski 时空的菱形中 $t'>0$ 的那半个区域。在 $K=-1$ 情形，我们得到与 Einstein 静态空间中由 $-\frac{1}{2}\pi\leqslant t'+r'\leqslant\frac{1}{2}\pi$，$-\frac{1}{2}\pi\leqslant t'-r'\leqslant\frac{1}{2}\pi$ 所确定的区域共形的度规，其中定义

$$t' = \arctan\left(\tanh\frac{1}{2}(\tau+\chi)\right) + \arctan\left(\tanh\frac{1}{2}(\tau-\chi)\right),$$

$$r' = \arctan\left(\tanh\frac{1}{2}(\tau+\chi)\right) - \arctan\left(\tanh\frac{1}{2}(\tau-\chi)\right)。$$

被覆盖的这部分菱形区域由 τ 的取值范围确定。当 $\Lambda=0$ 时，空间被映射到上半区。

由此，我们得到与 Einstein 静态空间的某一部分(通常是有限的)区域共形的空间及其边界，见图 21(i)。但它们与前面的情形有一点重要区别：前面的情形里，部分边界是“无限的”，而它们却代表 $S=0$ 时的奇点。(可将共形因子的作用看作是通过无限压缩使无穷大成为有限，而通过无限扩展使奇点 $S=0$ 变成有限。)其实这些差别对共形图无关紧要，我们可以像以前那样给出 Penrose 图(图 21(ii)和 21(iii))。在 $p\geqslant 0$ 的每一种情形，$t=0$ 的奇点均可用类空曲面来表示，相应于在这些空间里存在粒子视界(精确定义见 § 5.2)。当$K=+1$时，未来边界也是类空的，这意味着基本观察者存在事件视界；当 $K=0$ 或 -1 且

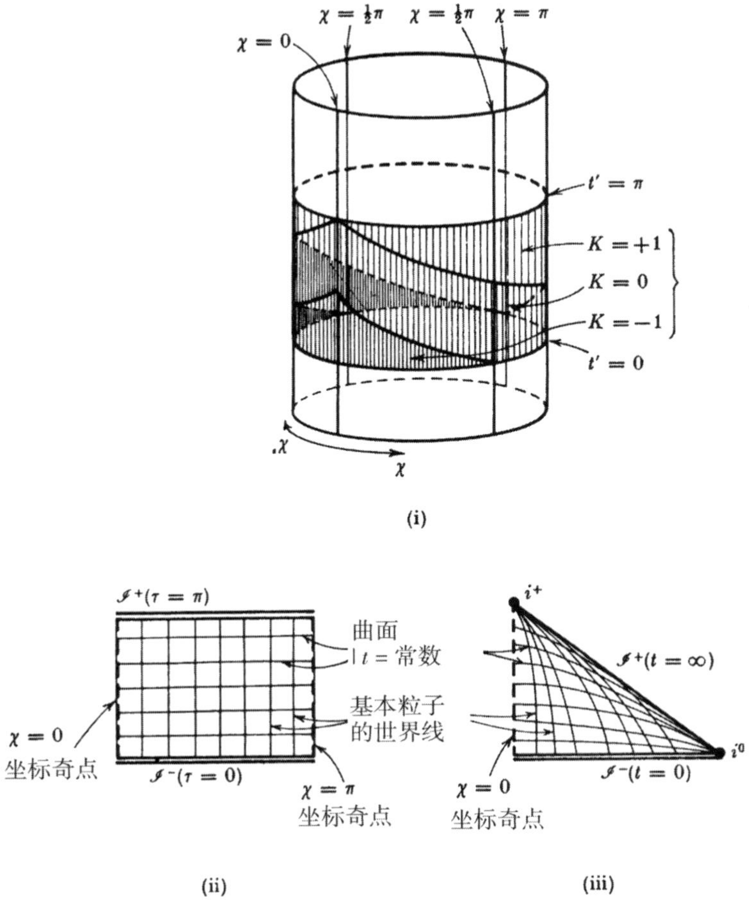

图 21

(i)在 $K = +1, 0$ 和 -1 三种情形下，Robertson - Walker 空间($p = \Lambda = 0$)共形于图示的部分Einstein静态空间。

(ii)$K = +1$ 且 $p = \Lambda = 0$ 情形下 Robertson - Walker 空间的 Penrose 图。

(iii)$K = 0$ 或 -1 且 $p = \Lambda = 0$ 情形下 Robertson - Walker 空间的 Penrose 图。

$\Lambda = 0$时，未来无穷远为零，这些空间里的基本观察者没有事件视界。

这时，我们应考察如下问题：反 de Sitter 空间可以用(5.9)的 Robertson - Walker 形式来表示，从而共形地表示为 Einstein 静态宇宙的一部分。当我们这么做时，可以看到 Robertson - Walker 坐标仅覆盖了整个空间的一小部分，就是说，可以扩展由 Robertson - Walker 坐标 141

所描述的时空。为此，我们必须证明，有物质的 Robertson - Walker 宇宙事实上是不能扩展的。之所以这样，是因为我们可以证明，若$\mu>0$，$p\geqslant 0$ 且 $\mathbf{X}$ 是点 q 的任一向量，则过 $q=\gamma(0)$ 点沿 $\mathbf{X}$ 方向的测地线 $\gamma(v)$ 满足下述条件：

142 (i) $\gamma(v)$ 可扩展到 v 的任意正值；或

(ii) 存在某个 $v_0>0$ 使标量不变量

$$(R_{ij}-\frac{1}{2}Rg_{ij})(R^{ij}-\frac{1}{2}Rg^{ij})=(\mu+\Lambda)^2+3(p-\Lambda)^2$$

在 $\gamma([0,v_0))$ 上无界。

现在很清楚，曲面$\{t=\text{常数}\}$是这些空间的 Cauchy 曲面。进一步可知，奇点在下述意义上是普遍存在的：过 Robertson - Walker 空间任一点的所有类时测地线和零测地线，对某个有限的仿射参数值，都将趋于一个奇点。

5.4 空间均匀的宇宙学模型

我们已经看到，在 $\mu>0$，$p\geqslant 0$ 且 Λ 不太大的情形，任何 Robertson - Walker 时空均存在奇点。但我们不能由此就认为，对允许空间不均匀且各向异性的更为实际的宇宙来说，也一定存在奇点。事实上，我们并不指望发现宇宙可由任何精确解来进行非常精确的描述，但我们可以找到不像 Robertson - Walker 解那么严格的、可能更为合理的宇宙模型的精确解，并研究奇点是否在其中出现。如果这种模型确实出现了奇点，则意味着奇点的存在可能是我们认为可能的合理的宇宙模型的**所有**时空的普遍特征。

我们可以找到这样一类解，它们谈不上各向同性，却满足**空间均匀性**（严格的 Copernicus 原理）要求（虽然当前看来宇宙是近似各向同性的，但在某个更早的时期它可能有巨大的各向异性）。因此我们假定，这些模型中存在等距变换群 G_r，其轨道在模型的某一部分是类空超曲面。（点 p 在群 G_r 下的轨道是点 p 在群的所有元素作用下生成的点的集合。）我们可用熟知的方法来局部地构造这些模型，$r=3$ 的情形见 Heckmann 和 Schücking(1962)；$r=4$ 的情形见 Kantowski 和 Sachs (1967)（若 $r>4$，则时空必然是 Robertson—Walker 空间）。

最简单的空间均匀的时空，是那种以 Abel 群作为等距变换群的时空。这种群在 Bianchi 分类里(Bianchi,1918)属于 I 型群,此时我们称空间为 **Bianchi I** 型空间。我们稍加详细地讨论 Bianchi I 型空间,然后给出一个定理,说明在满足类时收敛条件(见 § 4.3)的所有非空的空间均匀的模型中都将出现奇点。 143

假定空间均匀的时空有 Abel 等距变换群,为简单起见,我们还假定 $\Lambda=0$ 且物质为零压强的理想流体("尘埃"),于是存在随动坐标 (t,x,y,z),使度规有如下形式:

$$\mathrm{d}s^2=-\mathrm{d}t^2+X^2(t)\mathrm{d}x^2+Y^2(t)\mathrm{d}y^2+Z^2(t)\mathrm{d}z^2。\qquad(5.16)$$

定义函数 $S(t)$ 为 $S^3=XYZ$,由守恒方程知,物质密度由 $\frac{4}{3}\pi\mu=M/S^3$ 确定,这里 M 是适当选定的常数。场方程的一般解可写为

$$X=S(t^{\frac{2}{3}}/S)^{2\sin\alpha},\quad Y=S(t^{\frac{2}{3}}/S)^{2\sin(\alpha+\frac{2}{3}\pi)},$$

$$Z=S(t^{\frac{2}{3}}/S)^{2\sin(\alpha+\frac{4}{3}\pi)},$$

这里 S 由

$$S^3=\frac{9}{2}Mt(t+\Sigma)$$

给定,其中 $\Sigma(>0)$是确定各向异性程度的常数(我们排除了各向同性($\Sigma=0$)的情形,即 Einstein - de Sitter 宇宙(§ 5.3));$\alpha\left(-\frac{\pi}{6}<\alpha\leqslant\frac{\pi}{2}\right)$ 是确定发生最快膨胀方向的常数。平均膨胀率为

$$\frac{S^{\bullet}}{S}=\frac{2}{3t}\,\frac{t+\Sigma/2}{t+\Sigma};$$

x 方向的膨胀为

$$\frac{X^{\bullet}}{X}=\frac{2}{3t}\,\frac{t+\Sigma(1+2\sin\alpha)/2}{t+\Sigma},$$

y,z 方向的膨胀 $Y^{\bullet}/Y$, $Z^{\bullet}/Z$ 可由类似公式给出,其中的 α 分别代换为 $\alpha+\frac{2\pi}{3}$ 和 $\alpha+\frac{4\pi}{3}$。

这个解从 $t=0$ 时的高度各向异性的奇点状态开始膨胀,经相当长时间 t 后达到接近 Einstein - de Sitter 宇宙的各向同性阶段。平均长度 S 随 t 增长而单调增长,其最初的高变化率(t 较小时,$S\propto t^{1/3}$)平稳地下降(t 较大时,$S\propto t^{2/3}$)。因此,宇宙在早期比它在各向同性状态下演化得更快。

144 假如我们考虑模型的时间反向，即从现在回溯到奇点。最初的几乎各向同性的收缩将在后来变得极其各向异性。对 α 的一般取值，即 $\alpha\neq\pi/2$，$1+2\sin(\alpha+4\pi/3)$项为负。于是，z 方向的坍缩将中止。而且在足够早的时期，这种坍缩还将为膨胀所替代，其膨胀率在足够早的时间变得无限大。另一方面，在 x，y 方向上，坍缩将持续单调趋向奇点。因此，如果在原来模型里沿着正的时间方向考察，我们得到的是一个"雪茄"状奇点：物质沿 z 轴从无穷远向内坍缩，中止，然后再重新膨胀；而在 x，y 方向上，物质始终单调地膨胀。在这样的模型里，如果我们能接收到足够早期的信号，则沿 z 方向可看到最大红移；在这个方向上，时间越早，我们会看到物质的红移越小，然后是无限增大的**蓝移**。

在 $\alpha=\pi/2$ 的例外情形，宇宙的性态大为不同。这时，$1+2\sin(\alpha+2\pi/3)$项和 $1+2\sin(\alpha+4\pi/3)$项都为零，于是，沿轴方向的膨胀为

$$\frac{X^\bullet}{X}=\frac{2}{3t}\,\frac{t+3\Sigma/2}{t+\Sigma},\qquad \frac{Y^\bullet}{Y}=\frac{Z^\bullet}{Z}=\frac{2}{3}\,\frac{1}{t+\Sigma}。$$

如果我们考虑时间反向的模型，则 y，z 方向上的坍缩速率会变得越来越慢，最后渐近地趋于零，而 x 方向上的坍缩速率会无限增长。这样，在原来的模型里，我们得到的是一个"薄饼"状奇点：物质沿所有方向单调膨胀，在 x 方向从无限高的膨胀率开始，而在 y，z 方向从零膨胀率开始。相应地，在 x 方向可看到无限大的红移，而在 y，z 方向是有限的红移。

进一步考察显示，在一般（"雪茄"）情形，尽管膨胀是各向异性的，每个方向上都有粒子视界。但在例外（"薄饼"）情形，x 方向不出现视界。事实上，处于原点的观察者在时刻 t_0 看到的粒子都由无限长柱面内的坐标值（x，y，z）来表征：

$$x^2+y^2<\rho^2$$

这里

$$\rho=\frac{2}{3M}\left\{\left(\frac{9M}{2}(t_0+\Sigma)\right)^{\frac{1}{3}}-\left(\frac{9M}{2}\Sigma\right)^{\frac{1}{3}}\right\}。$$

145 尽管我们在此只考察了压强和 Λ 都为零的模型，那些具有更真实物质内容的模型的性质也容易得到。例如，不论对 $p=(\gamma-1)\mu$，γ 是一常数（$1<\gamma<2$）的理想流体，还是对压强 $p\leqslant\mu/3$ 的光子气与物质的混合态，其在奇点附近的性态与尘埃情形是一样的。

在例外("薄饼")情形，x 方向上不出现粒子视界，这一事实引出一个有趣的结果：我们可以连续地扩展解并通过奇点。我们将在尘埃解的情形下具体证明这一点。

解的度规取(5.16)形式，这时

$$X(t)=t\left(\frac{9}{2}M(t+\Sigma)\right)^{-\frac{1}{3}},\quad Y(t)=Z(t)=\left(\frac{9}{2}M(t+\Sigma)\right)^{\frac{2}{3}}。\tag{5.17}$$

现在我们取新坐标系 τ,η，它们满足方程

$$\tanh(2x/9M\Sigma)=\eta/\tau,\quad \exp\left(\frac{4}{9M}\int_0^t\frac{\mathrm{d}t}{X(t)}\right)=\tau^2-\eta^2。$$

于是我们看到，具有(5.16)和(5.17)度规的空间在新坐标下由

$$\mathrm{d}s^2=A^2(t)(-\mathrm{d}\tau^2+\mathrm{d}\eta^2)+B^2(t)(\mathrm{d}y^2+\mathrm{d}z^2)\tag{5.18}$$

给出，其中

$$A(t)=\exp\left(-\frac{t+\Sigma}{\Sigma}\right)\cdot\left(\frac{9}{2}M(t+\Sigma)\right)^{-\frac{1}{3}},\quad B(t)=\left(\frac{9}{2}M(t+\Sigma)\right)^{\frac{2}{3}},\tag{5.19}$$

整个空间($t>0$)被映射到由 $\tau>0,\tau^2-\eta^2>0$ 定义的区域 $\mathscr{V}$。这时函数 $t(\tau,\eta)$隐含在方程

$$\tau^2-\eta^2=\frac{9}{2}Mt^2\exp\frac{2(t+\Sigma)}{\Sigma}\tag{5.20}$$

的解($t>0$)中。(τ,η)平面由共形平直的坐标系给出。在此平面内，曲面 $t=0$ 界定的区域 $\mathscr{V}$ 如图 22 所示。图中，粒子的世界线是自原点发散的直线。

从上可知，函数 $A(t)$，$B(t)$在 $t\to0$ 时是连续的。因此，只要我们确定(5.19)式处处成立，(5.20)式在 $\mathscr{V}$ 内成立，而

$$t(\tau,\eta)=0$$

在 $\mathscr{V}$ 外成立，则我们可连续地将解扩展到整个(τ,η)平面。这样，(5.18)是一 C^0 度规，它是场方程的解，在 $\mathscr{V}$ 内等价于(5.16)和 146
(5.17)，在 $\mathscr{V}$ 外是平直时空。但在穿过 $\mathscr{V}$ 的边界时，解不是 C^1 的，事实上物质密度在边界上变得无穷大(因为这里 $S\to0$)。由于在边界上一阶导数不是平方可积的，即使从分布意义看，我们也无法对边界的 Einstein 场方程作出解释(见§8.4)。尽管到边界的扩展是唯一的，但 147
边界之外的扩展可能不唯一。我们已对尘埃情形做了这种扩展，对物

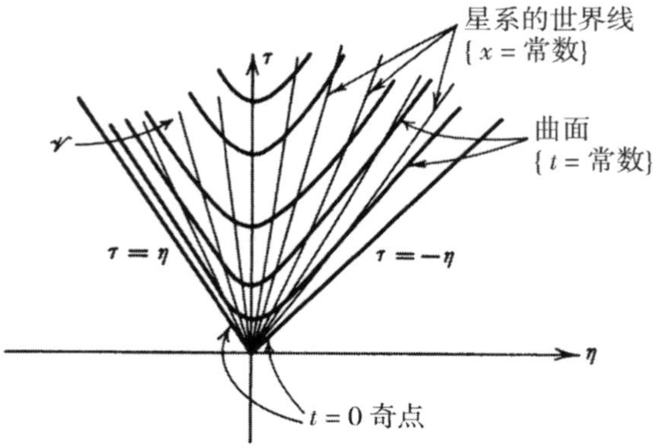

(i)

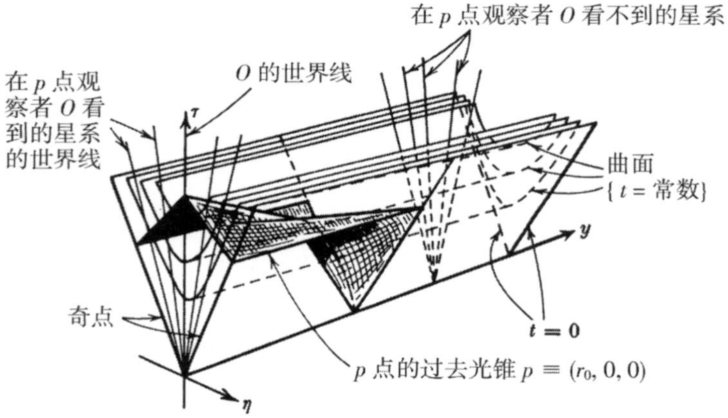

(ii)

图 22　有薄饼状奇点的充满尘埃的 Bianchi I 型空间

(i)(τ,η)平面;零线在$\pm 45^{\circ}$位置。

(ii)(τ,η,y)坐标下的半个空间截面(z 坐标被压缩)。图中显示了点 $p=(\tau_0,0,0)$的过去光锥。沿 y 方向有一粒子视界,而 x(即 η)方向上没有

质和辐射的混合态也可做类似的扩展。

现在我们回头来考察一般的非空均匀空间模型。在这些模型里,如果物质沿测地线运动且无转动(肯定是这种情形,例如世界线垂直于均匀面),同时满足类时收敛条件,则直接从 Raychaudhuri 方程可知模

型存在奇点。然而，还存在这样一种空间，其中的物质在加速和转动，无论哪个因子都可能阻止奇点的出现。下述结果（它是对 Hawking 和 Ellis 定理（1965）的改进）说明，无论是加速还是转动，都不可能阻止这些模型出现奇点。

定理

（$\mathscr{M}$,$\mathbf{g}$）不可能是类时测地完备的，如果：

（1）对所有类时和零向量 $\mathbf{K}$ 有 $R_{ab}K^aK^b>0$（当能量-动量张量为 I 型（§4.3）而 $\mu+p_i>0$，$\mu+\sum_i p_i-4\pi\Lambda>0$，这是真的）；

（2）存在物质场的运动方程使 Cauchy 问题有唯一解（见第 7 章）；

（3）在某类时三维曲面 $\mathscr{H}$ 上，Cauchy 数据在 $\mathscr{H}$ 的可迁微分同胚群下是不变的。

$\mathscr{H}$ 的内禀几何在可迁微分同胚群下是不变的，所以它们是等距变换且 $\mathscr{H}$ 是完备的，即 $\mathscr{H}$ 不能有任何边界。可以证明（见§6.5），如果存在与 $\mathscr{H}$ 相交不止一次的非类空曲线，则存在 $\mathscr{M}$ 的覆盖流形 $\hat{\mathscr{M}}$，其中 $\mathscr{H}$ 的像的每个连通分支都不会与任何非类空曲线相交一次以上。我们先假定 $\hat{\mathscr{M}}$ 是类时测地完备的，然后证明它与条件（1），（2）和（3）不相容。

令 $\hat{\mathscr{H}}$ 是 $\mathscr{H}$ 在 $\hat{\mathscr{M}}$ 中的像的连通分支。由条件（3），Cauchy 数据在 $\hat{\mathscr{H}}$ 上是均匀的。故由条件（2），$\hat{\mathscr{H}}$ 上任意区域的 Cauchy 发展均等距于 $\hat{\mathscr{H}}$ 的其他类似区域的 Cauchy 发展。这意味着曲面{s＝常数}是均匀的，只要它们处于 $\hat{\mathscr{H}}$ 的 Cauchy 发展之内，这里 s 是沿 $\hat{\mathscr{H}}$ 的测地法线 148
测得的到 $\hat{\mathscr{H}}$ 的距离。这些曲面只能要么完全处于 $\hat{\mathscr{H}}$ 的 Cauchy 发展之内，要么完全处于 $\hat{\mathscr{H}}$ 的 Cauchy 发展之外，否则在 $\hat{\mathscr{H}}$ 内将出现具有不等价 Cauchy 发展的等价区域。只要曲面{s＝常数}保持为类空，则这些曲面就将处于 $\hat{\mathscr{H}}$ 的 Cauchy 发展之内，因为 $\hat{\mathscr{H}}$ 的 Cauchy 发展的边界（如果存在的话）为零边界（§6.5）。

正交于 $\hat{\mathscr{H}}$ 的测地线也正交于曲面{s＝常数}，因为代表相邻测地线上两个等距点间的分离向量，如果初始时与测地线垂直，则将一直保持垂直。和§4.1情形一样,我们可以用$\hat{\mathscr{H}}$上的单位矩阵 **A** 来表示垂直于$\hat{\mathscr{H}}$的相邻测地线间的空间分离。由于均匀性,这个空间分离在曲面$\{s=常数\}$上为常数,只要这些曲面处于$\hat{\mathscr{H}}$的 Cauchy 发展之内。既然 **A** 是非退化的,那么由法向测地线定义的$\hat{\mathscr{H}}$到曲面$\{s=常数\}$的映射的秩为3,从而曲面为包含在$\hat{\mathscr{H}}$的 Cauchy 发展之内的类空三维曲面。这些测地线的膨胀

$$\theta=(\det\mathbf{A})^{-1}\mathrm{d}(\det\mathbf{A})/\mathrm{d}s$$

服从涡量和加速度为零的 Raychaudhuri 方程(4.26)。由条件(1),对所有类时向量V^a,$R_{ab}V^aV^b$为正,因此θ将趋于无穷大,而 **A** 对s的某个有限的正或负值s_0是退化的。这样,$\hat{\mathscr{H}}$到曲面$s=s_0$的映射至多能到达2秩,因此$\hat{\mathscr{H}}$上至少存在一个向量场 **Z** 使 **AZ**$=0$。这个向量场在$\hat{\mathscr{H}}$的积分曲线,将被测地法线映射为曲面$s=s_0$上的一点,因此这个曲面至多是二维的。因为$|s|<|s_0|$的测地线都处于$\hat{\mathscr{H}}$的 Cauchy 发展之内,故曲面$s=s_0$要么在$\hat{\mathscr{H}}$的 Cauchy 发展内,要么在其边界上。由条件(1),能量-动量张量在每一点有唯一的类时本征向量,这些本征向量构成一C^1类时向量场,其积分曲线可视为代表物质的流线。因为曲面$s=s_0$处于$\hat{\mathscr{H}}$的 Cauchy 发展内或其边界上,故所有通过它的流线必然与$\hat{\mathscr{H}}$相交。但由于$\hat{\mathscr{H}}$是均匀的,故所有穿过$\hat{\mathscr{H}}$的流线必
149 过曲面$s=s_0$。因此,这些流线在$\hat{\mathscr{H}}$和曲面$s=s_0$之间定义了一个微分同胚。这是不可能的,因为$\hat{\mathscr{H}}$是三维的,而曲面$s=s_0$是二维的。 □

实际上,如果所有流线都要穿过一个二维曲面,那么我们可以想象物质密度会变得无穷大。我们现在看到,在服从严格 Copernicus 原理的宇宙模型里,大尺度的加速和转动本身并不能阻止奇点的出现。我们会在后面的定理看到,在许多宇宙模型里,不规则性一般也不可能阻止奇点的出现。

5.5 Schwarzschild 解和 Reissner-Nordström 解

尽管空间均匀解是描述宇宙大尺度物质分布的一个良好模型,但

它们不足以说明像太阳系这样的局部的时空几何。我们可以用 Schwarzschild 解很好地近似描述这种几何，它代表大质量球对称天体外虚空的球对称时空。事实上，迄今所有为检验广义相对论与 Newton 理论之间的差异而进行的实验，都是基于这个解的预言。

Schwarzschild 解的度规形式为

$$ds^2=-\left(1-\frac{2m}{r}\right)dt^2+\left(1-\frac{2m}{r}\right)^{-1}dr^2+r^2(d\theta^2+\sin^2\theta d\phi^2),\tag{5.21}$$

其中 $r>2m$。可以看出，这个时空是静态的，即$\partial/\partial t$ 是一个表示梯度的类时 Killing 向量；这个时空还是球对称的，即度规在作用于二维类空曲面$\{t, r\}$的等距变换群 $SO(3)$下是不变量（参见附录 B）。在此度规形式下的坐标 r 是通过要求可迁曲面面积为 $4\pi r^2$ 而内禀定义的。度规在大 r 下有形式 $g_{ab}=\eta_{ab}+O(1/r)$，因此这个解是渐近平直的。与 Newton 理论（参见 § 3.4）比较可知，这里 m 应理解为无穷远处测得的产生场的物体的引力质量。需要强调的是，这个解是唯一的：如果任一真空场方程的解是球对称的，那么它可以局部地等距变换到 Schwarzschild 解（当然，在另外某个坐标系下，它看上去可能完全不同，见附录 B 和 Bergmann, Cahen and Komar(1965)）。

通常情况下，我们将 r 大于某个值 $r_0>2m$ 的 Schwarzschild 度规 150
当作球状天体的外部解，而其内部（$r<r_0$）的度规具有物质的能量-动量张量所确定的不同形式。但如果把所有 r 值的度规视为虚空空间的解，来看看会出现什么情况也挺有趣。

这样一来，度规在 $r=0$ 和 $r=2m$ 是奇异的（当 $\theta=0$ 和 $\theta=\pi$ 时还存在极坐标下的平凡奇点）。因此，我们应从坐标(t,r,θ,ϕ) 定义的流形除去 $r=0$ 和 $r=2m$，因为在 § 3.1 里我们是用 Lorentz 度规的流形来表示时空。除去的 $r=2m$ 面将流形分成不连通的两个部分：$0<r<2m$ 和 $2m<r<\infty$。由于我们的时空是用连通的流形来表示的，所以只能考虑二者之一，显然，我们当取 $r>2m$ 那一支，它代表外场。接着我们要问，这个具有 Schwarzschild 度规 $\mathbf{g}$ 的流形 $\mathscr{M}$是否可扩展，即是否存在更大的流形 $\mathscr{M}'$，使 $\mathscr{M}$成为其中的嵌入子流形，同时 $\mathscr{M}'$有适当可微的 Lorentz 度规 $\mathbf{g}'$，并在 $\mathscr{M}$的像中与 $\mathbf{g}$ 重合？显然，$\mathscr{M}$可扩展的余地就是 r 趋近 $2m$。计算表明，虽然在 Schwarzschild 坐标(t,r,θ,ϕ)下度规在 $r=2m$ 处奇异，但在 $r\to 2m$ 时曲率张量的标量多项式和度规并不发散。这说明在 $r=2m$ 处的奇点并非真正的物理奇点，而只是坐标选择不当的结果。

为证明这一点并说明$(\mathscr{M},\mathbf{g})$的可扩展性，定义

$$r^* \equiv \int \frac{\mathrm{d}r}{1-2m/r} = r + 2m\ \log(r-2m)。$$

那么

$$v \equiv t + r^*$$

为超前零坐标，而

$$w \equiv t - r^*$$

为延迟零坐标。在(v,r,θ,ϕ)坐标下，度规有 Eddington - Finkelstein 形式 $\mathbf{g}'$：

$$\mathrm{d}s^2 = -\left(1-\frac{2m}{r}\right)\mathrm{d}v^2 + 2\mathrm{d}v\mathrm{d}r + r^2(\mathrm{d}\theta^2 + \sin^2\theta d\phi^2)。\quad (5.22)$$

流形 $\mathscr{M}$ 为区域 $2m<r<\infty$，而在更大的流形 $\mathscr{M}'(0<r<\infty)$上，度规
151 (5.22)是非奇异的，实际上还是解析的。$(\mathscr{M}',\mathbf{g}')$的 $0<r<2m$ 区域其实可等距变换为 Schwarzschild 度规的 $0<r<2m$ 区域。这样，借助不同的坐标，即取不同的流形，我们扩展了 Schwarzschild 度规，使它在 $r=2m$不再是奇异的。从 Finkelstein 图(图 23)可以看出，在流形 $\mathscr{M}'$ 上，曲面 $r=2m$ 是零曲面。Finkelstein 图是一种(θ,ϕ 为常数)的时空截面，其每一点代表一面积为 $4\pi r^2$ 的二维球面。图中还显示了一些零锥和径向零测地线。从曲面$\{t=常数\}$可以看出，t 在曲面$r=2m$上变成无穷大。

Schwarzschild 解的这种表示有一个奇异特征，即它不是时间对称的。我们可以从(5.22)式的交叉项($\mathrm{d}v\mathrm{d}r$)想到这一点，从 Finkelstein 图上也可定性看出这一点。最显著的不对称是曲面 $r=2m$ 起着单向膜的作用，仅让未来方向的类时曲线和零曲线从外($r>2m$)向内($r<2m$)穿过它，任何外区域的过去方向的类时曲线和零曲线都不能穿过它进入内区域。所有在 $r=2m$ 内区域的过去方向的类时曲线和零曲线都不能到达$r=0$。但是，任何穿过曲面 $r=2m$ 的未来方向的类时曲线和零曲线都能在有限的仿射距离内到达$r=0$。随着 $r\to 0$，标量 $R^{abcd}R_{abcd}$ 以m^2/r^6 的方式发散，因此，$r=0$ 是真奇点，$(\mathscr{M}',\mathbf{g}')$不能以 C^2 方式(甚至不能以 C^0 方式)扩展穿过 $r=0$。

如果我们用 w 坐标代替 v，则度规 $\mathbf{g}''$ 的形式为

$$\mathrm{d}s^2 = -\left(1-\frac{2m}{r}\right)\mathrm{d}w^2 - 2\mathrm{d}w\mathrm{d}r + r^2(\mathrm{d}\theta^2 + \sin^2\theta\mathrm{d}\phi^2)。$$

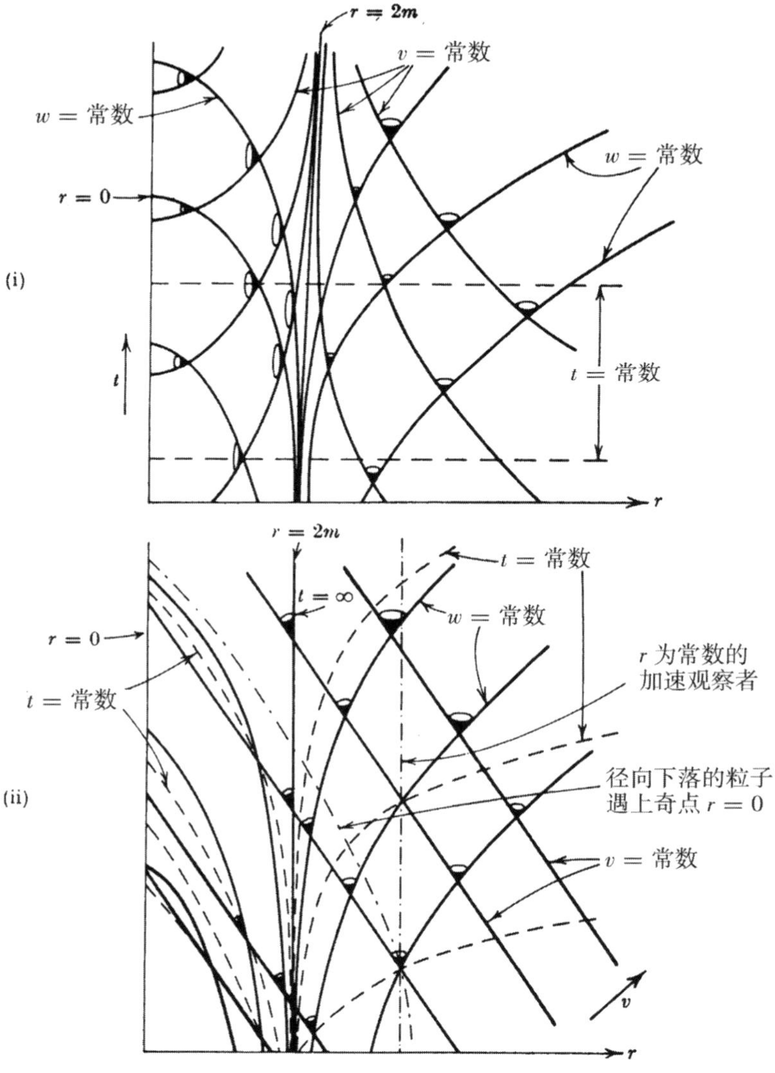

图 23　Schwarzschild 解的(θ,ϕ)常数截面

(i)用(t,r)坐标时在 $r=2m$ 处的表观奇点。

(ii)由(v,r)坐标得到的 Finkelstein 图(45° 线是 v 为常数的直线)。曲面 $r=2m$是零曲面,其上 $t=\infty$。

它在坐标(w,r,θ,ϕ)定义的流形 $\mathscr{M}''$ 的 $0<r<\infty$区域是解析的。流

形 $\mathscr{M}$ 的区域仍为 $2m<r<\infty$，新区域 $0<r<2m$ 等距于 Schwarzschild 度规的 $0<r<2m$ 区域，但等距变换将反转时间方向。在流形 $\mathscr{M}''$ 上，曲面 $r=2m$ 仍是起单向膜作用的零曲面，但它的时间方向是相反的，仅让过去方向的类时曲线和零曲线从外（$r>2m$）向内（$r<2m$）穿过它。

事实上我们可同时取两个扩展（$\mathscr{M}'$，$\mathbf{g}'$）和（$\mathscr{M}''$，$\mathbf{g}''$），就是说，存在更大的具有度规 $\mathbf{g}^*$ 的流形 $\mathscr{M}^*$，使（$\mathscr{M}'$，$\mathbf{g}'$）和（$\mathscr{M}''$，$\mathbf{g}''$）成为其等距嵌入子流形，这样，二者正好在与（$\mathscr{M}$，$\mathbf{g}$）等距的 $r>2m$ 区域重合。
153 Kruskal（1960）曾构造过这种更大的流形。为了获得它，我们在（v，w，θ，ϕ）坐标下考虑（$\mathscr{M}$，$\mathbf{g}$），此时度规形式为

$$\mathrm{d}s^2=-\left(1-\frac{2m}{r}\right)\mathrm{d}v\mathrm{d}w+r^2(\mathrm{d}\theta^2+\sin^2\theta d\phi^2),$$

这里 r 由

$$\frac{1}{2}(v-w)=r+2m\ \log(r-2m)$$

确定。它代表零共形平直坐标下的二维空间（θ，ϕ 为常数），因为度规为 $\mathrm{d}s^2=-\mathrm{d}v\mathrm{d}w$ 的空间是平直的，使这个二维空间保持这种共形平直的双零坐标表示的最一般的坐标变换是 $v'=v'(v)$，$w'=w'(w)$，这里 v'，w' 是任意 C^1 函数。得到的度规为

$$\mathrm{d}s^2=-\left(1-\frac{2m}{r}\right)\frac{\mathrm{d}v}{\mathrm{d}v'}\frac{\mathrm{d}w}{\mathrm{d}w'}\mathrm{d}v'\mathrm{d}w'+r^2(d\theta^2+\sin^2\theta\mathrm{d}\phi^2)。$$

为了将其化为与早先得到的 Minkowski 时空度规下对应的形式，定义

$$x'=\frac{1}{2}(v'-w'),\ t'=\frac{1}{2}(v'+w'),$$

度规的最终形式为

$$\mathrm{d}s^2=F^2(t',x')(-\mathrm{d}t'^2+\mathrm{d}x'^2)+r^2(t',x')(\mathrm{d}\theta^2+\sin^2\theta\mathrm{d}\phi^2)。\tag{5.23}$$

函数 v'，w' 的选择决定度规的具体形式。Kruskal 选择的是 $v'=\exp(v/4m)$，$w'=-\exp(-w/4m)$。于是 r 由方程

$$(t')^2-(x')^2=-(r-2m)\exp(r/2m)\tag{5.24}$$

确定，而 F 由下式给出：

$$F^2=\exp(-r/2m)\times16m^2/r。\tag{5.25}$$

对坐标（t'，x'，θ，ϕ）在 $(t')^2-(x')^2<2m$ 条件下定义的流形 $\mathscr{M}^*$，

函数 r 和 F（分别由(5.24)，(5.25)式定义）为正且解析。用(5.23)式
定义度规 $\mathbf{g}^*$，则 $x'>|t'|$ 定义的$(\mathscr{M}^*,\mathbf{g}^*)$的区域Ⅰ等距于$(\mathscr{M},\mathbf{g})$，即
Schwarzschild 解在 $r>2m$ 的区域。而 $x'>-t'$ 定义的区域Ⅱ（图 24
的区域Ⅰ′，Ⅱ）等距于超前 Finkelstein 扩展 $(\mathscr{M}',\mathbf{g}')$。类似地，$x'>t'$
定义的区域Ⅱ′（图 24 的区域Ⅰ，Ⅱ′）等距于延迟 Finkelstein 扩展 154
$(\mathscr{M}'',\mathbf{g}'')$。还有 $x'<-|t'|$ 定义的区域Ⅰ′，也可以证明它等距于外部
的 Schwarzschild 解 $(\mathscr{M},\mathbf{g})$。区域Ⅰ′ 可视为 Schwarzschild“喉”另一
端的另一个渐近平直宇宙。（考虑截面 $t=0$。对大 r，$\{r=常数\}$的二 155
维球面的性态等同于在 Euclid 空间的性态；但对小 r，当两个球面膨胀
进入另一个渐近平直的三维空间时，它们的面积减小到极小值 $16\pi m^2$，
然后增大。如在图 24 中所看到的，区域Ⅰ′ 和Ⅱ等距于区域Ⅰ′ 的超前
Finkelstein 扩展；类似地，区域Ⅰ和Ⅱ′ 等距于区域Ⅰ′ 的延迟
Finkelstein 扩展。不存在从区域Ⅰ到区域Ⅰ′ 的类时曲线或零曲线。
所有穿过 $r=2m$ 曲面（在此由 $t'=|x'|$ 表示）的未来方向的类时曲线
或零曲线，在 $t'=(2m+(x')^2)^{1/2}$ 时趋于$r=0$的奇点；类似地，穿过
$t'=-|x'|$ 曲面的过去方向的类时曲线或零曲线，在 $t'=-(2m+(x')^2)^{1/2}$ 时趋于 $r=0$ 的另一个奇点。

Kruskal 扩展$(\mathscr{M}^*,\mathbf{g}^*)$是 Schwarzschild 解的唯一解析的和局部不可扩展的扩展。我们可通过定义新的超前和延迟零坐标来构造 Kruskal 扩展的 Penrose 图：

对 $-\pi<v''+w''<\pi$ 和 $-\pi/2<v''<\pi/2$，$-\pi/2<w''<\pi/2$，

$$v''=\text{arac tan}(v'(2m)^{-\frac{1}{2}},\ w''=\arctan(w'(2m)^{-\frac{1}{2}})$$

（图 24(ii)）。我们可以将它与 Minkowski 空间的 Penrose 图（图 15(ii)）作一比较。由图 24(ii)可见，对每个渐近平直区域Ⅰ和Ⅰ′，都有未来、过去和零无穷远；与 Minkowski 空间不同，这里共形度规在 i^0 点连续但不可微。

如果我们考察 $r=2m$ 外任一点的未来光锥，则径向向外的测地线趋向无穷远而径向向内的测地线趋向未来奇点。如果考察点处于 $r=2m$以内，则两种测地线都会到达奇点，点的整个未来也就终止于奇点。因此，对 $r=2m$ 外的粒子来说，奇点是可以避开的（因而和 Robertson - Walker 空间的情形一样，奇点不是“普遍的”），但一旦粒子落入 $r=2m$ 内（区域Ⅱ），它就不可能避开奇点。原来，这一事实是与下述性质密切相关的：区域Ⅱ中的每一点代表一个闭合俘获面的二维球

面。这意味着存在如下情形：考虑二维球面 p(由图 24 中的一个点代表)和某个时刻从 p 发出的分别沿径向向外、向内的光子形成的两个球面 q 和 s。如果三个球面均处于 $r>2m$ 区域，则 q 的面积($4\pi r^2$)将大于 p 的面积，而 s 的面积将小于 p 的面积；但是，如果它们均处于
156 $r<2m$的区域Ⅱ，则 q 和 s 的面积都将小于 p 的面积(图 24 中，r 在区域Ⅱ内自下而上运动逐渐减小)。这时我们称球面 p 为闭合俘获面。区域Ⅱ′的每个点代表一个时间反向的闭合俘获面(存在俘获面是曲面 $r=$常数为类空曲面的必然结果)，相应地，区域Ⅱ′的所有点必然来自过去奇点。我们将在第 8 章看到，奇点的存在与闭合俘获面的存在紧密相关。

Reissner - Nordström 解代表球对称荷电物体外的时空(但无自旋或磁极，因此它不能很好代表一个电子外的场)。于是，它的能量-动量张量也就是物体所携电荷产生的电磁场的能量-动量张量。它是 Einstein - Maxwell 方程组的唯一球对称渐近平直解，在局部非常类似于 Schwarzschild 解。在一定的坐标下其度规形式为：

$$ds^2=-\left(1-\frac{2m}{r}+\frac{e^2}{r^2}\right)dt^2+\left(1-\frac{2m}{r}+\frac{e^2}{r^2}\right)^{-1}dr^2+r^2(d\theta^2+\sin^2\theta d\phi^2),\tag{5.26}$$

其中 m 代表引力质量，e 代表物体携带的电荷。这个渐近平直解通常只作为物体的外部解，其充满物质的内部需要用其他适当的度规。但我们也不妨看看将这个解作为所有 r 的空间解时会出现什么情形。

若 $e^2>m^2$，则度规除了在 $r=0$ 的不可去奇点外，处处是非奇异的，此时物体可视为产生场的点电荷；若 $e^2\leqslant m^2$，则度规还有在 r_+ 和 r_- 的奇点(这里 $r_\pm=m\pm(m^2-e^2)^{1/2}$)；而在 $0<r<r_-$，$r_-<r<r_+$，$r_+<r<\infty$的区域(若 $e^2=m^2$，则仅存在第一、三两种情形)，度规是规则的。如同 Schwarzschild 情形一样，通过适当的坐标选择，扩展流形以取得最大解析扩展，这两个奇点也是可以去除的(Graves and Brill (1960)，Carter(1966))。主要区别在于，dt^2 前面的系数有两个零点，而在 Schwarzschild 情形下只有一个。这特别意味着，第一、三区域是静态的，而第二区域(如果存在的话)是空间均匀但不是静态的。

157 为了获得最大扩展流形，我们逐步比照 Schwarzschild 情形来进行。定义坐标 r^* 为

$$r^*=\int dr\Big/\left(1-\frac{2m}{r}+\frac{e^2}{r^2}\right),$$

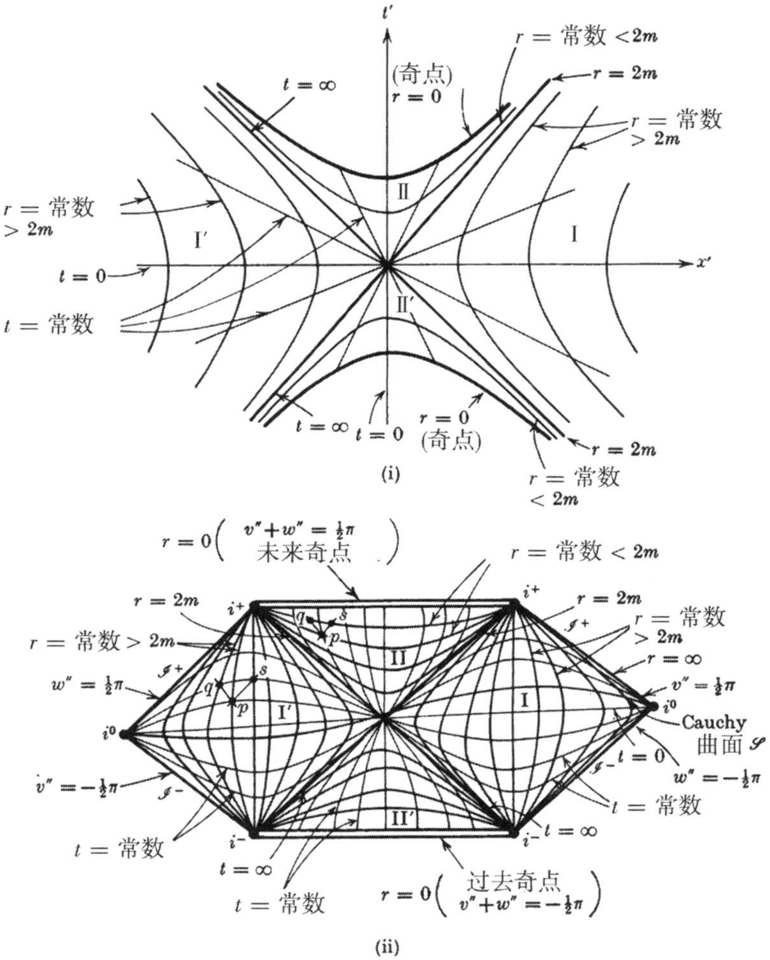

图 24　最大解析 Schwarzschild 解扩展。θ,ϕ 坐标被压缩；零线处于 $\pm 45°$。$\{r=$常数$\}$曲面均匀。

(i) Kruskal 图，显示了渐近平直区域Ⅰ和Ⅰ'，以及 $r<2m$ 的Ⅱ和Ⅱ'区域。

(ii) Penrose 图，显示了共形无穷远以及两个奇点

于是对 $r>r_+$，若 $e^2<m^2$，则

$$r^* = r + \frac{r_+{}^2}{(r_+ - r_-)}\log(r-r_+) - \frac{r_-{}^2}{(r_+ - r_-)}\log(r-r_-);$$

若 $e^2=m^2$，则 $\quad r^*=r+m\ \log((r-m)^2)-\dfrac{2}{r-m}$；

若 $e^2>m^2$，则

$$r^*=r+m\ \log(r^2-2mr+e^2)+\frac{2}{e^2-m^2}\arctan\left(\frac{r-m}{e^2-m^2}\right)。$$

再定义超前和延迟坐标 v,w 为

$$v=t+r^*,\ w=t-r^*,$$

度规(5.26)有双零形式

$$\mathrm{d}s^2=-\left(1-\frac{2m}{r}+\frac{e^2}{r^2}\right)\mathrm{d}v\ \mathrm{d}w+r^2(\mathrm{d}\theta^2+\sin^2\theta\mathrm{d}\phi^2)。\quad (5.27)$$

在 $e^2<m^2$ 情形，定义新坐标 v''，w'' 为

$$v''=\arctan\left(\exp\left(\frac{r_+-r_-}{4{r_+}^2}v\right)\right),\ w''=\arctan\left(-\exp\left(\frac{-r_++r_-}{4{r_+}^2}w\right)\right)。$$

于是度规(5.27)有形式

$$\mathrm{d}s^2=\left(1-\frac{2m}{r}+\frac{e^2}{r^2}\right)64\,\frac{{r_+}^4}{(r_+-r_-)^2}\mathrm{cosec}2v''\mathrm{cosec}\ 2w''\mathrm{d}v''dw''+$$
$$r^2(\mathrm{d}\theta^2+\sin^2\theta\mathrm{d}\phi^2),\quad (5.28)$$

这里 r 由方程

$$\tan v''\tan w''=-\exp\left(\left(\frac{r_+-r_-}{2{r_+}^2}\right)r\right)(r-r_+)^{\frac{1}{2}}(r-r_-)^{-\alpha/2}$$

定义，其中 $\alpha=(r_+)^{-2}(r_-)^2$。这样，通过取(5.28)式为度规 $\mathbf{g}^*$，$\mathcal{M}^*$ 为最大流形（度规在 $\mathcal{M}^*$ 是 C^2 的），即得到我们需要的最大扩展。

这个最大扩展的 Penrose 图如图 25。在 $r>r_+$ 区域，有无穷多个渐近平直区域，这些区域记为Ⅰ，它们通过中间区域Ⅱ和Ⅲ（分别为 $r_-<r<r_+$ 和 $0<r<r_-$）连接 。每个区域Ⅲ内还有一个在 $r=0$ 的不
158 可去奇点，但与 Schwarzschild 解不同，它是类时的，因而从区域Ⅰ穿过 $r=r_+$ 的未来方向的类时曲线可以避开它。这种类时曲线能够穿过区域Ⅱ，Ⅲ和Ⅱ，然后重新出现在另一个渐近平直区域Ⅰ。这提供了一种
159 诱人的可能性，就是我们或许可以穿过由电荷生成的“虫洞”到另一个宇宙去旅行。但不幸的是我们不可能返回我们的宇宙来讲述我们在那

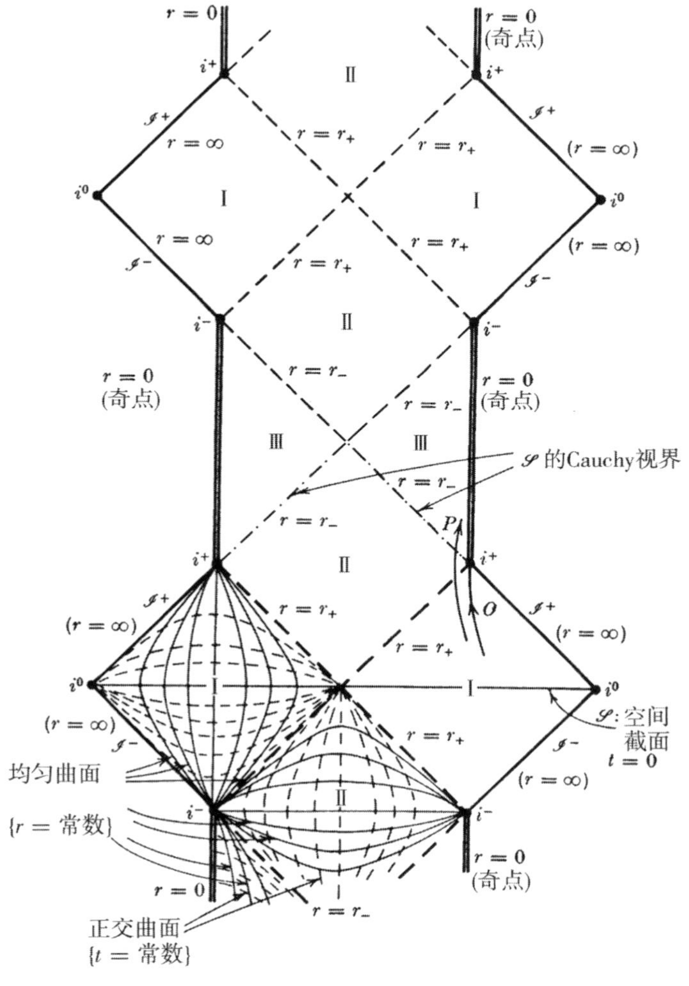

图 25　最大扩展的 Reissener - Nordström 解($e^2<m^2$)的 Penrose 图。无穷的渐近平直区域Ⅰ链($r_+<r<\infty$)由区域Ⅱ($r_-<r<r_+$)和区域Ⅲ($0<r<r_-$)连通,每个区域Ⅲ均以 $r=0$ 的类时奇点为界

儿的见闻。

度规(5.28)除了在 $r=r_-$ 退化外是处处解析的。不过,我们还可以定义另一种不同的坐标 v''' 和 w''':

$$v'''=\arctan\left(\exp\left(\frac{r_+-r_-}{2n\,r_-{}^2}v\right)\right),$$

$$w'''=\arctan\left(-\exp\left(\frac{-r_++r_-}{2n\,r_-{}^2}w\right)\right),$$

这里 n 是不小于 $2(r_+)^{-2}(r_-)^2$ 的整数。在这些坐标下,度规除了在 $r=r_+$ 退化外是处处解析的。在 $r\neq r_+$ 或 r_- 情形,坐标 v''' 和 w''' 是 v'' 和 w'' 的解析函数。因此流形 $\mathscr{M}^*$ 可被一解析坐标卡集所覆盖。该坐标卡集包括 $r\neq r_-$ 时由 v'' 和 w'' 定义的局部坐标邻域和 $r\neq r_+$ 时由 v''' 和 w''' 定义的局部坐标邻域。度规在此坐标卡集下是解析的。

$e^2=m^2$ 情形可作类似扩展,而 $e^2>m^2$ 情形在原坐标下已不可扩展。这两种情形的 Penrose 图见图 26。

在所有这些情形下,奇点均为类时的。这与 Schwarzschild 解不同,它意味着类时曲线和零曲线总可以避开奇点。事实上,这些奇点似乎具有排斥性:尽管非测地类时曲线和径向零测地线会碰到它,但任何类时测地线都不会碰上它。因此这些空间是类时测地完备的(虽然不是零测地完备的)。奇点的类时特征还意味着这些空间不具备 Cauchy 曲面,即对给定的任何类空曲面,我们都能找到进入奇点却不穿过该曲面的类时曲线和零曲线。例如,在 $e^2<m^2$ 情形,我们可以找到一个穿过两个渐近平直区域Ⅰ的类空曲面 $\mathscr{S}$(图 25),这是两个区域Ⅰ和相邻两个区域Ⅱ的 Cauchy 曲面。但在通往未来的相邻区域Ⅲ,存在过去方向的不可扩展的类时曲线和零曲线,它们趋向奇点但不穿过 $r=r_-$ 曲面。因此这个 $r=r_-$ 曲面称为 $\mathscr{S}$ 的未来 Cauchy 视界。解在 $r=r_-$ 之外的延拓不取决于 $\mathscr{S}$ 上的 Cauchy 数据。这里说的延拓仅指局部不可扩展的解析延拓,还存在另一种满足 Einstein - Maxwell 方程的非解析的 C^∞ 延拓。

161 对世界线保持在曲面 $r=r_+$ 外并趋向未来无穷远 i^+ 的观察者 O(图 25)来说,穿过曲面 $r=r_+$ 的粒子 P 将表现出无限大红移。在 $r=r_+$ 和 $r=r_-$ 之间的区域Ⅱ,r 为常数的曲面是类空的,故图中的每一点代表一个闭合俘获面性质的二维球面。穿过曲面 $r=r_-$ 的观察者 P 将在有限时间内看到渐近平直区域Ⅰ的某个观察者的整个历史。因此,这个区域的物体在趋近 i^+ 时会出现无限大蓝移。这说明曲面 $r=r_-$ 对类空曲面 $\mathscr{S}$ 上的初始状态的小扰动是不稳定的,这种小扰动通常会导致在 $r=r_-$ 上出现奇点。

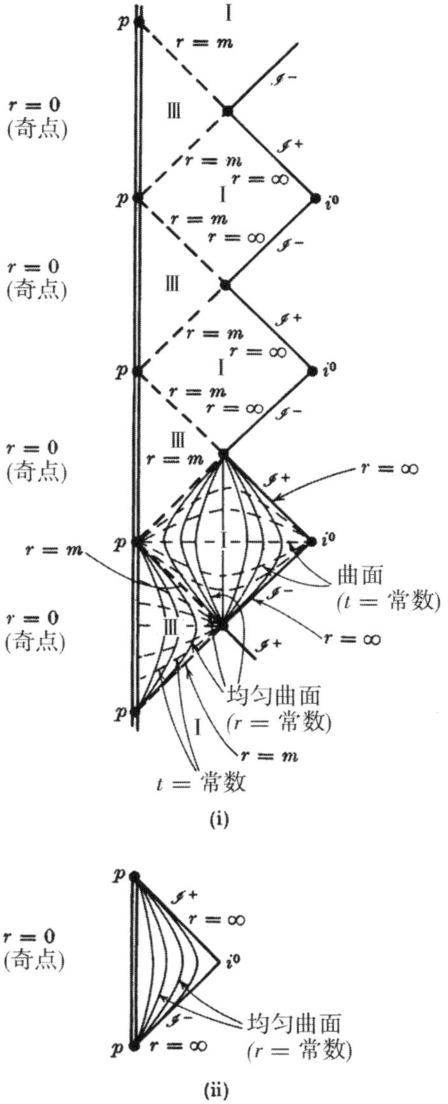

图 26　最大扩展的 Reissner - Nordström 解(i)$e^2=m^2$,(ii)$e^2>m^2$ 的 Penrose 图。在情形(i),无穷的渐近平直区域Ⅰ链($m<r<\infty$)由区域Ⅲ($0<r<m$)连通。点 p 不属于 $r=0$ 的奇点的一部分,却是真正的无穷远的例外点

5.6 Kerr 解

一般说来，天体总是旋转的，因此不能期望其外部解是严格球对称的。Kerr 解是唯一已知的可代表旋转大质量天体外部稳态轴对称渐近平直场的一族精确解。这些解也是那种带有特定多极矩组合的大质量旋转天体的外部解；这些带有不同矩组合的天体还有其他外部解。Kerr 解似乎还是唯一可能的黑洞的外部解(见 § 9.2 和 § 9.3)。

Kerr 解可由 Boyer 和 Lindquist 坐标 (r,θ,ϕ,t) 给出，其度规形式为

$$ds^2=\rho^2\left(\frac{dr^2}{\Delta}+d\theta^2\right)+(r^2+a^2)\sin^2\theta d\phi^2-dt^2+\frac{2mr}{\rho^2}(a\quad\sin^2\theta d\phi-dt)^2,\tag{5.29}$$

其中 $\rho^2(r,\theta)\equiv r^2+a^2\cos^2\theta,\ \Delta(r)\equiv r^2-2mr+a^2$。

这里 m 和 a 均为常数，m 代表质量，ma 代表从无穷远测得的角动量(Boyer and Price (1965))。当 $a=0$，解退化为 Schwarzschild 解。显然，在同时反演 t，ϕ 时，即在 $t\to-t$，$\phi\to-\phi$ 变换下，度规形式不变，尽管在单独的 t 反演下，度规不是不变的(除了 $a=0$)。这正是我们所期望的，因为旋转天体的时间反演将产生反向旋转的天体。

162 当 $a^2>m^2$ 时，$\Delta>0$，上面的度规仅在 $r=0$ 奇异。$r=0$ 的奇点事实上不是一个点而是一个环，为看清楚这一点，我们可将坐标变换到 Kerr - Schild 坐标 $(x,y,z,\bar{t})$，这里

$$x+iy=(r+ia)\sin\theta\ \exp i\int(d\phi+a\Delta^{-1}dr),$$

$$z=r\cos\theta,\ \bar{t}=\int(dt+(r^2+a^2)\Delta^{-1}dr)-r。$$

在此坐标下，度规形式为

$$ds^2=dx^2+dy^2+dz^2-d\bar{t}^2+\frac{2mr^3}{r^4+a^2z^2}\left(\frac{r(xdx+ydy)-a(xdy-ydx)}{r^2+a^2}+\frac{zdz}{r}+d\bar{t}\right)^2,\tag{5.30}$$

其中 r 由 x,y,z 通过方程

$$r^4-(x^2+y^2+z^2-a^2)r^2-a^2z^2=0$$

确定到相差一个正负号。对 $r\neq 0$，$\{r$ 为常数$\}$曲面为(x,y,z)面上的共焦椭球面，它们在 $r=0$ 时退化为圆盘 $x^2+y^2\leqslant a^2$，$z=0$。圆盘的边界环 $x^2+y^2=a^2$，$z=0$ 是真正的曲率奇点，因为标量多项式 $R_{abcd}R^{abcd}$ 在环上发散，但在除去边界环的整个圆盘都不存在发散的标量多项式。事实上，函数 r 可以解析延拓到整个圆盘内部 $x^2+y^2<a^2$，$z=0$ 取遍从正到负的所有值，从而获得 Kerr 解的最大解析扩展。

为此，我们添加另一个由坐标(x',y',z')定义的平面。将(x,y,z)平面内圆盘 $x^2+y^2<a^2$，$z=0$ 顶面的一点与(x',y',z')平面内相应圆盘底面的具有相同 x，y 坐标的点叠合起来。类似地，将(x,y,z)平面内圆盘底面的点与(x',y',z')平面内相应圆盘顶面的点叠合起来（图 27）。度规(5.30)按这种显而易见的方式扩展为一个更大的流形。度规在(x',y',z')区域仍为(5.29)形式，但 r 取负值而非正值。在大负值的 r 处，空间仍保持渐近平直但具有负质量。而对环形奇点附近的小负值 r，向量$\partial/\partial\phi$ 是类时的，故圆（t 为常数，r 为常数，θ 为常数）为闭合类时曲线。这些闭合类时曲线通过变形可经过扩展空间的任一点（Carter(1968a)）。Kerr 解在环形奇点是测地不完备的，但到达奇 163
点的类时测地线和零测地线只是处于赤道面的正 r 侧的那些曲线（Carter(1968a)）。

在 $a^2<m^2$ 情形，Kerr 解的扩展更为复杂，因为这时 $\Delta(r)$在两个 r 值处为零：$r_+=m+(m^2-a^2)^{1/2}$ 和 $r_-=m-(m^2-a^2)^{1/2}$。这些曲面类似于 Reissner - Nordström 解的 $r=r_+$ 和 $r=r_-$ 曲面。为了扩展度规穿过这些曲面，我们转换到 Kerr 坐标(r,θ,ϕ_+,u_+)，这里

$$\mathrm{d}u_+=\mathrm{d}t+(r^2+a^2)\Delta^{-1}\mathrm{d}r,\ \mathrm{d}\phi_+=\mathrm{d}\phi+a\Delta^{-1}\mathrm{d}r。$$

于是，在此坐标下定义的流形的度规形式为

$$\begin{aligned}\mathrm{d}s^2=&\rho^2\mathrm{d}\theta^2-2a\sin^2\theta\mathrm{d}r\mathrm{d}\phi_++2\mathrm{d}r\mathrm{d}u_++\\&\rho^{-2}[(r^2+a^2)^2-\Delta a^2\sin^2\theta]\sin^2\theta\mathrm{d}\phi_+{}^2-\\&4a\rho^{-2}mr\sin^2\theta\mathrm{d}\phi_+\mathrm{d}u_+-(1-2mr\rho^{-2})\mathrm{d}u_+{}^2。\end{aligned}\tag{5.31}$$

而且在 $r=r_+$ 和 $r=r_-$ 是解析的。在 $r=0$ 仍有和上述相同的环奇点 164
和测地结构。我们还可以将度规扩展到坐标(r,θ,ϕ_-,u_-)定义的流形，这里

$$\mathrm{d}u_-=\mathrm{d}t-(r^2+a^2)\Delta^{-1}\mathrm{d}r,\ \mathrm{d}\phi_-=\mathrm{d}\phi-a\Delta^{-1}\mathrm{d}r。$$

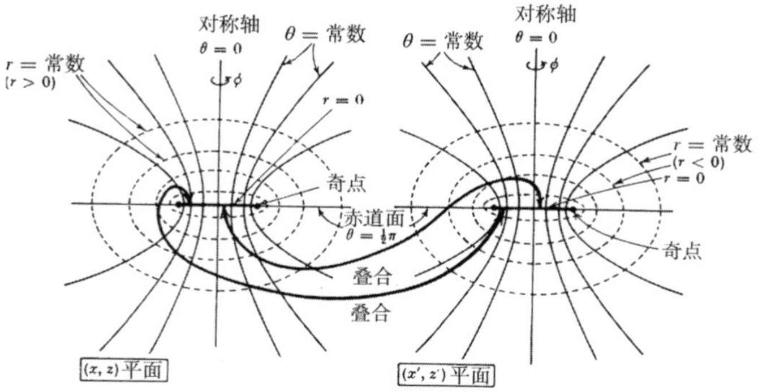

图 27　在 $a^2>m^2$ 情形下，将(x,y,z)平面内圆盘 $x^2+y^2<a^2,z=0$ 顶面上的点叠合到(x',y',z')平面内相应圆盘底面上的点（反之亦然），可得到 Kerr 解的最大扩展。图中显示的是这些面的 $y=0,y'=0$ 截面。围绕在 $x^2+y^2=a^2,z=0$ 的奇点两圈，就通过(x,y,z)平面到达(x',y',z')平面（此处 r 为负），并回到(x,y,z)平面（此处 r 为正）

度规仍取(5.31)形式，只是其中 ϕ_+ 和 u_+ 代换为 $-\phi_-$ 和 $-u_-$。和 Reissner－Nordström 情形一样，最大解析扩展可通过这些扩展的组合来实现（Boyer and Lindquist(1967)，Carter(1968a)）。它的总体结构非常类似于 Reissner－Nordström 情形，不同的是这时 r 可连续地通过环而达到负值。图 28(i)显示了解沿对称轴的共形结构。区域Ⅰ代表 $r>r_+$ 的渐近平直区域，区域Ⅱ$(r_-<r<r_+)$包含闭合俘获面，区域Ⅲ$(-\infty<r<r_-)$包含环奇点；区域Ⅲ的每一点都有经过它的闭合类时曲线，但在其他两个区域没有出现因果性破坏的情形。

在 $a^2=m^2$ 情形，r_+ 和 r_- 重合，不存在区域Ⅱ。最大扩展类似于 Reissner－Nordström 解的 $e^2=m^2$ 情形。在此情形下沿对称轴的共形结构见图 28(ii)。

作为稳态和轴对称解，Kerr 解有一个两参数等距变换群。这个群必然是 Abel 群（Carter，1970）。于是，存在两个对易的独立 Killing 向量场。这些 Killing 向量场存在唯一的线性组合 K^a，它在任意大的正或负的 r 值是类时的；这些 Killing 向量场还存在另一唯一的线性组合 $\widetilde{K}^a$，它在对称轴上为零。Killing 向量 K^a 的轨道定义了静止坐标系，就是说，沿 $\widetilde{K}^a$ 的某条轨道运行的物体相对于无穷远是静止的。

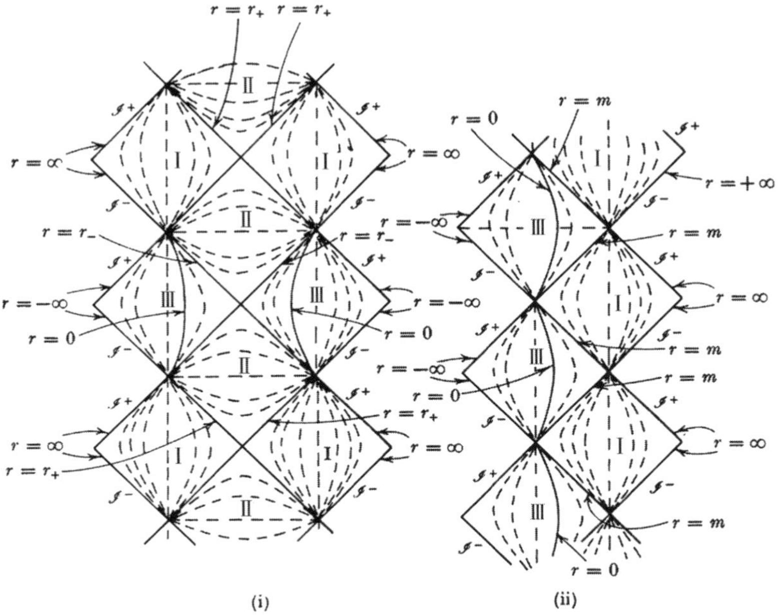

图 28　Kerr 解沿对称轴的共形结构。(i)$0<a^2<m^2$ 情形，(ii)$a^2=m^2$ 情形。虚线是 r 为常数的线，情形(i)的区域Ⅰ,Ⅱ和Ⅲ由 $r=r_+$ 和 $r=r_-$ 分隔。情形(ii)的区域Ⅰ和Ⅲ由 $r=m$ 分隔。在两种情形，环奇点附近的空间结构同图 27

Killing 向量 $\widetilde{K}^a$ 的轨道为闭曲线，对应于解的旋转对称性。

在 Schwarzschild 解和 Reissner－Nordström 解中，在大 r 值为类时的 Killing 向量 K^a 在区域Ⅰ内是处处类时的，而在曲面 $r=2m$ 和 $r=r_+$ 分别变为零。这些面是零曲面。这意味着一个沿未来方向穿过这些曲面之一的粒子不可能再回到同一个区域。这些零曲面是某种解 165
的区域的边界，那个区域的粒子可以逃向某特殊区域Ⅰ的无穷远 $\mathscr{I}^+$，因而它们也叫那个 $\mathscr{I}^+$ 的**事件视界**。(对在区域Ⅰ中沿 Killing 向量 K^a 的任一轨道运动的观察者来说，这些零曲面其实就是§5.2 意义的事件视界。)

另一方面，在 Kerr 解中，Killing 向量 K^a 在 $r=r_+$ 以外的区域是类空的，即所谓**能层**(图 29)。这个区域的外边界是曲面 $r=m+(m^2-a^2\cos^2\theta)^{1/2}$，$K^a$ 在其上为零。这是一个区域的边界曲面，区域

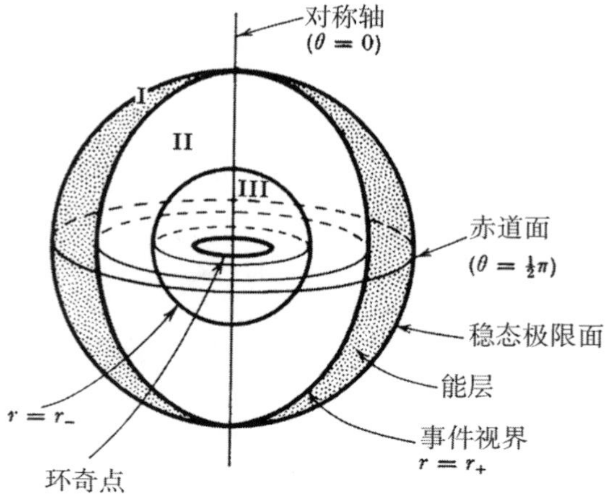

166 图 29 对于 $0<a^2<m^2$ 区域内的 Kerr 解，能层处于稳态极限面与视界 $r=r_+$ 之间。粒子可从区域 Ⅰ(事件视界 $r=r_+$ 之外)逃往无穷远，但从区域 Ⅱ($r=r_+$ 与 $r=r_-$ 之间区域)和区域 Ⅲ($r<r_-$，该区域包含环奇点)的粒子则不能

内的沿类时曲线运动的粒子可沿 Killing 向量 K^a 的轨道运动，因而相对于无穷远保持不变，所以这个曲面被称为**稳态极限面**。除了轴上两点之外，稳态极限面是类时曲面；而在轴的那两点上，稳态极限面为零
167 (在这两点它正好与 $r=r_+$ 曲面重合)。在稳态极限面为类时的地方，粒子可以沿进出两个方向穿过这一曲面，因此这个面不是 $\mathscr{I}^+$ 的事件视界。事实上，$\mathscr{I}^+$ 的事件视界是曲面 $r=r_+=m+(m^2-a^2)^{1/2}$。图 30 说明了为什么会这样。图中显示了赤道面 $\theta=\pi/2$，其中每一点代表 Killing 向量 K^a 的一条轨道，即它相对于 $\mathscr{I}^+$ 是静止的。小圆圈代表由粗黑点的光源发出的闪光在稍后时刻的位置。在稳态极限面之外，Killing 向量 K^a 是类时的，因而处于光锥内。这说明图 30 中代表发射轨道的点都处于光波波前之内。

在稳态极限面上，K^a 为零，故代表发射轨道的点都处于光波波前上。但这个波前部分在稳态极限面内，部分在外，因此沿类时曲线运动的粒子有可能从这个极限面逃到无穷远。在稳态极限面和 $r=r_+$ 之间的能层内，Killing 向量 K^a 是类空的，故代表发射轨道的点处于光波波前之外。在这个区域内，沿类时曲线或零曲线运动的粒子不可能沿

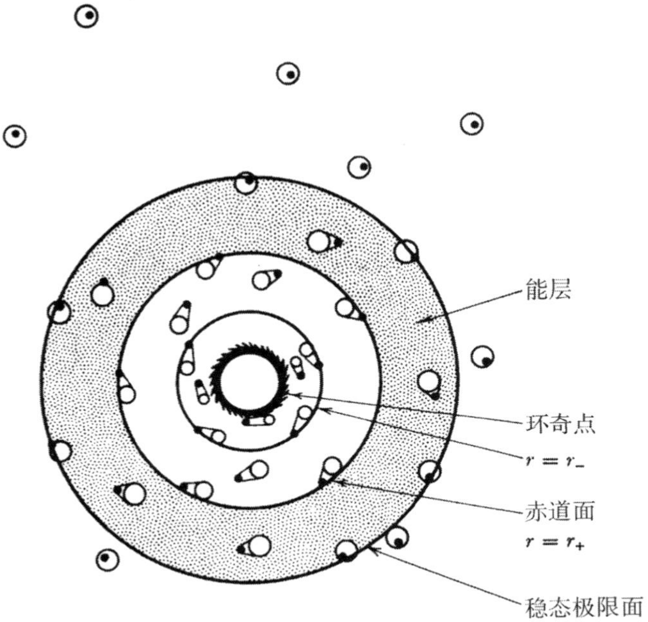

图 30　$m^2>a^2$ 时 Kerr 解的赤道面。圆圈代表由粗黑点的光源发出的闪光在稍后时刻的位置

Killing 向量的轨道运动,因而也不可能相对于无穷远保持静止。但波前的位置决定了粒子仍可穿过稳态极限面而逃向无穷远。在 $r=r_+$ 面上,Killing 向量 K^a 仍然是类空的,但相应于这个面上的点的波前完全处于面内。这说明从面上或面内的点出发的沿类时曲线运动的粒子不可能到达面外,因而也不可能跑到无穷远。故 $r=r_+$ 面是 $\mathscr{I}^+$ 的事件视界,也是零曲面。

尽管 Killing 向量 K^a 在能层内是类空的,但 **Killing 双向量** $K_{[a}\widetilde{K}_{b]}$ 的大小 $K^a\widetilde{K}^bK_{[a}\widetilde{K}_{b]}$,除在轴 $\widetilde{K}^a=0$ 上为零外,在 $r=r_+$ 面外处处为负。因此,K^a 和 $\widetilde{K}^a$ 张成一个类时二维曲面。在 $r=r_+$ 面外离轴的每一点上,均存在 K^a 和 $\widetilde{K}^a$ 的类时线性组合。因此在某种意义上,可认为能层内的解是局部稳定的,虽然它相对于无穷远来说不是稳定的。事实上,在 $r=r_+$ 外并不存在处处类时的 K^a 和 $\widetilde{K}^a$ 的线性组合。

Killing 双向量的大小在 $r=r_+$ 面上为零，而在面内为正。在 $r=r_+$ 面上，K^a 和 $\widetilde{K}^a$ 均是类空的，却有在 $r=r_+$ 面上处处为零的线性组合(Carter，1969)。

168 我们上面讨论的能层和视界的性态将在 § 9.2 和 § 9.3 的黑洞讨论中扮演重要角色。

正如 Reissner - Nordström 解可视为荷电情形的 Schwarzschild 解，同样也存在一族荷电的 Kerr 解(Carter，1968a)，它们的整体性质与这里讨论的不带电的 Kerr 解极为相似。

5.7 Gödel 宇宙

1949 年，Kurt Gödel 发表了一篇论文(Gödel(1949))。这篇文章在当时极大地刺激了人们去寻找较我们前面所考察的那些解更为复杂的精确解。他给出了 Einstein 场方程的一个精确解，其中物质为压强为零的理想流体形式($T_{ab}=\rho u_a u_b$，这里 ρ 是物质密度，u_a 是正规化四速度向量)，流形为 R^4，度规形式如下：

$$ds^2=-dt^2+dx^2-\frac{1}{2}\exp(2(\sqrt{2})\omega x)dy^2+dz^2-2\exp((\sqrt{2})\omega x)dt\ dy,$$

其中 $\omega>0$ 是一常数，若 $\mathbf{u}=\partial/\partial x^0$(即 $u^a=\delta^a{}_0$)和

$$4\pi\rho=\omega^2=-\Lambda,$$

则场方程满足。事实上，常数 ω 是流向量 u^a 的涡量的大小。

Gödel 时空有可迁的五维等距变换群，即它是完全均匀的时空。(所谓群的作用在 $\mathscr{M}$ 上是可迁的，是指它能将 $\mathscr{M}$ 的任一点映射为 $\mathscr{M}$ 的另一点。)其度规是度规 $\mathbf{g}_1$ 和度规 $\mathbf{g}_2$ 的直和，$\mathbf{g}_1$ 是坐标(t,x,y)定义的流形 $\mathscr{M}_1=R^3$ 的度规：

$$ds_1{}^2=-dt^2+dx^2-\frac{1}{2}\exp(2\sqrt{2}\omega x)dy^2-2\exp(\sqrt{2}\omega x)dt\ dy,$$

$\mathbf{g}_2$ 是坐标 z 定义的流形 $\mathscr{M}_2=R^1$ 的度规：

$$ds_2{}^2=dz^2$$

为描述 Gödel 解的性质，仅需考虑$(\mathscr{M}_1,\mathbf{g}_1)$。

在 $\mathscr{M}_1$ 上定义新坐标(t',r,ϕ)：

$$\exp(\sqrt{2}\omega x)=\cosh 2r+\cos\phi\sinh 2r,$$

$$\omega y \exp(\sqrt{2}\omega x) = \sin\phi \sinh 2r,$$

$$\tan\frac{1}{2}(\phi + \omega t - \sqrt{2}t') = \exp(-2r)\tan\frac{1}{2}\phi,$$

度规 $\mathbf{g}_1$ 形式为 169

$$\mathrm{d}s_1{}^2 = 2\omega^{-2}(-\mathrm{d}t'^2 + \mathrm{d}r^2 - (\sinh^4 r - \sinh^2 r)\mathrm{d}\phi^2 + 2\sqrt{2}\sinh^2 r\,\mathrm{d}\phi\,\mathrm{d}t),$$

其中$-\infty < t < \infty$，$0 \leqslant r < \infty$，$0 \leqslant \phi \leqslant 2\pi$，$\phi = 0$ 与 $\phi = 2\pi$ 叠合。流向量在这些新坐标下为 $\mathbf{u} = (\omega/\sqrt{2})\partial/\partial t'$。这种形式展示了 Gödel 解关于轴 $r=0$的旋转对称性。通过不同的坐标选择，可使轴处于物质的任一流线上。

$(\mathscr{M}_1, \mathbf{g}_1)$的性态如图 31。轴 $r=0$ 上的光锥包含方向$\partial/\partial t'$(图中竖直方向)，但不包括水平方向$\partial/\partial r$ 和$\partial/\partial\phi$。当我们离轴而去时，会看到光锥张开并沿 ϕ 方向倾斜，从而使$\partial/\partial\phi$ 在半径$r=\log(1+\sqrt{2})$处为 170
零向量，而关于原点的这个半径的圆是一闭合零曲线。在更大的 r 值，$\partial/\partial\phi$ 是类时向量，r，t' 为常数的圆为闭合类时曲线。因为$(\mathscr{M}_1, \mathbf{g}_1)$有四维可迁等距变换群，故通过$(\mathscr{M}_1, \mathbf{g}_1)$的每一点，从而也通过Gödel 解$(\mathscr{M}, \mathbf{g})$的每一点，都存在闭合类时曲线。

这说明 Gödel 解没有多大物理意义。闭合类时曲线的存在意味着 $\mathscr{M}$ 上不存在处处类空的嵌入的无边三维曲面。由于穿过这种曲面的闭合类时曲线将奇数次穿过它，这意味着曲线不可能连续变形到零，因为连续形变只能改变偶数次穿行，这与 $\mathscr{M}$ 是单连通的并与 R^4 同胚的事实相矛盾。闭合类时曲线的存在还说明，$\mathscr{M}$ 中不会有沿未来方向的类时曲线或零曲线增长的宇宙时间坐标 t。

Gödel 解是测地完备的，测地线性态可利用其分解$(\mathscr{M}_1, \mathbf{g}_1)$和$(\mathscr{M}_2, \mathbf{g}_2)$来描述。因为 $\mathscr{M}_2$ 的度规 $\mathbf{g}_2$ 是平直的，故在 $\mathscr{M}_2$ 上测地线切向量的分量是常数，即 z 坐标随测地线的仿射参数线性变化。于是，我们只需要描述$(\mathscr{M}_1, \mathbf{g}_1)$的测地线的行为就够了。自坐标轴上 p 点发出的零测地线(图 31)从轴开始发散，到达 $r=\log(1+\sqrt{2})$的焦散面，然后重新汇聚到 p'点。类时测地线的行为与此类似：它们先到达某个小于 $\log(1+\sqrt{2})$的最大 r 值，然后重新汇聚到 p'点。在大于$\log(1+\sqrt{2})$值的半径 r 的q 点，由类时曲线(但不是类时测地线或零测地线) 与 p 点相连。

关于 Gödel 解的更多的细节见 Gödel(1949)，Kundt(1956)。

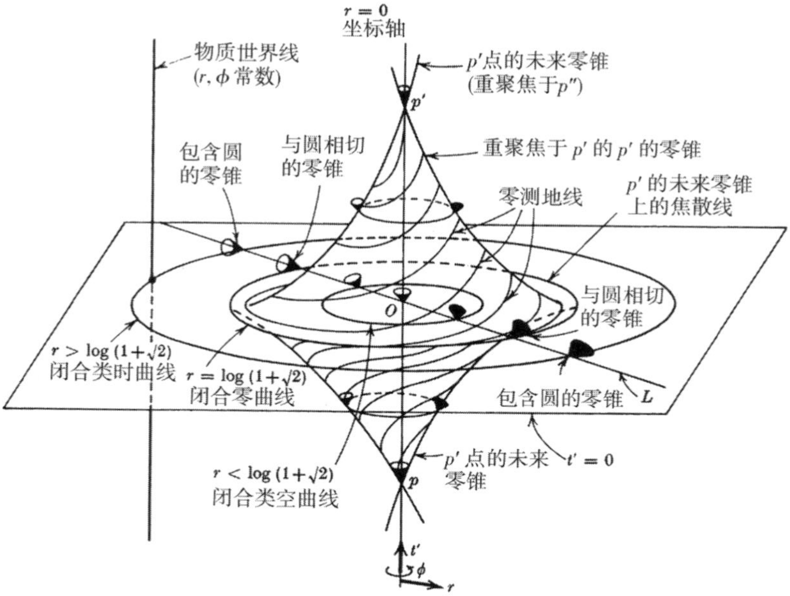

图 31 Gödel 宇宙(不相关的 z 坐标已被压缩)。空间关于任一点旋转对称;图中准确描绘了关于 $r=0$ 的旋转对称性和时间不变性,随着 r 增长,光锥张开并倾斜、翻转(见直线 L),出现闭合类时曲线。但图中无法准确表现所有点都等价的事实

5.8 Taub - NUT 空间

1951 年,Taub 发现了 Einstein 方程的一个空间均匀的虚空空间解,它有拓扑 $R\times S^3$,度规形式为

$$\mathrm{d}s^2=-U^{-1}\mathrm{d}t^2+(2l)^2U(\mathrm{d}\psi+\cos\theta d\phi)^2+(t^2+l^2)(d\theta^2+\sin^2\theta\mathrm{d}\phi^2),\tag{5.32}$$

171 这里 $U(t)\equiv-1+\dfrac{2(mt+l^2)}{t^2+l^2}$, m 和 l 为正常数。

其中 θ,ϕ,ψ 是 S^3 的 Euler 坐标,故 $0\leqslant\psi\leqslant4\pi$, $0\leqslant\theta\leqslant\pi$, $0\leqslant\phi\leqslant2\pi$。度规在 $t=t_\pm=m\pm(m^2+l^2)^{1/2}$ 是奇异的,此时 $U=0$。事实上,这个度规可经过扩展穿过这些曲面,得到 Newman, Tamburino 和 Unti (1963)发现的空间。但在讨论这个扩展之前,我们先考虑 Misner (1967)提出的一个简单的二维例子,它有许多相似的性质。

这是一个具有 $S^1 \times R^1$ 拓扑的空间,其度规 $\mathbf{g}$ 由下式给出:

$$ds^2 = -t^{-1}dt^2 + t\,d\psi^2,$$

其中 $0 \leqslant \psi \leqslant 2\pi$。度规在 $t=0$ 是奇异的。但如果我们将流形 $\mathscr{M}$ 定义在 ψ 和 $0<t<\infty$ 上,则 $(\mathscr{M},\mathbf{g})$ 可通过定义 $\psi'=\psi-\log t$ 来扩展,此时度规 $\mathbf{g}'$ 取

$$ds^2 = +2d\psi'\,dt + t(d\psi')^2$$

形式,它在由 ψ' 和 $-\infty<t<\infty$ 定义的拓扑为 $S^1 \times R^1$ 的流形 $\mathscr{M}'$ 上是解析的。$t>0$ 的 $(\mathscr{M}',\mathbf{g}')$ 区域等距于 $(\mathscr{M},\mathbf{g})$。$(\mathscr{M}',\mathbf{g}')$ 的性态如图 32。在 $t<0$ 区域有闭合类时曲线,但在 $t>0$ 区域没有。在图 32(i) 中,竖直线代表一族零测地线,它们穿过 $t=0$ 面。另一族零测地线则螺旋式地环绕着接近 $t=0$ 面,但不可能真的穿过这个面,它们只有有限的仿射长度。因此,扩展空间 $(\mathscr{M}',\mathbf{g}')$ 对这两族零测地线是不对称的,尽管原来的空间 $(\mathscr{M},\mathbf{g})$ 是对称的。但我们可以再定义一个扩展 $(\mathscr{M}'',\mathbf{g}'')$,使两族零测地线的行为发生交换。为此,定义 $\psi''=\psi+\log t$,度规 $\mathbf{g}''$ 形式为

$$ds^2 = -2d\psi''\,dt + t(d\psi'')^2。$$

它在由 ψ'' 和 $-\infty<t<\infty$ 定义的拓扑为 $S^1 \times R^1$ 的流形 $\mathscr{M}''$ 上是解析的。$t>0$ 的 $(\mathscr{M}'',\mathbf{g}'')$ 区域等距于 $(\mathscr{M},\mathbf{g})$。从某种意义说,我们定义 ψ'' 是为了要解开环绕着的第二族零测地线,使之成为竖直线,从而能连续地通过 $t=0$ 面。但这种解开的过程却使第一族零测地线卷起来,螺旋地环绕着 $t=0$ 而不能连续地通过它。于是我们得到的是 $(\mathscr{M},\mathbf{g})$ 的两个
不等价的局部不可扩展的解析扩展,二者均为测地不完备的。我们可 173
通过 $(\mathscr{M},\mathbf{g})$ 的覆盖空间来看清这两个扩展之间的关系。

这个覆盖空间其实是包含于 p 点的未来零锥的二维 Minkowski 空间 $(\widetilde{\mathscr{M}},\widetilde{\boldsymbol{\eta}})$ 的区域Ⅰ(图 32(ii))。保持 p 点不动的 $(\widetilde{\mathscr{M}},\widetilde{\boldsymbol{\eta}})$ 的等距变换组成一维群($\widetilde{\boldsymbol{\eta}}$ 的 Lorentz 群),其轨道是双曲线{σ 为常数},这里 $\sigma \equiv \widetilde{t}^2 - \widetilde{x}^2$,$\widetilde{t}$,$\widetilde{x}$ 为通常的 Minkowski 坐标。空间 $(\mathscr{M},\mathbf{g})$ 是 $(\text{Ⅰ},\widetilde{\boldsymbol{\eta}})$ 关于 Lorentz 群的一个离散子群 G 的商空间。这个子群 G 由映射 A^n(n 为整数)组成,A 将 $(\widetilde{t},\widetilde{x})$ 映射到

$$\widetilde{t}\cosh\pi + \widetilde{x}\sinh\pi,\ \widetilde{x}\cosh\pi + \widetilde{t}\sinh\pi),$$

就是说,我们将所有 n 为整数的点

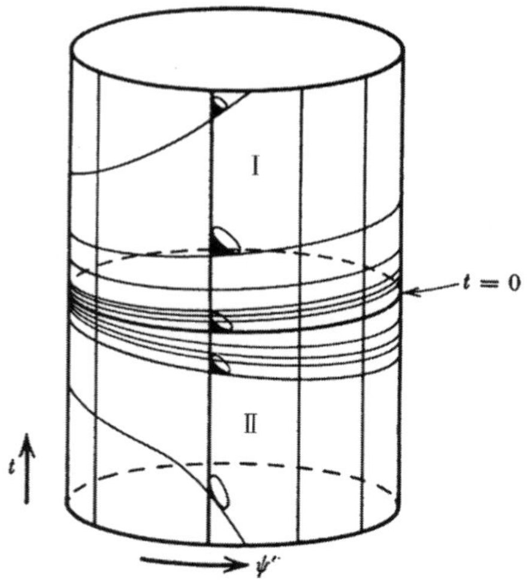

(i)

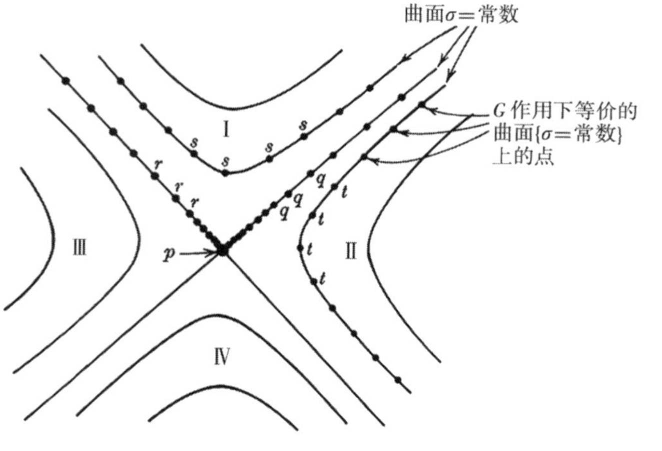

(ii)

图 32　Misner 的二维空间例子

(i)区域Ⅰ的扩展穿过 $t=0$ 面进入区域Ⅱ。竖直零曲线是完备的，但环绕零曲线不完备。

(ii)通用覆盖空间是二维 Minkowski 空间，在 Lorentz 群的离散子群 G 作用下，点 s 是等价的，点 r,q,t 同样如此。(i)图就是通过叠合区域Ⅰ和Ⅱ的等价点而得到的。

$$(\tilde{t}\cosh n\pi+\tilde{x}\sinh n\pi,\tilde{x}\cosh n\pi+\tilde{t}\sinh n\pi)$$

叠合起来，从而它们对应于 $\mathscr{M}$ 的点：

$$t=\frac{1}{4}(\tilde{t}^2-\tilde{x}^2),\ \psi=2\operatorname{arctanh}(\tilde{x}/\tilde{t})。$$

等距变换群 G 在区域Ⅰ的作用是**真**不连续的。所谓群 H 在流形 $\mathscr{N}$ 上的作用是真不连续的，是指

(1)对每个非恒等变换 $A\in H$，每一点 $q\in\mathscr{N}$ 有一个邻域 $\mathscr{U}$ 使 $A(\mathscr{U})\cap\mathscr{U}=\varnothing$；同时，

(2)如果对 $q,r\in\mathscr{N}$ 不存在 $A\in H$ 使 $Aq=r$，则分别有 q,r 的邻域 $\mathscr{U}$ 和 $\mathscr{U}'$，使得不存在 $B\in H$ 使 $B(\mathscr{U})\cap\mathscr{U}'\neq\varnothing$。

条件(1)说明商 $\mathscr{N}/H$ 是一流形，条件(2)说明商是 Hausdorff 的。因此，商(Ⅰ，$\tilde{\boldsymbol{\eta}}$)$/G$ 为 Hausdorff 空间($\mathscr{M}$,$\mathbf{g}$)。G 在区域Ⅰ+Ⅱ($\tilde{t}>-\tilde{x}$)的作用同样是真不连续的，故(Ⅰ+Ⅱ，$\tilde{\boldsymbol{\eta}}$)$/G$ 也是 Hausdorff 空间，其实就是($\mathscr{M}'$,$\mathbf{g}'$)。类似地，(Ⅰ+Ⅲ，$\tilde{\boldsymbol{\eta}}$)$/G$ 是 Hausdorff 空间($\mathscr{M}''$,$\mathbf{g}''$)，这里Ⅰ+Ⅲ是区域 $\tilde{t}>\tilde{x}$。从这里我们看到一族零测地线是如何在扩展空间($\mathscr{M}'$,$\mathbf{g}'$)里变得完备，而另一族零测地线又是如何在扩展空间($\mathscr{M}''$,$\mathbf{g}''$)完备起来的。这说明我们需要同时实施两个扩展。但是，群在区域(Ⅰ+Ⅱ+Ⅲ)(即 $\tilde{t}>|\tilde{x}|$)的作用满足条件(1)，但Ⅰ和Ⅱ之间边界上的点 q，以及Ⅰ和Ⅲ之间边界上的点 r，却不满足条件(2)。因此，尽管(Ⅰ+Ⅱ+Ⅲ，$\tilde{\boldsymbol{\eta}}$)$/G$ 是流形，但不是Hausdorff 空间。

这种非 Hausdorff 性态不同于§2.1 给出的例子。在那个例子 174
中，我们可以有分岔的连续曲线，其中一支进入一个区域而另一支进入另一区域。观察者的世界线的这种性态令人很不满意。但流形(Ⅰ+Ⅱ+Ⅲ，$\tilde{\boldsymbol{\eta}}$)$/G$ 不具有这种分岔曲线：区域Ⅰ的曲线可扩展到区域Ⅱ或Ⅲ，但不能同时扩展到这两个区域。因此我们也许应该放宽对时空模型的 Hausdorff 要求，允许眼下这种情形而不允许那种带有分岔曲线的情形。有关非 Hausdorff 时空的进一步工作，见 Hajicek (1971)的论文。

其实，G 在 $\widetilde{\mathscr{M}}-\{p\}$ 的作用也满足条件(1)。于是，从某种意义说，流形($\widetilde{\mathscr{M}}-\{p\}$，$\tilde{\boldsymbol{\eta}}$)$/G$ 是($\mathscr{M}$,$\mathbf{g}$)的最大非 Hausdorff 扩展，但它

仍不是测地完备的，因为还有通过被除去的过 p 点的测地线。如果将 p 包括进来，则群作用不满足条件(1)，因而商 $\widetilde{\mathscr{M}}/G$ 甚至连非 Hausdorff流形都不是。不过，我们可以考虑线性标架丛 $L(\widetilde{\mathscr{M}})$，即所有$q\in\widetilde{\mathscr{M}}$点的线性独立向量 $\mathbf{X},\mathbf{Y}\in T_q$ 组成的向量对$(\mathbf{X},\mathbf{Y})$的集合。于是，等距变换群 G 的元素 A 对 $\widetilde{\mathscr{M}}$ 的作用，将诱导一个在 $L(\widetilde{\mathscr{M}})$的作用 A_*，将 q 点的标架$(\mathbf{X},\mathbf{Y})$变换为 $A(q)$的标架$(A_*\mathbf{X},A_*\mathbf{Y})$。这种作用满足条件(1)，因为即使对$(\mathbf{X},\mathbf{Y})\in T_q$，也有$A_*\mathbf{X}\neq\mathbf{X}$，$A_*\mathbf{Y}\neq\mathbf{Y}$，除非 A 是恒等变换；这种作用也满足条件(2)，即使 $\mathbf{X},\mathbf{Y}$ 处于 p 点的零锥上也是如此。于是商 $L(\widetilde{\mathscr{M}})/G$ 是一个 Hausdorff 流形，它是非 Hausdorff 非流形$\widetilde{\mathscr{M}}/G$ 上的纤维丛。在一定意义上，我们可将其视为那个空间的线性标架丛。空间的性态不好但其标架丛的性态却良好，这一事实说明用线性标架丛来看奇点是非常有用的。它的一般过程将在 §8.3 讨论。

现在我们回到四维 Taub 空间$(\mathscr{M},\mathbf{g})$，这里 $\mathscr{M}$是 $R^1\times S^3$，$\mathbf{g}$ 由(5.32)式给出。因为 $\mathscr{M}$是单连通的，所以无法像二维例子那样有一个覆盖空间。但是，如果将 $\mathscr{M}$视为 S^2 上具有纤维 $R^1\times S^1$ 的纤维丛(其中丛投影 $\pi:\mathscr{M}\to S^2$ 定义为$(t,\psi,\theta,\phi)\to(\theta,\phi)$)，则我们可以得到类似的结果。事实上它是 Hopf 纤维化 $S^3\to S^2$(有纤维 S^1)与 t 轴的乘积(Steenrod，1951)。空间$(\mathscr{M},\mathbf{g})$允许一个四维等距变换群，其可迁
175 曲面是三维球面$\{t=常数\}$。这个等距变换群将丛的纤维 $\pi:\mathscr{M}\to S^2$ 映射为纤维，从而$(\mathscr{F},\widetilde{\mathbf{g}})$对都是等距的，这里 $\mathscr{F}$ 是纤维$(\mathscr{F}\approx R^1\times S^1)$，$\widetilde{\mathbf{g}}$ 是 $\mathscr{M}$的四维度规在纤维上诱导的度规。纤维 $\mathscr{F}$ 可视为(t,ψ)平面，$\mathscr{F}$ 的度规 $\widetilde{\mathbf{g}}$ 可通过去掉(5.32)式里 $\mathrm{d}\theta$ 和 $\mathrm{d}\phi$ 项得到，因此 $\widetilde{\mathbf{g}}$ 的形式为

$$\mathrm{d}s^2=-U^{-1}\mathrm{d}t^2+4l^2U(\mathrm{d}\psi)^2。\tag{5.33}$$

点 $q\in\mathscr{M}$的切空间 T_q 可分解为由$\partial/\partial t$ 和$\partial/\partial\psi$ 张成的与纤维相切的垂直子空间 V_q，和由$\partial/\partial\theta$ 和$\partial/\partial\phi-\cos\theta\partial/\partial\psi$ 张成的水平子空间 H_q。任一向量 $\mathbf{X}\in T_q$ 均可分解为 V_q 中的 $\mathbf{X}_V$ 和 H_q 中的 $\mathbf{X}_H$ 两部分，于是 T_q 的度规 $\mathbf{g}$ 可表示为

$$g(\mathbf{X},\mathbf{Y})=g_V(\mathbf{X}_V,\mathbf{Y}_V)+(t^2+l^2)g_H(\pi_*\mathbf{X}_H,\pi_*\mathbf{Y}_H), \quad (5.34)$$

其中,$g_V \equiv \widetilde{\mathbf{g}}$,$\mathbf{g}_H$ 是 $\mathrm{d}s^2=d\theta^2+\sin^2\theta \mathrm{d}\phi^2$ 给定的二维球面的标准度规。这样,虽然度规 $\mathbf{g}$ 不是 $\mathbf{g}_V$ 与$(t^2+l^2)\mathbf{g}_H$的直和(因为 $R^1\times S^3$ 不是 $R^1\times S^1$ 与 S^2 的直积),但在局部也不妨看作这样的和。

令人感兴趣的是度规 $\mathbf{g}$ 包含在 $\mathbf{g}_V$ 内的部分,因此我们考察$(\mathscr{F},\mathbf{g}_V)$对的解析扩展。然后像(5.34)式那样结合二维球面的度规 $\mathbf{g}_H$,它们就给出$(\mathscr{M},\mathbf{g})$的解析扩展。

由(5.33)式给出的 $\mathbf{g}_V$ 在$t=t_\pm$有奇点,此时$U=0$。但如果我们以 ψ 和$t_-<t<t_+$来定义流形 $\mathscr{F}_0$,则$(\mathscr{F}_0,\mathbf{g}_V)$可通过定义

$$\psi'=\psi+\frac{1}{2l}\int\frac{\mathrm{d}t}{U(t)}$$

来扩展。此时度规 $\mathbf{g}'_V$ 的形式为

$$\mathrm{d}s^2=4l\,\mathrm{d}\psi'(lU(t)\mathrm{d}\psi'-\mathrm{d}t)。$$

它在 ψ' 和$-\infty<t<\infty$定义的拓扑为 $S^1\times R$ 的流形 $\mathscr{F}'$上是解析的。$t_-<t<t_+$的$(\mathscr{F}',\mathbf{g}_V')$区域等距于$(\mathscr{F}_0,\mathbf{g}_V)$。在区域 $t_-<t<t_+$不存在闭合类时曲线,但在 $t<t_-$或 $t>t_+$ 区域却可能有。它的性态和前面考虑的空间$(\mathscr{M}',\mathbf{g}')$一样,只是这里有两个视界(在 $t=t_-$ 和 $t=t_+$)而不是 176
一个视界($t=0$)。一族零测地线穿过视界 $t=t_-$ 和 $t=t_+$,但另一族零测地线则在这两个视界曲面附近螺旋环绕,而且是不完备的。

和前面一样,通过定义

$$\psi''=\psi-\frac{1}{2l}\int\frac{\mathrm{d}t}{U(t)},$$

我们还可得到一个扩展。此时度规 $\mathbf{g}_V''$ 的形式为

$$\mathrm{d}s^2=4l\,\mathrm{d}\psi''(lU(t)\mathrm{d}\psi''+\mathrm{d}t),$$

它在 ψ'' 和$-\infty<t<\infty$定义的流形 $\mathscr{F}''$ 上是解析的,而且在 $t_-<t<t_+$ 区域等距于$(\mathscr{F}_0,\mathbf{g}_V)$。

同样,我们可以在覆盖空间里说明两个不同扩展之间的关系。$\mathscr{F}_0$ 的覆盖空间是定义在坐标$-\infty<\psi<\infty$和 $t_-<t<t_+$ 的流形$\widetilde{\mathscr{F}}_0$。在 $\widetilde{\mathscr{F}}_0$ 上,$\mathbf{g}_V$ 可写成双零形式

$$\mathrm{d}s^2=4l^2U(t)\mathrm{d}\psi'\mathrm{d}\psi'', \quad (5.35)$$

其中$-\infty<\psi'<\infty$,$-\infty<\psi''<\infty$。我们可照用于 Reissner-Nordström解的类似方法来扩展这个度规。为此在 $\mathscr{F}_0$ 上定义新坐标

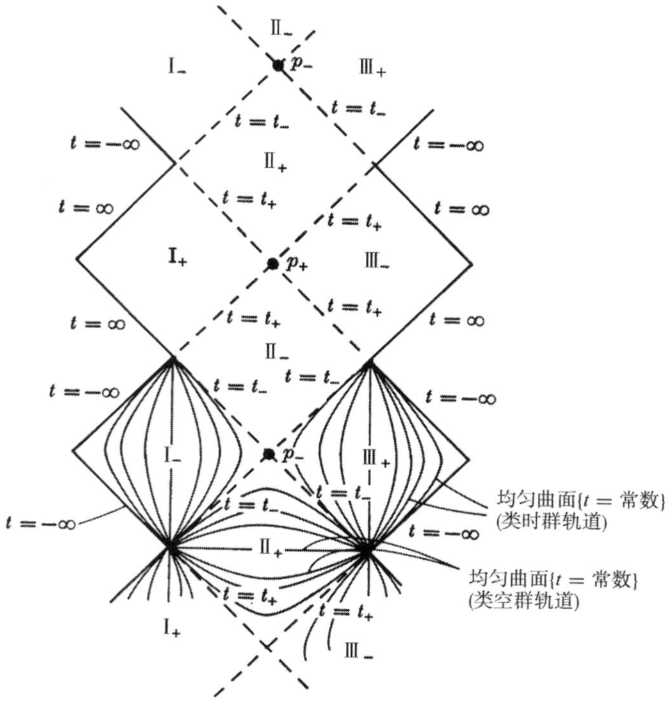

图 33 Taub - NUT 空间二维截面的最大扩展覆盖空间的 Penrose 图。图中显示了等距变换群的轨道。在等距变换群的离散子群下叠合某些点，可从这个空间的部分得到 Taub - NUT 空间及其扩展。

(u_+, v_+)和(u_-, v_-)：

$$u_\pm=\arctan(\exp\ \psi'/\alpha_\pm),\ v_\pm=\arctan(-(\exp(-\psi'')/\alpha_\pm)),$$

这里
$$\alpha_+=\frac{t_+-t_-}{4l(mt+l^2)}\quad 和\quad \alpha_-=\frac{t_+-t_-}{4nl(mt+l^2)}。$$

n 是大于$(mt_++l^2)/(mt_-+l^2)$的某个整数。这样，将此变换应用到(5.35)式得到的度规 $\widetilde{\mathbf{g}}_V$ 在流形 $\widetilde{\mathscr{F}}$ 上是解析的，见图 33。其中坐标(u_+,v_+)在 $t=t_-$ 以外处处解析，而在 $t=t_-$ 至少是 C^3 的；坐标(u_-,v_-)在 $t=t_+$ 以外处处解析，而在 $t=t_+$ 至少是 C^3 的。这与 Reissner - Nordström 解中的(t,r)面的扩展非常相似。

空间$(\widetilde{\mathscr{F}},\mathbf{g}_V)$具有一维等距变换群，其轨道见图 33。在点 p_+，p_-附近，群的作用类似于二维 Minkowski 空间 Lorentz 群的作用(图

32(ii))。令 G 为等距变换群的非平凡元素 A 生成的一个离散子群，则空间$(\widetilde{\mathscr{F}}_0, \mathbf{g}_V)$为某个$(\text{II}_+, \widetilde{\mathbf{g}}_V)$区域关于 G 的商空间。$(\mathscr{F}', \mathbf{g}_V')$为商$(\text{I}_- + \text{II}_+ + \text{III}_-, \widetilde{\mathbf{g}}_V)/G$，$(\mathscr{F}'', \mathbf{g}_V'')$为商

$$(\text{I}_+ + \text{II}_+ + \text{III}_+, \widetilde{\mathbf{g}}_V)/G。$$

取区域$(\text{I}_+ + \text{II}_+ + \text{I}_-)$的商，我们也能得到一个 Hausdorff 流形：它 177
相当于在曲面 $t=t_+$ 扩展$(\mathscr{F}', \mathbf{g}_V')$，而在曲面 $t=t_-$ 扩展$(\mathscr{F}'', \mathbf{g}_V'')$。取全空间$\widetilde{\mathscr{F}}$ 除去 p_+ 和 p_- 两点的商，我们得到非 Hausdorff 流形；取全空间$\widetilde{F}$ 的商，则类似前面例子得到非 Hausdorff 非流形。和那个例子一样，我们可取 $\mathscr{F}$ 的线性标架丛的商来得到 Hausdorff 流形。

结合(t, ψ)平面的扩展和坐标(θ, ϕ)，我们可以得到相应的四维空间$(\mathscr{M}, \mathbf{g})$的扩展。特别是，两个扩展$(\mathscr{F}', \mathbf{g}_V')$和$(\mathscr{F}'', \mathbf{g}_V'')$分别产生$(\mathscr{M}, \mathbf{g})$的两个不同的局部不可扩展的解析扩展，且二者均为测地不完备的。

我们来考察其中一个扩展，如$(\mathscr{M}', \mathbf{g}')$。作为等距变换群的可迁曲面，三维球面在区域 $t_- < t < t_+$ 是类空曲面，但在 $t > t_+$ 和 $t < t_-$ 区 178
域是类时曲面。两可迁曲面 $t=t_-$ 和 $t=t_+$ 为零曲面，它们组成包含在区域 $t_- < t < t_+$ 内的任一类空曲面的 Cauchy 视界，这是因为在区域 $t < t_-$ 和 $t > t_+$ 分别存在不穿过 $t=t_-$ 和 $t=t_+$ 的类时曲线(例如，在区域 $t > t_+$ 和 $t < t_-$ 存在闭合类时曲线)。时空区域 $t_- \leqslant t \leqslant t_+$ 是紧致的，但仍存在包含在其中的类时测地线和零测地线，因而是不完备的。我们将在第 8 章进一步讨论这种性态。

Taub - NUT 空间的更多细节可从 Misner 和 Taub(1969)，Misner(1963)等文献中找到。

5.9 其他精确解

我们在本章考察了一系列精确解，并用它们给出了不同整体性质的例子，后面我们还将更一般地讨论这些整体性质。虽然我们在局域上知道了大量精确解，但相对说来，几乎没有进行过整体的考察。为完善本章的讨论，我们简述另两类有趣的精确解，它们的整体性质已经知道了。

第一类是虚空空间场方程的平面波解。这些解同胚于 R^4，可以选择整体坐标 (y, z, u, v)（范围遍及 $-\infty$ 到 $+\infty$），使度规有如下形式

$$ds^2 = 2\mathrm{d}u\,\mathrm{d}v + \mathrm{d}y^2 + \mathrm{d}z^2 + H(y, z, u)\,\mathrm{d}u^2,$$

其中

$$H = (y^2 - z^2) f(u) - 2yzg(u);$$

这里 $f(u)$ 和 $g(u)$ 是任意 C^2 函数，它们分别确定波的振幅和极化。在零曲面 $\{u = \text{常数}\}$ 上，这些空间是乘法可迁的五参数等距群作用下的不变量。在 $f(u) = \cos 2u$，$g(u) = \sin 2u$ 的特殊解中，允许有额外的 Killing 向量场，因而在六参数等距变换群下是不变的均匀时空。平面波解的解空间不含任何闭合类时曲线或零曲线，但也不允许有 Cauchy 曲面（Penrose（1965*a*））。这些空间的局部性质已由 Bondi，Pirani 和 Robinson（1959）作了详尽讨论；Penrose（1965*a*）考察了其整体性质；
179 Oszváth 和 Schücking（1962）则研究了更高对称空间的整体性质。Khan 与 Penrose（1971）还研究了两个冲击平面波如何相互散射并产生一个奇点等问题。

另一类精确解是 Carter（1968*b*）发现的无源 Einstein－Maxwell 方程的五参数族精确解（也可参见 Demianski and Newman（1966））。这些解将 Schwarzschild 解、Reissner－Nordström 解、Kerr 解、荷电 Kerr 解、Taub－NUT 解、de Sitter 解和反 de Sitter 解等都作为特例囊括其中。Carter（1967）描述了某些解的整体性质；Ehlers 和 Kundt（1962），Kinnersley 和 Walker（1970）则就与之紧密相关的某些情形进行了研究。

6
因果结构

根据 § 3.2 的假设(a),仅当 $\mathscr{M}$ 的两点可用非类空曲线连接时,它 180
们之间才能互相传递信号。本章我们将进一步探讨这种因果关系的性质,并给出一系列结果,用于第 8 章证明奇点的存在性。

根据 § 3.2,因果关系研究等同于 $\mathscr{M}$ 的共形几何研究,即相当于对所有与物理度规 $\mathbf{g}$ 共形的度规 $\tilde{\mathbf{g}}$($\tilde{\mathbf{g}}=\Omega^2\mathbf{g}$,这里 Ω 是非零 C^r 函数)的集合进行研究。一般说来,在这种度规的共形变换下,测地曲线不可能仍是测地线,除非它是零测地线;而且即使是零测地线,其沿曲线的仿射参数也无法保证变换后仍是仿射参数。因此,在大多数场合,测地线的完备性质(即全部测地线是否都能扩展到任意的仿射参数值)有赖于具体的共形因子,因而不具有共形几何属性(§ 6.4 描述的特殊情形例外)。事实上,Clarke(1971)和 Siefert(1968)已经证明,只要物理上合理的因果条件能够满足,任何 Lorentz 度规必然共形于这样一种度规,其零测地线和所有未来方向的类时测地线均是完备的。我们将在第 8 章对测地线的完备性作进一步讨论,以便为奇点的定义提供基础。

§ 6.1 主要讨论类时和类空基的定向问题。§ 6.2 定义基本的因果关系,并将非类空曲线的定义从分段可微扩展到连续可微。集合的未来边界的性质的推导则放在 § 6.3。§ 6.4 讨论排除因果性破坏和近似破坏所需的诸多条件。§ 6.5 和 § 6.6 分别引入与之紧密相关的 Cauchy 发展和整体双曲性的概念;这些概念将在 § 6.7 用于证明某些点对间存在最长的非类空测地线。

在 § 6.8,我们介绍 Geroch、Kronheimer 和 Penrose 为时空附加因
果边界而引入的构造方法。在 § 6.9 研究的一类渐近平直时空为这种 181
边界提供了一个特别的例子。

6.1 可定向性

在我们的时空邻域，有一个由准孤立热力学系统内的熵增方向所确立的时间箭头方向。但我们还不清楚这个箭头方向与宇宙膨胀定义的方向和电动力学辐射所定义的方向有什么关系。对此感兴趣的读者可以在 Gold(1967)，Hogarth(1962)，Hoyle 和 Narlikar(1963)，以及 Ellis 和 Sciama(1972)中找到进一步的讨论。物理上看，似乎有理由假定存在一种连续定义在每个时空点的局部热力学时间箭头，但我们仅要求能对非类空向量连续地定义一种分割，将分割的两部分任意贴上未来方向和过去方向的标签。如果是这样的，则称时空是**时间可定向的**。某些时空不能这样定义时间方向，例如 de Sitter 空间(§5.2)的时空，它的点是通过对五维嵌入空间的原点的反射而叠合起来的。在这个空间里，存在不同伦于零的闭合曲线，时间沿曲线一周就反向了。不过，把叠合点重新分开，显然就能简单克服这个困难，事实上也总存在这样一种情形：如果时空($\mathscr{M}$, $\mathbf{g}$)不是时间可定向的，则它有一个时间可定向的双覆盖空间($\widetilde{\mathscr{M}}$, $\mathbf{g}$)。这里 $\widetilde{\mathscr{M}}$ 可定义为所有点对(p, α)的集合，其中 $p \in \mathscr{M}$, α 是 p 点的两个时间方向之一。那么，根据 $\widetilde{\mathscr{M}}$ 的自然结构和投影映射 $\pi:(p,\alpha) \to p$, $\widetilde{\mathscr{M}}$ 就是 $\mathscr{M}$ 的一个双覆盖。如果 $\widetilde{\mathscr{M}}$ 由两个不连通的分支组成，则($\mathscr{M}$, $\mathbf{g}$)是时间可定向的；如果 $\widetilde{\mathscr{M}}$ 是连通的，则($\mathscr{M}$, $\mathbf{g}$)不是时间可定向的，但($\widetilde{\mathscr{M}}$, $\mathbf{g}$)是。我们下面假定，要么($\mathscr{M}$, $\mathbf{g}$)是时间可定向的，要么我们处理的是一个时间可定向的覆盖空间。如果我们能证明覆盖的时空内存在奇点，则($\mathscr{M}$, $\mathbf{g}$)也存在奇点。

人们或许还会问，时空是否是**空间可定向的**，即是否能以连续方式将三个类空坐标轴的基也分成右手基和左手基？Geroch (1967a)曾指
182 出，这种空间可定向性和时间可定向性之间存在着有趣的关联，因为一些基本粒子实验结果，不论在单独的电荷或宇称反演下，还是在二者联合作用下，都不是不变的。另一方面，理论上有理由相信，所有相互作用在电荷、宇称和时间反演的联合作用下都是不变的(CPT 定理，见 Streater 和 Wightman(1964))。如果我们认为，在电荷和宇称反演下

弱作用的非不变性不只是一种局部效应，而是时空所有点均存在，则沿任一闭曲线一周后，不论是电荷符号、类空坐标基的取向，还是时间的取向，它们要么都反向，要么都不反向。（在普通的 Maxwell 理论中，空间各点的电磁场均有确定的符号。它不允许电荷符号绕非同伦于零的闭合曲线一周之后发生改变，除非时间取向也改变。但我们可提出一种理论，其中的场是双值的，并在绕那样的曲线一周后改变符号。这样的理论将与所有现有实验事实相容。）特别是，如果我们假定时空是时间可定向的，则它也必然是空间可定向的。（事实上，仅根据实验事实就能做出这一假定，而不必诉诸 CPT 定理。）

Geroch(1968c)还证明，如果能在时空的每一点定义二分量旋量场，则时空必然是可平行化的，就是说，我们总可以在每一点引入一个连续的切空间基系。（后来 Geroch 从旋量结构的存在导出了进一步的结果(1970a)）。

6.2 因果曲线

令时空具有上节说明的那种时间可定向性，则我们可将每一点的非类空向量分为未来方向的和过去方向的。于是，对集合 $\mathscr{S}$ 和 $\mathscr{U}$，我们定义 **$\mathscr{S}$ 相对于 $\mathscr{U}$ 的时序未来** $I^+(\mathscr{S},\mathscr{U})$ 是 $\mathscr{U}$ 的一个点集，其所有的点都能经自 $\mathscr{S}$ 出发的 $\mathscr{U}$ 中未来方向的类时曲线到达。（这里所谓曲线，总是指它有一定的扩展，而非孤立的一点，因此 $I^+(\mathscr{S},\mathscr{U})$ 可以不包含 $\mathscr{S}$。）$I^+(\mathscr{S},\mathscr{M})$ 简记为 $I^+(\mathscr{S})$，它是开集，因为如果从 $\mathscr{S}$ 出发的未来方向的类时曲线能到达点 $p\in\mathscr{M}$，则它必然也能到达 p 的某一小邻域。

这个定义有一个对偶的定义，即用“过去”替换“未来”，用“－”替换 183
“＋”。为避免重复，我们将这种对偶定义及其结果视为自明的。

$\mathscr{S}$ 相对于 $\mathscr{U}$ 的因果未来记为 $J^+(\mathscr{S},\mathscr{U})$，定义为 $\mathscr{S}\cap\mathscr{U}$ 和 $\mathscr{U}$ 中所有能从 $\mathscr{S}$ 出发的未来方向的非类空曲线到达点的集合的并。我们曾在§4.5 看到，两点间的一条不是零测地线的非类空曲线，可通过变形成为这两点间的类时曲线，因此，如果 $\mathscr{U}$ 是开集，且 $p,q,r\in\mathscr{U}$，则

$$\left.\begin{array}{ll}\text{要么} & q\in J^+(p,\mathscr{U}),\ r\in I^+(q,\mathscr{U})\\ \text{或} & q\in I^+(p,\mathscr{U}),\ r\in J^+(q,\mathscr{U})\end{array}\right\}\quad\text{总有 } r\in I^+(p,\mathscr{U})\text{。}$$

由此可知，$\overline{I^+}(p,\mathscr{U})=\overline{J^+}(p,\mathscr{U})$，$\dot{I}^+(p,\mathscr{U})=\dot{J}^+(p,\mathscr{U})$，这里，对任一集合 $\mathscr{K}$，$\overline{\mathscr{K}}$ 为 $\mathscr{K}$ 的闭包，$\mathscr{K}$ 的边界则记为

$$\dot{\mathscr{K}} \equiv \overline{\mathscr{K}} \cap (\overline{\mathscr{M}-\mathscr{K}})。$$

同前面一样，$J^+(\mathscr{S},\mathscr{M})$简记为 $J^+(\mathscr{S})$，它是受 $\mathscr{S}$ 内事件因果影响的时空区域。即使 $\mathscr{S}$ 是一个单点，这个区域也不一定是闭集，如图 34 所示。图中的例子还附带示范了构造具有确定因果性质的时空的有效方法：从一个简单时空（除非另有说明，以后谈到时空均指 Minkowski 时空）开始，除去任一闭集，然后根据需要再以适当方式将
184 其黏结（即叠合 $\mathscr{M}$ 上的点）。其结果仍将是一个具有 Lorentz 度规的流形，故仍是一时空，尽管它在除去某些点的地方可能显得很不完备。然而，如前面讲的，这种不完备性可经适当的共形变换来补救，即把除去的点变换为无穷远点。

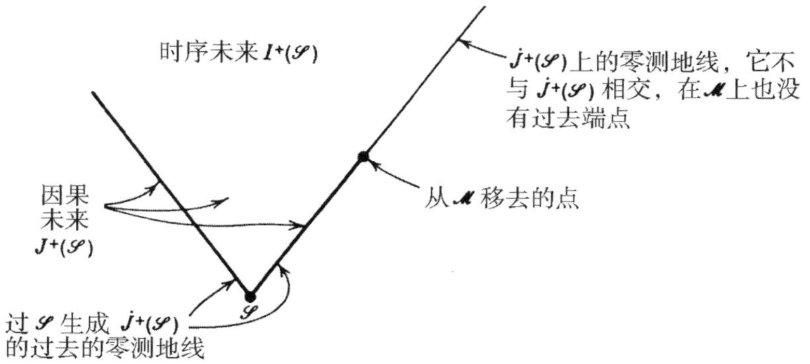

图 34 从 Minkowski 空间移去一点时，闭集 $\mathscr{S}$ 的因果未来$J^+(\mathscr{S})$不一定是闭的。$\mathscr{S}$ 的未来边界的延展部分可由 $\mathscr{M}$上没有过去端点的零测地线段生成

$\mathscr{S}$ 相对于 $\mathscr{U}$ 的未来边界记为 $E^+(\mathscr{S},\mathscr{U})$，定义为 $J^+(\mathscr{S},\mathscr{U})-I^+(\mathscr{S},\mathscr{U})$。我们将$E^+(\mathscr{S},\mathscr{M})$简写为$E^+(\mathscr{S})$。（在某些文献里，关系 $p\in I^+(q)$，$p\in J^+(q)$和 $p\in E^+(q)$分别记为 $q\ll p$，$q<p$ 和 $q\rightarrow p$。）如果 $\mathscr{U}$ 是开集，则由命题 4.5.10，$E^+(\mathscr{S},\mathscr{U})$的点必处于从 $\mathscr{S}$ 出发的未来方向的零测地线上；如果 $\mathscr{U}$ 是 p 点的凸正规邻域，则由命题 4.5.1，$E^+(p,\mathscr{U})$由 $\mathscr{U}$ 中自 p 出发的未来方向的零测地线组成，并在

$\mathscr{U}$ 内构成 $I^+(\mathscr{S}, \mathscr{U})$和 $J^+(\mathscr{S}, \mathscr{U})$的共同边界。因此，在 Minkowski 空间里，p 点的零锥形成 p 点的因果未来和时序未来的边界。但在更复杂的时空里，情形未必如此(图 34)。

为方便后面的论述，我们将分段可微定义下的类时曲线和非类空曲线扩展为连续曲线。尽管这种曲线可能没有切向量，但只要曲线的任意两点可局部用一条分段可微的非类空曲线来连接，则我们仍认为它是非类空曲线。更准确地说，我们称曲线 $\gamma: F\to\mathscr{M}$ (这里 F 是 R^1 的一个连通区间)是**未来方向的非类空曲线**，是指对每个 $t\in F$，在 F 内存在 t 的邻域 G，在 $\mathscr{M}$ 上存在 $\gamma(t)$的凸正规邻域 $\mathscr{U}$，使得对任一 $t_1\in G$，在 $t_1<t$ 时有 $\gamma(t_1)\in J^-(\gamma(t), \mathscr{U})-\gamma(t)$，而在 $t_1>t$ 时有 $\gamma(t_1)\in J^+(\gamma(t), \mathscr{U})-\gamma(t)$。如果同样条件在 I 而不是 J 中成立，则称曲线 γ 是**未来方向的类时曲线**。除非另有说明，以后我们谈到类时或非类空曲线都指这种连续曲线。并且，当一条曲线是另一条曲线的重新参数化时，我们称二者是等价的。通过这种推广，我们可以建立一个将在本章余下部分反复用到的结果。为此我们先给出一些定义。

如果对某一点 p 的每个邻域 $\mathscr{V}$ 都有 $t\in F$，使对每一个 $t_1\in F$ 在 $t_1\geqslant t$ 时有 $\gamma(t_1)\in\mathscr{V}$，则称 p 点是未来方向的非类空曲线 $\gamma: F\to\mathscr{M}$ **的**
未来端点。如果一条非类空曲线没有未来端点(或在集合 $\mathscr{S}$ 内没有未 185
来端点)，则称它是**未来不可扩展的**(**或在集合 $\mathscr{S}$ 上是未来不可扩展的**)。如果 p 点的每个邻域都与无数非类空曲线序列 λ_n 相交，则称 p 点是无限非类空曲线序列 λ_n 的极限点。如果存在 λ_n 的子序列 λ'_n，使对每一点 $p\in\lambda$ 都有 λ'_n 收敛于 p，则称非类空曲线 λ 是序列 λ_n 的极限曲线。

引理 6.2.1

令 $\mathscr{S}$ 为一开集，λ_n 为 $\mathscr{S}$ 内未来不可扩展的非类空曲线的无穷序列。如果点 $p\in\mathscr{S}$ 是序列 λ_n 的极限点，则过 p 点存在 $\mathscr{S}$ 内的未来不可扩展的非类空曲线 λ，它是 λ_n 的极限曲线。

由于可将 $\mathscr{S}$ 视为具有 Lorentz 度规的流形，故只需考虑 $\mathscr{S}=\mathscr{M}$ 的情形。令 $\mathscr{U}_1$ 是 p 的凸正规坐标邻域，$\mathscr{B}(q, a)$是 q 的坐标半径为 a 的开球，取 $b>0$ 使 $\mathscr{B}(p,b)$有定义，并令 $\lambda(1, 0)_n$ 是 $\lambda_n\cap\mathscr{U}_1$ 的收敛于 p 的子序列。因为 $\dot{\mathscr{B}}(p, b)$紧致，故它包含 $\lambda(1, 0)_n$ 的极限点。任何这

种极限点 y 必然要么处于 $J^-(p,\mathscr{U}_1)$ 内，要么处于 $J^+(p,\mathscr{U}_1)$ 内，否则就会有 y 的邻域 $\mathscr{V}_1$ 和 p 的邻域 $\mathscr{V}_2$，二者之间不存在 $\mathscr{U}_1$ 内的非类空曲线。取

$$x_{11}\in J^+(p,\mathscr{U}_1)\cap\dot{\mathscr{B}}(p,b)$$

为这些极限点之一（图 35），并取 $\lambda(1,1)_n$ 为 $\lambda(1,0)_n$ 的收敛于 x_{11} 的子序列。点 x_{11} 将是极限曲线 λ 的一个点；继续数学归纳法，我们定义

$$x_{ij}\in J^+(p,\mathscr{U}_1)\cap\dot{\mathscr{B}}(p,i^{-1}jb)$$

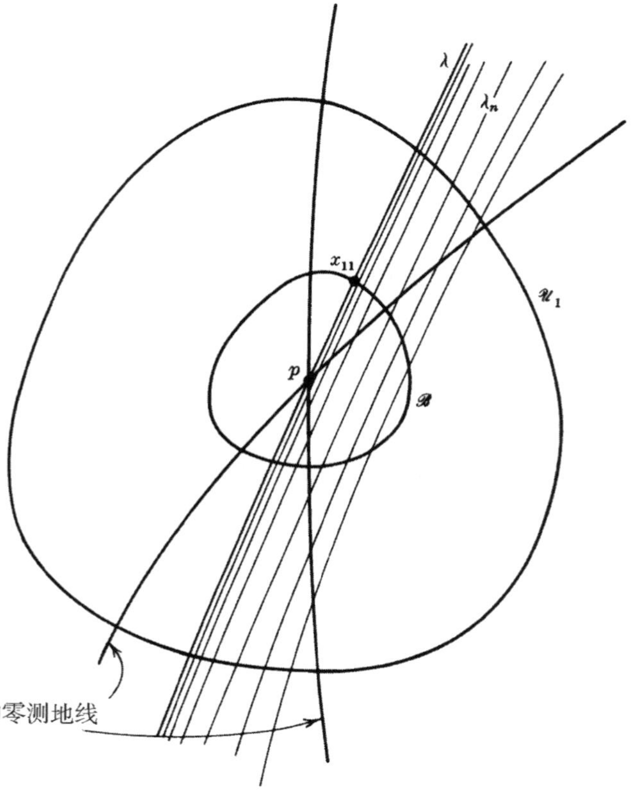

图 35　过一族非类空曲线 λ_n 的限极点 p 的非类空极限曲线 λ

为 $j=0$ 时子序列 $\lambda(i-1,i-1)_n$ 的极限点，或 $i\geqslant j\geqslant 1$ 时子序列 $\lambda(i,j-1)_n$ 的极限点，定义 $\lambda(i,j)_n$ 为上述子序列的收敛于 x_{ij} 的子序列。换句话说，我们在把区间 $[0,\ b]$ 分割成越来越小的部分，并在相应的 p 的球面上得到我们极限曲线上的点。由于 x_{ij} 的任意两点之间均

有非类空间隔，因此所有 $x_{ij}(j\geqslant i)$ 的并的闭包将给出从 $p=x_{i0}$ 到 $x_{11}=x_{ii}$ 的非类空曲线 λ。现在，剩下的事情是构造 λ_n 的子序列 λ'_n，使对每一个 $q\in\lambda$，λ'_n 收敛于 q。我们这么来构造 λ'_n：取 λ'_m 为 $\lambda(m,m)_n$ 的元素，对 $0\leqslant j\leqslant m$，它与每个球 $\mathscr{B}(x_{mj},m^{-1}b)$ 相交，这样，λ 将是 λ_n 的自 p 到 x_{11} 的极限曲线。现在令 $\mathscr{U}_2$ 是 x_{11} 的凸正规坐标邻域，然后对序列 λ'_n 重复上述构造过程。不断如此重复，我们就能无限扩展 λ。

□

6.3 非时序边界 186

从命题 4.5.1 知，在凸正规领域 $\mathscr{U}$ 内，$I^+(p,\mathscr{U})$ 或 $J^+(p,\mathscr{U})$ 的边界由源自 p 的未来方向的零测地线组成。为了导出更一般的边界的性质，我们引入非时序集和未来集的概念。

如果 $I^+(\mathscr{S})\cap\mathscr{S}$ 为空，或者说，如果 $\mathscr{S}$ 的任意两点间不存在类时间隔，则称集合 $\mathscr{S}$ 是**非时序的**（有些文献也称“半类空的”）。如果 $\mathscr{S}\supset I^+(\mathscr{S})$，则称 $\mathscr{S}$ 是**未来集合**。注意，如果 $\mathscr{S}$ 是未来集合，则 $\mathscr{M}-\mathscr{S}$ 是过去集合。未来集合的例子包括 $I^+(\mathscr{N})$ 和 $J^+(\mathscr{N})$，这里 $\mathscr{N}$ 是任意集合。非时序集合的例子见下述基本结果。

命题 6.3.1 187

如果 $\mathscr{S}$ 是未来集合，则其边界 $\dot{\mathscr{S}}$ 是一嵌入非时序三维 C^{1-} 闭子流形。

若 $q\in\dot{\mathscr{S}}$，则 q 的任意邻域都与 $\mathscr{S}$ 和 $\mathscr{M}-\mathscr{S}$ 相交。若 $p\in I^+(q)$，则 $I^-(p)$ 内存在 q 的邻域。故 $I^+(q)\subset\mathscr{S}$。类似地，$I^-(q)\subset(\mathscr{M}-\mathscr{S})$。若 $r\in I^+(q)$，则存在 r 的邻域 $\mathscr{V}$ 使 $\mathscr{V}\subset I^+(q)\subset\mathscr{S}$。故 r 不可能属于 $\dot{\mathscr{S}}$。我们可在 q 的邻域 $\mathscr{U}_\alpha$ 上引入正规坐标系 (x^1,x^2,x^3,x^4)，令 $\partial/\partial x^4$ 类时且使曲线 $\{x^i=$常数$(i=1,2,3)\}$ 与 $I^+(q,\mathscr{U}_\alpha)$ 和 $I^-(q,\mathscr{U}_\alpha)$ 相交。于是，每一条这样的曲线必然恰好包含 $\dot{\mathscr{S}}$ 的一点。这些点的 x^4 坐标必为 $x^i(i=1,2,3)$ 的 Lipschitz 函数，因为 $\dot{\mathscr{S}}$ 的任意两点间均不存在类时间隔。因此，对 $p\in\mathscr{S}\cap\mathscr{U}_\alpha$，由 $\phi_\alpha(p)=$

$x^i(p)(i=1,2,3)$定义的一一映射 $\phi_\alpha: \mathscr{S} \cap \mathscr{U}_\alpha \to R^3$ 是同胚。故$(\dot{\mathscr{S}} \cap \mathscr{U}_\alpha, \phi_\alpha)$是$\dot{\mathscr{S}}$ 的 C^{1-} 坐标卡集。 □

我们称具有命题 6.3.1 所列$\dot{\mathscr{S}}$ 的性质的集合为**非时序边界**。这种集合可分为如下四个不相交的子集$\dot{\mathscr{S}}_N$, $\dot{\mathscr{S}}_+$, $\dot{\mathscr{S}}_-$ 和 $\dot{\mathscr{S}}_0$:对$q \in \dot{\mathscr{S}}$，可能存在也可能不存在 p，$r \in \dot{\mathscr{S}}$，满足 $p \in E^-(q)-q$，$r \in E^+(q)-q$。不同可能性根据下表来定义$\dot{\mathscr{S}}$ 的不同子集：

$q \in$	$\exists p$	$\nexists p$	
	$\dot{\mathscr{S}}_N$	$\dot{\mathscr{S}}_-$	$\exists r$
	$\dot{\mathscr{S}}_+$	$\dot{\mathscr{S}}_0$	$\nexists r$

若 $q \in \dot{\mathscr{S}}_N$，则 $r \in E^+(p)$，这是因为 $r \in J^+(p)$，同时由命题 6.3.1，$r \notin I^+(p)$。这意味着$\dot{\mathscr{S}}$ 内存在过 q 的零测地线段。若 $q \in \dot{\mathscr{S}}_+(\dot{\mathscr{S}}_-)$，则 q 是$\dot{\mathscr{S}}$ 内零测地线的未来(过去)端点。子集$\dot{\mathscr{S}}_0$ 是类空的(更严格地说，是非因果的)。图 36 展示了这些子集之间的区别。

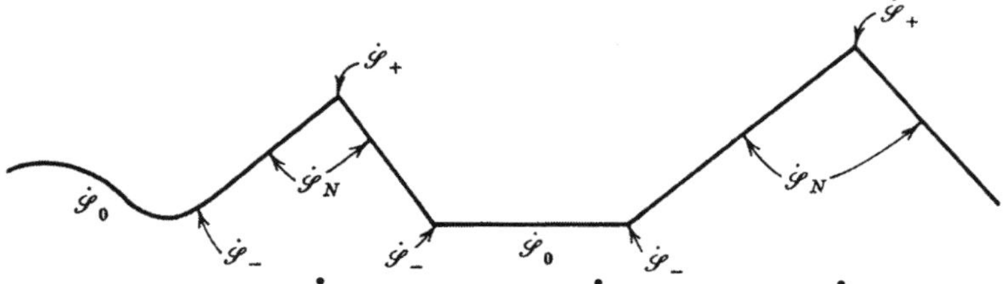

图 36 非时序边界$\dot{\mathscr{S}}$ 可分成四组：$\dot{\mathscr{S}}_0$是类空的，$\dot{\mathscr{S}}_N$是零性的，$\dot{\mathscr{S}}_+(\dot{\mathscr{S}}_-)$则是$\dot{\mathscr{S}}$ 内零测地线的未来(过去)端点

下面的 Penrose 引理(Penrose(1968))，给出了处于$\dot{\mathscr{S}}_N$，$\dot{\mathscr{S}}_+$ 或$\dot{\mathscr{S}}_-$ 上的点应具备的条件：

引理 6.3.2

令 $\mathscr{W}$ 是 $q\in\dot{\mathscr{S}}$ 的一个邻域，这里 $\mathscr{S}$ 是未来集，则

(i) $I^{+}(q)\subset I^{+}(\mathscr{S}-\mathscr{W})$ 包含 $q\in\dot{\mathscr{S}}_{N}\cup\dot{\mathscr{S}}_{+}$，

(ii) $I^{-}(q)\subset I^{-}(\mathscr{M}-\mathscr{S}-\mathscr{W})$ 包含 $q\in\dot{\mathscr{S}}_{N}\cup\dot{\mathscr{S}}_{-}$。

由于 $\dot{\mathscr{S}}$ 也可视为过去集($\mathscr{M}-\mathscr{S}$)的边界，故我们只需证明(i)就 188
足够了。令$\{x_n\}$是 $I^{+}(q)\cap\mathscr{W}$ 上收敛于 q 的无穷点列。若 $I^{+}(q)\subset I^{+}(\mathscr{S}-\mathscr{W})$，则有自每一 x_n 到 $\mathscr{S}-\mathscr{W}$ 的过去方向的类时曲线 λ_n。由引理 6.2.1，有自 q 到($\overline{\mathscr{S}-\mathscr{M}}$)的过去方向的极限曲线 λ。因为 $I^{-}(q)$是开集且包含于 $\mathscr{M}-\mathscr{S}$，故 $I^{-}(q)\cap\mathscr{S}$ 是空集。因此 λ 必为零测地线并处于 $\dot{\mathscr{S}}$ 内。 □

作为上述结果的例子，我们考虑闭集 $\mathscr{K}$ 的未来边界$\dot{J}^{+}(\mathscr{K})=\dot{I}^{+}(\mathscr{K})$。根据命题 6.3.1，这是一个非时序流形，又由上述引理，$\dot{J}(\mathscr{K})-\mathscr{K}$的每一点属于$[\dot{J}^{+}(\mathscr{K})]_{N}$ 或$[\dot{J}^{+}(\mathscr{K})]_{+}$。这说明 $\dot{J}(\mathscr{K})-\mathscr{K}$由零测地线段生成。这些线段在$\dot{J}^{+}(\mathscr{K})-\mathscr{K}$内可以有未来端点；但如果它们有过去端点，则这些过去端点只能在 $\mathscr{K}$ 本身。如图 34所示，还可能存在零测地线生成的线段，它们没有过去端点，但能向外无限扩展。应该承认，这个例子过于人为化了。但 Penrose (1965a)证明，即使像平面波解那样的简单情形，也会出现类似性态。反 de Sitter 解(§5.2)和 Reissner-Nordström 解(§5.5)则提供了另外的例子。我们将在§6.6 看到，这种性态与这些解不具有 Cauchy 曲面有关。

对开集 $\mathscr{U}$ 的每一个紧集 $\mathscr{K}\subset\mathscr{U}$，如果有

$$\dot{J}^{+}(\mathscr{K})\cap\mathscr{U}=E^{+}(\mathscr{K})\cap\mathscr{U} \quad 和 \quad \dot{J}^{-}(\mathscr{K})\cap\mathscr{U}=E^{-}(\mathscr{K})\cap\mathscr{U},$$

则称 $\mathscr{U}$ 是**因果简单的**。这相当于说 $J^{+}(\mathscr{K})$和 $J^{-}(\mathscr{K})$在 $\mathscr{U}$ 内是闭的。

6.4 因果性条件

§3.2的假设(a)仅要求因果性在局部成立,没讨论整体性问题。
189 因此我们不排除在大尺度上可能存在闭合类时曲线(即类时 S^1)。但这种曲线的存在似乎有可能导致逻辑悖论:想象一下,如果我们驾驶飞船沿这种闭合曲线飞行一圈,回到出发之前,于是从一开始就能阻止自己起飞。当然,存在这个矛盾只是因为我们坚持简单的自由意志的观念,但这个矛盾并不是可以轻易忽略的,因为我们的整个科学价值体系都是基于假定我们能够自由地从事任何实验。我们也许可以构造一种理论,它允许存在闭合类时曲线,并修正了自由意志的概念(例如Schmidt(1966)),但我们更愿意相信,时空满足我们所谓的**时序性条件**:不存在闭合类时曲线。当然,我们也必须牢记,可能存在并不满足时序性条件的时空点(也许是那些密度或曲率非常大的点)。所有这些点的集合称为 $\mathscr{M}$ 的**时序性破坏**集,具有以下性质:

命题 6.4.1(*Carter*)

$\mathscr{M}$ 的时序性破坏集是形如 $I^+(q)\cap I^-(q)$, $q\in\mathscr{M}$ 的集合的不相交并集。

如果 q 处于 $\mathscr{M}$ 的时序性破坏集内,则必存在一条未来方向的类时曲线 λ,以 q 点为过去端点和未来端点。如果 $r\in I^-(q)\cap I^+(q)$,则从 q 到 r 必存在过去方向和未来方向的类时曲线 μ_1 和 μ_2。于是,$(\mu_1)^{-1}\circ\lambda\circ\mu_2$ 是一条未来方向的类时曲线,以 r 点为过去端点和未来端点。而且,如果

$$r\in[I^-(q)\cap I^+(q)]\cap[I^-(p)\cap I^+(p)]$$

则
$$p\in I^-(q)\cap I^+(q)=I^-(p)\cap I^+(p)。$$

另外我们注意到,时序性遭破坏的每一点 r 均处于集合 $I^-(r)\cap I^+(r)$ 内,这就完成了证明。 □

命题 6.4.2

如果 $\mathscr{M}$ 为紧集,则 $\mathscr{M}$ 的时序性破坏集非空。

$\mathscr{M}$可为形如 $I^+(q)$，$q\in\mathscr{M}$的开集所覆盖。如果在 q 点时序性条件成立，则 $q\notin I^+(q)$。因此如果时序性条件在每一点成立，则 $\mathscr{M}$不可能被有限个形如 $I^+(q)$的开集所覆盖。 □ 190

根据这一结果，我们似乎有理由假定时空是非紧的。时空非紧的另一个论据是，任何具有 Lorentz 度规的四维紧致流形都不可能是单连通的。（存在 Lorentz 度规意味着 Euler 数 $\chi(\mathscr{M})$为零（Steenrod(1951)，207 页）。而 $\chi=\sum_{n=0}^{4}(-1)^n B_n$，这里 $B_n\geqslant 0$ 是$\mathscr{M}$的n 阶 Betti 数。根据对偶性(Spanier(1966)，297 页)，$B_n=B_{4-n}$。因为 $B_0=B_4=1$，说明 $B_1\neq 0$，进而说明 $\pi_1(\mathscr{M})\neq 0$(Spanier(1966)，398 页)。)因此，紧致时空实际上是点被叠合的非紧流形。但从物理上考虑，我们似乎有理由不叠合流形的点，而认为覆盖流形代表着时空。

如果不存在闭合非类空曲线，我们就说满足**因果性条件**。类似命题 6.4.1，有

命题 6.4.3

不满足因果性条件的点集是形如 $J^-(q)\cap J^+(q)$，$q\in\mathscr{M}$集合的不相交并集。 □

特别是，如果因果性条件在点 $q\in\mathscr{M}$被破坏但时序性条件仍成立，则必存在过 q 的闭合零测地线 γ。令 v 是 γ 的仿射参数（视为 R^1 的开区间到 $\mathscr{M}$的映射），并令$\cdots, v_{-1}, v_0, v_1, v_2, \cdots$为 v 在q 的相继取值。于是我们可以在 q 点比较切向量$\partial/\partial v|_{v=v_0}$ 和$\partial/\partial v|_{v=v_1}$，后者由$\partial/\partial v|_{v=v_0}$绕 γ 平行移动一圈而得。由于二者指向同一方向，故必成正比：$\partial/\partial v|_{v=v_1}=a\partial/\partial v|_{v=v_0}$。因子 a 具有如下意义：γ 的第 n 个回路所经历的仿射距离 $(v_{n+1}-v_n)$等于 $a^{-n}(v_1-v_0)$。因此，如果 $a>1$，则 v 将永远达不到值$(v_1-v_0)(1-a^{-1})^{-1}$，故 γ 在未来方向是不完备的，尽管我们能够绕行无穷多圈。类似地，如果 $a<1$，则 γ 在过去方向是不完备的；而如果 $a=1$，则 γ 在过去、未来两个方向都是完备的。在§5.7 描述的 Taub-NUT 空间的二维模型里，就有 $a>1$ 的闭合零测地线的例子。由于因子 a 是共形不变量，这种不完备性与共形因子无关。但这种行为只会出现在因果性有某种程度的破坏的情形。如果 191

强因果性条件成立(见下面),则度规经过适当的共形变换,将使所有零测地线都成为完备的(Clarke,1971)。

根据下面的结果,因子 a 还有进一步的意义。

命题 6.4.4

如果 γ 是未来方向的不完备闭合零测地线,则存在 γ 的变分将 γ 的每一点向未来移动,并产生一闭合类时曲线。

由 § 2.6 知,我们可在 $\mathscr{M}$ 上找一归一化类时线素场($\mathbf{V}$,$-\mathbf{V}$),使 $g(\mathbf{V},\mathbf{V})=-1$。由于我们假定 $\mathscr{M}$ 是时间可定向的,因此可一致地选取($\mathbf{V}$,$-\mathbf{V}$)的一个方向,从而得到未来方向的单位类时向量场 $\mathbf{V}$,然后,我们定义正定度规 $\mathbf{g}'$

$$g'(\mathbf{X},\mathbf{Y})=g(\mathbf{X},\mathbf{Y})+2g(\mathbf{X},\mathbf{Y})g(\mathbf{Y},\mathbf{V})。$$

令 t 为 γ 的一个(非仿射)参数,它在某点 $q\in\gamma$ 为零,并使 $g(\mathbf{V},\partial/\partial t)=-2^{-1/2}$。于是 t 度量了度规 $\mathbf{g}'$ 下沿 γ 的固有距离,其区间为 $-\infty<t<\infty$。考虑 γ 的变分,其变分向量 $\partial/\partial u$ 等于 $x\mathbf{V}$,这里 x 是一函数 $x(t)$。由 § 4.5 知,

$$\frac{1}{2}\frac{\partial}{\partial u}g\left(\frac{\partial}{\partial t},\frac{\partial}{\partial t}\right)=\frac{\mathrm{d}}{\mathrm{d}t}g\left(\frac{\partial}{\partial t},\frac{\partial}{\partial t}\right)-g\left(\frac{\partial}{\partial u},\frac{\mathrm{D}}{\partial t}\frac{\partial}{\partial t}\right)$$

$$=-2^{-\frac{1}{2}}\left(\frac{\mathrm{d}x}{\mathrm{d}t}-xf\right),$$

其中 $f\partial/\partial t=(\mathrm{D}/\partial t)(\partial/\partial t)$。现在假定 v 是 γ 的仿射参数,于是 $\partial/\partial v$ 正比于 $\partial/\partial t$:$\partial/\partial v=h\partial/\partial t$,这里 $h^{-1}\mathrm{d}h/\mathrm{d}t=-f$。沿 γ 绕行一圈,$\partial/\partial v$ 将按因子 $a>1$ 增长。故

$$\oint f\mathrm{d}t=-\log a\leqslant 0。$$

因此,如果我们取 $x(t)$ 为

$$\exp\left(\int_0^t f(t')\mathrm{d}t'+b^{-1}t\ \log a\right),$$

其中 $b=\oint\mathrm{d}t$,则它给出 γ 的未来方向的变分,并生成一闭合类时曲线。

□

192 **命题 6.4.5**

如果:

(a)对每个零向量 $\mathbf{K}$,有 $R_{ab}K^aK^b \geqslant 0$;

(b)一般性条件成立,即每条零测地线都包含 $K_{[a}R_{b]cd[e}K_{f]}K^cK^d$ 不为零的一点,这里 $\mathbf{K}$ 是切向量;

(c)在 $\mathscr{M}$ 上时序性条件成立,

则因果性条件在 $\mathscr{M}$ 成立。

如果闭合零测地线是不完备的,则由上述结果,它们可变形为闭合类时曲线。如果它们是完备的,则由命题 4.4.5,它们包含共轭点,从而由命题 4.5.12,这些曲线也可变形为闭合类时曲线。 □

这说明对具有实际物理意义的解来说,因果性条件与时序性条件是等价的。

我们排除了闭合非类空曲线,我们同样有理由排除以下情形:一条非类空曲线任意接近地返回其起点,或任意接近地通过另一条任意接近地通过了它起点的非类空曲线,等等。Carter(1971a)曾指出,相应于所涉及的极限过程的次数和阶数,这种更高阶因果性条件的无穷级次比不可数无穷大还要多。我们将描述这些条件的前三种,然后给出最终的因果性条件。

如果 $p \in \mathscr{M}$ 的每个邻域都包含这样一个 p 的邻域,其中从 p 出发的未来(过去)方向的非类空曲线最多与它相交一次,则称**未来(过去)鉴别条件**(Kronheimer and Penrose(1967))在 p 点成立。等价的说法是:$I^+(q)=I^+(p)$($I^-(q)=I^-(p)$)意味着 $q=p$。图 37 显示了一个例子,其中因果性条件和过去鉴别条件处处成立,但未来鉴别条件在 p 点不成立。

如果 p 的每个邻域都包含这样一个 p 的邻域,其中非类空曲线至多与它相交一次,则称**强因果性条件**在 p 点成立。图 38 显示的是这一条件遭破坏的例子。

命题 6.4.6 194

如果命题 6.4.5 的条件(a)~(c)都满足,并满足条件(d)$\mathscr{M}$ 是零测地完备的,则强因果性条件在 $\mathscr{M}$ 成立。

假设强因果性条件在 $p \in \mathscr{M}$ 不成立。不妨令 $\mathscr{U}$ 为 p 点的凸正规

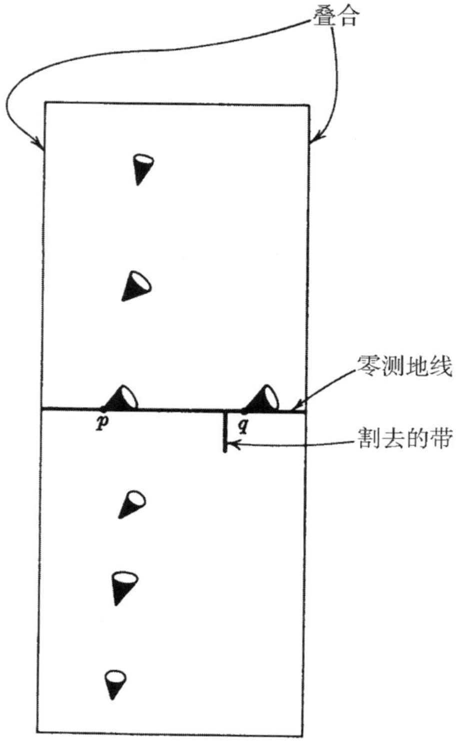

193 图 37 因果性条件和过去鉴别条件处处成立、但未来鉴别条件在 p 或 q 点(事实上 $I^+(p)=I^+(q)$)不成立的空间。光锥在柱面上倾斜,直到出现一水平方向的零测地线为止。此后光锥再次颠倒过来。柱面割去了一条带,因而消除了原本应当出现的闭合零测地线

邻域,$V_n \subset \mathscr{U}$ 是 p 点邻域的无穷序列,使对足够大 n,p 的任意邻域都包含全部 V_n。对每个 V_n,都存在一条未来方向的非类空曲线 λ_n,它离开 $\mathscr{U}$ 然后回到 V_n。由引理 6.2.1,过 p 存在一不可扩展的非类空曲线 λ,它是 λ_n 的极限曲线。显然,λ 的任意两点都不可能具有类时的分离,否则我们可以加上某条 λ_n 而得到一条闭合非类空曲线。因此 λ 必为零测地线。但由(a),(b)和(d)知,λ 包含共轭点,从而是具有类时分离的点。 □

推论

由于过去和未来鉴别条件隐含于强因果性条件之中,因此它们在

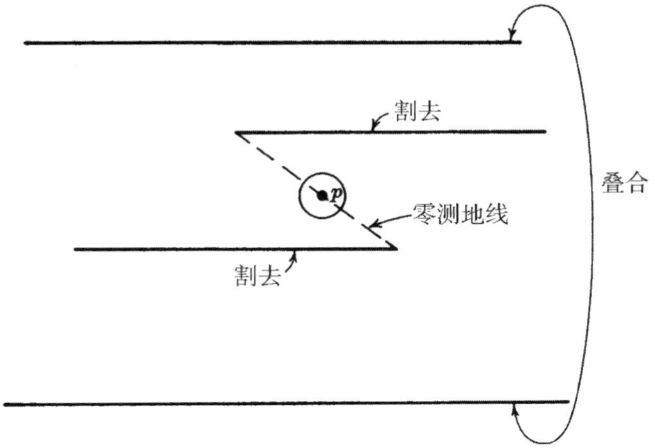

图 38　满足因果性条件、未来和过去鉴别条件但在 p 点不满足强因果性条件的时空。柱面割去了两条带,光锥处于±45°

$\mathscr{M}$上也成立。

与这三种更高级的因果性条件紧密相关的是**禁闭现象**。

当我们随一条未来不可扩展的非类空曲线 γ 走向未来时,可能出现下列三种情形之一:

(i)进入并保持在一个紧集 $\mathscr{S}$ 内;

(ii)不保持在任何紧集内,但连续地重新进入一个紧集 $\mathscr{S}$;

(iii)不保持在任何紧集 $\mathscr{S}$ 内,且重新进入这个紧集的次数不超过某个有限的次数。

第三种情形可认为 λ 在走近时空边界,去往无穷远或奇点。而对第一、二种情形,我们说 λ 是被**完全未来禁闭**和**部分未来禁闭**在 $\mathscr{S}$ 内。可能有人认为,禁闭只发生在因果性条件遭破坏的场合。但如图 39 所示的 Carter 的例子说明,情况并非如此。但不管怎样,我们都有以下结果:

命题 6.4.7 195

如果强因果性条件在紧集 $\mathscr{S}$ 成立,则不可能存在任何完全或部分未来被禁闭在 $\mathscr{S}$ 内的不可扩展的非类空曲线。

我们可用有限个具有紧致闭包的凸正规坐标邻域 $\mathscr{U}_i$ 来覆盖 $\mathscr{S}$,

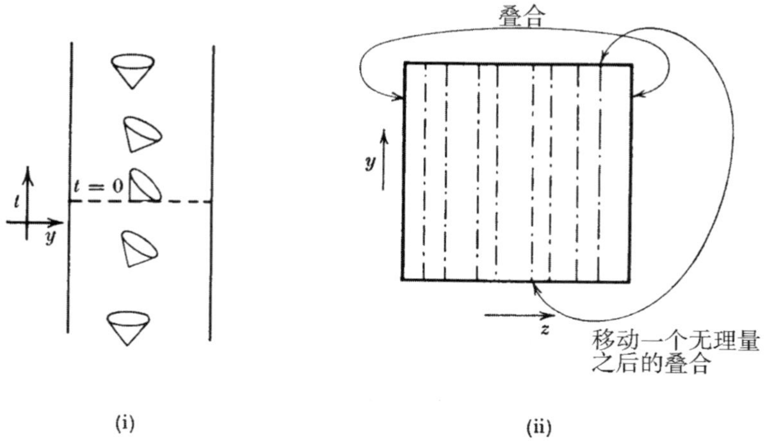

图 39 具有禁闭非类空直线但无闭合非类空曲线的空间。流形为坐标(t,y,z)描述的 $R^1\times S^1\times S^1$，这里(t,y,z)与$(t,y,z+1)$叠合；(t,y,z)与$(y,y+1,z+a)$叠合，其中 a 为无理数。Lorentz 度规由下式给出：

$$\mathrm{d}s^2=(\cosh t-1)^2(\mathrm{d}t^2-\mathrm{d}y^2)+\mathrm{d}t\mathrm{d}y-\mathrm{d}z^2$$

(i)显示零锥取向的$\{z=常数\}$截面；

(ii)显示部分零测地线的 $t=0$ 截面

使任何非类空曲线与任一 $\mathscr{U}_i$ 最多相交一次。(我们将这种邻域称为**局部因果性邻域**。)任何未来不可扩展的非类空曲线与这些邻域之一相交一次后必然会离开而不再重新进入它。 □

命题 6.4.8

如果未来或过去鉴别条件在紧集 $\mathscr{S}$ 成立，则不可能存在未来完全禁闭于 $\mathscr{S}$ 内的未来不可扩展的非类空曲线。(给出这个结果只是因为它有趣，后文并不需要。)

196 令$\{\mathscr{V}_\alpha\}(\alpha=1,2,3,\cdots)$是 $\mathscr{M}$ 的开集的可数基(即 $\mathscr{M}$ 的任一开集均可表示为 $\mathscr{V}_\alpha$ 的并)，因为在 $\mathscr{S}$ 上未来或过去鉴别条件成立，故任一点 $p\in\mathscr{S}$ 都有一凸正规坐标邻域 $\mathscr{U}$，使从 p 出发的未来(过去)方向的非类空曲线与 $\mathscr{U}$ 相交不超过一次。我们把满足 $\mathscr{V}_\alpha$ 包含 p 且包含于某个邻域 $\mathscr{U}$ 的最小 α 值定义为 $f(p)$。

假定存在未来完全禁闭于 $\mathscr{S}$ 内的未来不可扩展的非类空曲线 λ。

令 $q\in\lambda$ 满足使 $\lambda'=\lambda\cap J^+(q)$ 包含于 $\mathscr{S}$，定义 $\mathscr{A}_0$ 为 $\mathscr{S}$ 的由所有 λ 的极限点组成的非空闭集，令 $p_0\in\mathscr{A}_0$ 满足 $f(p_0)$ 是 $f(p)$ 在 $\mathscr{A}_0$ 的最小值。过 p_0 存在一不可扩展的非类空曲线 γ_0，其上每一点均为 λ' 的极限点。γ_0 上不存在分开为类时间隔的两点，否则我们可将 λ' 的某一段变形产生一闭合非类空曲线。因此 γ_0 是不可扩展的零测地线，不论在过去方向还是未来方向，它都被完全禁闭于 $\mathscr{S}$。令 $\mathscr{A}_1$ 是由所有 $\gamma_0\cap J^+(p_0)$（如果过去鉴别条件在 $\mathscr{S}$ 成立，则为 $\gamma_0\cap J^-(p_0)$）的极限点组成的闭集，由于每个这样的点也是 λ' 的极限点，故有 $\mathscr{A}_1\subset\mathscr{A}_0$。因为 $\mathscr{V}_{f(p_0)}$ 可能不包含 $\gamma_0\cap J^+(p_0)$（或 $\gamma_0\cap J^-(p_0)$）的极限点，故 $\mathscr{A}_1$ 严格小于 $\mathscr{A}_0$。由此我们可获得一无穷闭集序列 $\mathscr{A}_0\supset\mathscr{A}_1\supset\mathscr{A}_2\supset\cdots\supset\mathscr{A}_\beta\supset\cdots$ 其中每个 $\mathscr{A}_\beta$ 均非空，都是未来（过去）完全禁闭的零测地线 $\gamma_{\beta-1}\cap J^+(p_{\beta-1})$（或 $\gamma_{\beta-1}\cap J^-(p_{\beta-1})$）的所有极限点组成的集合。令 $\mathscr{K}=\bigcap_\beta\mathscr{A}_\beta$。由于 $\mathscr{S}$ 紧致，故 $\mathscr{K}$ 非空，这是因为任何有限个 $\mathscr{A}_\beta$ 的交集总是非空的（Hocking and Young(1961)，19 页）。假定 $r\in\mathscr{K}$，则对某个 β 有 $f(r)=f(p_\beta)$。但由于 $\mathscr{V}_{f(p_\beta)}\cap\mathscr{A}_{\beta+1}$ 为空，故 r 不可能处于 $\mathscr{A}_{\beta+1}$ 内，因此也不可能处于 $\mathscr{K}$ 内。这说明不可能有未来完全禁闭于 $\mathscr{S}$ 的未来不可扩展的非类空曲线。 □

$(\mathscr{M},\mathbf{g})$ 上的因果关系可用来给 $\mathscr{M}$ 添加一个被称为 **Alexandrov 拓扑**的拓扑。在这种拓扑里，一个集合是开集，当且仅当它是一个或多个形如 $I^+(p)\cap I^-(q)$，$p,q\in\mathscr{M}$ 的集合的并。因为 $I^+(p)\cap I^-(q)$ 是流形拓扑的开集，故 Alexandrov 拓扑的开集也是流形拓扑的开集，尽管反过来未必正确。

然而，如果假定强因果性条件在 $\mathscr{M}$ 成立，那么，对任何点 $r\in\mathscr{M}$，
我们可以找到一个局部因果性邻域 $\mathscr{U}$。$(\mathscr{U},\mathbf{g}|_{\mathscr{U}})$ 的 Alexandrov 拓扑 197
当然可视为一种时空，显然与 $\mathscr{U}$ 的流形拓扑是一样的。由于 $\mathscr{M}$ 可用局部因果性邻域覆盖，因此 $\mathscr{M}$ 的Alexandrov拓扑等同于流形拓扑。这说明，如果强因果性条件成立，我们就可通过对时空因果关系的观察来确定时空的拓扑结构。

即使设置了强因果性条件，也并不能排除所有因果缺陷。如图 40 所示，仍然存在这样的时空，其时序性条件随时可能被破坏，因为度规的极小改变都会导致出现闭合类时曲线。这种情形从物理上说似乎不太现实，因为我们认为广义相对论是某种时空量子理论的经典极限，尽

管这种量子理论目前尚不清楚，但可以肯定，在那样的理论中，不确定
198 性原理将使度规不可能在每一点都有精确值。因此，为使讨论具有物理意义，时空的性质应当具有某种形式的稳定性，就是说，这种性质也应当是某个“邻近”时空的性质。为了给“邻近”赋以确切含义，我们需要对所有时空的集合，即所有非紧四维流形及其所有的 Lorentz 度规，定

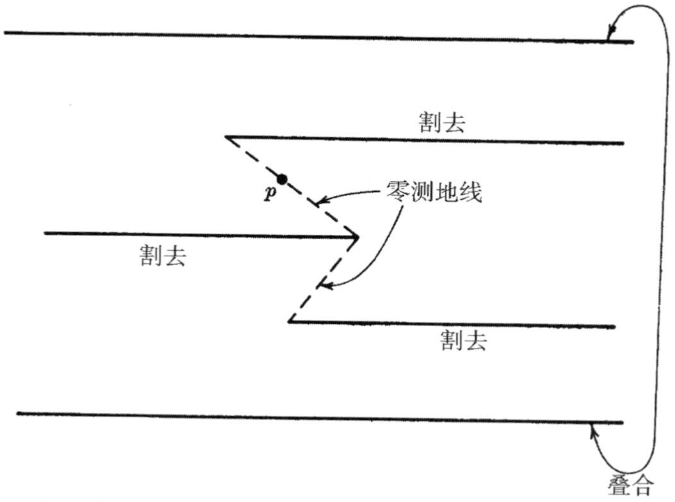

图 40　一种满足强因果条件的空间，但度规的极小改变都会允许出现经过 p 点的闭合类时曲线。柱面上割去了三条带，光锥处于 $\pm 45°$

义一个拓扑。我们先不考虑如何把不同拓扑的流形统一为一个连通的拓扑空间的问题（这是可以做到的），而只考虑如何将所有 C^r $(r\geqslant 1)$ Lorentz 度规集合上的拓扑加在给定的流形上。可以有多种途径来实现这一点，主要取决于我们对“邻近”度规的要求，是只要求它本身的值“邻近”（C^0 拓扑），还是要求它直到 k 阶的导数也邻近（C^k 拓扑）；是要求它处处邻近（开拓扑），还是要求它仅在紧集上邻近（紧开拓扑）。

就这里的目的而言，我们只对 C^0 **开拓扑**感兴趣，它可以定义如下：每一点 $p\in\mathscr{M}$ 的（0, 2）型对称张量空间 $T_{S}{}^{0}_{2}(p)$ 形成一个（具有自然结构的）流形 $T_{S}{}^{0}_{2}(\mathscr{M})$，即 $\mathscr{M}$ 上（0, 2）型对称张量的丛。$\mathscr{M}$ 的 Lorentz 度规 $\mathbf{g}$ 为每一点 $p\in\mathscr{M}$ 的 $T_{S}{}^{0}_{2}(\mathscr{M})$ 指派一个元素，因此可视为一个映射或截面 $\hat{g}:\mathscr{M}\to T_{S}{}^{0}_{2}(\mathscr{M})$，使 $\pi\circ\hat{g}=1$，这里 π 是投影 $T_{S}{}^{0}_{2}(\mathscr{M})\to\mathscr{M}$，它把坐标 $x\in T_{S}{}^{0}_{2}(p)$ 赋给 p。令 $\mathscr{U}$ 是 $T_{S}{}^{0}_{2}(\mathscr{M})$ 的开

集，$O(\mathscr{U})$是所有 C^0 Lorentz 度规 **g** 的集合并使 $\hat{g}(\mathscr{M})$包含于 $\mathscr{U}$（图41）。这样，$\mathscr{M}$的C^r Lorentz 度规的 C^0 开拓扑的开集就定义为一个或多个形如$O(\mathscr{U})$的集合的并。

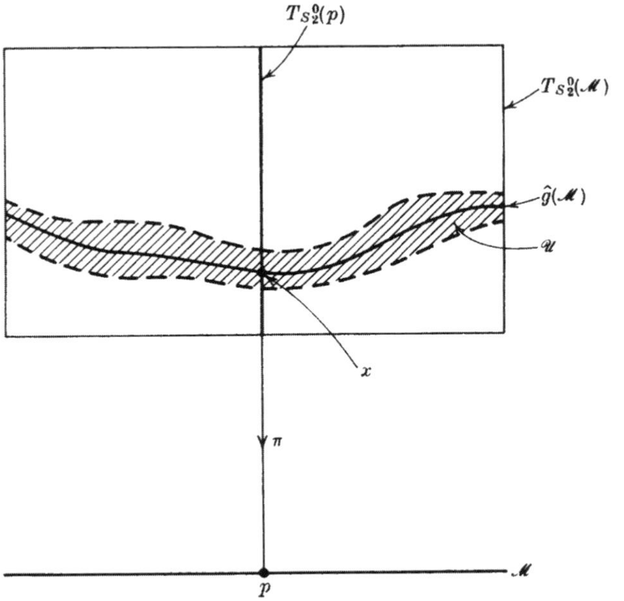

图 41　$\mathscr{M}$上(0,2)型对称张量的空间$Ts^0_2(\mathscr{M})$上 C^0 开拓扑的开集 $\mathscr{U}$

如果时空度规 **g** 在 C^0 开拓扑中有一开邻域，使得没有任何度规的闭合类时曲线属于这个邻域，则我们称在 $\mathscr{M}$上满足**稳定因果性条件。**（这里如果将 C^0 开拓扑换作 C^k 开拓扑，结论不会有什么不同。但不能换为紧开拓扑，因为在紧开拓扑里，度规的每个邻域均包含闭合类时曲线。）换句话说，所谓稳定因果性条件是指我们能在每一点稍许扩展光锥而不会导致出现闭合类时曲线。

命题 6.4.9

当且仅当在 $\mathscr{M}$存在梯度处处类时的函数 f，稳定因果性条件在 $\mathscr{M}$处处成立。

说明　函数 f 沿每一条未来方向的非类空曲线增长，从这个意义说，我们可以认为它是一种宇宙时间。

199 **证明**　如果度规 $\mathbf{h}$ 足够接近 $\mathbf{g}$,且使每一点 [redacted] $\mathscr{M}$在 $\mathbf{h}$ 下的零锥仅在 p 点与过 p 的曲面$\{f=$常数$\}$相交,则在任[redacted]这样的度规 $\mathbf{h}$ 下不存在闭合类时曲线。于是,如果存在具有处处类[redacted]梯度的那个函数 f,则隐含着稳定因果性条件。为证明逆命题为真[redacted]我们引入 $\mathscr{M}$上的体积测度μ(这个 μ 与度规 $\mathbf{g}$ 定义的体积测度无[redacted]),使 $\mathscr{M}$的总体积为 1。我们可以这样来做:选择 $\mathscr{M}$的可数坐标卡集[redacted],使$\overline{\phi_\alpha(\mathscr{U}_\alpha)}$在 R^4 内是紧的,令 μ_0 是 R^4 的自然 Euclid 测度,[redacted] 是坐标卡集$(\mathscr{U}_\alpha,\phi_\alpha)$的单位分解。于是 μ 可定义为 $\sum_\alpha f_\alpha 2^{-\alpha}[\mu_0($[redacted]$)]^{-1}\phi_\alpha^*\mu_0$。

接下来,如果稳定因果性条件成立,则我们可找到一族 C^r Lorentz 度规 $\mathbf{h}(a)$, $a\in[0,3]$,使:

(1)$\mathbf{h}(0)$是时空度规 $\mathbf{g}$;

(2)对每个 $a\in[0,3]$,不存在 $\mathbf{h}(a)$下的闭合类时曲线;

(3)若 $a_1,a_2\in[0,3]$且 $a_1<a_2$,则度规 $\mathbf{h}(a_1)$下的每个非类空向量在 $\mathbf{h}(a_2)$下是类时的。

200 对 $p\in\mathscr{M}$,令 $\theta(p,a)$是测度 μ 下 $I^-(p,\mathscr{M},\mathbf{h}(a))$的体积,这里我们用 $I^-(\mathscr{S},\mathscr{U},\mathbf{h})$来表示在度规 $\mathbf{h}$ 下 $\mathscr{S}$ 相对于 $\mathscr{U}$ 的过去。对给定的值 $a\in(0,3)$,$\theta(p,a)$是一沿非类空曲线增长的有界函数,但它可能不连续,如图 42 所示,微小的位置变动有可能使我们看到障碍后的过去,从而大大增加过去的体积。因此我们需要有办法来抹平 $\theta(p,a)$,以获得一个 $\mathbf{h}(0)$下的沿未来方向的非类空曲线增长的连续函数。为实现这一点,我们在 a 的一个区间取平均:令

$$\bar{\theta}(p)=\int_1^2\theta(p,a)\mathrm{d}a$$

我们证明 $\bar{\theta}(p)$在 $\mathscr{M}$上连续。

首先证明它是上半连续的:给定 $\varepsilon>0$,令 $\mathscr{B}$ 是以 p 为中心的球,它在测度 μ 下的体积小于 $\varepsilon/2$。由性质(3),对 $a_1,a_2\in[0,3]$且 $a_1<a_2$,我们可在 $\mathscr{B}$ 内找到 p 的一个邻域 $\mathscr{F}(a_1,a_2)$,使

$$[I^-(\mathscr{F}(a_1,a_2),\overline{\mathscr{B}},\mathbf{h}(a_1))\cap\dot{\mathscr{B}}]\subset[I^-(p,\overline{\mathscr{B}},\mathbf{h}(a_2))\cap\dot{\mathscr{B}}]。$$

令 n 是大于 $2\varepsilon^{-1}$的正整数,然后定义集合 $\mathscr{G}$为

$$\mathscr{G}=\bigcap_i\mathscr{F}\left(1+\frac{1}{2}in^{-1},\ 1+\frac{1}{2}(i+1)n^{-1}\right),\ i=0,\ 1,\cdots,\ 2n。$$

201 $\mathscr{G}$是 p 的一个邻域,而且对任意 $a\in[1,2]$,$\mathscr{G}$包含在 $\mathscr{F}(a,\ a+n^{-1})$

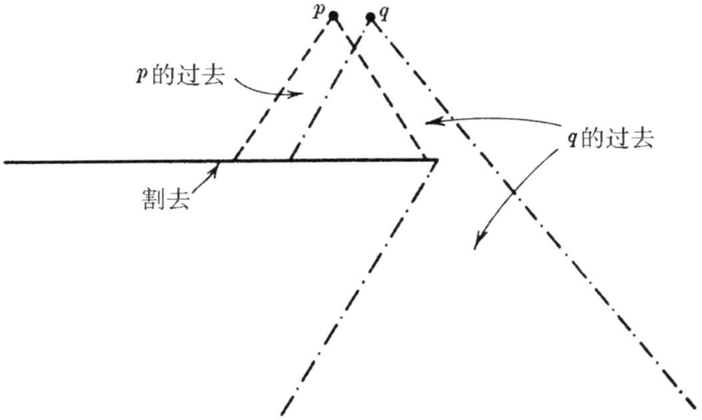

图 42　点从 p 到 q 的微小位置变动导致其过去体积的剧增。光锥处于 $\pm 45°$，一条带被割去

内。因此对 $q \in \mathscr{G}$ 和 $a \in [1,2]$，$I^-(q, \mathscr{M}, \mathbf{h}(a)) - \overline{\mathscr{B}}$ 包含于

$$I^-(p, \mathscr{M}, \mathbf{h}(a+n^{-1})) - \overline{\mathscr{B}}$$

故
$$\theta(q,a) \leqslant \theta\left(p, a+\frac{1}{2}\varepsilon\right) + \frac{1}{2}\varepsilon,$$

从而 $\bar{\theta}(q) \leqslant \bar{\theta}(p) + \varepsilon$，说明 $\bar{\theta}(p)$ 是上半连续的。类似地，我们可证明它是下半连续的。为了得到可微函数，可用适当的光滑函数对 $\bar{\theta}$ 在每点的邻域上作平均。通过取足够小的邻域，我们就可得到在度规 $\mathbf{g}$ 下处处有类时梯度的函数 f。这个光滑过程的细节见 Seifert(1968)。□

类空曲面 $\{f=常数\}$ 可视为时空的同时性曲面，尽管它们不是唯一的。如果它们都是紧致的，则彼此间互为微分同胚；但如果其中有非紧的，则未必如此。

6.5　Cauchy 发展

Newton 理论中存在超距的瞬时作用，因此为了预言时空未来某点的事件，我们需要知道整个宇宙的当前状态，并假定某些无穷远的边界条件，如引力势为零等。另一方面，在相对论里，根据 §3.2 的假设(a)，时空不同点的事件之间，只要能用非类空曲线连接，就能建立起因果联系。因此，对闭集 $\mathscr{S}$ 上的适当数据的了解(如果我们知道开集的数据，则由连续性可知其闭集的数据）将决定 $\mathscr{S}$ 未来的某个区域 $D^+(\mathscr{S})$ 的事件，这个区域 $D^+(\mathscr{S})$ 被称为 $\mathscr{S}$ 的**未来 Cauchy 发展**或 $\mathscr{S}$ 的**相关区域**，它定义为满足以下条件的所有点 $p\in\mathscr{M}$ 的集合：过点 p 的每一条过去不可扩展的非类空曲线均与 $\mathscr{S}$ 相交（注意，$D^+(\mathscr{S})\supset\mathscr{S}$）。

Penrose（1966，1968）对 $\mathscr{S}$ 的 Cauchy 发展定义稍有不同。他把它定义为所有这样一些点 $p\in\mathscr{M}$ 的集合：过 p 的每一条过去不可扩展的类时曲线均与 $\mathscr{S}$ 相交。我们把这种集合记为 $\widetilde{D}^+(\mathscr{S})$，并有如下结果：

202 **命题 6.5.1**

$\widetilde{D}^+(\mathscr{S})=\overline{D^+(\mathscr{S})}$。

显然 $\widetilde{D}^+(\mathscr{S})\supset D^+(\mathscr{S})$。若 $q\in\mathscr{M}-\widetilde{D}^+(\mathscr{S})$，则有 q 的不与 $\mathscr{S}$ 相交的邻域 $\mathscr{U}$，自 q 出发有不与 $\mathscr{S}$ 相交的过去不可扩展曲线 λ。如果 $r\in\lambda\cap I^-(q,\mathscr{U})$，则 $I^+(q,\mathscr{U})$ 是 q 在 $\mathscr{M}-\widetilde{D}^+(\mathscr{S})$ 内的开邻域。于是，$\mathscr{M}-\widetilde{D}^+(\mathscr{S})$ 是开的，而 $\widetilde{D}^+(\mathscr{S})$ 是闭的。假定存在点 $p\in\widetilde{D}^+(\mathscr{S})$，它有不与 $D^+(\mathscr{S})$ 相交的邻域 $\mathscr{V}$。取一点 $x\in I^-(p,\mathscr{V})$，那么自 x 出发有不与 $\mathscr{S}$ 相交的过去不可扩展非类空曲线 γ。令 y_n 是 γ 上不收敛于任何点的点列，且 y_{n+1} 是 y_n 的过去；令 $\mathscr{W}_n$ 是相应于 y_n 的凸正规邻域，使 $\mathscr{W}_{n+1}$ 不与 $\mathscr{W}_n$ 相交；令 z_n 为满足下面条件的点列：

$$z_{n+1}\in I^+(y_{n+1},\mathscr{W}_{n+1})\cap I^-(z_n,\mathscr{M}-\mathscr{S})。$$

自 p 出发将存在一条经过每一点 z_n 但不与 $\mathscr{S}$ 相交的不可扩展类时曲线，这与 $p\in\widetilde{D}^+(\mathscr{S})$ 矛盾。因此 $\widetilde{D}^+(\mathscr{S})$ 包含于 $D^+(\mathscr{S})$ 的闭包，故有 $\widetilde{D}^+(\mathscr{S})=\overline{D^+(\mathscr{S})}$。 □

$D^+(\mathscr{S})$ 的未来边界 $\overline{D^+(\mathscr{S})}-I^-(D^+(\mathscr{S}))$ 标志着能够依据 $\mathscr{S}$ 上的数据进行预言的区域极限。我们将这个非时序闭集称为 $\mathscr{S}$ 的**未来 Cauchy 视界**，记为 $H^+(\mathscr{S})$。如图 43 所示，如果 $\mathscr{S}$ 为零，或 $\mathscr{S}$ 有“边缘（edge）”，则 $H^+(\mathscr{S})$ 会与 $\mathscr{S}$ 相交。为精确描述这一点，我们将非时序集 $\mathscr{S}$ 的边缘 edge($\mathscr{S}$) 定义为所有满足以下条件的点 $q\in\overline{\mathscr{S}}$ 的

集合:在 q 的每个邻域 $\mathscr{U}$,存在点 $p \in I^-(q, \mathscr{U})$ 和点 $r \in I^+(q, \mathscr{U})$,二者可通过 $\mathscr{U}$ 内的一条不与 $\mathscr{S}$ 相交的类时曲线连接。通过类似于命题 6.3.1 的论证可知,如果一个非空非时序集 $\mathscr{S}$ 的边缘 edge($\mathscr{S}$)为空,则 $\mathscr{S}$ 是三维嵌入 C^{1-} 子流形。

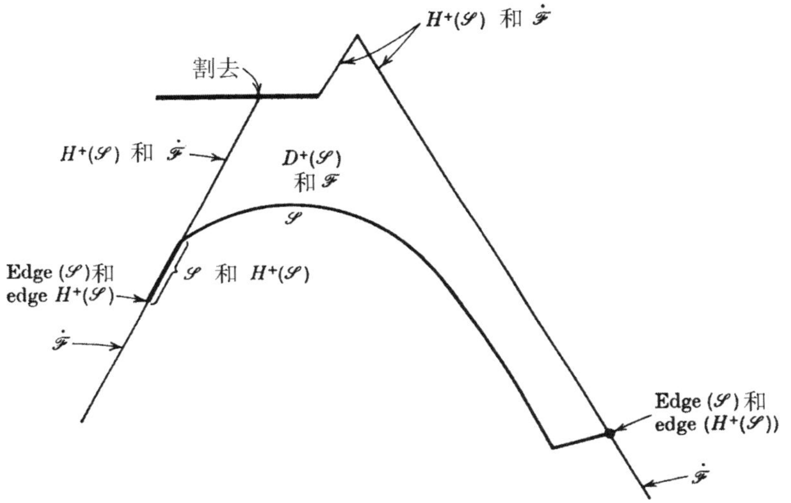

图 43　部分零的和部分类空的闭集 $\mathscr{S}$ 的未来 Cauchy 发展 $D^+(\mathscr{S})$ 和未来 Cauchy 视界 $H^+(\mathscr{S})$。注意,$H^+(\mathscr{S})$ 不必是连通的。零线处于 $\pm 45°$,且已割去一条带

命题 6.5.2

对非时序闭集 $\mathscr{S}$,有

$$\mathrm{edge}(H^+(\mathscr{S})) = \mathrm{edge}(\mathscr{S})。$$

令 $\mathscr{U}_n$ 为点 $q \in \mathrm{edge}(H^+(\mathscr{S}))$ 的一个邻域序列,使 q 的任何邻域在 n 足够大时包含所有 $\mathscr{U}_n$。在每个 $\mathscr{U}_n$ 内存在点 $p_n \in I^-(q, \mathscr{U}_n)$ 和点 203
$r_n \in I^+(q, \mathscr{U}_n)$,二者可通过一条不与 $H^+(\mathscr{S})$ 相交的类时曲线 λ_n 连接。这说明 λ_n 不可能与 $\overline{D^+(\mathscr{S})}$ 相交。由命题 6.5.1,$q \in \widetilde{D}^+(\mathscr{S})$,从而 $I^-(q) \subset I^-(\widetilde{D}^+(\mathscr{S})) \subset I^-(\mathscr{S}) \cup \widetilde{D}^+(\mathscr{S})$。故 p_n 必处于 $I^-(\mathscr{S})$ 内。自 q 出发的每一条在过去方向不可扩展的类时曲线也必然与 $\mathscr{S}$ 相交。因此,对每个 n,在 $\mathscr{U}_n$ 内的每条类时曲线的点 q 和 p_n 之

间必存在$\mathscr{S}$的一点，从而q必处于$\overline{\mathscr{S}}$内。因为曲线λ_n不与$\mathscr{S}$相交，故q处于edge($\mathscr{S}$)。反过来的证明是类似的。 □

命题 6.5.3

令$\mathscr{S}$为一非时序闭集，则$H^{+}(\mathscr{S})$由那些无过去端点或过去端点在edge($\mathscr{S}$)的零测地线段生成。

集合$\mathscr{F} \equiv \widetilde{D}^{+}(\mathscr{S}) \cup I^{-}(\mathscr{S})$是一过去集。由命题 6.5.1，$\dot{\mathscr{F}}$是非时序$C^{1-}$流形。$H^{+}(\mathscr{S})$是$\dot{\mathscr{F}}$的闭子集。令$q$是$H^{+}(\mathscr{S})-$edge($\mathscr{S}$)的一点。如果$q$不处于$\mathscr{S}$内，则$q \in I^{+}(\mathscr{S})$，这是因为$q \in \widetilde{D}^{+}(\mathscr{S})$。由于$\mathscr{S}$是非时序的，我们可以找到一个点$q$的不与$I^{-}(\mathscr{S})$相交的凸正规邻域$\mathscr{W}$。或者，如果$q$处于$\mathscr{S}$内，则我们令
204 $\mathscr{W}$为q的一个凸正规邻域，使$I^{+}(q,\mathscr{W})$没有一点能通过一条$\mathscr{W}$内不与$\mathscr{S}$相交的类时曲线与$I^{-}(q,\mathscr{W})$的任意点连接。无论哪种情形，如果p是$I^{+}(q)$的任意一点，则必存在自p出发到$\mathscr{M}-\mathscr{F}-\mathscr{W}$的一点的过去方向的类时曲线，否则$p$将属于$D^{+}(\mathscr{S})$。因此，将引理 6.3.2 的条件(i)用于未来集$\mathscr{M}-\mathscr{F}$，有$q \in \dot{\mathscr{F}}_N \cup \dot{\mathscr{F}}_+$。 □

推论

如果edge($\mathscr{S}$)消失，那么$H^{+}(\mathscr{S})$(如果非空)是由无过去端点的零测地线段生成的非时序三维嵌入C^{1-}流形。

我们将无边缘的非因果集$\mathscr{S}$称为**部分 Cauchy 曲面。**就是说，部分 Cauchy 曲面是没有非类空曲线与之相交一次以上的类空超曲面。假定存在一连通的类空超曲面$\mathscr{S}$(无边缘)，某非类空曲线λ与它交于点p_1和p_2，则我们可用$\mathscr{S}$内的一条曲线μ来连接p_1和p_2，这样$\mu \cup \lambda$就是一条仅穿过$\mathscr{S}$一次的闭合曲线。这条曲线不可能连续变形到零，因为这种变形只能偶数次地改变穿过$\mathscr{S}$的次数。因此，$\mathscr{M}$不可能是单连通的。这说明我们可以借助单连通的通用覆盖流形$\widetilde{\mathscr{M}}$来“展开”$\mathscr{M}$，在覆盖流形里，$\mathscr{S}$的像的每个连通分支均为类空超曲面(无边缘)，因而也是$\widetilde{\mathscr{M}}$内的部分 Cauchy 曲面(图 44)。然而，用通用覆

盖流形展开 $\mathscr{M}$ 有可能得到的不止是我们需要的部分 Cauchy 曲面，还可能产生非紧致的部分 Cauchy 曲面，尽管 $\mathscr{S}$ 是紧的。出于后面章节 205
的考虑，我们更倾向于这样一种覆盖流形，它能充分展开 $\mathscr{M}$ 使 $\mathscr{S}$ 的像的每个连通分支均为部分 Cauchy 曲面，但还要使每个这样的连通分支与 $\mathscr{S}$ 保持同胚。我们至少有两种不同途径来得到这种覆盖流形。

回想一下，通用覆盖流形可定义为所有形如$(p, [\lambda])$对的集合，这里 $p\in\mathscr{M}$, $[\lambda]$为 $\mathscr{M}$ 上从某一固定点 $q\in\mathscr{M}$ 到 p 的曲线的等价类，这些曲线关于模 q 和 p 同伦。覆盖流形 $\mathscr{M}_H$ 定义为所有对$(p, [\lambda])$的集合，这时$[\lambda]$为从 $\mathscr{S}$ 到 p 的关于模 $\mathscr{S}$ 和 p 同伦的曲线等价类（即 $\mathscr{S}$ 上的端点可移动）。$\mathscr{M}_H$ 可刻画为最大覆盖流形，使 $\mathscr{S}$ 的像的连通分支都与 $\mathscr{S}$ 保持同胚。覆盖流形 $\mathscr{M}_G$（Geroch（1967b））定义为所有对$(p, [\lambda])$的集合，这时$[\lambda]$为从固定点 q 到 p 的曲线等价类，这些曲线穿过 $\mathscr{S}$ 的次数都相同，这里规定沿未来方向穿过 $\mathscr{S}$ 的次数为正，沿过去方向穿过 $\mathscr{S}$ 的次数为负。$\mathscr{M}_G$ 可刻画为最小覆盖流形，其中 $\mathscr{S}$ 的像的连通分支将流形一分为二。在上述两种情形，通过要求将$(p, [\lambda])$映射到 p 的投影是局部微分同胚的，覆盖流形的拓扑和微分结构就确定下来了。

定义 $D(\mathscr{S})=D^+(\mathscr{S})\cup D^-(\mathscr{S})$。如果 $D(\mathscr{S})$等于 $\mathscr{M}$，则称部分 Cauchy 曲面 $\mathscr{S}$ 为整体 Cauchy 曲面（简称 **Cauchy 曲面**）。就是说，Cauchy 曲面是每条非类空曲线刚好相交一次的类空超曲面。曲面$\{x^4=常数\}$是 Minkowski 空间中 Cauchy 曲面的一个例子，但双曲面

$$\{(x^4)^2-(x^3)^2-(x^2)^2-(x^1)^2=常数\}$$

只是部分 Cauchy 曲面，因为原点的过去或未来零锥是这些曲面的 Cauchy 视界（见 §5.1 和图 13）。Cauchy 曲面不只是曲面本身的性质，也是曲面嵌入其中的整个时空的性质。例如，如果我们从 Minkowski 空间中切去一点，则剩下的时空根本就不允许存在 Cauchy 曲面。

如果 $\mathscr{M}$ 存在 Cauchy 曲面，那么当我们知道曲面上的相关数据，就可以预言宇宙在过去或未来任意时刻的状态。但我们不可能知道这 206
些数据，除非我们处于曲面每一点的未来，而这在大多数情形是不可能的。物理上似乎并没有什么强硬的理由要我们相信宇宙容许 Cauchy 曲面，实际上，许多已知的 Einstein 场方程的精确解都不允许存在 Cauchy 曲面，如第 5 章描述的反 de Sitter 空间、平面波解、Taub-NUT

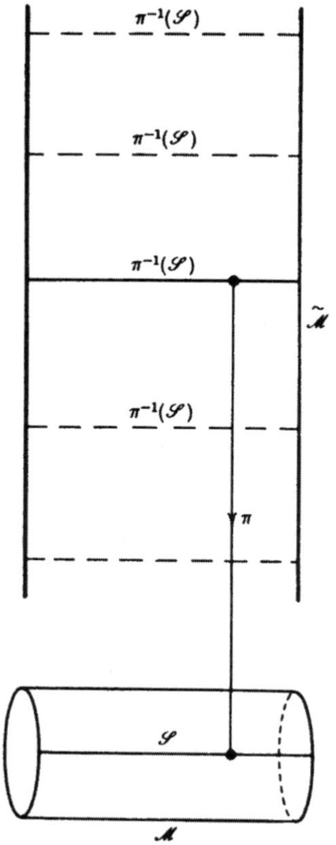

图 44　在 $\mathscr{M}$ 中，$\mathscr{S}$ 是一连通类空无边缘超曲面。它不是部分 Cauchy 曲面，但在 $\mathscr{M}$ 的通用覆盖流形 $\widetilde{\mathscr{M}}$ 内，$\mathscr{S}$ 的每一个像 $\pi^{-1}(\mathscr{S})$ 均为 $\widetilde{\mathscr{M}}$ 内的部分 Cauchy 曲面

空间、Reissner-Nordström 解等等。其中 Reissner-Nordström 解（图 25）是特别有趣的例子：曲面 $\mathscr{S}$ 足以预言 $r>r_+$ 的外区域 I 和 $r_-<r<r_+$ 的相邻区域Ⅱ内所发生的事件，但在 $r=r_-$ 有一 Cauchy 视界。相邻区域Ⅲ的点不处于 $D^+(\mathscr{S})$ 内，因为该区域存在过去方向的不可扩展的非类空曲线，这些曲线不穿过 $r=r_-$，但趋于点 i^+（可视为在无穷远）或 $r=0$ 的奇点（但不能看作时空里的点，见 § 8.1）。可能有来自无穷远或奇点的额外信息，它们将推翻单纯基于 $\mathscr{S}$ 的数据所作出的任何预言。因此，在广义相对论里，人们对未来的预言能力将受两方面的限制：我们很难得到整个类空曲面上的数据，而且即便知道了，也可能

不充分。尽管如此，我们仍可在一些特定条件下，对奇点的出现作出预言。

6.6 整体双曲性

与 Cauchy 发展密切相关的是整体双曲性（Leray，1952）。如果强因果性假设在集合 $\mathscr{N}$ 成立，同时对任意两点 $p, q\in\mathscr{N}$，$J^{+}(p)\cap J^{-}(q)$是紧的且处于 $\mathscr{N}$ 内，则称集合 $\mathscr{N}$ 为**整体双曲的**。在某种意义上，我们可以认为，这等于说 $J^{+}(p)\cap J^{-}(q)$不包含任何时空边缘的点，即不包括无穷远或奇点。之所以称为“整体双曲性”，是因为在 $\mathscr{N}$ 上，点 $p\in\mathscr{N}$的 δ 函数波源的波动方程有唯一的在 $\mathscr{N}-J^{+}(p,\mathscr{N})$之外为零的解（见第 7 章）。

回想一下，如果对每个包含于 $\mathscr{N}$ 的紧集 $\mathscr{K}$，$J^{+}(\mathscr{K})\cap\mathscr{N}$ 和 $J^{-}(\mathscr{K})\cap\mathscr{N}$ 在 $\mathscr{N}$ 内为闭集，则我们称 $\mathscr{N}$ 是因果简单的。

命题 6.6.1

整体双曲性开集 $\mathscr{N}$ 是因果简单的。 207

令 p 为 $\mathscr{N}$ 的任一点，假定存在点

$$q\in(\overline{J^{+}(p)}-J^{+}(p))\cap\mathscr{N}。$$

由于 $\mathscr{N}$ 是开集，故存在点 $r\in(I^{+}(q)\cap\mathscr{N})$，但这样就有 $q\in\overline{J^{+}(p)\cap J^{-}(r)}$，由于 $J^{+}(p)\cap J^{-}(r)$是紧的因而也是闭的，因此这一结果是不可能的。故 $J^{+}(p)\cap\mathscr{N}$ 和 $J^{-}(p)\cap\mathscr{N}$ 在 $\mathscr{N}$ 内均为闭的。

现假定存在一点 $q\in(\overline{J}^{+}(\mathscr{K})-J^{+}(\mathscr{K}))\cap\mathscr{N}$。令 q_n 为$I^{+}(q)\cap\mathscr{N}$ 内收敛于q 的无穷点列，且 $q_{n+1}\in I^{-}(q_n)$。对每个 n，$J^{-}(q_n)\cap\mathscr{K}$ 为非空紧集，因此$\bigcap_n\{J^{-}(q_n)\cap\mathscr{K}\}$是非空集。令 p 是集中一点，于是对所有 n，$J^{+}(p)$包含 q_n。但 $J^{+}(p)$是闭集，故 $J^{+}(p)$包含 q。 □

推论

如果 $\mathscr{K}_1$ 和 $\mathscr{K}_2$ 为 $\mathscr{N}$ 内紧集，则 $J^{+}(\mathscr{K}_1)\cap J^{-}(\mathscr{K}_2)$是紧的。

我们可找有限个点 $p_i\in\mathscr{N}$，使

$$\{\bigcup_i J^+(p_i)\}\supset\mathscr{K}_1。$$

类似地，还可找有限个 q_j 使 $\mathscr{K}_2$ 包含于

$$\bigcup_j J^-(q_j)$$

于是 $J^+(\mathscr{K}_1)\cap J^-(\mathscr{K}_2)$ 必包含于

$$\bigcup_{i,j}\{J^+(p_i)\cap J^-(q_j)\}$$

而且是闭的。 □

事实上，Leray(1952)给出的并不是上述形式的整体双曲性定义，而是一种等价的定义，陈述如下：对使强因果性条件在 $J^+(p)\cap J^-(q)$ 成立的任意两点 $p,q\in\mathscr{M}$，我们定义 $C(p,q)$ 为所有自 p 到 q 的（连续的）非类空曲线的空间；同时认为曲线 $\gamma(t)$ 和 $\lambda(u)$ 代表 $C(p,q)$ 的同一点，如果其中一条可经重新参数化变为另一条，即如果存在连续单调函数 $f(u)$ 使 $\gamma(f(u))=\lambda(u)$。（甚至当强因果性条件在 $J^+(p)\cap J^-(q)$ 不满足时，我们也可以定义 $C(p,q)$，只是这里我们只对满足强因果性条件的情形感兴趣。）$C(p,q)$ 的拓扑可以这样来确定：γ 在 $C(p,q)$ 内的邻域由 $C(p,q)$ 的这样一些曲线组成，这些曲线
208 在 $\mathscr{M}$ 内的点都处于 γ 的点在 $\mathscr{M}$ 内的邻域 $\mathscr{W}$ 之内（图 45）。Leray 的定义相当于说，如果 $C(p,q)$ 对所有 $p,q\in\mathscr{N}$ 是紧的，则开集 $\mathscr{N}$ 是整体双曲的。我们从下述结果可以看出这些定义是等价的。

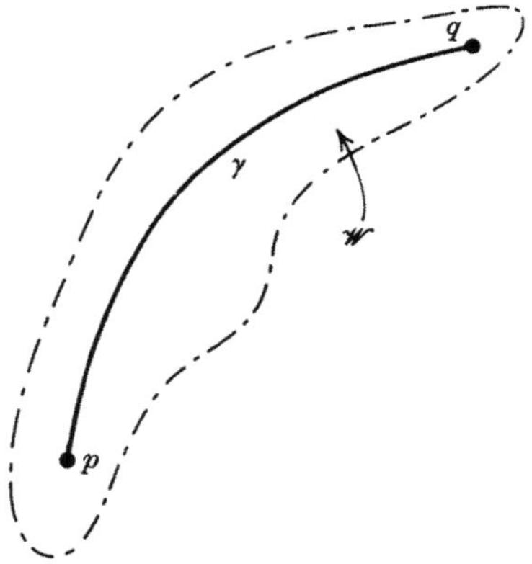

图 45 曲线 γ 的点在 $\mathscr{M}$ 内的邻域 $\mathscr{W}$。γ 在 $C(p,q)$ 内的邻域由点皆处于 $\mathscr{W}$ 内的所有自 p 到 q 的非类空曲线组成

命题 6.6.2 （Seifert(1967)，Geroch(1970b)）

设强因果性条件在开集 $\mathcal{N}$ 成立，这里 $\mathcal{N}$ 满足

$$\mathcal{N}=J^-(\mathcal{N})\cap J^+(\mathcal{N}),$$

则 $\mathcal{N}$ 是整体双曲的，当且仅当 $C(p, q)$对所有 $p, q\in\mathcal{N}$ 是紧的。

先假定 $C(p, q)$是紧的。设 r_n 是 $J^+(p)\cap J^-(q)$内的无穷点列，λ_n 是相应的自 p 到 q 经过 r_n 的非类空曲线序列。因为 $C(p, q)$是紧的，故存在一曲线 λ，某子序列 λ'_n 在 $C(p, q)$的拓扑下收敛于它。令 $\mathcal{U}$ 是 λ 在 $\mathcal{M}$的邻域，且使 $\overline{\mathcal{U}}$ 是紧的，于是对足够大的 n，$\mathcal{U}$ 将包含所有 λ'_n，从而也包含所有 r'_n，因此存在一点 $r\in\mathcal{U}$ 是 r'_n 的一个极限点。显然，r 处于曲线 λ 上。因此 $J^+(p)\cap J^-(q)$的每个无穷点列都有在 $J^+(p)\cap J^-(q)$内的一个极限点，从而 $J^+(p)\cap J^-(q)$是紧的。

反过来，假定 $J^+(p)\cap J^-(q)$是紧的。设 λ_n 是自 p 到 q 的非类空曲线无穷序列。将引理 6.2.1 用于开集 $\mathcal{M}-q$，则有一自 p 出发的未来方向的非类空曲线λ，它在 $\mathcal{M}-q$ 内是不可扩展的，并对每一点 $r\in\lambda$ 有子序列 λ'_n收敛于 r。曲线 λ 必有在 q 点的未来端点，因为由命题 209
6.4.7，λ 不可能完全禁闭在紧集 $J^+(p)\cap J^-(q)$，同时除了 q 点它不可能离开该集合。

令 $\mathcal{U}$ 是λ 在 $\mathcal{M}$ 内的任一邻域，$r_i\,(1\leqslant i\leqslant k)$是 λ 的点的有限集，使 $r_1=p$，$r_k=q$，且每个点 r_i 有一邻域 $\mathcal{V}_i$ 使$J^+(\mathcal{V}_i)\cap J^-(\mathcal{V}_{i+1})$包含于 $\mathcal{U}$。于是，对足够大的 n，λ'_n 包含于 $\mathcal{U}$。从而 λ'_n在 $C(p, q)$的拓扑下收敛于 λ，故 $C(p, q)$是紧的。 □

下述结果给出了整体双曲性与 Cauchy 发展之间的关系。

命题 6.6.3

如果 $\mathcal{S}$ 是非时序闭集，则 $\mathrm{int}(D(\mathcal{S}))\equiv D(\mathcal{S})-\dot{D}(\mathcal{S})$是整体双曲的，如果非空的话。

我们先建立几个引理。

引理 6.6.4

如果 $p\in D^{+}(\mathscr{S})-H^{+}(\mathscr{S})$，则过 p 点的每一条过去不可扩展非类空曲线都与 $I^{-}(\mathscr{S})$ 相交。

令 p 处于 $D^{+}(\mathscr{S})-H^{+}(\mathscr{S})$ 内，γ 是过 p 点的过去不可扩展非类空曲线。于是我们可找一点 $q\in D^{+}(\mathscr{S})\cap I^{+}(\mathscr{S})$ 和一条过 q 点的过去不可扩展非类空曲线 λ，使对每一点 $x\in\lambda$ 都存在一点 $y\in I^{-}(x)$。因为 λ 与 $\mathscr{S}$ 交于某一点 x_1，因此存在一点 $y_1\in\gamma\cap I^{-}(\mathscr{S})$。 □

推论

若 $p\in\operatorname{int}(D(\mathscr{S}))$，则过 p 点的每一条不可扩展非类空曲线都与 $I^{-}(\mathscr{S})$ 和 $I^{+}(\mathscr{S})$ 相交。

$\operatorname{int}(D(\mathscr{S}))=D(\mathscr{S})-\{H^{+}(\mathscr{S})\cup H^{-}(\mathscr{S})\}$。若 $p\in I^{+}(\mathscr{S})$ 或 $I^{-}(\mathscr{S})$，则结果是直接的；若 $p\in D^{+}(\mathscr{S})-I^{+}(\mathscr{S})$，则 $p\in\mathscr{S}\subset D^{-}(\mathscr{S})$，也得到结果。 □

引理 6.6.5

强因果性条件在 $\operatorname{int} D(\mathscr{S})$ 成立。

假定存在一条过 $p\in\operatorname{int}(D(\mathscr{S}))$ 的闭合非类空曲线 λ。由前一推
210 论知，存在点 $q\in\lambda\cap I^{-}(\mathscr{S})$ 和点 $r\in\lambda\cap I^{+}(\mathscr{S})$。因为 $r\in J^{-}(q)$，故它也处于 $I^{-}(\mathscr{S})$ 内，这与 $\mathscr{S}$ 是非时序的事实相矛盾。因此因果性条件在 $\operatorname{int}(D(\mathscr{S}))$ 成立。现在假定强因果性条件在 p 点不成立，则和引理 6.4.6 一样，存在一未来方向的非类空曲线 λ_n 的无穷序列，收敛于过 p 点的一条不可扩展的零测地线 γ。存在点 $q\in\gamma\cap I^{-}(\mathscr{S})$ 和点 $r\in\gamma\cap I^{+}(\mathscr{S})$，因此存在某个交于 $I^{+}(\mathscr{S})$ 从而也交于 $I^{-}(\mathscr{S})$ 的 λ_n，这显然与 $\mathscr{S}$ 是非时序的事实相矛盾。 □

命题 6.6.3 的证明

我们打算证明，对 $p,q\in\operatorname{int}(D(\mathscr{S}))$，$C(p,q)$ 是紧的。首先考虑 $p,q\in I^{-}(\mathscr{S})$ 的情形，并假定 $p\in J^{-}(q)$。令 λ_n 是自 q 到 p 的非类空曲线的无穷序列。由引理 6.2.1，存在自 p 出发的未来方向的在 $\mathscr{M}-q$

不可扩展的非类空极限曲线，它必在 q 点有未来端点，否则它将与 $\mathscr{S}$ 相交，但这是不可能的，因为 $q\in I^{-}(\mathscr{S})$。现在再来考虑 $p\in J^{-}(\mathscr{S})$，$q\in J^{+}(\mathscr{S})\cap J^{+}(p)$的情形。如果极限曲线 λ 在 q 有一端点，则它正是我们需要的曲线序列在 $C(p, q)$内的极限点；如果 λ 在 q 没有端点，它将包含一点 $y\in I^{+}(\mathscr{S})$，因为它在 $\mathscr{M}-q$ 是不可扩展的。令 λ'_n 为 λ_n 的子序列，对 λ 上 p 和 y 之间的每一点 r，它收敛于 r。令 $\hat{\lambda}$ 为 λ'_n 的自 q 点出发的过去方向的极限曲线。如果 $\hat{\lambda}$ 在 p 有过去端点，则它就是我们需要的曲线序列在 $C(p, q)$内的极限点；如果 $\hat{\lambda}$ 经过 y，则可将它与 λ 连接起来产生一条自 p 到 q 的非类空曲线，这就是我们需要的 $C(p,q)$的极限点。假定 $\hat{\lambda}$ 在 p 无端点也不过 y，则它包含某点 $z\in I^{-}(\mathscr{S})$。令 λ''_n 为 λ'_n 的子序列，对 $\hat{\lambda}$ 上 q 和 z 之间的每一点 r，它收敛于 r。令 $\mathscr{V}$ 为 $\hat{\lambda}$ 的不包含 y 的开邻域。于是，对足够大的 n，所有 $\lambda''_n\cap J^{+}(\mathscr{S})$都将包含于 $\mathscr{V}$。这是不可能的，因为 y 是 λ''_n 的一个极限点。因此，必存在一条自 p 到 q 的非类空曲线为 λ_n 在 $C(p, q)$上的极限点。

情形 $p, q\in I^{-}(\mathscr{S})$和 $p\in J^{-}(\mathscr{S})$，$q\in J^{+}(\mathscr{S})$再加上它们的对偶情形，囊括了所有可能的情形。这样，我们在所有情形下都得到一条自 p 到 q 的非类空曲线为 $C(p, q)$拓扑下 λ_n 的极限点。 □

通过类似过程我们可以证明：

命题 6.6.6

若 $q\in \mathrm{int}(D(\mathscr{S}))$，则 $J^{+}(\mathscr{S})\cap J^{-}(q)$是紧的或空的。 □

为证明整个 $D(\mathscr{S})$而不只是其内部是整体双曲的，我们还必须设定某些额外条件。 211

命题 6.6.7

如果 $\mathscr{S}$ 是非时序闭集，使 $J^{+}(\mathscr{S})\cap J^{-}(\mathscr{S})$不仅满足强因果性条件，而且要么是

(1)非因果的（当且仅当 $\mathscr{S}$ 是非因果的才有这种情形），或

(2)紧致的，

则 $D(\mathscr{S})$ 是整体双曲的。

假定强因果性在某点 $q \in D(\mathscr{S})$ 不成立，则用类似引理 6.6.5 的论证可知，过 q 存在一条不可扩展的零测地线，强因果性在它的每一点都不成立。这是不可能的，因为这条测地线会与 $\mathscr{S}$ 相交。因此强因果性必在 $D(\mathscr{S})$ 上成立。

若 $p, q \in I^-(\mathscr{S})$，则命题 6.6.3 的论证成立。若 $p \in J^-(\mathscr{S})$，$q \in J^+(\mathscr{S})$，则我们可像命题 6.6.3 那样，构造一条自 p 出发未来方向的极限曲线 λ 和一条自 q 出发过去方向的极限曲线 $\hat{\lambda}$，并对 λ 或 $\hat{\lambda}$ 上的每一点 r，选取一收敛于 r 的子序列 λ''_n。在情形(1)，λ 将交 $\mathscr{S}$ 于一个点 x。x 的任一邻域对足够大的 n 都将包含 λ''_n 的点，从而也包含 $x''_n \equiv \lambda''_n \cap \mathscr{S}$，因为 $\mathscr{S}$ 是非时序的。因此 x''_n 将收敛于 x。类似地，x''_n 也将收敛于 $\hat{x} \equiv \hat{\lambda} \cap \mathscr{S}$。故 $\hat{x} = x$，于是我们可连接 λ 和 $\hat{\lambda}$ 给出一条 $C(p, q)$ 上的非类空极限曲线。

对情形(2)，假定 λ 在 q 没有未来端点，则 λ 将离开 $J^-(\mathscr{S})$，因为它会与 $\mathscr{S}$ 相交，又由命题 6.4.7，λ 还必然离开紧集 $J^+(\mathscr{S}) \cap J^-(\mathscr{S})$。因此，我们可从 λ 上找一个不在 $J^-(\mathscr{S})$ 内的点 x。对每个 n，选取一点 $x''_n \in \mathscr{S} \cap \lambda''_n$。由于 $\mathscr{S}$ 是紧的，故存在一点 $y \in \mathscr{S}$ 和子序列 λ'''_n，使相应的点 x'''_n 收敛于 y。假定 y 不在 λ 上，则对足够大的 n，每个 x'''_n 都将处于 x 的任意邻域 $\mathscr{U}$ 的未来。这就意味着 $x \in \overline{J^-(\mathscr{S})}$。这是不可能的，因为 x 处于 $J^+(\mathscr{S})$ 内而非紧集 $J^+(\mathscr{S}) \cap J^-(\mathscr{S})$ 内。因此 λ 将经过 y。类似地，$\hat{\lambda}$ 也将经过 y。于是我们可将二者连接起来得到一条极限曲线。 □

命题 6.6.3 说明，开集 $\mathscr{N}$ 的 Cauchy 曲面的存在意味着 $\mathscr{N}$ 的整体双曲性。下述结果说明也真。

命题 6.6.8(Geroch，1970b)

212 如果开集 $\mathscr{N}$ 是整体双曲的，则作为流形的 $\mathscr{N}$ 同胚于 $R^1 \times \mathscr{S}$，这里 $\mathscr{S}$ 是三维流形，且对每个 $a \in R^1$，$\{a\} \times \mathscr{S}$ 是 $\mathscr{N}$ 的 Cauchy 曲面。

和命题 6.4.9 一样，我们为 $\mathscr{N}$ 设一体积测度 μ，使 $\mathscr{N}$ 的总体积在此测度下为 1。对 $p \in \mathscr{N}$，定义 $f^+(p)$ 为 $J^+(p, \mathscr{N})$ 在测度 μ 下的体

积。显然，$f^{+}(p)$是$\mathscr{N}$上沿每条未来方向的非类空曲线递减的有界函数。我们将证明，整体双曲性意味着$f^{+}(p)$在$\mathscr{N}$上连续，这样就不必像命题 6.4.9 那样对未来体积进行“平均”。为此，只要证明$f^{+}(p)$在任意非类空曲线λ上连续就够了。

令$r\in\lambda$，x_n为λ上严格处于r的过去的无穷点列。令$\mathscr{F}$为$\bigcap_n J^{+}(x_n,\mathscr{N})$。假定$f^{+}(p)$在点$r$不是$\lambda$上的上半连续函数。将存在点$q\in\mathscr{F}-J^{+}(r,\mathscr{N})$。于是$r\notin J^{-}(q,\mathscr{N})$，但每个$x_n\in J^{-}(q,\mathscr{N})$，因而$r\in\overline{J^{-}}(q,\mathscr{N})$，但这是不可能的，因为由命题 6.6.1，$J^{-}(q,\mathscr{N})$在$\mathscr{N}$内是闭的。同理可证$f^{+}(p)$是下半连续的。

当p沿着$\mathscr{N}$内不可扩展的非类空曲线λ移向未来时，$f^{+}(p)$的值必趋于零。假定存在某一点q，它处于λ的各点的未来方向，则对$r\in\lambda$，未来方向的曲线λ将进入并留在紧集$J^{+}(r)\cap J^{-}(q)$内。由命题 6.4.7，这是不可能的，因为强因果性条件在$\mathscr{N}$上成立。

现在考虑由$f(p)=f^{-}(p)/f^{+}(p)$定义在$\mathscr{N}$上的函数$f(p)$。任何常数f的曲面是一非因果集，同时由命题 6.3.1，它也是嵌入$\mathscr{N}$的三维C^{1-}流形。由于沿任意非类空曲线，f^{-}会在过去趋于零而f^{+}将在未来趋于零，故常数f还是$\mathscr{N}$的 Cauchy 曲面。我们可在$\mathscr{N}$上设一类时向量场$\mathbf{V}$，并定义一连续映射β，将$\mathscr{N}$沿$\mathbf{V}$的积分曲线的点映射到曲线与曲面$\mathscr{S}(f=1)$的相交处。于是$(\log f(p),\ \beta(p))$是$\mathscr{N}$到$R\times\mathscr{S}$的同胚。如果我们像命题 6.4.9 那样对f进行光滑处理，则可将同胚提高为微分同胚。 □

因此，如果整个时空是整体双曲的，即存在整体 Cauchy 曲面，那么其拓扑将是非常单调乏味的。

6.7 测地线的存在性 213

对第 8 章来说，整体双曲性的重要性主要基于下述结果：

命题 6.7.1

设p和q处于整体双曲集合$\mathscr{N}$内且$q\in J^{+}(p)$，则存在一自p到q的非类空测地线，其长度大于或等于其他任何自p到q的非类空曲线。

我们给出这一结果的两种证明：第一个来自 Avez(1963)和 Seifert(1967)，它从 $C(p, q)$的紧致性出发来讨论；第二个(仅适用于 $\mathscr{N}$ 是开集的情形)是通过具体的过程来构造实际的测地线。

空间 $C(p, q)$包含一个由所有自 p 到 q 的 C^1 类时曲线组成的稠密子集 $C'(p, q)$。这种曲线 λ 的长度定义为(参见 § 4.5)

$$L[\lambda]=\int_p^q (-g(\partial/\partial t,\partial/\partial t)^{\frac{1}{2}}\mathrm{d}t,$$

这里 t 是 λ 的 C^1 参数。函数 L 在 $C'(p, q)$上不连续，因为 λ 的任一

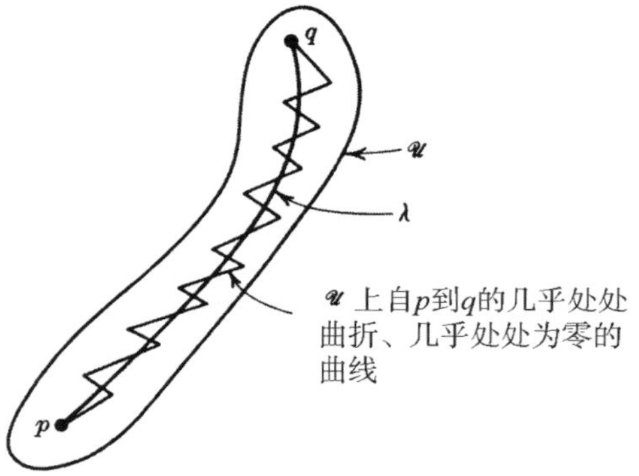

图 46 $\mathscr{U}$是一自 p 到 q 的类时曲线 λ 的开邻域。在 $\mathscr{U}$上，存在自 p 到 q 的近似于曲折零曲线且其折线长度任意短的类时曲线

邻域均含几乎为零曲线的任意小长度线段组成的锯齿线(图 46)。连续性的缺失是因为我们用了 C^0 拓扑。而 C^0 拓扑意味着两条曲线邻
214 近，只需要其点在 $\mathscr{M}$ 上接近，而不必要求其切向量也接近。我们可以把一个 C^1 拓扑加在 $C'(p, q)$上，从而使 L 连续，但我们不这样做，因为 $C'(p, q)$不是紧的，只有把所有连续非类空曲线都包括进来，我们才能得到一个紧空间。因此，我们仍用 C^0 拓扑，而将 L 的定义扩展到$C(p, q)$上。

因为度规的符号差，类时曲线的摆动会缩短其长度。这样，L 不是下半连续的，但我们有：

引理 6.7.2

L 在 $C'(p, q)$的 C^0 拓扑下是上半连续的。

考虑自 p 到 q 的 C^1 类时曲线 $\lambda(t)$，这里参数 t 选择为曲线自 p 起的弧长。在 λ 的足够小邻域 $\mathscr{U}$ 内，可找一函数 f，它在 λ 上等于 t，且使曲面$\{f=$常数$\}$是类空的并垂直于$\partial/\partial t$（即$g^{ab}f_{;b}|_{\lambda}=(\partial/\partial t)^a$）。定义这种函数 f 的一个方法是构造垂直于 λ 的类时测地线。对 λ 的足够小邻域 $\mathscr{U}$，这些测地线构成从 $\mathscr{U}$ 到 λ 的唯一映射，f 在 $\mathscr{U}$ 上某点的值可定义为 t 在该点在 λ 的像点的值。$\mathscr{U}$ 内任一曲线 μ 都可由 f 进行参数化。μ 的切向量$(\partial/\partial f)_\mu$可表示为

$$\left(\left(\frac{\partial}{\partial f}\right)_\mu\right)^a=g^{ab}f_{;b}+k^a,$$

这里 $\mathbf{k}$ 是曲面$\{f=$常数$\}$内的类空向量，即 $k^a f_{;a}=0$。于是

$$g\left(\left(\frac{\partial}{\partial f}\right)_\mu,\left(\frac{\partial}{\partial f}\right)_\mu\right)=g^{ab}f_{;a}f_{;b}+g_{ab}k^a k^b\geqslant$$

$$g^{ab}f_{;a}f_{;b}。$$

但在 λ 上，$g^{ab}f_{;a}f_{;b}=-1$。于是，给定 $\varepsilon>0$，我们可选取足够小的 $\mathscr{U}'\subset\mathscr{U}$使在 $\mathscr{U}'$上 $g^{ab}f_{;a}f_{;b}>-1+\varepsilon$。因此，对 $\mathscr{U}'$内任一曲线 μ，

$$L[\mu]\leqslant(1+\varepsilon)^{\frac{1}{2}}L[\lambda]。$$ □

现在我们按如下方式来定义连续非类空曲线 λ 的自 p 到 q 的长度：令 $\mathscr{U}$是λ 在 $\mathscr{M}$ 内的邻域，$l(\mathscr{U})$是 $\mathscr{U}$ 内自 p 到 q 的类时曲线长度的最小上界。然后我们定义 $L[\lambda]$为 $l(\mathscr{U})$对 λ 在 $\mathscr{M}$ 内所有邻域 $\mathscr{U}$ 的最大下界。这个长度定义适用于所有自 p 到 q 的在每个邻域都具 215
有 C^1 类时曲线的曲线 λ，即适用于 $C(p,q)$处于 $C'(p,q)$闭包的所有点。根据§4.5，自 p 到 q 的一条不是完整零测地线的非类空曲线可以通过变形得到一条自 p 到 q 的分段 C^1 类时曲线，而这条曲线的转角经圆滑处理后可生成一条自 p 到 q 的 C^1 类时曲线。因此，$C(p,q)-\overline{C'(p,q)}$内的点都是不分断的（不包括共轭点的）零测地线，我们定义其长度为零。

这个定义使 L 成为紧空间$\overline{C'(p,q)}$的上半连续函数。（实际上，由于连续非类空曲线满足局部 Lipschitz 条件，因此它几乎是处处可微的。于是其曲线长度还可定义为

$$\int(-g(\partial/\partial t,\partial/\partial t))^{\frac{1}{2}}\mathrm{d}t$$

这与上述定义是一致的。）如果$\overline{C'(p,q)}$为空但 $C(p,q)$非空，则 p 和

q 可用一条完整的零测地线连接，而 p 和 q 之间不存在非完整零测地线的非类空测地线。如果 $\overline{C'(p,q)}$ 非空，则它将含有某个 L 取得最大值的点，即存在一条自 p 到 q 的非类空曲线 γ，其长度大于或等于其他任何类似曲线的长度。由命题 4.5.3，γ 必为测地曲线，否则我们可找到点 x，$y\in\gamma$，它们处于某一凸正规坐标邻域，并可用一条长度大于 γ 在 x，y 之间的长度的测地线段连接起来。 □

至于另一个构造性证明，我们先对 p，$q\in\mathscr{M}$ 定义 $d(p,q)$，如果 $q\notin J^+(p)$，则定义 $d(p,q)$ 为零；否则定义它为自 p 到 q 的未来方向的分段非类空曲线长度的最小上界。（注意，$d(p,q)$ 可以是无穷大。）对集合 $\mathscr{S}$ 和 $\mathscr{U}$，我们将 $d(\mathscr{S},\mathscr{U})$ 定义为 $d(p,q)$，$p\in\mathscr{S}$，$q\in\mathscr{U}$ 的最小上界。

假定 $q\in J^+(p)$ 而 $d(p,q)$ 有限，则对任意 $\delta>0$，可找到一条自 p 到 q 的长度为 $d(p,q)-\delta/2$ 的类时曲线 λ 和 q 的邻域 $\mathscr{U}$，使 λ 可变形成为一条自 p 到任一点 $r\in\mathscr{U}$ 的长度为 $d(p,q)-\delta$ 的类时曲线。因此，$d(p,q)$ 在有限大小的地方是下半连续的。一般说来，$d(p,q)$ 不是上半连续的，但是：

引理 6.7.3

当 p 和 q 包含于整体双曲集合 $\mathscr{N}$ 时，$d(p,q)$ 在 p 和 q 是有限且连续的。

216 我们先证明 $d(p,q)$ 是有限的。由于强因果性条件在紧集 $J^+(p)\cap J^-(q)$ 上成立，因此我们可用有限个局部因果性集合来覆盖它，使每个集都不含长度超过某个限定值 ε 的非类空曲线。由于自 p 到 q 的任意非类空曲线至多只能进入每个邻域一次，故它必然有有限长度。

现假定对 $p,q\in\mathscr{N}$，存在一 $\delta>0$，使 q 的每个邻域包含一点 $r\in\mathscr{N}$，满足

$$d(p,r)>d(p,q)+\delta。$$

令 x_n 为 $\mathscr{N}$ 的收敛于 q 的无穷点列，满足 $d(p,x_n)>d(p,q)+\delta$。于是我们可找到从每点 x_n 到 p 的非类空曲线 λ_n，其长度 $>d(p,q)+\delta$。由引理 6.2.1，存在一条过 q 的过去方向的非类空曲线 λ，它是 λ_n 的极限曲线。令 $\mathscr{U}$ 为 q 的局部因果邻域，则 λ 不可能与 $I^-(q)\cap\mathscr{U}$ 相交，否

则必有某个 λ_n 可通过变形生成一条自 p 到 q 的长度 $>d(p,q)$ 的非类空曲线。因此，$\lambda\cap\mathscr{U}$ 必为自 q 出发的零测地线，而且在 $\lambda\cap\mathscr{U}$ 的每一点 x，$d(p,x)$ 具有比 δ 更大的间断。这说明 λ 不可能在 p 处有端点，因为由命题 4.5.3，$d(p,x)$ 在 p 的局部因果邻域上是连续的。另一方面，λ 在 $\mathscr{M}-p$ 内是不可扩展的。假如 λ 在 p 处没有端点，则由命题 6.4.7，λ 必离开紧集 $J^+(p)\cap J^-(q)$。这说明 $d(p,q)$ 在 $\mathscr{N}$ 上是上半连续的。 □

在 $\mathscr{N}$ 是开集的情形，我们很容易用这个距离函数来构造从 p 到 q 的具有最大长度的测地线。令 $\mathscr{U}\subset\mathscr{N}$ 是 p 的不包含 q 的局部因果邻域，令 $x\in J^+(p)\cap J^-(q)$，使 $d(p,r)+d(r,q)$，$r\in\dot{\mathscr{U}}$，在 $r=x$ 达到最大。构造自 p 出发经过 x 的未来方向的测地线 γ。关系 $d(p,r)+d(r,q)=d(p,q)$ 对 γ 上 p 和 x 之间的所有点 r 成立。假定存在点 $y\in J^-(q)-q$ 是上述关系成立的在 γ 上的最后一点。令 $\mathscr{V}\subset\mathscr{N}$ 是 y 的不包含 q 的局部因果邻域。令 $z\in J^+(y)\cap J^-(q)\cap\dot{\mathscr{V}}$ 使 $d(y,r)+d(r,q)$，$r\in\dot{\mathscr{V}}$，在 $r=z$ 达到最大值 $d(y,q)$。如果 z 不在 γ 上，则

$$d(p,z)>d(p,y)+d(y,z)$$

和

$$d(p,z)+d(z,q)>d(p,q),$$

这是不可能的。这说明关系式

$$d(p,r)+d(r,q)=d(p,q)$$

必然对所有 $r\in\gamma\cap J^-(q)$ 成立。因为 $J^+(p)\cap J^-(q)$ 是紧的，故 γ 必在 217
某点 y 离开 $J^-(q)$。假设 $y\neq q$，则 y 将处于自 q 出发的过去方向的零测地线 λ 上。连接 γ 和 λ 即给出一条自 p 到 q 的非类空曲线，它可通过变形生成一条比 $d(p,q)$ 更长的曲线，这是不可能的。因此，γ 是自 p 到 q 长度为 $d(p,q)$ 的测地线。 □

推论

如果 $\mathscr{S}$ 是一 C^2 部分 Cauchy 曲面，则对每一点 $q\in D^+(\mathscr{S})$，存在长度为 $d(\mathscr{S},q)$、垂直于 $\mathscr{S}$ 的未来方向的类时测地曲线，在 $\mathscr{S}$ 和 q 之间不包含任何共轭于 $\mathscr{S}$ 的点。

由命题 6.5.2，$H^+(\mathscr{S})$和 $H^-(\mathscr{S})$不与 $\mathscr{S}$ 相交，故不处于$D(\mathscr{S})$内。因此由命题 6.6.3，$D(\mathscr{S})=\text{int }D(\mathscr{S})$是整体双曲的。又由命题 6.6.6，$\mathscr{S}\cap J^-(q)$是紧的，故对 $p\in\mathscr{S}$，$d(p,q)$将在某一点$r\in\mathscr{S}$达到$d(\mathscr{S},q)$的最大值。自 r 到q 有长度为$d(\mathscr{S},q)$的测地曲线 γ，由引理 4.5.5 和命题 4.5.9，这条测地线必垂直于 $\mathscr{S}$，且在 $\mathscr{S}$ 和q 之间不包含共轭于 $\mathscr{S}$ 的点。 □

6.8 时空的因果边界

本节我们概述 Geroch，Kronheimer 和 Penrose(1972)为时空构造边界的方法。这种构造仅依赖于$(\mathscr{M},\mathbf{g})$的因果结构。这意味着它并不区分有限距离的边界点(奇点)和无穷远的边界点。在§8.3 我们将描述另一种为时空增设只代表奇点的边界的构造方法。遗憾的是两种方法之间似乎没有明显的联系。

我们假定$(\mathscr{M},\mathbf{g})$满足强因果性条件。于是$(\mathscr{M},\mathbf{g})$内任一点 p 由其时序性过去 $I^-(p)$或未来 $I^+(p)$唯一确定，即

$$I^-(p)=I^-(q)\quad\Leftrightarrow\quad I^+(p)=I^+(q)\quad\Leftrightarrow\quad p=q。$$

任一点 $p\in\mathscr{M}$ 的时序性过去 $\mathscr{W}\equiv I^-(p)$有以下性质：

(1)$\mathscr{W}$ 是开集；

(2)$\mathscr{W}$ 是过去集，即 $I^-(\mathscr{W})\subset\mathscr{W}$；

218 (3)$\mathscr{W}$ 不能表示为具有性质(1)和(2)的两个真子集的并。

我们称具有性质(1)、(2)和(3)的的集合为**不可分解的过去集**，简记为 IP。(Geroch，Kronheimer 和 Penrose 的定义不包括性质(1)，但与这里的定义是等价的，因为他们说的“过去集”就是指时序性过去，而不只是包含它。)类似地，我们可定义 IF，即**不可分解的未来集。**

我们可将 IP 分成两类：$\mathscr{M}$ 的点的过去的**真** IP(PIPs)和 $\mathscr{M}$ 的任意点的过去的**终态** IP(TIPs)。这里的意思是，将 TIP 或类似定义的 TIF 视为代表了($\mathscr{M}$，$\mathbf{g}$)的因果边界(**c 边界**)的点。例如，在 Minkowski 空间里，我们将图 47(i)里的阴影区视为代表了$\mathscr{I}^+$的点 p。注意，在这个例子中，整个 $\mathscr{M}$ 本身就是一个 TIP，也是一个 TIF。我们可以认为它们分别代表点 i^+和 i^-。事实上，Minkowski 空间共形边界的所有点(i^0 除外)均可用 TIP 或 TIF 来代表。某些情形下，如反 de Sitter 空间，其共形边界是类时的，边界上的点也可由一个 TIP

和一个 TIF 来表示(图 47(ii))。

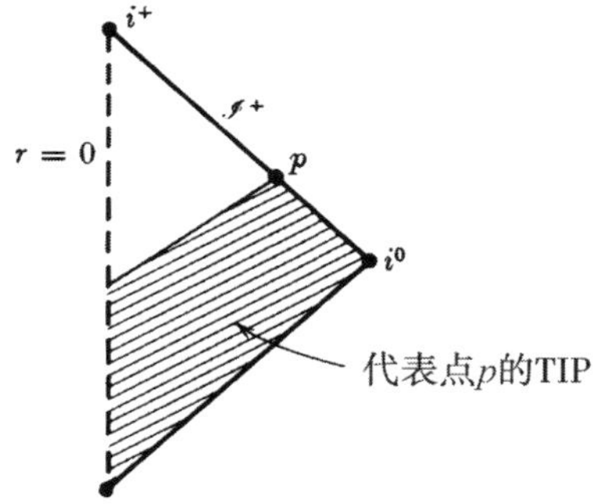

(i)

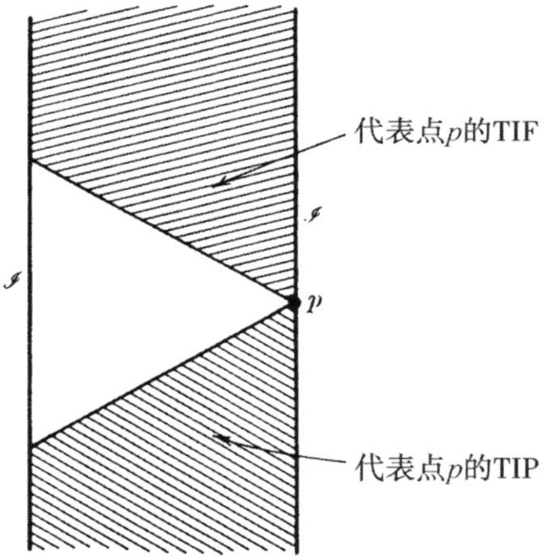

(ii)

图 47　Minkowski 空间和反 de Sitter 空间的 Penrose 图(参见图 15 和图 20),显示了(i)代表 Minkowski 空间内 $\mathscr{I}^+$ 上点 p 的 TIP,和(ii)代表反 de Sitter 空间内 $\mathscr{I}$ 上点 p 的 TIP 和 TIF

我们还可将 TIP 刻画为未来不可扩展类时曲线的过去部分。这意味着我们可将未来不可扩展曲线 γ 的过去 $I^-(\gamma)$ 视为 γ 在 c 边界上的未来端点。对另一条曲线 γ',当且仅当 $I^-(\gamma)=I^-(\gamma')$ 时,它有同一个端点。

命题 6.8.1(Geroch,Kronheimer 和 Penrose)

集合 $\mathscr{W}$ 是 TIP 当且仅当存在一条未来不可扩展类时曲线 γ 使 $I^{-}(\gamma)=\mathscr{W}$。

先假定存在一条满足 $I^{-}(\gamma)=\mathscr{W}$ 的曲线 γ。令 $\mathscr{W}=\mathscr{U}\cup\mathscr{V}$,这里 $\mathscr{U}$ 和 $\mathscr{V}$ 是过去开集。我们要证的是要么 $\mathscr{U}$ 包含于 $\mathscr{V}$,要么 $\mathscr{U}$ 包含 $\mathscr{V}$。反过来,假定 $\mathscr{U}$ 不处于 $\mathscr{V}$ 内而 $\mathscr{U}$ 也不包含 $\mathscr{V}$,则可在 $\mathscr{U}-\mathscr{V}$ 内找到一点 q,在 $\mathscr{V}-\mathscr{U}$ 内找到一点 r。这样,$q,r\in I^{-}(\gamma)$,故存在点 $q',r'\in\gamma$ 使 $q\in I^{-}(q')$ 和 $r\in I^{-}(r')$。但不论 $\mathscr{U}$ 或 $\mathscr{V}$,只要它包含了 q',r' 的未来最远点,它都将同时包含 q 和 r,这与 q 和 r 的初始假定矛盾。

219 反之,假定 $\mathscr{W}$ 是 TIP。这时我们必须构造一条类时曲线 γ 使 $\mathscr{W}=I^{-}(\gamma)$。如果 p 是 $\mathscr{W}$ 内任一点,则有 $\mathscr{W}=I^{-}(\mathscr{W}\cap I^{+}(p))\cup I^{-}(\mathscr{W}-I^{+}(p))$。但 $\mathscr{W}$ 是不可分解的,于是要么 $\mathscr{W}=I^{-}(\mathscr{W}\cap I^{+}(p))$,要么 $\mathscr{W}=I^{-}(\mathscr{W}-I^{+}(p))$。点 p 不处于 $I^{-}(\mathscr{W}-I^{+}(p))$ 内,故第二种可能被排除。结论可重述为以下形式:给定 $\mathscr{W}$ 的任一点对,则 $\mathscr{W}$ 包含
220 它们的未来点。现选择 $\mathscr{W}$ 的一个可数稠密点族 p_n,在 p_0 的未来取 $\mathscr{W}$ 的一点 q_0。由于 q_0 和 p_1 都处于 $\mathscr{W}$ 内,我们在 $\mathscr{W}$ 内取它们的未来点 q_1;类似地,由于 q_1 和 p_2 都处于 $\mathscr{W}$ 内,我们可在 $\mathscr{W}$ 内取它们的未来点 q_2;等等。因为以这种方式得到的每个点列 q_n 均处于其后续点的过去,故我们可在 $\mathscr{W}$ 内找一条类时曲线 γ 使之通过这个点列的所有点。现在,对每个 $p\in\mathscr{W}$,集合 $\mathscr{W}\cap I^{+}(p)$ 是开且非空的,故由 p_n 的稠密性知,它必至少包含 p_n 中一点。但对每个 k,当 p 本身就处于 γ 的过去时,p_k 处于 q_k 的过去。这说明 $\mathscr{W}$ 的每一点均处于 γ 的过去,而 γ 也处于过去开集 $\mathscr{W}$ 内,故必有 $\mathscr{W}=I^{-}(\gamma)$。 □

我们将 $(\mathscr{M},\mathbf{g})$ 的所有 IP 的集合记为 $\hat{\mathscr{M}}$。于是 $\hat{\mathscr{M}}$ 代表 $\mathscr{M}$ 加一个未来 c 边界的点;类似地,$(\mathscr{M},\mathbf{g})$ 的所有 IF 的集合 $\check{\mathscr{M}}$ 代表 $\mathscr{M}$ 加一个过去 c 边界的点。我们可按下述方式将因果关系 I,J 和 E 扩展到 $\hat{\mathscr{M}}$ 和 $\check{\mathscr{M}}$:对每个 $\mathscr{U},\mathscr{V}\subset\hat{\mathscr{M}}$,我们有

若 $\mathscr{U}\subset\mathscr{V}$,则 $\mathscr{U}\in J^{-}(\mathscr{V},\hat{\mathscr{M}})$;

若对某一点 $q\in\mathscr{V}$ 有 $\mathscr{U}\subset I^-(q)$，则 $\mathscr{U}\in I^-(\mathscr{V},\hat{\mathscr{M}})$；

若 $\mathscr{U}\in J^-(\mathscr{V},\hat{\mathscr{M}})$但没有 $\mathscr{M}\in I^-(\mathscr{V},\hat{\mathscr{M}})$，则 $\mathscr{U}\in E^-(\mathscr{V},\hat{\mathscr{M}})$。

有了这些关系，IP 空间 $\hat{\mathscr{M}}$ 就是一因果空间(Kronheimer and Penrose, 1967)。存在自然内射 $I^-:\mathscr{M}\to\hat{\mathscr{M}}$，把点 $p\in\mathscr{M}$ 映射为$I^-(p)\in\hat{\mathscr{M}}$。这个映射是因果关系 J^- 的同构，因为当且仅当$I^-(p)\in J^-(I^-(q),\hat{\mathscr{M}})$时，$p\in J^-(q)$。$I^-$保持了这种因果关系，但其逆没有这种关系，即 $p\in I^-(q)\Rightarrow I^-(p)\in I^-(I^-(q),\mathscr{M})$。我们也可类似定义 $\check{\mathscr{M}}$的因果关系。

我们现在想以某种方式表示$\hat{\mathscr{M}}$ 和$\check{\mathscr{M}}$，从而组成形如 $\mathscr{M}\cup\Delta$ 的空间 $\mathscr{M}^*$，这里 Δ 称为$(\mathscr{M},\mathbf{g})$的 c **边界**。为此，我们需要一种适当叠合 IP 和 IF 的方法。我们先构造空间 $\mathscr{M}^\#$，它是$\hat{\mathscr{M}}$ 和$\check{\mathscr{M}}$ 的并，且其中每个 PIF 与相应的 PIP 叠合。换言之，$\mathscr{M}^\#$ 对应于 $\mathscr{M}$ 连同 TIP 和 TIF 的点。然而，正如反 de Sitter 空间的例子所表明的，我们还需要将某些 TIF 与某些 TIP 叠合起来，方法是在 $\mathscr{M}^\#$ 上定义一个拓扑，然后叠合$\mathscr{M}^\#$ 的某些点，使拓扑成为 Hausdorff 空间。

正如§6.4 所指出的，拓扑空间 $\mathscr{M}$的一个拓扑基是由形如 $I^+(p)\cap$
$I^-(q)$的集合构成的。遗憾的是，我们无法用类似的方法来定义 $\mathscr{M}^\#$ 的 221
拓扑基，因为 $\mathscr{M}^\#$ 有些点不在 $\mathscr{M}^\#$ 的任何点的时序性过去。不过我们还是可以从形如 $I^+(p)$，$I^-(p)$，$\mathscr{M}-I^+(p)$和 $\mathscr{M}-I^-(p)$的集合所组成的子基得到 $\mathscr{M}$ 的一个拓扑，通过这种类比，Geroch，Kronheimer 和 Penrose 说明了如何定义 $\mathscr{M}^\#$ 的拓扑。对 IF$\mathscr{A}\in\check{\mathscr{M}}$，定义集合

$$\mathscr{A}^{\mathrm{int}}\equiv\{\mathscr{V}:\mathscr{V}\in\hat{\mathscr{M}}\text{ 和 }\mathscr{V}\cap\mathscr{A}\neq\varnothing\},$$

和 $\mathscr{A}^{\mathrm{ext}}\equiv\{\mathscr{V}:\mathscr{V}\in\hat{\mathscr{M}}\text{ 和 }\mathscr{V}=I^-(\mathscr{W})\Rightarrow I^+(\mathscr{W})\not\subset\mathscr{A}\}$。

对 IP$\mathscr{B}\in\hat{\mathscr{M}}$，可类似定义集合 $\mathscr{B}^{\mathrm{int}}$ 和 $\mathscr{B}^{\mathrm{ext}}$。于是 $\mathscr{M}^\#$ 的开集定义为形如 $\mathscr{A}^{\mathrm{int}}$，$\mathscr{A}^{\mathrm{ext}}$，$\mathscr{B}^{\mathrm{int}}$ 和 $\mathscr{B}^{\mathrm{ext}}$ 的集合的并和有限交。集合 $\mathscr{A}^{\mathrm{int}}$ 和 $\mathscr{B}^{\mathrm{int}}$ 是集合 $I^+(p)$和 $I^-(q)$在 $\mathscr{M}^\#$ 的类比。特别是，如果 $\mathscr{A}=I^+(p)$，$\mathscr{V}=I^-(q)$，则$\mathscr{V}\in\mathscr{A}^{\mathrm{int}}$ 当且仅当 $q\in I^+(p)$。但这些定义也使我们能将 TIP 合并到 $\mathscr{A}^{\mathrm{int}}$。集合 $\mathscr{A}^{\mathrm{ext}}$ 和 $\mathscr{B}^{\mathrm{ext}}$ 是集合 $\mathscr{M}-\overline{I^+(p)}$ 和$\mathscr{M}-\overline{I^-(q)}$的类比。

最后，通过叠合空间 $\mathscr{M}^\#$ 的尽可能少的点，得到成为 Hausdorff

空间的 $\mathscr{M}^*$。更准确地说，$\mathscr{M}^*$ 是商空间 $\mathscr{M}^\#/R_h$，这里 R_h 是所有等价关系 $R\subset\mathscr{M}^\#\times\mathscr{M}^\#$ 的交。对 R 来说，$\mathscr{M}^\#/R$ 是 Hausdorff 空间。空间 $\mathscr{M}^*$ 具有从 $\mathscr{M}^\#$ 诱导的拓扑，这种拓扑与 $\mathscr{M}$ 在 $\mathscr{M}^*$ 的子集 $\mathscr{M}$ 上的拓扑一致。一般说来，我们无法将 $\mathscr{M}$ 的可微结构扩展到 Δ，尽管在某种特定情形下它可以扩展到部分 Δ。下节我们就来讨论这种情形。

6.9 渐近简单空间

为了研究像恒星那样的有界物理系统，我们要了解渐近平直空间，即它的度规在远离系统时趋近 Minkowski 空间的度规。Schwarzschild 解、Reissner-Nordström 解和 Kerr 解都是具有渐近平直区域的空间的例子。正如我们在第 5 章看到的，这些空间的零无穷远的共形结构类似于 Minkowski 空间，因此 Penrose(1964，1965*b*，1968)将它作为一类渐近平直的定义。我们将只考虑强因果空间。Penrose 没有要求强因果性。但在我们要考虑的情形，强因果性简化了问题，并且不失一般性。

222 所谓时间和空间可定向空间$(\mathscr{M},\mathbf{g})$是**渐近简单的**，是指存在一个强因果空间$(\widetilde{\mathscr{M}},\widetilde{\mathbf{g}})$和一个嵌入 $\theta:\mathscr{M}\to\widetilde{\mathscr{M}}$，它将 $\mathscr{M}$ 嵌入为 $\widetilde{\mathscr{M}}$ 内具有光滑边界$\partial\mathscr{M}$ 的流形，使得

(1)$\mathscr{M}$ 上存在一光滑(例如，至少 C^3)函数 Ω，使 Ω 在 $\theta(\mathscr{M})$上为正且 $\Omega^2\mathbf{g}=\theta_*(\widetilde{\mathbf{g}})$(即 $\widetilde{\mathbf{g}}$ 在 $\theta(\mathscr{M})$上与 $\mathbf{g}$ 共形)；

(2)在边界$\partial\mathscr{M}$ 上，$\Omega=0$ 而 $d\Omega\neq0$；

(3)$\mathscr{M}$ 内每条零测地线在边界$\partial\mathscr{M}$上有两个端点。

我们记 $\mathscr{M}\cup\partial\mathscr{M}\equiv\widetilde{\mathscr{M}}$。

其实这个定义比我们所需要的更为一般，它包含了宇宙学模型，如 de Sitter 空间等。为了将定义限定在渐近平直的空间，我们定义**渐近虚空且简单的**空间$(\mathscr{M},\mathbf{g})$，它不仅满足上述条件(1)，(2)和(3)，还满足

(4)在 $\mathscr{M}$ 的边界$\partial\mathscr{M}$ 的开邻域上，$R_{ab}=0$。(我们可调整这个条件使它允许$\partial\mathscr{M}$ 附近存在电磁辐射。)

$\mathscr{M}$ 内的零测地线在度规 $\mathbf{g}$ 下的仿射参数在边界$\partial\mathscr{M}$附近可取任意大值，从这个意义说，可以认为边界$\partial\mathscr{M}$ 在无穷远。这是因为度规 $\mathbf{g}$

下的仿射参数 v 通过关系 $\mathrm{d}v/\mathrm{d}\tilde{v}=\Omega^{-2}$ 与度规 $\tilde{\mathbf{g}}$ 下的仿射参数 $\tilde{v}$ 相联系。由于在边界 $\partial\mathscr{M}$ 上 $\Omega=0$，故 $\int \mathrm{d}v$ 发散。

从条件(2)和(4)可知，边界 $\partial\mathscr{M}$ 是零超曲面。这是因为度规 $\tilde{g}_{ab}$ 的 Ricci 张量 $\tilde{R}_{ab}$ 与 g_{ab} 的 Ricci 张量 R_{ab} 有关系

$$\tilde{R}_a{}^b=\Omega^{-2}R_a{}^b-2\Omega^{-1}(\Omega)_{|ac}\tilde{g}^{bc}+\{-\Omega^{-1}\Omega_{|cd}+3\Omega^{-2}\Omega_{|c}\Omega_{|d}\}\tilde{g}^{cd}\delta_a{}^b,$$

这里 $|$ 表示对 $\tilde{g}_{ab}$ 的协变微分。因此，

$$\tilde{R}=\Omega^{-2}R-6\Omega^{-1}\Omega_{|cd}\tilde{g}^{cd}+3\Omega^{-2}\Omega_{|c}\Omega_{|d}\tilde{g}^{cd}。$$

由于 $\tilde{g}_{ab}$ 是 C^3 的，故在 $\Omega=0$ 的边界 $\partial\mathscr{M}$ 上 $\tilde{R}$ 为 C^1。这意味着 $\Omega_{|c}\Omega_{|d}\tilde{g}^{cd}=0$。但由条件(2)，$\Omega_{|c}\neq0$，因此 $\Omega_{|d}\tilde{g}^{cd}$ 是零向量，而曲面 $\partial\mathscr{M}$（$\Omega=0$）为零超曲面。

在 Minkowski 空间的情形，$\partial\mathscr{M}$ 由两个零曲面 $\mathscr{I}^+$ 和 $\mathscr{I}^-$ 组成，它们都有拓扑 $R^1\times S^2$。（注意，$\partial\mathscr{M}$ 不包括点 i^0，i^+ 和 i^-，因为共形边界在这些点不是光滑流形。）我们将证明，边界 $\partial\mathscr{M}$ 实际上对任何渐近简单虚空空间都具有这种结构。

由于 $\partial\mathscr{M}$ 是零曲面，故 $\mathscr{M}$ 局部处于其过去或未来，这说明 $\partial\mathscr{M}$ 必由两个不连通的分支 $\mathscr{I}^+$ 和 $\mathscr{I}^-$ 组成：$\mathscr{M}$ 的零测地线在 $\mathscr{I}^+$ 上有未 223
来端点，而在 $\mathscr{I}^-$ 上有过去端点。$\partial\mathscr{M}$ 也不可能有更多的分支，否则将有某点 $p\in\mathscr{M}$，对它来说某些未来方向的零测地线到一个分支，而另一些则到另一个分支。这样在点 p 到各分支的零方向的集合将是开的，这是不可能的，因为 p 点未来零方向的集合是连通的。

接下来我们确立一个重要性质。

引理 6.9.1

渐近简单虚空空间($\mathscr{M}$,$\mathbf{g}$)是因果简单的空间。

令 $\mathscr{W}$ 是 $\mathscr{M}$ 的紧集，我们要证明 $\dot{J}^+(\mathscr{W})$ 的每个零测地线生成元在 $\mathscr{W}$ 上都有过去端点。假定存在某个生成元在那儿没有端点，则它在 $\mathscr{M}$ 不会有任何端点，因而将与 $\mathscr{I}^-$ 相交，这是不可能的。 □

命题 6.9.2

渐近简单虚空空间$(\mathscr{M},\mathbf{g})$是整体双曲空间。

证明类似于命题 6.6.7 的证明。在 $\mathscr{M}$ 上设一体积元,使 $\mathscr{M}$ 在这个测度下的总体积为 1。由于$(\mathscr{M},\mathbf{g})$是因果简单的,于是作为$I^+(p)$和 $I^-(p)$体积的函数 $f^+(p)$和 $f^-(p)$在 $\mathscr{M}$ 上连续。因为强因果性条件在 $\mathscr{M}$ 上成立,故 $f^+(p)$将沿每条未来方向的非类空曲线下降。令 λ 是未来不可扩展类时曲线,假定 $\mathscr{F}=\bigcap_{p\in\lambda} I^+(p)$非空,于是 $\mathscr{F}$ 是未来集,$\mathscr{F}$ 的边界在 $\mathscr{M}$ 内的零生成元在 $\mathscr{M}$ 内没有过去端点。因此它们与$\mathscr{I}^-$相交,这又导致矛盾。这说明随着 p 在λ 上趋向未来,$f^+(p)$趋于零。由此可知,每条不可扩展的非类空曲线都与曲面 $\mathscr{H}\equiv\{p:f^+(p)=f^-(p)\}$相交,因此 $\mathscr{H}$ 是$\mathscr{M}$ 的 Cauchy 曲面。 □

引理 6.9.3

令 $\mathscr{W}$ 是渐近虚空简单空间$(\mathscr{M},\mathbf{g})$的紧集,则 $\mathscr{I}^+$ 的每个零测地线生成元与 $\dot{J}^+(\mathscr{W},\overline{\mathscr{M}})$相交一次,这里 · 表示在$\overline{\mathscr{M}}$ 的边界。

令 $p\in\lambda$,这里 λ 是 $\mathscr{I}^+$ 的零测地线生成元。于是($\mathscr{M}$内的)过去
224 集 $J^-(p,\overline{\mathscr{M}})\cap\mathscr{M}$在$\mathscr{M}$内必然是闭的,因为其边界上的每个零测地线生成元必在 p 点有 $\mathscr{I}^+$ 的未来端点。由于强因果性条件在$\widetilde{\mathscr{M}}$ 上成立,故$\mathscr{M}-J^-(p,\overline{\mathscr{M}})$非空。现假定$\lambda$ 处于$J^+(\mathscr{W},\overline{\mathscr{M}})$内,于是过去集$\bigcap_{p\in\lambda}(J^-(p,\overline{\mathscr{M}})\cap\mathscr{M})$非空,这是不可能的,因为这个集的边界的零生成元将与 $\mathscr{I}^+$ 相交。另一方面,假定λ 不与$J^+(\mathscr{W},\overline{\mathscr{M}})$相交,那么,$\mathscr{M}-\bigcup_{p\in\lambda}(J^-(p,\overline{\mathscr{M}})\cap\mathscr{M})$非空,这也会导致矛盾,因为过去集$\bigcup_{p\in\lambda}(J^-(p,\overline{\mathscr{M}})\cap\mathscr{M}$ 的边界的生成元将与$\mathscr{I}^+$ 相交。 □

推论

从拓扑上看,$\mathscr{I}^+$ 为 $R^1\times(\dot{J}^+(\mathscr{W},\overline{\mathscr{M}})\cap\partial\mathscr{M})$。

现在我们来证明，从拓扑上看，$\mathscr{I}^+$（和 $\mathscr{I}^-$）和 $\mathscr{M}$ 与它们在 Minkowski 空间的情形相同。

引理 6.9.4（Geroch，1971）

在渐近简单虚空空间（$\mathscr{M}$，$\mathbf{g}$）里，$\mathscr{I}^+$ 和 $\mathscr{I}^-$ 的拓扑为 $R^1\times S^2$，而 $\mathscr{M}$ 的拓扑为 R^4。

考虑由 $\mathscr{M}$ 内所有零测地线构成的集合 N。由于这些零测地线都与 Cauchy 曲面 $\mathscr{H}$ 相交，故我们可利用它们与 $\mathscr{H}$ 相交的局部坐标和方向来定义 N 的局部坐标。这使 N 成为 $\mathscr{H}$ 上带有纤维 S^2 的方向纤维丛。但每条零测地线也和 $\mathscr{I}^+$ 相交，所以 N 也是 $\mathscr{I}^+$ 上的纤维丛。在这个情形，纤维是 S^2 减去与 $\mathscr{I}^+$ 的未进入 $\mathscr{M}$ 的零测地线生成元相对应的一点。换言之，纤维是 R^2 的。因此 N 的拓扑为 $\mathscr{I}^+\times R^2$。但 $\mathscr{I}^+$ 是 $R^1\times(\dot{J}^+(\mathscr{W},\overline{\mathscr{U}})\cap\partial\mathscr{M})$。只有当 $\mathscr{H}\approx R^3$ 和 $\mathscr{I}^+\approx R^1\times S^2$ 时，结果才与 $N\approx\mathscr{H}\times S^2$ 一致。 □

Penrose（1965b）已证明，上述结果意味着度规 $\mathbf{g}$ 的 Weyl 张量在 $\mathscr{I}^+$ 和 $\mathscr{I}^-$ 上为零。这可理解为，度规 $\mathbf{g}$ 的 Weyl 张量的各分量“脱落”了，就是说，它们在 $\mathscr{I}^+$ 或 $\mathscr{I}^-$ 附近以零测地线仿射参数的不同幂次趋于零。另外，Penrose（1963），Newman 和 Penrose（1968）还据 $\mathscr{I}^+$ 上的积分进一步给出了 $\mathscr{I}^+$ 测度的能量-动量的守恒律。

零曲面 $\mathscr{I}^+$ 和 $\mathscr{I}^-$ 构成了上一节定义的（$\mathscr{M}$，$\mathbf{g}$）的几乎整个 c 边界 Δ。为说明这一点，首先注意到，任意点 $p\in\mathscr{I}^+$ 定义了一个 TIP 225
$I^-(p,\overline{\mathscr{M}})\cap\mathscr{M}$。假定 λ 是 $\mathscr{M}$ 内的未来不可扩展曲线，如果 λ 在点 $p\in\mathscr{I}^+$ 有未来端点，则 TIP $I^-(\lambda)$ 与 p 点定义的 TIP 相同；如果 λ 在 $\mathscr{I}^+$ 上没有未来端点，则 $\mathscr{M}-I^-(\lambda)$ 必为空，否则 $\dot{I}^-(\lambda)$ 的零测地线生成元将与 $\mathscr{I}^+$ 相交，这是不可能的，因为 λ 不与 $\mathscr{I}^+$ 相交。因此，TIP 由 $\mathscr{I}^+$ 上每一点的 TIP 和一个额外的 TIP 组成，这个额外 TIP 就是 $\mathscr{M}$ 本身，记为 i^+。类似地，TIF 由 $\mathscr{I}^-$ 上每一点的 TIF 和 $\mathscr{M}$ 本身（记为 i^-）组成。

现在我们来说明，我们不必叠合任何 TIP 或 TIF，就是说，$\mathscr{M}^\#$ 是 Hausdorff 的。显然，不存在两个分别对应于 $\mathscr{I}^+$ 或 $\mathscr{I}^-$ 的 TIP 或

TIF 是非 Hausdorff 分离的。若 $p \in \mathscr{I}^+$，则可找到一点 $q \in \mathscr{M}$，使 $p \notin I^+(q, \overline{\mathscr{M}})$。于是 $(I^+(q, \overline{\mathscr{M}}))^{\text{ext}}$ 是 TIP $I^-(p, \overline{\mathscr{M}}) \cap \mathscr{M}$ 在 $\mathscr{M}^\#$ 内的邻域，而 $(I^+(q, \overline{\mathscr{M}}))^{\text{int}}$ 是 TIP i^+ 的不相交邻域。因此，i^+ 与 $\mathscr{I}^+$ 的每点是 Hausdorff 分离的。类似地，i^- 与 $\mathscr{I}^-$ 的每一点是 Hausdorff 分离的。因此，任意渐近简单虚空空间 $(\mathscr{M}, \mathbf{g})$ 的 c 边界如同 Minkowski 时空的情形一样，都由 $\mathscr{I}^+$，$\mathscr{I}^-$ 以及两点 i^+，i^- 构成。

渐近简单虚空空间包括 Minkowski 空间和包含诸如不经历引力坍缩的恒星等有界物体的渐近平直空间，但不包括 Schwarzschild 解、Reissner-Nordström 解和 Kerr 解。因为这三种空间均存在在 $\mathscr{I}^+$ 或 $\mathscr{I}^-$ 上无端点的零测地线。尽管如此，这些空间内还是有类似于渐近简单虚空空间的渐近平直区域。因此我们有必要定义一个**弱渐近简单虚空空间** $(\mathscr{M}, \mathbf{g})$：即存在渐近简单虚空空间 $(\mathscr{M}', \mathbf{g}')$ 和 $\mathscr{M}'$ 的边界 $\partial\mathscr{M}'$ 的邻域 $\mathscr{U}'$，使 $\mathscr{U}' \cap \mathscr{M}'$ 等距于 $\mathscr{M}$ 的开集 $\mathscr{U}$。这个定义包括了上述所有空间。在 Reissner-Nordström 解和 Kerr 解的情形，存在渐近平直区域 $\mathscr{U}$ 的无穷序列，这些区域都等距于渐近简单虚空空间的一个邻域 $\mathscr{U}'$。因此存在零无限远 $\mathscr{I}^+$ 和 $\mathscr{I}^-$ 的无穷序列。但在这些空间中，我们只考虑其中的一个渐近平直区域。然后，我们将 $(\mathscr{M}, \mathbf{g})$ 视为共形嵌入空间 $(\widetilde{\mathscr{M}}, \widetilde{\mathbf{g}})$，使 $\widetilde{\mathscr{M}}$ 的边界 $\partial\mathscr{M}$ 的邻域 $\mathscr{U}$ 等距于 $\mathscr{U}'$。这里边界 $\partial\mathscr{M}$ 由单独的一对零曲面 $\mathscr{I}^+$ 和 $\mathscr{I}^-$ 组成。

我们将在 §9.2 和 §9.3 讨论这种弱渐近简单虚空空间。

7
广义相对论中的 Cauchy 问题

本章概述广义相对论中的 Cauchy 问题。我们将证明，如果在类 226
空三维曲面 $\mathscr{S}$ 上给定某些数据，则存在唯一的最大未来 Cauchy 发展 $D^{+}(\mathscr{S})$，并且，在$D^{+}(\mathscr{S})$的子集 $\mathscr{U}$ 上，度规仅依赖于$J^{-}(\mathscr{U})\cap\mathscr{S}$ 上的初始数据。我们还将证明，如果 $\mathscr{U}$ 在$D^{+}(\mathscr{S})$内有紧致闭包，则这种依赖是连续的。在这里讨论 Cauchy 问题是其内在意义决定的，因为它运用了前一章的某些结果，还因为它说明了 Einstein 场方程的确满足 § 3.2的假设(a)，即信号只能在可以通过非类空曲线连接的两点之间传递。但本章也的确不是理解后面三章所必需的，因此，对奇点更感兴趣的读者可以跳过去。

在 § 7.1，我们将讨论这一问题的各种困难并给予精确表述。在 § 7.2，我们引入整体背景度规 $\hat{\mathbf{g}}$，将在每个坐标碎片中成立的 Ricci 张量与度规之间的关系推广为在整个流形上成立的单一关系。我们为物理度规 $\mathbf{g}$ 关于背景度规 $\hat{\mathbf{g}}$ 的协变导数设定了四个规范条件，它们消除了构造 Einstein 场方程解的微分同胚的四个自由度，并引出背景度规 $\hat{\mathbf{g}}$ 下关于 $\mathbf{g}$ 的约化的二阶双曲型 Einstein 方程。由于守恒方程，只要这些规范条件及其一阶导数在初始时刻成立，则它们在所有时刻成立。

在 § 7.3，我们将证明，三维流形 $\mathscr{S}$ 上的 $\mathbf{g}$ 的初始数据的主要部分可表示为 $\mathscr{S}$ 上的两个三维张量场 h^{ab} 和 χ^{ab}。这样，就把三维流形 $\mathscr{S}$ 嵌入四维流形$\mathscr{M}$，而 $\mathscr{S}$ 上的度规 $\mathbf{g}$ 定义为使 h^{ab} 和 χ^{ab} 分别成为 $\mathscr{S}$ 在 $\mathbf{g}$ 下的第一和第二基本型。只要规范条件在 $\mathscr{S}$ 上成立，我们总可以这
么做。在 § 7.4，我们将建立二阶双曲方程的某些基本不等式，它们将 227
方程解的导数平方的积分与其初值联系起来。这些不等式还将用来证明二阶双曲型方程解的存在性和唯一性。在 § 7.5，我们将在虚空空间解的小扰动下证明虚空空间的约化 Einstein 方程解的存在性和唯一性。然后，我们将初始曲面分割为近似平直的小区域，并将各小区域上的解连接起来，从而证明虚空空间解对任意初值都具有局部存在性和

唯一性。在§7.6,我们证明对给定初值存在唯一极大虚空空间解,而且,在某种意义上,这个解将连续依赖于初值。最后,在§7.7,我们说明如何将这些结果推广为包含物质的方程的解。

7.1　问题的本质

引力场的 Cauchy 问题在以下三个重要方面不同于其他物理场的 Cauchy 问题:

(1)Einstein 方程是**非线性**的。事实上,它在这方面与其他场并没有太大的不同,因为尽管电磁场、标量场等**本身**在给定时空内服从线性方程,但在考虑它们之间的相互作用时,它们也构成非线性系统。而引力场的独特性质在于它是**自相互作用**的:即使不存在其他场,它仍是非线性的。这是因为引力决定它本身在其中传播的时空。为了获得这种非线性方程的解,我们采用迭代方法来处理近似线性化的方程,可以证明,这些线性方程的解在初始曲面的某个邻域上是收敛的。

(2)在流形 $\mathscr{M}$ 上,如果存在一微分同胚 $\phi:\mathscr{M}\to\mathscr{M}$ 将 $\mathbf{g}_1$ 变换为 $\mathbf{g}_2$($\phi_*\mathbf{g}_1=\mathbf{g}_2$),则称度规 $\mathbf{g}_1$ 和 $\mathbf{g}_2$ 在物理上是等价的。显然,$\mathbf{g}_1$ 满足场方程当且仅当 $\mathbf{g}_2$ 也满足。因此,场方程的解只能唯一确定到一个微分同胚。为了获得度规等价类中代表某个时空的确定元素,我们引入一固定的"背景"度规,并为物理度规 $\mathbf{g}$ 关于背景度规 $\hat{\mathbf{g}}$ 的协变导数设定四个"规范条件"。这些条件消除了构造场方程解的微分同胚的四个自
228 由度,并产生度规分量的唯一解。这些条件类似于用来消除电磁场的规范自由度的 Lorentz 条件。

(3)由于度规决定时空结构,因此我们不能预先知道初始曲面的相关区域,从而也就不知道在什么区域来确定方程的解。我们只知道一个带一定初始数据的三维流形 $\mathscr{S}$,我们要做的则是寻找一个四维流形 $\mathscr{M}$,一个嵌入映射 $\theta:\mathscr{S}\to\mathscr{M}$ 和 $\mathscr{M}$ 上的度规 $\mathbf{g}$。这里 $\mathbf{g}$ 应满足 Einstein场方程,与 $\theta(\mathscr{S})$上初值一致,从而使 $\theta(\mathscr{S})$为 $\mathscr{M}$的 Cauchy 曲面。我们将($\mathscr{M},\theta,\mathbf{g}$),或简单地说就是$\mathscr{M}$,称为($\mathscr{S},\boldsymbol{\omega}$)的一个**发展**。如果存在 $\mathscr{M}$ 到 $\mathscr{M}'$的微分同胚α 使$\mathscr{S}$的像逐点固定,并将 $\mathbf{g}'$ 变换为 $\mathbf{g}$(即 $\theta^{-1}\alpha^{-1}\theta'$ 为$\mathscr{S}$的恒等变换,而 $\alpha_*\mathbf{g}'=\mathbf{g}$),则称($\mathscr{S},\boldsymbol{\omega}$)的另一个发展($\mathscr{M}',\theta',\mathbf{g}'$)为 $\mathscr{M}$ 的**扩展**。我们将证明,只要初始数据 $\boldsymbol{\omega}$ 满足 $\mathscr{S}$ 的某种**约束方程**,则存在($\mathscr{S},\boldsymbol{\omega}$)的发展,进而存在作为($\mathscr{S},\boldsymbol{\omega}$)的

任意发展的扩展的极大发展。注意，通过运用这些概念来表述 Cauchy 问题，我们能自由构造微分同胚，因为任何发展都是其自身的任何将 $\mathscr{S}$ 的像逐点固定的微分同胚的扩展。

7.2 约化 Einstein 方程

在第 2 章里，Ricci 张量是由度规张量的各分量坐标的偏导数来表示的。就本章目的说，更方便的是得到一个适用于整个流形 $\mathscr{M}$ 而不只是适用于各坐标邻域的表达式。为此，我们不仅引入物理度规 $\mathbf{g}$，还引入**背景度规** $\hat{\mathbf{g}}$。对这两种度规，我们必须仔细区分其协变指标和逆变指标。（为避免混淆，我们暂不用升降指标的约定。）$\mathbf{g}$ 和 $\hat{\mathbf{g}}$ 的协变和逆变形式由下式关联

$$g^{ab}g_{bc}=\delta^{a}{}_{c}=\hat{g}^{ab}\hat{g}_{bc}\text{。}\tag{7.1}$$

为方便起见，我们将度规的逆变形式 g^{ab} 取作基本量，而将其协变形式 g_{ab} 视为它通过(7.1)式导出的量。利用背景度规定义的交错张量 229
$\hat{\eta}_{abcd}$，上述关系可具体表示为：

$$g_{ab}=\frac{1}{3!}g^{cd}g^{ef}g^{ij}(\det\mathbf{g})\hat{\eta}_{acei}\hat{\eta}_{bdfj}\text{，}\tag{7.2}$$

这里
$$(\det\mathbf{g})^{-1}\equiv\frac{1}{4!}g^{ab}g^{cd}g^{ef}g^{ij}\hat{\eta}_{acei}\hat{\eta}_{bdfj}$$

是 g^{ab} 在 $\hat{\mathbf{g}}$ 的规范正交基下的分量的行列式。

$\mathbf{g}$ 定义的联络 $\mathbf{\Gamma}$ 与 $\hat{\mathbf{g}}$ 定义的联络 $\hat{\mathbf{\Gamma}}$ 之差是一个张量，它可用 $\mathbf{g}$ 对 $\hat{\mathbf{\Gamma}}$ 的协变导数表示为(参见 §3.3)：

$$\begin{aligned}\delta\,\Gamma^{a}{}_{bc}&\equiv\Gamma^{a}{}_{bc}-\hat{\Gamma}^{a}{}_{bc}\\&=\frac{1}{2}g^{ij}{}_{|k}(g_{bi}g_{cj}g^{ak}-g_{bi}\delta^{k}{}_{c}\,\delta^{a}{}_{j}-g_{ci}\delta^{k}{}_{b}\,\delta^{a}{}_{j})\text{，}\end{aligned}\tag{7.3}$$

其中我们用短竖线来标记对 $\hat{\mathbf{\Gamma}}$ 的协变微分，用符号 δ 标记 $\mathbf{g}$ 和 $\hat{\mathbf{g}}$ 定义的量之差。于是，根据(2.20)式，有

$$\delta R_{ab}=\delta\Gamma^{d}{}_{ab|d}-\delta\Gamma^{d}{}_{ad|b}+\delta\Gamma^{d}{}_{ab}\delta\Gamma^{e}{}_{de}-\delta\Gamma^{d}{}_{ae}\delta\Gamma^{e}{}_{bd}\text{。}\tag{7.4}$$

因此，

$$\delta\left(R^{ab}-\frac{1}{2}g^{ab}R\right)=g^{ai}g^{bj}\delta R_{ij}+2\delta g^{i(a}g^{b)j}\hat{R}_{ij}-\delta g^{ai}\delta g^{bj}\hat{R}_{ij}-$$

$$-\frac{1}{2}\delta g^{ab}\hat{R}-\frac{1}{2}g^{ab}(\delta g^{ij}\hat{R}_{ij}+g^{ij}\delta R_{ij})$$

$$=\frac{1}{2}g^{ij}\delta g^{ab}{}_{|ij}-g^{i(a}\psi^{b)}{}_{|i}+\frac{1}{2}g^{ab}(\psi^{i}{}_{|i}-g_{cd}g^{ij}\delta g^{cd}{}_{|ij})$$

$$+(\text{关于}\delta g^{cd}{}_{|i}\text{和}\delta g^{ef}\text{的项}), \tag{7.5}$$

$$\psi^{b}\equiv g^{bc}{}_{|c}-\frac{1}{2}g^{bc}g_{de}g^{de}{}_{|c}=(\det\ \mathbf{g})^{-1}((\det\ \mathbf{g})g^{bc})_{|c}=(\det\ \mathbf{g})^{-1}\phi^{bc}{}_{|c} \tag{7.6}$$

和
$$\phi^{bc}\equiv(\det\ \mathbf{g})\delta g^{bc}。$$

下面我们来约化 Einstein 方程。选取适当的背景度规 $\hat{\mathbf{g}}$，将 Einstein方程表示为如下形式

$$R^{ab}-\frac{1}{2}Rg^{ab}=\delta\left(R^{ab}-\frac{1}{2}Rg^{ab}\right)+\hat{R}^{ab}-\frac{1}{2}\hat{g}^{ab}\hat{R}=8\pi T^{ab}。\tag{7.7}$$

我们将它看作由 $\mathbf{g}$ 及其一阶导数在某初始面的值来确定 $\mathbf{g}$ 的二阶非线性微分方程组。当然，为完备系统，我们还需确定那些支配构成能量-动量张量 T^{ab} 的物理场的方程。然而，即使这些都有了，我们仍然无法
230 得到一个依据初值和一阶导数来唯一决定时间演化的方程组。其原因在于，如前所述，Einstein 场方程的解只能唯一确定到某个微分同胚。为获得确定的解，我们为 $\mathbf{g}$ 关于背景度规 $\hat{\mathbf{g}}$ 的各阶协变导数外加四个**规范条件**，以消除构造微分同胚的自由度。我们将运用所谓"谐和"条件

$$\psi^{b}=\phi^{bc}{}_{|c}=0。$$

它类似于电磁场中的 Lorentz 规范条件 $A^{i}{}_{;i}=0$。由这一条件我们得到**约化 Einstein 方程**

$$g^{ij}\phi^{ab}{}_{|ij}+(\text{关于}\phi^{cd}{}_{|e}\text{和}\phi^{ab}\text{的项})=16\pi T^{ab}-2\hat{R}^{ab}+\hat{g}^{ab}\hat{R}。\tag{7.8}$$

将(7.8)式左边记为 $E^{ab}{}_{cd}(\phi^{cd})$，这里 $E^{ab}{}_{cd}$ 是 **Einstein 算子**。对适当形式的能量-动量张量 T^{ab}，这些方程是二阶双曲型方程，我们将在 § 7.5 说明其解的存在性和唯一性。我们还需要检验谐和条件是否与 Einstein 方程相容，就是说，通过假定 $\phi^{bc}{}_{|c}$ 为零来从 Einstein 方程导出(7.8)。我们现在要证明的是，方程(7.8)生成的解的确具有这种特性。为此，微分(7.8)并缩并，得到如下形式的方程：

$$g^{ij}\psi^{b}{}_{|ij}+B_{c}{}^{bi}\psi^{c}{}_{|i}+C_{c}{}^{b}\psi^{c}=16\pi\ T^{ab}{}_{;a}, \tag{7.9}$$

这里，分号表示对 g 的微分，张量 $B_c{}^{bi}$ 和 $C_c{}^b$ 取决于 $\hat{g}^{ab}$，$\hat{R}^a{}_{bcd}$，$\hat{g}^{ab}$ 和 $\hat{g}^{ab}{}_{|c}$。方程(7.9)可视为关于 ψ^b 的二阶线性双曲型方程。由于上式右边为零，我们可用这类方程的唯一性定理(命题 7.4.5)来证明，如果 ψ^b 及其一阶导数在初始面上为零，则 ψ^b 处处为零。在下节我们将看到，这一点可由适当的微分同胚来实现。

我们还必须证明，由添加谐和规范条件得到的唯一解通过微分同胚与相同初始数据的 Einstein 方程的其他解相关联。我们将在 § 7.4 通过选取特殊的背景度规来证明这一点。

7.3 初始数据 231

由于方程(7.8)是二阶双曲系统，为求其解我们似乎需要先规定 g^{ab} 和 $g^{ab}{}_{|c}u^c$ 在初始面 $\theta(\mathscr{S})$ 上的值，这里 u^c 是某个不与 $\theta(\mathscr{S})$ 相切的向量场。然而，并非所有 20 个分量都重要或独立：有些分量可任意赋初值而不改变解的性质，它们至多相差一个微分同胚，还有些分量则需要服从一定的相容性条件。

考虑使 $\theta(\mathscr{S})$ 逐点固定的微分同胚 $\mu:\mathscr{M}\to\mathscr{M}$。它诱导映射 μ_*，将点 $p\in\theta(\mathscr{S})$ 的 g^{ab} 变为点 p 的新张量 μ_*g^{ab}。如果 $n_a\in T^*{}_p$ 正交于 $\theta(\mathscr{S})$（即对任一与 $\theta(\mathscr{S})$ 相切的 $V^a\in T_p$，有 $n_aV^a=0$）且归一化为 $n_a\hat{g}^{ab}n_b=-1$，则通过适当选取 μ，可使 $n_a\mu_*g^{ab}$ 等于点 p 的任一不与 $\theta(\mathscr{S})$ 相切的向量。因此分量 n_ag^{ab} 是无关紧要的。另一方面，由于 μ 使 $\theta(\mathscr{S})$ 逐点固定，故 $\mathscr{S}$ 上的诱导度规 $h_{ab}=\theta^*g_{ab}$ 保持不变。于是，为确定解，我们只需给定 **g** 在 $\theta(\mathscr{S})$ 上的这一部分。其他分量 n_ag^{ab} 则可任意给定，至多使解差一个微分同胚。换个角度来看这一点，可以回想一下，我们曾用虚空三维流形 $\mathscr{S}$ 上的特定数据来建立 Cauchy 问题，然后寻求将其嵌入某个四维流形 $\mathscr{M}$。现在，我们不能在 $\mathscr{S}$ 上定义像 **g** 那样的四维张量场，而只能定义一个三维度规 **h**，我们将认为它是正定的。**h** 的逆变和协变形式由下式联系：

$$h^{ab}h_{bc}=\delta^a{}_c, \tag{7.10}$$

这里 $\delta^a{}_c$ 是 $\mathscr{S}$ 内的三维张量。嵌入 θ 将 h_{ab} 映射为 $\theta(\mathscr{S})$ 上的逆变张量场 θ_*h^{ab}，并有性质

$$n_a\theta_*h^{ab}=0。 \tag{7.11}$$

由于 $n_a g^{ab}$ 是任意的，我们可在 $\theta(\mathscr{S})$ 上定义 $\mathbf{g}$：

$$g^{ab}=\theta_* h^{ab}-u^a u^b, \tag{7.12}$$

其中 u^a 是$\theta(\mathscr{S})$上处处不为零或与 $\theta(\mathscr{S})$相切的向量场。用(7.1)式定义 g_{ab}，我们有

$$h_{ab}=\theta^* g_{ab}, \quad n_a g^{ab}=-n_a u^a u^b, \quad g_{ab}u^a u^b=-1。 \tag{7.13}$$

因此，h_{ab} 是 $\mathbf{g}$ 在 $\mathscr{S}$ 上诱导的度规，u^a 是度规 $\mathbf{g}$ 下垂直于 $\theta(\mathscr{S})$的单位向量。

232 一阶导数 $g^{ab}{}_{|c}u^c$ 的情形是类似的：通过适当的微分同胚，$n_a g^{ab}{}_{|c}u^c$ 可任意赋值。但现在这里出现了新的复杂性，就是 $g^{ab}{}_{|c}$ 不仅依赖于 $\mathbf{g}$ 而依赖于 $\mathscr{M}$ 的背景度规 $\hat{\mathbf{g}}$。为了只用定义在 $\mathscr{S}$ 上的张量场来描述 $\mathbf{g}$ 的一阶导数的主要部分，我们处理如下：在 $\mathscr{S}$ 上规定一个对称逆变张量场χ^{ab}。χ^{ab} 在嵌入下被映射为$\theta(\mathscr{S})$上的张量场 $\theta_*\chi^{ab}$，我们要求它等于度规 $\mathbf{g}$ 下子流形 $\theta(\mathscr{S})$的第二基本型(见 § 2.7)。由此得

$$\begin{aligned}\theta_*\chi^{ab}&=\theta_* h^{ac}\theta_* h^{bd}(u^e g_{ec})_{;d}\\&=\theta_* h^{ac}\theta_* h^{bd}((u^e g_{ec})_{|d}-\delta\Gamma^f{}_{cd}u^e g_{ef})。\end{aligned} \tag{7.14}$$

由(7.3)式，我们有

$$\theta_*\chi^{ab}=\frac{1}{2}\theta_* h^{ac}\theta_* h^{bd}(-g_{ci}g_{dj}g^{ij}{}_{|k}u^k+g_{bi}u^i{}_{|c}+g_{ci}u^i{}_{|b})。 \tag{7.15}$$

反过来，也可用 $\theta_*\chi^{ab}$ 来确定 $g^{ab}{}_{|c}u^c$：

$$\frac{1}{2}g^{ab}{}_{|c}u^c=-\theta_*\chi^{ab}+\theta_* h^{ac}\theta_* h^{bd}g_{i(c}u^i{}_{|d)}+u^{(a}W^{b)}, \tag{7.16}$$

这里 W^b 是$\theta(\mathscr{S})$的某个向量场。通过适当的微分同胚 μ，可给它赋以任意需要的值。

张量场 h^{ab} 和χ^{ab} 不能完全独立地在$\mathscr{S}$上规定。因为，用 n_a 乘以 Einstein 方程(7.7)，得到四个不含$g^{ab}{}_{|cd}u^c u^d$(即 $\mathbf{g}$ 在 $\mathscr{S}$ 外的二阶导数)的方程。因此，在 g^{ab}，$g^{ab}{}_{|c}u^c$ 和 $n_a T^{ab}$ 之间必存在四个关系。用(2.36)和(2.35)式，这些关系可表示为三维流形 $\mathscr{S}$ 里的方程：

$$\chi^{cd}{}_{\|d}h_{ce}-\chi^{cd}{}_{\|e}h_{cd}=8\pi\theta^*(T_{de}u^d), \tag{7.17}$$

$$\frac{1}{2}(R'+(\chi^{dc}h_{dc})^2-\chi^{ab}\chi^{cd}h_{ac}h_{bd})=8\pi\theta^*(T_{de}u^d u^e), \tag{7.18}$$

其中双竖线 $\|$ 表示 $\mathscr{S}$ 上对度规 $\mathbf{h}$ 的协变微分，R'是 $\mathbf{h}$ 的曲率标量。

因此，确定解所需要的 $\mathscr{S}$ 上的数据 $\boldsymbol{\omega}$，由物质场的初始数据(例如

在标量场 ϕ 情形下，它包括 $\mathscr{S}$ 上两个代表 ϕ 值及其法向导数的函数）和服从**约束方程**(7.17－7.18)的两个 $\mathscr{S}$上的张量场 h^{ab} 和 χ^{ab} 组成。这些约束方程是曲面 $\mathscr{S}$ 上的椭圆型方程，它们为(h^{ab}，χ^{ab})的 12 个独立分量设定了 4 个约束。在此情形下可以证明，我们能独立给定其中的 8 个分量，然后求解约束方程即可得到其余 4 个分量，参见 Bruhat 233
(1962)。我们称满足这些条件的一对($\mathscr{S}$，$\boldsymbol{\omega}$)为**初始数据集**。然后我们将 $\mathscr{S}$ 嵌入度规为 $\mathbf{g}$ 的某个适当的四维流形 $\mathscr{M}$，并对适当选取的 u^a，由(7.12)式定义 $\theta(\mathscr{S})$上的 g^{ab}。我们将 u^a 取为 $g^{ab}n_b$，这样，u^a 在度规 $\mathbf{g}$ 和 $\hat{\mathbf{g}}$ 下均为垂直于 $\theta(\mathscr{S})$的单位向量。我们还要利用在(7.16)式定义的 $g^{ab}{}_{|c}u^c$ 下选择 W^a 的自由，来使 ψ^b 在$\theta(\mathscr{S})$上为零。这要求

$$W^b = -g^{bc}{}_{|d}g_{ce}\theta_*h^{ed} + \frac{1}{2}g_{cd}g^{cd}{}_{|e}\theta_*h^{eb} + u^b(g_{cd}\theta_*\chi^{cd} - g_{ic}u^i{}_{|d}\theta_*h^{cd})。\tag{7.19}$$

(注意，(7.19)式的所有导数均与 $\theta(\mathscr{S})$相切，因为事实上我们只在$\theta(\mathscr{S})$上定义了相关的场。)为保证 ψ^b 处处为零，我们还要求$\psi^b{}_{|c}u^c$ 在$\theta(\mathscr{S})$上为零。不过，只要约化 Einstein 方程(7.8)在$\theta(\mathscr{S})$上成立，这一点可以从约束方程得到。于是接下来我们可以在度规为 $\hat{\mathbf{g}}$ 的流形 $\mathscr{M}$ 上求解二阶非线性双曲系统(7.8)。

(注意，有 10 个这样的关于 ϕ 的方程，在证明这 10 个方程的解的存在性时，我们不将其分成一组约束方程和一组演化方程，因此不存在是否保留约束方程的问题。)

7.4 二阶双曲型方程

本节重述 Dionne(1962)给出的有关二阶双曲型方程的一些结果。它们将被推广并应用到整个流形，而不仅仅是某个坐标邻域。这些结果还将在后面的章节里用于证明一个初始数据集($\mathscr{S}$，$\boldsymbol{\omega}$)的 Cauchy 发展的存在性和唯一性。

首先引入一系列定义。我们用拉丁字母表示多重逆变或协变指标，这样(r,s)型张量将写为$K^I{}_J$，这里用$|I|=r$ 表示多重指标 I 所代表的指标的数目。我们引入 $\mathscr{M}$ 上正定度规 e_{ab}，并定义

$$e_{IJ}=\underbrace{e_{ab}e_{cd}\cdots e_{pq}}_{r\text{ 项}},\qquad e^{IJ}=\underbrace{e^{ab}e^{cd}\cdots e^{pq}}_{r\text{ 项}},$$

234 其中 $|I|=|J|=r$。然后将 K 的大小 $|K^I{}_J|$（或简记为 $|\mathbf{K}|$）定义为 $(K^I{}_J K^L{}_M e_{IL} e^{JM})^{1/2}$，其中重复的多重指标表示对它们所代表的所有指标的缩并。将 $|D^m K^I{}_J|$（或简记为 $|D^m\mathbf{K}|$）定义为 $|K^I{}_{J|L}|$，这里 $|L|=m$，$|$ 和前面一样表示对 $\hat{\mathbf{g}}$ 的协变微分。

令 $\mathcal{N}$ 为在 $\mathcal{M}$ 中具有紧致闭包的 $\mathcal{M}$ 的嵌入子流形，然后定义 $\|K^I{}_J,\mathcal{N}\|_m$ 为

$$\left\{\sum_{p=0}^{m}\int_{\mathcal{N}}(|D^p K^I{}_J|)^2\mathrm{d}\sigma\right\}^{\frac{1}{2}},$$

这里 $\mathrm{d}\sigma$ 为 $\mathbf{e}$ 在 $\mathcal{N}$ 上诱导的体积元。我们再用同样的表达式定义 $\|\mathbf{K},\mathcal{N}\widetilde{\|}_m$，这里仅取与 $\mathcal{N}$ 相切的方向的导数。显然，

$$\|\mathbf{K},\mathcal{N}\|_m\geqslant\|\mathbf{K},\mathcal{N}\widetilde{\|}_m。$$

这样，**Sobolev 空间** $W^m(r,s,\mathcal{N})$（或简记为 $W^m(\mathcal{N})$）定义为 (r,s) 型张量场 $K^I{}_J$ 的向量空间，其值和（分布意义上的）导数在 $\mathcal{N}$ 上几乎处处有定义（即可能除了一个测度为零的集合，在本节其余部分，几乎处处可以这样来理解“几乎处处”），且 $\|K^I{}_J,\mathcal{N}\widetilde{\|}_m$ 有限。具有范数 $\|\ \ ,\mathcal{N}\widetilde{\|}_m$ 的 Sobolev 空间是 Banach 空间，其中 (r,s) 型 C^m 张量场构成稠密子集。如果 $\mathbf{e}'$ 是 $\mathcal{M}$ 上另一连续正定度规，则存在正常数 C_1 和 C_2，使得在 $\mathcal{N}$ 上有

$$C_1|K^I_J|\leqslant|K^I_J|'\leqslant C_2|K^I{}_J|$$

并有 $C_1\|K^I{}_J,\mathcal{N}\widetilde{\|}_m\leqslant\|K^I{}_J,\mathcal{N}\widetilde{\|}_m'\leqslant C_2\|K^I{}_J,\mathcal{N}\widetilde{\|}_m$。

因此，$\|\ \ ,\mathcal{N}\widetilde{\|}_m'$ 是等价的范数。类似地，另一个 C^m 背景度规 $\hat{\mathbf{g}}'$ 也将给出一个等价范数。事实上，从下面两条引理可知，如果 $\hat{\mathbf{g}}''\in W^m(\mathcal{N})$ 且 $2m$ 大于 $\mathcal{N}$ 的维数，则由 $\hat{\mathbf{g}}''$ 定义的协变导数得到的范数也是等价的。

现在我们引述关于 Sobolev 空间的三个基本结果，其证明可从 Sobolev(1963) 给出的结果中导出。这些结果对 $\mathcal{N}$ 的形状有一定要求。其充分条件为，对边界 $\partial\mathcal{N}$ 的每一点 p，应能在 $\overline{\mathcal{N}}$ 中嵌入一个以 p 为顶点的 n 维半锥。这里 n 是 $\mathcal{N}$ 的维数。特别是，如果边界 $\partial\mathcal{N}$ 是

光滑的，则这个条件将得到满足。

引理 7.4.1 235

存在正常数 P_1（取决于 $\mathcal{N}$，$\mathbf{e}$ 和 $\hat{\mathbf{g}}$）使对 $2m>n$ 的任一场，$K^I{}_J\in W^m(\mathcal{N})$（$n$ 是 $\mathcal{N}$ 的维数），在 $\mathcal{N}$ 上，$|\mathbf{K}|\leqslant P_1\|\mathbf{K},\mathcal{N}\|_m$。

根据这条引理和 $\mathcal{N}$ 上所有连续场 $K^I{}_J$ 的向量空间为具有范数 $\sup\limits_{\mathcal{N}}|\mathbf{K}|$ 的 Banach 空间的事实，若 $K^I{}_J\in W^m(\mathcal{N})$，这里 $2m>n$，则 $K^I{}_J$ 在 $\mathcal{N}$ 上连续。类似地，若 $K^I{}_J\in W^{m+p}(\mathcal{N})$，则 $K^I{}_J$ 在 $\mathcal{N}$ 上是 C^p 的。

引理 7.4.2

存在正常数 P_2（取决于 $\mathcal{N}$，$\mathbf{e}$ 和 $\hat{\mathbf{g}}$）使对任意场 $K^I{}_J$，$L^P{}_Q\in W^m(\mathcal{N})$（这里 $4m\geqslant n$），

$$\|K^I{}_J L^P{}_Q,\mathcal{N}\|_0\leqslant P_2\|\mathbf{K},\mathcal{N}\|_m\|\mathbf{L},\mathcal{N}\|_m。$$

从这条引理和前一引理可知，若 $n\leqslant 4$ 而 $2m>n$，则对任意两个场 $K^I{}_J$，$L^P{}_Q\in W^m(\mathcal{N})$，乘积 $K^I{}_J L^P{}_Q$ 也处于 $W^m(\mathcal{N})$ 内。

引理 7.4.3

如果 $\mathcal{N}'$ 是光滑嵌入 $\mathcal{N}$ 中的 $(n-1)$ 维子流形，则存在正常数 P_3（取决于 $\mathcal{N}$，$\mathcal{N}'$，$\mathbf{e}$ 和 $\hat{\mathbf{g}}$）使对任意场 $K^I{}_J\in W^{m+1}(\mathcal{N})$，

$$\|\mathbf{K},\mathcal{N}'\|_m\leqslant P_3\|\mathbf{K},\mathcal{N}\|_{m+1}。$$

我们来证明，当 $h^{ab}\in W^{4+a}(\mathscr{S})$，$\chi^{ab}\in W^{3+a}(\mathscr{S})$ 时（这里 a 为任意非负整数），初始数据集（$\mathscr{S}$，$\boldsymbol{\omega}$）发展的存在性和唯一性。（如果 $\mathscr{S}$ 非紧，则我们说 $h^{ab}\in W^m(\mathscr{S})$ 的意思是，对 $\mathscr{S}$ 的任一带有紧致闭包的开集 $\mathcal{N}$，有 $h^{ab}\in W^m(\mathcal{N})$。）这种情形的一个充分条件是，在 $\mathscr{S}$ 上，h^{ab} 是 C^{4+a} 的而 χ^{ab} 是 C^{3+a} 的；由引理 7.4.1，必要条件是，h^{ab} 是 C^{2+a} 的而 χ^{ab} 是 C^{1+a} 的。对每个光滑类空曲面 $\mathscr{H}$，我们得到的 g^{ab} 的解属于 $W^{4+a}(\mathscr{H})$，故 $(2+a)$ 阶导数必有界，即 g^{ab} 在 $\mathscr{M}$ 上是 $C^{(2+a)-}$ 的。

对诸如激波的情形（其中的解在正常超曲面上的行为将偏离 W^4），这些可微性条件可适当放宽，见 Choquet-Bruhat(1968)，Papape-

trou 和 Hamoui(1967),Israel(1966),和 Penrose(1972a)。但对偏离
236 普遍出现的情形,至今尚未证明。就($\mathscr{S}$,$\boldsymbol{\omega}$)发展的存在性和唯一性而言,W^4 条件是对以前工作的改进(Choquet-Bruhat,1968),但还是比我们期望的要强,因为只要度规是连续的且其一般化导数是局部平方可积的(即只要 $\mathbf{g}$ 是 C^0 的和 W^1 的),Einstein 方程就能在分布意义上定义。另一方面,p 小于 4 的任意 W^p 条件不能确保测地线的唯一性,或者说,p 小于 3 的任意 W^p 条件不能确保测地线的存在性。我们的看法是,这些可微性条件的差别并不重要,因为根据 §3.1 的解释,时空模型完全可以认为是 C^∞ 的。

为了证明($\mathscr{S}$,$\boldsymbol{\omega}$)发展的存在性和唯一性,我们现在通过类似在 §4.3 建立守恒定理的方式,为二阶双曲型方程建立一些基本的不等式(引理 7.4.4 和 7.4.6)。

考虑形如 $\mathscr{H}\times R^1$ 的流形 $\hat{\mathscr{M}}$,这里 $\mathscr{H}$ 是三维流形。令 $\mathscr{U}$ 是 $\hat{\mathscr{M}}$
237 的带紧致闭包的开集,其边界为$\partial\mathscr{U}$,并与 $\mathscr{H}(0)$相交,这里 $\mathscr{H}(t)$表示曲面$\mathscr{H}\times\{t\}$,$t\in R^1$。令$\mathscr{U}_+$和$\mathscr{U}(t')$分别表示$\mathscr{U}$ 的$t\geqslant 0$ 和 $t'\geqslant t\geqslant 0$ 部分(图 48)。在$\mathscr{U}_+$ 上,令 $\hat{\mathbf{g}}$ 为 C^{2-} 背景度规,$\mathbf{e}$ 为 C^{1-} 正定度规。我们来考虑张量场 $K^I{}_J$,它服从如下形式的二阶双曲型方程:

$$L(K)\equiv A^{ab}K^I{}_{J|ab}+B^{aPI}{}_{QJ}K^Q{}_{P|a}+C^{PI}{}_{QJ}K^Q{}_P=F^I{}_J,\quad(7.20)$$

其中 $\mathbf{A}$ 是$\mathscr{U}_+$的 Lorentz 度规(即符号差为+2 的对称张量场),$\mathbf{B}$,$\mathbf{C}$ 和 $\mathbf{F}$ 为张量场,其类型由各自的指标表征,| 表示对度规 $\hat{\mathbf{g}}$ 的协变微分。

引理 7.4.4

如果(1)$\partial\mathscr{U}\cap\overline{\mathscr{U}_+}$对 $\mathbf{A}$ 是非时序的;

(2)存在某个 $Q_1>0$ 使在$\overline{\mathscr{U}_+}$上,

$$A^{ab}t_{|a}t_{|b}\leqslant -Q_1$$

和

$$A^{ab}W_aW_b\geqslant Q_1e^{ab}W_aW_b$$

对任意满足$A^{ab}{}_{t|a}W_b=0$ 的形式 $\mathbf{W}$ 成立;

(3)存在某个 Q_2 使在$\overline{\mathscr{U}_+}$上,

$$|\mathbf{A}|\leqslant Q_2,\quad |\mathrm{D}\mathbf{A}|\leqslant Q_2,\quad |\mathbf{B}|\leqslant Q_2,\quad |\mathbf{C}|\leqslant Q_2,$$

则存在某个正常数 P_4(取决于$\mathscr{U}$,$\mathbf{e}$,$\hat{\mathbf{g}}$,Q_1 和 Q_2),使对(7.20)的所有解$K^I{}_J$,有

$$\| \mathbf{K}, \mathscr{H}(t) \cap \mathscr{U}_+ \|_1 \leqslant P_4 \{ \| \mathbf{K}, \mathscr{H}(0) \cap \mathscr{U}_+ \|_1 + \| \mathbf{F}, \mathscr{U}(t) \|_0 \}。$$

通过类比单位质量标量场的能量-动量张量(§3.2),我们为场 $K^I{}_J$ 构造"能量张量"S^{ab}:

$$S^{ab} = \left\{ \left(A^{ac} A^{bd} - \frac{1}{2} A^{ab} A^{cd} \right) K^I{}_{J|c} K^P{}_{Q|d} - \frac{1}{2} A^{ab} K^I{}_J K^P{}_Q \right\} e^{JQ} e_{IP}。\tag{7.21}$$

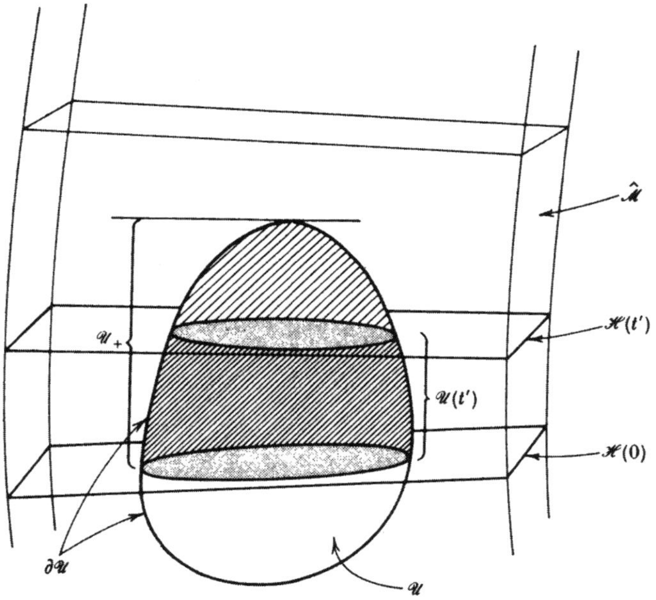

图 48 $\mathscr{U}$ 是 $\hat{\mathscr{M}} = \mathscr{H} \times R^1$ 中带紧致闭包的开集。$\mathscr{U}_+$ 是 $\mathscr{U}$ 的 $t \geqslant 0$ 的区域,$\mathscr{U}(t')$ 是 $\mathscr{U}$ 的 $t=0$ 与 $t=t'>0$ 之间的区域

张量 S^{ab} 服从度规 **A** 下的主能量条件(§4.3)(即如果 W_a 对 **A** 是类时的,则 $S^{ab}W_aW_b \geqslant 0$ 且 $S^{ab}W_a$ 对 **A** 非类空)。另外,由条件(2)和(3),存在正常数 Q_3 和 Q_4,使

$$Q_3(|\mathbf{K}|^2 + |\mathrm{D}\mathbf{K}|^2) \leqslant S^{ab} t_{|a} t_{|b} \leqslant Q_4(|\mathbf{K}|^2 + |\mathrm{D}\mathbf{K}|^2)。\tag{7.22}$$

现在我们将引理 4.3.1 用于 S^{ab},将 $\mathscr{U}_+$ 取为紧致区域 $\mathscr{F}$,并用度规 $\hat{\mathbf{g}}$ 定义的体积元 $\mathrm{d}\hat{v}$ 和协变微分: 238

$$\int_{\mathscr{H}(t) \cap \overline{\mathscr{U}}_+} S^{ab} t_{|a} \mathrm{d}\hat{\sigma}_b \leqslant \int_{\mathscr{H}(0) \cap \overline{\mathscr{U}}_+} S^{ab} t_{|a} \mathrm{d}\hat{\sigma}_b$$

$$+\int_0^t\left\{\iint_{\mathscr{H}(t')\cap\overline{\mathscr{U}}_+}(PS^{ab}t_{|a}+S^{ab}{}_{|a})\mathrm{d}\hat{\sigma}_b\right\}\mathrm{d}t', \tag{7.23}$$

其中 P 是独立于 S^{ab} 的正常数。(由于取曲面 $\mathscr{H}(t)$的面元 $\mathrm{d}\hat{\sigma}_b$ 与 $t_{|b}$ 同向,即 $\mathrm{d}\hat{\sigma}_b=t_{|b}\mathrm{d}\widetilde{\sigma}$,这里 $\mathrm{d}\widetilde{\sigma}$ 是 $\mathscr{H}(t)$上的正定测度,故上式右边第一项符号改变。)由于 $\mathbf{e}$ 和 $\hat{\mathbf{g}}$ 连续,存在正常数 Q_5 和 Q_6,使在 $\overline{\mathscr{U}}_+$ 上

$$Q_5\,\mathrm{d}\sigma\leqslant\mathrm{d}\widetilde{\sigma}\leqslant Q_6\,\mathrm{d}\sigma, \tag{7.24}$$

这里 $\mathrm{d}\sigma$ 是 $\mathbf{e}$ 在 $\mathscr{H}(t)$上诱导的面元。因此,由(7.22)和(7.23)式,存在某个 Q_7 使

$$\|\mathbf{K},\mathscr{H}(t)\cap\mathscr{U}_+\|_1{}^2\leqslant Q_7\{\|\mathbf{K},\mathscr{H}(0)\cap\mathscr{U}_+\|_1{}^2$$
$$+\int_0^t\|\mathbf{K},\mathscr{H}(t')\cap\mathscr{U}_+\|_1{}^2\mathrm{d}t'+\int_0^t(S^{ab}{}_{|b}t_{|a}\mathrm{d}\sigma)\mathrm{d}t'\Big\}。 \tag{7.25}$$

再由(7.20)式

$$S^{ab}{}_{|b}=A^{ac}K^I{}_{J|c}F^P{}_Qe^{JQ}e_{IP}+(\text{关于}K^I{}_J\text{ 和}K^P{}_{Q|c}\text{的带系数}A^{cd},\ A^{cd}{}_{|e}$$
$$\hat{R}^c{}_{def},\ B^{cPI}{}_{QJ}\text{ 和}C^{PI}{}_{QJ}\text{的平方项))}。 \tag{7.26}$$

由于系数在 $\mathscr{U}_+$ 上有界,故存在某个 Q_8 使

$$S^{ab}{}_{|b}t_{|a}\leqslant Q_8\{|\mathbf{F}|^2+|\mathbf{K}|^2+|\mathrm{D}\mathbf{K}|^2\}。 \tag{7.27}$$

因此,由(7.25)和(7.27)式,存在某个 Q_9 使

$$\|\mathbf{K},\mathscr{H}(t)\cap\mathscr{U}_+\|_1{}^2\leqslant Q_9\{\|\mathbf{K},\mathscr{H}(0)\cap\mathscr{U}_+\|_1{}^2$$
$$+\int_0^t\|\mathbf{K},\mathscr{H}(t')\cap\mathscr{U}_+\|_1{}^2\mathrm{d}t'+\|\mathbf{F},\mathscr{U}(t)\|_0{}^2\Big\}。$$

它有形式

$$\mathrm{d}x/\mathrm{d}t\leqslant Q_9\{x+y\}, \tag{7.28}$$

其中

$$x(t)=\int_0^t\|\mathbf{K},\mathscr{H}(t')\cap\mathscr{U}_+\|_1{}^2\mathrm{d}t'。$$

因此,

$$x\leqslant e^{Q_9t}\int_0^t e^{-Q_9t'}y(t')\mathrm{d}t'。 \tag{7.29}$$

239 由于 y 是 t 的单调增函数,而 t 在 $\overline{\mathscr{U}}_+$ 上有界,故存在某个 Q_{10} 使

$$x\leqslant Q_{10}\,y。$$

故 $\|\mathbf{K},\mathscr{H}(t)\cap\mathscr{U}_+\|_1\leqslant P_4\{\|\mathbf{K},\mathscr{H}(0)\cap\mathscr{U}_+\|_1+\|\mathbf{F},\mathscr{U}(t)\|_0\}$,这里

$$P_4=(Q_9+Q_{10})^{\frac{1}{2}}。$$

□

有了这个不等式，我们立刻可以证明线性的二阶双曲型方程的解的唯一性。这里线性是指 $\mathbf{A},\mathbf{B},\mathbf{C}$ 和 $\mathbf{F}$ 不依赖于 $\mathbf{K}$。由于假定了$K^{1I}{}_J$ 和$K^{2I}{}_J$ 为方程 $L(\mathbf{K})=\mathbf{F}$ 在 $\mathscr{H}(0)\cap\mathscr{U}$ 上有相同的初值和一阶导数条件下的解，我们可将上述结果用于方程 $L(\mathbf{K}^1-\mathbf{K}^2)=0$，从而得到

$$\|\mathbf{K}^1-\mathbf{K}^2,\mathscr{H}(t)\cap\mathscr{U}_+\|_1=0。$$

显然，在 $\overline{\mathscr{U}_+}$ 上 $\mathbf{K}^1=\mathbf{K}^2$。这样，我们有

命题 7.4.5

令 $\mathbf{A}$ 为 $\hat{\mathscr{M}}$ 的C^{1-} Lorentz 度规，$\mathbf{B},\mathbf{C}$ 和 $\mathbf{F}$ 局部有界，$\mathscr{H}\subset\hat{\mathscr{M}}$ 为对 $\mathbf{A}$ 的类空非因果三维曲面。那么，如果 $\mathscr{V}$ 为 $D^+(\mathscr{H},\mathbf{A})$ 内的集合，则线性方程(7.20)在 $\mathscr{V}$ 上的解由解及其一阶导数在 $\mathscr{H}\cap J^-(\mathscr{V},\mathbf{A})$ 上的值唯一确定。

由命题 6.6.7，$D^+(\mathscr{H},\mathbf{A})$ 形如 $\mathscr{H}\times R^1$。若 $q\in\mathscr{V}$，则由命题 6.6.6，$J^-(q)\cap J^+(\mathscr{H})$ 是紧的，故可取作 $\overline{\mathscr{U}_+}$。 □

因此，只要 $\mathbf{A}$ 的零锥与时空度规 $\mathbf{g}$ 的零锥重合或处于其中，则服从线性方程(7.20)的物理场必满足 § 3.2 的因果性假设(a)。

为了证明方程(7.20)的解的存在性，我们需要 $\mathbf{K}$ 的高阶导数的不等式。现在我们假定背景度规 $\hat{\mathbf{g}}$ 至少是 C^{5+a} 的(这里 a 为非负整数)，并取 $\mathscr{U}$ 使 $\mathscr{H}(0)\cap\overline{\mathscr{U}}$ 有光滑边界，从而存在微分同胚

$$\lambda:(\mathscr{H}(0)\cap\overline{\mathscr{U}})\times[0,t_1]\rightarrow\overline{\mathscr{U}_+}。$$

这个微分同胚有如下性质：对每个 $t\in[0,t_1]$，

$$\lambda\{(\mathscr{H}(0)\cap\overline{\mathscr{U}}),t\}=\mathscr{H}(t)\cap\overline{\mathscr{U}_+}。$$

我们这样做，是为了使引理 7.4.1～7.4.3 中的常数 P_1,P_2 和 P_3 对曲面 $\mathscr{H}(t)\cap\mathscr{U}_+$ 有上界 $\widetilde{P}_1,\widetilde{P}_2$ 和 $\widetilde{P}_3$。

引理 7.4.6 240

如果引理 7.4.4 的条件(1)和(2)满足，且如果

(4)存在某个 Q_3 使

$$\|\mathbf{A},\mathscr{U}_+\|_{4+a}<Q_3,\ \|\mathbf{B},\mathscr{U}_+\|_{3+a}<O_3,\ \|\mathbf{C},\mathscr{U}_+\|_{3+a}<O_3$$

(由引理 7.4.1，这个条件隐含了条件(3))，则存在正常数 $P_{5,a}$(取

决于$\mathscr{U}$，$\mathbf{e}$，$\hat{\mathbf{g}}$，a，Q_1 和 Q_3)使

$$\| \mathbf{K}, \mathscr{H}(t) \cap \mathscr{U}_+ \|_{4+a} \leqslant P_{5,a} \{ \| \mathbf{K}, \mathscr{H}(0) \cap \mathscr{U}_+ \|_{4+a} + \| \mathbf{F}, \mathscr{U}(t) \|_{3+a} \}。\tag{7.30}$$

由引理 7.4.4，我们有关于 $\| \mathbf{K}, \mathscr{H}(t) \cap \mathscr{U}_+ \|_1$ 的不等式。为了得到 $\| \mathbf{K}, \mathscr{H}(t) \cap \mathscr{U}_+ \|_2$ 的不等式，我们构造关于一阶导数 $K^I_{J|c}$ 的“能量”张量 S^{ab}，然后像前面一样处理。这样，散度 $S^{ab}{}_{|b}$ 可通过微分方程(7.20)来计算：

$S^{ab}{}_{|b} = A^{ad} K^I{}_{J|cd} F^P{}_{Q|e} e^{ec} e^{JQ} e_{IP} +$(关于$K^I{}_J$，$K^I{}_{J|c}$和$K^I{}_{J|cd}$的带系数$A^{cd}$，$A^{cd}{}_{|e}$，$\hat{R}^c{}_{def}$，$\hat{R}^c{}_{def|g}$，$B^{cPI}{}_{QJ}$，$B^{cPI}{}_{QJ|d}$，$C^{PI}{}_{QJ}$ 和 $C^{PI}{}_{QJ|d}$ 的平方项)。　(7.31)

除了$B^{cPI}{}_{QJ|d}$和$C^{PI}{}_{QJ|d}$可能例外，在 $a=0$ 情形，所有这些系数在 $\overline{\mathscr{U}_+}$ 上有界。在曲面 $\mathscr{H}(t') \cap \mathscr{U}_+$ 上积分，(7.31)式中包含$B^{cPI}{}_{QJ|d}$的项为

$$-\int_{\mathscr{H}(t') \cap \mathscr{U}_+} A^{ab} K^I{}_{J|cb} B^{dPR}{}_{QS|e} K^S{}_{R|d} e^{ce} e^{QJ} e_{PI} \mathrm{d}\hat{\sigma}_a。\tag{7.32}$$

存在某个常数 Q_4 使对所有 t'，(7.32)式小于或等于

$$\begin{aligned} & Q_4 \int_{\mathscr{H}(t') \cap \mathscr{U}_+} |\mathrm{D}\mathbf{B}|\,|\mathrm{D}\mathbf{K}|\,|\mathrm{D}^2\mathbf{K}| \mathrm{d}\sigma \\ & \leqslant \frac{1}{2} Q_4 \int_{\mathscr{H}(t') \cap \mathscr{U}_+} (|\mathrm{D}^2\mathbf{K}|^2 + |\mathrm{D}\mathbf{B}|^2 |\mathrm{D}\mathbf{K}|^2) \mathrm{d}\sigma。\end{aligned}\tag{7.33}$$

由引理 7.4.2，

$$\begin{aligned} & \int_{\mathscr{H}(t') \cap \mathscr{U}_+} |\mathrm{D}\mathbf{B}|^2 |\mathrm{D}\mathbf{K}|^2 \mathrm{d}\sigma \\ & \leqslant \widetilde{P}_2{}^2 \| \mathbf{B}, \mathscr{H}(t') \cap \mathscr{U}_+ \|_2{}^2 \| \mathbf{K}, \mathscr{H}(t') \cap \mathscr{U}_+ \|_2{}^2, \end{aligned}$$

其中，由条件(4)和引理 7.4.3，$\| \mathbf{B}, \mathscr{H}(t') \cap \mathscr{U}_+ \|_2 < \widetilde{P}_3 Q_3$。类似地，包含$C^{PI}{}_{QJ|d}$的项也有界。故由引理 4.3.1，存在某个常数 Q_5，使

$$\begin{aligned} \int_{\mathscr{H}(t) \cap \mathscr{U}_+} (|\mathrm{D}^2\mathbf{K}| + |\mathrm{D}\mathbf{K}|^2) \mathrm{d}\sigma \leqslant Q_5 \Big\{ & \int_{\mathscr{H}(0) \cap \mathscr{U}_+} (|\mathrm{D}^2\mathbf{K}|^2 + |\mathrm{D}\mathbf{K}|^2) \mathrm{d}\sigma \\ & + \int_0^t \| \mathbf{K}, \mathscr{H}(t') \cap \mathscr{U}_+ \|_2{}^2 \mathrm{d}t' + \int_{\mathscr{U}(t)} |\mathrm{D}\mathbf{F}|^2 \mathrm{d}\sigma \Big\}。\end{aligned}\tag{7.34}$$

241 由引理 7.4.4，

$$\int_{\mathscr{H}(t) \cap \mathscr{U}_+} |\mathbf{K}|^2 \mathrm{d}\sigma \leqslant \| \mathbf{K}, \mathscr{H}(t) \cap \mathscr{U}_+ \|_1{}^2$$

$$\leqslant 2P_4{}^2\{\|\mathbf{K},\mathscr{H}(0)\cap\mathscr{U}\|_1{}^2+\|\mathbf{F},\mathscr{U}(t)\|_0{}^2\}。\qquad(7.35)$$

将它加到(7.34)式，得

$$\|\mathbf{K},\mathscr{H}(t)\cap\mathscr{U}_+\|_2{}^2\leqslant Q_6\Big\{\|\mathbf{K},\mathscr{H}(0)\cap\mathscr{U}\|_2{}^2$$

$$+\int_0^t\|\mathbf{K},\mathscr{H}(t')\cap\mathscr{U}_+\|_2{}^2\mathrm{d}t'+\|\mathbf{F},\mathscr{U}(t)\|_1{}^2\Big\},\qquad(7.36)$$

这里 $Q_6=Q_5+2P_4$。根据类似引理 7.4.4 的论证，存在常数 Q_7，使

$$\|\mathbf{K},\mathscr{H}(t)\cap\mathscr{U}_+\|_2\leqslant Q_7\{\|\mathbf{K},\mathscr{H}(0)\cap\mathscr{U}\|_2+\|\mathbf{F},\mathscr{U}(t)\|_1\}。\qquad(7.37)$$

由引理 7.4.1，在 $\mathscr{U}_+$ 上有

$$|\mathbf{K}|\leqslant\widetilde{P}_1Q_7\{\|\mathbf{K},\mathscr{H}(0)\cap\mathscr{U}\|_2+\|\mathbf{F},\mathscr{U}(t)\|_0\}。\qquad(7.38)$$

利用这个关系，我们可以通过类似的过程建立关于 $\|\mathbf{K},\mathscr{H}(t)\cap\mathscr{U}_+\|_3$ 的不等式。这时，“能量”张量的散度给出如下形式的项：

$$Q_8\int_{\mathscr{H}(t')\cap\mathscr{U}_+}(|\mathrm{D}^3\mathbf{K}|^2+|\mathrm{D}^2\mathbf{B}|^2|\mathrm{D}\mathbf{K}|^2)\mathrm{d}\sigma。\qquad(7.39)$$

由引理 7.4.2，上式第二项以下式为界

$$Q_8\widetilde{P}_2{}^2\|\mathbf{B},\mathscr{H}(t')\cap\mathscr{U}_+\|_3{}^2\|\mathbf{K},\mathscr{H}(t')\cap\mathscr{U}_+\|_2{}^2,$$

由条件(4)，这里 $\|\mathbf{B},\mathscr{H}(t')\cap\mathscr{U}_+\|_3$ 对几乎所有 t' 值有定义，且对 t' 平方可积。这样，我们可用处理 $\|\mathbf{K},\mathscr{H}(t)\cap\mathscr{U}_+\|_2$ 的方式得到关于 $\|\mathbf{K},\mathscr{H}(t)\cap\mathscr{U}_+\|_3$ 的不等式。对更高阶导数的处理也类似。 □

推论

存在常数 $P_{6,a}$ 和 $P_{7,a}$ 使

$$\|\mathbf{K},\mathscr{H}(t)\cap\mathscr{U}_+\|_{4+a}\leqslant P_{6,a}\{\|\mathbf{K},\mathscr{H}(0)\cap\widetilde{\mathscr{U}\|}_{4+a}+$$

$$\|K^I_{J|a}u^a,\mathscr{H}(0)\cap\widetilde{\mathscr{U}\|}_{3+a}+\|\mathbf{F},\widetilde{\mathscr{U}_+\|}_{3+a}\},$$

和
$$\|\mathbf{K},\mathscr{U}_+\|_{4+a}\leqslant P_{7,a}\{同上\},$$

其中 u^a 是 $\mathscr{H}(0)$ 上某个处处不与 $\mathscr{H}(0)$ 相切的 C^{3+a} 向量场。

由(7.20)式，$\mathbf{K}$ 在曲面 $\mathscr{H}(0)$ 外的二阶和高阶导数可用 $\mathbf{F}$ 及其在 242
$\mathscr{H}(0)$ 外的导数、$K^I_{J|a}u^a$ 和 $\mathbf{K}$ 在曲面 $\mathscr{H}(0)$ 上的导数来表示。由引理 7.4.3，

$$\left.\begin{aligned}&\|\mathbf{A},\mathscr{H}(0)\cap\mathscr{U}\|_{3+a}<\widetilde{P}_3Q_3,\\&\|\mathbf{B},\mathscr{H}(0)\cap\mathscr{U}\|_{2+a}<\widetilde{P}_3Q_3,\\&\|\mathbf{C},\mathscr{H}(0)\cap\mathscr{U}\|_{2+a}<\widetilde{P}_3Q_3,\\&\|\mathbf{F},\mathscr{H}(0)\cap\mathscr{U}\|_{2+a}<\widetilde{P}_3\|\mathbf{F},\mathscr{U}_+\|_{3+a}。\end{aligned}\right\}\tag{7.40}$$

于是存在常数 Q_4，使

$$\begin{aligned}\|\mathbf{K},\mathscr{H}(0)\cap\mathscr{U}\|_{4+a}\leqslant Q_4\{&\|\mathbf{K},\mathscr{H}(0)\cap\mathscr{U}\widetilde{\|}_{4+a}+\\&\|K^I{}_{J|a}u^a,\mathscr{H}(0)\cap\widetilde{\mathscr{U}\|}_{3+a}+\|\mathbf{F},\mathscr{U}_+\widetilde{\|}_{3+a}\}。\end{aligned}\tag{7.41}$$

第二个结果也立即可得，因为 t 在 $\mathscr{U}_+$ 上有界。 □

现在我们来证明形如(7.20)的线性方程的解的存在性。首先假定，$\mathbf{A}$，$\mathbf{B}$，$\mathbf{C}$，$\mathbf{F}$，$\mathbf{u}$ 和 $\hat{\mathbf{g}}$ 的分量在坐标邻域 $\mathscr{V}$ 上均为局部坐标 x^1，x^2，x^3 和 $x^4(x^4=t)$的解析函数，并认为初始数据$K^I{}_J={}_0K^I{}_J$ 和$K^I{}_{J|a}u^a={}_1K^I{}_J$ 在 $\mathscr{H}(0)\cap\mathscr{V}$上是坐标 x^1，x^2 和 x^3 的解析函数。于是，由方程(7.20)，我们可根据 $\mathscr{H}(0)$内${}_0\mathbf{K}$ 和${}_1\mathbf{K}$ 的导数来计算 $\mathbf{K}$ 在曲面 $\mathscr{H}(0)$外的分量的偏导数$\partial^2(K^I{}_J)/\partial t^2$，$\partial^3(K^I{}_J)/\partial t^2\partial x^i$，$\partial^3(K^I{}_J)/\partial t^3$，等等。这样，我们可将$K^I{}_J$ 表示为关于坐标原点 p 的 x^1，x^2，x^3 和 t 的正常幂级数。由 Cauchy-Kowaleski 定理(Courant and Hilbert(1962)，39 页)，这个级数在某个坐标半径 r 的球内收敛，从而给出(7.20)在给定初始坐标条件下的解。现在我们从 $\mathscr{M}$ 的 C^∞ 坐标卡集来选取一个解析坐标卡集，用坐标卡集中形如 $\mathscr{V}(r)$的坐标邻域来覆盖 $\mathscr{H}(0)\cap\overline{\mathscr{U}}$，并像上面那样，在每个坐标邻域内构造一个解。这样，我们即对某个 $t_2>0$，在区域 $\mathscr{U}(t_2)$上得到一个解。然后对 $\mathscr{H}(t_2)$重复上述过程。由 Cauchy-Kowaleski 定理，对幂级数收敛的 t，t 的相邻两个间隔的比值与初值无关，故这个解可通过有限步扩展到整个 $\mathscr{U}_+$。这就证明了线性方程(7.20)在系数、源项和初始数据均为解析时的解的存在性。下面我们去除解析性这一要求。

243 **命题 7.4.7**

如果条件(1)，(2)和(4)成立，且如果

(5)$\mathbf{F}\in W^{3+a}(\mathscr{U}_+)$；

(6) ${}_0\mathbf{K}\in W^{4+a}(\mathscr{H}(0)\cap\overline{\mathscr{U}})$，${}_1\mathbf{K}\in W^{3+a}(\mathscr{H}(0)\cap\overline{\mathscr{U}})$，
则线性方程(7.20)存在唯一解 $\mathbf{K}\in W^{4+a}(\mathscr{U}_+)$，使在 $\mathscr{H}(0)$ 上，$K^I{}_J={}_0K^I{}_J$ 和 $K^I{}_{J|a}u^a={}_1K^I{}_J$。

我们这样来证明这个结果：用解析场来逼近系数和初始数据，然后证明所得到的解析解收敛于一个场，这个场就是给定方程在给定初始条件下的解。令 $\mathbf{A}_n(n=1,2,\cdots)$ 是 $\overline{\mathscr{U}}$ 上的一个在 $W^{4+a}(\mathscr{U}_+)$ 内强收敛于 $\mathbf{A}$ 的解析场序列。(说 $\mathbf{A}_n$ 在 W^m 内强收敛于 $\mathbf{A}$，是指 $\|\mathbf{A}_n-\mathbf{A}\|_m$ 收敛于零。)令 $\mathbf{B}_n$，$\mathbf{C}_n$ 和 $\mathbf{F}_n$ 是 $\overline{\mathscr{U}}_+$ 上在 $W^{3+a}(\mathscr{U}_+)$ 内分别强收敛于 $\mathbf{B}$，$\mathbf{C}$ 和 $\mathbf{F}$ 的解析场。再令 ${}_0\mathbf{K}_n$ 和 ${}_1\mathbf{K}_n$ 是 $\mathscr{H}(0)\cap\overline{\mathscr{U}}$ 上分别在 $W^{4+a}(\mathscr{H}(0)\cap\mathscr{U})$ 和 $W^{3+a}(\mathscr{H}(0)\cap\mathscr{U})$ 内强收敛于 ${}_0\mathbf{K}$ 和 ${}_1\mathbf{K}$ 的解析场。对 n 的每个值，存在方程(7.20)在初值条件 $K_n{}^I{}_J={}_0K_n{}^I{}_J$，$K_n{}^I{}_{J|a}u^a={}_1K_n{}^I{}_J$ 下的解析解 $\mathbf{K}_n$。由引理 7.4.6 的推论，当 $n\to\infty$ 时，$\|\mathbf{K}_n,\mathscr{U}_+\|_{4+a}$ 有界。因此，由 Riesz(1955)的定理，存在场 $\mathbf{K}\in W^{4+a}(\mathscr{U}_+)$ 和 $\mathbf{K}_n$ 的子序列 $\mathbf{K}_{n'}$，使 $\mathrm{D}^b\mathbf{K}_{n'}$ 对每个 b，$0\leqslant b\leqslant 4+a$，弱收敛于 $\mathrm{D}^b\mathbf{K}$。(说 $\mathscr{N}$ 上一系列场 $I_n{}^I{}_J$ 弱收敛于 $I^I{}_J$，是指对每个 C^∞ 场 $J^I{}_J$ 有

$$\int_{\mathscr{N}} I_n{}^I{}_J\, J^J{}_I\,\mathrm{d}\sigma\to\int_{\mathscr{N}} I^I{}_J\, J^J{}_I\,\mathrm{d}\sigma\text{。)}$$

由于 $\mathbf{A}_n$，$\mathbf{B}_n$ 和 $\mathbf{C}_n$ 在 $W^3(\mathscr{U}_+)$ 内分别强收敛于 $\mathbf{A}$，$\mathbf{B}$ 和 $\mathbf{C}$，故 $\sup|\mathbf{A}-\mathbf{A}_n|$，$\sup|\mathbf{B}-\mathbf{B}_n|$ 和 $\sup|\mathbf{C}-\mathbf{C}_n|$ 趋于零。这样，$L_{n'}(\mathbf{K}_{n'})$ 弱收敛于 $L(\mathbf{K})$。但 $L_{n'}(\mathbf{K}_{n'})$ 等于 $F_{n'}$，而后者强收敛于 $\mathbf{F}$。因此 $L(\mathbf{K})=\mathbf{F}$。在 $\mathscr{H}(0)\cap\overline{\mathscr{U}}$ 上，$K_{n'}{}^I{}_J$ 和 $K_{n'}{}^I{}_{J|a}u^a$ 弱收敛于 $K^I{}_J$ 和 $K^I{}_{J|a}u^a$，因而后者也必然分别等于 ${}_0K^I{}_J$ 和 ${}_1K^I{}_J$。因此 $\mathbf{K}$ 是给定方程在给定初始条件下的解。由命题 7.4.5，这个解是唯一的，因为每个 $\mathbf{K}_n$ 满足引理 7.4.6 的不等式，故 $\mathbf{K}$ 也满足。 □

7.5 虚空空间 Einstein 方程的发展的存在性和唯一性 244

现在我们将上节的结果应用于广义相对论的 Cauchy 问题。我们先处理虚空空间的 Einstein 方程($T^{ab}=0$)，然后在 § 7.7 讨论物质的

影响。

约化 Einstein 方程

$$E^{ab}{}_{cd}(\phi^{cd})=8\pi T^{ab}-\left(\hat{R}^{ab}-\frac{1}{2}\hat{R}\hat{g}^{ab}\right) \qquad (7.42)$$

是准线性二阶双曲型方程。就是说，它们有(7.20)的形式，其中系数 **A**，**B** 和 **C** 为 **K** 和 D**K** 的函数(实际上，在此情形下，$A^{ab}=g^{ab}$ 是 ϕ^{ab} 的函数，但不是 $\phi^{ab}{}_{|c}$ 的函数)。为证明这些方程的解的存在性，我们按如下方式进行：取某个适当的试验场 ϕ'^{ab}，用它来确定算子 E 的系数 **A**，**B** 和 **C** 的值，再用这些值来解规定初始条件下作为**线性**方程的(7.42)，以得到新场 ϕ''^{ab}。这样，我们有了从 $\boldsymbol{\phi}'$ 到 $\boldsymbol{\phi}''$ 的映射 α，然后我们证明，该映射在适当条件下有一不动点(即存在某个 ϕ 使 $\alpha(\boldsymbol{\phi})=\boldsymbol{\phi}$)。这个不动点就是我们所要求的准线性方程的解。

我们将背景度规 $\hat{\mathbf{g}}$ 取作虚空空间 Einstein 方程的解，将曲面 $\mathscr{H}(t)\cap\overline{\mathscr{U}_+}$ 和 $\partial\mathscr{U}\cap\overline{\mathscr{U}_+}$ 取作 $\hat{\mathbf{g}}$ 下的类空曲面。于是由引理 7.4.1，存在某个正常数 $\hat{Q}_a$，使如果对 $a\geqslant 0$ 的某个值，有

$$\|\boldsymbol{\phi}',\mathscr{U}_+\|_{4+a}<\widetilde{Q}_a, \qquad (7.43)$$

则由 $\boldsymbol{\phi}'$ 确定的系数 $\mathbf{A}'$，$\mathbf{B}'$ 和 $\mathbf{C}'$ 对给定的 Q_1 和 Q_2 值满足引理 7.4.6 的条件(1)，(2)和(4)。于是，由(7.41)式我们有

$$\|\boldsymbol{\phi}'',\mathscr{U}_+\|_{4+a}\leqslant P_{7,a}\{\|{}_0\boldsymbol{\phi},\mathscr{H}(0)\cap\overline{\mathscr{U}}\,\widetilde{\|}_{4+a}+\|{}_1\boldsymbol{\phi},\mathscr{H}(0)\cap\overline{\mathscr{U}}\,\widetilde{\|}_{3+a}\}。$$

因此只要

$$\|{}_0\boldsymbol{\phi},\mathscr{H}(0)\cap\overline{\mathscr{U}}\,\widetilde{\|}_{4+a}\leqslant\frac{1}{2}rP_{7,a}{}^{-1}$$

和

$$\|{}_1\boldsymbol{\phi},\mathscr{H}(0)\cap\overline{\mathscr{U}}\,\widetilde{\|}_{3+a}\leqslant\frac{1}{2}rP_{7,a}{}^{-1}, \qquad (7.44)$$

则映射 $\alpha:W^{4+a}(\mathscr{U}_+)\to W^{4+a}(\mathscr{U}_+)$ 将 $W^{4+a}(\mathscr{U}_+)$ 内半径为 $r(r<\widetilde{Q}_a)$ 的闭球 $W(r)$ 映射到自身。我们将证明，如果(7.44)式成立且 r 足够小，则 α 有不动点。

245 假定 $\boldsymbol{\phi}'_1$ 和 $\boldsymbol{\phi}'_2$ 处于 $W(r)$ 内，场 $\boldsymbol{\phi}''_1=\alpha(\boldsymbol{\phi}'_1)$ 和 $\boldsymbol{\phi}''_2=\alpha(\boldsymbol{\phi}'_2)$ 满足 $E'_1(\boldsymbol{\phi}''_1)=0$，$E'_2(\boldsymbol{\phi}''_2)=0$，这里 E'_1 是 Einstein 算子，它带有由 $\boldsymbol{\phi}'_1$ 确定的系数 $\mathbf{A}'_1$，$\mathbf{B}'_1$ 和 $\mathbf{C}'_1$。因此，

$$E_1{}'(\boldsymbol{\phi}_1{}''-\boldsymbol{\phi}_2{}'')=-(E_1{}'-E_2{}')(\boldsymbol{\phi}_2{}'')。 \qquad (7.45)$$

由于对 $W(r)$ 内的 $\boldsymbol{\phi}'_1$，系数 $\mathbf{A}'_1,\mathbf{B}'_1$ 和 $\mathbf{C}'_1$ 可微地依赖于 $\boldsymbol{\phi}'_1$ 和 $\mathrm{D}\boldsymbol{\phi}'_1$，故存在某个常数 Q_4，使在 $\overline{\mathscr{U}_+}$ 上有

$$\left.\begin{aligned}&|\mathbf{A}'_1-\mathbf{A}'_2|\leqslant Q_4|\boldsymbol{\phi}'_1-\boldsymbol{\phi}'_2|,\\&|\mathbf{B}'_1-\mathbf{B}'_2|\leqslant Q_4(|\boldsymbol{\phi}'_1-\boldsymbol{\phi}'_2|+|\mathrm{D}\boldsymbol{\phi}'_1-\mathrm{D}\boldsymbol{\phi}'_2|),\\&|\mathbf{C}'_1-\mathbf{C}'_2|\leqslant Q_4(|\boldsymbol{\phi}'_1-\boldsymbol{\phi}'_2|+|\mathrm{D}\boldsymbol{\phi}'_1-\mathrm{D}\boldsymbol{\phi}'_2|)。\end{aligned}\right\}\tag{7.46}$$

因此由引理 7.4.1 和 7.4.6，我们有

$$|(E'_1-E'_2)(\boldsymbol{\phi}''_2)|\leqslant 3rQ_4\widetilde{P}_1P^{-1}_{7,a}P_{6,a}(|\boldsymbol{\phi}'_1-\boldsymbol{\phi}'_2|+|\mathrm{D}\boldsymbol{\phi}'_1-\mathrm{D}\boldsymbol{\phi}'_2|)。$$

现在我们将引理 7.4.4 应用于(7.45)式以得到结果

$$\|\boldsymbol{\phi}''_1-\boldsymbol{\phi}''_2,\mathscr{U}_+\|_1\leqslant rQ_5\|\boldsymbol{\phi}'_1-\boldsymbol{\phi}'_2,\mathscr{U}_+\|_1,\tag{7.47}$$

其中 Q_5 是与 r 无关的某个常数。因此对足够小的 r，映射 α 在模 $\|\ \ \|_1$ 下是收缩的(即 $\|\alpha(\boldsymbol{\phi}_1)-\alpha(\boldsymbol{\phi}_2)\|_1<\|\boldsymbol{\phi}_1-\boldsymbol{\phi}_2\|_1$)，而序列 $\alpha^n(\boldsymbol{\phi}'_1)$ 将在 $W^1(\mathscr{U}_+)$ 内强收敛于某个场 $\boldsymbol{\phi}$。但由 Riesz 定理，$\alpha^n(\boldsymbol{\phi}'_1)$ 的某个子序列将弱收敛于某个场 $\widetilde{\boldsymbol{\phi}}\in W(r)$，故 $\boldsymbol{\phi}$ 必然等于 $\widetilde{\boldsymbol{\phi}}$，且在 $W(r)$ 内也成立。从而也定义了 $\alpha(\boldsymbol{\phi})$。现在

$$\|\alpha(\boldsymbol{\phi})-\alpha^{n+1}(\boldsymbol{\phi}'_1),\mathscr{U}_+\|_1\leqslant rQ_5\|\boldsymbol{\phi}-\alpha^n(\boldsymbol{\phi}'_1),\mathscr{U}_+\|_1。$$

当 $n\to\infty$ 时，上式右边趋于零。这意味着 $\|\alpha(\boldsymbol{\phi})-\boldsymbol{\phi},\mathscr{U}_+\|_1=0$，故 $\alpha(\boldsymbol{\phi})=\boldsymbol{\phi}$。由于映射 α 是收缩的，故不动点在 $W(r)$ 内唯一。这样我们就证明了：

命题 7.5.1

如果 $\hat{\mathbf{g}}$ 是虚空空间 Einstein 方程的一个解，则当

$$\|{}_0\boldsymbol{\phi},\mathscr{H}(0)\cap\widetilde{\overline{\mathscr{U}}\|}_{4+a}\ \text{和}\ \|{}_1\boldsymbol{\phi},\mathscr{H}(0)\cap\mathscr{U}\,\widetilde{\overline{\mathscr{U}}\|}_{3+a}$$

足够小时，约化虚空空间 Einstein 方程有解 $\boldsymbol{\phi}\in W^{4+a}(\mathscr{U}_+)$。$\|\boldsymbol{\phi},\mathscr{H}(0)\cap\overline{\mathscr{U}_+}\|_{4+a}$ 有界，故 $\boldsymbol{\phi}$ 至少是 $C^{(2+a)-}$ 的。 □

即使不属于 $W^4(\mathscr{U}_+)$ 内的解，这个解也是局部唯一的。

命题 7.5.2 246

令 $\widetilde{\boldsymbol{\phi}}$ 是约化虚空空间 Einstein 方程在开集 $\mathscr{V}\subset\mathscr{H}(0)\cap\mathscr{U}$ 上有相同初始数据条件下的 C^{1-} 解，则在 $\mathscr{V}$ 在 $\mathscr{U}_+$ 内的邻域上有 $\widetilde{\boldsymbol{\phi}}=\boldsymbol{\phi}$。

由于 $\widetilde{\boldsymbol{\phi}}$ 连续，我们可在 $\mathscr{U}$ 内找到 $\mathscr{V}$ 的一个邻域 $\mathscr{U}'$，使 **A**，**B** 和 **C** 满足引理 7.4.4 的条件。和前面一样，我们有

$$\widetilde{E}(\widetilde{\boldsymbol{\phi}}-\boldsymbol{\phi})=-(\widetilde{E}-E)(\boldsymbol{\phi})。\tag{7.48}$$

类似地，存在某常数 Q_6，使

$$\|(\widetilde{E}-E)(\boldsymbol{\phi}),\ \mathscr{H}(t)\cap\mathscr{U}'_+\|_0\leqslant Q_6\|\widetilde{\boldsymbol{\phi}}-\boldsymbol{\phi},\ \mathscr{H}(t)\cap\mathscr{U}'_+\|_1。$$

将引理 7.4.4 用于(7.48)式，我们得如下不等式：

$$\mathrm{d}x/\mathrm{d}t\leqslant Q_7x,$$

其中
$$x=\int_0^t\|\widetilde{\boldsymbol{\phi}}-\boldsymbol{\phi},\mathscr{H}(t')\cap\mathscr{U}'_+\|_1\mathrm{d}t'。$$

因此，在 $\overline{\mathscr{U}'_+}$ 上 $\widetilde{\boldsymbol{\phi}}=\boldsymbol{\phi}$。 □

命题 7.5.1 说明，如果对 Einstein 方程的一个虚空空间解的初始数据施加一足够小的扰动，我们就得到区域 $\mathscr{U}_+$ 的一个解。但我们想证明的是，任意满足三维流形 $\mathscr{S}$ 的约束方程的初始数据 h^{ab} 和 χ^{ab} 都存在发展区域。为此我们作如下处理：取 $\mathscr{M}$ 为 R^4，**e** 为 Euclid 度规，$\hat{\mathbf{g}}$ 为平直 Minkowski 度规（它是虚空空间 Einstein 方程的一个解）。在通常的 Minkowski 坐标 x^1,x^2,x^3 和 $x^4(x^4=t)$ 下，我们取 $\mathscr{U}$ 使 $\partial\mathscr{U}\cap\overline{\mathscr{U}_+}$ 类空，而 $\mathscr{H}(0)\cap\overline{\mathscr{U}}$ 由满足 $(x^1)^2+(x^2)^2+(x^3)^2\leqslant1$，$x^4=0$ 的点组成。现在我们要说，从足够精细的尺度上看，任何度规都显得是近乎平直的。因此，如果将 $\mathscr{S}$ 的一个足够小的区域映射到 $\mathscr{H}(0)\cap\overline{\mathscr{U}}$，则我们可根据命题 7.5.1 得到 $\mathscr{U}_+$ 上的一个解。然后，对 $\mathscr{S}$ 的其他区域重复这个过程，将所有得到的解拼接起来，构造一个度规为 **g** 的流形 $\mathscr{M}$，它就是$(\mathscr{S},\boldsymbol{\omega})$的一个发展。

令 $\mathscr{V}_1$ 是 $\mathscr{S}$ 内坐标为 y^1,y^2 和 y^3 的坐标邻域，使 h^{ab} 在坐标原点 p 的坐标分量等于 δ^{ab}。令 $\mathscr{V}_1(f_1)$ 是关于 p 的坐标半径为 f_1 的开球。
247 用 $x^i=f_1^{-1}y^i(i=1,2,3)$，$x^4=0$ 定义嵌入 $\theta:\mathscr{V}_1(f_1)\to\mathscr{U}$。由通常的坐标基变换法则，$\theta_*h^{ab}$ 和 $\theta_*\chi^{ab}$ 关于坐标$\{x\}$的分量是 f_1^{-2} 乘以 h^{ab} 和 χ^{ab} 关于坐标$\{y\}$的分量。我们用 $h'^{ab}=f_1{}^2h^{ab}$ 和 $\chi'^{ab}=f_1{}^3\chi^{ab}$ 在 $\mathscr{V}_1$ 上定义新场 h'^{ab} 和 χ'^{ab}。于是，**h** 在 $\mathscr{S}$ 上连续（事实上为 $C^{2+\alpha}$），因此我们可在 $\mathscr{H}(0)\cap\mathscr{U}$ 上通过取足够小 f_1 来使 $g'^{ab}-\hat{g}^{ab}$ 和 $g'^{ab}{}_{|c}u^c$ 任意

小，这里 g'^{ab} 和 $g'^{ab}{}_{|c}u^c$ 是按§7.3的方法由 h'^{ab} 和 χ'^{ab} 定义的。当 f_1 取得更小时，g'^{ab} 和 $g'^{ab}{}_{|c}u^c$ 在曲面 $\mathscr{H}(0)$ 上的导数也将变得更小。故 $\|_0\boldsymbol{\phi}',\mathscr{H}(0)\cap\overline{\mathscr{U}}\widetilde{\|}_{4+a}$ 和 $\|_1\boldsymbol{\phi}',\mathscr{H}(0)\cap\overline{\mathscr{U}}\widetilde{\|}_{3+a}$ 可取得足够小从而可用命题 7.5.1，并在 $\mathscr{U}_+$ 上得到一个 $\boldsymbol{\phi}'$ 的解。于是，$g_1^{ab}=f_1^{-2}g'^{ab}$ 是约化 Einstein 方程在由 h^{ab} 和 χ^{ab} 确定的初始条件下的解。类似地，我们可得到 $\mathscr{U}_-$ 上的解，$\mathscr{U}_-$ 指 $\mathscr{U}$ 在 $t\leqslant 0$ 的部分。

现在我们可用形如 $\mathscr{V}_1(f_1)$ 的坐标邻域 $\mathscr{V}_\alpha(f_\alpha)$ 来覆盖 $\mathscr{S}$，通过嵌入 θ_α 将 $\mathscr{V}_\alpha(f_\alpha)$ 映射为形如 $\mathscr{U}$ 的坐标邻域 $\mathscr{U}_\alpha$，并得到 $\mathscr{U}_\alpha$ 上的解 $g_\alpha{}^{ab}$。现在的问题是如何在重叠区叠合适当的点，使 $\mathscr{U}_\alpha$ 的集合构成度规为 $\mathbf{g}$ 的流形。为此，我们利用谐和规范条件

$$\phi^{bc}{}_{|c}=g^{bc}{}_{|c}-\frac{1}{2}g^{bc}g_{de}g^{dc}{}_{|c}=0。\tag{7.49}$$

由 $\delta\Gamma^a{}_{bc}$ 的定义(7.3)，这个条件等价于 $g^{de}\delta\Gamma^b{}_{de}=0$。因此，对任一函数 z，

$$z_{;ab}g^{ab}=z_{|ab}g^{ab}-\delta\Gamma^c{}_{ab}z_{|c}g^{ab}=z_{|ab}g^{ab}。\tag{7.50}$$

如果背景度规是 Minkowski 度规，且 z 是 Minkowski 坐标 x^1,x^2,x^3 和 x^4 之一，则(7.50)式右边为零。现假定在流形 $\mathscr{M}$ 上有任意 W^{4+a} Lorentz 度规。在 $\mathscr{Y}\subset\mathscr{M}$ 的某个领域内，我们可找到线性方程

$$z_{;ab}g^{ab}=0\tag{7.51}$$

的四个解 z^1,z^2,z^3 和 z^4。这些解的梯度在 $\mathscr{Y}$ 的每一点线性独立。于是我们可通过 $x^a=z^a(a=1,2,3,4)$ 定义一微分同胚 $\mu:\mathscr{Y}\to\hat{\mathscr{M}}$。这个微分同胚有如下性质：$\hat{\mathscr{M}}$ 的度规 μ_*g^{ab} 满足关于 $\hat{\mathscr{M}}$ 的 Minkowski 度规 $\hat{\mathbf{g}}$ 的谐和规范条件。因此，如果度规 $\mathbf{g}$ 是 $\mathscr{M}$ 的 Einstein 方程的解，则度规 $\mu_*\mathbf{g}$ 是 $\hat{\mathscr{M}}$ 的约化 Einstein 方程在背景度规 $\hat{\mathbf{g}}$ 下的解。

因此，在 $\mathscr{U}_\alpha$ 和 $\mathscr{U}_\beta$ 的重叠区上叠合点的过程，就是用在 $\mathscr{S}$ 上的坐 248
标邻域 $\mathscr{V}_\alpha$ 和 $\mathscr{V}_\beta$ 的重叠所决定的 $x_\beta{}^a$ 和 $x_\beta{}^a{}_{|b}u^b$ 的初值，在 $\mathscr{U}_\alpha$ 上对坐标 $x_\beta{}^1,x_\beta{}^2,x_\beta{}^3$ 和 $x_\beta{}^4$ 求解方程(7.51)。事实上，$x_\beta{}^i{}_{|a}u^a=0(i=1,2,3)$，$x_\beta{}^4{}_{|a}u^a=1$，其中 $u^a=\partial/\partial x_\alpha{}^a$ 是 $\mathscr{U}_\alpha$ 内在度规 $\hat{\mathbf{g}}$ 下垂直于 $\mathscr{H}(0)$ 的单位向量。因此，尽管 $x_\beta{}^i$ 一般不等于 $x_\alpha{}^i$，但 $x_\beta{}^4=x_\alpha{}^4$。由命题 7.4.7，坐标 $x_\beta{}^a$ 是 $\mathscr{U}_\alpha$ 上的 $C^{(2+a)-}$ 函数。（在命题 7.4.7 里，协变导数所针对的背景度规必须是 $C^{(5+a)-}$ 的。因此它不能直接用于(7.51)式，因为协

变导数是对 $\mathbf{g}$ 取的，而 $\mathbf{g}$ 只是 W^{4+a} 的。但我们可引入一个 C^{5+a} 背景度规 $\widetilde{\mathbf{g}}$，并将(7.51)式表示为

$$z_{\|ab}g^{ab}+z_{\|a}B^a=0,$$

这里 $\|$ 表对 $\widetilde{\mathbf{g}}$ 的协变微分。这样，命题 7.4.7 就可用于这个方程。)

由于 $x_\beta{}^a$ 的梯度在 $\mathscr{H}(0)\cap\mathscr{U}_\alpha$ 上线性独立，它们在 $\mathscr{H}(0)$ 在 $\mathscr{U}_\alpha$ 内的某个邻域 $\mathscr{U}''$ 内也是线性独立的。度规 $\mu_*g_\alpha^{ab}$ 在 $\mathscr{U}_\beta$ 内的 $\mu(\mathscr{U}''_\alpha)$ 上至少是 C^{1-} 的。由于它在 $\mathscr{U}_\beta$ 上服从背景度规 $\hat{\mathbf{g}}$ 的约化虚空空间 Einstein 方程，而且在 $\theta_\beta(\mathscr{V}_\alpha\cap\mathscr{V}_\beta)$ 上与 $\mathbf{g}_\beta$ 有相同的初始数据，因此在 $\theta_\beta(\mathscr{V}_\alpha\cap\mathscr{V}_\beta)$ 在 $\mathscr{U}_\beta$ 内的某个邻域 $\mathscr{U}'_\beta$ 上，它必然与 $\mathbf{g}_\beta$ 重合。这说明我们可将 $\mathscr{U}''_\alpha$ 和 $\mathscr{U}'_\beta$ 拼接起来，得到 $\mathscr{S}$ 的区域 $\mathscr{V}_\alpha\cap\mathscr{V}_\beta$ 的发展。将 $\mathscr{S}$ 的覆盖 $\{\mathscr{V}_\alpha\}$ 取为局部有限的，我们可按类似方式将另一邻域 $\{\mathscr{U}_\alpha\}$ 的子集拼接起来得到 $\mathscr{S}$ 的发展，即具有度规 $\mathbf{g}$ 的流形 $\mathscr{M}$，并有嵌入 $\theta:\mathscr{S}\to\mathscr{M}$，使 $\mathbf{g}$ 满足虚空空间 Einstein 方程，并符合 $\mathscr{M}$ 的 Cauchy 曲面 $\theta(\mathscr{S})$ 上规定的初始数据 $\boldsymbol{\omega}$。如果 $(\mathscr{M}',\mathbf{g}')$ 是 $(\mathscr{S},\boldsymbol{\omega})$ 的另一个发展，则通过类似过程，我们可以在 $\theta'(\mathscr{S}')$ 在 $\mathscr{M}'$ 内的某个邻域与 $\theta(\mathscr{S})$ 在 $\mathscr{M}$ 内的某个邻域之间，建立一个微分同胚 μ，使 $\mu_*g'^{ab}=g^{ab}$。因此我们证明了：

局部 Cauchy 发展定理

如果 $h^{ab}\in W^{4+a}(\mathscr{S})$ 和 $\chi^{ab}\in W^{3+a}(\mathscr{S})$ 满足虚空空间约束方程，则存在虚空空间 Einstein 方程的发展 $(\mathscr{M},\mathbf{g})$，使对任何光滑类空曲面
249 $\mathscr{H}$，$\mathbf{g}\in W^{4+a}(\mathscr{M})$，$\mathbf{g}\in W^{4+a}(\mathscr{H})$。这些发展是局部唯一的：如果 $(\mathscr{M}',\mathbf{g}')$ 是 $(\mathscr{S},\boldsymbol{\omega})$ 的另一个 W^{4+a} 发展，则 $(\mathscr{M},\mathbf{g})$ 和 $(\mathscr{M}',\mathbf{g}')$ 是 $(\mathscr{S},\boldsymbol{\omega})$ 的某个共同发展的扩展。

$\mathbf{g}\in W^{4+a}(\mathscr{H})$ 是引理 7.4.6 的结果，因为常数 t 曲面可任意选取。 □

7.6　最大发展和稳定性

我们证明了，如果初始数据满足虚空空间约束方程，则可找到一个发展，即可为初始面构造一个在一定距离上的未来和过去的解。一般说来，这个发展可向未来和过去进一步扩展，得到 $(\mathscr{S},\boldsymbol{\omega})$ 的更大发展。

但是，通过类似于 Choquet-Bruhat 和 Geroch(1969)的论证，我们可以证明，存在$(\mathscr{S},\boldsymbol{\omega})$的唯一（确定到微分同胚）发展$(\mathscr{M},\mathbf{g})$，它是$(\mathscr{S},\boldsymbol{\omega})$的任何其他发展的扩展。

回想一下，我们说$(\mathscr{M}_1,\mathbf{g}_1)$是$(\mathscr{M}_2,\mathbf{g}_2)$的扩展，是指存在嵌入$\mu:\mathscr{M}_2\to\mathscr{M}_1$，使$\mu_*\mathbf{g}_2=\mathbf{g}_1$，且$\theta_1^{-1}\mu\theta_2$为$\mathscr{S}$上的恒等映射。给定一点$q\in\mathscr{S}$和一个距离$s$，我们可分别沿过点$\theta_1(q)$垂直于$\theta_1(\mathscr{S})$和过点$\theta_2(q)$垂直于$\theta_2(\mathscr{S})$的测地线，在距离$s$处唯一确定点$p_1\in\mathscr{M}_1$和$p_2\in\mathscr{M}_2$。因为$\mu(p_2)$必然等于$p_1$，故嵌入$\mu$必唯一。因此，我们可对$(\mathscr{S},\boldsymbol{\omega})$的所有发展的集合进行部分排序（"偏序"），如果$(\mathscr{M}_1,\mathbf{g}_1)$是$(\mathscr{M}_2,\mathbf{g}_2)$的扩展，就记为$(\mathscr{M}_2,\mathbf{g}_2)\leqslant(\mathscr{M}_1,\mathbf{g}_1)$。如果$\{(\mathscr{M}_\alpha,\mathbf{g}_\alpha)\}$是$(\mathscr{S},\boldsymbol{\omega})$发展的全序集（所谓集合$\mathscr{A}$是全序集，是指它的每一对不同元素$a,b$，要么$a\leqslant b$，要么$b\leqslant a$），则我们可构造流形$\mathscr{M}'$为所有$\mathscr{M}_\alpha$的并，这里对$(\mathscr{M}_\alpha,\mathbf{g}_\alpha)\leqslant(\mathscr{M}_\beta,\mathbf{g}_\beta)$，每一点$p_\alpha\in\mathscr{M}_\alpha$与$\mu_{\alpha\beta}(p_\alpha)\in\mathscr{M}_\beta$叠合，其中$\mu_{\alpha\beta}:\mathscr{M}_\alpha\to\mathscr{M}_\beta$是嵌入。在每个$\mu_\alpha(\mathscr{M}_\alpha)$（这里$\mu_\alpha:\mathscr{M}_\alpha\to\mathscr{M}'$是自然嵌入）上，流形$\mathscr{M}'$有等于$\mu_{\alpha*}\mathbf{g}_\alpha$的诱导度规$\mathbf{g}'$。显然，$(\mathscr{M}',\mathbf{g}')$也是$(\mathscr{S},\boldsymbol{\omega})$的发展。因此，每个全序集都有一上界，从而由 Zorn 引理（见 Kelley(1965)，33 页），存在$(\mathscr{S},\boldsymbol{\omega})$的最大发展$(\widetilde{\mathscr{M}},\widetilde{\mathbf{g}})$，其唯一扩展就是其自身。

现在我们证明$(\widetilde{\mathscr{M}},\widetilde{\mathbf{g}})$是$(\mathscr{S},\boldsymbol{\omega})$的每个发展的扩展。假定$(\mathscr{M}',\mathbf{g}')$是$(\mathscr{S},\boldsymbol{\omega})$的另一个发展。由局部 Cauchy 定理，存在$(\mathscr{S},\boldsymbol{\omega})$的发展，$(\widetilde{\mathscr{M}},\widetilde{\mathbf{g}})$和$(\mathscr{M}',\mathbf{g}')$是其扩展。所有这些共同发展形成的集合同样 250
也是偏序的，故同样由 Zorn 引理，存在具有嵌入$\widetilde{\mu}:\mathscr{M}''\to\widetilde{\mathscr{M}}$和$\mu':\mathscr{M}''\to\mathscr{M}'$的最大发展$(\mathscr{M}'',\mathbf{g}'')$，等等。令$\mathscr{M}^+$是$\widetilde{\mathscr{M}}$，$\mathscr{M}'$和$\mathscr{M}''$的并，其中每一点$p''\in\mathscr{M}''$与$\widetilde{\mu}(p'')\in\widetilde{\mathscr{M}}$和$\mu'(p'')\in\mathscr{M}'$叠合。如果我们能证明流形$\mathscr{M}^+$是 Hausdorff 的，则$(\mathscr{M}^+,\mathbf{g}^+)$是$(\mathscr{S},\boldsymbol{\omega})$的发展，也是$(\widetilde{\mathscr{M}},\widetilde{\mathbf{g}})$和$(\mathscr{M}',\mathbf{g}')$的扩展。但$(\widetilde{\mathscr{M}},\widetilde{\mathbf{g}})$的唯一扩展是$(\widetilde{\mathscr{M}},\widetilde{\mathbf{g}})$本身，故$(\widetilde{\mathscr{M}},\widetilde{\mathbf{g}})$必等于$(\mathscr{M}^+,\mathbf{g}^+)$，从而也是$(\mathscr{M}',\mathbf{g}')$的扩展。

假如$\mathscr{M}^+$不是 Hausdorff 的，则存在点$\widetilde{p}\in(\widetilde{\mu}(\mathscr{M}''))^\bullet\subset\widetilde{\mathscr{M}}$和点$p'\in(\mu'(\mathscr{M}''))^\bullet\subset\mathscr{M}'$，使$\widetilde{p}$的每个邻域$\mathscr{U}$有如下性质：

$\mu'(\widetilde{\mu}^{-1}\mathscr{U})$包含 p'。而因为$(\mathscr{M}'',\mathbf{g}'')$是发展，它应和它在$\widetilde{\mathscr{M}}$ 中的像 $\widetilde{\mu}(\mathscr{M}'')$一样是整体双曲的。因此，$\widetilde{\mu}(\mathscr{M}'')$在$\widetilde{\mathscr{M}}$ 中的边界必是非时序的。令 γ 是 $\widetilde{\mathscr{M}}$ 内在 $\widetilde{p}$ 处有未来端点的类时曲线。于是 p' 必然是曲线$\mu'\widetilde{\mu}^{-1}(\gamma)$在 $\widetilde{\mathscr{M}}$ 内的一个极限点。事实上，它也必然是未来端点，因为强因果性条件在$(\mathscr{M}',\mathbf{g}')$上成立。于是，给定点 $\widetilde{p}$，点 p'是唯一的。进而，由于连续性，p'点的向量可唯一联系一个 $\widetilde{p}$ 点的向量。故我们可在$\widetilde{\mathscr{M}}$ 中找一个 $\widetilde{p}$ 点的正规坐标邻域$\widetilde{\mathscr{U}}$，在 $\mathscr{M}'$中找一个 p'点的正规坐标邻域$\mathscr{U}'$，使$\widetilde{\mathscr{U}}\cap\widetilde{\mu}(\mathscr{M}'')$的点在映射 $\mu'\widetilde{\mu}^{-1}$ 下被映射为具有相同坐标值的$\mathscr{U}'\cap\mu'(\mathscr{M}'')$的点。这说明$(\widetilde{\mu}(\mathscr{M}''))^{\bullet}$ 的所有“非 Hausdorff”点组成的集合 $\mathscr{F}$ 是$(\widetilde{\mu}(\mathscr{M}''))^{\bullet}$内的开集。我们将假定 $\mathscr{F}$ 非空，并由此引出矛盾。

如果$\widetilde{\lambda}$ 是$\widetilde{\mathscr{M}}$ 内过 $\widetilde{p}\in\mathscr{F}$ 的过去方向的零测地线，那么，因为可以将 p 点的方向与 p'点的方向联系起来，故我们可在相应的方向上，在 $\mathscr{M}'$ 内构造一条过 p'点的过去方向的零测地线。$\widetilde{\lambda}\cap(\widetilde{\mu}(\mathscr{M}''))^{\bullet}$ 的每一点都存在相应的$\lambda'\cap(\mu'(\mathscr{M}''))$的一点，从而 $\widetilde{\lambda}\cap(\widetilde{\mu}(\mathscr{M}''))^{\bullet}$ 的每一点都在 $\mathscr{F}$ 内。因为 $\widetilde{\theta}(\mathscr{S})$是 $\widetilde{\mathscr{M}}$ 的 Cauchy 曲面，$\widetilde{\lambda}$ 必在某点 $\widetilde{q}$ 脱离$(\widetilde{\mu}(\mathscr{M}''))^{\bullet}$ 。在 $\widetilde{q}$ 的邻域内有某点 $\widetilde{r}\in\mathscr{F}$，使过 $\widetilde{r}$ 点存在一类空曲面$\widetilde{\mathscr{H}}$，它具有性质$(\widetilde{\mathscr{H}}-\widetilde{r})\subset\widetilde{\mu}(\mathscr{M}'')$。相应地，在 $\mathscr{M}'$ 内存在过相应点r' 的类空曲面 $\mathscr{H}'=(\mu'\widetilde{\mu}^{-1}(\widetilde{\mathscr{H}}-\widetilde{r}))\cup r'$。曲面$\widetilde{\mathscr{H}}$ 和 $\mathscr{H}'$ 可视为三维流形 $\mathscr{H}$ 在嵌入$\widetilde{\boldsymbol{\Psi}}:\mathscr{H}\to\widetilde{\mathscr{M}}$ 和 $\boldsymbol{\Psi}':\mathscr{H}\to\mathscr{M}'$ 下的像，其中，嵌入满足$\widetilde{\boldsymbol{\Psi}}^{-1}\widetilde{\mu}\,\mu'^{-1}\boldsymbol{\Psi}'$ 为 $\mathscr{H}-\widetilde{\boldsymbol{\Psi}}^{-1}(\widetilde{p})$上的恒等映射。诱导度规$\widetilde{\boldsymbol{\Psi}}_*(\widetilde{\mathbf{g}})$和$\boldsymbol{\Psi}'_*(\mathbf{g}')$在 $\mathscr{H}$ 上重合，因为 $\widetilde{\mathscr{H}}-\widetilde{p}$ 和 $\mathscr{H}'-p'$
251 是等距的。由局部 Cauchy 定理知，它们都处于 $W^{4+\alpha}(\mathscr{H})$内。类似地，第二基本型也在 $\mathscr{H}$ 上重合，并处于 $W^{3+\alpha}(\mathscr{H})$内。$\widetilde{\mathscr{H}}$ 在$\widetilde{\mathscr{M}}$ 内的邻域和 $\mathscr{H}'$ 在 $\mathscr{M}'$ 内的邻域是 $\mathscr{H}$ 的 $W^{4+\alpha}$发展。由局部 Cauchy 定理，

它们必然是同一个共同发展($\mathscr{M}^*$, $\mathbf{g}^*$)的扩展。将($\mathscr{M}^*$, $\mathbf{g}^*$)拼接到($\mathscr{M}''$,$\mathbf{g}''$)上，我们可得到($\mathscr{S}$,$\boldsymbol{\omega}$)的更大发展，而($\widetilde{\mathscr{M}}$, $\widetilde{\mathbf{g}}$)和($\mathscr{M}'$,$\mathbf{g}'$)是其扩展。这是不可能的，因为($\mathscr{M}''$,$\mathbf{g}''$)已经是这么一种最大发展了。这说明 $\mathscr{M}^+$ 必然是 Hausdorff 的，故($\widetilde{\mathscr{M}}$, $\widetilde{\mathbf{g}}$)必为($\mathscr{M}'$,$\mathbf{g}'$)的扩展。

这样我们就证明了：

整体 Cauchy 发展定理

如果 $h^{ab}\in W^{4+a}(\mathscr{S})$和 $\chi^{ab}\in W^{3+a}(\mathscr{S})$满足虚空空间约束方程，则存在虚空空间 Einstein 方程的最大发展($\mathscr{M}$,$\mathbf{g}$)，并对任何光滑类空曲面 $\mathscr{H}$ 有 $\mathbf{g}\in W^{4+a}(\mathscr{M})$和 $\mathbf{g}\in W^{4+a}(\mathscr{H})$。这个最大发展是任何其他同类发展的扩展。

至此我们仅证明了这种发展是所有 W^{4+a} 发展中最大的。如果 $a>0$，则还存在 W^{4+a-1}，W^{4+a-2}，…，W^4 发展，它们都是 W^{4+a} 发展的扩展。但 Choquet-Bruhat(1971)指出，所有这些发展必然与 W^4 发展重合，这是因为我们可对约化 Einstein 方程进行微分，并将其视为 W^4 发展基础上的关于 g^{ab} 的一阶导数的**线性**方程。于是由命题 7.4.7 可以证明，如果初始数据是 W^5 的，则 g^{ab} 在 W^4 发展上是 W^5 的。继续这个过程可以证明，如果初始数据是 C^∞ 的，则存在 C^∞ 发展，它实际上与 W^4 发展重合。

我们仅对 W^4 或更高阶度规证明了最大发展的存在性和唯一性。事实上，对 W^3 初始数据，我们也可以证明这些发展的存在性，但在此情形下，我们不能证明其唯一性。也可能扩展 W^4 最大发展，不过它可能使度规不再是 W^4 的，或者使 $\theta(\mathscr{S})$不再是 Cauchy 曲面。在后一种情形，可能会出现 Cauchy 视界，第 6 章有过这样的例子。另一方面，可能出现某种奇点，在此情形下，最大发展不能在有物理意义的充分可微的度规下进行扩展。事实上，下一章定理 4 将证明，如果 $\mathscr{S}$ 是紧的，且 $\chi^{ab}h_{ab}$ 在 $\mathscr{S}$ 上处处为负，则这个发展不能扩展为具有 C^{2-} 度规(即具 252
有局部有界曲率)的测地完备的发展。

我们已经证明，存在从 $\mathscr{S}$ 上满足约束方程的张量对(h^{ab}, χ^{ab})的空间到流形 $\mathscr{M}$(由命题 6.6.8，$\mathscr{M}$ 和 $\mathscr{S}\times R^1$ 微分同胚)上度规 $\mathbf{g}$ 的等价类空间的映射。如果两个张量对(h^{ab}, χ^{ab})和(h'^{ab}, χ'^{ab})在微分

同胚$\lambda:\varphi\to\varphi$下等价(即$\lambda_* h^{ab}=h'^{ab}$，$\lambda_*\chi^{ab}=\chi'^{ab}$,)，则它们产生等价的度规 **g**。于是，我们有从张量对(h^{ab}，χ^{ab})的等价类到度规 **g** 的等价类的映射。现在，h^{ab} 和χ^{ab} 共有 12 个独立分量，约束方程确定了它们之间的 4 个关系，微分同胚下的等价关系相当于又去掉了 3 个任意函数，最后留下 5 个独立函数。其中一个函数可以认为确定了$\theta(\mathscr{S})$在($\mathscr{M}$,**g**)的发展中的位置。因此，虚空空间 Einstein 方程的最大发展可由 3 个变量的 4 个函数确定。

我们还要证明，从张量对(h^{ab}，χ^{ab})等价类到度规 **g** 等价类的映射在某种意义上是连续的。为此，等价类上的适当拓扑是 W^r **紧开拓扑**(参见§6.4)。令 $\hat{\mathbf{g}}$ 是 $\mathscr{M}$ 上的C^r Lorentz 度规，$\mathscr{U}$ 是有紧致闭包的开集。令 V 是 $W^r(\mathscr{M})$内开集，$O(\mathscr{U},V)$是 $\mathscr{M}$ 上所有 Lorentz 度规的集合，它在 $\mathscr{U}$ 上的限制包含于 V。在 $\mathscr{M}$ 的所有 W^r Lorentz 度规构成的空间 $\mathscr{L}_r(\mathscr{M})$上，$W^r$ 紧开拓扑的开集定义为形如$O(\mathscr{U},V)$的集合的并和有限交。于是，$\mathscr{M}$ 上 W^r 度规等价类的空间 $\mathscr{L}_r{}^*(\mathscr{M})$的拓扑就是投影

$$\pi:\mathscr{L}_r(\mathscr{M})\to\mathscr{L}_r{}^*(\mathscr{M})$$

所诱导的拓扑，该投影将度规赋予它的等价类(即$\mathscr{L}_r{}^*(\mathscr{M})$的开集有形式$\pi(Q)$，这里 Q 在 $\mathscr{L}_r(\mathscr{M})$内是开的)。类似地，在所有满足约束方程的张量对($h^{ab}$，$\chi^{ab}$)的空间 $\Omega_r(\mathscr{S})$上，W^r 紧开拓扑由形如$O(\mathscr{U},V,V')$的集合定义，这里 $O(\mathscr{U},V,V')$由满足下述关系的张量对(h^{ab}，χ^{ab})组成：$h^{ab}\in V$，$\chi^{ab}\in V'$，其中 V 和 V'分别是 $W^r(\mathscr{S})$和 $W^{r-1}(\mathscr{S})$内的开集。$\mathscr{M}$ 上 C^∞ 度规构成 $\mathscr{M}$ 上所有 Lorentz 度规空间 $\mathscr{L}(\mathscr{M})$的子空间 $\mathscr{L}_\infty(\mathscr{M})$。由于 C^∞ 度规对任意 r 是 W^r 的，故我们在
253 $\mathscr{L}_\infty(\mathscr{M})$上有 W^r 拓扑。于是我们可将 $\mathscr{L}_\infty(\mathscr{M})$上的 C^∞ 或 W^∞ 拓扑定义为$\mathscr{L}_\infty(\mathscr{M})$上对每个 r 的 W^r 拓扑的所有开集给定的拓扑。$\mathscr{L}_\infty{}^*(\mathscr{M})$和 $\Omega_\infty(\mathscr{S})$上的 C^∞ 拓扑也类似定义。

我们还想说明，从张量对(h^{ab}，χ^{ab})等价类空间 $\Omega_r{}^*(\mathscr{S})$到度规等价类空间 $\mathscr{L}_r{}^*(\mathscr{M})$的映射是连续的，其中两个空间都有 W^r 紧开拓扑。换言之，假设我们产生 $\mathscr{M}$ 上的一个解 $\mathbf{g}\in W^r(\mathscr{M})$的初始数据 $h^{ab}\in W_r(\mathscr{S})$和 $\chi^{ab}\in W^{r-1}(\mathscr{S})$，那么，当 $\mathscr{V}$ 是 $\mathscr{M}$ 上有紧致闭包的区域且 $\varepsilon>0$ 时，我们要证明，存在 $\mathscr{S}$ 的某个带紧致闭包的区域 $\mathscr{Y}$ 和某个小量 $\delta>0$，使对所有满足 $\|\mathbf{h}'-\mathbf{h},\mathscr{Y}\|_r<\delta/2$ 和 $\|\boldsymbol{\chi}'-\boldsymbol{\chi},\mathscr{Y}\|_{r-1}<\delta/2$

的初始数据(h'^{ab}, χ'^{ab})，有$\| \mathbf{g}'-\mathbf{g}, \mathscr{V} \|_r < \varepsilon$。这个结果可能正确，但我们还无法证明。我们能证明的是，如果度规是$C^{(r+1)-}$的，则结果成立。如果取$\mathbf{g}$为背景度规，$\mathscr{U}$为$J^-(\overline{\mathscr{U}}) \cap J^+(\theta(\mathscr{S}))$的某个适当邻域，则它是命题7.5.1的直接结果。事实上，仔细分析引理7.4.6就会看到，背景度规的条件可从$C^{(r+1)-}$减弱到$W^{(r+1)}$，但到不了W^r，因为要出现Riemann张量对背景度规的$(r-1)$阶导数。（所谓背景度规是W^{r+1}的，是指它对更高阶的C^{r+1}背景度规是W^{r+1}的。）因此，在每个W^{r+1}度规下，从初始数据的等价类到度规等价类的映射$\Delta_r: \Omega_r^*(\mathscr{S}) \to \mathscr{L}_r^*(\mathscr{M})$在$W^r$紧开拓扑下是连续的。尽管$W^{r+1}$度规构成$W^r$度规的稠密集，但仍然可能存在某些映射，在$W^r$度规（还不是$W^{r+1}$度规）下是不连续的。但$\infty+1=\infty$，故映射$\Delta_\infty: \Omega^*{}_\infty(\mathscr{S}) \to \mathscr{L}^*{}_\infty(\mathscr{M})$在两个空间的$C^\infty$拓扑上都是连续的。

我们可将这一结果表述为：

Cauchy 稳定性定理

令$(\mathscr{M}, \mathbf{g})$是初始数据$\mathbf{h} \in W^{5+a}(\mathscr{S})$和$\boldsymbol{\chi} \in W^{4+a}(\mathscr{S})$的$W^{5+a}$ $(0 \leqslant a \leqslant \infty)$最大发展，$\mathscr{V}$是$J^+(\theta(\mathscr{S}))$的一个带紧致闭包的区域。令$Z$是$\mathbf{g}$在$\mathscr{L}_{5+a}(\mathscr{V})$内的邻域，$\mathscr{U}$是$J^-(\overline{\mathscr{U}}) \cap \theta(\mathscr{S})$在$\theta(\mathscr{S})$内带紧致闭包的开邻域。于是在$\Omega_{5+a}(\mathscr{U})$内存在$(\mathbf{h}, \boldsymbol{\chi})$的某个邻域$Y$，使对所有满足约束方程的初始数据$(\mathbf{h}', \boldsymbol{\chi}') \in Y$，存在微分同胚$\mu: \mathscr{M}' \to \mathscr{M}$，它具有性质：

(1) $\theta^{-1}\mu\theta'$是$\theta^{-1}(\mathscr{U})$上的恒等映射； 254

(2) $\mu_* \mathbf{g}' \in Z$，

这里$(\mathscr{M}', \mathbf{g}')$是$(\mathbf{h}', \chi')$的最大发展。 □

大致说来，这个定理的意思是，假如Cauchy曲面上的初始数据的扰动在$J^-(\overline{\mathscr{U}}) \cap \theta(\mathscr{S})$很小，则我们得到一个在$\mathscr{V}$内接近旧解的新解。实际上，初始数据的扰动在Cauchy曲面的一个比$J^-(\overline{\mathscr{V}}) \cap \theta(\mathscr{S})$更大一点儿的区域上只能是很小的，因为新解下的零锥会略微不同，从而$\mathscr{V}$可能不在$J^-(\overline{\mathscr{V}}) \cap \theta(\mathscr{S})$的Cauchy发展内。

7.7　有物质的 Einstein 方程

为简单起见，我们迄今只考虑了虚空空间的 Einstein 方程。实际上，只要决定物质场$\Psi_{(i)}{}^{I}{}_{J}$的方程服从一定的合理的物理条件，则类似结果在有物质的时候也成立。这里的思路是，在给定的时空度规 $\mathbf{g}'$ 下求解具有规定初值条件的物质方程，然后再解作为**线性**方程的约化 Einstein 方程(7.42)，其中系数由 $\mathbf{g}'$ 确定，而物质源 T'^{ab} 由 $\mathbf{g}'$ 和物质场方程的解共同确定。这样，我们得到一个新度规 $\mathbf{g}''$，再用 $\mathbf{g}''$ 取代 $\mathbf{g}'$ 重复上述过程。为了证明这个过程的结果收敛于联立 Einstein 方程和物质方程的解，我们必须为物质方程设定一定的条件。我们要求：

(a) 如果$\{{}_0\boldsymbol{\Psi}_{(i)}\}\in W^{4+a}(\mathscr{H})$和$\{{}_1\boldsymbol{\Psi}^{(i)}\}\in W^{3+a}(\mathscr{H})$是 W^{4+a} 度规 $\mathbf{g}$ 下非时序类空曲面 $\mathscr{H}$ 上的初始数据，则物质方程在 $\mathscr{H}$ 在$D^{+}(\mathscr{H})$的邻域内存在唯一解，且对任一光滑类空曲面 $\mathscr{H}'$，$\{\boldsymbol{\Psi}_{(i)}\}\in W^{4+a}(\mathscr{H}')$，而且在 $\mathscr{H}$ 上

$$\boldsymbol{\Psi}_{(i)}={}_0\boldsymbol{\Psi}_{(i)},\quad \Psi_{(i)}{}^{I}{}_{J|a}u^a={}_1\Psi_{(i)}{}^{I}{}_{J};$$

(b) 如果$\{\boldsymbol{\Psi}_{(i)}\}$是 W^{5+a} 度规 $\mathbf{g}$ 下在集合 $\mathscr{U}_+$ 上的一个 W^{5+a} 解，则存在正常数 $\widetilde{Q}_1$ 和 $\widetilde{Q}_2$，使对度规 $\mathbf{g}'$ 下的任一 W^{4+a} 解$\{\boldsymbol{\Psi}'_{(i)}\}$，有

$$\sum_{(i)}\|\boldsymbol{\Psi}'_{(i)}-\boldsymbol{\Psi}_{(i)},\mathscr{U}_+\|_{4+a}\leqslant\widetilde{Q}_2\{\|\mathbf{g}'-\mathbf{g},\mathscr{U}_+\|_{4+a}+\sum_{(i)}\|{}_0\boldsymbol{\Psi}'_{(i)}-{}_0\boldsymbol{\Psi}_{(i)},\quad\mathscr{H}(0)\cap\widetilde{\mathscr{U}}\|_{4+a}+\sum_{(i)}\|{}_1\boldsymbol{\Psi}'_{(i)}-{}_1\boldsymbol{\Psi}_{(i)},\quad\mathscr{H}(0)\cap\widetilde{\mathscr{U}}\|_{3+a}\},$$

满足

$$\|\mathbf{g}'-\mathbf{g},\mathscr{U}_+\|_{4+a}<\widetilde{Q}_1$$

和

$$\sum_{(i)}\{\|{}_0\boldsymbol{\Psi}'_{(i)}-{}_0\boldsymbol{\Psi}_{(i)},\mathscr{H}(0)\cap\widetilde{\mathscr{U}}\|_{4+a}+\|{}_1\boldsymbol{\Psi}'_{(i)}-{}_1\boldsymbol{\Psi}_{(i)},\mathscr{H}(0)\cap\widetilde{\mathscr{U}}\|_{3+a}\}<\widetilde{Q}_1;$$

255 (c) 能量-动量张量 T_{ab} 是关于

$$\Psi_{(i)}{}^{I}{}_{J},\quad \Psi_{(i)}{}^{I}{}_{J;a},\quad 和\quad g^{ab}$$

的多项式。

条件(a)是给定时空度规下物质场的局部 Cauchy 定理。条件(b)是在初始条件改变和时空度规 $\mathbf{g}$ 改变条件下物质场的 Cauchy 稳定性定理。如果物质方程是准线性二阶双曲方程，则这些条件可以照约化 Einstein 方程情形的方式建立起来，只要物质方程的零锥与时空度规 $\mathbf{g}$ 的零锥重合，或处于后者之内。对服从线性方程的标量场或电磁势的情形，这些条件遵从命题 7.4.7。我们也可以处理标量场与电磁势耦合的情形：先固定度规和电磁势，将标量场作为度规和电磁势的线性方程来求解，然后再求解以标量场为源的给定度规下的电磁场方程。重复这个过程，我们可以证明，只要初始数据足够小，结果将在形如 $\mathscr{U}_+$ 集合上收敛于给定度规下标量场和电磁场耦合的方程的解。然后，通过重新标定度规和场，我们证明，对足够小的 $\mathscr{U}_+$(时空度规 $\mathbf{g}$ 度量的)，我们能得到任意适当初值条件下的解。同样过程也适用于任意有限个耦合的准线性二阶双曲型方程，其中耦合不涉及高于一阶的导数。

理想流体方程不是二阶双曲型方程，而是一个一阶准线性**系统**。(关于一阶双曲系统的定义，见 Courant and Hilbert(1962)，577 页。)只要射线锥与时空度规 $\mathbf{g}$ 的零锥重合或在它之内，对这种系统也能获得类似结果。物质方程要么是二阶双曲型方程，要么是满足射线锥与时空度规 $\mathbf{g}$ 的零锥重合或在它之内的一阶双曲系统，这个要求可以认为是第 3 章的局部因果性假设的更严格形式。

利用条件(a)，(b)和(c)，我们可为联立的约化 Einstein 方程和物质方程建立命题 7.5.1 和 7.5.2，从这些命题可得到局部和整体的 Cauchy 发展定理和 Cauchy 稳定性定理。

8
时空奇点

256 在这一章里，我们用第4章和第6章的结果来构建关于时空奇点的一些基本结论。下两章考虑这些结果的天体物理学和宇宙学意义。

在§8.1，我们讨论定义时空奇点的问题。我们将采用所谓b不完备性，即测地不完备性概念的一种推广，作为时空去除了奇点的表征，并刻画两种可能的方式，通过它们可将b不完备性与某种形式的曲率奇点联系起来。§8.2给出四个定理，它们在广泛的情形下证明了不完备性的存在。在§8.3，我们给出代表时空奇点的b边界的Schmidt构造。在§8.4，我们证明至少由那些定理之一预言的奇点不可能仅仅是曲率张量的一个间断点。我们还将证明，不仅存在一条不完备测地线，而且存在那样的三参数不完备测地线族。在§8.5，我们讨论不完备曲线完全或部分禁闭在时空的一个紧致区域的情形，并证明这种情形与b边界的非Hausdorff性态有关。我们证明，在一般时空里，沿这些不完备曲线行走的观察者会经历无限大的曲率力。我们还证明，如果存在某种物质，则这种出现在Taub-NUT空间的行为将不可能发生。

8.1 奇点的定义

与电动力学情形类比，我们可以合理地将时空奇点定义为度规张量无定义或不适当可微的点。然而麻烦的是，我们可以简单地去除这些点，认为剩下的流形代表了整个时空，而这时根据定义，它应该是非
257 奇异的。事实上，将这种奇点看作时空的一部分似乎并不恰当，因为通常的物理学方程在这些点上不成立，而且也不可能进行任何测量。因此，我们在§3.1将时空定义为一个$(\mathscr{M},\mathbf{g})$对，这里$\mathbf{g}$是Lorentz度规，并适当可微，而且，通过要求$(\mathscr{M},\mathbf{g})$不能在所需的可微性下进行扩展，定义还保证流形$\mathscr{M}$没有随奇点一起而遗漏任何正常点。

于是，定义时空是否含有奇点的问题现在变成了确定奇点是否被去除的问题。我们希望通过时空在某种意义上是不完备的事实来认识这个问题。

在流形 $\mathscr{M}$ 带有正定度规 $\mathbf{g}$ 的情形，我们定义一个距离函数 $\rho(x, y)$，它是自 x 到 y 的曲线长度的最大下界。这个距离函数 $\rho(x, y)$ 是拓扑意义上的度规，就是说，所有满足 $\rho(x, y)<r$ 的点 $y\in\mathscr{M}$ 组成的集合 $\mathscr{B}(x, r)$ 为 $\mathscr{M}$ 的开集提供了一个基。如果每个关于距离函数 ρ 的 Cauchy 序列收敛于 $\mathscr{M}$ 内一点，则称 $(\mathscr{M}, \mathbf{g})$ 对是**度规完备的(m 完备的)**。(**Cauchy 序列**是一个无穷点列 x_n，对任一 $\varepsilon>0$，存在一自然数 N，使对任何大于 N 的 n 和 m 有 $\rho(x_n, x_m)<\varepsilon$。)另一种表述是：如果每条有限长的 C^1 曲线有 §6.2 意义上的端点(注意，曲线在端点不必是 C^1 的)，则 $(\mathscr{M}, \mathbf{g})$ 是 m 完备的。由此可见，m 完备性意味着**测地完备性(g 完备性)**，即每一条测地线可扩展到其仿射参数的任意值。事实上，我们可以证明(见 Kobayashi and Nomizu, 1963)，**g** 完备性和 m 完备性对正定度规 $\mathbf{g}$ 是等价的。

另一方面，Lorentz 度规并不定义拓扑度规，因而我们只剩下 **g** 完备性问题。我们可区分三种 **g** 完备性：类时的、零的和类空的。如果我们从时空中除去一正常点，则余下的流形在所有这三种意义上都是不完备的，从而可能有人希望，在 **g** 的意义上完备的时空，在其他两种意义上也应该是完备的。遗憾的是，这不是必然的(Kundt, 1963)，这可由 Geroch (1968b)给出的例子来说明。考虑带坐标 x 和 t 以及度规 g_{ab} 的二维 Minkowski 空间。定义新度规 $\hat{g}_{ab}=\Omega^2 g_{ab}$，这里正函数 Ω 有性质：

(1)在两条垂直线 $x=-1$ 和 $x=+1$ 之间的区域之外，$\Omega=1$； 258

(2)Ω 关于 t 轴对称，即 $\Omega(t, x)=\Omega(t, -x)$；

(3)在 t 轴上，随 $t\to\infty$ 有 $t^2\Omega\to 0$。

由性质(2)，t 轴是类时测地线；而由性质(3)，这条类时测地线在 $t\to\infty$ 时是不完备的。然而，每一条零测地线和类空测地线必然离开且不再重新进入 $x=-1$ 和 $x=+1$ 之间的区域，因此性质(1)说明，空间是零和类空完备的。事实上，我们可以构造在其中任何一种意义上不完备而在其余两种意义上完备的例子。

类时测地不完备性具有直接的物理意义：它意味着可能存在某些自由运动的观察者或粒子，其历史在一段有限的固有时间间隔之后(或之前)就不存在了。这看起来是比无穷大曲率更不能容忍的特征,因此,我们似乎也该将这样的空间视为奇异的。尽管零测地线的仿射参数没有类时测地线上固有时所具有的那种物理意义,我们也许还是应当将零测地不完备时空视为奇异的,这一方面是因为零测地线是零静止质量粒子的历史,另一方面是因为存在某些我们视为奇异的例子(如§5.5 中的 Reissner—Nordström 解),但它们是类时测地完备的而不是零测地完备的。由于没有任何物体沿类空测地线运动,所以类空测地不完备性的意义尚不十分清楚。因此我们采用这样一种观点:**类时测地完备性和零测地完备性是认为时空没有奇点的最低条件**。于是,如果时空是类时或零测地不完备的,我们就认为它含有奇点。

认为类时和/或零测地不完备性预示着奇点的存在,这个观点的好处在于,我们能以此为基础建立一系列有关奇点出现的定理。然而,这种类时和/或零测地不完备时空并没有包括所有我们可能认为在一定意义上奇异的那些时空点。例如,Geroch (1968b)曾构造了一种时空,它是测地完备的,却包含了有界加速度和有限长度的不可扩展的类时曲线。一个带着有限燃料乘坐适当宇宙飞船的观察者可以穿越这条曲
259 线。有限时间间隔之后,他将不再是时空流形的一点了。如果要说在一个自由下落的观察者过早达到终结的时空存在奇点,那么也可以说飞船里的观察者有一个奇点。我们需要的是将仿射参数的概念推广到所有 C^1 曲线、测地线或非测地线。为此,我们通过要求由这种参数度量的有限长度的每一条 C^1 曲线都有一个端点来定义完备性概念。我们要用的这个概念似乎最早是由 Ehresman(1957)提出的,后来 Schmidt(1971)又以优美的方式重新表述了。

令 $\lambda(t)$是过 $p\in\mathscr{M}$ 的 C^1 曲线,$\{\mathbf{E}_i\}(i=1,2,3,4)$是 T_p 的一个基。对每个 t 值,我们可沿 $\lambda(t)$平行移动$\{\mathbf{E}_i\}$来获得 $T_{\lambda(t)}$ 的一个基。这样,切向量 $\mathrm{V}=(\partial/\partial t)_{\lambda(t)}$ 可用基表示为 $\mathrm{V}=V^i(t)\mathbf{E}_i$,而且我们可在 λ 上定义**一般、仿射参数** u:

$$u=\int_p\Big(\sum_i V^iV^i\Big)^{\frac{1}{2}}\mathrm{d}t。$$

参数 u 取决于点 p 和 p 上的基$\{\mathbf{E}_i\}$。如果$\{\mathbf{E}_{i'}\}$是 p 点的另一个基,则存在某个非奇异矩阵 $A_i{}^j$ 使

$$\mathbf{E}_i=\sum_{j'}A_i{}^{j'}\mathbf{E}_{j'}。$$

因为$\{\mathbf{E}_{i'}\}$和$\{\mathbf{E}_i\}$沿 $\lambda(t)$平行移动,故上述关系对常数矩阵 $A_i{}^{j'}$ 依然成

立，即

$$V^{i'}(t)=\sum_j A_j{}^{i'}V^j(t)。$$

由于 $A_i{}^{j'}$ 是非奇异矩阵，故存在常数 $C>0$ 使

$$C\sum_i V^iV^i \leqslant \sum_{i'} V^{i'}V^{i'} \leqslant C^{-1}\sum_i V^iV^i。$$

这样，曲线 λ 的长度当且仅当在参数 u' 下有限时，才在参数 u 下有限。若 λ 是测地曲线，则 u 是 λ 的仿射参数。但这个定义的优美之处在于，u 可定义在任意 C^1 曲线上。如果一般仿射参数度量的有限长度的每一条 C^1 曲线都有一端点，则我们称($\mathscr{M}$,**g**)是 **b 完备的**(丛完备的简称，见§8.3)。如果曲线长度在某个这样的仿射参数下是有限的，则它在所有这种参数下都是有限的。因此，我们将基限定为规范正交基时不会丢失任何东西。如果度规 **g** 正定，则规范正交基所定义的一般仿射参数是弧长，从而 b 完备性等同于 m 完备性。但即使度规非正定，也可定义 b 完备性；实际上，只要 $\mathscr{M}$ 上存在联络，定义就是可能的。 260
显然，b 完备性隐含着 g 完备性，但我们引用的例证表明，反过来是不对的。

于是，如果时空是 b 完备的，我们就定义它是**无奇点的**。这个定义符合前面的要求，即类时和零测地完备性是认为时空没有奇点的起码条件。也许有人希望能稍微弱化这个条件，譬如说，只要时空是**非类空 b 完备的**，即一般化仿射参数度量的有限长度的非类空 C^1 曲线都有一个端点，我们就可以认为它不含奇点。然而，从我们将在§8.3 给出的 b 完备性的丛形式来看，这个定义显得相当笨拙。事实上，我们将在§8.2 给出的每个定理都隐含着($\mathscr{M}$,**g**)是类时或零 g 不完备的，从而按上述两种定义它含有奇点。

从直觉上说，奇点应当包含在奇点附近变得无限大的曲率。但由于我们在时空定义里已排除了奇点，这就出现了如何定义“附近”和“无限大”的困难。如果 b 不完备曲线上的点对应着一般仿射参数接近其上界的值，那么这些点就处于奇点附近。“无限大”更难说，因为曲率张量分量的大小取决于量度它的基。一种可取的方法是看关于 g_{ab}，η_{abcd} 和 R_{abcd} 的标量多项式。如果任意一个这样的标量多项式在一条 b 不完备曲线上无界，我们就说这条不完备曲线对应于一个标量多项式曲率奇点(*s. p.* **曲率奇点**)。但是，这些多项式并不能以 Lorentz 度规来完全刻画 Riemann 张量，因为正如 Penrose 指出的，在平面波解里，标

量多项式均为零，而 Riemann 张量不为零。（这类似于非零向量可以有零长度。）这样，尽管标量多项式一直很小，曲率从某种意义上说也可以变得非常大。另外，我们还可以在沿曲线平行移动的基度量曲率张量的分量。如果这些分量的任何一个在 b 不完备曲线上无界，我们就说这条不完备曲线对应于平行移动基下的曲率奇点（***p. p.*曲率奇点**）。显然，s. p.曲率奇点包含着 p. p.曲率奇点。

261 可能有人希望在有实际物理意义的解中，b 不完备曲线既对应于 s. p.曲率奇点也对应于 p. p.曲率奇点。但 Taub-NUT 空间（§ 5. 8）提供的解的例子表明，情形并非如此。这里，不完备测地线完全禁闭在视界的一个紧邻域内。由于度规在此紧邻域上是完全正常的，所以曲率的标量多项式保持有限。因为这个解的特殊性，曲率分量在沿禁闭测地线平行移动基下保持有界。由于禁闭测地线包含在紧集内，我们无法将流形 $\mathscr{M}$ 扩展为更大的四维 Hausdorff 仿紧流形 $\mathscr{M}'$，其中不完备测地线可以连续。因此不可能有通过去除奇点而产生的不完备性。尽管如此，在一条这样的不完备类时测地线上运动毕竟不是件愉快的事，尽管我们的世界线不会走到尽头，而是在一个紧集内不停地一圈圈地缠绕，但我们穷尽一生也无法超越一定的时间。因此，将这样的时空视为奇异的似乎应该是合理的，尽管它没有 p. p.曲率奇点或 s. p.曲率奇点。由引理 6. 4. 8，这种整体禁闭的不完备性只能出现在强因果性遭破坏的情形。在§ 8. 5，我们将证明，在一般时空里，部分或整体禁闭的 b 不完备曲线对应于 p. p.曲率奇点。我们还将证明，如果存在物质，则这种 Taub-NUT 型的整体禁闭不完备性就不可能出现。

8. 2　奇点定理

在§ 5. 4 我们看到，在某种合理条件下，空间均匀的解会出现奇点。对许多其他类型的精确对称情形也有类似定理。这些结果尽管颇多启发，却不一定具有任何物理意义，因为它们依赖于精确的、在任何物理情形都不可能存在的对称性。因此，许多作者提出，奇点完全是对称性的结果，它们不会出现在一般的解中。这种观点曾受到 Lifshitz，Khalatnikov 及其同事们的支持。他们证明，具有类空奇点的某些类型
262 的解没有场方程一般解所应有的全部任意函数（见 Lifshitz 和 Khalat-ni-kov（1963）对这一工作的叙述）。这大概表明，导致这些奇点的

Cauchy 数据在所有可能的 Cauchy 数据里是一个零测度集，从而不应该出现在真实的宇宙。但最近，Belinskii，Khalatnikov 和 Lifshitz（1970）发现，其他类型的解似乎具有全部任意函数，也似乎包含着奇点。于是他们收回了奇点不可能出现在一般解的断言。他们的方法很有意思，有助于弄清可能的奇点结构，但还不清楚所用的幂级数是否收敛。没人知道奇点必然出现的一般条件是什么。尽管如此，我们仍可认为他们的结果支持了我们的观点：本节定理所隐含的奇点普遍包含着无穷大曲率。

第一个不涉及任何对称性假设的奇点定理是 Penrose（1965c）给出的，其目的是为了证明坍缩到 Schwarzschild 半径以下的星体会出现奇点。如果坍缩是严格球对称的，则解可以具体积分出来，奇点总会出现。然而，如果出现不规则性或小的角动量，结果就不那么显而易见了。的确，在 Newton 理论中，最小的角动量也能阻止无穷大密度的出现，并使星体重新膨胀。但 Penrose 指出，这种情形在广义相对论中大不相同：一旦星体坍缩到 Schwarzschild 曲面以下（曲面半径 $r=2m$），它就再也不可能出来了。实际上，Schwarzschild 曲面只是针对严格球对称解定义的，但 Penrose 用的更为一般的判据对这种解是等价的，并适用于没有严格对称的解。他的判据是，应该存在**闭合俘获面** $\mathscr{T}$。这是一种 C^2 闭合（即紧致无边界的）类空二维曲面（通常就是 S^2），它使垂直于 $\mathscr{T}$ 的两族零测地线汇聚于 $\mathscr{T}$。（即${}_1\hat{\chi}_{ab}g^{ab}$ 和${}_2\hat{\chi}_{ab}g^{ab}$ 为负，这里 ${}_1\hat{\chi}_{ab}$ 和 ${}_2\hat{\chi}_{ab}$ 是 $\mathscr{T}$ 的两个零第二基本型。在以后章节里，我们将讨论这种曲面出现的条件。）我们可设想 $\mathscr{T}$ 处于极强的引力场中，以至“向外的”光线都被拉回并汇聚起来。由于没有任何信号传播比光快，故 $\mathscr{T}$ 263
内的物质被接连地俘获进面积越来越小的二维曲面内，这样看来肯定出现了问题。事实正是如此，这就是 Penrose 定理所严格证明的：

定理 1

如果

（1）对所有零向量 K^a，$R_{ab}K^aK^b\geqslant 0$（参见 §4.3）；

（2）$\mathscr{M}$ 内存在非紧 Cauchy 曲面 $\mathscr{H}$；

（3）$\mathscr{M}$ 内存在闭合俘获面 $\mathscr{T}$，

则时空（$\mathscr{M}$,$\mathbf{g}$）不可能是零测地完备的。

说明　证明的思路是，先证明如果 $\mathscr{M}$ 是零测地完备的，则 $\mathscr{T}$ 的未来边界是紧的；然后证明这与 $\mathscr{H}$ 非紧相矛盾。

证明　存在 Cauchy 曲面说明 $\mathscr{M}$ 是整体双曲的（命题 6.6.3），从而也是因果简单的（命题 6.6.1）。这意味着 $J^+(\mathscr{T})$ 的边界是 $E^+(\mathscr{T})$，且由在 $\mathscr{T}$ 上有过去端点并垂直于 $\mathscr{T}$ 的零测地线段生成。假设 $\mathscr{M}$ 是零测地完备的，于是由条件(1)和(3)及命题 4.4.6，沿每一条垂直于 $\mathscr{T}$ 的未来方向的零测地线，在 $2c^{-1}$（这里 c 是 ${}_n\hat{\chi}_{ab}g^{ab}$ 在零测地线与 $\mathscr{T}$ 的交点的值）的仿射距离内，都存在与 $\mathscr{T}$ 共轭的点。由命题 4.5.14，在这样的零测地线上，超出 $\mathscr{T}$ 的共轭点之外的那些点都处于 $I^+(\mathscr{T})$ 内。因此 $\dot{J}^+(\mathscr{T})$ 的每个生成段在 $\mathscr{T}$ 的共轭点或在 $\mathscr{T}$ 的共轭点之前都有一个未来端点。在 $\mathscr{T}$ 上我们可以连续方式为每一条垂直于 $\mathscr{T}$ 的零测地线指定一个仿射参数。考虑连续映射 $\beta: \mathscr{T}\times[0,b]\times Q\to\mathscr{M}$（$Q$ 是离散集 1,2），它定义为沿过 p 且垂直于 $\mathscr{T}$ 的两条未来方向的零测地线之一，为点 $p\in\mathscr{T}$ 赋以一段仿射距离 $v\in[0,b]$。由于 $\mathscr{T}$ 是紧的，存在 $(-{}_1\hat{\chi}_{ab}g^{ab})$ 和 $(-{}_2\hat{\chi}_{ab}g^{ab})$ 的某个最小值 c_0。于是，若 $b_0=2c_0{}^{-1}$，则 $\beta(\mathscr{T}\times[0,b]\times Q)$ 包含 $\dot{J}^+(\mathscr{T})$。因此 $\dot{J}^+(\mathscr{T})$ 是紧的，因为它是紧集的闭子集。如果 Cauchy 曲面 $\mathscr{H}$ 是紧的，上述情形就是可能的，因为这时 $\dot{J}^+(\mathscr{T})$ 可能在背面相遇，形成与 $\mathscr{H}$ 同胚的紧 Cauchy 曲面（图 49）。然而，如果要求 $\mathscr{H}$ 是非紧的，那么很明显就要
264 出麻烦。为严格论证这一点，我们利用 $\mathscr{M}$ 容许过去方向的 C^1 类时向量场的事实（见§2.6）。这个向量场的每一条积分曲线均与 $\mathscr{H}$ 相交（因为它是 Cauchy 曲面），并与 $\dot{J}^+(\mathscr{T})$ 至多相交一次。这样，它们将定义连续的一一映射 $\alpha: \dot{J}^+(\mathscr{T})\to\mathscr{H}$。如果 $\dot{J}^+(\mathscr{T})$ 是紧的，则其像 $\alpha(\dot{J}^+(\mathscr{T}))$ 也是紧的，并与 $\dot{J}^+(\mathscr{T})$ 同胚。但由于 $\mathscr{H}$ 非紧，故 $\alpha(\dot{J}^+(\mathscr{T}))$ 不可能包含整个 $\mathscr{H}$，因此 $\alpha(\dot{J}^+(\mathscr{T}))$ 在 $\mathscr{H}$ 内必有一边界。这是不可能的，因为由命题 6.3.1，$\dot{J}^+(\mathscr{T})$ 从而 $\alpha(\dot{J}^+(\mathscr{T}))$ 是三维流形（无边界的）。这说明 $\mathscr{M}$ 是零测地完备的假设是不正确的（我们假设它来证明 $\dot{J}^+(\mathscr{T})$ 是紧的）。 □

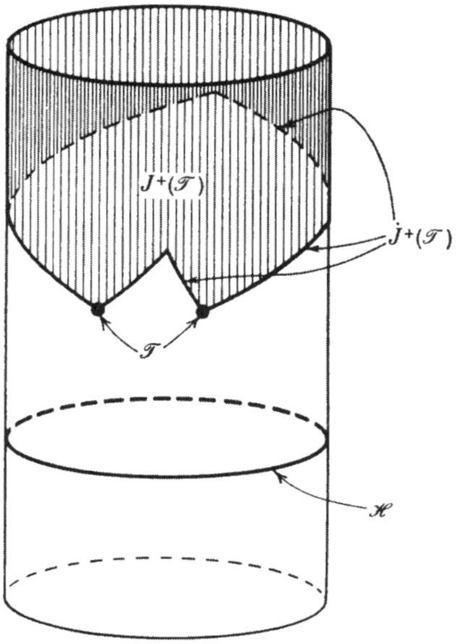

图 49　具有紧 Cauchy 曲面 $\mathscr{H}$ 的测地完备空间的二维截面。当从 $\mathscr{T}$ 向外的零测地线在圆柱背面相遇时，二维球面 $\mathscr{T}$ 在其未来 $J^+(\mathscr{T})$ 有一紧边界 $\dot{J}^+(\mathscr{T})$

这个定理的条件(1)(对任一零向量 **K** 有 $R_{ab}K^aK^b \geqslant 0$)曾在 § 4.3 讨论过。无论常数 Λ 的值是多少，只要能量密度对每个观察者是正的，它就成立。第 9 章将证明，条件(3)(存在闭合俘获面)至少在时空的某个区域满足。这样就只剩下条件(2)(存在是 Cauchy 曲面的非紧 265
类空面 $\mathscr{H}$)需要讨论了。由命题 6.4.9，只要假定稳定因果性，就确保了类空曲面的存在。类空曲面 $\mathscr{H}$ 非紧的要求并不是十分严格的限制，因为它只是为了证明 $\alpha(\dot{J}^+(\mathscr{T}))$ 不可能是整个 $\mathscr{H}$。其实，不假定 $\mathscr{H}$ 是非紧的，而要求存在一条自 $\mathscr{H}$ 出发的不与 $\dot{J}^+(\mathscr{T})$ 相交的未来方向的不可扩展曲线，同样可以证明这一点。换言之，即使 $\mathscr{H}$ 是紧的，但只要存在某个能避免落入坍缩星体的观察者，定理(1)仍将成立。假如整个宇宙都在坍缩，定理也许不太可能，但即便如此，我们依然可以期待奇点的出现，这就是下面要证明的。定理的真正弱点在于要求

$\mathscr{H}$ 是 Cauchy 曲面。它用于两个地方：首先用来证明 $\mathscr{M}$ 是因果简单的，这意味着 $\dot{J}^{+}(\mathscr{T})$ 的生成元在 $\mathscr{T}$ 上有过去端点；其次用来保证 $\dot{J}^{+}(\mathscr{T})$ 的每一点在映射 α 下都被映射成 $\mathscr{H}$ 上的一点。Bardeen 的一个例子证明了 Cauchy 曲面条件是必要的。除了 $r=0$ 的真奇点被抹平而恰好成为极坐标原点之外，这个例子具有与 Reissner-Nordström 解相同的整体结构。对任何零向量而非类时向量的 **K** 来说，时空服从条件 $R_{ab}K^aK^b\geqslant 0$ 并包含闭合俘获面。它唯一不满足定理条件的地方是它没有 Cauchy 曲面。

因此，这个定理告诉我们的似乎是，在坍缩的星体中，要么出现奇点，要么出现 Cauchy 视界。这是非常重要的结果，因为不论那种情形，我们都将丧失预言未来的能力。但它并没有回答在现实的物理解中是否会出现奇点的问题。要回答这个问题，我们还需要一个不假定存在 Cauchy 曲面的定理。这个定理的条件之一必然是，不仅对零向量，而且对所有**类时**向量，都有 $R_{ab}K^aK^b\geqslant 0$，因为 Bardeen 例子唯一不合理的地方就是不满足这一条件。我们稍后将要给出的定理要求这一条件，还要求不存在闭合类时曲线的时序条件。另一方面，定理还适用于更多的情形，因为闭合俘获面的存在现在只不过是三个可能条件之一。其他两个条件之一是，应当存在紧的部分 Cauchy 曲面，或应当
266 存在过去(未来)光锥重新汇聚的一点(图 50)。前一个条件在空间闭合解中满足，后一个条件则与闭合俘获面的存在密切相关，不过其形式对某些问题更为方便，例如在光锥是我们自己的过去光锥的情形，我们可直接确定该条件是否满足。最后一章将指出，最近对微波背景辐射的观察表明，情形的确如此。

定理的精确表述为：

定理 2(Hawking 和 Penrose (1970))

如果

(1)对每一个非类空向量 **K**，$R_{ab}K^aK^b\geqslant 0$(参见 § 4.3)；

(2)满足一般条件(§ 4.4)，即每条非类空测地线均包含

$$K_{[a}R_{b]cd[e}K_{f]}K^cK^d\neq 0$$

的一点，这里 **K** 是测地线的切向量；

(3)时序条件在 $\mathscr{M}$ 上成立(即不存在闭合类时曲线)；

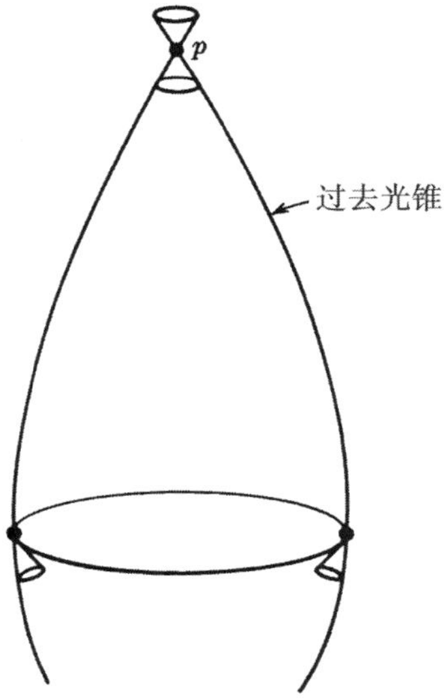

图 50　其过去光锥开始重会聚的点 p

(4)至少存在下列条件之一：

(i)无边缘的紧致非时序集；

(ii)闭合俘获面；

(iii)点 p，使在自 p 出发的每一条过去(或每一条未来)零测 267
地线上，自 p 出发的零测地线的散度 $\hat{\theta}$ 变负(即自 p 出发的零测地线被物质或曲率聚焦，并开始重新汇聚)；

则时空$(\mathscr{M},\mathbf{g})$不是类时或零测地完备的。

说明　定理的另一种表述是下述三条件不可能都满足：

(a)每一条不可扩展的非类空测地线包含一对共轭点；

(b)时序条件在 $\mathscr{M}$ 上成立；

(c)存在非时序集 $\mathscr{S}$，使 $E^{+}(\mathscr{S})$或 $E^{-}(\mathscr{S})$是紧的。(我们将这种集合分别称为**未来俘获的**或**过去俘获的**。)

事实上，我们要证的正是定理的这种形式，而另一种形式也就随之获证了，因为如果 $\mathscr{M}$ 是类时和零测地完备的，则由命题 4.4.2 和 4.4.5，条件(1)和(2)隐含(a)，条件(3)即(b)，而(1)和(4)隐含(c)。这是因为在情形(i)，$\mathscr{S}$ 是无边缘的紧致非时序集，且

$$E^+(\mathscr{S})=E^-(\mathscr{S})=\mathscr{S}\ ;$$

而在情形(ii)和(iii)，$\mathscr{S}$ 分别是闭合俘获面和点 p，由命题 4.4.4，4.4.6，4.5.12 和 4.5.14，$E^+(\mathscr{S})$ 和 $E^-(\mathscr{S})$ 是紧的，因为它们分别是闭集 $\dot{J}^+(\mathscr{S})$ 和 $\dot{J}^-(\mathscr{S})$ 与所有发自 $\mathscr{S}$ 的长度有限的零测地线组成的紧集的交集。

证明 由于证明很长，我们分开来叙述，先建立一个引理和一个推论。注意，通过类似命题 6.4.6 的论证，条件(a)和(b)隐含强因果性条件在 $\mathscr{M}$ 上成立。

引理 8.2.1

如果 $\mathscr{S}$ 是闭集，如果强因果性条件在 $\overline{J}^+(\mathscr{S})$ 上成立，则 $H^+(\overline{E}^+(\mathscr{S}))$ 非紧或空(图 51)。

由引理 6.3.2，过每一点 $q\in\dot{J}^+(\mathscr{S})-\mathscr{S}$，存在 $\dot{J}^+(\mathscr{S})$ 内的过去方向的零测地线段，当且仅当 $q\in E^+(\mathscr{S})$ 时它有过去端点。(注意，我们不再假定存在 Cauchy 曲面，$\mathscr{M}$ 可以不是因果简单的，故 $\dot{J}^+(\mathscr{S})-E^+(\mathscr{S})$ 可以非空。)因此，如果 $q\in\dot{J}^+(\mathscr{S})-E^+(\mathscr{S})$，则
268 存在过 q 的过去不可扩展的零测地线，它处于 $\dot{J}^+(\mathscr{S})$ 内且不与 $I^-(\dot{J}^+(\mathscr{S}))$ 相交。由引理 6.6.4，这说明 q 在 $D^+(\dot{J}^+(\mathscr{S}))-H^+(\dot{J}^+(\mathscr{S}))$ 内。因此，

$$D^+(\overline{E}^+(\mathscr{S}))-H^+(\overline{E}^+(\mathscr{S}))$$
$$=D^+(\dot{J}^+(\mathscr{S}))-H^+(\dot{J}^+(\mathscr{S})),$$

和
$$H^+(\overline{E}^+(\mathscr{S}))\subset H^+(\dot{J}^+(\mathscr{S}))。$$

现假定 $H^+(\overline{E}^+(\mathscr{S}))$ 非空且紧，于是它可用有限个局部因果邻域 $\mathscr{U}_i$ 来覆盖。令 p_1 为 $J^+(\mathscr{S})\cap[\mathscr{U}_1-D^+(\dot{J}^+(\mathscr{S}))]$ 的一点，于是从 p_1 出发存在一条过去不可扩展的非类空曲线 λ_1，它既不与 $\dot{J}^+(\mathscr{S})$ 相交，也不与 $D^+(\overline{E}^+(\mathscr{S}))$ 相交。由于 $\mathscr{U}_i$ 有紧致闭包，故 λ_1 将离开 $\mathscr{U}_1$。令 q_1 为 λ_1 上不在 $\mathscr{U}_1$ 内的点，于是，由于 $q_1\in J^+(\mathscr{S})$，存在自 q_1

到 $\mathscr{S}$ 的非类空曲线 μ_1，它与 $D^+(\overline{E}^+(\mathscr{S}))$ 相交，从而也与某个不是 $\mathscr{U}_1$ 的 $\mathscr{U}_i$（例如 $\mathscr{U}_2$）相交。然后，令 p_2 是 $\mu_1 \cap [\mathscr{U}_2 - D^+(\dot{J}^+(\mathscr{S}))]$ 的一点，重复上述过程。

这将导致矛盾，因为只有有限个局部因果邻域 $\mathscr{U}_i$，而且由于非类空曲线与 $\mathscr{U}_i$ 相交不超过一次，故我们不可能回到更早的 $\mathscr{U}_j$，因此，$H^+(\overline{E}^+(\mathscr{S}))$ 必为非紧或空。 □

推论

如果 $\mathscr{S}$ 是未来俘获集，则存在包含于 $D^+(E^+(\mathscr{S}))$ 的未来不可扩展类时曲线 γ。

在 $\mathscr{M}$ 上设一类时向量场。如果这个场的每一条与 $E^+(\mathscr{S})$ 相交 269
的积分曲线也与 $H^+(E^+(\mathscr{S}))$ 相交，则它们定义一个将 $E^+(\mathscr{S})$ 映射到 $H^+(E^+(\mathscr{S}))$ 上的连续的一一映射，从而 $H^+(E^+(\mathscr{S}))$ 是紧的。$I^+(\mathscr{S})$ 与一条不与 $H^+(E^+(\mathscr{S}))$ 相交的曲线的交即给出所需曲线 γ（图 51 显示了一种可能情形）。 □

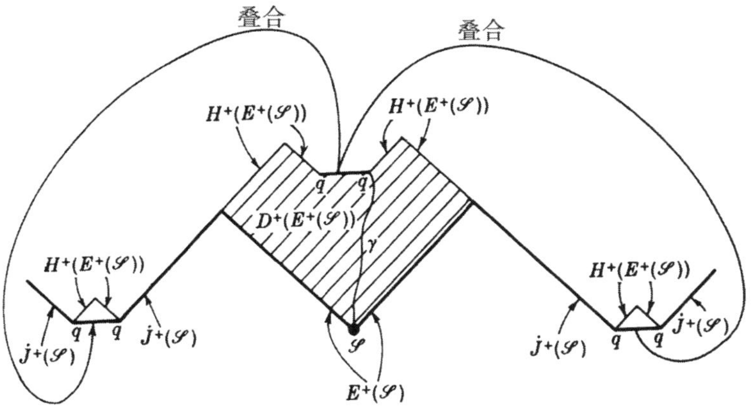

图 51　未来俘获集 $\mathscr{S}$。零线处于 $\pm 45°$，三条直线被叠合，点 q 处于无穷远。图中还显示了非时序集 $E^+(\mathscr{S})$，$\dot{J}^+(\mathscr{S})$ 和 $H^+(E^+(\mathscr{S}))$，还有未来不可扩展类时曲线 $\gamma \in D^+(E^+(\mathscr{S}))$

现在考虑定义为 $E^+(\mathscr{S}) \cap \overline{J^-(\gamma)}$ 的紧集 $\mathscr{F}$。由于 γ 包含于 int

$I^+(E^+(\mathscr{S}))$，因此 $E^-(\mathscr{F})$ 由 $\mathscr{F}$ 和 $\dot{J}^-(\gamma)$ 的一部分组成。由于 γ 是未来不可扩展的，故生成 $\dot{J}^-(\gamma)$ 的零测地线段可以没有未来端点。但由条件(a)，每条不可扩展的非类空测地线均包含一对共轭点，于是由命题 4.5.12，$\dot{J}^-(\gamma)$ 的每一个生成线段 v 的过去不可扩展延伸 v' 都将进入 $I^-(\gamma)$。在 $\overline{v'\cap I^-(\gamma)}$ 的第一点 p 或之前将有 v 的一个过去端点。因为 $I^-(\gamma)$ 是开集，p 的邻域将包含相邻零测地线在 $I^-(\gamma)$ 内的点。这样，从 $\mathscr{F}$ 到点 p 的仿射距离将是上半连续的，而 $E^-(\mathscr{F})$ 作为闭集 $\dot{J}^-(\gamma)$ 与从 $\mathscr{F}$ 出发的具有有界仿射长度的零测地线段生成的紧集的交，也是紧的。因此由引理，在 int $D^-(E^-(\mathscr{F}))$ 内存在过去不可扩展的类时曲线 λ(图 52)。令 a_n 为 λ 上的无穷点列，使

(Ⅰ)$a_{n+1}\in I^-(a_n)$，

(Ⅱ)没有一个 λ 的紧致线段包含了超过有限个 a_n 的点。

令 b_n 为 γ 的类似点列，但在(Ⅰ)中用 I^+ 取代 I^-，且 $b_1\in I^+(a_1)$。

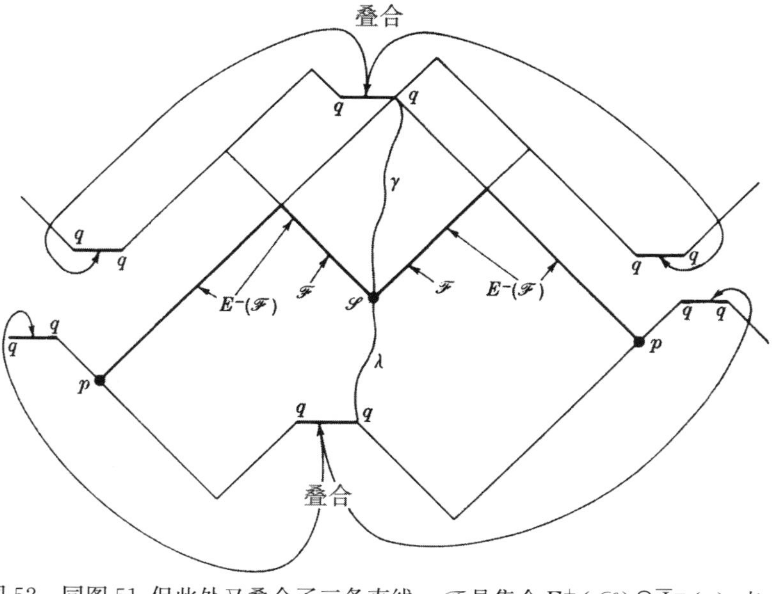

图 52　同图 51，但此处又叠合了三条直线。$\mathscr{F}$ 是集合 $E^+(\mathscr{S})\cap\dot{J}^-(\gamma)$；点 p 是生成 $E^-(\mathscr{F})$ 的零测地线段的过去端点；曲线 λ 是包含int $D^-(E^-(\mathscr{F}))$ 的过去不可扩展的类时曲线

因为 γ 和 λ 均包含于整体双曲集 int $D(E^-(\mathscr{F}))$(命题 6.6.3),故在每个 a_n 和对应的 b_n 之间存在具有最大长度的非类空测地线 μ_n(命题 6.7.1)。每一条这样的线都将与紧集 $E^+(\mathscr{S})$ 相交。于是,存在一点 $q\in E^+(\mathscr{S})$,它是 $\mu_n\cap E^+(\mathscr{S})$ 的极限点,在 q 点还存在一个非类空方向,它是 μ_n 的极限方向。(点 q 和在点 q 的方向定义了 $\mathscr{M}$ 的方向丛的一点。之所以存在这种极限点,是因为在 $E^+(\mathscr{S})$ 上的这部分丛是紧的。)令 μ'_n 是 μ_n 的子序列,使 $\mu'_n\cap E^+(\mathscr{S})$ 收敛于 q,并使 μ'_n 在 $E^+(\mathscr{S})$ 的方向收敛于极限方向。(更准确地说,μ'_n 定义在 $E^+(\mathscr{S})$ 上 270
的方向丛的点收敛于极限点。)令 μ 是经过 q 的极限方向的不可扩展的测地线。由条件(a),μ 上有共轭点 x 和 y,且 $y\in I^+(x)$。令 x' 和 y' 分别为 μ 上在 x 的过去和 y 的未来的点。由命题 4.5.8,存在某个 $\varepsilon>0$ 和自 x' 到 y' 的类时曲线 α,其长度为 ε 加上 μ 自 x' 到 y' 的长度。令 $\mathscr{U}$ 和 $\mathscr{V}$ 分别为 x' 和 y' 的凸正规坐标邻域,二者都不包含长度为 $\varepsilon/4$ 的曲线。令 x'' 和 y'' 分别为 $\dot{\mathscr{U}}\cap\alpha$ 和 $\dot{\mathscr{V}}\cap\alpha$。令 x'_n 和 y'_n 分别为 μ'_n 上收敛到 x' 和 y' 的点。对充分大的 n,μ'_n 自 x'_n 到 y'_n 的长度小于 $\varepsilon/4$ 加上 μ 自 x' 到 y' 的长度。同样,对充分大的 n,x'_n 和 y'_n 将分别处于 $I^-(x'',\mathscr{U})$ 和 $I^+(y'',\mathscr{V})$ 内。于是,从 x'_n 到 x'',再沿 α 到 y'',再从 y'' 到 y'_n,将形成一条比 μ'_n 自 x'_n 到 y'_n 更长的非类空曲线。但由性质(Ⅱ),对充分大的 n,a'_n 处于 μ'_n 上的 x'_n 的过去,b'_n 处于 μ'_n 上的 y'_n 的未来,因此,μ'_n 应当是自 x'_n 到 y'_n 的最长非类空曲线。这就引出了我们所需的矛盾。 □

尽管这个定理在非常一般的条件下确立了奇点的存在,但它仍有 271
不足:没有说明奇点是在未来还是在过去。在条件(4)的情形(ii),当存在紧类空曲面时,我们没有理由相信奇点应该处于未来而不是过去。但在情形(i),当存在闭合俘获面时,我们希望奇点处于未来。而在情形(iii),当过去零锥开始重新汇聚时,我们希望奇点应处于过去。我们可以证明,如果加强条件(iii),假定自 p 出发的所有过去方向的类时测地线和零测地线一样在 $J^-(p)$ 的一个紧致区域内开始重汇聚,则在过去存在奇点。

定理 3(Hawking,1967)

如果

(1)对每个非类空向量**K**，$R_{ab}K^aK^b \geqslant 0$(参见§4.3)；

(2)强因果性条件在($\mathscr{M}$,**g**)上成立；

(3)存在 p 点的某个过去方向的单位类时向量**W**和正常数 b，使得如果**V**是过 p 的过去方向的类时测地线的单位切向量，则在每条这样的测地线上，测地线的膨胀 $\theta \equiv V^a{}_{;a}$ 将在距离 p 点 b/c 内变得小于 $-3c/b$，这里 $c \equiv -W^aV_a$；

则存在过 p 的过去不完备非类空测地线。

令 K^a 是与过 p 的过去方向的非类空测地线相切的平行移动的切向量，并按 $K^aW_a=-1$ 归一化。于是，对过 p 的类时测地线，有 $K^a=c^{-1}V^a$，从而 $K^a{}_{;a}=c^{-1}V^a{}_{;a}$。因为 $K^a{}_{;a}$ 在非类空测地线上连续，故它在过 p 的零测地线的仿射距离 b 内将变得小于 $-3/b$。如果 $\mathbf{Y}_1$，$\mathbf{Y}_2$，$\mathbf{Y}_3$ 和 $\mathbf{Y}_4$ 是这些零测地线上的伪规范正交四元组，且 $\mathbf{Y}_1$ 和 $\mathbf{Y}_2$ 为类时单位向量，$\mathbf{Y}_3$ 和 $\mathbf{Y}_4$ 为零单位向量，并有 $\mathbf{Y}_3{}^a\mathbf{Y}_{4a}=-1$ 和 $\mathbf{Y}_4=\mathbf{K}$，则过 p 的零测地线的膨胀 $\hat{\theta}$ 定义为

$$\begin{aligned}\hat{\theta} &= K_{a;b}(Y_1{}^aY_1{}^b+Y_2{}^aY_2{}^b)\\ &= K^a{}_{;a}+K_{a;b}(Y_3{}^aY_4{}^b+Y_4{}^aY_3{}^b)。\end{aligned}$$

由于 K^a 是平行移动的，上式第二项为零。第三项可表示为 $\frac{1}{2}(K_aK^a)_{;b}Y_3^b$，它小于零，因为 K_aK^a 在零测地线上为零，在类时测地
272 线上为负。这说明 $\hat{\theta}$ 沿每条零测地线在距 p 点仿射距离 b 内将变得小于 $-3/b$。因此，如果所有过 p 的过去方向的零测地线都是完备的，则 $E^-(p)$ 是紧的。任一点 $q \in J^-(E^-(p))-E^-(p)$ 将在 $I^-(p)$ 内，从而不可能处于 $J^+(E^-(p))$ 内，因为 $E^-(p)$ 是非时序的。因此，

$$J^+(E^-(p))\cap J^-(E^-(p))=E^-(p),$$

因而是紧的。于是，由命题 6.6.7，$D^-(E^-(p))$ 是整体双曲的。由命题 6.7.1，每一点 $r \in D^-(E^-(p))$ 将通过一条在 r 与 p 之间不含 p 的任何共轭点的非类空测地线与 p 点连接。这样，由命题 4.4.1，$D^-(E^-(p))$ 在 $\exp_p(F)$ 内，这里 F 是 T_p 的紧致区域，T_p 由所有过去方向且满足 $K^aW_a \leqslant -2b$ 的非类空向量 K^a 组成。如果所有自 p 出发的过去非类空测地线都是完备的，则 $\exp_p(K^a)$ 对每一个 $K^a \in F$ 有定

义，从而 $\exp_p(F)$ 作为连续映射下紧集的像，也是紧的。但由引理 8.2.1 的推论，$D^-(E^-(p))$ 包含过去不可扩展类时曲线，而由命题 6.4.7，这样的类时曲线不可能完全禁闭在紧集 $\exp_p(F)$ 内，因此，所有自 p 出发的过去方向非类空测地线完备的假定是错的。 □

定理 2 和 3 是关于奇点的最有用的定理，因为我们可以看到，它们的条件在许多物理情形都是满足的(见下章)。但也可能出现这种情形，造成因果性条件破坏的不是奇点而是闭合类时曲线。这比定理 1 后面所说的单纯的预言失败要严重得多。照我们的看法，它在物理上比奇点更难令人接受。尽管如此，我们还是希望知道这种因果性的破坏是否会阻止奇点的出现。下述定理表明，在某些情形，它们做不到这一点。这意味着我们还得认真对待奇点，而且它还使我们相信，因果性的破坏一般说来并不是摆脱奇点的出路。

定理 4(Hawking, 1967)

如果

(1)对每个非类空向量 $\mathbf{K}$，$R_{ab}K^aK^b \geq 0$(参见§4.3)；

(2)存在紧致类空三维曲面 $\mathscr{S}$(无边缘)；

(3)$\mathscr{S}$ 的单位法线在 $\mathscr{S}$ 上处处收敛(或处处发散)；

则时空不是类时测地完备的。

说明 条件(2)相当于说宇宙在空间上是封闭的，条件(3)说宇宙 273
在收缩(或膨胀)。正如§6.5 解释的，我们可取覆盖流形 $\hat{\mathscr{M}}$，其中 $\mathscr{S}$ 的像的每个连通分支都微分同胚于 $\mathscr{S}$，而且是 $\hat{\mathscr{M}}$ 内的部分 Cauchy 曲面。我们将在 $\hat{\mathscr{M}}$ 上讨论，并将 $\mathscr{S}$ 的像的一个连通分支记为 $\hat{\mathscr{S}}$。在 $\hat{\mathscr{M}}$ 上考虑 Cauchy 演化问题，我们看到，奇点的出现(尽管不一定是其本性)是 Cauchy 数据在 $\hat{\mathscr{S}}$ 上的一种稳定性质，因为 $\hat{\mathscr{S}}$ 上足够小的数据变化不会破坏条件(3)。这是 Lifshitz 和 Khalatnikov 猜想的一个反例，他们认为奇点仅对测度为零的 Cauchy 数据集出现。当然，我们需要记住，这里采用的奇点定义并不是 Lifshitz 和 Khalatnikov 所用的定义。

证明 由条件(2)和(3)，$\hat{\mathscr{S}}$的第二基本型的缩并$\chi^a{}_a$在$\mathscr{S}$上有负的上界，因此，如果$\mathscr{M}$（从而$\hat{\mathscr{M}}$）是类时测地完备的，则在每一条垂直于 $\hat{\mathscr{S}}$ 的未来方向的测地线上，在距离$\hat{\mathscr{S}}$某个有限上界 b 内，存在与$\hat{\mathscr{S}}$共轭的点（命题 4.4.3）。但由命题 6.7.1 的推论，对每一点 $q\in D^+(\hat{\mathscr{S}})$，存在垂直于$\hat{\mathscr{S}}$的未来方向的测地线，在$\hat{\mathscr{S}}$与 q 之间不含任何与$\hat{\mathscr{S}}$共轭的点。令 $\beta:\hat{\mathscr{S}}\times[0,b]\to\hat{\mathscr{M}}$是一可微映射，它沿过点 $p\in\hat{\mathscr{S}}$垂直于$\mathscr{S}$的未来方向的测地线为 p 赋以一个距离$s\in[0,b]$。于是，$\beta(\hat{\mathscr{S}}\times[0,b])$是紧的，且包含 $D^+(\hat{\mathscr{S}})$。因此，$\overline{D}^+(\hat{\mathscr{S}})$从而 $H^+(\hat{\mathscr{S}})$是紧的。如果假定强因果性条件成立，则由引理 8.2.1 即得所需的矛盾。但即使没有强因果性条件，我们也能引出矛盾。考虑点 $q\in H^+(\hat{\mathscr{S}})$。因为每一条自 q 到$\hat{\mathscr{S}}$的过去方向的非类空曲线都由 $H^+(\hat{\mathscr{S}})$内的一个（也可能是零个）零测地线段和 $D^+(\hat{\mathscr{S}})$内的一条非类空曲线构成，从而 $d(\hat{\mathscr{S}},q)$小于或等于 b。于是，由于 d 是下半连续的，我们可找一收敛于 q 的无穷点列 $r_n\in D^+(\hat{\mathscr{S}})$，使$d(\hat{\mathscr{S}},r_n)$收敛于 $d(\hat{\mathscr{S}},q)$。对应于每个 r_n，至少存在$\hat{\mathscr{S}}\times[0,b]$的一个元素$\beta^{-1}(r_n)$。由于$\hat{\mathscr{S}}\times[0,b]$是紧的，故存在元素$(p,s)$为$\beta^{-1}(r_n)$的一个极限点。由连续性，$s=d(\hat{\mathscr{S}},q)$，$\beta(p,s)=q$。故对每个点$q\in H^+(\hat{\mathscr{S}})$，存在
274 距$\hat{\mathscr{S}}$长度为$d(\hat{\mathscr{S}},q)$的类时测地线。现在，令$q_1\in H^+(\hat{\mathscr{S}})$处于 $H^+(\hat{\mathscr{S}})$的同一个零测地线生成元 λ 的 q 点的过去。将自$\hat{\mathscr{S}}$到 q_1 的长度为$d(\hat{\mathscr{S}},q_1)$的测地线与 q_1 和 q 之间的 λ 线段连接起来，就得到一条自$\hat{\mathscr{S}}$到 q 的长度为$d(\hat{\mathscr{S}},q_1)$的非类空曲线，通过对它变形还可生成这些端点间更长的曲线（命题 4.5.10）。因此，对点$q\in H^+(\hat{\mathscr{S}})$，$d(\hat{\mathscr{S}},q)$沿 $H^+(\hat{\mathscr{S}})$的每一个过去方向的生成元严格减小。但由命题 6.5.2，这些生成元不可能有过去端点。这导致矛盾，因为既然 $d(\hat{\mathscr{S}},q)$关于 q 下半连续，那么它在紧集 $H^+(\hat{\mathscr{S}})$就应当有最小值。 □

条件(2)要求 $\mathscr{S}$ 是紧的，这是必要的，因为在 Minkowski 空间

$(\mathscr{M},\boldsymbol{\eta})$里，非紧曲面 $\mathscr{S}:(x^1)^2+(x^2)^2+(x^3)^2-(x^4)^2=-1, x^4<0$ 是部分 Cauchy 曲面，在所有点上 $\chi^a{}_a=-3$。如果将 Minkowski 空间的这个区域定义为

$$x^4<0,(x^1)^2+(x^2)^2+(x^3)^2-(x^4)^2<0,$$

则我们可在离散等距变换群 G 下叠合一些点，使 $\mathscr{S}/G$ 是紧的(Löbell,1931)。如定理 4 所要求的，空间$(\mathscr{M}/G,\boldsymbol{\eta})$是类时测地不完备的，因为我们不能将 G 下的叠合扩展到整个 $\mathscr{M}$（§5.8 的条件(1)和(2)在原点不成立)。在此情形下，不完备性奇点来自不良的整体性质，而不伴随曲率奇点。这是 Penrose 提出的一个例子。

条件(2)和(3)可代换为：

(2′)$\hat{\mathscr{S}}$是$\hat{\mathscr{M}}$的 Cauchy 曲面；

(3′)$\chi^a{}_a$在$\mathscr{S}$上有界而不为零；

因为在此情形下不可能出现 Cauchy 视界，但所有从$\hat{\mathscr{S}}$出发的未来方向的类时曲线必有小于某个有限上界的长度。

Geroch(1966)证明，如果条件(2)满足，而条件(1)和(3)代换为：

(1″)对每个非类空向量，$R_{ab}K^aK^b\geqslant 0$，等号仅在 $R_{ab}=0$ 时成立；

(3″)存在点 $p\in\hat{\mathscr{S}}$使与$\hat{\mathscr{S}}$相交的任一不可扩展非类空曲线也与 $J^+(p)$和 $J^-(p)$相交；

则要么$\hat{\mathscr{S}}$的 Cauchy 发展是平直的，要么$\hat{\mathscr{M}}$是类时测地不完备的。

条件(3″)要求 p 点的观察者能看到与$\hat{\mathscr{S}}$相交的每一个粒子，同时 275
也能被每一个粒子看到。证明的方法是考虑所有包含 p 点的无边缘类空曲面。我们可以用这些类空曲面构造一个拓扑空间 $S(p)$，其方法类似于用两点间的所有非类空曲线来构造拓扑空间。这样，条件(2)和(3″)意味着 $S(p)$是紧的。我们可以证明，这些曲面的面积是$S(p)$上的上半连续函数，从而存在某个过 p 的曲面 $\mathscr{S}'$，其面积大于或等于任何其他曲面的面积。通过类似用于非类空曲线的变分论证，我们可以证明，除了可能在曲面不可微的 p 点之外，$\chi^a{}_a$在$\hat{\mathscr{S}}$上处处为零。

考虑单参数类空曲面族 $\mathscr{S}(u)$，这里 $\mathscr{S}(0)=\mathscr{S}'$。变分向量 $\mathbf{W}\equiv\partial/\partial u$可表示为 $f\mathbf{n}$，这里 $\mathbf{n}$ 是曲面的单位法向量，f 是某个函数。我们可将 Raychaudhuri 方程用于 $\mathbf{W}$ 的积分曲线汇来证明

$$\partial\theta/\partial u=f\left\{-\frac{1}{3}\theta^2-2\sigma^2-R_{ab}n^an^b+f^{-1}f_{;ab}h^{ab}\right\},$$

此处 $\theta \equiv \chi^a{}_a$，$\sigma_{ab} \equiv \chi_{ab} - \frac{1}{3}\theta h_{ab}$，$h_{ab} \equiv g_{ab} + n_a n_b$，

和 $$\sigma^2 = \frac{1}{2}\sigma_{ab}\sigma^{ab}。$$

如果存在某点 $q \in \mathscr{S}'$ 有 $R_{ab}n^a n^b \neq 0$ 或 $\chi_{ab} \neq 0$，则我们可找一函数 f 使 $\partial\theta/\partial u$ 在 $\mathscr{S}'$ 上处处为负。如果 $R_{ab}n^a n^b$ 和 χ_{ab} 在 $\mathscr{S}'$ 上处处为零，但在 $\mathscr{S}'$ 上存在一点 q 有 $C_{abcd}n^b n^d$ 不为零，则 $\partial\sigma/\partial u \neq 0$，我们可找一 f 使在 $\mathscr{S}'$ 上处处有 $\partial\theta/\partial u = 0$ 且 $\partial^2\theta/\partial u^2 < 0$。不论哪种情形，我们都有一个处处有 $\chi^a{}_a < 0$ 的曲面 $\mathscr{S}''$，故由定理 4，$\hat{\mathscr{M}}$ 是类时测地不完备的。如果 R_{ab}，χ_{ab} 和 $C_{abcd}n^b n^d$ 在 $\mathscr{S}'$ 上处处为零，则 n^a 的 Ricci 恒等式表明，在 $\mathscr{S}'$ 上 $C_{abcd} = 0$。从而时空在 $D(\hat{\mathscr{S}})$ 内是平直的。满足条件(1″)，(2)和(3″)且 $D(\mathscr{S})$ 在其中平直的一个例子是点 $\{x^1, x^2, x^3, x^4\}$ 与 $\{x^1+1, x^2, x^3, x^4\}$，$\{x^1, x^2+1, x^3, x^4\}$ 和 $\{x^1, x^2, x^3+1, x^4\}$ 叠合的 Minkowski 空间。它是测地完备的。但前面的例子也满足这些条件，而且表明 $D(\mathscr{S})$ 可以既是测地不完备的，又是平直的。

8.3 奇点的描述

276 前面的定理证明了奇点会出现在一大类解中，但对奇点的本质给出的信息甚少。为了对此进行更详尽的研究，我们需要确定所谓奇点的大小、形状、位置等等是什么意思。如果奇点包含在时空流形内，这是相当容易的事情。但我们不可能通过物理测量来确定时空流形在奇点的结构。实际上，有许多流形结构在非奇点区域一致，但在奇点处大相径庭。例如，在 Robertson-Walker 解中，流形在 $t=0$ 的奇点可用坐标

$$\{t, r\cos\theta, r\sin\theta\cos\phi, r\sin\theta\sin\phi\}$$

来描述，也可用

$$\{t, Sr\cos\theta, Sr\sin\theta\cos\phi, Sr\sin\theta\sin\phi\}$$

来描述。在第一种情形，奇点是三维曲面，而在第二种情形，奇点是一个单点。

我们需要确定一个原则来为流形 $\mathscr{M}$ 附加某种边界 ∂，它唯一决定于在非奇点的测量，即 $(\mathscr{M}, \mathbf{g})$ 的结构。因此，我们打算在空间 $\mathscr{M}^+ \equiv \mathscr{M} \cup \partial$ 上至少定义一个拓扑，也许还要定义一个可微结构和度规。一

种可能的方法是用§6.8描述的不可分解的无穷集。但这种方法仅取决于共形度规，不能区分无穷远和有限距离处的奇点。为了进行这种区分，我们似乎应当将 $\mathscr{M}^+$ 的结构建立在已用于奇点存在的判据基础上，即 b 不完备性。Schmidt 发展了实现这个过程的优美方法，取代了 Hawking(1966b)和 Geroch(1968a)以前的构造过程，他们原来将奇点定义为不完备测地线的等价类，不一定能为所有 b 不完备曲线(如有限加速度的不完备类时曲线)提供端点。他们的等价定义还存在一定的模糊，而 Schmidt 的构造则没有这些缺点。

Schmidt 的过程是在规范正交标架丛 $\pi: O(\mathscr{M})\to\mathscr{M}$ 上定义正定度规 $\mathbf{e}$。这里 $O(\mathscr{M})$ 是由向量 $\{\mathbf{E}_a\}$ 的所有正交四元组构成的集合，对每个 $p\in\mathscr{M}$，$\mathbf{E}_a\in T_p$(a 从 1 到 4)，π 是投影，将 p 点的一个基映射到 277
p 点。结果证明，当且仅当 $\mathscr{M}$ 为 b 不完备时，$O(\mathscr{M})$ 在度规 $\mathbf{e}$ 下是 m 不完备的。如果 $O(\mathscr{M})$ 是 m 不完备的，则可通过 Cauchy 序列构成 $O(\mathscr{M})$ 的完备度量空间 $\overline{O(\mathscr{U})}$。投影 π 可扩展到 $\overline{O(\mathscr{U})}$，$\overline{O(\mathscr{U})}$ 对 π 的商空间定义为 $\mathscr{M}^+$，它是 $\mathscr{M}$ 与另一个点集 ∂ 的并。集合 ∂ 是 $\mathscr{M}$ 内每一条 b 不完备曲线的端点的集合，从这个意义上说，它由 $\mathscr{M}$ 的奇点组成。

为了进行这种构造，我们回顾一下(§2.9)，由度规 $\mathbf{g}$ 给定的 $\mathscr{M}$ 的联络定义了点 $u\in O(\mathscr{M})$ 的十维切空间 T_u 的四维**水平子空间** H_u。于是 T_u 为 H_u 与 T_u 内所有与纤维 $\pi^{-1}(\pi(u))$ 相切的向量组成的垂直子空间 V_u 的直和。现在我们构造 T_u 的基 $\{\mathbf{G}_A\}=\{\overline{\mathbf{E}}_a,\mathbf{F}_i\}$，这里 A 从 1 到 10，a 从 1 到 4，i 从 1 到 6；$\{\overline{\mathbf{E}}_a\}$ 是 H_u 的基，$\{\mathbf{F}_i\}$ 是 V_u 的基。

给定任一向量 $\mathbf{X}\in T_{\pi(u)}(\mathscr{M})$，存在唯一向量 $\overline{\mathbf{X}}\in H_u(O(\mathscr{M}))$ 使 $\pi_*\overline{\mathbf{X}}=\mathbf{X}$。因此，在 $O(\mathscr{M})$ 上存在四个唯一定义了的水平向量场 $\overline{\mathbf{E}}_a$，它们是每一点 $u\in O(\mathscr{M})$ 的规范正交基向量 $\mathbf{E}_a$ 的水平提升。场 $\overline{\mathbf{E}}_a$ 在 $O(\mathscr{M})$ 上的积分曲线代表基 $\{\mathbf{E}_a\}$ 沿 $\mathscr{M}$ 内的测地线在向量 $\mathbf{E}_a$ 方向的平行移动。

群 $O(3,1)$ 作为全部非奇异 4×4 实 Lorentz 矩阵 A_{ab} 的乘法群，作用在 $O(\mathscr{M})$ 的纤维上，将点 $u=\{p,\mathbf{E}_a\}\in O(\mathscr{M})$ 送到点 $A(u)=\{p,A_{ab}\mathbf{E}_b\}\in O(\mathscr{M})$。我们可将 $O(3,1)$ 视为六维流形，而且通过所有满足 $a_{ab}G_{bc}=-a_{cb}G_{ba}$ 的 4×4 矩阵 a 的向量空间，表示 $O(3,1)$ 在单位矩阵 I 的切空间 $T_I(O(3,1))$。因此，如果 $a\in T_I(O(3,1))$，我们可由 $A_t=\exp(ta)$ 定义 $O(3,1)$ 的一条曲线，这里，

$$\exp(b)=\sum_{n=0}^{\infty}\frac{b^n}{n!}\text{。}$$

这样，如果 $u\in O(\mathscr{M})$，我们可由 $\lambda_{au}(t)=A_t(u)$ 在 $\pi^{-1}(\pi(u))$ 内定义一条经过 u 的曲线。因为曲线 $\lambda_{au}(t)$ 在纤维中，其切向量 $(\partial/\partial t)_{\lambda au}$ 是垂直的。由此我们可对每个 $a\in T_I$，由 $\mathbf{F}(a)|_u=(\partial/\partial t)_{\lambda au|u}$（对每一点 $u\in O(\mathscr{M})$）定义一垂直向量场 $\mathbf{F}(a)$。若 $\{a_i\}(i=1,2,\cdots,6)$ 是 T_I 的一个基，则 $\mathbf{F}_i\equiv\mathbf{F}(a_i)$ 是 $O(\mathscr{M})$ 上的六个垂直向量场，在每一点 $u\in O(\mathscr{M})$ 为 V_u 提供一个基。

278 矩阵 $B\in O(3,1)$ 通过 $u\to B(u)$ 定义映射 $O(\mathscr{M})\to O(\mathscr{M})$。在诱导映射 $B_*:T_u\to T_{B(u)}$ 下，垂直向量场和水平向量场按如下方式变换：

$$B_*(\overline{\mathbf{E}}_a)=B_{ab}^{-1}\overline{\mathbf{E}}_b,$$
$$B_*(\mathbf{F}_i)=C_i{}^j\overline{\mathbf{F}}_j,$$

其中 $C_i{}^j=B_{ab}a_{ibc}B_{cd}^{-1}a^j{}_{da}$，$\{a^j\}$ 是 T_I^* 的基，对偶于 T_I 的基 $\{a_i\}$，（于是 $a^i_{ab}a_{jab}=\delta^i_j$，$a^j_{ab}a_{jcd}=\frac{1}{4}\delta_{ac}\delta_{bd}$）。对下面的论述来说，这些诱导映射的重要性质不在于具体的形式，而在于它们在 $O(\mathscr{M})$ 上是常数的事实。

现在，我们在每一点 $u\in O(\mathscr{M})$ 有 T_u 的一个基 $\{\mathbf{G}_A\}=\{\overline{\mathbf{E}}_a,\mathbf{F}_i\}$ $(A=1,2,\cdots,10)$。由此我们可在 $O(\mathscr{M})$ 上由 $e(\mathbf{X},\mathbf{Y})=\sum_A X^AY^A$ 定义一个正定度规 $\mathbf{e}$，这里 $\mathbf{X},\mathbf{Y}\in T_u$，$X^A$，$Y^A$ 分别是 $\mathbf{X},\mathbf{Y}$ 在基 $\{\mathbf{G}_A\}$ 下的分量。

利用度规 $\mathbf{e}$，我们可定义一个距离函数 $\rho(u,v)$，$u,v\in O(\mathscr{M})$，作为曲线自 u 到 v（由 $\mathbf{e}$ 度量的）长度的最大下界。接着我们要问，对距离函数 $\rho(u,v)$，$O(\mathscr{M})$ 是否是 m 完备的？

命题 8.3.1

当且仅当 $(\mathscr{M},\mathbf{g})$ 是 b 完备的，$(O(\mathscr{M}),\mathbf{e})$ 是 m 完备的。

设 $\gamma(t)$ 是 $\mathscr{M}$ 内的曲线。于是，给定点 $u\in\pi^{-1}(p)$，这里 $p\in\gamma$，我们可构造过 u 的水平曲线 $\overline{\gamma}(t)$，使 $\pi(\overline{\gamma}(t))=\gamma(t)$。从正定度规 $\mathbf{e}$ 的定义可知，在此度规下测得的 $\overline{\gamma}(t)$ 的弧长等于 $\gamma(t)$ 的一般仿射参数，由点 u 代表的 p 点的基定义。如果 $\gamma(t)$ 没有端点，但有一般仿射参数

度量的有限长度，则 $\overline{\gamma}(t)$ 也没有端点，但在度规 **e** 下有有限长度。因此，$O(\mathscr{M})$ 中的 m 完备性意味着 $\mathscr{M}$ 中的 b 完备性。

为了证明逆命题，我们需要证明，如果 $\lambda(t)$ 是 $O(\mathscr{M})$ 内具有有限长度的无端点 C^1 曲线，则 $\pi(\gamma(t))$ 是 $\mathscr{M}$ 内具有下述性质的 C^1 曲线：

(1)有限的仿射长度，

(2)在 $\mathscr{M}$ 内无端点。

为了证明(1)，过程如下。令 $u\in\lambda(t)$，于是可构造一过 u 的水平曲线 $\overline{\lambda}(t)$，使 $\pi(\overline{\lambda}(t))=\pi(\lambda(t))$。对 t 的每一个值，$\lambda(t)$ 和 $\overline{\lambda}(t)$ 处于同一纤维，故存在 $O(3,1)$ 的唯一曲线 $B(t)$，使 $\lambda(t)=B(t)\overline{\lambda}(t)$。这 279
说明

$$\left(\frac{\partial}{\partial t}\right)_{\lambda}=B_{*}\left(\frac{\partial}{\partial t}\right)_{\overline{\lambda}}+F(B^{\bullet}\ B^{-1}),$$

其中 $B^{\bullet}\equiv \mathrm{d}B/\mathrm{d}t$。因此，

$$e\left(\left(\frac{\partial}{\partial t}\right)_{\lambda},\left(\frac{\partial}{\partial t}\right)_{\lambda}\right)=\sum_{b}\left(\left\langle\overline{\mathbf{E}}^{a},\left(\frac{\partial}{\partial t}\right)_{\overline{\lambda}}\right\rangle B^{-1}{}_{ab}\right)^{2}+\sum_{i}(B^{\bullet}{}_{ab}B^{-1}{}_{bc}a^{i}{}_{ca})^{2},$$

这里 $\{\overline{\mathbf{E}}^{a}\}$ 是 $H^{*}{}_{u}$ 的对偶于 $\{\overline{\mathbf{E}}_{a}\}$ 的基(即 $\langle\overline{\mathbf{E}}^{a},\overline{\mathbf{E}}_{b}\rangle=\delta^{a}{}_{b}$)；$a^{i}{}_{ab}$ 是 T_{I}^{*} 的对偶于 $a_{i\,ab}$ 的基(即 $a_{iab}a^{j}{}_{ab}=\delta_{i}{}^{j}$)。

矩阵 B_{ab} 满足 $B_{ab}G_{bc}B_{dc}=G_{bd}$，因此由 $G_{ab}=G^{-1}{}_{ab}$ 知，

$$B_{ab}G_{ac}B_{cd}=G_{bd}。$$

对 t 微分，得

$$B^{\bullet}{}_{ab}B^{-1}{}_{bc}G_{cd}=-G_{ac}B^{\bullet}{}_{ab}B^{-1}{}_{bc}。$$

故 $B^{\bullet}{}_{ab}B^{-1}{}_{bc}\in T_{I}(O(3,1))$。由于 $a^{i}{}_{ab}$ 是 T_{I}^{*} 的基，存在某个常数 C 使

$$\sum_{i}(B^{\bullet}{}_{ab}B^{-1}{}_{bc}a^{i}{}_{ca})^{2}\geqslant C(B^{\bullet}{}_{ab}B^{-1}{}_{bc}B^{\bullet}{}_{ad}B^{-1}{}_{dc})。$$

任一矩阵 $B\in O(3,1)$ 可表示为 $B=\overline{\Omega}\Delta\Omega$ 的形式，这里，(i) $\overline{\Omega}$ 和 Ω 是形如

$$\left(\begin{array}{c|c}\overline{O} & \\ \hline & 1\end{array}\right)和\left(\begin{array}{c|c}O & \\ \hline & 1\end{array}\right)$$

的正交矩阵，其中 $\overline{O}$ 和 O 是 3×3 正交矩阵，基 $\{\mathbf{E}_{a}\}$ 的排序使 $\mathbf{E}_{4}$ 为类时向量；这些矩阵 $\overline{\Omega}$ 和 Ω 代表旋转；(ii) Δ 是形如

$$\begin{pmatrix} \cosh\xi & 0 & 0 & \sinh\xi \\ 0 & 1 & 0 & 0 \\ 0 & 0 & 1 & 0 \\ \sinh\xi & 0 & 0 & \cosh\xi \end{pmatrix}$$

的矩阵，它代表在 1一方向上的速度变化。利用这种分解，

$$B^{\bullet}{}_{ab}B^{-1}{}_{bc}B^{\bullet}{}_{ad}B^{-1}{}_{dc}\geqslant 2(\xi^{\bullet})^2。$$

对任一向量 $\mathbf{X}\in T_u$，

$$\sum_b(\langle\bar{\mathbf{E}}^a,\mathbf{X}\rangle\Omega_{ab})^2=\sum_a(\langle\bar{\mathbf{E}}^a,\mathbf{X}\rangle)^2。$$

280 故

$$\sum_b\left(\left\langle\bar{\mathbf{E}}^a,\left(\frac{\partial}{\partial t}\right)_{\bar{\lambda}}\right\rangle B^{-1}{}_{ab}\right)^2\geqslant\sum_a\left(\left\langle\bar{\mathbf{E}}^a,\left(\frac{\partial}{\partial t}\right)_{\bar{\lambda}}\right\rangle\right)^2e^{-2|\xi|}$$
$$=e\left(\left(\frac{\partial}{\partial t}\right)_{\bar{\lambda}},\left(\frac{\partial}{\partial t}\right)_{\bar{\lambda}}\right)e^{-2|\xi|}。$$

于是，

$$e\left(\left(\frac{\partial}{\partial t}\right)_{\lambda},\left(\frac{\partial}{\partial t}\right)_{\lambda}\right)\geqslant e\left(\left(\frac{\partial}{\partial t}\right)_{\bar{\lambda}},\left(\frac{\partial}{\partial t}\right)_{\bar{\lambda}}\right)e^{-2|\xi|}+2C(\xi^{\bullet})^2,$$

从而

$$\left[e\left(\left(\frac{\partial}{\partial t}\right)_{\lambda},\left(\frac{\partial}{\partial t}\right)_{\lambda}\right)\right]^{\frac{1}{2}}\geqslant\frac{1}{2}\left[e\left(\left(\frac{\partial}{\partial t}\right)_{\bar{\lambda}},\left(\frac{\partial}{\partial t}\right)_{\bar{\lambda}}\right)\right]^{\frac{1}{2}}e^{-|\xi|}+C^{\frac{1}{2}}|\xi^{\bullet}|。$$

令 $\xi_0\leqslant\infty$ 是 $|\xi|$ 在 $\lambda(t)$ 上的最小上界，于是

$$L(\lambda)\geqslant\frac{1}{2}L(\bar{\lambda})e^{-\xi_0}+C^{\frac{1}{2}}\xi_0,$$

这里 $L(\lambda)$ 是曲线 λ 在度规 $\mathbf{e}$ 下的长度。因为它是有限的，故 ξ_0 和 $L(\bar{\lambda})$ 必有限。因此 $\mathscr{M}$ 内曲线 $\pi(\lambda(t))$ 的仿射长度（等于 $\overline{L\lambda}$）也有限。

为了完成命题 8.3.1 的证明，我们还需证明曲线 $\pi(\lambda(t))$ 在 $\mathscr{M}$ 内无端点，即我们需要证明，不存在点 $p\in\mathscr{M}$ 使 $\pi(\lambda(t))$ 进入并留在 p 的每一个邻域 $\mathscr{U}$ 内。因为存在 p 的正规邻域 $\mathscr{U}$，这是下述命题的一个结果：

命题 8.3.2（Schmidt (1972)）

令 $\mathscr{N}$ 为 $\mathscr{M}$ 的紧子集。假定存在 $O(\mathscr{M})$ 的无端点但有有限长度的曲线 $\lambda(t)$，它进入并留在 $\pi^{-1}(\mathscr{N})$ 内，则存在一条包含于 $\mathscr{N}$ 的不可扩展的零测地线 γ。

令$\bar{\lambda}(t)$是过某点$u\in\lambda(t)$使$\pi(\bar{\lambda}(t))=\pi(\lambda(t))$的水平曲线。曲线$\lambda(t)$无端点。假定存在点$v\in O(\mathscr{M})$，它是水平曲线$\bar{\lambda}(t)$的一个端点。于是，存在$v$的带紧致闭包的开邻域$\mathscr{W}$，使$\bar{\lambda}(t)$进入并留在$\mathscr{W}$内。令$\mathscr{W}'$为集合$\{x\in O(\mathscr{M})$：对所有满足$|\xi|\leqslant\xi_0$的矩阵$B$，$Bx\in\mathscr{W}\}$。因为$\overline{\mathscr{W}}$为紧集且$\xi_0$有限，故$\overline{\mathscr{W}'}$为紧集。曲线$\lambda(t)$将进入并留在$\overline{\mathscr{W}'}$内。但任何紧集对正定度规 **e** 都是 m 完备的，因此有有限长度的$\lambda(t)$在$\overline{\mathscr{W}'}$内有端点。这说明$\bar{\lambda}(t)$无端点。

令$\{x_n\}$是$\bar{\lambda}(t)$上无任何极限点的点列。由于$\mathscr{N}$为紧集，存在点$x\in\mathscr{N}$为$\pi(x_n)$的极限点。令$\mathscr{U}$为x的带紧致闭包的正规邻域，并令$\sigma:\mathscr{U}\to O(\mathscr{M})$为$O(\mathscr{M})$在$\mathscr{U}$上的截面，即$\sigma(p)$，$p\in\mathscr{U}$，是在$p$点的一个规范正交基。对$\lambda(t)\in\pi^{-1}(\mathscr{U})$，令$\widetilde{\lambda}(t)\equiv\sigma(\pi(\lambda(t)))$。于是，和前一个命题一样，存在唯一矩阵族$A(t)\in O(3,1)$使$\bar{\lambda}(t)=A(t)\widetilde{\lambda}(t)$，并可将矩阵$A$表示为$A=\bar{\Omega}\Delta\Omega$的形式。假定$|\xi(t_{n'})|$有有限上界$\xi_1$，这里$x_{n'}=\bar{\lambda}(t_{n'})$是$x_n$的收敛于$x$的子序列。于是，点$x_{n'}$应包含于集合$\mathscr{U}'=\{v\in O(\mathscr{M})$：对某个满足$|\xi|\leqslant\xi_1$的$A\in O(3,1)$，$A^{-1}v\subset\sigma(\mathscr{U})\}$。但$\overline{\mathscr{U}'}$是紧的，因而包含$\{x_{n'}\}$的极限点，这与我们选择的$\{x_n\}$相冲突。因此$|\xi(t_{n'})|$没有有限上界。由于正交群是紧的，我们可选一子序列$\{x_{n''}\}$使$\bar{\Omega}_{n''}$收敛于某个$\bar{\Omega}'$，$\Omega_{n''}$收敛于某个$\Omega'$，(这里$\bar{\Omega}_{n''}=\bar{\Omega}(t_{n''})$，等等)，$\xi_{n''}\to\infty$，并对某个常数$a$有 281

$$\xi_{n''+1}-\xi_{n''}>a>0。\tag{8.1}$$

令$\lambda'(t)=(\bar{\Omega}')^{-1}\bar{\lambda}(t)$，令$\hat{\lambda}_{n''}(t)\equiv\Delta_{n''}{}^{-1}(\bar{\Omega}')^{-1}\bar{\lambda}(t)$。于是$\hat{\lambda}_{n''}(t_{n''})$趋于$\hat{x}\equiv\Omega'\sigma(x)$。由于曲线$\bar{\lambda}(t)$的长度有限，故曲线$\lambda'(t)$的长度也有限。这意味着

$$\int_{t_{n''}}^{t_{n''+1}}((X^u)^2+(X^v)^2+(X^2)^2+(X^3)^2)^{\frac{1}{2}}\mathrm{d}t$$

趋于零，这里

$$X^A\equiv\langle\bar{\mathbf{E}}^A,(\partial/\partial t)_{\lambda'}\rangle,A=u,v,2,3,$$

而
$$\bar{\mathbf{E}}^u=\frac{1}{\sqrt{2}}(\bar{\mathbf{E}}^4+\bar{\mathbf{E}}^1),\ \bar{\mathbf{E}}^v=\frac{1}{\sqrt{2}}(\bar{\mathbf{E}}^4-\bar{\mathbf{E}}^1)。$$

因此，对每个A，
$$\int_{t_{n''}}^{t_{n''+1}}|X^A|\mathrm{d}t$$

趋于零。水平曲线 $\hat{\lambda}_{n''}(t)$ 的切向量的分量 $Y_{n''}{}^A$ 为

$$Y_{n''}{}^u = e^{-\xi n''} X^u, \; Y_{n''}{}^v = e^{\xi n''} X^v, \; Y_{n''}{}^2 = X^2, \; Y_{n''}{}^3 = X^3。$$

因此，

$$\int_{t_{n''}}^{t_{n''+1}} |\, Y_{n''}{}^A \,| \, \mathrm{d}t \quad (A = u, 2, 3) \tag{8.2}$$

趋于零。

282 令 μ 是水平向量场 $\overline{\mathbf{E}}^v$ 过 $\hat{x}$ 的积分曲线，则 $\pi(\mu)$ 是 $\mathscr{M}$ 内的零测地线。假定 $\pi(\mu)$ 在过去和未来两个方向上离开 $\mathscr{N}$，于是必存在 $\hat{x}$ 的某个邻域 $\mathscr{V}$，它带紧致闭包，并有如下性质：μ 在每个方向上均离开并不再返回集合 $\overline{\mathscr{V}'}$，这里 $\overline{\mathscr{V}'} \equiv \{v \in O(\mathscr{M})$：存在 Δv 包含于 $\mathscr{V}$ 的 $\Delta\}$。我们可将 $\mathscr{V}$ 取得足够小，使它对 $\overline{\mathbf{E}}^v$ 的任一与 $\overline{\mathscr{V}}$ 相交的积分曲线都具有这个性质，从而使这样的积分曲线在两个方向上离开 $\pi^{-1}(\mathscr{N})$。令 $\mathscr{Y}$ 是与 $\overline{\mathscr{V}}$ 相交的 $\overline{\mathbf{E}}^v$ 的积分曲线上所有点组成的线管，于是 $\mathscr{Y} \cap \pi^{-1}(\mathscr{N})$ 是紧集。对足够大的 n''，$\hat{\lambda}_{n''}(t_{n''})$ 将包含于 $\mathscr{V}$。由(8.2)式，$\hat{\lambda}_{n''}$ 的切向量在 $\overline{\mathbf{E}}^v$ 的横截方向上的分量非常小，以致对大的 n'' 和 $t > t_{n''}$，曲线 $\hat{\lambda}_{n''}(t)$ 不可能离开线管 $\mathscr{Y} \cap \pi^{-1}(\mathscr{N})$，当然在 $\mathscr{Y}$ 离开 $\pi^{-1}(\mathscr{N})$ 的端点除外。但 $\lambda(t)$ 不可能离开 $\pi^{-1}(\mathscr{N})$，故 $\hat{\lambda}_{n''}(t)$ 也不可能离开 $\pi^{-1}(\mathscr{N})$。于是，对 $t \geqslant t_{n''}$，$\hat{\lambda}_{n''}(t)$ 将包含于 $\mathscr{Y} \cap \pi^{-1}(\mathscr{N})$。这导致如下矛盾：$\hat{\lambda}_{n''+1}(t_{n''+1})$ 包含于 $\mathscr{V}$。但由(8.1)式，$\mathscr{V}$ 可取得足够小，使

$$\hat{\lambda}_{n''}(t_{n''+1}) = \Delta_{n''+1} \Delta_{n''}{}^{-1} \hat{\lambda}_{n''+1}(t_{n''+1})$$

不包含于 $\mathscr{V}$，尽管它包含于 $\mathscr{V}'$。这说明，零测地线 $\pi(\mu)$ 在过去和未来两个方向上离开 $\mathscr{N}$ 的假设是不对的。因此，存在某点 $p \in \mathscr{N}$，它是 $\pi(\mu)$ 的极限点。由引理 6.2.1，存在过 p 的不可扩展的零测地线，它包含于 $\mathscr{N}$，并且是 $\pi(\mu)$ 的一条极限曲线。 □

如果 $O(\mathscr{M})$ 是 m 不完备的，我们可构造完备的度量空间 $\overline{O(\mathscr{M})}$，它可定义为 $O(\mathscr{M})$ 的 Cauchy 点列的等价类的集合。如果 $x \equiv \{x_n\}$ 和 $y \equiv \{y_m\}$ 是 $O(\mathscr{M})$ 的 Cauchy 序列，x 和 y 间的距离 $\overline{\rho}(x, y)$ 定义为 $\lim\limits_{n\to\infty} \rho(x_n, y_n)$，这里 ρ 是正定度规 $\mathbf{e}$ 在 $O(\mathscr{M})$ 上定义的距离函数；如果 $\overline{\rho}(x, y) = 0$ 则 x 和 y 等价。我们可将 $\overline{O(\mathscr{M})}$ 分解成与 $O(\mathscr{M})$ 同胚的部分和一个边界点的集合 ∂（即 $\overline{O(\mathscr{M})} = O(\mathscr{M}) \cup \partial$）。距离函数 $\overline{\rho}$ 在 $\overline{O(\mathscr{M})}$ 上定义了一拓扑。由(8.1)式可知，$\overline{O(\mathscr{M})}$ 的拓

扑与 T_I 的基$\{a_i\}$的选择无关。

我们可将 $O(3,1)$ 的作用扩展到$\overline{O(\mathscr{M})}$上。因为在 $A\in O(3,1)$ 283
作用下，基$\{\mathbf{G}_A\}$的变换与它在 $O(\mathscr{M})$ 中的位置无关。因此存在正常数 C_1 和 C_2（仅依赖于 A），使

$$C_1\rho(u,v)\leqslant\rho(A(u),A(v))\leqslant C_2\rho(u,v)。$$

这意味着在 A 作用下，Cauchy 序列将映射到 Cauchy 序列，Cauchy 序列的等价类将映射到 Cauchy 序列的等价类。因此 $O(3,1)$ 作用以唯一方式扩展到$\overline{O(\mathscr{M})}$。这样我们可将 $\mathscr{M}^+$ 定义为$\overline{O(\mathscr{M})}$在 $O(3,1)$ 作用下的商空间。由于 $O(\mathscr{M})$ 对 $O(3,1)$ 的商空间是 $\mathscr{M}$，且 $O(3,1)$ 将不完备 Cauchy 序列映射为不完备 Cauchy 序列，因此我们可将 $\mathscr{M}^+$ 表示为 $\mathscr{M}$ 和一个 $\mathscr{M}$ 的所谓 b **边界**的点集∂的并。我们可以认为∂的点代表了 $\mathscr{M}$ 内 b 不完备曲线等价类的端点。

投影 $\pi:\overline{O(\mathscr{M})}\to\mathscr{M}^+$ 将$\overline{O(\mathscr{M})}$的一点赋给它在 $O(3,1)$ 作用下的等价类，并从 $O(\mathscr{M})$ 的拓扑诱导出 $\mathscr{M}^+$ 的拓扑。但 π 不能诱导出 $\mathscr{M}^+$ 上的距离函数，因为 $\bar{\rho}$ 在 $O(3,1)$ 作用下不是不变量。因此，虽然$\overline{O(\mathscr{M})}$的拓扑是度量拓扑，从而是 Hausdorff 的，但 $\mathscr{M}^+$ 的拓扑不必是 Hausdorff 的。这意味着可能存在点 $p\in\mathscr{M}$ 和点 $q\in\partial$，使 p 在 $\mathscr{M}^+$ 的每个邻域与 q 的每个邻域相交。当点 q 对应于整体或部分禁闭在 $\mathscr{M}$ 的不完备曲线时，就会出现这种情形。我们将在 §8.5 进一步讨论这种禁闭不完备性。

如果 $\mathbf{g}$ 是 $\mathscr{M}$ 上的正定度规，则 $\mathscr{M}^+$ 同胚于由 Cauchy 序列完备化的$(\mathscr{M},\mathbf{g})$。Schmidt 的构造还有一个诱人的特性是，如果我们从空间除去一闭集 $\mathscr{A}$，则对$\mathscr{A}^\bullet$ 的每个作为 $\mathscr{M}-\mathscr{A}$ 内一条曲线的端点的点，我们至少可得到 b 边界上的一点。在二维 Minkowski 空间，如果集合 $\mathscr{A}$ 取为 -1 到 $+1$ 的 t 轴，那么对$\mathscr{A}^\bullet$ 的每一点，我们可得到不止一个 b 边界的点。这样，对 $-1<t<+1$ 的每一点$(0,t)$，将存在两个 b 边界点。集合

$$\mathscr{A}=\left\{t=\sin\frac{1}{x},t\neq0\right\}\cup\{-1\leqslant t\leqslant1,x=0\}$$

给出了另一个例子，$\mathscr{A}^\bullet$ 内的一点不能由 $\mathscr{M}-\mathscr{A}$ 内的曲线到达。$\mathscr{M}-\mathscr{A}$ 内不存在在原点有端点的曲线，从而端点也不在$(\mathscr{M}-\mathscr{A})^+$内，尽管它在$\mathscr{A}^\bullet$ 内。

虽然 Schmidt 的构造具有优美的形式，遗憾的是它很难应用到实 284

际情形中。除了常曲率空间外，我们只在正常物质的二维 Robertson-Walker 解中找到了 $\mathscr{M}^+$。在这些解中，∂ 如我们根据共形图像所期望的那样，是一维类空曲面。在此情形下，我们可在 ∂ 上定义自然的微分结构，并使 $\mathscr{M}^+$ 成为带边流形。但是，似乎没有任何一般的方法能在∂上定义流形结构。事实上，我们也认为∂在一般情形下是高度不规则的，从而不可能给它一个光滑结构。

8.4 奇点特征

在本节和下节，我们讨论定理 4 所预言的奇点的特征。我们考虑定理 4 而不是其他定理，是因为从中可获得更多关于奇点的信息。当然我们也希望其他定理预言的奇点也有类似性质。

第一个问题是，度规可微性的破坏会带来多严重的后果？前节的定理表明，如果度规是 C^2 的，则时空必为测地不完备的。为使共轭点和弧长变分有很好的定义，换句话说，为使测地线方程的解**可微地**依赖于初始位置和方向，C^2 条件是必要的。但是，只要测地线方程的解确定了，我们就能讨论测地不完备性的问题。如果度规是 C^1 的，则测地线方程的解是存在的；如果度规是 C^{2-} 的（即联络是局部 Lipschitz 的），则这些解是唯一的，并**连续地**依赖于初始位置和方向。事实上，仅仅需要标架丛 $O(\mathscr{M})$上的正定度规 **e** 几乎处处有定义且局部有界，我们就可以讨论 b 不完备性。当联络的分量$\Gamma^a{}_{bc}$几乎处处有定义且局部有界，即当度规为 C^{1-} 时，就是这种情形。

这样看来，似乎定理所说的不是曲率变得无限大，而只是它有了间断点（即度规是 C^{2-} 的而不是 C^2 的）。我们将证明，情形并非如此：在
285 定理 4 的条件下，时空必然是类时测地不完备的（从而是 b 不完备的），即使只要求度规是 C^{2-} 的。证明的方法是用 C^2 度规来逼近 C^{2-} 度规，并在此度规下计算弧长变分。

假定时空定义为有 C^{2-} 度规且是不可扩展的，并满足定理 4 的条件。这里要求类时收敛条件 $R_{ab}K^aK^b\geqslant 0$“几乎处处”满足，并由一般导数定义 Ricci 张量。在定理 4 的证明里，唯一不能在 C^{2-} 度规下成立的部分，是用弧长的变分来证明不可能存在点 $p\in D^+(\hat{\mathscr{S}})$使 $d(\hat{\mathscr{S}},p)>-3/\theta_0$，这里 θ_0 是 $\chi^a{}_a$ 在$\mathscr{S}$上的最大值。因此，如果 $\mathscr{M}$ 是类时

测地完备的，则存在某个这样的点 p 和一条自 $\hat{\mathscr{S}}$ 到 p 的长度为 $d(\hat{\mathscr{S}},p)$ 且垂直于 $\hat{\mathscr{S}}$ 的测地线。令 $\mathscr{U}$ 是包含 $J^-(p)\cap J^+(\hat{\mathscr{S}})$ 的带紧致闭包的开集。令 $\mathbf{e}$ 和 $\hat{\mathbf{g}}$ 分别为 C^∞ 正定度规和 Lorentz 度规。对任何 $\varepsilon>0$，我们可找一个 Lorentz 度规 $g_\varepsilon{}^{ab}$ 使在 $\overline{\mathscr{U}}$ 上有

(1) $|g_\varepsilon{}^{ab}-g^{ab}|<\varepsilon$，

(2) $|g_\varepsilon{}^{ab}{}_{|c}-g^{ab}{}_{|c}|<\varepsilon$，

(3) $|g_\varepsilon{}^{ab}{}_{|cd}|<C$，这里 C 是依赖于 $\mathscr{U}$, $\mathbf{e}$, $\hat{\mathbf{g}}$ 和 $\mathbf{g}$ 的常数，

(4) 对任一满足 $g_{\varepsilon ab}K^aK^b\geqslant 0$ 的向量 $\mathbf{K}$，$R_{\varepsilon ab}K^aK^b>-\varepsilon|K^a|^2$。

($g_\varepsilon{}^{ab}$ 可以这样来构造：用有限个局部坐标邻域 $(\mathscr{V}_\alpha,\phi_\alpha)$ 覆盖 $\overline{\mathscr{U}}$，积分带适当光滑函数 $\rho_\varepsilon(x)$ 的 g^{ab} 分量，然后对单位分解 $\{\Psi_\alpha\}$ 求和，即

$$g_\varepsilon{}^{ab}(q)=\sum_\alpha\Psi_\alpha(q)\int_{\phi_\alpha(\mathscr{V}_\alpha)}g^{ab}(x)\rho_\varepsilon(x-\phi_\alpha(q))\mathrm{d}^4x,$$

这里 $\int\rho_\varepsilon(x)\mathrm{d}^4x=1$。)

性质(1)说明，对足够小的 ε 值，p 处于 $D^+(\hat{\mathscr{S}},\mathbf{g}_\varepsilon)$ 内而 $J^-(p,\mathbf{g}_\varepsilon)\cap J^+(\hat{\mathscr{S}},\mathbf{g}_\varepsilon)$ 包含于 $\mathscr{U}$。因此，存在度规 $\mathbf{g}_\varepsilon$ 下自 $\hat{\mathscr{S}}$ 到 p 的长度为 $d_\varepsilon(\hat{\mathscr{S}},p)$ 的测地线 γ_ε。当 $\varepsilon\to 0$ 时，$|d_\varepsilon(\hat{\mathscr{S}},p)-d(\hat{\mathscr{S}},p)|$ 也趋于零。

由性质(1)，(2)和(3)，以及常微分方程的标准定理，当 $\varepsilon\to 0$ 时，度规 $\mathbf{g}_\varepsilon$ 下测地线的切向量将趋于度规 $\mathbf{g}$ 下有相同初始位置和方向的测地线的切向量。$|V^a|$ 在 $\overline{\mathscr{U}}\cap\beta(\hat{\mathscr{S}}\times[0,2d(\hat{\mathscr{S}},p)])$ 上有上界，这里 V^a 是度规 $\mathbf{g}$ 下垂直于 $\hat{\mathscr{S}}$ 的测地线的单位切向量。因此，对任何 $\delta>0$，存在 $\varepsilon_1>0$，使对任一 $\varepsilon<\varepsilon_1$ 有 $R_{\varepsilon ab}V_\varepsilon{}^aV_\varepsilon{}^b>-\delta$。为了引出矛盾，我们现在证明，能量条件的足够小的改变，不足以阻止在度规 $\mathbf{g}_\varepsilon$ 下小于 286
$d_\varepsilon(\hat{\mathscr{S}},p)$ 的距离内出现共轭点，因为度规 $\mathbf{g}_\varepsilon$ 下测地线的膨胀 θ_ε 服从 Raychaudhuri 方程：

$$\mathrm{d}\theta_\varepsilon/\mathrm{d}s=-\frac{1}{3}\theta_\varepsilon{}^2-2\sigma_\varepsilon{}^2-R_{\varepsilon ab}V_\varepsilon{}^aV_\varepsilon{}^b。$$

故 $\mathrm{d}(\theta_\varepsilon^{-1})/\mathrm{d}s\geqslant\frac{1}{3}+R_{\varepsilon ab}V^aV^b\theta_\varepsilon^{-2}$。因此，如果初值 $\theta_{\varepsilon 0}$ 为负，而 $3\delta\theta_{\varepsilon 0}^{-2}$ 小于 1，则 θ_ε^{-1} 将在距 $\mathscr{S}$ 的 $3/\theta_0(1-3\delta\,\theta_0{}^{-2})$ 范围内变到零。但 $\varepsilon\to 0$ 时

$\theta_{\varepsilon 0}\to\theta_0$。这说明对足够小的 ε 值,在度规 $\mathbf{g}_\varepsilon$ 下小于 $d_\varepsilon(\hat{\mathscr{S}}, p)$ 的距离内,垂直于 $\hat{\mathscr{S}}$ 的每一条测地线都存在一个共轭点。因此,尽管仅要求度规是 C^{2-} 的,$\mathscr{M}$ 也必然是类时测地不完备的。

这个结果意味着,如果我们扩展时空来延长不完备测地线,则度规一定不再是 Lorentz 的,或者曲率一定是局部无界的,即存在曲率奇点。但即使曲率是局部无界的,只要曲率张量分量在紧致区域的体积分是有限的,我们仍可以将度规解释成 Einstein 方程的分布解。当度规是 Lorentz 的、连续的且有平方可积的一阶导数时,就可能是这样一种情形。特别地,当度规是 Lorentz 的和 C^{1-} 的(即局部 Lipschitz 的),这更是正确的。这种 C^{1-} 解的例子包括引力激波[这时曲率在零三维曲面上有 δ 函数的性态,例如见 Choquet-Bruhat(1968)和 Penrose(1972a)];薄质量壳(其中曲率在类时三维曲面上有 δ 函数的性态,例如见 Israel(1966));以及包含无压强物质的解,这时测地线流线有二维或三维焦散面[见 Papapetrou and Hamouri(1967), Grischuk(1967)]。由于曲率对度规的非线性依存关系,我们不一定能用在每一点上服从收敛条件(或至少像上述情形(性质(4))那样,对这个条件的破坏不会超过某个小量)的 C^2 度规来逼近 C^{1-} 分布解。不过对所有上述例子来说,我们都可这么做。其实,这么做的确有其物理的合理性:我们将它们看作服从收敛条件且曲率在小区域里可以非常大的 C^2 或
287 C^∞ 解的数学理想化。我们可将 § 8.2 的定理应用到这些 C^2 解,并证明其中存在不完备测地线。这说明所预言的奇点不可能只是引力激波或流线焦散面,而必然还有更严重的对度规的破坏。(通常的流体力学激波仅涉及密度和压强的不连续性,因而可在 C^{2-} 度规下存在。)虽然还不能充分证明这一点,但我们相信,奇点一定会使度规不能扩展到哪怕仅仅是 Einstein 方程的分布解,即不但曲率在奇点上的分量是无界的,它们在任一邻域的体积分也是无界的。除了 Taub-NUT 解的情形例外(我们将在下节讨论),所有已知的奇点例子都是这样的。如果对"一般"奇点(即除了测度为零的初始条件集产生的那些奇点而外)的猜想是正确的,那么我们可将奇点视为 Einstein 方程(大概还应包括其他已知的物理定律)发生崩溃的点。

我们要回答的另一个问题是,有多少不完备测地线?如果只是一条,我们也许当然地认为这种奇点可以忽略。从定理 4 的证明可以看

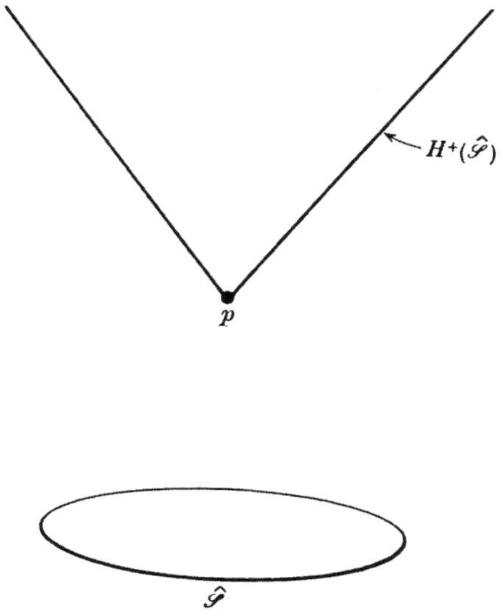

图53　点 p 由于出现奇点而从时空中除去。结果，曲面 $\hat{\mathscr{S}}$ 存在 Cauchy 视界 $H^+(\hat{\mathscr{S}})$

到，如果不存在 Cauchy 视界，即如果 $\hat{\mathscr{S}}$ 是 Cauchy 曲面，则自 $\hat{\mathscr{S}}$ 出发的类时曲线（不论测地与否）都不可能扩展到大于 $-3/\theta_0$ 的长度，这里 θ_0 是 $\chi^a{}_a$ 在 $\mathscr{S}$ 上的最大值。事实上，即使 $\mathscr{S}$ 是非紧的，只要 $\chi^a{}_a$ 保持负的上界，这个结果仍然是对的。但这并不一定表明会出现每一条类时曲线都会遇上奇点的情形。相反，这个结果意味着奇点必然伴随 Cauchy 视界，从而将破坏我们对未来的预言能力。图 53 给出了一个这样的例子。其中，度规在点 p 是奇异的，所以把 p 点从时空流形除去了。从这个洞展开出一个 Cauchy 视界。这个例子表明，我们最有希望证明的是，存在不完备的并保持在 $\hat{\mathscr{S}}$ 的 Cauchy 发展之内的三维测地线族（在这个例子中，这些都是过 p 的测地线）。可能还存在其他脱离 $\hat{\mathscr{S}}$ 的 Cauchy 发展的不完备测地线，但我们无法根据对在 $\hat{\mathscr{S}}$ 的条件的认识来预言其性态。

显然，在 $D^+(\hat{\mathscr{S}})$ 内必然存在不止一种不完备测地线。因为由定理 4 可知，必存在垂直于 $\hat{\mathscr{S}}$ 的测地线 γ，它留在 $D^+(\hat{\mathscr{S}})$ 内却是不完备的。令 p 是 γ 与 $\hat{\mathscr{S}}$ 的交点，于是我们可在 p 的邻域内对 $\hat{\mathscr{S}}$ 作小的改 288

变来得到新曲面 $\hat{\mathscr{S}}'$，并使 $\chi^{a}{}_{a}$ 仍是负的，但 $\hat{\mathscr{S}}'$ 不再垂直于 γ。于是由定理 4，必存在另一条与 $\hat{\mathscr{S}}'$ 垂直的类时测地线 γ'，它是不完备的，而且不穿过 $H^{+}(\hat{\mathscr{S}}')$（和 $H^{+}(\hat{\mathscr{S}})$ 一样）。

实际上，我们可以证明，至少存在一族三维类时测地线（穿过某非时序曲面每一点的一族），都保持在 $D^{+}(\hat{\mathscr{S}})$ 内然而是不完备的。这些测地线都对应于§6.8的不可分解过去集意义上的边界点，就是说，它们有相同的过去。但它们并不全都对应于上节的构造所定义的点。证明思路大致如下：定理 4 曾证明，必存在垂直于 $\mathscr{S}$ 的未来方向的不能扩展到长度 $3/\theta_0$ 的类时测地线。我们甚至还可以说：必存在这样的测地线 γ，它保持在 $D^{+}(\hat{\mathscr{S}})$ 内，并在每一点都有距离 $\hat{\mathscr{S}}$ 的最大长度，即对每一点 $q\in\gamma$，γ 自 $\hat{\mathscr{S}}$ 到 q 的长度等于 $d(\hat{\mathscr{S}}, q)$。现在我们要对 $r\in J^{-}(\gamma)$ 考虑函数 $d(r,\gamma)$。显然，这个函数在 $J^{+}(\hat{\mathscr{S}})\cap J^{-}(\gamma)$ 上
289 有界。根据 γ 是从 $\hat{\mathscr{S}}$ 出发的最长曲线的事实，在 γ 的邻域内，$d(r,\gamma)$ 连续，常数 $d(r, \gamma)$ 曲面是与 γ 垂直相交的类时曲面。这样，垂直于这些曲面的类时测地线将留在 $J^{-}(\gamma)$ 内，从而是不完备的。

8.5 禁闭不完备性

在§8.1，我们引入 b 不完备性作为奇点的定义。这个概念是说 b 不完备曲线对应于一个从时空中去除的奇点。但是，假如存在一条有极限点 $p\in\mathscr{M}$ 的 b 不完备曲线 λ，即 λ 部分或整体禁闭在 p 的一个紧邻域内，则我们不可能将 $\mathscr{M}$ 嵌入更大的四维 Hausdorff 仿紧流形 $\mathscr{M}'$，使 λ 能在 $\mathscr{M}'$ 内延拓。因为如果 q 是 λ 与 $\mathscr{M}$ 在 $\mathscr{M}'$ 内的边界的交点，则 q 的任一邻域将与 p 的任一邻域相交，但这是不可能的，因为 $\mathscr{M}'$ 是 Hausdorff 的，且 $q\neq p$。事实上，我们可利用 Schmidt 完备化流形 $\mathscr{M}^{+}$ 的非 Hausdorff 性态来刻画 $\mathscr{M}$ 的禁闭不完备性。

命题 8.5.1

如果 $\mathscr{M}$ 内存在一条不完备曲线 λ，它以 $p\in\mathscr{M}$ 为极限点，并以 $r\in\partial$ 为在 $\mathscr{M}^{+}$ 内的端点，则在 $\mathscr{M}^{+}$ 内点 p 与 r 不是 Hausdorff 分离的。

假定 $p\in\mathscr{M}$ 是 b 不完备曲线 λ 的极限点。我们可在规范正交标架丛 $O(\mathscr{M})$ 内构造 λ 的水平提升 $\bar{\lambda}$。它在某点

$$x\in\pi^{-1}(r)\subset\bar{\partial}\equiv\overline{O(\mathscr{M})}-O(\mathscr{M})$$

上有一个端点。如果 $\mathscr{V}$ 是 r 在 $\mathscr{M}^{+}$ 内的邻域，则 $\pi^{-1}(\mathscr{V})$ 是 x 在 $\overline{O(\mathscr{M})}$ 上的开邻域，因而包含 $\bar{\lambda}$ 上除某点 y 之外的所有点。因此 λ 上 $\pi(y)$ 之外的所有点都将处于 $\mathscr{V}$ 内。这样 $\mathscr{V}$ 将与 p 的任何邻域相交，因为 p 是 λ 的极限点。 □

Taub-NUT 空间（§5.8）就是这样的一个例子，它有不完备测地线，这些测地线都整体禁闭在过去视界和未来视界 $U(t)=0$ 的紧邻域内。由于度规在这些紧邻域上是完全常态的，故不完备测地线并不对应于 s.p.（标量多项式）曲率奇点。考虑未来视界 $U(t)=0$ 内的未来不 290
完备闭合零测地线 $\lambda(v)$。令 $p=\lambda(0)$，令 v_1 是满足 $\lambda(v)=p$ 的第一个正值。于是，和§6.4 一样，λ 的平行移动切向量满足

$$(\partial/\partial v)|_{v=v_1}=a(\partial/\partial v)|_{v=0},$$

其中 $a>1$。对每一个 n，点 $\lambda(v_n)=p$，这里

$$v_n=v_1\sum_{r=1}^{n}a^{1-r}=v_1\frac{1-a^{-n}}{1-a^{-1}},$$

此外，

$$(\partial/\partial v)|_{v=v_n}=a^n(\partial/\partial v)|_{v=0}。$$

因此，如果我们在 $\lambda(v)$ 上取一个伪规范正交平行移动基$\{\mathbf{E}_a\}$，其中 $\mathbf{E}_4=\partial/\partial v$，则另一个零基向量 $\mathbf{E}_3$ 服从 $\mathbf{E}_3|_{v=v_n}=a^{-n}\mathbf{E}_3|_{v=0}$。每绕闭零测地线 λ 一圈，向量 $\mathbf{E}_4$ 更大，$\mathbf{E}_3$ 更小，而 $\mathbf{E}_1$ 和 $\mathbf{E}_2$ 保持不变。因此，如果 Riemann 张量有某个非零分量包含 $\mathbf{E}_4$（甚至可能 $\mathbf{E}_1$ 和 $\mathbf{E}_2$），则环绕 λ 时它会变得越来越大，因而是 p.p.（平行移动的）曲率奇点。但我们看到，在 Taub-NUT 空间里，可这样来选择向量 $\mathbf{E}_3$，使 Riemann 张量只有一个独立的非零分量，它是 $R(\mathbf{E}_3,\mathbf{E}_4,\mathbf{E}_3,\mathbf{E}_4)$。这一分量平等地包含 $\mathbf{E}_3$ 和 $\mathbf{E}_4$，故每转一圈二者取相同的值。因为类似的论证也可能对任一禁闭曲线成立，因而 Taub-NUT 空间似乎不存在 p.p.曲率奇点，虽然这个空间在我们的定义里是奇异的。我们很想知道，这种性态是否会出现在含有物质的有实际物理意义的解里，抑或 Taub-NUT 空间只是一种孤立的病态例子。这个问题所以重要是因为，正如我们下一章要讨论的，我们并不认为前面的定理预示着测地不完备性必然出现，而只是认为它们预示着广义相对论在极强引力场下

不成立。这种场没有出现在 Taub-NUT 类空间的情形。这个结论是 Taub-NUT 空间上 Riemann 张量的极特殊性质的结果。一般说来，我们期望Riemann张量的其他某些分量在禁闭曲线上不为零，从而即使可能不存在 s.p.曲率奇点，也可能存在 p.p.曲率奇点。实际上，我们可以证明：

命题 8.5.2

如果 $p\in\mathscr{M}$ 是 b 不完备曲线 λ 的极限点，在 p 点对所有非类空
291 向量 $\mathbf{K}$ 有 $R_{ab}K^aK^b\neq 0$，则 λ 对应于一个 p.p.曲率奇点。（这一条件可代换为：不存在零方向 K^a 使 $K^aK^cC_{abc[d}K_{e]}=0$。）

令 $\mathscr{U}$ 是 p 的带紧致闭包的凸正规坐标邻域，$\{\mathbf{Y}_i\}$ 和 $\{\mathbf{Y}^i\}$ 是 $\mathscr{U}$ 上对偶规范正交基的场；令 $\{\mathbf{E}_a\}$ 和 $\{\mathbf{E}^a\}$ 是曲线 $\lambda(t)$ 上平行移动的对偶规范正交基。$\widetilde{t}$ 是 λ 的参数，使在 $\mathscr{U}$ 内有

$$\mathrm{d}\widetilde{t}/\mathrm{d}t=\Big(\sum_i X^iX^i\Big)^{\frac{1}{2}},$$

其中 X^i 是切向量 $\partial/\partial t$ 在基 $\{\mathbf{Y}_i\}$ 下的分量。于是 $\widetilde{t}$ 在基 $\{\mathbf{Y}_i\}$ 和 $\{\mathbf{Y}^i\}$ 正交的 $\mathscr{U}$ 的正定度规下度量了曲线弧长。

由于在 p 点对任一非类空向量 K^a 有 $R_{ab}K^aK^b\neq 0$，故存在邻域 $\mathscr{V}\subset\mathscr{U}$ 使 $R_{ab}=CZ_aZ_b+R'_{ab}$，其中 $C\neq 0$ 是一常数，Z_a 是单位类时向量，R'_{ab} 对任一非类空向量 K^a 满足 $CR'_{ab}K^aK^b>0$。假定在 $\widetilde{t}$ 后某时刻 $\widetilde{t}_0$，曲线 λ 与 $\mathscr{V}$ 相交。由于 λ 无端点，且 p 是 λ 的极限点，在用 $\widetilde{t}$ 度量时，λ 在 $\mathscr{V}$ 内的那部分将有无限长度。然而，一般仿射参数由

$$\mathrm{d}u/\mathrm{d}\widetilde{t}=\Big\{\sum_a\big(E^a{}_i\widetilde{X}^i\big)^2\Big\}^{\frac{1}{2}},$$

给定，这里 $\widetilde{X}^i$ 是切向量 $(\partial/\partial\widetilde{t})_\lambda$ 的分量，故 $\Sigma\widetilde{X}^i\widetilde{X}^i=1$，$E^a{}_i$ 是基 $\{\mathbf{E}_a\}$ 在基 $\{\mathbf{Y}^i\}$ 下的分量。因为 u 在曲线上有限，列向量 $E^a{}_i\widetilde{X}^i$ 的模必趋于零，从而分量 $E^a{}_i$ 所表示的 Lorentz 变换必然变得无穷大。由于 $\mathbf{Z}$ 是单位类时向量，$\mathbf{Z}$ 在基 $\{\mathbf{E}_a\}$ 下的分量也因此变得无穷大，从而 Ricci 张量在基 $\{\mathbf{E}_a\}$ 下的某个分量也变得无穷大。 □

这个结果说明，在一般时空里，如果一个观察者的历史是一段 b 不完备禁闭非类空曲线，那么他将在有限时间里被无限大的曲率力撕裂。但另一个观察者可以穿过相同区域而不经历这种效应。关于这一点，Taub－NUT 空间提供了一个有趣的例子。在此空间里，度规已被共形因子 Ω 改变，这里 Ω 仅在视界的一点 p 的一个小邻域里不同于 1。这个共形变换不会改变空间的因果结构，也不影响过 p 点的闭合零曲线的不完备性。但一般说来，$R_{ab}K^aK^b \neq 0$，这里 K^a 是闭合零测地线的切向量。每转一圈，$R_{ab}K^aK^b$ 就增大到 a^2 倍，因此存在一个 p.p.曲率奇点。但度规在视界的紧邻域上是完全常态的，故不存在与这种不完备性相关的 s.p.曲率奇点。 292

我们要排除不完备曲线整体禁闭在一个紧致区域的情形。这种性态可能出现在可数无限个不同的时空区域里，因此我们不能用**所有**不完备曲线都整体禁闭在某一紧集这样的陈述来描述它。相反，我们要说：在某种意义上，紧致的不完备曲线的集合被整体禁闭在 $\mathscr{M}$ 的一个紧致区域。为使这个概念更准确，我们定义 b 有界性如下：

我们将空间 $B(\mathscr{M})$ 定义为所有点对 (λ, u) 的集合，这里 u 是线性标架丛 $L(\mathscr{M})$ 里的点，λ 是 $\mathscr{M}$ 内只有一个端点在 $\pi(u)$ 上的 C^1 曲线。令 $\mathscr{U}$ 是 $\mathscr{M}$ 内的开集，$\mathscr{V}$ 是 $L(\mathscr{M})$ 内的开集。我们将开集 $O(\mathscr{U}, \mathscr{V})$ 定义为 $B(\mathscr{M})$ 上所有满足 λ 与 $\mathscr{U}$ 相交且 $u \in \mathscr{V}$ 的元素的集合。对所有 $\mathscr{U}$ 和 $\mathscr{V}$，形如 $O(\mathscr{U}, \mathscr{V})$ 的集构成 $B(\mathscr{M})$ 拓扑的一个子基。回顾一下，映射 $\exp: T(\mathscr{M}) \to \mathscr{M}$ 定义为，在 p 取一个向量 $\mathbf{X}$，然后从 p 出发沿 $\mathbf{X}$ 方向的测地线前进一个由 $\mathbf{X}$ 定义的仿射参数度量的单位距离。类似地，我们可以定义映射 $\mathrm{Exp}: B(\mathscr{M}) \to \mathscr{M}$ 为自 $\pi(u)$ 出发沿曲线 λ 前进一个由 u 定义的 λ 的一般仿射参数度量的单位距离。如果 $\mathscr{M}$ 是 b 完备的，则映射 Exp 连续且对所有 $B(\mathscr{M})$ 有定义。如果对每一个紧集 $W \subset B(\mathscr{M})$，$\mathrm{Exp}(W)$ 在 $\mathscr{M}$ 内有紧致闭包，则我们说 $(\mathscr{M}, \mathbf{g})$ 是 b **有界的**。由于 Exp 连续，故如果 $(\mathscr{M}, \mathbf{g})$ 是 b 完备的，则它必是 b 有界的。但 Taub-NUT 空间是 b 有界却不是 b 完备的例子。我们将证明，之所以有这种可能，只因为 Taub-NUT 空间完全是虚空的。由定理 4 可知，曲面 $\mathscr{S}$ 上任何物质的出现都将意味着空间既是 b 不完备的也是 b 无界的。

定理 5

如果定理 4 的条件(1)～(3)满足，并且

(4)能量-动量张量在 $\mathscr{S}$ 上某处不为零，

293 (5)能量-动量张量服从稍强形式的主能量条件(§4.3)：如果 K^a 是非类空向量，则 $T^{ab}K_a$ 为零或非类空，且 $T^{ab}K^aK^b\geqslant 0$，等号仅在 $T^{ab}K_b=0$时成立。

则时空不是 b 有界的。

说明 条件(4)可代换为一般性条件(见定理 2)。

证明 考虑定义为所有$(p, i[\lambda])$对的集合的覆盖空间 $\mathscr{M}_G$(§6.5)，这里λ 是自q 到p 的曲线，p，$q\in\mathscr{M}$，$i[\lambda]$是λ 在未来方向上切割 $\mathscr{S}$ 的次数减去λ 在过去方向上切割 $\mathscr{S}$ 的次数。对每个整数 a，

$$\mathscr{S}_a\equiv\{(p,i[\lambda]):\ p\in\mathscr{S},\ i[\lambda]=a\}$$

是到 $\mathscr{S}$ 的微分同胚，也是 $\mathscr{M}_G$ 上的部分 Cauchy 曲面。一般说来，如果 $\mathscr{M}$ 是 b 有界的，则 $\mathscr{M}_G$ 不必也是 b 有界的，但对眼下考虑的情形，我们有如下结果：

引理 8.5.3

设条件(1)～(3)满足，令 $D^+(\mathscr{S}_0)$在 $\mathscr{M}_G$ 内没有紧致闭包；则当 Ψ 是覆盖投影 Ψ：$\mathscr{M}_G\to\mathscr{M}$ 时，$\Psi(D^+(\mathscr{S}_0))$在 $\mathscr{M}$ 内没有紧致闭包。

$\mathscr{M}$ 要么微分同胚于$\mathscr{M}_G$，要么微分同胚于$\mathscr{M}_G$ 在 $\mathscr{S}_a$和 $\mathscr{S}_{a+1}$之间$\mathscr{S}_a$与$\mathscr{S}_{a+1}$叠合的那部分 $\mathscr{M}_a$。如果对任意 $a\geqslant 0$，$\mathscr{M}_a\cap D^+(\mathscr{S}_0)$在$\mathscr{M}_G$内没有紧致闭包，则 $\Psi(D^+(\mathscr{S}_0))$在 $\mathscr{M}$ 内没有紧致闭包。但如果$\mathscr{M}_a\cap D^+(\mathscr{S}_0)$对所有 $a\geqslant 0$ 有紧致闭包，则它对所有 $a\geqslant 0$ 也必然是非空的，因为 $\overline{D}^+(\mathscr{S}_0)$是非紧的。但对 $p\in\mathscr{S}_a$，$I^-(p)\cap\mathscr{M}_{a-1}$ 的固有体积有某个下界 c。因此对每个 $a\geqslant 0$，$\mathscr{M}_a\cap D^+(\mathscr{S}_0)$的固有体积不可能小于 c。但这是不可能的，因为由条件(1)～(3)和命题 6.7.1，$D^+(\mathscr{S}_0)$的固有体积小于 $3/(-\theta_0)\times$($\mathscr{S}$ 的面积)，这里 θ_0 是 $\chi^a{}_a$ 在 $\mathscr{S}$ 的上界。 □

用这个结果我们可以证明：

引理 8.5.4

如果 $D^+(\mathscr{S}_0)$没有紧致闭包，则 $\mathscr{M}$ 不是 b 有界的。

令 $\mathscr{W}$ 是所有(λ,u)对组成的子集 $B(\mathscr{M}_G)$，这里 λ 是 $\mathscr{M}_G$内任意垂直于 $\mathscr{S}_0$ 的未来不可扩展的类时测地曲线，它有端点 $r\in\mathscr{S}_0$。294
$u\in\pi^{-1}(r)$是在点 r 的任意基，其基向量之一与 λ 相切，并有长度 $-3/\theta_0$，其余基向量构成 $\mathscr{S}_0$内的规范正交基。

令$\{\mathscr{P}_\alpha\}$为覆盖 $\mathscr{W}$ 的开集的集合。每一个 $\mathscr{P}_\alpha$ 是形如$O(\mathscr{U},\mathscr{V})$的集合的有限交的并。我们只需考虑 $\mathscr{P}_\alpha$可由下式表示的情形：

$$\mathscr{P}_\alpha=\bigcap_\beta O(\mathscr{U}_{\alpha\beta},\mathscr{V}_\alpha),$$

这里，对每个 α，$\mathscr{U}_{\alpha\beta}$ 是 $\mathscr{M}_G$ 内的有限个开集，$\mathscr{V}_\alpha$ 是 $L(\mathscr{M}_G)$内的开集。令$(\mu,v)\in\mathscr{W}$，于是存在某个 α 使$(\mu,v)\in\mathscr{P}_\alpha$。这说明测地线 μ 对每个 β 值均与开集 $\mathscr{U}_{\alpha\beta}$ 相交，且 $v\in\mathscr{V}_\alpha$。由于测地线连续依赖于其初始条件，存在 $\pi(v)$的某个邻域 $\mathscr{Y}_\alpha$，使每一条过 $\mathscr{Y}_\alpha$ 且垂直于 $\mathscr{S}_0$的未来不可扩展的测地线对每个 β 值与 $\mathscr{U}_{\alpha\beta}$相交。令 $\mathscr{V}'_\alpha$ 是包含于 $\mathscr{V}_\alpha$且满足 $\pi(\mathscr{V}'_\alpha)\subset\mathscr{Y}_\alpha$ 的开集，于是

$$(\mu,v)\in O(\pi(\mathscr{V}'_\alpha),\mathscr{V}'_\alpha)$$

包含于 $\mathscr{P}_\alpha$。因此集合$\{O(\pi(\mathscr{V}'_\alpha),\mathscr{V}'_\alpha)\}$构成覆盖 $\mathscr{P}_\alpha$的加细。

考虑由 $\mathscr{S}_0$上所有基组成的 $L(\mathscr{M}_G)$的子集 $\mathscr{Q}$，其中基向量之一垂直于 $\mathscr{S}_0$且其长度为$-3/\theta_0$，其余基向量构成 $\mathscr{S}_0$的规范正交基。由于 $\mathscr{Q}$ 是紧的，它可由有限个集合 $\mathscr{V}'_\alpha$ 覆盖。因此 $\mathscr{W}$ 是紧集，因为它可由有限个集合 $O(\pi(\mathscr{V}'_\alpha),\mathscr{V}'_\alpha)$覆盖。

由命题 6.7.1，$D^+(\mathscr{S}_0)$的每一点在垂直于 $\mathscr{S}_0$ 的未来方向的测地线上都处于固有距离$-3/\theta_0$ 之内。这意味着 $\mathrm{Exp}(\mathscr{W})$包含 $D^+(\mathscr{S}_0)$。令映射 $\boldsymbol{\Psi}_*:B(\mathscr{M}_G)\rightarrow B(\mathscr{M})$，将$(\lambda,u)\in B(\mathscr{M}_G)$映射为$(\boldsymbol{\Psi}(\lambda),\boldsymbol{\Psi}_*u)\in B(\mathscr{M})$。于是，$\boldsymbol{\Psi}_*\mathscr{W}$ 是$B(\mathscr{M})$的紧子集，使

$$\mathrm{Exp}(\boldsymbol{\Psi}_*W)\supset\boldsymbol{\Psi}(D+(\mathscr{S}_0))。$$

因此，如果$\overline{D^+}(\mathscr{S}_0)$非紧，则 $\overline{\boldsymbol{\Psi}}(D^+(\mathscr{S}_0))$非紧，故$(\mathscr{M},\mathbf{g})$不是 b 有界的。 □

这说明我们只要证明$\overline{D^+}(\mathscr{S}_0)$非紧就足够了。假定$\overline{D^+}(\mathscr{S}_0)$是紧的，那么$H^+(\mathscr{S}_0)$也是紧的。下面我们来证明，这种情形意味着零测地线生成元的散度在$H^+(\mathscr{S}_0)$上必然处处为零。但如果物质密度在$H^+(\mathscr{S}_0)$的某处不为零，则不可能出现这种情形。

295 **引理 8.5.5**

如果$H^+(\mathscr{Q})$对部分 Cauchy 曲面$\mathscr{Q}$是紧集，则$H^+(\mathscr{Q})$的零测地线生成线段在过去方向上是测地完备的。

由命题 6.5.2，生成线段没有过去端点。因此它们必然在紧集$H^+(\mathscr{V})$内形成“几乎闭合的”曲线。假如它们形成实际的闭合曲线，则我们可以用命题 6.4.4 证明，当它们在过去方向不完备时，我们可在过去方向改变它以得到闭合类时曲线。但这是不可能的，因为这些曲线皆处于$D^+(\mathscr{Q})$内。对$H^+(\mathscr{Q})$的零测地线生成元只是“几乎闭合”曲线的情形，证明类似，不过要稍复杂一点。

引入未来方向的类时单位向量场 $\mathbf{V}$，它在$H^+(\mathscr{Q})$的带紧致闭包的邻域$\mathscr{U}$内是测地的。以命题 6.4.4 的方式定义正定度规 $\mathbf{g}'$：

$$g'(\mathbf{X},\mathbf{Y})=g(\mathbf{X},\mathbf{Y})+2g(\mathbf{X},\mathbf{V})g(\mathbf{Y},\mathbf{V})。$$

令 t 是度规 $\mathbf{g}'$下沿$H^+(\mathscr{Q})$的零测地线生成元 γ 度量固有长度的参数，并在某点 $q\in\gamma$ 为零。于是，$g(\mathbf{V},\partial/\partial t)=-2^{-\frac{1}{2}}$。因为 γ 没有过去端点，故 t 无下界。令 f 和 h 由下式给定

$$f\frac{\partial}{\partial t}=\frac{\mathrm{D}}{\partial t}\left(\frac{\partial}{\partial t}\right),\qquad \frac{\partial}{\partial v}=h\frac{\partial}{\partial t},$$

这里 v 是仿射参数。假定 γ 在过去是测地不完备的，则仿射参数

$$v=\int_0^t h^{-1}\mathrm{d}t'$$

在 $t\to-\infty$时有下界 v_0。现在考虑 γ 的变分 α，其变分向量$\partial/\partial u$ 等于$-x\mathbf{V}$。于是

$$\frac{\partial}{\partial u}g\left(\frac{\partial}{\partial t},\frac{\partial}{\partial t}\right)\bigg|_{u=0}=2^{-\frac{1}{2}}\left(\frac{\mathrm{d}x}{\mathrm{d}t}+xh^{-1}\frac{\mathrm{d}h}{\mathrm{d}t}\right)。\tag{8.3}$$

由于 $t\to-\infty$时 $h\to\infty$，我们可找一有界函数 $x(t)$使(8.3)式对所有
296 $t\leqslant0$为负。但这不足以保证变分生成处处类时曲线，因为使(8.3)式保持负值的 u 的区间可能在$t\to-\infty$时趋于零。为此，我们考虑变分的

二阶导数：

$$\frac{\partial^2}{\partial u^2}g\left(\frac{\partial}{\partial t},\frac{\partial}{\partial t}\right)=\frac{\partial}{\partial u}\left(g\left(\frac{\partial}{\partial t},\frac{\mathrm{D}}{\partial t}\frac{\partial}{\partial u}\right)\right)$$

$$=g\left(\frac{\mathrm{D}}{\partial t}\frac{\partial}{\partial u},\frac{\mathrm{D}}{\partial t}\frac{\partial}{\partial u}\right)+g\left(\frac{\partial}{\partial t},\frac{\mathrm{D}}{\partial t}\frac{\mathrm{D}}{\partial u}\frac{\partial}{\partial u}\right)+$$

$$g\left(\frac{\partial}{\partial t},R\left(\frac{\partial}{\partial u},\frac{\partial}{\partial t}\right)\frac{\partial}{\partial u}\right)。$$

取$\partial x/\partial u$为零并利用$\mathbf{V}$在$H^+(\mathscr{Q})$的邻域$\mathscr{U}$内是测地向量的事实，上式右边对$0\leqslant u\leqslant\varepsilon$简化为

$$-\left(\frac{\mathrm{d}x}{\mathrm{d}t}\right)^2+x^2\left[g\left(\frac{\mathrm{D}\mathbf{V}}{\partial t},\frac{\mathrm{D}\mathbf{V}}{\partial t}\right)+g\left(\frac{\partial}{\partial t},R\left(\mathbf{V},\frac{\partial}{\partial t}\right)\mathbf{V}\right)\right]$$

在关于度规$\mathbf{g}'$的任何规范正交基下，Riemann 张量分量和$\mathbf{V}$的（关于度规$\mathbf{g}$的）协变导数的分量在$\mathscr{U}$上有界。因此存在某个$C>0$使

$$\frac{\partial^2}{\partial u^2}g\left(\frac{\partial}{\partial t},\frac{\partial}{\partial t}\right)\leqslant C^2x^2g'\left(\frac{\partial}{\partial t},\frac{\partial}{\partial t}\right)。$$

现在
$$\frac{\partial}{\partial u}\left(g\left(\mathbf{V},\frac{\partial}{\partial t}\right)\right)=-\frac{\mathrm{d}x}{\mathrm{d}t},$$

故
$$g\left(\mathbf{V},\frac{\partial}{\partial t}\right)=-2^{-\frac{1}{2}}-u\frac{\mathrm{d}x}{\mathrm{d}t}。$$

因此对$0\leqslant u\leqslant\varepsilon$，有

$$g'\left(\frac{\partial}{\partial t},\frac{\partial}{\partial t}\right)=g\left(\frac{\partial}{\partial t},\frac{\partial}{\partial t}\right)+1-(2\sqrt{2})u\frac{\mathrm{d}x}{\mathrm{d}t}+2u^2\left(\frac{\mathrm{d}x}{\mathrm{d}t}\right)^2$$

$$\leqslant g\left(\frac{\partial}{\partial t},\frac{\partial}{\partial t}\right)+d$$

其中$d=(2\sqrt{2})\varepsilon C_1+2\varepsilon^2C_1{}^2+1$，$C_1$是$|\mathrm{d}x/\mathrm{d}t|$的上界。因此我们有

$$\frac{\partial^2y}{\partial u^2}\leqslant C^2x^2(y+d)$$

和
$$\left.\frac{\partial y}{\partial u}\right|_{u=0}=2^{-\frac{1}{2}}h^{-1}\frac{\mathrm{d}}{\mathrm{d}t}(hx),\quad y|_{u=0}=0,$$

这里$y=g(\partial/\partial t,\partial/\partial t)$。因此，

$$y\leqslant d(\cosh Cxu-1)+a\sinh Cxu$$

$$\leqslant\sinh Cxu\left(d\tanh\frac{1}{2}Cxu+a\right),$$

其中$a=2^{-\frac{1}{2}}C^{-1}\mathrm{d}(\log hx)/\mathrm{d}t$。

297 现在取 $x=h^{-1}\left[-\int_t^0 h^{-1}\mathrm{d}t'+K\right]^{-1}$，

其中 $$K=2\int_{-\infty}^0 h^{-1}\mathrm{d}t';$$

则 $a=-2^{-1/2}C^{-1}hx$。因为 $f=-h^{-1}(\mathrm{d}h/\mathrm{d}t)$在紧集 $H^+(\mathscr{Q})$上有界，又因为假定

$$\int_t^0 h^{-1}\mathrm{d}t'=-v$$

在 $t\to-\infty$时收敛，故当$-\infty\leqslant t\leqslant 0$ 时，x 和$|\mathrm{d}x/\mathrm{d}t|$有上界，$h$ 有正的下界 C_2。于是对 $0<u<\min(\varepsilon,2C^{-2}d^{-1}C_2)$，$y$ 在$-\infty<t\leqslant 0$ 时是负的。

换句话说，变分 α 给出一条过去不可扩展的类时曲线，它在 $\mathrm{int}D^+(\mathscr{Q})$内，而且整体禁闭在紧集$\overline{\mathscr{U}}$内。但这是不可能的，因为由引理6.6.5，强因果性条件在 $D^+(\mathscr{Q})$上成立。因此 γ 在过去方向上必然是测地完备的。 □

考虑 $H^+(\mathscr{S}_0)$的零测地线生成元的切向量$\partial/\partial t$ 的膨胀$\hat{\theta}$。假定在生成元 γ 的某一点 q 上 $\hat{\theta}>0$，令 $\mathscr{T}$ 是 q 在 $H^+(\mathscr{S}_0)$的邻域内过 q 的二维类时曲面。$H^+(\mathscr{S}_0)$的生成元将垂直于 $\mathscr{T}$，并在过去收敛。这样，由条件(1)和上述引理，沿 γ 存在与 $\mathscr{T}$ 共轭的点 $r\in\gamma$(命题 4.4.6)。γ 上除 r 之外的点可通过类时曲线与 $\mathscr{T}$ 连接(命题 4.5.14)。但这是不可能的，因为 $H^+(\mathscr{S}_0)$是非时序集。因此在 $H^+(\mathscr{S}_0)$上 $\hat{\theta}\leqslant 0$。

现在考虑一族可微映射 $\beta_z: H^+(\mathscr{S}_0)\to H^+(\mathscr{S}_0)$，它沿过 $q\in H^+(\mathscr{S}_0)$的零测地线生成元将点 q 带到过去方向的距离 z 处(在度规 $\mathbf{g}'$下度量的)。令 $\mathrm{d}A$ 是度规 $\mathbf{g}'$下度量的 $H^+(\mathscr{S}_0)$的小面元的面积。于是在映射 β_z 下

$$\frac{\mathrm{d}}{\mathrm{d}z}\mathrm{d}A=-\hat{\theta}\mathrm{d}A。$$

因此，
$$\frac{\mathrm{d}}{\mathrm{d}z}\int_{\beta_z(H^+(\mathscr{S}_0))}\mathrm{d}A=-\int_{\beta_z(H^+(\mathscr{S}_0))}\hat{\theta}\mathrm{d}A。\tag{8.4}$$

但 β_z 将 $H^+(\mathscr{S}_0)$映射到 $H^+(\mathscr{S}_0)$内(如果生成线段无未来端点，则是
298 映上的)，因此(8.4)式必小于或等于零。结合前一个结果，这说明在 $H^+(\mathscr{S}_0)$上 $\hat{\theta}=0$。由移动方程(4.35)，仅当在 $H^+(\mathscr{S}_0)$上处处有 $R_{ab}K^aK^b=0$时(这里 $\mathbf{K}$ 是零测地线生成元的切向量)，这种情形才有

可能。但由§4.3的守恒定理，条件(5)意味着 $T_{ab}K^aK^b$ 在 $H^+(\mathscr{S}_0)$ 的某处不为零；又由 Einstein 方程（带或不带 Λ），$T_{ab}K^aK^b$ 等于 $R_{ab}K^aK^b$。（严格说来，这里要求的守恒定理的形式与§4.3的稍有不同。由于不存在适当的与 $H^+(\mathscr{S}_0)$ 相交的类空曲面，我们代之以一曲面族，其中一个是 $H^+(\mathscr{S}_0)$，其余为类空面。我们可通过取函数 t 在点 $p\in\overline{D^+}(\mathscr{S}_0)$ 的值为 $J^+(p)\cap D^+(\mathscr{S}_0)$ 的固有体积的负值来定义这些曲面。由于 $t_{;a}$ 在 $H^+(\mathscr{S}_0)$ 上变为零，也就不一定能存在常数 $C>0$ 使在 $\overline{D^+}(\mathscr{S}_0)$ 上

$$T^{ab}t_{;ab}\leqslant CT^{ab}t_{;a}t_{;b}。$$

但如果 V^a 是 $\overline{D^+}(\mathscr{S}_0)$ 上的类时向量场，则存在常数 C 使

$$T^{ab}t_{;ab}\leqslant CT^{ab}(t_{;a}t_{;b}+t_{;a}V_b)$$

和

$$T^{ab}V_{a;b}\leqslant CT^{ab}(t_{;a}t_{;b}+t_{;a}V_b)。$$

于是，我们可以像§4.3那样，用 $T^{ab}(t_{;ab}+V_{a;b})$ 代替 $T_{ab}t_{;ab}$，然后证明，如果 $T^{ab}(t_{;a}t_{;b}+t_{;a}V_b)$ 在 $\mathscr{S}_0$ 上不为零，则它在 $H^+(\mathscr{S}_0)$ 上就不可能为零。然后根据条件(5)就可得到结果。 □

9
引力坍缩与黑洞

299 在这一章里，我们证明大于 1.5 倍太阳质量的星体将在耗尽其核燃料之后坍缩。如果初始条件不是非常不对称，则第 8 章定理 2 的条件应当满足，因此会出现奇点。但这个奇点可能隐藏在外部观察者的视线之外。在星体曾经出现的地方，观察者看到的将是一个“黑洞”。我们将导出黑洞的一系列性质，并证明这些黑洞或许最终会稳定在 Kerr 解的状态。

在 § 9.1，我们讨论恒星的坍缩。说明我们如何相信一个足够大的球状星体会在演化晚期在其周围形成闭合俘获面。§ 9.2 讨论坍缩星体周围可能会形成的事件视界。在 § 9.3，我们考虑视界外的解所趋近的最终稳定状态，它很可能是一族 Kerr 解中的一个。假定真是这种情形，那么我们可以为从这些解中提取的能量总量确立一定的极限。

有关黑洞的进一步读物见 B. S. de Witt 主编的将由 Gordon and Breach 出版的 1972 年 Les Houches 暑期学校材料汇编。

9.1 恒星的坍缩

在恒星这样的静态球对称物体之外，Einstein 方程的解必然是 Schwarzschild 解的一个渐近平直区域的一个部分，其半径 r 大于相应于星体表面的某个 r_0 值。对 $r<r_0$ 区域的解，还应拼接一个依赖于星体内密度和压强的径向分布的解。事实上，即使星体不是静态的，但只要它保持球对称，则外部解就仍将是脱离星体表面的那部分
300 Schwarzschild 解。(此即 Birkhoff 定理，其证明见附录 B。)如果星体是静态的，则 r_0 必大于 $2m$(“Schwarzschild 半径”)。这是因为静态星体的表面必定对应于类时 Killing 向量的轨道，而在 Schwarzschild 解中，类时 Killing 向量只存在于 $r<2m$ 的区域。若 r_0 小于 $2m$，则星体表面将膨胀或收缩。为了对 Schwarzschild 半径的大小有所认识，我们

注意地球的 Schwarzschild 半径为 1.0 cm，而太阳的 Schwarzschild 半径为 3.0 km；地球和太阳的 Schwarzschild 半径与自身半径的比值分 301
别是 7×10^{-10} 和 2×10^{-6}。因此，正常恒星的半径远大于其 Schwarzschild 半径。

典型的恒星寿命包括一个漫长的（$\sim10^9$ 年）准静态阶段。在这个阶段，恒星燃烧核物质，靠热压和辐射压来抵御引力。但当核燃料耗尽时，星体将冷却，压力减小，由此进入收缩阶段。现假定，在星体半径变得小于 Schwarzschild 半径之前，这个收缩阶段不可能被压力所中止（下面我们将看到，质量大于某一特定值的星体很可能出现这种情形）。于是，由于星体外的解是 Schwarzschild 解，星体周围将形成闭合俘获面 $\mathscr{T}$（图 54）。这样，由第 8 章定理 2，只要因果性没被破坏，并满足适当的能量条件，奇点就必然会出现。其实在这种情形下，由于外部解是 Schwarzschild 解，存在奇点是显然的（图 54）。问题是即使星体不是严格球对称的，但只要偏离球对称不太远，则星体周围仍将出现闭合俘获面。这一点从 § 7.5 所证明的 Cauchy 发展的稳定性即可明白，因为我们可以将解看作是从部分 Cauchy 曲面 $\mathscr{H}$ 发展而来的（图 55）。现在，如果我们将紧致区域 $J^-(\mathscr{T})\cap\mathscr{H}$ 上的初始数据改变一足够小的量，则 $\mathscr{H}$ 的新发展在紧致区域 $J^+(\mathscr{H})\cap J^-(\mathscr{T})$ 仍然与旧的发展充分接近，使得在扰动解下星体周围仍将出现闭合俘获面。这样我们就证明了，存在一个初始条件的非零测度集，它导致闭合俘获面，从而由定理 2，它也导致奇点。

星体偏离球对称状态的两个主要原因是，它会旋转或有磁场。通过考察 Kerr 解，我们来看看旋转带来的影响有多大才不致影响俘获面的出现。Kerr 解可视为代表了具有质量 m 和角动量 $L=am$ 的星体的外部解。如果 a 小于 m，那么星体周围将出现闭合俘获面；但如果 a 大于 m，则不会出现。于是，我们也许可以预料，当星体的角动量大于质量平方时，它就有可能在闭合俘获面形成前中止星体的收缩。换个角度看，如果 $L=m^2$，且在坍缩过程中角动量守恒，那么当恒星处于 Schwarzschild 半径时，恒星表面的速度将与光速相当。目前许多恒星 302
的角动量均大于其质量的平方（就太阳来说，$L\sim m^2$）。但似乎有理由相信，由于磁场阻尼和引力辐射的作用，星体的角动量在坍缩期间会有一定的损失。因此，情形应该是，对某些（也许多数）恒星来说，角动量并不能阻止闭合俘获面，从而也不能阻止奇点。

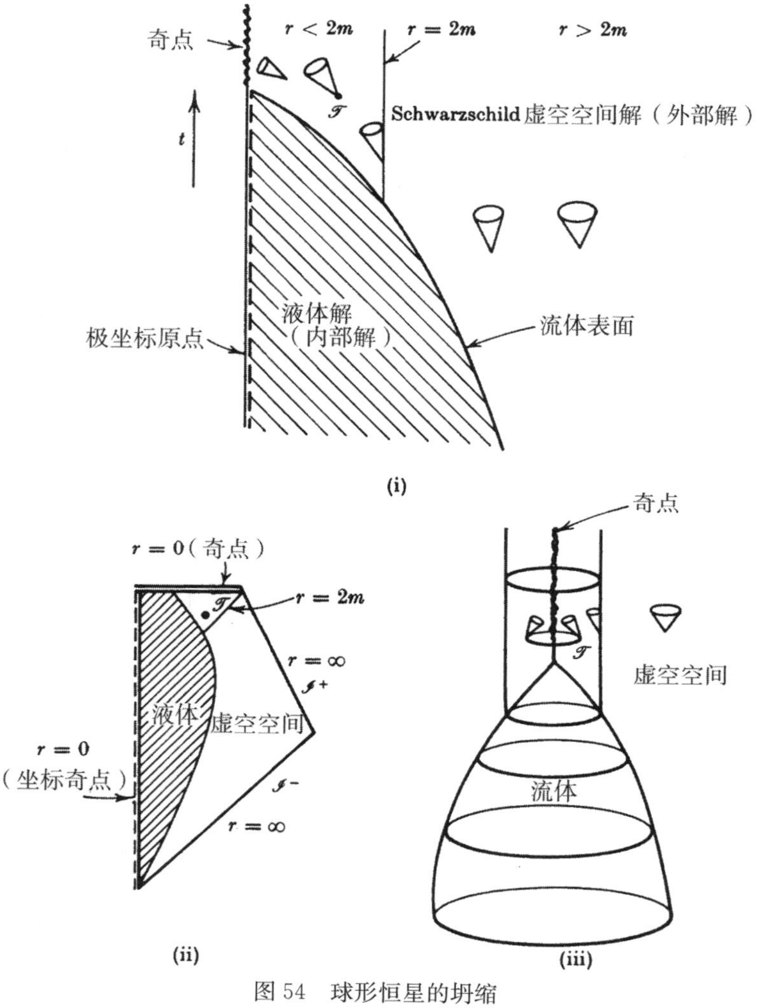

图 54　球形恒星的坍缩

(i)坍缩球对称流体星的 Finkelsfein 图((r,t)平面)。

(ii)坍缩流体星的 Penrose 图。

(iii)空间维数被压缩掉一维的坍缩星体图。

在近似球状的坍缩过程中，冻结在星体里的磁场 **B** 将以质量密度 ρ 的 2/3 幂次增长，因此磁压正比于 $\rho^{4/3}$。这个增长率很低，以至如果在初始阶段磁压对维持星体不是十分重要，那么它永远不可能增强到对阻止坍缩起显著作用。

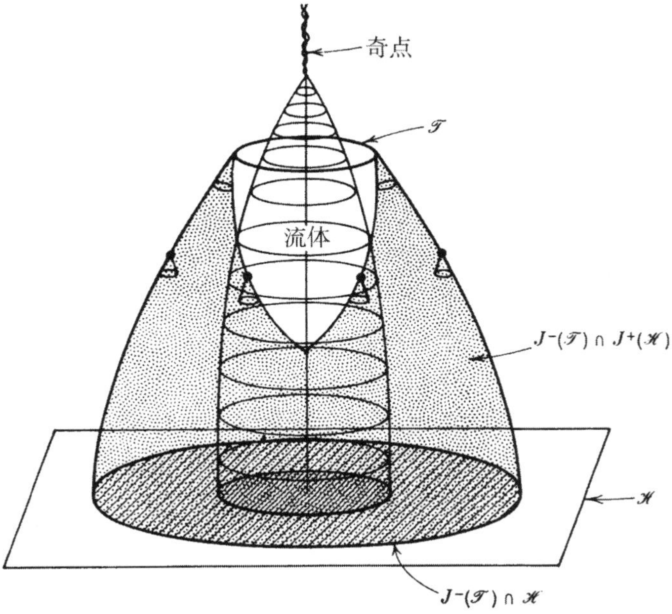

图 55　图 54(iii)情形下球状星体的坍缩。图中显示了相应的部分 Cauchy 曲面 $\mathscr{H}$。正是 $\mathscr{H}$ 的紧致区域 $J^-(\mathscr{T})\cap\mathscr{H}$上的初始数据导致在紧致区域 $J^+(\mathscr{H})\cap J^-(\mathscr{T})$里出现闭合俘获面 $\mathscr{T}$

为看清为什么一个超过一定质量的耗尽能量的恒星不可能抵御引力，我们定性讨论一下零温度的物态方程（基于 Carter 未发表的工作）。

在热物质情形，存在原子热运动和辐射产生的压强。但在密度低于核物质密度（$\sim10^{14}\,\mathrm{g\ cm^{-3}}$）的冷物质情形，唯一显著的压强来自量子力学的不相容原理。为估计这一影响，我们考虑质量 m 的 Fermi 子的数密度 n。由不相容原理，每个 Fermi 子将有效占据n^{-1}体积。因此由不确定性原理，其动量的空间分量的量级为 $\hbar n^{1/3}$。如果这些 Fermi 子是非相对论性的，即如果 $\hbar n^{1/3}$小于 m，则 Fermi 子的速度为 $\hbar n^{1/3}/m$ 量级。而如果 Fermi 子是相对论性的(即 $\hbar n^{1/3}$大于 m)，则速度实际上为 1(光速)。压强量级为(动量)×(速度)×(数密度)，故若 $\hbar n^{1/3}<m$，则压强$\sim\hbar^2 n^{5/3}m^{-1}$；若 $\hbar n^{1/3}>m$，则压强$\sim\hbar n^{4/3}$。如果物质是非相对论的，则对简并压强的主要贡献来自电子，因为电子的 m^{-1} 远远大 303

于重子。但在高密度情形，当粒子成为相对论性时，压强与产生它的粒子质量无关，而仅取决于数密度。

对小的冷星体，自引力可忽略，简并压强则与处于某种格点的最相邻粒子间的静电引力相平衡。（我们假定存在等量的正负电荷和几乎等数目的电子和重子。）这些力将产生量级为 $e^2 n^{4/3}$ 的负压强。因此，小的冷星体的质量密度量级为

$$e^6 m_e^3 m_n \hbar^{-6} (\sim 1\ \mathrm{g\ cm^{-3}}), \tag{9.1}$$

其中 m_e 是电子静质量，m_n 是核子静质量。

对较大星体，自引力变得很重要，它将通过对抗简并压力来压缩物质。为获得这种精确解，我们需要 Einstein 方程的具体积分，不过，重要的定性特征从简单的 Newton 理论的数量级就很容易看出来。对一颗质量 M 半径 r_0 的恒星，单位体积引力的典型值为 $(M/r_0{}^2) n m_n$ 量级，这里 $n m_n \approx M/r_0{}^3$ 是质量密度。引力与 P/r_0 量级的压强梯度相平衡，这里 P 是恒星内部的平均压强。因此，

$$P = M^2/r_0{}^4 \simeq M^{\frac{2}{3}} n^{\frac{4}{3}} m_n{}^{\frac{4}{3}}。$$

304 如果密度足够低，使得压强主要来源于非相对论电子的简并，则

$$P = \hbar^2 n^{\frac{5}{3}} m_e{}^{-1} = M^{\frac{2}{3}} n^{\frac{4}{3}} m_n{}^{\frac{4}{3}},$$

于是，

$$n = M^2\, m_n{}^4\, m_e{}^3\, \hbar^{-6}。$$

对 n 值大于(9.1)式的结果但小于 $m_e{}^3 \hbar^{-3}$，即对 $e^3 m_n{}^{-2} < M < \hbar^{3/2} m_n{}^{-2}$ 的星体，这个公式是正确的。这就是我们所知的白矮星。

如果星体密度很高，使电子成为相对论性的，即 $n > m_e{}^3 \hbar^{-3}$，则压强由相对论性公式给出，即 $P = \hbar n^{4/3} = M^{2/3} n^{4/3} m_n{}^{4/3}$。现在，$n$ 从方程中消去了，我们得到质量为

$$M_L = \hbar^{\frac{3}{2}} m_n{}^{-2} \simeq 1.5 M_\odot,$$

的星体，它可以有任何大于 $m_e{}^3 m_n \hbar^{-3}$ 的密度，即任何小于 $\hbar^{3/2} m_n{}^{-1} m_e{}^{-1}$ 的半径。质量大于 M_L 的恒星根本不可能通过电子简并压强来维持。

事实上，当电子成为相对论性的时候，它们很容易与质子一起引起逆 β 衰变，产生中子：

$$e^- + P \rightarrow v_e + n。$$

这一过程消耗了电子从而降低了电子简并压强，使星体进一步收缩，造成电子的相对论性程度更高。这是一种不稳定状态，过程将一直持续

到几乎所有电子和质子都转变成中子。此时中子简并压强可以再次维持星体的平衡。这种星体称为中子星。如果中子是非相对论性的，我们有

$$n = M^2 m_{\mathrm{n}}^{7} \hbar^{-6}。$$

如果中子是相对论性的，则星体还必须有质量 M_L 和小于或等于 $\hbar^{3/2} m_{\mathrm{n}}^{-2}$ 的半径。但 $M_L / \hbar^{3/2} m_{\mathrm{n}}^{-2} = 1$，因此这种星体已接近广义相对论极限 $M_L/R \approx 2$。

由此得出结论，质量大于 M_L 的冷星体不可能通过电子或中子简并压强来维持平衡。为严格证明这一点，考虑维持平衡的 Newton 方程：

$$\mathrm{d}p/\mathrm{d}r = -\rho M(r) r^{-2}, \tag{9.2}$$

这里

$$M(r) = 4\pi \int_0^r \rho r^2 \mathrm{d}r$$

是半径 r 以内的质量。(9.2)式两边乘以 r^4 并从 0 到 r_0 分部积分，得 305

$$4\int_0^{r_0} p r^3 \mathrm{d}r = (M(r_0))^2/8\pi ,$$

这是因为在 $r = r_0$，$p = 0$。另一方面，

$$\frac{\mathrm{d}}{\mathrm{d}r}\left(\int_0^r p r'^3 \mathrm{d}r'\right)^{\frac{3}{4}} = \frac{3}{4}\left(\int_0^r p r'^3 \mathrm{d}r'\right)^{-\frac{1}{4}} p r^3$$

$$= \frac{3}{4}\left(\frac{1}{4} p r^4 - \frac{1}{4}\int_0^r \frac{\mathrm{d}p}{\mathrm{d}r'} r'^4 \mathrm{d}r'\right)^{-\frac{1}{4}} p r^3 < \frac{3\sqrt{2}}{4} p^{\frac{3}{4}} r^2,$$

这是因为 $\mathrm{d}p/\mathrm{d}r$ 不可能是正的。由于 p 不可能大于 $\hbar n^{4/3}$，这说明

$$\int_0^{r_0} p r^3 \mathrm{d}r < \hbar \left(\int_0^{r_0} n r^3 \mathrm{d}r\right)^{\frac{4}{3}} = \hbar\, (M(r_0))^{\frac{4}{3}} (4\pi m_{\mathrm{n}})^{-\frac{4}{3}}。$$

因此 $M(r_0)$ 必小于 $(8\hbar)^{3/2}(4\pi)^{-1/2} m_{\mathrm{n}}^{-2}$，即

$$M(r_0) < 8\hbar^{\frac{3}{2}} m_{\mathrm{n}}^{-2}。$$

我们在图 56 里总结了这些结果。这个图是按核子平均密度 n 对星体总质量的关系做出的。实线表示冷星体的近似平衡构形。对热星体情形，由于存在热压强、辐射压强和简并压强，星体可以在实线上方达到平衡。右侧的粗虚线代表 M/r_0（即 $M^{2/3} n^{1/3} m_{\mathrm{p}}^{1/3}$）等于 2 的情形，虚线右侧的阴影区包含非平衡态，相当于半径小于 Schwarzschild 半径的星体。远离虚线的左侧部分，表示的是 Newton 理论和广义相对论之间的差别可以忽略的情形。在虚线附近，我们必须考虑广义相对论效

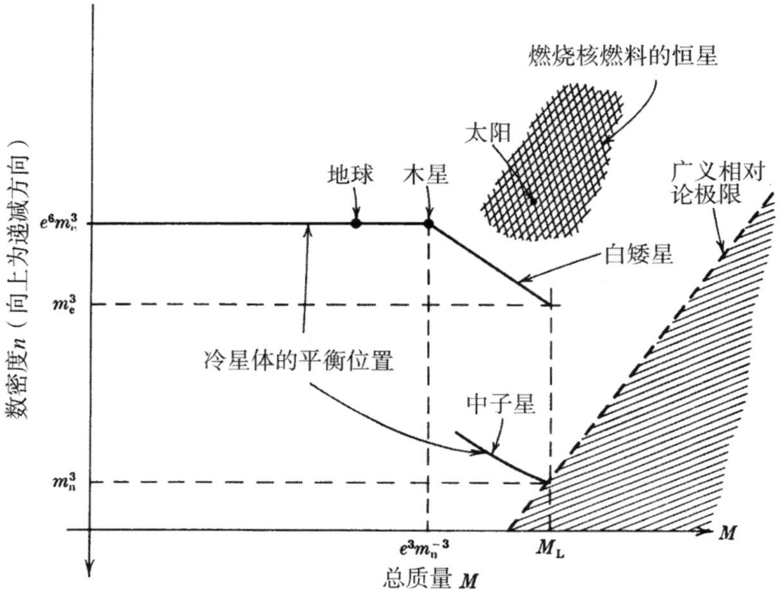

图 56　核子数密度 n 对静态星体总质量 M 的分布图。粗实线是冷星体的平衡位置；适当温度的热星体在这条线的上方达到平衡。广义相对论禁止任何静态星体在阴影区出现

应。至于由理想流体组成的静态球对称星体，Einstein 场方程简化为（见附录 B）

$$\frac{\mathrm{d}p}{\mathrm{d}r}=-\frac{(\mu+p)(\hat{M}(r)+4\pi r^3 p)}{r(r-2\hat{M}(r))},\tag{9.3}$$

这里，径向坐标满足二维曲面 $\{r=\text{常数}, t=\text{常数}\}$ 的面积为 $4\pi r^2$。$\hat{M}(r)$ 定义为

$$\int_0^r 4\pi r^2 \mu \,\mathrm{d}r,$$

306 其中 $\mu=\rho(1+\varepsilon)$ 是总能量密度，ρ 是 nm_n，ε 是与 Fermi 子动量相关的相对论性质量增量。$\hat{M}(r_0)$ 是 $r>r_0$ 的 Schwarzschild 外部解的 Schwarzschild 质量 $\hat{M}$。对束缚星体，这个质量小于守恒质量

$$\widetilde{M}=\int_0^{r_0}\frac{4\pi\rho r^2\mathrm{d}r}{(1-2M/r)^{\frac{1}{2}}}=Nm_{\mathrm{n}},$$

其中 N 是星体内核子总数，这是因为质量差$(\widetilde{M}-\hat{M})$代表星体从最初静止分散的物质形成以来辐射到无穷远处的总能量。实际上这项差值不会大于百分之几，更不会超过 $2\hat{M}$，因为 Bondi(1964)已证明，只要 μ 和 p 为正且 μ 向外递减，则$(1-2\hat{M}/r)^{1/2}$不会小于 1/3，而且在 p 小于或等于 μ 时不会小于 1/2。因此，$\hat{M}<\widetilde{M}<3\hat{M}$。

用 μ 取代 ρ，$\hat{M}$ 取代 M，然后比较(9.3)与(9.2)式。我们看到，只
要 $\varepsilon\geqslant0$，$p\geqslant0$，则(9.3)式右边多出的项皆负。因此，既然在 Newton 307
理论中质量 $M>M_L$ 的冷星体都不可能维持自身平衡，广义相对论下 Schwarzschild 质量 $\hat{M}>M_L$ 的冷星体更不可能。这个结果还意味着，含有超过 $3M_L/m_{\mathrm{n}}$ 核子的冷星体也不可能维持自身平衡。实际上，(9.3)式中多出的项意味着极限核子数小于 M_L/m_{n}。

在对中子星的讨论中，我们忽略了核力的作用。核力作用在某种程度上可改变图 56 的中子星平衡线的位置。详细讨论见 Harrison，Thorne，Wakano and Wheeler (1965)，Thorne (1966)，Cameron (1970)以及 Tsuruta (1971)等文献。但对核力的这种考虑不影响我们的重要结论：核子数略超过 M_L/m_{n} 的星体不会有零温度平衡。这是因为，在质量为 M_L 的星体内，核子变成相对论性的点几乎与广义相对论极限 $M/R\approx2$ 重合。因此，含有略超过 M_L/m_{n} 核子数的星体在其未进入 Schwarzschild 半径范围之前将不可能达到核致密状态。

恒星的生命史处于图 56 的竖直线上，除非它通过某种途径损失掉大量物质。恒星由一团气体凝聚而来。随着星体收缩，其温度会随气体压缩而不断升高。但如果星体质量小于 $10^{-2}M_L$，那么温度就永远不可能升高到足以引起核反应。星体最终将辐射它的热量，落到引力与非相对论性电子简并压强相平衡的状态。如果星体质量大于 $10^{-2}M_L$，则温度将会升高到引起核反应，将氢转化为氦。这个反应产生的能量将平衡辐射损失掉的能量，因此星体可以在这种准静态下维持很长时间($\sim10^{10}(M_L/M)^2$ 年)。当星核里的氢耗尽之后，核将收缩并使温度升高。于是开始新的核反应，将星核里的氦转化为更重的元素。但由这个反应生成的能量不是很多，因此星核不可能在这个阶段停留

很长时间。如果星体质量小于 M_L，则将最终处于白矮星状态。在此状态下，星体靠非相对论性电子简并压强来维持；也可能成为中子星，由中子简并压强维持。但如果星体质量远大于 M_L，则不存在低温平衡态。因此星体必然是要么进入其 Schwarzschild 半径以内的状态，
308 要么通过抛射掉足够多的物质从而使其质量减少到小于 M_L。

物质抛射现象已经在超新星和行星状星云观察到了，但理论尚不完全清楚。现有的计算表明，质量达 $20M_L$ 的星体也许可以扔掉大部分物质，剩下一颗质量小于 M_L 的白矮星或中子星（见 Weymann (1963)，Colgate and White (1966)，Arnett (1966)，Le Blanc and Wilson (1970)，以及 Zel'dovich and Novikov (1971)）。但我们很难想象一颗质量超过 $20M_L$ 的星体能扔掉超过 95%的物质，因此我们相信星体内部一定会通过某种方式坍缩到 Schwarzschild 半径以内。（事实上，目前计算表明，质量 $M>5M_L$ 的星体不可能通过抛射足够多的物质来避免相对论性坍缩。）

如果考虑更大质量的情形，如一颗质量约 10^8M_L 的星体，假如它坍缩到 Schwarzschild 半径，则其密度仅为 10^{-4} g cm^{-3} 量级（小于空气密度）。如果物质最初是冷的，则温度不足以维持星体平衡或触发核反应，那么就不可能有质量损失或物态方程的不确定性。这个例子还表明，星体进入 Schwarzschild 半径不一定需要任何极端条件。

总结一下，一定数量甚至大多数质量大于 M_L 的星体似乎最终都会坍缩到其 Schwarzschild 半径之内，并因此产生闭合俘获面。我们银河系至少有 10^9 颗质量大于 M_L 的恒星。因此存在许多定理 2 预言的奇点出现的情形。下一节我们讨论星体坍缩的一些可观察结果。

9.2 黑洞

对远处的观察者 O 来说，坍缩着的星体看上去像什么呢？如果坍缩是严格球对称的，我们可以回答这个问题，因为这时星体的外部解是 Schwarzschild 解。设想在此情形下，处于这个星体表面的观察者 O'
309 将在某一时刻，譬如他的表显示在 1 点钟，正好走过临界半径 $r=2m$。当然他在那个时刻不会注意到有什么不对劲儿，但当他越过 $r=2m$ 之后，处于 $r=2m$ 之外的观察者 O 就无法看到他了（图 57）。而且不

论观察者 O 等多长时间，在 O' 所测的 1 点以后的时间里，他都不可能看到 O' 了。他能看到的只是 O' 的表明显变慢，渐近地趋向 1 点钟。这意味着观察者 O 收到的来自 O' 的光的频率越来越大地向红端移动，其结果是光强越来越弱。因此，虽然星体表面从未真的从 O' 的视线里消失，但实际上很快就弱得看不见了。事实上，O 首先看到的是星体盘中心开始模糊，然后模糊区域逐渐向外扩展到边缘（Ames and Thorne (1968)）。这种光强减弱的时间尺度大致为光走过 $2m$ 距离的量级。

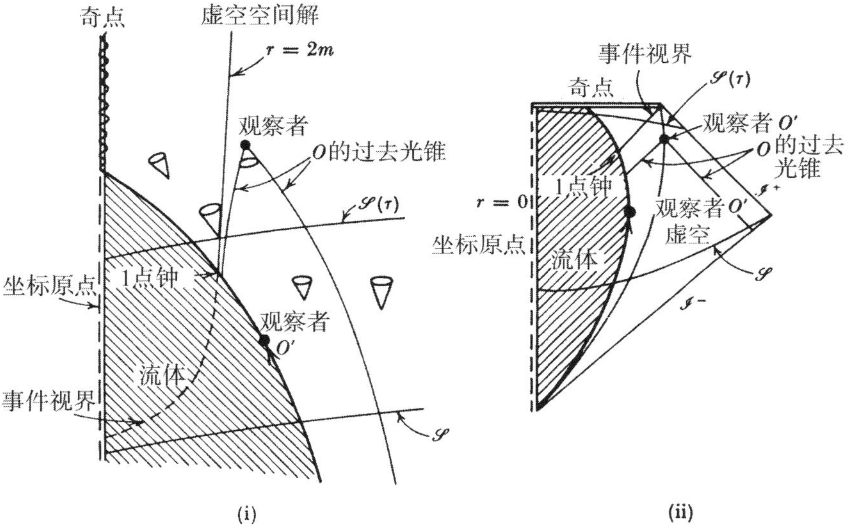

图 57　从未落入坍缩流体球的观察者 O 在某一时刻(譬如说 1 点钟)之后不可能看到处于坍缩星体表面的观察者 O' 的历史
(i) Finkelstein 图；(ii) Penrose 图。

从任何实际意义说，此时我们所面对的都是一个看不见的物体。但它像坍缩前一样，仍具有同样的 Schwarzschild 质量，仍能产生同样的引力场。我们也许可以通过它的引力作用来测知其存在，例如通过它对附近星体轨道的影响，或经过它的光线的偏转。落入这种天体的 310
气体还可能产生激波，也许就是 X 射线或射电波的来源。

球对称坍缩最显著的特点是在 $r<2m$ 区域内出现奇点。没有光能从那个区域逃向无穷。因此，如果在 $r=2m$ 之外，我们永远看不到定理 2 预言的奇点。而且，尽管在奇点出现的地方物理理论失效，但这

并不影响我们在渐近平直的时空区域预言未来的能力。

我们还可以问,如果坍缩不是严格球对称的,情形还会是这样吗?在前一节里,我们用 Cauchy 稳定性定理证明了对球对称的小偏离不会妨碍出现闭合俘获面。但目前形式的 Cauchy 稳定性定理只是说,初始数据的足够小的扰动在紧致区域上对解的扰动会很小。我们不能根据这一点来说明解的小扰动在任意长的时间里会一直保持很小。

我们认为,奇点出现一般总会导致 Cauchy 视界(就像 Reissner - Nordström 解和 Kerr 解的情形一样),从而破坏我们预言未来的能力。但如果从外面看不见奇点,那么我们仍能在外部的渐近平直区域做预言。

为更准确地说明这一点,我们假定($\mathscr{M}$, $\mathbf{g}$)有一个弱渐近简单虚空(§6.9)意义上的渐近平直区域。因此存在空间($\widetilde{\mathscr{M}}$, $\widetilde{\mathbf{g}}$),($\mathscr{M}$, $\mathbf{g}$)可作为带边流形 $\overline{\mathscr{M}}=\mathscr{M}\cup\partial\mathscr{M}$ 共形嵌入其中,这里 $\mathscr{M}$ 在 $\widetilde{\mathscr{M}}$ 内的边界$\partial\mathscr{M}$ 由分别代表未来和过去零无穷远的两个零曲面$\mathscr{I}^{+}$ 和$\mathscr{I}^{-}$ 组成。令 $\mathscr{S}$是 $\mathscr{M}$ 内的部分 Cauchy 曲面。如果 $\mathscr{I}^{+}$包含于$D^{+}(\mathscr{S})$在共形流形 $\widetilde{\mathscr{M}}$ 内的闭包,则我们说空间($\mathscr{M}$, $\mathbf{g}$)是**从 $\mathscr{S}$(未来)渐近可预言的**。从某个曲面 $\mathscr{S}$渐近可预言的空间的例子包括 Minkowski 空间,$m\geqslant 0$ 的 Schwarzschild 解,$m\geqslant 0$,$|a|\leqslant m$ 的 Kerr 解和 $m\geqslant 0$,$|e|\leqslant m$ 的 Reissner - Nordström 解等。而$|a|>m$ 的 Kerr 解和$|e|>m$ 的 Reissner - Nordström 解都不是未来渐近可预言的,因为对任何部分 Cauchy 曲面 $\mathscr{S}$ 来说,二者均存在从 $\mathscr{I}^{+}$ 出发的过去不可扩展的非类
311 空曲线,它们不与 $\mathscr{S}$ 相交但趋于奇点。我们可将未来渐近可预言性质作为 $\mathscr{S}$的未来不存在“裸”奇点(即从 $\mathscr{I}^{+}$ 看得见的奇点)的条件。

在球对称坍缩情形下,我们得到了未来渐近可预言的空间。问题在于非球对称坍缩是否也能如此。我们无法完全回答这一问题,Doroshkevich, Zel'dovich 和 Novikov (1966)以及 Price (1971)似乎表明,球对称的小扰动并不产生裸奇点。另外,Gibbons 和 Penrose (1972)曾试图找出某些矛盾用以说明在某些情形下未来渐近可预言空间的发展是不协调的,但未获成功。他们的失败当然并不证明渐近可预言性就成立,但确实使它更为合理可信了。如果它不成立,我们就不可能对包含坍缩星体的空间区域的演化做出任何意义明确的判断,因为新信息可以来自奇点。因此,我们下面仍然假定,至少对球对称坍缩偏离足

够小时，未来渐近可预言性是成立的。

我们相信闭合俘获面上的粒子不可能逃到 $\mathscr{I}^+$。但如果允许任意奇点，那么我们总能通过适当去除或叠合某些点来产生粒子的逃逸路径。下述结果证明，这在未来渐近可预言空间里是不可能的。

命题 9.2.1

如果

(*a*)($\mathscr{M}$，**g**)是从部分 Cauchy 曲面 $\mathscr{S}$上未来渐近可预言的，

(*b*)对所有零向量 K^a，$R_{ab}K^aK^b \geqslant 0$，

则 $D^+(\mathscr{S})$内的闭合俘获面 $\mathscr{T}$ 不可能与 $J^-(\mathscr{I}^+, \widetilde{\mathscr{M}})$相交，即从$\mathscr{I}^+$看不到 $\mathscr{T}$。

假定 $\mathscr{T} \cap J^-(\mathscr{I}^+, \widetilde{\mathscr{M}})$非空。于是在 $J^+(\mathscr{T}, \overline{\mathscr{M}})$内存在一点 $p \in \mathscr{I}^+$。令 $\mathscr{U}$ 是 $\mathscr{M}$ 的邻域，它等距于$\partial\mathscr{M}'$在渐近简单虚空空间($\mathscr{M}'$，**g**$'$)的共形流形 $\widetilde{\mathscr{M}}'$内的邻域$\mathscr{U}'$。令 $\mathscr{S}'$是 $\mathscr{M}'$内的 Cauchy 曲面，在$\mathscr{U}' \cap \mathscr{M}'$上与 $\mathscr{S}$ 重合。因此 $\mathscr{S}' - \mathscr{U}'$是紧集，从而由引理 6.9.3，$\mathscr{I}^+$的每个生成元都离开 $J^+(\mathscr{S}' - \mathscr{U}', \overline{\mathscr{M}}')$。这说明如果 $\mathscr{W}$ 是$\mathscr{S}$的任意紧集，则 $\mathscr{I}^+$的每个生成元离开 $J^+(\mathscr{W}, \overline{\mathscr{M}})$。由此可 312
知，$\mathscr{I}^+$ 的每个生成元必离开 $J^+(\mathscr{T}, \overline{\mathscr{M}})$，因为它包含于 $J^+(J^-(\mathscr{T}) \cap \mathscr{S}, \overline{\mathscr{M}})$。因此$\dot{J}^+(\mathscr{T}, \overline{\mathscr{M}})$的零测地线生成元 μ 将与$\mathscr{I}^+$相交。生成元μ 在 $\mathscr{T}$ 上必有过去端点，否则它将与 $I^-(\mathscr{S})$相交。由于μ 与 $\mathscr{I}^+$相交，它有无限长的仿射长度。但由条件(*b*)，每一条垂直于 $\mathscr{T}$ 的零测地线在有限仿射长度内都包含与 $\mathscr{T}$ 共轭的点。因此，μ 不可能始终处于 $\mathscr{I}^+$外的$\dot{J}^+(\mathscr{T}, \overline{\mathscr{M}})$。这说明 $\mathscr{T}$ 不可能与 $J^-(\mathscr{I}^+, \overline{\mathscr{M}})$相交。 □

从上述证明可知，在未来渐近可预言空间里，$D^+(\mathscr{S})$内的闭合俘获面必包含于 $\mathscr{M} - J^-(\mathscr{I}^+, \overline{\mathscr{M}})$。因此，必存在非平凡(未来)**事件视界**$\dot{J}^-(\mathscr{I}^+, \overline{\mathscr{M}})$，它是粒子或光子可以在未来方向逃到无穷远的区域

的边界。根据§6.3，事件视界是可能有过去端点但不会有未来端点的零测地线段生成的非时序边界。

命题 9.2.2

如果命题 9.2.1 条件(a)和(b)均满足，且存在非空事件视界 $\dot{J}^{-}(\mathscr{I}^{+},\overline{\mathscr{M}})$，则 $\dot{J}^{-}(\mathscr{I}^{+},\overline{\mathscr{M}})$ 的零测地线生成元的膨胀 $\hat{\theta}$ 在

$$\dot{J}^{-}(\mathscr{I}^{+},\overline{\mathscr{M}})\cap D^{+}(\mathscr{S})$$

内非负。

假定存在开集 $\mathscr{U}$ 使在 $\mathscr{U}\cap\dot{J}^{-}(\mathscr{I}^{+},\overline{\mathscr{M}})$ 内 $\hat{\theta}<0$。令 $\mathscr{T}$ 为 $\mathscr{U}\cap\dot{J}^{-}(\mathscr{I}^{+},\overline{\mathscr{M}})$ 内类空二维曲面。于是 $\hat{\theta}=\chi_{2}{}^{a}{}_{a}<0$。令 $\mathscr{V}$ 是 $\mathscr{U}$ 的开子集，与 $\mathscr{T}$ 相交并有包含于 $\mathscr{U}$ 的紧致闭包。我们可在 $\mathscr{V}$ 内使 $\mathscr{T}$ 改变一小量，使 $\chi_{2}{}^{a}{}_{a}$ 仍为负但 $\mathscr{T}$ 在 $\mathscr{U}$ 内与 $J^{-}(\mathscr{I}^{+},\overline{\mathscr{M}})$ 相交。和前面一样，这导致矛盾，因为 $\dot{J}^{+}(\mathscr{T},\overline{\mathscr{M}})$ 在 $J^{-}(\mathscr{I}^{+},\overline{\mathscr{M}})$ 内的任何生成元在 $\mathscr{V}$ 内有在 $\mathscr{T}$ 上的过去端点，并在此处与 $\mathscr{T}$ 垂直。但在 $\mathscr{V}$ 内 $\chi_{2}{}^{a}{}_{a}<0$，故 $\mathscr{V}$ 内每一条垂直于 $\mathscr{T}$ 的向外的零测地线在有限仿射距离内包含与 $\mathscr{T}$ 共轭的点，因而不可能始终处于 $\mathscr{I}^{+}$ 外的 $\dot{J}^{+}(\mathscr{T},\overline{\mathscr{M}})$ 内。 □

在未来渐近可预言空间里，$J^{+}(\mathscr{S})\cap J^{-}(\mathscr{I}^{+},\overline{\mathscr{M}})$ 包含于 $D^{+}(\mathscr{S})$。如果在 $J^{+}(\mathscr{S})$ 内的事件视界上存在不处于 $D^{+}(\mathscr{S})$ 内的点 p，那么最小的扰动也能使 p 处于 $J^{-}(\mathscr{I}^{+},\overline{\mathscr{M}})$ 内，即可在无穷远
313 处看到，这意味着空间不再是渐近可预言的。因此，我们似乎有理由稍稍扩展一下未来渐近可预言的定义，也就是说，如果 $\mathscr{I}^{+}$ 处于 $D^{+}(\mathscr{S})$ 在 $\overline{\mathscr{M}}$ 内的闭包内，且 $J^{+}(\mathscr{S})\cap\overline{J^{-}}(\mathscr{I}^{+},\overline{\mathscr{M}})$ 包含于 $D^{+}(\mathscr{S})$，则我们说时空是从部分 Cauchy 曲面 $\mathscr{S}$ **强未来渐近可预言的**。换句话说，我们也可以从 $\mathscr{S}$ 预言事件视界的某个邻域。

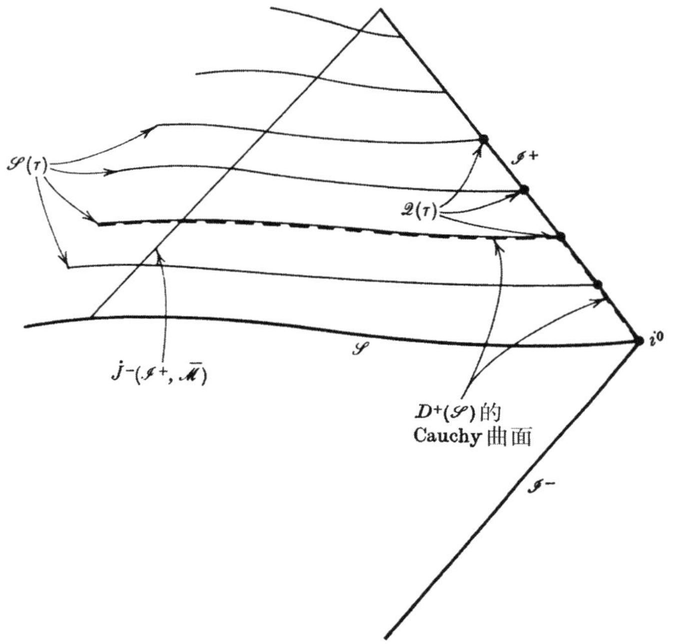

图 58　从部分 Cauchy 曲面 $\mathscr{S}$ 上强未来渐进可预言的空间($\mathscr{M}$,**g**)，显示了覆盖 $D^+(\mathscr{S})-\mathscr{S}$ 并在二维曲面族 $\mathscr{Q}(\tau)$ 内与 $\mathscr{I}^+$ 相交的类空曲面族 $\mathscr{S}(\tau)$

命题 9.2.3

如果($\mathscr{M}$，**g**)是从部分 Cauchy 曲面 $\mathscr{S}$ 强未来渐近可预言的，则存在同胚

$$\alpha:(0,\infty)\times\mathscr{S}\to D^+(\mathscr{S})-\mathscr{S}$$

使得对每个 $\tau\in(0,\infty)$，$\mathscr{S}(\tau)\equiv(\{\tau\}\times\mathscr{S})$ 是满足如下条件的部分 Cauchy 曲面：

(a)对 $\tau_2>\tau_1$，$\mathscr{S}(\tau_2)\subset I^+(\mathscr{S}(\tau_1))$；

(b)对每个 τ，$\mathscr{S}(\tau)$ 在共形流形 $\widetilde{\mathscr{M}}$ 内的边缘是 $\mathscr{I}^+$ 内的类空二维球面 $\mathscr{Q}(\tau)$，使对 $\tau_2>\tau_1$，$\mathscr{Q}(\tau_2)$ 严格处于 $\mathscr{Q}(\tau_1)$ 的未来；

(c)对每个 τ，$\mathscr{S}(\tau)\cup\{\mathscr{I}^+\cap J^-(\mathscr{Q}(\tau),\bar{\mathscr{M}})\}$ 是 $D(\mathscr{S})$ 在 $\bar{\mathscr{M}}$ 内的 Cauchy 曲面。

换言之，$\mathscr{S}(\tau)$ 是同胚于 $\mathscr{S}$ 的一族类空曲面，它覆盖 $D^+(\mathscr{S})-\mathscr{S}$

并与 $\mathscr{I}^+$ 相交(图 58)。我们可将其视为渐近可预言区域内的常时间曲面。我们选择它们与 $\mathscr{I}^+$ 相交,是为了使无穷远处测得的这些曲面上的质量能在发生引力辐射或其他类型辐射时减小。

$\mathscr{S}(\tau)$的构造类似于命题 6.4.9 的做法。选取覆盖 $\mathscr{I}^+$ 的连续类空二维球面族 $\mathscr{Q}(\tau)(0<\tau<\infty)$,使对 $\tau_2>\tau_1$,$\mathscr{Q}(\tau_2)$严格处于 $\mathscr{Q}(\tau_1)$的未来。在 $\mathscr{M}$ 上设一体积测度,使在此测度下 $\mathscr{M}$ 的总体积有限。我们先来证明:

引理 9.2.4

集合 $I^-(\mathscr{Q}(\tau),\overline{\mathscr{M}})\cap D^+(\mathscr{S})$的体积 $k(\tau)$是 τ 的连续函数。

令 $\mathscr{V}$ 是包含于

$$I^-(\mathscr{Q}(\tau),\overline{\mathscr{M}})\cap D^+(\mathscr{S})$$

的带紧致闭包的开集。于是,存在从 $\mathscr{V}$ 的每一点到 $\mathscr{Q}(\tau)$的类时曲线,对某个 $\delta>0$,它们可通过变形给出到 $\mathscr{Q}(\tau-\delta)$的类时曲线。给定
314 任意 $\varepsilon>0$,我们可找到一个体积大于 $k(\tau)-\varepsilon$ 的 $\mathscr{V}$。因此存在 $\delta>0$ 使得 $k(\tau-\delta)>k(\tau)-\varepsilon$。另一方面,假定存在开集 $\mathscr{W}$,它不与 $I^-(\mathscr{Q}(\tau),\overline{\mathscr{M}})\cap D^+(\mathscr{S})$相交,但对 $\tau'>\tau$ 都包含于$I^-(\mathscr{Q}(\tau'),\overline{\mathscr{M}})\cap D^+(\mathscr{S})$。这样,如果 $p\in\mathscr{W}$,则存在从每个 $\mathscr{Q}(\tau')$到 p 的过去方向的类时曲线$\lambda_{\tau'}$。由于$\mathscr{I}^+$ 在 $\mathscr{Q}(\tau)$与 $\mathscr{Q}(\tau_1)$之间的区域对任一$\tau_1>\tau$ 是紧的,因此存在自 $\mathscr{Q}(\tau)$出发的过去方向的非类空曲线 λ,它是$\{\lambda_{\tau'}\}$的极限曲线。由于$\{\lambda_{\tau'}\}$不与 $I^-(\mathscr{Q}(\tau),\overline{\mathscr{M}})$相交,故 λ 也不与 $I^-(\mathscr{Q}(\tau),\overline{\mathscr{M}})$相交,因而是零测地线,并处于 $\dot{I}^-(\mathscr{Q}(\tau),\overline{\mathscr{M}})$内。$\lambda$ 进入 $\mathscr{M}$,因而要么在 p 处有过去端点,要么与 $\mathscr{S}$ 相交。而前者是不可能的,因为这意味着 $\mathscr{W}$ 与 $I^-(\mathscr{Q}(\tau),\overline{\mathscr{M}})$相交;后者也是不可能的,因为 $p\in I^+(\mathscr{S})$。这说明,不存在对每一个 $\tau'>\tau$ 都处于 $I^-(\mathscr{Q}(\tau'),\overline{\mathscr{M}})$内而又不在 $I^-(\mathscr{Q}(\tau),\overline{\mathscr{M}})\cap D^+(\mathscr{S})$内的开集。因此,给定 $\varepsilon>0$,存在 δ 使

$$k(\tau+\delta)<k(\tau)+\varepsilon。$$

因此 $k(\tau)$是连续的。 □

命题 9.2.3 的证明 定义函数 $f(p)$和 $h(p,\tau)$, $p\in D^{+}(\mathscr{S})$,它 315
们分别是 $I^{+}(p)$和 $I^{-}(p)-\overline{I^{-}}(\mathscr{Q}(\tau),\overline{\mathscr{M}})$的体积。像在命题 6.4.9 一样,函数 $f(p)$在整体双曲区域 $D^{+}(\mathscr{S})-\mathscr{S}$上连续,并在每一条未来不可扩展的非类空曲线上趋于零。由于$\overline{I^{-}}(\mathscr{Q}(\tau),\overline{\mathscr{M}})\cap\mathscr{M}$是过去集,故

$$D^{+}(\mathscr{S})-\overline{I^{-}}(\mathscr{Q}(\tau),\overline{\mathscr{M}})-\mathscr{S}$$

是整体双曲的。因此对每个 τ, $h(p,\tau)$在 $D^{+}(\mathscr{S})-\mathscr{S}$上连续,这意味着,给定 $\varepsilon>0$,我们可找一个 p 的邻域$\mathscr{U}$,使$|h(q,\tau)-h(p,\tau)|<\varepsilon/2$ 对任意 $q\in\mathscr{U}$ 成立。由引理 9.2.4,可找一个 $\delta>0$,使对$|\tau'-\tau|<\delta$ 有$|k(\tau')-k(\tau)|<\varepsilon/2$。于是$|h(q,\tau')-h(p,\tau)|<\varepsilon$,这说明 $h(p,\tau)$在$(D^{+}(\mathscr{S})-\mathscr{S})\times(0,\infty)$上连续。这样,我们可将曲面$\mathscr{S}(\tau)$定义为那些满足 $h(p,\tau)=\tau f(p)$的点 $p\in D^{+}(\mathscr{S})-\mathscr{S}$ 的集合。显然这些曲面是类空曲面,它们覆盖 $D^{+}(\mathscr{S})-\mathscr{S}$且满足性质$(a)\sim(c)$。

为定义同胚 α,我们需要 $D^{+}(\mathscr{S})-\mathscr{S}$上的与每个曲面$\mathscr{S}(\tau)$相交的类时向量场。其构造如下:令 $\mathscr{V}$ 是 $\mathscr{I}^{+}$在共形流形 $\overline{\mathscr{M}}$ 内的邻域,$\mathbf{X}_1$ 是 $\mathscr{V}$上的非类空向量场,它在 $\mathscr{I}^{+}$上与 $\mathscr{I}^{+}$的生成元相切;令 $x_1\geqslant 0$是 C^2 函数,它在 $\mathscr{V}$外为零,但在 $\mathscr{I}^{+}$上不为零。令 $\mathbf{X}_2$ 是 $\mathscr{M}$ 上的类时向量场,$x_2\geqslant 0$ 是 $\widetilde{\mathscr{M}}$ 上的 C^2 函数,它在 $\mathscr{M}$ 上不为零,但在 $\mathscr{I}^{+}$上为零。于是,向量场 $\mathbf{X}=x_1\mathbf{X}_1+x_2\mathbf{X}_2$ 具有所需性质。这样,同胚$\alpha:D^{+}(\mathscr{S})-\mathscr{S}\to(0,\infty)\times\mathscr{S}$将点 $p\in D^{+}(\mathscr{S})-\mathscr{S}$ 映射到(τ,q),这里 τ 满足 $p\in\mathscr{S}(\tau)$,过 p 的 $\mathbf{X}$ 的积分曲线交 $\mathscr{S}$于 q 点。 □

如果在未来渐近可预言空间的区域 $D^{+}(\mathscr{S})$内存在事件视界$\dot{J}^{-}(\mathscr{I}^{+},\overline{\mathscr{M}})$,则由命题 9.2.3 的性质$(b)$,对足够大的 τ,$\mathscr{S}(\tau)$将与它相交。我们定义 $\mathscr{S}(\tau)$上的**黑洞**为集合

$$\mathscr{B}(\tau)\equiv\mathscr{S}(\tau)-J^{-}(\mathscr{I}^{+},\overline{\mathscr{M}})$$

的一个连通分支。换句话说,它是 $\mathscr{S}(\tau)$的一个区域,其中的粒子和光子不可能逃向 $\mathscr{I}^{+}$。

随着 τ 增长，黑洞可以合并，新黑洞也可能作为其他天体坍缩的结果而形成。但下述结果表明，黑洞不可能分岔。

316 **命题 9.2.5**

令 $\mathscr{B}_1(\tau_1)$是 $\mathscr{S}(\tau_1)$上的黑洞，$\mathscr{B}_2(\tau_2)$和 $\mathscr{B}_3(\tau_2)$分别是后来某曲面 $\mathscr{S}(\tau_2)$上的黑洞。如果 $\mathscr{B}_2(\tau_2)$和 $\mathscr{B}_3(\tau_2)$均与 $J^+(\mathscr{B}_1(\tau_1))$相交，则 $\mathscr{B}_2(\tau_2)=\mathscr{B}_3(\tau_2)$。

由命题 9.2.3 性质(c)，自 $\mathscr{B}_1(\tau_1)$出发的未来方向的每一条不可扩展的类时曲线都将与 $\mathscr{S}_1(\tau_2)$相交。因此

$$J^+(\mathscr{B}(\tau_1))\cap\mathscr{S}(\tau_2)$$

是连通的，将包含于 $\mathscr{B}(\tau_2)$的一个连通分支。 □

对物理应用来说，我们主要感兴趣的是那些从初始非奇异状态经引力坍缩所形成的黑洞。这一想法可准确表述为，如果 $J^-(\mathscr{S})$等距于某个渐近简单虚空时空($\mathscr{M}'$，$\mathbf{g}'$)的区域 $J^-(\mathscr{S}')$，这里 $\mathscr{S}'$是($\mathscr{M}'$，$\mathbf{g}'$)的 Cauchy 曲面，则我们说部分 Cauchy 曲面 $\mathscr{S}$有**渐近简单的过去**。由命题 6.9.4，曲面 $\mathscr{S}'$有拓扑 R^3，故 $\mathscr{S}$也有这种拓扑。因此由命题 9.2.3，如果($\mathscr{M}$，$\mathbf{g}$)是从具有渐近简单过去的曲面 $\mathscr{S}$强未来渐近可预言的，则每个 $\mathscr{S}(\tau)$都有拓扑 R^3，$\mathscr{S}(\tau)$与 $\mathscr{I}^+$上的二维边界曲面 $\mathscr{Q}(\tau)$的并同胚于单位立方体 I^3。

虽然我们的主要兴趣是在具有渐近简单过去的空间，但在下一节，更方便的是考虑一种未来渐近可预言空间，它不具有渐近简单过去的性质，但在大时间尺度上非常近似于具有这种性质的空间。这种空间的一个例子是我们在本节开头考察过的球对称坍缩。星体表面一旦进入事件视界以内，其外区域的度规即为 Schwarzschild 解的度规，不会因星体坍缩而改变。因此，在研究其渐近行为时，我们不妨忘记星体，而将虚空空间的 Schwarzschild 解当作如图 24 所示的那种从曲面 $\mathscr{S}$强未来渐近可预言的空间。这个曲面没有渐近简单的过去，其拓扑是 $S^2\times R^1$ 而不是 R^3。但事件视界外的 $\mathscr{S}$部分区域 I 与图 57 中曲面
317 $\mathscr{S}(\tau)$的事件视界外的区域具有相同的拓扑。我们要考虑的是那种从曲面 $\mathscr{S}$强未来渐近可预言的空间，而且 $\mathscr{S}$在事件视界外的部分与某个在具有渐近简单过去的空间的曲面 $\mathscr{S}(\tau)$具有相同的拓扑。当然，

在更复杂的情形，相应于多个星体坍缩可能存在多种 $\mathscr{B}(\tau)$ 的分支。因此，下面我们将考虑从曲面 $\mathscr{S}$ 强未来渐近可预言的空间，并具有如下性质：

(α) $\mathscr{S}\cap\overline{J}^-(\mathscr{I}^+,\overline{\mathscr{M}})$ 同胚于 R^3-（一个带闭包的开集）。
（注意：这个开集可以不是连通的。）作如下要求也许更方便：

(β) $\mathscr{S}$ 是单连通的。

命题 9.2.6

令 $(\mathscr{M},\mathbf{g})$ 是从部分 Cauchy 曲面 $\mathscr{S}$ 强未来渐近可预言空间，并满足 (α) 和 (β)，则

(1)曲面 $\mathscr{S}(\tau)$ 也满足 (α) 和 (β)；

(2)对每一个 τ，黑洞 $\mathscr{B}_1(\tau)$ 在 $\mathscr{S}(\tau)$ 内的边界 $\partial\mathscr{B}_1(\tau)$ 是紧的和连通的。

由于曲面 $\mathscr{S}(\tau)$ 同胚于 $\mathscr{S}$，它们满足性质 (β)，于是我们定义内射

$$\gamma:\mathscr{S}(\tau)\cap\overline{J}^-(\mathscr{I}^+,\overline{\mathscr{M}})\rightarrow\mathscr{S}\cap\overline{J}^-(\mathscr{I}^+,\overline{\mathscr{M}})$$

将 $\mathscr{S}(\tau)$ 的每一个点映射到命题 9.2.3 的向量场 $\mathbf{X}$ 的积分曲线。由于 $(\mathscr{M},\mathbf{g})$ 是弱渐近简单的，我们可在 $\mathscr{S}(\tau)\cap\overline{J}^-(\mathscr{I}^+,\overline{\mathscr{M}})$ 内找一个接近 $\mathscr{I}^+$ 的二维球面 $\mathscr{P}$。$\mathscr{S}(\tau)$ 在 $\mathscr{P}$ 外的部分将映入 $\mathscr{S}$ 在二维球面 $\gamma(\mathscr{P})$ 外的区域。这说明，不处于 $\gamma(\mathscr{S}(\tau)\cap\overline{J}^-(\mathscr{I}^+,\overline{\mathscr{M}}))$ 内的区域 $\mathscr{S}\cap\overline{J}^-(\mathscr{I}^+,\overline{\mathscr{M}})$ 必有紧致闭包。因此 $\gamma(\mathscr{S}(\tau)\cap\overline{J}^-(\mathscr{I}^+,\overline{\mathscr{M}}))$ 同胚于 R^3-（一个带闭包的开集）。由于 $\mathscr{S}(\tau)$ 同胚于 $R^3-\mathscr{V}$，这里 $\mathscr{V}$ 是 R^3 的带紧致闭包的开子集，故 $\partial\mathscr{B}(\tau)$ 必同胚于 $\partial\mathscr{V}$，因此也是紧的。这样，作为 $\partial\mathscr{B}(\tau)$ 的子集，$\partial\mathscr{B}_1(\tau)$ 是紧的。

假定 $\partial\mathscr{B}_1(\tau)$ 包括两个不连通的分支 $\partial\mathscr{B}_1{}^1(\tau)$ 和 $\partial\mathscr{B}_1{}^2(\tau)$。我们可在 $\mathscr{S}(\tau)-\mathscr{B}(\tau)$ 内分别找到自 $\mathscr{Q}(\tau)$ 到 $\partial\mathscr{B}_1{}^1(\tau)$ 和 $\partial\mathscr{B}_1{}^2(\tau)$ 的曲线 λ_1 和 λ_2。我们还可以在 $\mathrm{int}\mathscr{B}_1(\tau)$ 找一条自 $\partial\mathscr{B}_1{}^1(\tau)$ 到 $\partial\mathscr{B}_1{}^2(\tau)$ 的曲线 μ。连接这些曲线即得到 $\mathscr{S}(\tau)$ 内的一条仅穿过 $\partial\mathscr{B}_1{}^1(\tau)$ 一次的 318
闭曲线。它在 $\mathscr{S}(\tau)$ 内不可能变形到零，显然这与 $\mathscr{S}(\tau)$ 的单连通性质相矛盾。 □

我们感兴趣的只是能够实际进入的黑洞，即那些边界$\partial\mathscr{B}(\tau)$包含于$J^+(\mathscr{I}^-,\overline{\mathscr{M}})$的黑洞。因此，除性质($\alpha$)和($\beta$)之外，我们还要求：

(γ)对足够大的τ，$\mathscr{S}(\tau)\cap\overline{J^-}(\mathscr{I}^+,\overline{\mathscr{M}})$包含于$\overline{J^+}(\mathscr{I}^-,\overline{\mathscr{M}})$。

如果($\mathscr{M}$，**g**)是从部分 Cauchy 曲面$\mathscr{S}$强未来渐近可预言的，且具有性质(α)，(β)和(γ)，则我们说空间($\mathscr{M}$, **g**)是**正常可预言空间**。本节开头提到的所有作为未来渐近可预言的空间事实上也都是正常可预言空间。命题 9.2.6 表明，当我们面对部分 Cauchy 曲面$\mathscr{S}$发展起来的正常可预言空间时，实际上在黑洞$\mathscr{B}_i(\tau)$及其边界$\partial\mathscr{B}_i(\tau)$之间存在一一对应。于是，在此情形下，我们可将黑洞等价地定义为$\mathscr{S}(\tau)\cap\overline{J^-}(\mathscr{I}^+,\overline{\mathscr{M}})$的一个连通分支。

下述结果给出黑洞边界的性质，它对下节内容有重要意义。

命题 9.2.7

令($\mathscr{M}$，**g**)是从部分 Cauchy 曲面$\mathscr{S}$发展起来的正常可预言空间，其中对每个零向量K^a有$R_{ab}K^aK^b\geqslant 0$。令$\mathscr{B}_1(\tau)$是曲面$\mathscr{S}(\tau)$上的黑洞，$\{\mathscr{B}_i(\tau')\}$($i=1$到N)是更早的曲面$\mathscr{S}(\tau')$上的黑洞，且有$J^+(\mathscr{B}_i(\tau')\cap\mathscr{B}_1(\tau))\neq\phi$。则$\partial\mathscr{B}_1(\tau)$的面积$A_1(\tau)$大于或等于$\mathscr{B}_i(\tau')$的面积$A_i(\tau')$的和；等式仅对$N=1$成立。

换句话说，黑洞边界面积不可能随时间减小，如果两个或多个黑洞合并成一个黑洞，则其边界面积将大于那些初始黑洞的边界面积。

由于事件视界是$\mathscr{I}^+$的过去的边界，所以其零测地线生成元只有在与$\mathscr{I}^+$相交时才可能有未来端点。但这是不可能的，因为$\mathscr{I}^+$的零测地线生成元没有未来端点。因此事件视界的零测地线生成元没有未来端点。由引理 9.2.2，它们的膨胀$\hat{\theta}$非负。因此这些生成元的二维截
319 面面积不可能随τ减小。由命题 9.2.3 性质(c)和命题 9.2.5，所有在$\partial\mathscr{B}_i(\tau')$内与$\mathscr{S}(\tau')$相交的$\dot{J}^-(\mathscr{I}^+,\overline{\mathscr{M}})$的零测地线生成元必在$\partial\mathscr{B}_1(\tau)$内与$\mathscr{S}(\tau)$相交。因此，$\partial\mathscr{B}_1(\tau)$的面积大于或等于$\{\mathscr{B}_i(\tau')\}$的面积之和。当$N>1$时，$\partial\mathscr{B}_1(\tau)$包含$N$个不相交的闭子集，它们对应于$\dot{J}^-(\mathscr{I}^+,\overline{\mathscr{M}})$的与每个$\partial\mathscr{B}_i(\tau')$相交的生成元。由于$\partial\mathscr{B}_1(\tau)$

是连通的，它必包含一个生成元的开集，其中的生成元不与任何$\partial\mathscr{B}_i(\tau')$相交，但在$\mathscr{S}(\tau)$和$\mathscr{S}(\tau')$之间有过去端点。 □

用事件视界$\dot{J}^-(\mathscr{I}^+,\overline{\mathscr{M}})$来定义黑洞很方便，因为它是一种具有许多良好性质的零超曲面。但这种定义依赖于解的整个未来性态。给定部分 Cauchy 曲面$\mathscr{S}(\tau)$，如果不对曲面的整个未来发展求解 Cauchy 问题，我们不可能知道事件视界在何处。因此，我们需要定义一种仅依赖于时空在曲面$\mathscr{S}(\tau)$上的性质的不同的视界。

由命题 9.2.1 我们知道，在由部分 Cauchy 曲面$\mathscr{S}$发展起来的正常可预言空间里，$\mathscr{S}(\tau)$的任一闭合俘获面必处于$\mathscr{B}(\tau)$内。这个结果仅依赖于垂直于二维曲面的外向零测地线收敛的事实。向内的零测地线是否收敛则无关紧要。因此我们称$D^+(\mathscr{S})$内的一个可定向紧致类空二维曲面是**外俘获面**，如果垂直于它的外向零测地线的膨胀$\hat{\theta}$非正的话。（为方便起见，我们将$\hat{\theta}=0$情形包括在内。）为了确定哪些是外向的零测地线族，我们利用部分 Cauchy 曲面$\mathscr{S}(\tau)$的性质(β)。令$\mathbf{X}$是命题 9.2.3 的类时向量场，于是对任一给定的τ值，可通过$\mathbf{X}$的积分曲线将$D^+(\mathscr{S})$内的紧致可定向类空二维曲面$\mathscr{P}$映入$\mathscr{S}(\tau)$内的紧致可定向二维曲面$\mathscr{P}'$。令λ是$\mathscr{S}(\tau)\cup\mathscr{Q}(\tau)$内自$\mathscr{Q}(\tau)$到$\mathscr{P}'$的曲线，它仅在端点处与$\mathscr{P}'$相交。因此我们可在$\mathscr{S}(\tau)$内定义$\mathscr{P}'$上向外的方向作为$\lambda$趋向$\mathscr{P}'$的方向。因为$\mathscr{S}(\tau)$是单连通的，故此定义唯一。于是，垂直于$\mathscr{P}$的外向零测地线族就是被$\mathbf{X}$映上到$\mathscr{S}(\tau)$内的$\mathscr{P}'$的外向曲线的一族。

求得曲面$\mathscr{S}(\tau)$上的解之后，我们可找出所有$\mathscr{S}(\tau)$内的外俘获
面。我们将曲面$\mathscr{S}(\tau)$内的**俘获区域**$\mathscr{T}(\tau)$定义为所有点$q\in\mathscr{S}(\tau)$ 320
的集合，使过q点存在一个处于$\mathscr{S}(\tau)$内的外俘获面$\mathscr{P}$。正如下述结果所证明的，俘获区域$\mathscr{T}(\tau)$的存在意味着黑洞$\mathscr{B}(\tau)$的存在。事实上，对每个τ值，$\mathscr{T}(\tau)$处于$\mathscr{B}(\tau)$内。

命题 9.2.8

令$(\mathscr{M},\mathbf{g})$是从部分 Cauchy 曲面$\mathscr{S}$发展的正常可预言空间，其中对每个零向量K^a有$R_{ab}K^aK^b\geqslant 0$，则$D^+(\mathscr{S})$内的外俘获面$\mathscr{P}$不与$\dot{J}^-(\mathscr{I}^+,\overline{\mathscr{M}})$相交。

证明类似于命题 9.2.1。假定 $\mathscr{P}$ 与 $J^-(\mathscr{I}^+, \overline{\mathscr{M}})$ 相交，于是 $\dot{J}^+(\mathscr{P}, \overline{\mathscr{M}})$ 与 $\mathscr{I}^+$ 相交。对 $\mathscr{I}^+ \cap \dot{J}^+(\mathscr{P}, \overline{\mathscr{M}})$ 的每一点，存在 $\dot{J}^+(\mathscr{P}, \overline{\mathscr{M}})$ 的过去方向的零测地线生成元，它在 $\mathscr{P}$ 上有过去端点，但不含与 $\mathscr{P}$ 共轭的点。由(4.35)式，这些生成元的膨胀 $\hat{\theta}$ 非负，因为它们在 $\mathscr{P}$ 非负，且有 $R_{ab}K^aK^b \geqslant 0$。因此，这些生成元的二维截面面积将总是小于或等于 $\mathscr{P}$ 的面积。这就引起矛盾，因为 $\mathscr{I}^+ \cap \dot{J}^+(\mathscr{P}, \overline{\mathscr{M}})$ 的面积是无限的，因为它在无穷远。 □

我们把俘获区域 $\mathscr{T}(\tau)$ 的连通分支 $\mathscr{T}_1(\tau)$ 的外边界 $\partial\mathscr{T}_1(\tau)$ 称为**表观视界**。由上述结果，表观视界 $\partial\mathscr{T}_1(\tau)$ 的存在意味着事件视界有一个分支 $\partial\mathscr{B}_1(\tau)$ 在它之外或与它重合。但逆命题未必成立：即在事件视界内可以没有外俘获面。

另一方面，在事件视界的一个分支 $\partial\mathscr{B}_1(\tau)$ 内可能存在着不止一个 $\mathscr{T}(\tau)$ 的连通分支。图 59 展示了这些可能性。当我们考虑两个黑洞的合并和碰撞时，就会出现类似情形。在初始曲面 $\mathscr{S}(\tau_1)$ 上，可能有两个分离的俘获区域 $\mathscr{T}_1(\tau_1)$ 和 $\mathscr{T}_2(\tau_1)$ 分别处于黑洞 $\mathscr{B}_1(\tau_1)$ 和 $\mathscr{B}_2(\tau_1)$。当它们互相接近时，事件视界的两个分支 $\partial\mathscr{B}_1(\tau)$ 和 $\partial\mathscr{B}_2(\tau)$ 将合并，并在随后形成的曲面 $\mathscr{S}(\tau_2)$ 上形成一个单独的黑洞 $\mathscr{B}_3(\tau_2)$。但表观视界 $\partial\mathscr{T}_1(\tau)$ 和 $\partial\mathscr{T}_2(\tau)$ 却不随即合于一处，而是在二者周围形
321 成第三个俘获区域 $\mathscr{T}_3(\tau)$（图 60）。在随后的某个时刻，$\mathscr{T}_1$，$\mathscr{T}_2$ 和 $\mathscr{T}_3$ 才可能合并。

我们下面只概括表观视界的主要性质的证明。首先是：

命题 9.2.9

$\partial\mathscr{T}(\tau)$ 的每个分支都是这样一种二维曲面，其正交外向零测地线在 $\partial\mathscr{T}(\tau)$ 上有零收敛 $\hat{\theta}$。（我们称这种曲面为**临界外俘获面**。）

如果 $\hat{\theta}$ 在点 $p \in \partial\mathscr{T}(\tau)$ 的 $\partial\mathscr{T}(\tau)$ 的邻域内是正的，则存在 p 的邻
322 域 $\mathscr{U}$ 使 $\mathscr{S}(\tau)$ 内任何与 $\mathscr{U}$ 相交的外俘获面也与 $\partial\mathscr{T}(\tau)$ 相交，于是，在 $\partial\mathscr{T}(\tau)$ 上 $\hat{\theta} \leqslant 0$。

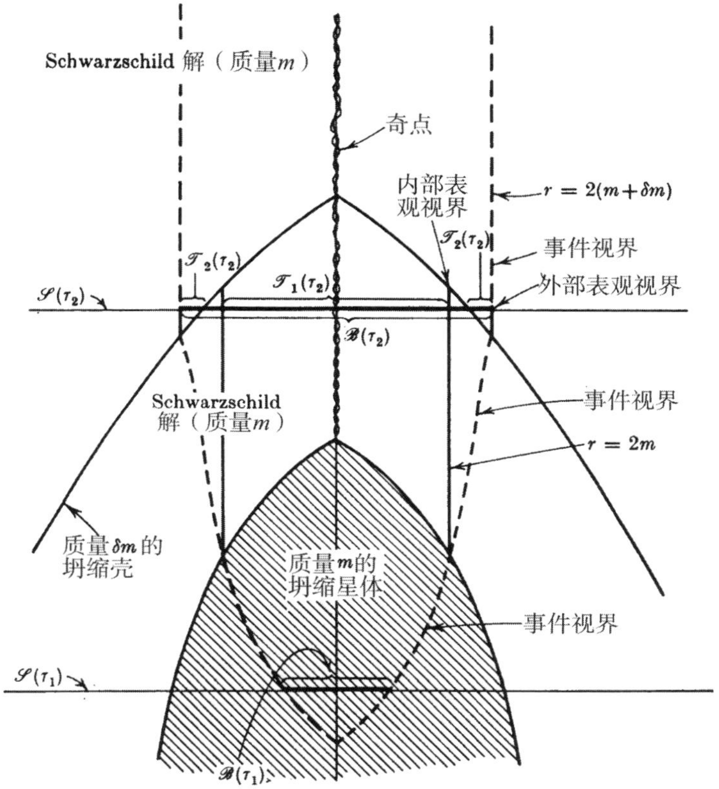

图 59　质量 m 的星体的球状坍缩，紧跟着是质量 δm 的物质壳的球状坍缩。星体坍缩后的外部解是质量 m 的 Schwarzschild 解，而物质壳坍缩后形成的是质量 $m+\delta m$ 的 Schwarzschild 解。在 τ_1 时刻，存在事件视界但不存在表观视界；但在 τ_2 时刻，事件视界之内出现了两个表观视界

如果 $\hat{\theta}$ 在点 $p\in\partial\mathscr{T}(\tau)$ 在 $\partial\mathscr{T}(\tau)$ 的邻域内是负的，则我们可在 $\mathscr{T}(\tau)$ 内向外变形 $\partial\mathscr{T}(\tau)$，获得 $\partial\mathscr{T}(\tau)$ 之外的外俘获面。 □

因此，在曲面 $\mathscr{S}(\tau)$ 上，垂直于表观视界 $\partial\mathscr{T}(\tau)$ 的零测地线以零收敛开始。但如果遇上任何物质或满足一般性条件（§4.4）的 Weyl 张量，则它们开始收敛，从而与随后曲面 $\mathscr{S}(\tau')$ 的交将处于表观视界 323
$\partial\mathscr{T}(\tau')$ 内。换句话说，表观视界向外移动的速度至少和光速一样，而且当任何物质或辐射落下穿过时，它会比光速还快。正如上述例子所

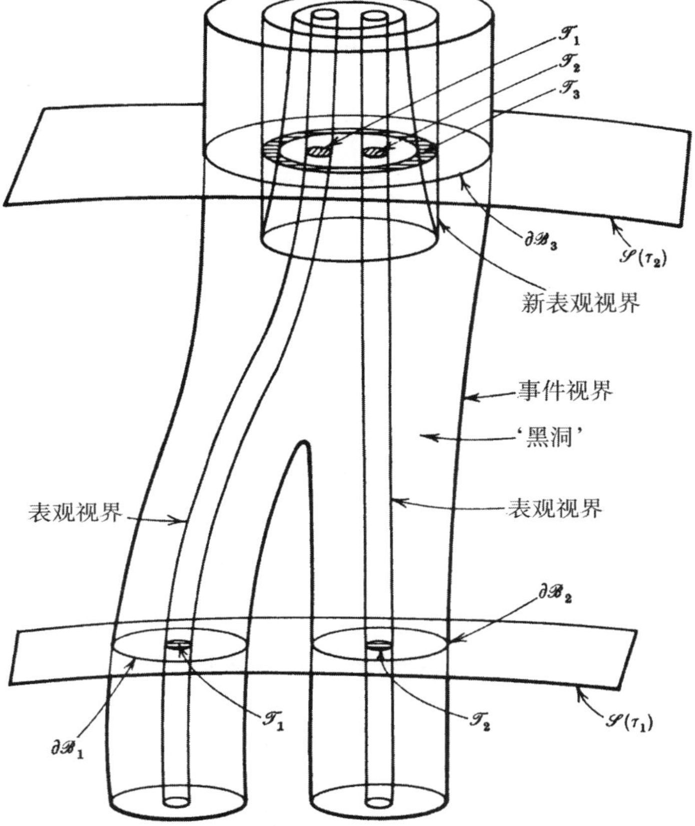

图 60　两个黑洞的碰撞和合并。在 τ_1 时刻，在事件视界 $\partial\mathscr{B}_1$ 和 $\partial\mathscr{B}_2$ 之内分别存在着表观视界 $\partial\mathscr{T}_1$ 和 $\partial\mathscr{T}_2$；到了 τ_2 时刻，两个事件视界合并成一个单独的事件视界，而在前两个表观视界周围则出现第三个表观视界

表明的，表观视界也可以间断地向外跳跃，这使它比总是以连续方式移动的事件视界更难对付。在下一节里我们将证明，当解处于稳态时，事件视界和表观视界将重合。因此，如果解在长时间里接近稳态，那么我们可以相信这两个视界也非常接近。特别是，我们可以认为它们的面积在此情形几乎是相同的。如果有一个解，它从初始的近稳态出发，经某个非稳定时期并最终接近稳定，那么我们就可以通过命题 9.2.7 将视界的初始面积与最终面积联系起来。

9.3 黑洞的终态

在上一节，我们假定能预言一颗坍缩星体的遥远未来。我们证明，这意味着星体穿过一个将奇点藏于观察者视线之外的事件视界，穿过事件视界的物质和能量将永远从外部世界消失。因此我们相信，只有有限的能量能以引力波形式辐射到无穷远。一旦大部分能量发射掉了，我们认为视界外的解就会趋于一个稳定状态。因此我们在这一节研究严格稳定的各种黑洞解，并希望其外部区域能近似代表坍缩星体外部解的最终状态。

更准确地说，我们将考虑满足如下条件的空间($\mathscr{M}$, **g**)：

(1)($\mathscr{M}$, **g**)是从部分 Cauchy 曲面 $\mathscr{S}$ 发展起来的正常可预言空间，

(2)存在等距变换群 θ_t：$\mathscr{M}\to\mathscr{M}$，其 Killing 向量 **K** 在 $\mathscr{I}^+$ 和 $\mathscr{I}^-$ 附近是类时的，

(3)($\mathscr{M}$, **g**)是空的，或包含某些场，如电磁场或标量场，它们服从良好性态的双曲方程，并满足主能量条件：对未来方向的类时向量 **N**, **L**, $T_{ab}N^aL^b\geqslant 0$。

我们称满足这些条件的空间为**稳定正常可预言空间**。我们认为， 324
对大的 τ 值，包含坍缩星体的正常可预言空间的区域 $J^-(\mathscr{I}^+,\overline{\mathscr{M}})\cap J^+(\mathscr{S}(\tau))$几乎等距于一个稳定正常可预言空间的类似区域。

条件(3)的合理性在于，我们认为任何非零静质量物质最终都将穿过视界，只有像电磁场这样的长程力场能留下来。条件(2)和(3)意味着，($\mathscr{M}$, **g**)在 Killing 向量场 **K** 为类时的近无穷远区域内是解析的(Müller zum Hagen (1970))。我们将把其他区域的解当作这个外区域解的解析延拓。这里考虑的稳态解没有渐近简单的过去，因为它们只代表系统的终态，而不代表更早的动力学阶段。不过我们关心的只是这些解的未来性质而非过去性质。二者也许不是一回事，因为我们没有先验的理由能够说明为什么这些稳定解应当是时间反演的，尽管它们是时间反演的，事实上这正是我们将要证明的那些结果的一个

结论。

在稳定正常可预言空间内，视界的二维截面面积与时间无关，这给出如下基本结果：

命题 9.3.1

设($\mathscr{M}$ ，**g**) 是稳定正常可预言时空，则未来事件视界 $\dot{J}^{-}(\mathscr{I}^{+},\overline{\mathscr{M}})$ 的生成元在 $J^{+}(\mathscr{I}^{+},\overline{\mathscr{M}})$ 内无过去端点。令 $Y_1{}^a$ 是这些生成元的未来方向的切向量，则在 $J^{+}(\mathscr{I}^{-},\overline{\mathscr{M}})$ 内，$Y_1{}^a$ 有零剪切 $\hat{\sigma}$ 和零膨胀 $\hat{\theta}$，且满足

$$R_{ab}Y_1{}^a Y_1{}^b=0=Y_{1[e}C_{a]bc[d}Y_{1f]}Y_1{}^b Y_1{}^c。$$

为了不中断讨论，我们将这个命题和随后的其他命题的证明放到本节的末尾。这个命题说明，在稳定时空里，表观视界与事件视界重合。

现在我们给出一些结果，它们表明，Kerr 解(§5.6)可能是唯一的一族虚空的稳定正常可预言时空。我们这里不给出 Israel 和 Carter 对这些定理的证明，但会引用这篇文献。其他结果的证明则在本节末尾。
325 因为这些结果，我们相信那种不带电荷的坍缩星体的外部解将稳定到 Kerr 解。如果坍缩星体带有净电荷，则我们认为解趋于某个带电 Kerr 解。

命题 9. 3. 2

在稳定正常可预言时空内，视界 $\partial\mathscr{B}(\tau)$ 在 $J^{+}(\mathscr{I}^{-},\overline{\mathscr{M}})$ 内的每个连通分支都同胚于二维球面。

$\partial\mathscr{B}(\tau)$ 可能有几个连通分支，代表相隔常数距离的几个黑洞。这种情形出现在黑洞的电荷 e 等于其质量 m 且黑洞是不旋转的极限情形下(Hartle and Hawking (1972a))。这可能是我们能够获得足够强的斥力来平衡黑洞间引力的唯一情形。因此，我们只考虑 $\partial\mathscr{B}(\tau)$ 只有一个连通分支的解。

命题 9.3.3

设$(\mathscr{M}, \mathbf{g})$是稳定正常可预言时空，则 Killing 向量 K^a 在单连通的$J^+(\mathscr{I}^-, \overline{\mathscr{M}})\cap\overline{J}^-(\mathscr{I}^+, \overline{\mathscr{M}})$内不为零。取 τ_0 使$\mathscr{S}(\tau_0)\cap\overline{J}^-(\mathscr{I}^+, \overline{\mathscr{M}})$包含于 $J^+(\mathscr{I}^-, \overline{\mathscr{M}})$。如果$\partial\mathscr{B}(\tau_0)$只有一个连通分支，则$J^+(\mathscr{I}^-, \overline{\mathscr{M}})\cap\overline{J}^-(\mathscr{I}^+, \overline{\mathscr{M}})\cap\mathscr{M}$同胚于$[0,1)\times S^2\times R^1$。

讨论有两种可能途径，这取决于 Killing 向量 K^a 是否处处有零旋度 $K_{a;b}K_c\eta^{abcd}$。我们考虑旋度为零的情形，这时称解是**静态正常可预言时空**。大体上说，如果黑洞在某种意义上不旋转，那么我们希望其解是静态的。

命题 9.3.4

在静态正常可预言时空里，Killing 向量 $\mathbf{K}$ 在外区域 $J^+(\mathscr{I}^-, \overline{\mathscr{M}})\cap J^-(\mathscr{I}^+, \overline{\mathscr{M}})$内是类时的，并在

$$\dot{J}^-(\mathscr{I}^+, \overline{\mathscr{M}})\cap J^+(\mathscr{I}^-, \overline{\mathscr{M}})$$

上非零且沿$\dot{J}^-(\mathscr{I}^+, \overline{\mathscr{M}})$的零生成元方向。

由于 $\mathbf{K}$ 的旋度为零，故它是正交超曲面，即存在函数 ξ 使 K_a 正比于 $\xi_{;a}$。于是我们可将外区域的度规分解为 $\mathbf{g}_{ab}=f^{-1}K_aK_b+h_{ab}$ 的形式，这里 $f\equiv K^aK_a$，h_{ab} 是曲面$\{\xi=$常数$\}$的诱导度规，代表 K^a 的积分 326
曲线的分离。因此，外区域容许等距变换，将曲面 ξ 上的点变换到 $\mathbf{K}$ 的同一条积分曲线在曲面 $-\xi$ 上的点。这个等距变换反转了时间方向，我们称容许这种等距变换的空间是**时间对称的**。由此可见，如果外区域的解析扩展包含未来事件视界$\dot{J}^-(\mathscr{I}^+, \overline{\mathscr{M}})$，则它也包含过去事件视界 $\dot{J}^+(\mathscr{I}^-, \overline{\mathscr{M}})$。这些事件视界可以相交也可以不相交。Schwarzschild 解和 $e^2<m^2$ 条件下的 Reissner - Nordström 解是这些事件视界相交的例子，而 $e^2=m^2$ 条件下的 Reissner - Nordström 解则是不相交的例子。在后一种情形，f 的梯度在视界上为零，但在前一种情形则不是。这一研究的意义在于这样一个事实：在未来视界

$\dot{J}^-(\mathscr{I}^+, \overline{\mathscr{M}}) \cap J^+(\mathscr{I}^-, \overline{\mathscr{M}})$上，$K_{a;b}K^b=(1/2)f_{;a}=\beta K_a$，这里$\beta\geqslant 0$是沿$\dot{J}^-(\mathscr{I}^+, \overline{\mathscr{M}})$的零测地线生成元的常数。令 v 是沿这种生成元的未来方向的仿射参数，则 $\mathbf{K}=\alpha\partial/\partial v$，这里 α 是满足 $\mathrm{d}\alpha/\mathrm{d}v=\beta$ 关系的沿生成元的函数。如果 $\beta\neq 0$ 且生成元在过去方向是测地完备的，则 α 和 Killing 向量 $\mathbf{K}$ 必在某点为零。这一点不可能处于$J^+(\mathscr{I}^-, \overline{\mathscr{M}})$内，因此它是未来事件视界$\dot{J}^-(\mathscr{I}^+, \overline{\mathscr{M}})$与过去事件视界$\dot{J}^+(\mathscr{I}^-, \overline{\mathscr{M}})$的交点（Boyer(1969)）。如果 $\beta=0$，则 $\mathbf{K}$ 总不为零，而且不存在这样的视界分岔的点。

Israel(1967)证明，如果

(a) $T_{ab}=0$；

(b) Killing 向量的大小 $f\equiv K^aK_a$ 在 $J^+(\mathscr{I}^-, \overline{\mathscr{M}}) \cap J^-(\mathscr{I}^+, \overline{\mathscr{M}})$内处处有非零梯度；

(c) 过去事件视界$\dot{J}^+(\mathscr{I}^-, \overline{\mathscr{M}})$与未来事件视界$\dot{J}^-(\mathscr{I}^+, \overline{\mathscr{M}})$在紧二维曲面 $\mathscr{F}$ 上相交；

则静态正常可预言时空必是 Schwarzschild 解。

（从条件(c)和命题 9.3.2 可知，$\mathscr{F}$ 是连通的，并有二维球面拓扑。Israel 给出的条件并非这种精确形式，但它们是等价的。）Israel(1968)还进一步证明了，如果将虚空空间条件(a)替换为要求能量-动量张量具有电磁场的形式，则解必是 Reissner - Nordström 解。Müller zum Hagen，Robinson 和 Seifert(1973)在真空情形去掉了条件(b)。

327 从这些结果我们可预期，如果事件视界外解的终态是静态的，则外区域的度规将是 Schwarzschild 解的度规。

现在我们来考虑外部解的终态是稳定而非静态的情形。我们认为，当坍缩星体初始旋转时，就是这种情形。

命题 9.3.5

在非静态的正常可预言虚空空间里，Killing 向量 K^a 在外区域

$J^+(\mathscr{I}^-,\overline{\mathscr{M}})\cap J^-(\mathscr{I}^+,\overline{\mathscr{M}})$是类空的。

我们将 K^a 类空的$\overline{J}^+(\mathscr{I}^-,\overline{\mathscr{M}})\cap\overline{J}^-(\mathscr{I}^+,\overline{\mathscr{M}})$区域称为**能层**。由命题 9.3.4，如果解是静态的，则不存在能层。能层的意义在于，在能层里，粒子不可能在 Killing 向量 K^a 的积分曲线上移动，即粒子从无穷远处看不可能保持静止。由于能层在视界之外，故粒子仍有可能逃到无穷远。具有能层的稳定而非静态的正常可预言空间的例子是 $a^2\leqslant m^2$ 的 Kerr 解（§5.6）。

Penrose (1969)、Penrose 和 Floyd (1971)指出，通过将粒子从无穷远抛进能层，我们可以从有能层的黑洞摄取一定的能量。由于粒子沿测地线移动，因此沿其轨迹

$$(p_0{}^aK_a)_{;b}p_0{}^b=(p_0{}^a{}_{;b}p_0{}^b)K_a+p_0{}^aK_{a;b}p_0{}^b=0,$$

$E_0\equiv -p_0{}^aK_a>0$ 是常数（因为 $p_0{}^a$ 是测地线向量，K^a 是 Killing 向量），这里 $p_0{}^a=mv_0{}^a$ 是粒子的动量向量，m 是粒子的静质量，$\mathbf{v}_0$是粒子世界线的单位切向量。假定这个粒子分裂为两个分别带有动量 $p_1{}^a$ 和 $p_2{}^a$ 的粒子，这里 $p_0{}^a=p_1{}^a+p_2{}^a$。由于 K^a 类空，我们可将 $p_1{}^a$ 取为未来方向的类时向量，它满足 $E_1\equiv -p_1{}^aK_0<0$。于是，$E_2\equiv -p_2{}^aK_a$ 将大于 E_0。这意味着第二个粒子可以逃到无穷远，在那里它将比投入的初始粒子带有更多的能量。这样，我们就从黑洞中摄取了一定的能量。

带负能量的粒子不可能逃到无穷远，而是始终留在 K^a 类空的区域。假定能层不与事件视界 $\dot{J}^-(\mathscr{I}^+,\overline{\mathscr{M}})$ 相交，那么粒子将不得不留在外区域。重复上述过程，我们就有可能不断地从这个解里摄取能量。 328
随着过程的持续进行，我们相信解会逐渐改变。但能层不会收缩到零，因为必然还有负能粒子的存在空间。因此情况似乎是，要么我们能从黑洞中摄取无穷多的能量（这看起来不大可能），要么能层终将与视界相交。我们将证明，在后一种情形，解或者自发地成为轴对称的，或者成为静态的而不可能通过 Penrose 过程摄取任何能量。不论是摄取无穷多能量，还是解自发改变，两种可能性都说明黑洞的初态是不稳定的。因此，我们似乎有理由认为，在实际的黑洞情形下，能层都与视界相交。

Hajicek (1973)证明，作为能层外边界的稳态极限面含有至少两

条 K^a 的积分零测地线。如果在这些曲线上 f 的梯度不为零，而且曲线在过去是测地完备的，那么它们将包含 K^a 为零的那些点。但在外区域可以没有这样的点（见命题 9.3.3），故能层在此情形必与视界相交。然而，尽管我们有理由认为 K^a 的积分曲线在未来是完备的，但似乎没有理由认为它们在过去也是完备的，因为这等于假定一些关于解的过去区域的东西，正如我们前面说的，那是没有物理意义的。在静态情形，我们可以证明解是时间对称的，但没有先验的理由说明为什么稳定而非静态的解应当是时间对称的。因为这一点，我们将借助上述能量摄取过程而不是 Hajicek 的结果，来证明关于能层与视界相交的假设。

能层交于视界的重要性，可这样来说明。令 $\mathscr{Q}_1$ 为

$$\dot{J}^-(\mathscr{I}^+, \overline{\mathscr{M}}) \cap J^+(\mathscr{I}^-, \overline{\mathscr{M}})$$

的一个连通分支，并令 $\mathscr{G}_1$ 是 $\mathscr{Q}_1$ 关于其生成元的商空间。由命题 9.3.1 和 9.3.2，$\mathscr{G}_1$ 同胚于二维球面。由命题 9.3.1 还可知，两相邻生成元的
329 空间分离沿生成元是常数，故可由 $\mathscr{G}_1$ 上的诱导度规 $\mathbf{h}$ 来表示。等距变换 θ_t 将生成元变换成生成元，其作用等同于（$\mathscr{G}_1$，$\mathbf{h}$）的等距变换群。如果能层与视界相交，则 K^a 将在某处类空，且 θ_t 对（$\mathscr{G}_1$，$\mathbf{h}$）的作用将是非平凡的。因此，这种作用一定相当于球面 $\mathscr{G}_1$ 绕轴的旋转，群在 $\mathscr{G}_1$ 上的轨道将是两点，分别对应于极点和一族圆。于是，沿视界的某个生成元移动的粒子看上去像在相对于由 K^a 定义的标架（在无穷远是稳态的）移动。由此，我们说视界在相对于无穷远**旋转**。

下面的结果说明，旋转的黑洞必然是轴对称的。

命题 9.3.6

设（$\mathscr{M}$，$\mathbf{g}$）是稳定而非静态正常可预言空间，其中能层与 $\dot{J}^-(\mathscr{I}^+, \overline{\mathscr{M}}) \cap J^+(\mathscr{I}^-, \overline{\mathscr{M}})$ 相交。则存在（$\mathscr{M}$，$\mathbf{g}$）的单参数循环等距变换群 $\widetilde{\theta}_\phi$（$0 \leqslant \phi \leqslant 2\pi$），它与 θ_t 对易，其轨道在 $\mathscr{I}^+$，和 $\mathscr{I}^-$ 附近是类空的。

命题 9.3.6 的证明方法是，先用度规 $\mathbf{g}$ 的解析性来证明在视界的邻域内存在等距变换群 $\widetilde{\theta}_\phi$，然后通过解析延拓来扩展这个等距变换群。因此，即使度规在远离视界的孤立区域（例如黑洞周围存在物质环

或棒状框架)不是解析的,这种证明方法依然有效。这就导致明显的悖论。考虑一颗由正方形棒状框架围绕着的稳定旋转星体。假定星体已坍缩成一旋转黑洞。如果这个黑洞趋于稳态,则由命题 9.3.6,度规 **g** 除了在棒上的非解析情形外都是轴对称的。但棒的引力作用会阻挠度规成为轴对称。矛盾的解决似乎在于黑洞在旋转时不可能处于稳态。过程可能是这样的:棒的引力作用使黑洞产生些许畸变,这种畸变反过来作用到框架上使其开始旋转并辐射角动量。最终黑洞和棒状框架的旋转完全衰减,而解趋于静态。如果黑洞外的空间非空,即如果 Israel 定理的条件(a)不满足,则静态黑洞不一定是轴对称的。

以上讨论表明,真实的黑洞在旋转时不可能是严格稳定的,因为宇 330
宙关于它不是严格轴对称的。但在大多数场合,黑洞旋转速率的减缓是极其缓慢的(Press (1972), Hartle and Hawking (1972b))。因此,忽略由远离黑洞的物质造成的些许不对称性,并将旋转黑洞视为稳定的,不失为一种好的近似。因此现在我们来考虑旋转轴对称黑洞的性质。

经 Carter (1969)推广的下述的 Papapetrou (1966)结果表明,对应于时间平移 θ_t 的 Killing 向量 K^a 和对应于角转动 $\widetilde{\theta}_\phi$ 的 $\widetilde{K}^a$ 均垂直于二维曲面族。

命题 9.3.7

设($\mathscr{M}$, **g**)是容许 Killing 向量为 ξ_1 和 ξ_2 的双参数 Abel 等距变换群的时空,令 $\mathscr{V}$ 是 $\mathscr{M}$ 的连通开集,$w_{ab}\equiv\xi_{1[a}\xi_{2b]}$。如果

(a)在 $\mathscr{V}$ 上 $w_{ab}R^b{}_c\eta^{cdef}w_{ef}=0$,

(b)在 $\mathscr{V}$ 的某点 $w_{ab}=0$,

则在 $\mathscr{V}$ 上 $w_{[ab;c}w_{d]e}=0$。

在稳定轴对称时空的对称轴上,即在 $\widetilde{K}^a=0$ 的点集里,条件(b)满足。在虚空空间里,当能量-动量张量为无源电磁场形式时,条件(a)满足(Carter (1969))。由 Frobenius 定理(Schouten (1954)),当 $w_{ab}\neq 0$ 时,$w_{[ab;c}w_{d]e}=0$ 是局部存在垂直于 w_{ab}(即垂直于 ξ_1 和 ξ_2 的线性组合)的二维曲面族的条件。在稳定轴对称时空的情形,这意味着我们可局部引入坐标(t,ϕ,x^1,x^2)使对 $m=1,2$,有 $\mathbf{K}=\partial/\partial t$,$\widetilde{\mathbf{K}}=\partial/\partial\phi$

和 $K^a x^m{}_{;a}=0=\widetilde{K}^a x^m{}_{;a}$。于是度规局部容许等距变换$(t,\phi,x^1,x^2)\to(-t,-\phi,x^1,x^2)$，使时间反向，即它是时间对称的。因此，如果度规在稳定正常可预言虚空空间的无穷远附近的解析扩展包含了未来事件视界，那么它一定也包含过去事件视界。

类比命题 9.3.4，我们有

331 **命题 9.3.8**(参见 Carter (1971*b*))

设$(\mathscr{M},\mathbf{g})$是稳定轴对称正常可预言时空，其中 $w_{[ab;c}w_{d]e}=0$，这里 $w_{ab}\equiv K_{[a}\widetilde{K}_{b]}$。于是在外区域 $J^+(\mathscr{I}^-,\overline{\mathscr{M}})\cap J^-(\mathscr{I}^+,\overline{\mathscr{M}})$的离开轴$\widetilde{\mathbf{K}}=0$ 的每一点，$h\equiv w_{ab}w^{ab}$为负。在视界$\dot{J}^-(\mathscr{I}^+,\overline{\mathscr{M}})\cap J^+(\mathscr{I}^-,\overline{\mathscr{M}})$和 $\dot{J}^+(\mathscr{I}^-,\overline{\mathscr{M}})\cap\dot{J}^-(\mathscr{I}^+,\overline{\mathscr{M}})$上，$h$ 为零但除非在轴上，$w_{ab}\neq0$。

这说明在外区域轴外的每一点，都存在类时 Killing 向量 K^a 和 $\widetilde{K}^a$ 的某种类时线性组合。在能层外，K^a 本身是类时的，但在稳态极限面与视界之间，我们必须加上$\widetilde{K}^a$ 的倍乘来得到类时 Killing 向量。在视界上，不存在类时线性组合，但存在零线性组合，而且沿视界的零生成元的方向。在轴 $\widetilde{\mathbf{K}}=0$ 外，我们可局部地将视界刻画为满足$h\equiv w_{ab}w^{ab}=0$ 点的集合。

现在我们讨论 Carter (1971*b*)定理。这个定理表明，Kerr 解可能是唯一虚空稳定的黑洞。Carter 考虑的是这样一种稳定正常可预言空间，它们满足：

(*a*)$T_{ab}=0$，

(*b*)它们是轴对称的，

(*c*)过去事件视界$\dot{J}^+(\mathscr{I}^-,\overline{\mathscr{M}})$与未来事件视界$\dot{J}^-(\mathscr{I}^+,\overline{\mathscr{M}})$交于一个紧致连通二维曲面 $\mathscr{F}_1$。

(由命题 9.3.2，这个空间是一个二维球面。)Carter 证明，所有这些解分成不相交的族，每一族仅取决于两个参数。这两个参数可取为从无穷远处测得的质量 m 和角动量 L。已知的一族即 $m\geqslant0,a^2\leqslant m^2$

条件下的 Kerr 解，这里 $a=L/m$。（$a^2>m^2$ 条件下的 Kerr 解包含裸奇点，故不是正常可预言空间。）似乎不太可能还有任何其他不相交的族。对此人们猜想，无荷坍缩星体的外部应当稳定到 $a^2\leqslant m^2$ 条件下的 Kerr 解。Regge 和 Wheeler（1957），Doroshkevich，Zel'dovich 和 Novikov（1966），Vishveshwara（1970）以及 Price（1972）对球状坍缩的线性扰动分析都支持这个猜想。

假定这个 Carter - Israel 猜想是正确的，则可预期，我们在 $\mathscr{I}$ 上 $\mathscr{Q}_1(\tau)$ 处测得的事件视界的二维曲面 $\partial\mathscr{B}(\tau)$ 的面积将趋于具有相同质量和角动量的 Kerr 解在 $r=r_+$ 的事件视界内的二维曲面面积。这个 332
面积为 $8\pi m(m+(m^2-a^2)^{1/2})$，这里 m 是 Kerr 解的质量，ma 是角动量。（如果坍缩星体有净电荷 e，则我们预料解将稳定到带电的 Kerr 解。这种解的事件视界的二维曲面面积是

$$4\pi(2m^2-e^2+2m(m^2-a^2-e^2)^{\frac{1}{2}})。$$

利用这个表达式，我们可将结果推广到带电黑洞。）考虑这样一种坍缩情形，它到曲面 $\mathscr{S}(\tau_1)$ 时已稳定在质量 m、角动量 m_1a_1 的 Kerr 解。现在假定黑洞在有限时间内与粒子或辐射相互作用，则解到曲面 $\mathscr{S}(\tau_2)$ 时将最终稳定到参数为 m_2，a_2 的另一个 Kerr 解。从 § 9.2 的讨论可知，$\partial\mathscr{B}(\tau_2)$ 的面积必大于或等于 $\partial\mathscr{B}(\tau_1)$ 的面积。事实上是前者严格大于后者，因为只有当没有物质或辐射穿过视界时 $\hat{\theta}$ 才为零。因此这个结果意味着

$$m_2(m_2+(m_2{}^2-a_2{}^2)^{\frac{1}{2}})>m_1(m_1+(m_1{}^2-a_1{}^2)^{\frac{1}{2}})。\qquad(9.4)$$

如果 $a_1\neq0$，则不等式(9.4)允许 m_2 小于 m_1。由于在渐近平直时空里总能量和总动量守恒（Penrose（1963）），因此上式意味着我们已经从黑洞摄取了一定的能量，方法之一是在黑洞周围构造一正方形棒框架，利用旋转黑洞作用到框架上的力矩来做功。还有一种办法，就是利用 Penrose 过程将粒子投入能层，在那里粒子分裂为两个，其中的一个携带着大于初始粒子的能量逃到无穷远，另一个则落入事件视界，从而减少解的角动量。由此，我们可将这个过程视为从黑洞摄取旋转能量的过程。Christodoulou（1970）证明，我们可以得到任意接近不等式(9.4)所确定的极限的结果。实际上，摄取的最大能量出现在 $a_2=0$ 处，这样，可获得的能量 (m_1-m_2) 小于

$$m_1\left\{1-\frac{1}{\sqrt{2}}\left(1+\left(1-\frac{a_1{}^2}{m_1{}^2}\right)^{\frac{1}{2}}\right)^{\frac{1}{2}}\right\}。$$

现在考虑相距遥远的两颗星体坍缩成黑洞的情形。于是,存在某
333 一时刻 τ',使$\partial\mathscr{B}(\tau')$由两个分离的二维球面$\partial\mathscr{B}_1(\tau')$和$\partial\mathscr{B}_2(\tau')$组成。因为这些球面相距遥远,我们可忽略它们之间的相互作用,并假定二者附近的解接近参数分别为 m_1, a_1 和 m_2, a_2 的 Kerr 解。这样,$\partial\mathscr{B}_1(\tau')$和$\partial\mathscr{B}_2(\tau')$的面积分别约为 $8\pi m_1(m_1+(m_1{}^2-a_1{}^2)^{1/2})$ 和 $8\pi m_2(m_2+(m_2{}^2-a_2{}^2)^{1/2})$。现假定这两个黑洞互相接近、碰撞并结合。这种碰撞将产生一定的引力辐射。系统最终在曲面$\mathscr{S}(\tau'')$达到稳定,类似于参数 m_3, a_3 下的一个 Kerr 解。通过和前面相同的论证,$\partial\mathscr{B}(\tau'')$的面积必大于$\partial\mathscr{B}(\tau')$的总面积,即$\partial\mathscr{B}_1(\tau')$和$\partial\mathscr{B}_2(\tau')$的面积之和。因此,

$$m_3(m_3+(m_3{}^2-a_3{}^2)^{\frac{1}{2}})$$
$$>m_1(m_1+(m_1{}^2-a_1{}^2)^{\frac{1}{2}})+m_2(m_2+(m_2{}^2-a_2{}^2)^{\frac{1}{2}})。$$

根据渐近平直时空的守恒律,被引力辐射带到无穷远的能量为

$$m_1+m_2-m_3,$$

它受上述不等式的制约。质量转换为引力辐射的效率

$$\varepsilon\equiv(m_1+m_2-m_3)(m_1+m_2)^{-1}$$

总是小于 1/2。如果 $a_1=a_2=0$,则 $\varepsilon<1-1/\sqrt{2}$。应当强调的是,这些都是上限,尽管单从极限看可以获取相当比例的能量,但实际效率要小得多。

上面我们说明了,在一对黑洞的合并过程中,能转化为引力辐射的质量比例是有限的。但如果初始时就存在大量黑洞,则它们可成对结合,而生成的黑洞还能再结合,等等。就量纲而言,我们认为每一阶段的效率都相同,故最终将有相当比例的初始质量转换为引力辐射。(这一论证是 C. W. Misner 和 M. J. Rees 提出的。)在每个阶段,引力辐射发出的能量会越来越大,这或许能够解释 Weber 最近观察到的引力辐射的短暂爆发。

现在我们证明本节提出的命题。为方便起见,这里将复述各命题。

334 **命题 9.3.1**

设($\mathscr{M}$, $\mathbf{g}$)是稳定正常可预言时空,则未来事件视界 $\dot{J}^-(\mathscr{I}^+, \overline{\mathscr{M}})$的生成元在 $J^+(\mathscr{I}^-, \overline{\mathscr{M}})$内无过去端点。令$Y_1{}^a$ 是这些生成元的未来方向的切向量,则在 $J^+(\mathscr{I}^-, \overline{\mathscr{M}})$内,$Y_1{}^a$ 有零剪切$\hat{\sigma}$

和零膨胀$\hat{\theta}$，且满足

$$R_{ab}Y_1{}^aY_1{}^b=0=Y_{1[e}C_{a]bc[d}Y_{1f]}Y_1{}^bY_1{}^c。$$

令 $\mathscr{C}$ 是 $\mathscr{I}^-$ 上的二维类空球面，于是我们可在 θ_t 的作用下将 $\mathscr{C}$ 沿 $\mathscr{I}^-$ 生成元上下移动，即 $\mathscr{C}(t)=\theta_t(\mathscr{C})$，以得到一族覆盖 $\mathscr{I}^-$ 的二维球面 $\mathscr{C}(t)$。在点 $p\in J^+(\mathscr{I}^-,\overline{\mathscr{M}})$ 上定义函数 x 为满足 $p\in J^+(\mathscr{C}(t),\overline{\mathscr{M}})$ 的最大 t 值。令 $\mathscr{U}$ 是 $\mathscr{I}^+$ 和 $\mathscr{I}^-$ 的邻域，它等距于渐近简单空间里的相应邻域。于是 x 在 $\mathscr{S}\cap\mathscr{U}$ 上连续并有下界 x'。由此可知，x 在大于 x' 的区域 $\overline{J}^-(\mathscr{I}^+,\overline{\mathscr{M}})$ 是连续的。令 $p\in J^+(\mathscr{I}^-,\overline{\mathscr{M}})\cap J^-(\mathscr{I}^+,\overline{\mathscr{M}})$，则在等距变换群 θ_t 下，我们可将 p 移入区域 $\overline{J}^-(\mathscr{I}^+,\overline{\mathscr{M}})$，其中 $x>x'$。但

$$x|_{\theta_t(p)}=x|_p+t,$$

因此 x 在 p 点连续。

令 $\tau_0>0$ 使 $\mathscr{S}(\tau_0)\cap\overline{J}^-(\mathscr{I}^+,\overline{\mathscr{M}})$ 包含于 $J^+(\mathscr{I}^-,\overline{\mathscr{M}})$。令 λ 是 $\dot{J}^-(\mathscr{I}^+,\overline{\mathscr{M}})$ 与 $\mathscr{S}(\tau_0)$ 相交的生成元。假定在 λ 上存在 x 的某个有限上界 x_0，由于空间是弱渐近简单的，故当我们在 $\mathscr{S}(\tau_0)$ 上趋于 $\mathscr{Q}(\tau_0)$ 时，$x\to\infty$。因此 x 在

$$\mathscr{S}(\tau_0)\cap\overline{J}^-(\mathscr{I}^+,\overline{\mathscr{M}})$$

上有某个下界 x_1。在群 θ_t 作用下，λ 变成另一个生成元 $\theta_t(\lambda)$。由于 $\dot{J}^-(\mathscr{I}^+,\overline{\mathscr{M}})$ 的生成元无未来端点，故 $\theta_t(\lambda)$ 的过去扩展仍将与 $\mathscr{S}(\tau_0)\cap\overline{J}^-(\mathscr{I}^+,\overline{\mathscr{M}})$ 相交。这导致矛盾，因为如果 $t<x_1-x_2$，x 在 $\theta_t(\lambda)$ 的上界将小于 x_1。

令 x_2 是 x 在 $\mathscr{S}(\tau_0)\cap\dot{J}^-(\mathscr{I}^+,\overline{\mathscr{M}})$ 的上界。于是对 $t\geqslant x_2$，$\dot{J}^-(\mathscr{I}^+,\overline{\mathscr{M}})$ 的每个与 $\mathscr{S}(\tau_0)$ 相交的生成元 λ 将交于 $\mathscr{F}(t)\equiv\dot{J}^+(\mathscr{C}(t),\overline{\mathscr{M}})\cap\dot{J}^-(\mathscr{I}^+,\overline{\mathscr{M}})$。对 $t\geqslant t'-x_1$，$\dot{J}^-(\mathscr{I}^+,\overline{\mathscr{M}})$ 的每个与 $\mathscr{F}(t')$ 相交的生成元将交于 $\theta_t(\mathscr{S}(\tau_0))$。但 $\theta_t(\mathscr{S}(\tau_0))\cap\dot{J}^-(\mathscr{I}^+,\overline{\mathscr{M}})=\theta_t(\mathscr{S}(\tau_0)\cap\dot{J}^-(\mathscr{I}^+,\overline{\mathscr{M}}))$ 是紧的，因此 $\mathscr{F}(t)$

是紧的。

335 现在考虑 $\mathscr{F}(t)$的面积如何随 t 增长而变化。由于 $\hat{\theta}\geqslant 0$,故面积不可能减小。若在某个开集上 $\hat{\theta}>0$,则面积将增大。而且,如果视界的生成元在 $\mathscr{F}(t)$没有过去端点,面积也会增加。但由于$\mathscr{F}(t)$在等距变换 θ_t 作用下变动,其面积必保持不变。因此$\hat{\theta}=0$,而且 $\mathscr{F}(t)$的生成元在 $x\geqslant x_2$ 的$\dot{J}^-(\mathscr{I}^+,\overline{\mathscr{M}})$区域里没有过去端点。但由于$\dot{J}^-(\mathscr{I}^+,\overline{\mathscr{M}})\cap J^+(\mathscr{I}^-,\overline{\mathscr{M}})$的每一点可在等距变换 θ_t 下移到 $x>x_2$ 的区域,因此这个结果也适用于整个$\dot{J}^-(\mathscr{I}^+,\overline{\mathscr{M}})\cap J^+(\mathscr{I}^-,\overline{\mathscr{M}})$。由移动方程(4.35)和(4.36),我们可找 $\hat{\sigma}_{mn}=0$,$R_{ab}Y_1{}^aY_1{}^b=0$ 以及 $Y_{1[e}C_{a]bc[d}Y_{1f]}Y_1{}^bY_1{}^c=0$,这里$Y_1{}^a$ 是视界的零测地线生成元的未来方向的切向量。 □

命题 9.3.2

在稳定正常可预言时空内,视界$\partial\mathscr{B}(\tau)$在 $J^+(\mathscr{I}^-,\overline{\mathscr{M}})$内的每个连通分支都同胚于二维球面。

现在我们考虑,如果让$\partial\mathscr{B}(\tau)$稍向外变形,进入$J^-(\mathscr{I}^+,\overline{\mathscr{M}})$,那么垂直于$\partial\mathscr{B}(\tau)$的外向零测地线的膨胀将如何变化。令$Y_2{}^a$ 是垂直于$\partial\mathscr{B}(\tau)$的另一个未来方向的零向量,归一化为$Y_1{}^aY_{2a}=-1$。它保留了$\mathbf{Y}_1\to\mathbf{Y}'_1=e^y\mathbf{Y}_1$,$\mathbf{Y}_2\to\mathbf{Y}'_2=e^{-y}\mathbf{Y}_2$ 的自由。类空二维曲面$\partial\mathscr{B}(\tau)$上的诱导度规为 $\hat{h}_{ab}=g_{ab}+Y_{1a}Y_{2b}+Y_{2a}Y_{1b}$。通过将$\partial\mathscr{B}(\tau)$的每一点沿切向量为$Y_2{}^a$ 的零测地线移动一个参数距离 w,我们定义一族曲面 $\mathscr{F}(\tau,w)$。如果 $\mathscr{F}(\tau,w)$按

$$\hat{h}_{ab}Y_1{}^b{}_{;c}Y_2{}^c=-\hat{h}_a{}^bY_{2c;b}Y_1{}^c \quad 和 \quad Y_1{}^aY_{2a}=-1$$

移动,则向量$Y_1{}^a$ 与它们正交。因此,

$$\begin{aligned}(Y_1{}^a{}_{;b}\hat{h}_a{}^c\hat{h}^b{}_d)_{;g}Y_2{}^g\hat{h}_c{}^s\hat{h}^d{}_t=&\hat{h}^{sa}p_{a;b}\hat{h}^b{}_t+p^sp_t\\&-\hat{h}^s{}_aY_1{}^a{}_{;g}\hat{h}^{ge}Y_{2e;b}\hat{h}^b{}_t+R^a{}_{ceb}Y_2{}^eY_1{}^ch_a{}^sh_t{}^b,\end{aligned} \tag{9.5}$$

这里 $p^a\equiv-\hat{h}^{ba}Y_{2c;b}Y_1{}^c$。与$\hat{h}^t{}_s$ 缩并,得

$$\frac{\mathrm{d}\hat{\theta}}{\mathrm{d}w}=(Y_1{}^a{}_{;b}\hat{h}^b{}_a)_{;c}Y_2{}^c$$

$$=p_{b;d}\hat{h}^{bd}-R_{ac}Y_1{}^aY_2{}^c+R_{adcb}Y_1{}^dY_2{}^cY_2{}^aY_1{}^b+p_ap^a$$

$$-Y_1{}^a{}_{;c}\hat{h}^c{}_dY_2{}^d{}_{;b}\hat{h}^b{}_a。$$

在视界上，$Y_1{}^a{}_{;c}\hat{h}^{cd}\hat{h}^b{}_a$ 为零，因为视界的剪切和散度均为零。在重标度变换 $\mathbf{Y}_1{}'=\mathrm{e}^y\mathbf{Y}_1$，$\mathbf{Y}_2{}'=\mathrm{e}^{-y}\mathbf{Y}_2$ 下，向量 p^a 变为 $p'^a=p^a+\hat{h}^{ab}y_{;b}$，因此 336
$\mathrm{d}\hat{\theta}/\mathrm{d}w|_{w=0}$ 变为

$$\left.\frac{\mathrm{d}\hat{\theta}'}{\mathrm{d}w'}\right|_{w=0}=p_{b;d}\hat{h}^{bd}+y_{;bd}\hat{h}^{bd}-R_{ac}Y_1{}^aY_2{}^c+R_{adcb}Y_1{}^dY_2{}^cY_2{}^aY_1{}^b+p'^ap'_a。\quad(9.6)$$

在二维曲面 $\partial\mathscr{B}(\tau)$ 内，$y_{;bd}\hat{h}^{bd}$ 项是 y 的 Laplace 算子。由 Hodge (1952)定理，我们可取 y 使(9.6)式右边前四项之和在 $\partial\mathscr{B}(\tau)$ 上为一常数，常数的符号取决于

$$(-R_{ac}Y_1{}^aY_2{}^c+R_{adcb}Y_1{}^dY_2{}^cY_2{}^aY_1{}^b)$$

在 $\partial\mathscr{B}(\tau)$ 上积分的符号(散度 $p_{b;d}\hat{h}^{bd}$ 的积分为零)。这个积分可用度规 $\hat{h}$ 的二维曲面的标量曲率 $\hat{R}$ 的 Gauss - Codacci 方程

$$\hat{R}=R_{ijkl}\hat{h}^{ik}\hat{h}^{jl}=R-2R_{ijkl}Y_1{}^iY_2{}^jY_1{}^kY_2{}^l+4R_{ij}Y_1{}^iY_2{}^j$$

来估计，这是因为在 $\partial\mathscr{B}(\tau)$ 上 $\hat{\theta}=\hat{\sigma}=0$。由 Gauss - Bonnet 定理(Kobayashi and Nomizu (1969))，

$$\int_{\partial\mathscr{B}(\tau)}\hat{R}\,\mathrm{d}\hat{S}=2\pi\chi,$$

其中 $\mathrm{d}\hat{S}$ 是曲面 $\partial\mathscr{B}(\tau)$ 的面元，χ 是 $\partial\mathscr{B}(\tau)$ 的 Euler 数。由此，

$$\int_{\partial\mathscr{B}(\tau)}(-R_{ab}Y_1{}^aY_2{}^b+R_{adcb}Y_1{}^dY_2{}^cY_2{}^aY_1{}^b)\mathrm{d}\hat{S}$$

$$=-\pi\chi+\int_{\partial\mathscr{B}(\tau)}\left(\frac{1}{2}R+R_{ab}Y_1{}^aY_2{}^b\right)\mathrm{d}\hat{S}。\quad(9.7)$$

由 Einstein 方程，

$$\frac{1}{2}R+R_{ab}Y_1{}^aY_2{}^b=8\pi T_{ab}Y_1{}^aY_2{}^b,$$

由主能量条件，上式 $\geqslant 0$。对球面，Euler 数 χ 是 $+2$；对圆环面，χ 是 0；对任何其他紧致可定向二维曲面，$\chi<0$($\partial\mathscr{B}(\tau)$ 必然是可定向的，因

为它是边界)。因此,仅当$\partial\mathscr{B}(\tau)$是球面时,(9.7)式右边才是负的。

假定(9.7)式右边是正的。于是我们可选择 y 使$\mathrm{d}\hat{\theta}'/\mathrm{d}w'|_{w=0}$在$\partial\mathscr{B}(\tau)$上处处为正。对 w'较小的负值,我们可在 $J^-(\mathscr{I}^+,\overline{\mathscr{M}})$内得到一个二维曲面,使垂直于它的外向零测地线收敛。这与命题 9.2.8 矛盾。

337 现假定 χ 为 0,且 $T_{ab}Y_1{}^aY_2{}^b$ 在$\partial\mathscr{B}(\tau)$上为零。于是我们可取 y 使(9.6)式右边前四项之和在$\partial\mathscr{B}(\tau)$上为零。因此在$\partial\mathscr{B}(\tau)$上,

$$p'^a{}_{;b}\hat{h}^b{}_a+R_{abcd}Y_1{}^aY_2{}^bY_1{}^cY_2{}^d=0。$$

如果 $R_{abcd}Y_1{}^aY_2{}^bY_1{}^cY_2{}^d$ 在$\partial\mathscr{B}(\tau)$上某处不为零,则(9.6)式的 $p'^ap'_a$ 项在该处也不为零,这样我们可以稍改变 y 使$\mathrm{d}\hat{\theta}'/\mathrm{d}w'|_{w=0}$处处为正。这也导致矛盾。

现假定 $R_{abcd}Y_1{}^aY_2{}^bY_1{}^cY_2{}^d$ 和 p'^a 在$\partial\mathscr{B}(\tau)$上处处为零。通过在每个阶段选择重定标参数 y 使

$$p'^a{}_{;b}\hat{h}^b{}_a+R_{abcd}Y_1{}^aY_2{}^bY_1{}^cY_2{}^d-\frac{1}{2}R-2R_{ab}Y_1{}^aY_2{}^b=p'^a{}_{;b}\hat{h}^b{}_a-\frac{1}{2}\hat{R}=0,$$

我们可使二维曲面$\partial\mathscr{B}(\tau)$沿$Y_2{}^a$ 后退。如果对 $w'<0$,$T_{ab}Y_1{}^aY_2{}^b$ 或 p'^a 不为零,则我们可调整 y,在 $J^-(\mathscr{I}^+,\overline{\mathscr{M}})$内得到一个 $\hat{\theta}<0$ 的二维曲面。这与命题 9.2.8 矛盾。另一方面,如果对 $w'<0$,$T_{ab}Y_1{}^aY_2{}^b$ 或 p'^a 处处为零,则我们可在 $J^-(\mathscr{I}^+,\overline{\mathscr{M}})$内得到一个 $\hat{\theta}=0$ 的二维曲面。这还是与命题 9.2.8 矛盾。

仅当 $\chi=2$,即当$\partial\mathscr{B}(\tau)$是二维球面时,我们才能避免矛盾。 □

命题 9.3.3

设($\mathscr{M}$,$\mathbf{g}$)是稳定正常可预言时空,则 Killing 向量 K^a 在单连通的$J^+(\mathscr{I}^-,\overline{\mathscr{M}})\cap\overline{J^-}(\mathscr{I}^+,\overline{\mathscr{M}})$内不为零。取 τ_0 使 $\mathscr{S}(\tau_0)\cap\overline{J^-}(\mathscr{I}^+,\overline{\mathscr{M}})$包含于 $J^+(\mathscr{I}^-,\overline{\mathscr{M}})$。如果$\partial\mathscr{B}(\tau_0)$只有一个连通分支,则$J^+(\mathscr{I}^-,\overline{\mathscr{M}})\cap\overline{J^-}(\mathscr{I}^+,\overline{\mathscr{M}})\cap\mathscr{M}$ 同胚于$[0,1)\times S^2\times R^1$。

在命题 9.3.1 定义的函数 x 在 $J^+(\mathscr{I}^-, \overline{\mathscr{M}}) \cap \overline{J}^-(\mathscr{I}^+, \overline{\mathscr{M}})$上连续,并具有性质 $x|_{\theta_t(p)} = x|_p + t$。这说明 **K** 在 $J^+(\mathscr{I}^-, \overline{\mathscr{M}}) \cap \overline{J}^-(\mathscr{I}^+, \overline{\mathscr{M}})$内不可能为零。**K** 的积分曲线在曲面

$$\dot{J}^+(\mathscr{C}(t), \overline{\mathscr{M}}) \cap \overline{J}^-(\mathscr{I}^+, \overline{\mathscr{M}}) \cap \mathscr{M} \qquad (-\infty < t < \infty)$$

之间建立起一个同胚。

区域 $J^+(\mathscr{I}^-, \overline{\mathscr{M}}) \cap \overline{J}^-(\mathscr{I}^+, \overline{\mathscr{M}}) \cap \mathscr{M}$ 为这些曲面所覆盖,因而对任意 t'同胚于$R^1 \times \dot{J}^+(\mathscr{C}(t'), \overline{\mathscr{M}}) \cap \overline{J}^-(\mathscr{I}^+, \overline{\mathscr{M}}) \cap \mathscr{M}$。取 t 足够大使 $\dot{J}^+(\mathscr{C}(t), \overline{\mathscr{M}})$和 $\mathscr{S}(\tau_0)$在 $\mathscr{I}^+$ 的邻域$\mathscr{U}$ 内相交,这里$\mathscr{U}$等 338
距于渐近简单空间里的类似邻域。**K** 的积分曲线在

$$\dot{J}^+(\mathscr{C}(t), \overline{\mathscr{M}}) \cap \overline{J}^-(\mathscr{I}^+, \overline{\mathscr{M}}) \cap \mathscr{M} \text{和} \mathscr{S}(\tau_0) \cap \overline{J}^-(\mathscr{I}^+, \overline{\mathscr{M}})$$

之间建立一个同胚。由性质(α)和命题 9.3.2,曲面 $\mathscr{S}(\tau_0)$是单连通的。另外,如果$\partial\mathscr{B}(\tau)$只有一个连通分支,则

$$\mathscr{S}(\tau_0) \cap \overline{J}^-(\mathscr{I}^+, \overline{\mathscr{M}})$$

有拓扑$[0,1) \times S^2$。因此,$J^+(\mathscr{I}^-, \overline{\mathscr{M}}) \cap \overline{J}^-(\mathscr{I}^+, \overline{\mathscr{M}}) \cap \mathscr{M}$ 有拓扑$[0,1) \times S^2 \times R^1$。 □

命题 9.3.4

在静态正常可预言时空里,Killing 向量 **K** 在外区域 $J^+(\mathscr{I}^-, \overline{\mathscr{M}}) \cap J^-(\mathscr{I}^+, \overline{\mathscr{M}})$内是类时的,并在

$$\dot{J}^-(\mathscr{I}^+(t), \overline{\mathscr{M}}) \cap J^+(\mathscr{I}^-, \overline{\mathscr{M}})$$

上非零且沿$\dot{J}^-(\mathscr{I}^+, \overline{\mathscr{M}})$的零生成元方向。

事件视界$\dot{J}^-(\mathscr{I}^+, \overline{\mathscr{M}})$在等距变换 θ_t 作用下映射到自身。因此在$\dot{J}^-(\mathscr{I}^+, \overline{\mathscr{M}}) \cap J^+(\mathscr{I}^-, \overline{\mathscr{M}})$上,**K** 必为零或类空向量。取 τ_0 使 $\mathscr{S}(\tau_0) \cap \overline{J}^-(\mathscr{I}^+, \overline{\mathscr{M}})$包含于 $J^+(\mathscr{I}^-, \overline{\mathscr{M}})$。于是 $f \equiv K^a K_a$ 在

$$J^{+}(\mathscr{S}(\tau_0))\cap \overline{J}^{-}(\mathscr{I}^{+},\overline{\mathscr{M}})$$

内的某个闭集 $\mathscr{N}$ 上必为零。根据 K^a 是 Killing 向量和 $\mathbf{K}$ 的旋度为零（$\nabla\times\mathbf{K}=0$）的事实，

$$f\,K_{a;b}=K_{[a}f_{;b]}。\tag{9.8}$$

由命题 9.3.3，在单连通集 $J^{+}(\mathscr{I}^{-},\overline{\mathscr{M}})\cap\overline{J}^{-}(\mathscr{I}^{+},\overline{\mathscr{M}})$ 上 K^a 不为零。由 Frobenius 定理，由条件 $\nabla\times\mathbf{K}=0$ 可知，在该区域存在函数 ξ 使 $K_a=-\alpha\xi_{;a}$，其中 α 是某个正函数。

令 p 是 $\mathscr{N}$ 的一点，$\lambda(v)$ 是过 p 的处于过 p 的常数 ξ 曲面内的曲线。于是由(9.8)式，有

$$\frac{1}{2}K^a\,\frac{\mathrm{d}}{\mathrm{d}v}\log f=\frac{\mathrm{D}}{\partial v}K^a。$$

如果 $\lambda(v)$ 离开 $\mathscr{N}$，则方程左边无界。但方程右边连续，因此 $\lambda(v)$ 必处于 $\mathscr{N}$ 内，从而 $\mathscr{N}$ 必包含曲面 $\xi=\xi|_p$。但 f 在 p 的开邻域上不可能为
339 零，否则它将处处为零。因此 $\mathscr{N}$ 过 p 的连通分支是三维曲面 $\xi=\xi|_p$。

假定 $p\in J^{+}(\mathscr{I}^{-},\overline{\mathscr{M}})\cap J^{-}(\mathscr{I}^{+},\overline{\mathscr{M}})$。于是存在从 $\mathscr{I}^{-}$ 经 p 到 $\mathscr{I}^{+}$ 的未来方向的类时曲线 $\gamma(u)$。在 $\xi=\xi|_p$，K^a 是未来方向的。因此当 $\xi=\xi|_p$ 时，$(\partial/\partial u)_\gamma\xi>0$。这导致矛盾，因为 K^a 在无穷远附近是类时的，$\xi=\xi|_p$ 不可能与 $\mathscr{I}^{+}$ 或 $\mathscr{I}^{-}$ 相交。这样，在 $\mathscr{I}^{+}$ 和 $\mathscr{I}^{-}$ 附近，ξ 要么大于 $\xi|_p$，要么小于 $\xi|_p$。 □

命题 9.3.5

在非静态的正常可预言虚空空间里，Killing 向量 K^a 在外区域 $J^{+}(\mathscr{I}^{-},\overline{\mathscr{M}})\cap J^{-}(\mathscr{I}^{-},\overline{\mathscr{M}})$ 是类空的。

命题 9.3.1 引入的函数 x 在 $J^{+}(\mathscr{I}^{-},\overline{\mathscr{M}})\cap\overline{J}^{-}(\mathscr{I}^{+},\overline{\mathscr{M}})$ 上连续，并使沿 K^a 的每一条积分曲线有 $\partial x/\partial t=1$。我们可用处处不与 K^a 相切的光滑曲面 $\mathscr{K}$ 来逼近 $J^{+}(\mathscr{I}^{-},\overline{\mathscr{M}})\cap\overline{J}^{-}(\mathscr{I}^{+},\overline{\mathscr{M}})$ 内的 $x=0$ 曲面。然后我们在 $J^{+}(\mathscr{I}^{-},\overline{\mathscr{M}})\cap\overline{J}^{-}(\mathscr{I}^{+},\overline{\mathscr{M}})$ 上定义光滑函数 $\overline{x}$，使在 $\mathscr{K}$ 上 $\overline{x}=0$，$\overline{x}_{;a}K^a=1$。我们可将 Killing 向量的梯度表示为

$$fK_{a;b}=\eta_{abcd}K^c\omega^d+K_{[a}f_{;b]},$$

其中 $f\equiv K^aK_a$ 是 Killing 向量的大小，且

$$\omega^a \equiv \frac{1}{2}\eta^{abcd}K_b K_{c,d}。$$

K 的二阶导数满足

$$2K_{a;[bc]} = R_{dabc}K^d。$$

但 $K_{a;bc} = K_{[a;b]c}$。因此

$$K_{a;bc} = R_{dcba}K^d,$$

它意味着

$$K^{a;b}{}_b = -R^a{}_d K^d。\tag{9.9}$$

向量 $q_a \equiv f^{-1}K_a - \bar{x}_{;a}$ 垂直于 K^a。用 q_a 乘以(9.9)式并在 $J^-(\mathscr{I}^+, \overline{\mathscr{M}})$的区域 $\mathscr{L}$ 上积分,区域 $\mathscr{L}$ 由 $\bar{x} = x_2 + 1$ 和 $x = x_2 + 2$ 定义的曲面 $\mathscr{N}_1$ 和 $\mathscr{N}_2$ 界定,其中 x_2 的定义和命题 9.3.1 一样。我们有

$$\begin{aligned}\int_{\mathscr{L}} R_{ab}K^a q^b \,\mathrm{d}v &= -\int_{\mathscr{L}} (K^{a;b}q_a)_{;b}\,\mathrm{d}v + \int_{\mathscr{L}} K_{a;b}q^{a;b}\,\mathrm{d}v \\ &= -\int_{\partial\mathscr{L}} K^{a;b}q_a \,\mathrm{d}\sigma_b - 2\int_{\mathscr{L}} f^{-2}\omega^a\omega_a \,\mathrm{d}v。\end{aligned}\tag{9.10}$$

$\mathscr{L}$ 的边界$\partial\mathscr{L}$ 包括曲面$\partial\mathscr{L}_1 \equiv \mathscr{N}_1 \cap \overline{J}^-(\mathscr{I}^+, \overline{\mathscr{M}})$,$\partial\mathscr{L}_2 \equiv \mathscr{N}_2 \cap \overline{J}^-(\mathscr{I}^+, \overline{\mathscr{M}})$,$\dot{J}^-(\mathscr{I}^+, \overline{\mathscr{M}})$介于 $\mathscr{N}_1$ 与 $\mathscr{N}_2$ 之间的部分$\partial\mathscr{L}_3$ 和 $\mathscr{I}^1$ 介于 $\mathscr{N}_1$ 与 $\mathscr{N}_2$ 之间的部分$\partial\mathscr{L}_4$。$\partial\mathscr{L}_1$ 上的曲面积分与$\partial\mathscr{L}_2$ 上的曲面积分相反,因为其中一个曲面是另一个曲面经等距变换 θ_t 而来的。 340

在 $\mathscr{I}^-$ 附近,$f = -1 + (2m/r) + O(r^{-2})$,$\omega^a\omega_a = O(r^{-6})$,这里 r 是某个适当的径向坐标。这样在 $\mathscr{I}^-$ 处$\partial\mathscr{L}_4$ 上的曲面积分为零。现假定 K^a 在 $\mathscr{L}$ 内处处类时,在视界上变为零,这样 ω^a 由于垂直于 **K**,将在 $\mathscr{L}$ 内处处类空。因此,如果 ω 非零,即解是非静态的,则(9.10)式右边最后一项为负。这样,如果空间是虚空的,同时$\partial\mathscr{L}_3$ 上的曲面积分为零,就将导致矛盾。

为了估计积分,我们需采用一个极限过程。令 z 是曲面 $\mathscr{N}_1$ 上的函数,在视界上为零,但在 $\mathscr{N}_1$ 内的梯度在视界上不为零。函数 z 可由条件 $z_{;a}K^a = 0$ 定义在$\overline{\mathscr{L}}$上。z 的梯度可表示为

$$z_{;a} = \bar{x}_{;b}z^{;b}(K_a + fR_a),$$

这里 R^a 是与曲面$\{\bar{x} = 常数\}$相切的向量场,归一化为 $R^aK_a = -1$。现在我们对曲面$\{z = 常数\}$介于 $\mathscr{N}_1$ 与 $\mathscr{N}_2$ 之间的部分计算

$\int K^{a;b}q_a\mathrm{d}\sigma_b$。于是 $\mathrm{d}\sigma_b=\mathrm{d}\sigma z_{;b}$，这里 $\mathrm{d}\sigma$ 是某个连续测度。因此

$$\int K^{a;b}q_a\mathrm{d}\sigma_b=\int\left(\frac{1}{2}\overline{x}_{;a}(f)^{;a}-\overline{x}_{;a}K^a{}_{;b}R^bf+\frac{1}{2}f_{;b}R^b\right)\overline{x}_{;b}z^{;b}\mathrm{d}\sigma。$$

由于视界是 $f=0$ 曲面，而 K^a 沿视界的零生成元方向，故 $f_{;a}$ 在视界上正比于 K^a。因此，

$$\int_{\partial\mathscr{B}}K^{a;b}q_a\mathrm{d}\sigma_b=0。$$

这就引出矛盾，它表明，如果空间是虚空的，则 K^a 在 $\overline{\mathscr{L}}$ 的某处必然是类空的。 □

命题 9.3.6

设 $(\mathscr{M},\mathbf{g})$ 是稳定而非静态正常可预言时空，其中能层与 $\dot{J}^-(\mathscr{I}^+,\overline{\mathscr{M}})\cap J^+(\mathscr{I}^-,\overline{\mathscr{M}})$ 相交。则存在 $(\mathscr{M},\mathbf{g})$ 的单参数循环等距变换群 $\widetilde{\theta}_\phi(0\leqslant\phi\leqslant2\pi)$，它与 θ_t 对易，其轨道在 $\mathscr{I}^+$ 和 $\mathscr{I}^-$ 附近是类空的。

341 令 $\mathscr{Q}_1$ 是 $\dot{J}^-(\mathscr{I}^+,\overline{\mathscr{M}})\cap J^+(\mathscr{I}^-,\overline{\mathscr{M}})$ 的一个连通分支，$\mathscr{G}_1$ 是 $\mathscr{Q}_1$ 关于生成元的商空间。则等距变换 θ_t 在视界 $\mathscr{Q}_1$ 内的轨道是螺旋线，重复地与相同的生成元相交。令 $t_1>0$ 使 θ_{t1} 是 $\mathscr{G}_1$ 内的一个旋转，于是，如果 $p\in\mathscr{Q}_1$，则 $\theta_{t1}(p)$ 处于 $\mathscr{Q}_1$ 的同一生成元上，而且在 p 的未来，因为

$$x|_{\theta t1(p)}=x|_p+t_1。$$

现在我们将未来方向的零向量 $\mathbf{Y}_1$ 取为沿生成元的方向，并定标为

(i) $Y_{1a;b}Y_1{}^b=2\varepsilon Y_{1a}$，其中 $\varepsilon_{;a}Y_1{}^a=0$；

(ii) 如果 v 是沿生成元的参数，使 $\mathbf{Y}_1=\partial/\partial v$，则

$$v|_{\theta t1(p)}=v|_p+t_1。$$

如此定义的向量场 $\mathbf{Y}_1$ 在等距变换 θ_t 下不变，即 $L_{\mathbf{K}}\mathbf{Y}_1=0$。现在我们可在 $\mathscr{Q}_1$ 上通过 $\mathbf{Y}_3\equiv\mathbf{K}-\mathbf{Y}_1$ 定义类空向量场 $\mathbf{Y}_3$，于是 $L_{\mathbf{K}}\mathbf{Y}_3=0$ 和 $L_{\mathbf{Y}_1}\mathbf{Y}_3=0$（注意，$\mathbf{Y}_3$ 不是单位向量，事实上它在与 $\mathscr{G}_1$ 的极点对应的生成元 γ_1 和 γ_2 上为零）。在 $\mathscr{Q}_1$ 内，$\mathbf{Y}_3$ 的积分曲线是圆，在 γ_1 和 γ_2 上退化为点。

令 μ 是 $\mathscr{Q}_1$ 内从 γ_1 到 γ_2 的曲线，它垂直于 $\mathbf{Y}_1$ 和 $\mathbf{Y}_3$，并使 $\mathbf{Y}_3$ 的与 μ 相交的轨道在 $\mathscr{Q}_1$ 内形成一光滑类空二维曲面 $\mathscr{P}$。令 $\mathscr{P}(v)$是 $\mathscr{Q}_1$ 内类空二维曲面族，它通过将 $\mathscr{P}$ 的每一点在 $\mathscr{Q}_1$ 的生成元向上移动一个参数距离 v 的方式形成。$\mathscr{P}(v)$也等于 $\theta_v(\mathscr{P})$。令 $\mathbf{Y}_2$ 是垂直于 $\mathscr{P}(v)$的另一个零向量，归一化为 $Y_1{}^aY_{2a}=-1$（图 61）。于是$L_{\mathbf{K}}\mathbf{Y}_2=0$。

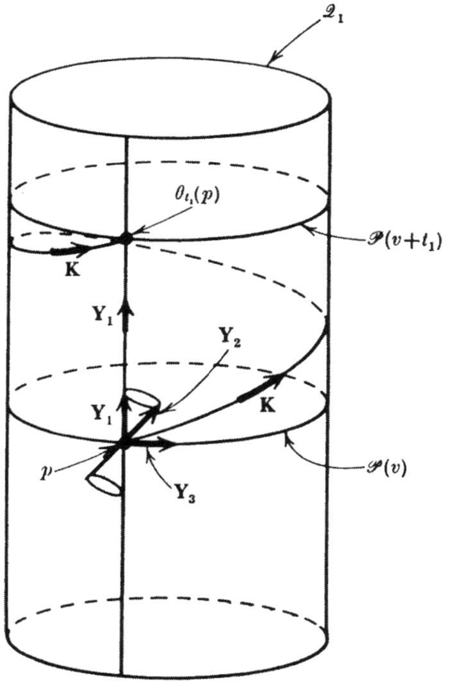

图 61　等距变换群 θ_t 将点 p 和曲面 $\mathscr{P}(v)$变换为视界 $\mathscr{Q}_1$ 内的点 $\theta_{t1}(p)$和曲面 $\mathscr{P}(v+t_1)$。$\mathbf{Y}_1$ 与 $\mathscr{Q}_1$ 的零测地线生成元相切，$\mathbf{Y}_2$ 是垂直于 $\mathscr{P}(v)$的零向量，$\mathbf{Y}_3$ 处于 $\mathscr{P}(v)$内。$\mathbf{Y}$ 是 $\mathscr{Q}_1$ 上 Killing 向量场，它生成等距变换群 θ_t

令 $\mathbf{Y}_4$ 是 μ 上与 μ 相切的类空向量。于是我们可在 $\mathscr{Q}_1$ 上通过沿 $\mathbf{K}$ 和 $\mathbf{Y}_1$ 的“拖动”来定义 $\mathbf{Y}_4$，即 $L_{\mathbf{K}}\mathbf{Y}_4=0=L_{\mathbf{Y}_1}\mathbf{Y}_4$。（由于 $L_{\mathbf{K}}\mathbf{Y}_1=0$，这些是相容的。）$\mathbf{Y}_4$ 在 $\mathscr{Q}_1$ 上垂直于 $\mathbf{Y}_1$，因为 $L_{\mathbf{K}}(Y_4{}^ag_{ab}Y_1{}^b)=0$，并且

$$(Y_4{}^aY_{1a})_{;b}Y_1{}^b=Y_1{}^a{}_{;b}Y_4{}^bY_{1a}+Y_1{}^a{}_{;b}Y_{4a}Y_1{}^b。$$

由于 $\mathbf{Y}_1$ 是零向量，故右边第一项为零；而第二项等于$2\varepsilon Y_{1a}Y_4{}^a$。因此，

$Y_{1a}Y_4{}^a$ 因初始时为零，将保持为零。由于 $\mathbf{Y}_4$ 处于曲面 $\mathscr{P}(v)$ 上，而 $\mathbf{Y}_2$ 在该曲面的法向上，故 $\mathbf{Y}_4$ 在 $\mathscr{Q}_1$ 上垂直于 $\mathbf{Y}_2$。$\mathbf{Y}_4$ 在 $\mathscr{Q}_1$ 上也垂直于 $\mathbf{Y}_3$，因为 $L_{\mathbf{K}}(Y_3{}^a)\mathbf{g}Y_4{}^b=0$，并且 $Y_{1a;b}\hat{h}^{ac}\hat{h}^{bd}=0$，故

$$(Y_3{}^aY_{4a})_{;b}Y_1{}^b=Y_1{}^a{}_{;b}Y_3{}^bY_{4a}+Y_1{}^a{}_{;b}Y_4{}^bY_{3a}=0。$$

在 $\mathscr{Q}_1$ 的邻域内，过给定点 r 存在唯一垂直于曲面 $\mathscr{P}(v)$ 的零测
342 地线 λ。于是我们可定义点 r 的坐标 (v,w,θ,ϕ)，这里 w 是沿 μ 的仿射距离（由 $\mathbf{Y}_2$ 度量），而 (v,θ,ϕ) 在 $\mu\cap\mathscr{Q}_1$ 上取值，其中 θ 和 ϕ 是 $\mathscr{Q}_1$ 的生成元的球极坐标，满足 $Y_3{}^a\theta_{;a}=0$，$Y_4{}^a\phi_{;a}=0$。（换句话说，我们在 $\mathscr{Q}_1$ 上取 $\mathbf{Y}_3=(2\pi/t_1)\partial/\partial\phi$，$\mathbf{Y}_4=\partial/\partial\theta$。）令基 $\{\mathbf{Y}_1,\mathbf{Y}_2,\mathbf{Y}_3,\mathbf{Y}_4\}$ 沿切向量为 $\mathbf{Y}_2$ 的零测地线平行移动，故 $\mathbf{Y}_2=\partial/\partial w$。定义向量 $\hat{\mathbf{K}}$ 为 $\partial/\partial v$。这意味着 $\hat{\mathbf{K}}$ 对 $\mathbf{Y}_2$ 的 Lie 导数为零。定义向量 Z^a 为

$$Z^a=\frac{1}{\sqrt{2}}\left\{\frac{Y_3{}^a}{(Y_3{}^bY_{3b})^{\frac{1}{2}}}+\mathrm{i}\frac{Y_4{}^a}{(Y_4{}^bY_{4b})^{\frac{1}{2}}}\right\}。$$

于是
$$Z^aZ_a=0,\qquad Z^a\overline{Z}_a=1,\qquad \overline{Z}^a\overline{Z}_a=0,$$
这里一表示复共轭。

343 我们可在 $\mathscr{Q}_1$ 上定义一族张量场 $\{\mathbf{g}_n\}$，其中

$$\mathbf{g}_0=\mathbf{g}\ 和\ \mathbf{g}_n=\underbrace{L_{\mathbf{Y}_2}(L_{\mathbf{Y}_2}(\ldots(L_{\mathbf{Y}_2}\mathbf{g})\ldots))}_{n\ 项}。$$

在上述给定坐标下，$\mathbf{g}_{n\,ab}=\partial^n(\mathbf{g}_{ab})/\partial w^n$。由于解是解析的，它完全取决于 $\mathscr{Q}_1$ 上的张量族 $\mathbf{g}_n$。我们将证明，在 $\mathscr{Q}_1$ 上，所有 $\mathbf{g}_n$ 关于 $\hat{\mathbf{K}}$ 的 Lie 导数为零，因此 $\mathbf{g}_n$ 关于 $\widetilde{\mathbf{K}}=\hat{\mathbf{K}}-\mathbf{K}$ 的 Lie 导数也为零。这说明解容许 $\widetilde{\mathbf{K}}$ 生成的单参数群 $\widetilde{\theta}_\phi$。为简单起见，我们只考虑虚空空间情形，但类似讨论对有物质场（如电磁场和标量场）的情形同样成立，只要这些场服从正常的双曲型方程。

根据我们的坐标选择，$L_{\hat{\mathbf{K}}}\mathbf{g}$ 的分量是坐标分量 $\mathbf{g}_{ab}$ 关于 v 的偏导数，它们在 $\mathscr{Q}_1$ 上为常数，故 $L_{\hat{\mathbf{K}}}\mathbf{g}|_{\mathscr{Q}_1}=0$。下面我们证明 $L_{\hat{\mathbf{K}}}\mathbf{g}_1|_{\mathscr{Q}_1}=0$，然后用归纳法。假设

$$L_{\hat{\mathbf{K}}}\mathbf{g}_n|_{\mathscr{Q}_1}=0,\qquad n\geqslant1。$$

于是根据基的构造，所有基向量 $\mathbf{Y}_1,\mathbf{Y}_2,\mathbf{Z},\overline{\mathbf{Z}}$ 的 n 阶协变导数的 $L_{\hat{\mathbf{K}}}$ 均为零，这样

$$g_{n+1\,ab}=g_{n\,ab;c}Y_2{}^c+g_{n\,cb}Y_2{}^c+g_{n\,ac}Y_2{}^c{}_{;b}。$$

右边第二、三项关于 $\hat{\mathbf{K}}$ 的 Lie 导数为零，第一项包含 $\mathbf{Y}_2$ 的$(n+1)$阶和更低阶的协变导数。所有低阶项关于 $\hat{\mathbf{K}}$ 的 Lie 导数为零，包含$(n+1)$阶协变导数的项为

$$\begin{aligned}&(Y_{2a;bef\ldots ghc}+Y_{2b;aef\ldots ghc})Y_2{}^e\, Y_2{}^f\ldots Y_2{}^h\, Y_2{}^c\\&\quad=(Y_{2a;be}Y_2{}^e+Y_{2b;ae}Y_2{}^e)_{;f\ldots ghc}Y_2{}^f\ldots Y_2{}^c+\text{低阶项}\\&\quad=((Y_{2a;e}Y_2{}^e)_{;b}+R_{pabe}Y_2{}^p\, Y_2{}^e+(Y_{2b;e}Y_2{}^e)_{;a}+R_{pbae}Y_2{}^p\, Y_2{}^e)_{;f\ldots gh}\\&\qquad\times Y_2{}^f\ldots Y_2{}^c+\text{低阶项}\end{aligned}$$

如果 Riemann 张量及其直到$(n-1)$阶的协变导数关于 $\hat{\mathbf{K}}$ 的 Lie 导数为零，那么这个表达式关于 $\hat{\mathbf{K}}$ 的 Lie 导数为零。于是 $L_{\hat{\mathbf{K}}}\mathbf{g}_{n+1}|_{\mathscr{Q}_1}$ 为零。

为了证明 $\mathbf{g}_1$ 和 Riemann 张量的协变导数关于 $\hat{\mathbf{K}}$ 的 Lie 导数为零，这里采用 Newman 和 Penrose (1962)引入的概念是方便的。为此，我们需要用伪规范正交基，它有两个类空向量 $\mathbf{Y}_3$ 和 $\mathbf{Y}_4$，其复合给出一个复零向量 $\mathbf{Z}$，并为联络和曲率张量的每个分量规定各自的符号，具体写出所有 Bianchi 恒等式和曲率张量的定义方程（不求和）。这些关系成对组合，构成复方程的一半。联络分量的符号为：

$$\kappa=Y_{1a;b}Z^a\, Y_1{}^b,\qquad \pi=-Y_{2a;b}\overline{Z}^a\, Y_1{}^b,$$
$$\rho=Y_{1a;b}Z^a\overline{Z}^b,\qquad \lambda=-Y_{2a;b}\overline{Z}^a\overline{Z}^b,$$
$$\sigma=Y_{1a;b}Z^aZ^b,\qquad \mu=-Y_{2a;b}\overline{Z}^aZ^b,$$
$$\tau=Y_{1a;b}Z^a\, Y_2{}^b,\qquad \upsilon=-Y_{2a;b}\overline{Z}^a\, Y_2{}^b,$$
$$\varepsilon=\frac{1}{2}(Y_{1a;b}Y_2{}^a\, Y_1{}^b-Z_{a;b}\overline{Z}^a\, Y_1{}^b),\alpha=\frac{1}{2}(Y_{1a;b}Y_2{}^a\overline{Z}^b-Z_{a;b}\overline{Z}^a\overline{Z}^b),$$
$$\beta=\frac{1}{2}(Y_{1a;b}Y_2{}^aZ^b-Z_{a;b}\overline{Z}^aZ^b),\qquad \gamma=\frac{1}{2}(Y_{1a;b}Y_2{}^a\, Y_2{}^b-Z_{a;b}\overline{Z}^a\, Y_2{}^b)。$$

Weyl 张量的符号为：

$$\Psi_0=-C_{abcd}Y_1{}^aZ^b\, Y_2{}^cZ^d,$$
$$\Psi_1=-C_{abcd}Y_1{}^a\, Y_2{}^b\, Y_1{}^cZ^d,$$
$$\Psi_2=-\frac{1}{2}C_{abcd}(Y_1{}^a\, Y_2{}^b\, Y_1{}^c\, Y_2{}^d-Y_1{}^a\, Y_2{}^bZ^c\overline{Z}^d),$$
$$\Psi_3=C_{abcd}Y_1{}^a\, Y_2{}^b\, Y_2{}^c\overline{Z}^d,$$
$$\Psi_4=-C_{abcd}Y_2{}^a\overline{Z}^b\, Y_2{}^c\overline{Z}^d。$$

这里我们只需考虑虚空空间，故 Ricci 张量为零（即在 Newman - Penrose 形式下 $\Phi_{AB}=0=\Lambda$）。由于基沿 $\mathbf{Y}_2$ 平行移动，$\upsilon=\gamma=\tau=0$。

因为 $\mathbf{Y}_2$ 是坐标 v 的梯度,因此 $\pi=\bar{\beta}+\alpha$, $\mu=\bar{\mu}$。另外,在 $\mathscr{Q}_1$ 上,$\kappa=\rho=\sigma=0$, $\varepsilon=\bar{\varepsilon}$, $Y_1(\varepsilon)=0$ 和 $\Psi_0=0$。

我们需要的方程是:

$$Y_1(\alpha)-\bar{Z}(\varepsilon)=(\rho+\bar{\varepsilon}-2\varepsilon)\alpha+\beta\bar{\sigma}-\bar{\beta}\varepsilon-\kappa\lambda+(\varepsilon+\rho)\pi, \tag{9.11a}$$

$$Y_1(\beta)-Z(\varepsilon)=(\alpha+\pi)\sigma+(\bar{\rho}-\bar{\varepsilon})\beta-\mu\kappa-(\bar{\alpha}-\bar{\pi})\varepsilon+\Psi_1, \tag{9.11b}$$

$$Y_1(\lambda)-\bar{Z}(\pi)=\rho\lambda+\bar{\sigma}\mu+\pi^2+(\alpha-\bar{\beta})\pi-(3\varepsilon-\bar{\varepsilon})\lambda, \tag{9.11c}$$

$$Y_1(\mu)-Z(\pi)=\bar{\rho}\mu+\sigma\lambda+\pi\bar{\pi}-(\varepsilon+\bar{\varepsilon})\mu-\pi(\bar{\alpha}-\beta)+\Psi_2, \tag{9.11d}$$

$$Z(\rho)-\bar{Z}(\sigma)=\rho(\bar{\alpha}+\beta)-\sigma(3\alpha-\bar{\beta})-\Psi_1。 \tag{9.11e}$$

(它们可由 Newman - Penrose 方程(4.2)得到),以及

$$Y_1(\Psi_1)-\bar{Z}(\Psi_0)=-3\kappa\Psi_2+(2\varepsilon+4\rho)\Psi_1-(-\pi+4\alpha)\Psi_0, \tag{9.12a}$$

$$Y_1(\Psi_2)-\bar{Z}(\Psi_1)=-2\kappa\Psi_3+3\rho\Psi_2-(-2\pi+2\alpha)\Psi_1-\lambda\Psi_0, \tag{9.12b}$$

$$Y_1(\Psi_3)-\bar{Z}(\Psi_2)=-\kappa\Psi_4-(2\varepsilon-2\rho)\Psi_3+3\pi\Psi_2-2\lambda\Psi_1, \tag{9.12c}$$

$$Y_1(\Psi_4)-\bar{Z}(\Psi_3)=-(4\varepsilon-\rho)\Psi_4+(4\pi+2\alpha)\Psi_3-3\lambda\Psi_2, \tag{9.12d}$$

$$Y_2(\Psi_0)-Z(\Psi_1)=-\mu\Psi_0-2\beta\Psi_1+3\sigma\Psi_2。 \tag{9.12e}$$

345 (它们可由 Newman - Penrose 方程(4.5)得到)。

从(9.11e)式知,在 $\mathscr{Q}_1$ 上 $\Psi_1=0$。于是由(9.12b)式,在 $\mathscr{Q}_1$ 上 $Y_1(\Psi_2)=\hat{K}(\Psi_2)=0$。将(9.11$a$)式加到(9.11$b$)式的复共轭上,我们得

$$Y_1(\pi)=Y_1(\alpha+\bar{\beta})$$
$$=\bar{Z}(\varepsilon)+Z(\bar{\varepsilon})+2\pi\rho+2\bar{\pi}\bar{\sigma}-\pi(\varepsilon-\bar{\varepsilon})-\kappa\lambda-\bar{\kappa}\bar{\mu}+\bar{\Psi}_1。$$

在 $\mathscr{Q}_1$ 上,它变成 $Y_1(\pi)=\bar{Z}(\varepsilon)+Z(\bar{\varepsilon})$。

于是,在 $\mathscr{Q}_1$ 上 $Y_1(Y_1(\pi))=Y_1(\bar{Z}(\varepsilon)+Z(\bar{\varepsilon}))$。但在 $\mathscr{Q}_1$ 上,$L_{\mathbf{Y}_1}\mathbf{Z}=0$且 $Y_1(\varepsilon)=0$。因此在 $\mathscr{Q}_1$ 上 $Y_1(Y_1(\pi))=0$。这说明在 $\mathscr{Q}_1$ 上 $\pi=A+Bv$,这里 A 和 B 是沿 $\mathscr{Q}_1$ 的生成元的常数。但 $\pi|_p=\pi|_{\theta_{t1}(p)}$;因此 π 是沿 $\mathscr{Q}_1$ 的生成元的常数。从(9.11a)式减去(9.11b)式的复共轭,可发现$(\alpha-\bar{\beta})$是沿生成元的常数。

现在我们将类似论证用于(9.11c)和(9.11d)式,证明 μ 和 λ 是沿 $\mathscr{Q}_1$ 的生成元的常数。由于 π,μ 和 λ 决定 $\mathbf{Y}_2$ 的协变导数,因此在 $\mathscr{Q}_1$ 上 $L_{\hat{\mathbf{K}}}Y_2{}^a{}_{;b}=0$,从而 $L_{\hat{\mathbf{K}}}\mathbf{g}_1=0$。

我们还可将类似论证应用到(9.12c)和(9.12d)式,证明在 $\mathscr{Q}_1$ 上 $Y_1(\Psi_3)=Y_1(\Psi_4)=0$。因此在 $\mathscr{Q}_1$ 上 $L_{\hat{\mathbf{K}}}R_{abcd}=0$,从而基向量的二阶

导数关于 $\hat{\mathbf{K}}$ 的 Lie 导数为零。特别是，作用于联络的任意分量的 $\mathbf{Y}_1$、$\mathbf{Y}_2$ 为零。

由(9.12e)式，在 $\mathscr{Q}_1$ 上 $\hat{K}(Y_2(\Psi_0))=Y_1Y_2(\Psi_0)=0$。现在我们将 $\mathbf{Y}_1$、$\mathbf{Y}_2$ 作用于(9.12a)式，由于对易子 $\mathbf{Y}_1\mathbf{Y}_2-\mathbf{Y}_2\mathbf{Y}_1$ 仅包含基向量的一阶导数，因此在 $\mathscr{Q}_1$ 上

$$L_{\hat{\mathbf{K}}}(\mathbf{Y}_1\mathbf{Y}_2-\mathbf{Y}_2\mathbf{Y}_1)=0。$$

从这个结果并通过类似前面的论证，在 $\mathscr{Q}_1$ 上

$$\hat{K}(Y_2(\Psi_1))=Y_1(Y_2(\Psi_1))=0。$$

现在我们对(9.10b)，(9.10c)和(9.10d)式重复上述论证，可证明在 $\mathscr{Q}_1$ 上 $\hat{K}(Y_2(\Psi_2))=\hat{K}(Y_2(\Psi_3))=\hat{K}(Y_2(\Psi_4))=0$。这说明 Riemann 张量的一阶协变导数关于 $\hat{\mathbf{K}}$ 的 Lie 导数为零。然后我们重 346
复上述过程，即可证明在 $\mathscr{Q}_1$ 上 $\hat{K}(Y_2(Y_2(\Psi_0)))$，如此等等。 □

命题 9.3.7

设($\mathscr{M}$，$\mathbf{g}$)是容许 Killing 向量为 $\boldsymbol{\xi}_1$ 和 $\boldsymbol{\xi}_2$ 的双参数 Abel 等距变换群的时空，令 $\mathscr{V}$ 是 $\mathscr{M}$ 的一个连通开集，$w_{ab}\equiv\xi_{1[a}\xi_{2b]}$。如果

(a)在 $\mathscr{V}$ 上 $w_{ab}R^b{}_c\eta^{cdef}w_{ef}=0$，

(b)在 $\mathscr{V}$ 的某点 $w_{ab}=0$，

则在 $\mathscr{V}$ 上 $w_{[ab;c}w_{d]e}=0$。

令 ${}_{(1)}\chi=\xi_{1a;b}w_{cd}\eta^{abcd}$ 和 ${}_{(2)}\chi=\xi_{2a;b}w_{cd}\eta^{abcd}$，于是

$$\begin{aligned}\eta^{abcd}{}_{(1)}\chi&=-4!\ \xi_1{}^{[a;b}\xi_1{}^c\xi_2{}^{d]}\\&=3!\ \xi_1{}^d\xi_2{}^{[a}\xi_1{}^{b;c]}-3!\ \xi_2{}^d\xi_1{}^{[a}\xi_1{}^{b;c]}-2\times3!\ \xi_1{}^{[a}\xi_2{}^b\xi_1{}^{c];d}。\end{aligned}$$

因此

$$\begin{aligned}(3!)^{-1}\eta^{abcd}{}_{(1)}\chi_{;d}=&\xi_1{}^d{}_{;d}\xi_2{}^{[a}\xi_1{}^{b;c]}+\xi_1{}^d\xi_2{}^{[a}{}_{;d}\xi_1{}^{b;c]}\\&+\xi_1{}^d\xi_2{}^{[a}\xi_1{}^{b;c]}{}_{;d}-\xi_2{}^d{}_{;d}\xi_1{}^{[a}\xi_1{}^{b;c]}-\xi_2{}^d\xi_1{}^{[a}{}_{;d}\xi_1{}^{b;c]}\\&-\xi_2{}^d\xi_1{}^{[a}\xi_1{}^{b;c]}{}_{;d}-2\xi_1{}^{[a}{}_{;d}\xi_2{}^b\xi_1{}^{c];d}\\&-2\xi_1{}^{[a}\xi_2{}^b{}_{;d}\xi_1{}^{c];d}-2\xi_1{}^{[a}\xi_2{}^b\xi_1{}^{c];d}{}_{;d}。\end{aligned}\tag{9.13}$$

由于 $\boldsymbol{\xi}_1$ 和 $\boldsymbol{\xi}_2$ 是 Killing 向量，第一项和第四项为零；由于 $\boldsymbol{\xi}_1$ 和 $\boldsymbol{\xi}_2$ 对易，第二项和第五项相互抵消；由于 $\boldsymbol{\xi}_1$ 是 Killing 向量，$L_{\xi_1}\xi_{1a;b}=0$，这意味着第三项也为零。类似地，由于 $\boldsymbol{\xi}_2$ 是与 $\boldsymbol{\xi}_1$ 对易的 Killing 向量，

$L_{\xi_2}\xi_{1a;b}=0$，这意味着第六项和第八项相互抵消；而$\xi_1{}^{a}{}_{;d}$和$\xi_1{}^{c;d}$对称，故第七项为零；因为任意 Killing 向量满足关系 $\xi_{a;bc}=R_{dcba}\alpha^{d}$，故 $\xi^{a;d}{}_{d}=-R^{a}{}_{b}\xi^{b}$。这样，方程(9.13)式变为

$$\eta^{abcd}{}_{(1)}\chi_{;d}=2\times 3!\ \xi_1{}^{[a}\xi_2{}^{b}R^{c]}{}_{d}\xi_1{}^{d}。$$

由条件(a)，方程右边在 $\mathscr{V}$ 上为零，因此${}_{(1)}\chi$ 在 $\mathscr{V}$ 上是常数；事实上${}_{(1)}\chi$在 $\mathscr{V}$ 上为零，因为当 $w_{ab}=0$ 时它必然为零。类似地，${}_{(2)}\chi$ 也在 $\mathscr{V}$ 上为零。并且，${}_{(1)}\chi$ 和${}_{(2)}\chi$ 为零是

$$w_{[ab;c}w_{d]e}=0。$$

的充分必要条件。　□

命题 9.3.8

设($\mathscr{M}$，**g**)是稳定轴对称正常可预言时空，其中 $w_{[ab;c}w_{d]e}=0$，这
347 里 $w_{ab}\equiv K_{[a}\widetilde{K}_{b]}$。于是在外区域 $J^{+}(\mathscr{I}^{-},\overline{\mathscr{M}})\cap J^{-}(\mathscr{I}^{+},\overline{\mathscr{M}})$内离开轴 $\widetilde{\mathbf{K}}=0$ 的每一点，$h\equiv w_{ab}w^{ab}$ 为负。在视界$\dot{J}^{-}(\mathscr{I}^{+},\overline{\mathscr{M}})\cap J^{+}(\mathscr{I}^{-},\overline{\mathscr{M}})$和$\dot{J}^{+}(\mathscr{I}^{-},\overline{\mathscr{M}})\cap J^{-}(\mathscr{I}^{+},\overline{\mathscr{M}})$上，$h$ 为零，但除非在轴上 $w_{ab}\neq 0$。

由命题 9.3.3，K^{a} 在 $J^{+}(\mathscr{I}^{-},\overline{\mathscr{M}})\cap\overline{J^{-}}(\mathscr{I}^{+},\overline{\mathscr{M}})$内不为零。令 λ 为 S^{1}，是向量场 $\widetilde{\mathbf{K}}$ 在 $J^{+}(\mathscr{I}^{-},\overline{\mathscr{M}})\cap J^{-}(\mathscr{I}^{+},\overline{\mathscr{M}})$内的非零积分曲线。在等距变换 θ_t 下，λ 可进入 $D^{+}(\mathscr{S})$。由于 $D^{+}(\mathscr{S})$内不存在闭合的非类空曲线，λ 必为类空曲线，因此 $\widetilde{K}^{a}$ 在

$$J^{+}(\mathscr{I}^{-},\overline{\mathscr{M}})\cap\overline{J^{-}}(\mathscr{I}^{+},\overline{\mathscr{M}})$$

内必是类空的(除了在轴上为零)。假定存在某点 p，$\widetilde{K}^{a}$ 和 K^{a} 不为零且有相同方向。由于 $\widetilde{K}^{a}$ 和 K^{a} 可对易，$\widetilde{K}^{a}$ 过 p 点的积分曲线与 K^{a} 过 p 点的积分曲线重合。但前者是闭合的而后者不是，因此 $\widetilde{K}^{a}$ 和 K^{a} 在非零处是线性独立的。这样，除了在轴上之外，w_{ab} 在 $J^{+}(\mathscr{I}^{-},\overline{\mathscr{M}})\cap\overline{J^{-}}(\mathscr{I}^{+},\overline{\mathscr{M}})$内不为零。

轴是二维曲面。令 $\mathscr{Y}$ 为集合 $J^{+}(\mathscr{I}^{-},\overline{\mathscr{M}})\cap\overline{J^{-}}(\mathscr{I}^{+},\overline{\mathscr{M}})-$(轴)，$\mathscr{Z}$ 为 $\mathscr{Y}$ 关于 $\widetilde{\theta}_{\phi}$ 的商空间。由于 K^{a}的积分曲线在 $\mathscr{Y}$ 内闭合且

类空，故商 $\mathscr{Z}$ 为 Hausdorff 流形。在 $\mathscr{Z}$ 上存在 Lorentz 度规 $\widetilde{h}_{ab}=g_{ab}-(\widetilde{K}^c\widetilde{K}_c)^{-1}\widetilde{K}_a\widetilde{K}_b$，我们可通过 $\widetilde{h}_{ab}$ 投影 Killing 向量 K^a 来得到 $\mathscr{Z}$ 内的非零向量场 $\widetilde{h}_{ab}K^b$，它是度规 $\widetilde{h}_{ab}$ 下的 Killing 向量场。$\mathscr{M}$ 内的条件 $w_{[ab;c}w_{d]e}=0$ 意味着在 $\mathscr{Z}$ 内 $(K^b\widetilde{h}_{b[c})_{|d}\widetilde{h}_{e]f}K^f=0$，这里 | 表对 $\widetilde{h}$ 的协变导数。这个条件正好等于说在 $\mathscr{Z}$ 上存在满足 $K^b\widetilde{h}_{ba}=-\alpha\xi_{|a}$ 的函数 ξ。下面的论证类似于命题 9.3.4。我们证明，如果在某点 $p\in\mathscr{Z}$ 上 $K_aK_b\widetilde{h}_{ab}=0$，则曲面 $\xi=\xi|_p$ 为 $\mathscr{M}$ 内度规 $\mathbf{g}$ 下的零曲面。

假定 p 对应于 $\widetilde{K}^a$ 的不在 $\dot{J}^-(\mathscr{I}^+,\overline{\mathscr{M}})$ 内的积分曲线 λ。令 $q\in\mathscr{M}$ 是 λ 上一点，于是存在一条从 $\mathscr{I}^-$ 经 q 到 $\mathscr{I}^+$ 的未来方向的类时曲线 $\gamma(v)$。如果曲线与轴相交，则可经小变形来避免，于是引出类似命题 9.3.4 中的矛盾。 □

10 宇宙的初始奇点

348 宇宙的膨胀在很多方面类似于恒星的坍缩，只是时间感觉相反。在这一章里我们将证明，定理 2 和 3 的条件似乎是满足的，这说明宇宙在目前膨胀阶段的开端有一个奇点。我们还将讨论时空奇点的意义。

在 § 10.1，我们将证明，如果宇宙中的微波背景辐射通过散射被局部加热，或者 Copernicus 假说成立（即我们在宇宙中并不占据任何特殊位置），那么一定存在过去方向的闭合俘获面。在 § 10.2，我们讨论奇点的可能性质以及物理理论在奇点的失效。

10.1 宇宙的膨胀

在 § 9.1，我们阐明了许多恒星最终都将坍缩并生成闭合俘获面。如果在更大的尺度上，我们就可将宇宙的膨胀看作星体坍缩的时间反演。因此我们可以预期，只要宇宙从某种意义上讲是足够对称的，并包含足够多的物质能生成闭合俘获面，那么在宇宙学尺度上，定理 2 的条件将在时间的反方向上成立。我们将给出两方面讨论来说明情况似乎确实如此。这两方面的讨论都是基于对微波背景辐射的观察，但立论的假设很不同。

对 20 cm 到 1 mm 射电波段的辐射观察表明，宇宙存在频谱非常接近 2.7 K 黑体的背景辐射（图 62(i)）（例子见 Field(1969)）。这种背景辐射在 0.2% 的精度上是各向同性的（图 62(ii)，如 Sciama(1971)及其为进一步讨论所提供的参考文献）。这种辐射的高度各向同性 表
350 明，它不可能来自我们银河系内（我们在银河系平面的位置并不对称），而必然有着河外的起源。我们可以在这些频率看到一些离散源，据来自其他方面的证据可知，其中一些源的距离在 10^{27} cm 量级。由此可见，宇宙在这些波段上，在这样的距离仍是透明的。因此，远在 10^{27} cm 距离之外的源发出的辐射必须至少经过这个距离才能自由传播到我们

这里。

辐射起源的可能解释有以下几种：

(1)这种辐射是宇宙早期高热阶段留下的黑体辐射；

(2)这种辐射是极其多个极其遥远的未知离散源的辐射叠加的结果；

(3)这种辐射来自被其他辐射方式(如红外辐射)加热的星际颗粒。

在这些解释中，(1)似乎最为合理。(2)似乎不大可能，因为似乎没有那么多正好有适当频谱的辐射源能在我们观察到的这个频段产生可观的辐射。此外，辐射的小尺度各向同性暗示着这种离散源的数量必然很大(在星系数量量级)，而大多数星系在这个频谱区域似乎没有可观的辐射。(3)也不太可能，因为这实际上要求星际颗粒的密度必须非常高。尽管(1)似乎最为可能，但我们并不打算将讨论建立在它的基础上，因为这等于预设了宇宙有一个炽热的早期阶段。

第一种讨论方式涉及 Copernicus 原理这一假设，即我们在时空中并不占据特殊位置。我们理解这一假说意味着，对任何相对于邻近星系速度很小的观察者来说，微波背景辐射都是各向同性的。换句话说，我们假定存在着一个膨胀的类时测地线汇(说膨胀，是因为各星系在彼此退行，说测地线，是因为它们仅在引力作用下运动，例如有单位切向量 V^a)，代表星系的平均运动，微波辐射相对于这个测地线汇几乎是各向同性的。从 Copernicus 原理我们还可知，大部分微波背景辐射是从非常遥远的地方($\sim 3\times10^{27}$ cm)自由传播到我们这儿的。这是因为我们周围半径为 r、厚度为 $\mathrm{d}r$ 的球壳对背景辐射的贡献近似与 r 无关，因为球壳生成的辐射量正比于 r^2，强度随距离的衰减反比于 r^2。这种 351
情形会一直保持到辐射源的红移变得不可忽略，源的演化开始起作用，或是曲率效应变得很重要为止。但这些效应只有在哈勃半径($\sim 10^{28}$ cm)量级的距离上才显现出来。因此，大量的辐射必定是自由穿越了 $\geqslant 10^{27}$ cm距离才到达我们这里。从辐射经过这么长距离后仍保持各向同性的事实，我们可得出结论，在大尺度上宇宙的度规接近于 Robertson - Walker 度规(§5.3)。这一点也可从我们下面将要描述的 Ehlers，Geren 和 Sachs(1968)的结果看出来。

微波辐射可由定义在 $T(\mathscr{M})$ 内零向量上的分布函数 $f(u,\mathbf{p})$($u\in\mathscr{M}$，$\mathbf{p}\in T_u$)来描述，它可视为光子的相空间。如果分布函数 $f(u,\mathbf{p})$

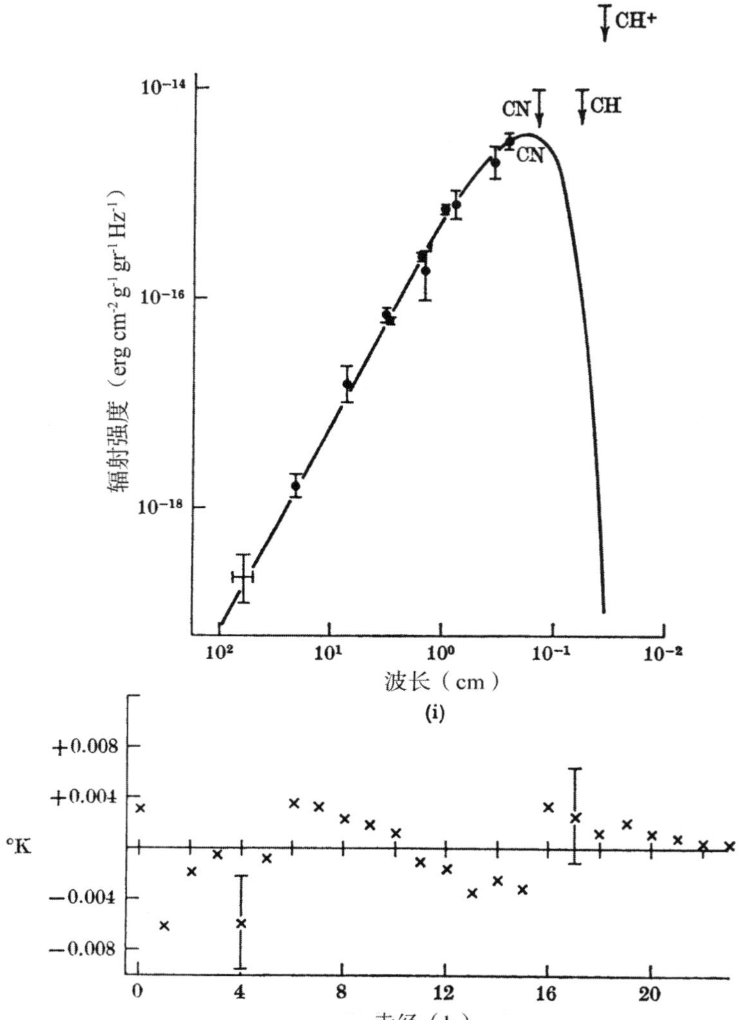

图 62 (i)微波背景辐射谱。标记的点是"超过"背景辐射的观测值。实线是相当于温度 2.7 K 的 Planck 谱

(ii)微波背景辐射的各向同性特征。图中显示了温度沿天赤道的分布;这些点获自两年以上数据的平均值。

引自 D.W.Sciama,现代宇宙学,剑桥大学出版社,1971 年版。

对以四维速度 V^a 运动的观察者来说是严格各向同性的,则它可写成

$f(u, E)$形式，这里 $E \equiv -V^a p_a$。由于辐射是自由传播的，故 f 在 $T(\mathscr{M})$内必服从 Liouville 方程。这表明 f 沿水平向量场 $\mathbf{X}$ 的积分曲线(即任何曲线$(u(v), \mathbf{p}(v))$，其中 $u(v)$是 $\mathscr{M}$ 内零测地线，$\mathbf{p} = \partial/\partial v$)是常数。

由于 $f(u, E)$非负，并当 $E \to \infty$时必趋于零(否则辐射能量密度将是无穷大)，故必存在 E 的开区间，使$\partial f/\partial E$ 不为零。在此区间内，我们可将 E 表示为 f：$E = g(u, f)$的函数。这样，Liouville 方程意味着在每一条零测地线上，

$$dE/dv = g_{;a} p^a \tag{10.1}$$

这里我们将 g 视为 $\mathscr{M}$ 上 f 固定的函数。此外，

$$dE/dv = -d(V^a p_a)/dv = -V_{a;b} p^a p^b。 \tag{10.2}$$

我们可将 p^a 分解成平行于 V^a 的部分和垂直于 V^a 的部分：$p^a = E(V^a + W^a)$，这里 $W^a W_a = 1$，$W^a V_a = 0$。于是由(10.1)和(10.2)式，

$$dg/dt + \frac{1}{3}\theta g + (g\dot{V}_a + g_{;a})W^a + g\sigma_{ab} W^a W^b = 0$$

对所有垂直于V^a 的单位向量W^a 成立，这里 dg/dt 是g 沿 $\mathbf{V}$ 的积分曲线的变化率。分离球谐函数，

$$\sigma_{ab} = 0, \tag{10.3a}$$

$$\dot{V}_a + (\log g)_{;a} = \alpha V_a, \tag{10.3b}$$

$$\frac{1}{3}\theta = -d(\log g)/dt。 \tag{10.3c}$$

由于我们假定 $\dot{V}_a$ 为零，故(10.3b)说明 V_a 垂直于曲面$\{g = 常数\}$，这表明涡量 ω_{ab} 为零。因为 $\dot{V}_a = 0$，故 $V_{[a,b]} = 0$。因此我们可将 V_a 写成函数 t 的梯度：$V_a = -t_{,a}$。 352

辐射的能量-动量张量具有形式：

$$T_{ab} = \frac{4}{3}\mu_r V_a V_b + \frac{1}{3}\mu_r g_{ab},$$

这里 $\mu_r = \int fE^3 dE$。由于星系相对于 V^a 的积分曲线的移动很小，这种移动对能量-动量张量的贡献可用具有密度 μ_G、四维涡量 V_a 和压力可忽略的光滑流体来近似。由此可知，这里的时空几何与 Robertson-Walker 模型的完全一样。为了看清这一点，我们注意到，

$$(V^a{}_{;b})_{;a}=\frac{1}{3}(\theta(\delta^a{}_b+V^aV_b))_{;a}$$
$$=(V^a{}_{;a})_{;b}+R^{ca}{}_{ba}V_c=\theta_{;b}+R_{ba}V^a。$$

用$h^b{}_c=g^b{}_c+V^bV_c$乘以方程的两边，有

$$h^{bc}R_{ca}V^a=-\frac{2}{3}h^{bc}\theta_{;c}。$$

由场方程知，左边为零。故θ在常数t曲面（也是常数g的曲面）上是常数。我们可用θ按$S^{\cdot}/S=-\frac{1}{3}\theta$来定义函数$S(t)$，这样Raychaudhuri方程(4.26)的形式为

$$3S^{\cdot\cdot}/S+4\pi\mu-\Lambda=0,$$

它意味着$\mu=\mu_G+2\mu_R$在曲面$\{t=常数\}$上也是常数。从μ_G的定义可看出，μ_G和μ_R是这些曲面上独立的常数。

(4.27)式的无迹部分表明，$C_{abcd}V^bV^d=0$。关于三维空间$\{t=常数\}$的Ricci张量的Gauss - Codacci方程(§2.7)这时给出公式

$$R^3{}_{ab}=h_a{}^ch_b{}^dR_{cd}+R_{acbd}V^cV^d+\theta\theta_{ab}+\theta_{ac}\theta^c{}_b$$
$$=2h_{ab}\left(-\frac{1}{3}\theta^2+8\pi\mu+\Lambda\right)。$$

但对三维流形，Riemann张量完全取决于Ricci张量，即

$$R^3{}_{abcd}=\eta_{ab}{}^e\left(-R^3{}_{ef}+\frac{1}{2}R^3h_{ef}\right)\eta^f{}_{cd}。$$

这说明每个三维空间$\{t=常数\}$均为常曲率$K(t)=\frac{1}{3}\left(8\pi\mu+\Lambda-\frac{1}{3}\theta^2\right)$的三维空间。积分Raychaudhuri方程，得

$$K(t)=\frac{1}{3}(8\pi\mu+\Lambda-3S^{\cdot 2}/S^2)=k/S^2, \tag{10.4}$$

353 其中k是常数。归一化S可令$k=+1,0$或-1。四维时空流形是这些三维空间与t直线的正交积，因此度规在随动坐标系下可写为

$$ds^2=-dt^2+S^2(t)d\gamma^2,$$

其中$d\gamma^2$是三维常曲率k空间的度规。而这个度规恰好就是Robertson - Walker度规(§5.3)。

现在我们来证明，在任意包含具有正能量密度物质和$\Lambda=0$的Robertson - Walker空间里，在$\{t=常数\}$曲面上存在闭合俘获面。为了

看清这一点，我们将 $\mathrm{d}\gamma^2$ 写为

$$\mathrm{d}\gamma^2=\mathrm{d}\chi^2+f^{\,2}(\chi)(\mathrm{d}\theta^2+\sin^2\theta\mathrm{d}\phi^2),$$

其中，对 $k=+1,0$ 或 -1，$f(\chi)=\sin\chi$，χ 或 $\sinh\chi$。考虑处于 $t=t_0$ 曲面内半径为 χ_0 的二维球面 $\mathscr{T}$。两族垂直于 $\mathscr{T}$ 的过去方向零测地线将在半径分别为

$$\chi=\chi_0\pm\int_{t0}^{t}\mathrm{d}t/S(t) \tag{10.5}$$

的两个二维球面内与曲面 $\{t=\text{常数}\}$ 相交。半径为 χ 的二维球面面积为 $4\pi S^2(t)f^{\,2}(\chi)$。因此，如果在 $t=t_0$ 时，对(10.5)式给定的 χ 值有

$$\frac{\mathrm{d}}{\mathrm{d}t}(S^2(t)f^{\,2}(\chi))>0$$

则这两族零测地线在过去收敛。如果

$$\frac{S^{\bullet}(t_0)}{S(t_0)}>\pm\frac{f'(\chi_0)}{S(t_0)f(\chi_0)},$$

则情形必如此。但由(10.4)式，上式成立的条件是

$$\left(\frac{8}{3}\pi\mu(t_0)S^2(t_0)-k\right)^{\frac{1}{2}}>\pm f'(\chi_0)/f(\chi_0)。$$

若对 $k=0$ 或 -1，取 $S(t_0)\chi_0$ 大于 $\sqrt{3/8\pi\mu_0}$，或对 $k=+1$ 取 $S(t_0)\chi_0$ 大于 $\min(\sqrt{3/8\pi\mu_0},\pi/2)$，都将是这种情形。

直观地看，这个结果的意思是，在时间 t_0，坐标半径为 χ_0 的球面包含着 $\frac{4}{3}\pi\mu_0S^3(t_0)\chi_0{}^3$ 量级的质量，因此如果 $S(t_0)\chi_0$ 小于 $\frac{8}{3}\pi\mu_0S^3(t_0)\chi_0{}^3$，即如果 $S(t_0)\chi_0$ 大于 $\sqrt{3/8\pi\mu_0}$ 量级，则球面处于其 Schwarzschild 半径之内。我们把 $\sqrt{3/8\pi\mu_0}$ 称为物质密度 μ_0 的 **Schwarzschild 长度**。

至此，我们一直假定微波辐射是严格各向同性的。情况当然并非
如此，也就是说宇宙并不是严格的 Robertson - Walker 空间。但宇宙 354
的大尺度结构，至少在辐射产生或最终被散射的情形下，应当接近 Robertson - Walker 模型的时空结构。(事实上我们可用微波辐射对严格各向同性的偏离来估计真实宇宙对 Robertson - Walker 宇宙的偏离有多大。)对足够大的球面，局部不规则性的存在不会明显影响球面内的物质量，因此也不应当影响目前我们周围存在着的闭合俘获面。

上述讨论与微波辐射谱无关，但它确实涉及 Copernicus 原理的假设。下面将要进行的讨论则不涉及 Copernicus 原理，但在一定程度上依赖于谱的形态。我们认为，近似黑体辐射性质的谱和辐射在小尺度上的高度各向同性表明，辐射至少部分是经反复散射加热的结果。换句话说，在从我们出发的每条过去方向的零测地线上，一定存在足够多的物质，才引起了那个方向的高度不透明。现在我们证明，物质必定会多到使过去光锥重新汇聚。

考虑代表我们当前的一点 p。令 W^a 是过去方向的单位向量，它与我们的四维速度平行。

过 p 点的过去方向的零测地线上的仿射参数 v 可归一化为 $K^aW_a=-1$，这里 $\mathbf{K}=\partial/\partial v$ 是零测地线的切向量。这些零测地线的膨胀 $\hat{\theta}$ 服从 $\hat{\omega}=0$ 的方程(4.35)。因此，只要 $R_{ab}K^aK^b\geqslant 0$，$\hat{\theta}$ 将小于 $2/v$。由此，在 $v=v_1>v_0$ 时，

$$\int_{v0}^{v\,1} R_{ab}K^aK^b\,\mathrm{d}v-2/v_0>\hat{\theta},$$

因此，如果存在某个 v_0 使

$$\int_{v0}^{v\,1} R_{ab}K^aK^b\,\mathrm{d}v>2/v_0,$$

则 $\hat{\theta}$ 将为负值。由 $\Lambda=0$ 的场方程，上式变为

$$\frac{1}{2}v_0\int_{v0}^{v\,1} 8\pi T_{ab}K^aK^b\,\mathrm{d}v>1. \tag{10.6}$$

在厘米波段，对合理密度范围内的物质，不透明度与物质密度的最大比
355 值由电离氢的自由电子的 Thomson 散射确定，因此，到距离 v 的光学深度小于

$$\int_0^v \kappa\rho(K^aV_a)\,\mathrm{d}v,$$

这里 κ 是单位质量的 Thomson 散射不透明度，ρ 是物质密度，V_a 是气体的局部速度。物质的红移 z 由 $z=K^aV_a-1$ 给出。由于我们没有观察到有明显蓝移的物质，故一般假定在我们的过去光锥上，在一个光学深度单位之外，K^aV_a 总是大于 1。由于在这些波段上观察到的星系红移为 0.3，因此大部分散射必然发生在红移大于 0.3 的情形。(事实上，如果类星体的确存在于宇宙各处，那么散射一定发生在大于 2 的红移。)取 Hubble 常数为100 km $\sec^{-1}$ Mpc^{-1}(相当于 10^{10} 年$^{-1}$)，那么

0.3 的红移相当于 3×10^{27} cm 的距离。将此值取作 v_0，则引起散射的物质对积分(9.9)的贡献为

$$3.7\times10^{28}\int_{v0}^{v1}\rho(K_aV^a)^2\mathrm{d}v,$$

而 v_0 到 v_1 之间物质的光学深度小于

$$6.6\times10^{27}\int_{v0}^{v1}\rho(K^aV_a)\mathrm{d}v。$$

由于 $K^aV_a\geqslant1$，可见在光学深度小于 0.2 时，不等式(10.6)成立。如果宇宙的光学深度小于 1，那么我们既不能指望近似的黑体谱，也不能指望在小尺度上的高度各向同性，除非存在极多的离散辐射源，而这些源仅占据空间一小块区域，且各自具有大致相同的3 K黑体的辐射谱，但强度要大得多，这看来是相当不可能的。因此我们相信，定理 2 的条件(4)(iii)是满足的，这样，只要其他条件也满足，那么宇宙在某个地方就应当存在奇点。

定理 2 是一般性的，它并未告诉我们奇点会出现在我们的过去还是过去的未来。虽然奇点似乎很明显应当在我们的过去，但我们也可构造一个奇点在未来的例子：考虑 $k=+1$ 的 Robertson - Walker 宇宙，它在某时刻 $t=t_0$ 坍缩到奇点，并在 $t\to-\infty$时渐近地趋向 Einstein 静态宇宙。这种宇宙满足能量假设，并包含其过去光锥开始重新汇聚的那些点(因为它们在背面相遇)，但奇点却在未来。当然这是个相当 356
无理的例子，但它说明我们必须处处小心。因此，我们将在定理 3 基础上进行讨论。这个定理表明，只要 Copernicus 原理成立，宇宙在过去就一定有奇点。定理 3 类似定理 2，但要求自某点出发的所有过去方向的类时测地线(而不是所有零测地线)开始重新汇聚。这个条件在上述例子中不满足，尽管它对自某点出发的所有未来方向的测地线是满足的。

通过类似于上述针对零测地线的讨论，自 p 点出发所有过去方向的类时测地线的汇 $\theta(s)$ 小于

$$\frac{3}{s_0}-\int_{s0}^{s}R_{ab}V^aV^b\mathrm{d}s,$$

这里 s 是沿测地线的固有距离，$\mathbf{V}=\partial/\partial s$，而 $s>s_0$。令 $\mathbf{W}$ 是 p 点的过去方向的类时单位向量，令 $c\equiv-V^aW_a|_p$(故 $c\geqslant1$)。于是，如果存在某个 R_0，$0<R_0<R$，使

$$\int_{R_0/c}^{R_1/c} R_{ab}V^aV^b\,\mathrm{d}s > c(3/R_0+\epsilon) \tag{10.7}$$

沿测地线成立，则 θ 在沿测地线 R_1/c 的距离内将变得小于 $-c$。于是定理 3 的条件(3)在 $b=\max(R_1,(3\varepsilon)^{-1})$ 时满足。

为使(10.7)式看起来更像(10.6)式，我们沿类时测地线引入仿射参数 $v=s/c$，于是(10.7)式变为

$$\frac{1}{3}R_0\int_{R_0}^{R_1} R_{ab}K^aK^b\,\mathrm{d}v > 1+\frac{1}{3}R_0\epsilon, \tag{10.8}$$

其中 $\mathbf{K}=\partial/\partial v$，$K^aW_a|_p=-1$。由于上式是对类时测地线而言的，因此我们无法像对(10.6)式所做的那样直接通过观察来检验这个条件。于是我们只好借助本节第一部分的讨论来证明，至少在微波背景辐射被散射的那个时间，宇宙是接近 Robertson－Walker 模型的。

在 Robertson－Walker 模型里，令 $\mathbf{W}$ 是向量 $-\partial/\partial t$。沿过 p 点的过去方向的类时测地线，

$$\frac{\mathrm{d}}{\mathrm{d}v}(W_aK^a)=W_{a;b}K^aK^b$$

$$=-\frac{1}{S}\frac{\mathrm{d}S}{\mathrm{d}t}\{(W^aK_a)^2-1/c^2\}。$$

357 因此，只要 $\mathrm{d}S/\mathrm{d}t>0$，则 $W_aK^a\geqslant-1$。但

$$W^aK_a=\mathrm{d}t/\mathrm{d}v;$$

故对某个 $\varepsilon>0$，只要存在时间 t_2,t_3，$t_2<t_3<t_p$，使

$$\frac{t_p-t_3}{3}\int_{t_2}^{t_3} R_{ab}K^aK^b(-W_cK^c)^{-1}\,\mathrm{d}t > 1。\tag{10.9}$$

(10.8)式即对每条测地线满足。由 $\Lambda=0$ 的场方程，

$$R_{ab}K^aK^b=8\pi\left\{(\mu+p)(W_aK^a)^2-\frac{1}{2}(\mu-p)c^{-2}\right\}。$$

因此只要 $p\geqslant0$，就有

$$R_{ab}K^aK^b\geqslant4\pi\mu(W_aK^a)^2。$$

故如果

$$\frac{t_p-t_3}{3}\int_{t_2}^{t_3} 4\pi\mu\,\mathrm{d}t > 1, \tag{10.10}$$

则(10.9)式成立。

假定微波辐射具有 2.7 K 的黑体谱，则其目前的能量密度大约为 $10^{-34}\,\mathrm{g\ cm^{-3}}$。如果这种辐射是原初的，则其能量密度正比于 S^{-4}。由

于 t 趋于零时，$S^{-1}=O(t^{-1/2})$，由此可见，只要取 t_3 为 $t_p/2$，并使 t_2 足够小，那么(10.10)式即可成立。t_2 取多小应取决于 S 的具体性态，而 S 的这种性态又取决于宇宙的物质密度。密度还多少有些不确定，但基本可确定在 10^{-31} g cm^{-3} 到 5×10^{-29} g cm^{-3} 之间。在前一种情形，t_2 必须满足 $S(t_p)/S(t_2)\geqslant30$；而在后一种情形，则须满足 $S(t_p)/S(t_2)\geqslant300$。由于微波辐射无处不在，故任何过去方向的类时测地线都必然会穿过它，因此，只要辐射不在 t_2 以后发生，只要 Roberston-Walker 模型回溯到那个时刻还是良好的近似，那么基于 Robertson-Walker 模型的估计，应该是微波辐射对(10.10)贡献的很好近似。从本节开头所做的讨论可知，只要辐射从 t_2 开始自由地向我们传播，就是后一种情形。但也可能存在密度高达 5×10^{-29} g cm^{-3} 的星系际电离气体，在此情形下，辐射可以最终在时刻 t 散射，而使 $S(t_p)/S(t)\sim5$。回到时刻 t 的光学深度为

$$\int_t^{t_p}\kappa\mu_{\text{气体}}\,\mathrm{d}t\ , \tag{10.11}$$

如果 μ 以 g cm^{-3} 为单位，t 以 cm 为单位，则 κ 最大为 0.5。

如前所述，由于我们看到了距离至少在 3×10^{27} cm 的天体，因此退 358
回到 $t=t_p-10^{17}$ 秒，宇宙还不存在明显的不透明性。令 t_3 为那个时刻，我们看到，气体密度将使(10.11)在对应于最大光学深度为 0.5 的 t_2 值时得到满足。

因此，情况是这样的，我们假定了 Copernicus 原理，假定微波辐射要么在满足 $S(t_p)/S(t_2)\geqslant300$ 的 t_2 之前发射，要么在对应于宇宙的光学深度为 1 的某个时刻(如果小于 t_2)之前发射。在前一种情形，辐射密度满足定理 3 的条件(2)；在后一种情形，气体密度满足同样的条件。因此，如果通常能量条件和因果条件成立，我们即可断言，在我们的过去应当存在奇点(即从我们现在往回追溯，应当存在一条不完备的过去方向的非类空测地线)。

假设我们选取某个与我们过去光锥相交的类空曲面，并在该曲面上取许多点，我们能说在每个点的过去都存在奇点吗？如果宇宙在过去足够均匀和各向同性，能使从这些点出发的所有过去方向的类时测地线汇聚，则真是那样的。从类时测地线与闭合俘获面之间的密切联系看，我们可预期，如果宇宙在 Schwarzschild 长度 $(3/8\pi\mu)^{1/2}$ 的时间尺度上均匀且各向同性，则情形也是那样的。

根据 Penzias，Schraml 和 Wilson(1969)的测量，我们有直接证据表明宇宙在过去是均匀的。他们发现，在 1.4×10^{-3} 平方度的束宽，微波背景的强度在 4%的精度上是各向同性的。假定微波辐射不是从我们过去对应于单位光学深度的某个曲面发射的，那么目前观察到的辐射强度应正比于 $T^4/(1+z)^4$，这里 T 是曲面上被观察点的有效温度，z 是相应的红移。所观察的辐射强度可能以四种方式发生变化：

(1)我们自身相对于黑体辐射的运动引起的 Doppler 频移(Sciama(1967)，Stewart and Sciama(1967))；

(2)我们与曲面间的物质分布不均匀引起的引力红移的变化(Sachs and Wolfe (1967)，Rees and Sciama(1968))；

(3)曲面上物质的局部速度扰动引起的 Doppler 频移；以及

(4)曲面上有效温度的变化。

359 (事实上，(1)，(2)和(3)之间的区分取决于参考标准的选择，仅具启发意义。)因此观察表明，在 3′弧角内，温度不均匀性会造成小于 1%的相对幅度变化，而且在同样尺度上，物质的速度不存在大于 1%光速的局部涨落。曲面上 3′的角直径区域相当于现在直径 10^7 光年的区域。如果光学深度为 1 的曲面处于红移 1000(这时可能的最大值)，则那时的 Schwarzschild 长度将对应于目前直径为 3×10^8 光年的区域，因此，光学深度为 1 的曲面的每一点在过去似乎都有一奇点。

关于宇宙早期均匀程度的更多的间接证据来自这样一个事实：大量星体的氦含量的观察与 Peebles (1966)以及 Wagoner，Folwer 和 Hoyle(1968)计算的氦的生成数量一致。他们假定宇宙至少在温度为 10^9 K的过去是均匀的和各向同性的。另一方面，许多基于各向异性的模型的计算表明，这些模型给出的氦的生成数量千差万别。因此，如果我们承认宇宙中存在相当均匀的氦密度(对此还有些疑问)，而且承认这些氦是宇宙早期的产物，那么我们就可断言，在温度为10^9 K的早期，宇宙是非常各向同性的，从而也是均匀的。由此我们认为，在现在的每个点的过去都会出现奇点。

Misner(1968)曾表明，如果温度高达 2×10^{10} K，那么电子与中微子之间的碰撞将引起很大的黏性。这种黏性会削弱对应于今天 100 光年尺度上的非均匀性，并将各向异性减小到非常小的水平。因此如果我们接受这一点作为对目前宇宙各向同性的解释(而且是很有吸引力的解释)，我们就可断言，在温度为10^{10} K的早期，每个点的过去都会有奇点。

10.2 奇点的本性及其意义

可能有人希望通过研究具有奇点的精确解来认识可能出现的那些奇点的本性。尽管我们已证明,奇点的**出现**不可能由初始条件的小扰动而停止,但我们并不清楚出现的奇点的**本性**是否一样稳定。虽然在§7.5我们证明了在初始条件的小扰动下 Cauchy 问题是稳定的,但这种稳定性只适用于 Cauchy 发展的紧致区域,而含奇点的区域则是非紧的,除非这种奇点对应于某种禁闭不完备性。实际上我们可举奇点性质不稳定的例子。考虑一团坍缩到奇点的均匀球对称尘埃云。尘埃云内的度规类似于部分 Robertson - Walker 宇宙的度规;而尘埃云外的度规为 Schwarzschild 度规。不论在尘埃云之内还是之外,奇点都是类空的(图 63(i))。假定我们为尘埃云加以小电荷密度,这时尘埃云外的度规变成 $e^2<m^2$ 情形的部分 Reissner - Nordström 解(图 63(ii)),而在尘埃云内部则有一奇点,因为足够小的电荷密度不足以阻止出现无穷大密度。云团内奇点性质可能取决于电荷分布,但重要的是,一旦云团表面通过 $r=r_+$ 以内某一点 p,则云团内无论发生什么都不再影响到类时奇点的 sq 部分。 360

现在我们增大电荷密度使之大于物质密度,这可能使云团穿过 $r=r_+$ 和 $r=r_-$ 两个视界,并再次膨胀为另一个不含奇点的宇宙,尽管此时云团外仍存在类时奇点(J. M. Bardeen,未发表),事实上按定理 2 就应当如此(见图 63(iii))。

这个例子非常重要,因为它表明,可以存在类时奇点,物质也可以不与奇点相遇,而且它可以穿过"虫洞"进入另一个时空区域,或进入同一时空区域的另一部分。我们当然不指望坍缩恒星上会出现这么一种电荷密度,但由于 Kerr 解是如此类似于 Reissner - Nordström 解,使我们期望角动量能够生成一种类似的虫洞。因此我们推测,在宇宙目前的膨胀阶段之前,存在一个收缩阶段,其局部不均匀性变得很大,以至出现了孤立奇点。而大部分物质避开了这个奇点并重新膨胀成为我们现在看到的宇宙。 362

在密度很高的早期,每个点的过去都出现奇点,这一事实为奇点的分离设定了限制。碰上这些奇点的那些测地线(即不完备测地线)的集合可能是测度为零的集合。于是我们或许可以认为这些奇点没有物理意义，但事实并非如此，因为这些奇点的存在将产生 Cauchy 视界，从而破坏我们预言未来的能力。实际上，这可以为克服振荡世界模型中的熵问题提供一条途径，因为在每个世界循环里，奇点都能注入负熵。

至此，我们考察了将 Lorentz 流形作为时空模型并要求 Einstein 场方程（$\Lambda=0$）成立而产生的数学结果。我们证明，按照这一理论，在过去应该存在与宇宙坍缩相关联的奇点，而在未来存在与恒星的坍缩相关联的奇点。如果 Λ 是负的，那么上述结论不受影响；如果 Λ 是正的，那么由对宇宙膨胀的变化率的观察表明（Sandage（1961，1968）），Λ 不可能大于 $3\times10^{-55}\,\mathrm{cm}^{-2}$，这相当于 $3\times10^{-27}\,\mathrm{g\ cm}^{-3}$ 负能密度。尽管这种 Λ 值可能对整个宇宙的膨胀有影响，但这种影响可能完全被坍缩恒星里的正物质密度效应所淹没。因此，Λ 项似乎不可能使我们避免所面临的奇点问题。

广义相对论也许没有提供对宇宙的准确描述。迄今这一理论经过的检验都只是偏离平直空间很小（曲率半径为 $10^{12}\,\mathrm{cm}$ 量级）的情形。因此，将广义相对论应用到曲率半径小于 $10^{6}\,\mathrm{cm}$ 的坍缩星体场合是一种相当大胆的外推。另一方面，奇点定理并不取决于完全的 Einstein 方程，而仅仅依赖于 $R_{ab}K^aK^b$ 对任意非类空向量 K^a 非负这一性质。因此这些奇点定理也适用于对广义相对论的任何修正（如 Beans - Dicke 理论），只要其中的引力始终是吸引的。

363 一个物理理论的奇点预言表明理论本身的失败，即它不再为观测提供正确的描述，这似乎是一个很好的原理。问题是广义相对论何时会失效？我们相信这种理论的失效发生在量子引力效应显著的场合。但量纲分析似乎表明，这种失效要直到曲率半径变为 $10^{-33}\,\mathrm{cm}$ 量级，相当于密度为 $10^{94}\,\mathrm{g\ cm}^{-3}$ 时才会发生。然而此时我们可能会质疑，在这样的尺度量级的时空里 Loerentz 流形是否还是合适的模型。迄今的实验表明，为大于 $10^{-15}\,\mathrm{cm}$ 的长度赋以流形结构，给出了与观察一致的预言（Foley，et al. （1967）），但它在 $10^{-15}\,\mathrm{cm}$ 到 $10^{-33}\,\mathrm{cm}$ 的长度范围内可能会失败。$10^{-15}\,\mathrm{cm}$ 的半径相当于 $10^{58}\,\mathrm{g\ cm}^{-3}$ 的密度，这个密度对所有实际需要来说都可视为奇点，因此我们可通过 Schmidt 过程（§8.3）在曲率半径小于 $10^{-15}\,\mathrm{cm}$ 的区域上构造一个曲面，在曲面的我们这一侧，时空的流形图像是合适的，但对曲面另一侧的情形，则需要一种迄今未知的量子理论来描述。穿越曲面的物质可看作进入或离开了我们这个宇宙，但没有理由说明为什么进入要与离开平衡。

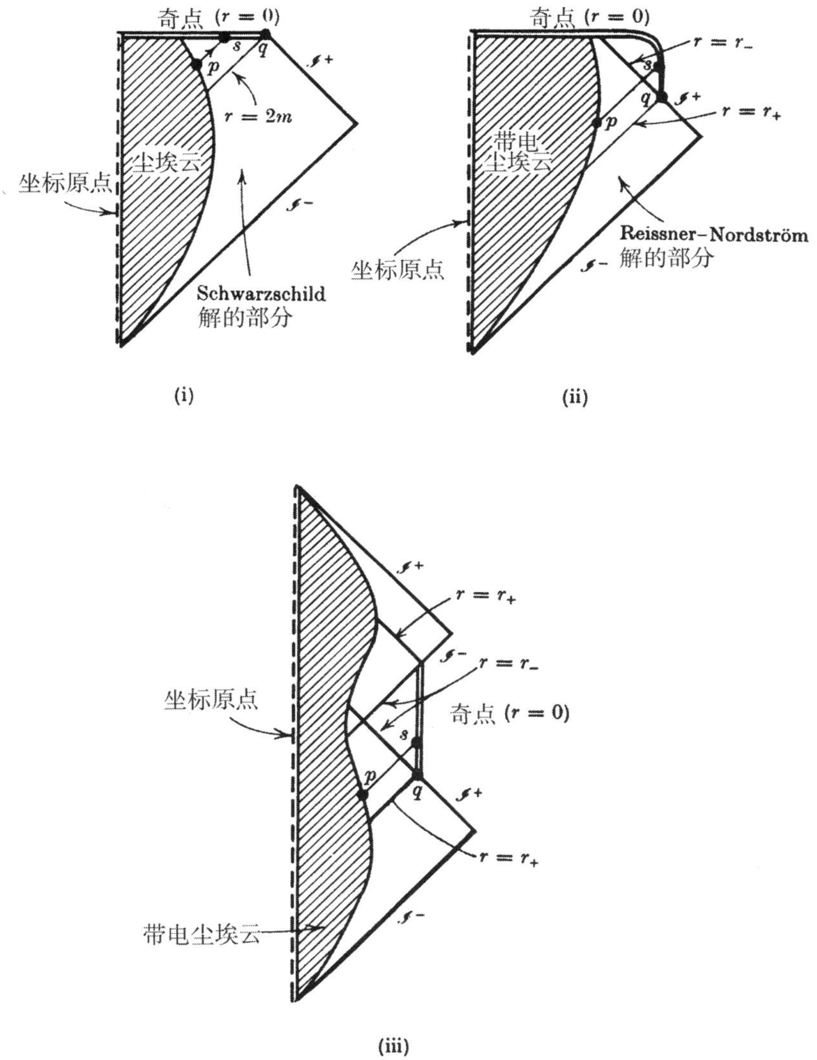

图 63

(i)球状尘埃云的坍缩。

(ii)带电尘埃云的坍缩,这里电荷量太小还不足以阻止在尘埃中出现奇点。

(iii)带电尘埃云的坍缩,这里电荷量已大到足以阻止在尘埃云中出现奇点;奇点出现在尘埃外,尘埃云反弹重新膨胀成为第二个渐近平直空间。

不管怎样,奇点定理表明,按广义相对论的预言,引力场将变得极端强大，在过去发生的这种情形已得到了微波背景辐射的黑体性质的支持，因为这意味着宇宙在早期有过非常高热致密的状态。

有关奇点存在的定理还可能更加精致，但我们认为它们对处理奇点的存在性来说已经足够了。然而这些定理几乎没告诉我们奇点的本性。我们想知道在广义相对论的一般情形下究竟会出现什么样的奇点。解决这个问题的一种可能方式是细化 Lifshitz 和 Khalatnikov 的幂级数展开技术，并澄清其有效性。广义相对论研究的奇点和物理学其他分支研究的奇点（例如 Thom 的基本变理论（1969））之间也可能存在某种联系。还有一种方式，就是我们强行处理，在计算机上对
364 Einstein 方程进行数值积分，但这可能要等新一代计算机问世。我们还想知道，由非奇异渐近平直情形坍缩而产生的奇点是否是裸奇点，即我们是否可从无穷远处看见它，抑或这些奇点藏在事件视界的背后。

另一个重要问题是构建适用于强场的时空量子理论。这种理论也许基于流形，也许允许拓扑改变。在这方面 Witt（1967），Misner（1969，1971），Penrose（见 Penrose 和 MacCallum（1972）），Wheeler（1968）和其他一些学者已进行了某些初步的尝试，但时空量子理论的解释，以及这种理论与奇点之间的关系还非常模糊。

关于本书主题的思索和讨论并不新鲜。Laplace 差不多已经预言过黑洞的存在："其他恒星突然出现，然后在极其辉煌地闪耀几个月后消失……所有这些恒星……出现时并不改变其位置。因此，在广袤的空间里，一定存在着尺度巨大的不可见星体，也许和恒星一样多。"（M. LeMarquis de Laplace：《宇宙体系论》。Rev. H. Harte 译，都柏林，1830 年版，第二卷，335 页。）正如我们已经看到的，Laplace 的这种描述与我们今天极为相似。

从很早开始，人们就模糊地认为宇宙从虚无中诞生。这种事例可以从 Kant 的《纯粹理性批判》的第一个二律背反和相关的评述（Smart（1964），117～123 页，145～159 页；North（1965），389～406 页）中找到。我们得到的结果支持这一观点：宇宙是从某个有限时间开始发展起来的，但它实在的诞生点，即奇点，则超乎我们已知的物理定律的范围。

附录　A
Peter Simon Laplace 论文的译文[*]

证明定理：天体的引力可以大到连光都无法从它逸出。[**] 365

（1）若 v 是速度，t 是时间，s 是这段时间内均匀移过的空间，那么，如所周知，$v=s/t$。

（2）若运动不是均匀的，那么要得到任一时刻的 v 值，我们必须分割经过的空间和时间，即 $v=\mathrm{d}s/\mathrm{d}t$。由于无限小间隔上的速度是常数，因此运动仍可视为均匀的。

（3）连续施加的力总是力图改变速度。因此，速度的变化，即 $\mathrm{d}v$，是对力的最自然的量度。但任何力在两倍的时间里产生两倍的作用，我们必须用时间 $\mathrm{d}t$ 来除力 **P** 在这段时间里所造成的速度的变化 $\mathrm{d}v$，由此得到力 **P** 的一般表达式，即

$$P=\frac{\mathrm{d}v}{\mathrm{d}t}=\frac{\mathrm{d}\cdot\frac{\mathrm{d}s}{\mathrm{d}t}}{\mathrm{d}t}.$$

如果 $\mathrm{d}t$ 是常量，则

$$\mathrm{d}\cdot\frac{\mathrm{d}s}{\mathrm{d}t}=\frac{\mathrm{d}\cdot\mathrm{d}s}{\mathrm{d}t}=\frac{\mathrm{dd}s}{\mathrm{d}t};$$

---

* *Allgemeine geographische Ephemeriden herausgegeben von F.von Zach*.Ⅳ *Bd*，Ⅰ *St*.，Ⅰ Abhandl.，Weimar 1799.我们衷心感谢 D.W.Dewhirst 为我们提供了这篇文献。另见本附录末尾的注释。

** 拉普拉斯在其著作《宇宙体系论》（*Exposition du Système du Monde*）第二部分 305 页不加证明地叙述了这个定理：宇宙中一个密度等同于地球而直径比太阳大 250 倍的发光天体，能够通过自身的引力作用来阻止其发出的光到达我们这里。由于这个原因，宇宙中最大的发光天体可能是看不见的。这里提供一种证明，参见 *A.G.E.*1798 年五月号，603 页。von Zach 注。

因此，
$$P=\frac{\mathrm{dd}s}{\mathrm{d}t^2}。$$

366 (4)设一个物体的引力为 M，第二个物体，如光粒子，处于距离 r 位置，则力 M 对光粒子的作用为 $-M/rr$；这里出现负号是因为 M 的作用方向与光的运动方向相反。

(5)按照(3)，这个力也等于 $\mathrm{dd}r/\mathrm{d}t^2$，因此
$$-\frac{M}{rr}=\frac{\mathrm{dd}r}{\mathrm{d}t^2}=-Mr^{-2}。$$
乘上 $\mathrm{d}r$，
$$\frac{\mathrm{d}r\,\mathrm{dd}r}{\mathrm{d}t^2}=-M\mathrm{d}rr^{-2}；$$
积分，
$$\frac{1}{2}\frac{\mathrm{d}r^2}{\mathrm{d}t^2}=C+Mr^{-1}$$
这里 C 为常量，或
$$\left(\frac{\mathrm{d}r}{\mathrm{d}t}\right)^2=2C+2Mr^{-1}。$$
由(2)知，$\mathrm{d}r/\mathrm{d}t$ 是速度 v，因此
$$v^2=2C+2Mr^{-1}$$
成立，这里 v 是光粒子在距离 r 处的速度。

(6)为确定常数 C，令 R 是产生吸引的物体的半径，a 是光在距离 R 即此物体表面的速度，由此从(5)得 $a^2=2C+2M/R$，故 $2C=a^2-2M/R$。代入上一方程，得
$$v^2=a^2-\frac{2M}{R}+\frac{2M}{r}。$$

(7)令 R' 是另一吸引体半径，其引力为 iM，r 处的光速为 v'，于是由(6)的方程
$$v'^2=a^2-\frac{2iM}{R'}+\frac{2iM}{r}.$$

(8)如果我们取 r 为无穷大，上式最后一项为零，故
$$v'^2=a^2-\frac{2iM}{R'}。$$

由于固定星体间的距离极大，因此我们认为这个假设是合理的。 367

(9)设第二个天体的引力很大，以至光也无法从它逃逸；这一假设可按下述方法解析地表示出来：光速 v' 等于零。将此 v' 值代入方程(8)可得一方程，从中可导出所需质量 iM，因此我们有

$$0=a^2-\frac{2iM}{r'} \quad 或 \quad a^2=\frac{2iM}{R'}。$$

(10)为确定 a，我们设前一吸引体为太阳，于是 a 为太阳表面的阳光的速度。然而太阳的引力与其光速相比极小，我们可认为这个速度是均匀的。从光行差现象可知，在光从太阳传播到地球的时间里，地球在其轨道上转过 $20''\frac{1}{4}$。因此，令 V 是地球在其绕日轨道上的平均速度，则我们有 $a\ :V=$半径(用角秒表示)$:20''\frac{1}{4}=1\ :\tan\left(20''\frac{1}{4}\right)$。

(11)我在《宇宙体系论》(第二部分 305 页)里假设了 $R'=250R$。这样，星体质量随体积乘以其密度而变化，而体积随半径的立方，因此，质量随半径的立方乘以密度。令太阳密度为 1，第二个天体的密度为 ρ，于是

$$M\ :iM=1R^3:\rho R'^3=1R^3:\rho 250^3R^3$$

或

$$1\ :i=1\ :\rho(250)^3$$

或

$$i=(250)^3\rho。$$

(12)将 i 和 R' 值代换到方程 $a^2=2iM/R'$，得

$$a^2=\frac{2(250)^3\rho M}{250R}=2(250)^2\rho\frac{M}{R}$$

或

$$\rho=\frac{a^2R}{2(250)^2M}。$$

(13)为得到 ρ，我们还需求 M。太阳引力 M 在距离 D 处为 M/D^2。设 D 是日地间平均距离，V 是地球平均速度，于是这个力也等于 368
V^2/D(见 Lande《天文学》，Ⅲ，§3539)。故 $M/D^2=V^2/D$ 或 $M=$

V^2D。将此代入 ρ 的方程(12)，得

$$\rho=\frac{a^2R}{2(250)^2V^2D}=\frac{8}{(1000)^2}\left(\frac{a}{V}\right)^2\left(\frac{R}{D}\right),$$

$$\frac{a}{V}=\frac{\text{光速}}{\text{地球速度}}=\frac{1}{\tan 20''\frac{1}{4}}\quad(\text{按照}(10)),$$

$$\frac{R}{D}=\frac{\text{太阳绝对半径}}{\text{日地平均距离}}=\tan(\text{太阳的平均视半径})。$$

因此，

$$\rho=8\,\frac{\tan 16'2''}{\left(1000\ \tan 20''\frac{1}{4}\right)^2}$$

由此 ρ 大约为 4，或与地球密度相当。

D.D.Dewhirst 评注：

Allgemeine geographische Ephemeriden 是由 F.X.von Zach 创办的期刊，其中 51 卷出版于 1798～1816 年间。脚注(**)是 von Zach 加在原文的注释的译文，但对现代读者无甚帮助。

从 1796 年到 1835 年，Laplace 的《宇宙体系论》有过不下 10 个不同的版本。有些是一卷四开本，有些是两卷八开本。在更早的版本中，定理的“无证明的陈述”出现在第 5 卷第 6 章末尾的前几页，不过 Laplace 在后来版本中删去了这个具体陈述。

von Zach 所指的 *A.G.E.*May 1798，p.603 可能是他本人的一个失误，他的原意大概是指 *A.G.E.* Vol.I，p.89，1798，其中有对拉普拉斯《宇宙体系论》第一版的详尽评述。

附录　B
球对称解与 Birkhoff 定理

我们考虑球对称时空情形的 Einstein 方程。或许我们可将球对称 369
时空的基本特征认定为存在这么一条世界线 $\mathscr{L}$，它使时空关于 $\mathscr{L}$ 球对称。这样，在以 $\mathscr{L}$ 的任意一点 p 为中心、沿过 p 且垂直于 $\mathscr{L}$ 的所有测地线上取一常数距离 d 所定义的每个类空二维曲面 $\mathscr{S}_d$ 上，所有点都是等价的。如果利用保持 $\mathscr{L}$ 不变的正交群 $SO(3)$ 来顺序改变 p 点的方向，则由定义知，时空将保持不变，$\mathscr{S}_d$ 上相应的点将映射到自身，故时空允许群 $SO(3)$ 作为等距变换群，群的轨道即球面 $\mathscr{S}_d$。（有可能存在特殊的 d 值使曲面 $\mathscr{S}_d$ 仅为一点 p'，而点 p' 又是另一个对称中心。以这种方式出现的至多只有两点（p' 和 p 本身）。）

然而，在某些我们希望作为球对称的时空也可能并不存在像 $\mathscr{L}$ 这样的世界线。例如，在 Schwarzschild 解和 Reissner - Nordström 解里，时空在 $r=0$ 点是奇异的，否则它们也该是对称中心。因此，我们把存在作用在像 $\mathscr{S}_d$ 这样的二维曲面的等距变换群 $SO(3)$ 作为球对称时空的特征。如果时空允许将 $SO(3)$ 群作为等距变换群，且群的轨道为类空二维曲面，我们就称它是**球对称的**。这些轨道也必然是正常数曲率的二维曲面。

对轨道 $\mathscr{S}(q)$ 的每一点 q，存在等距的一维子群 I_q，它保持 q 不变（存在中心轴 $\mathscr{L}$ 时，这个子群是关于 p 的旋转群，它保持测地线 pq 不
变）。所有在 q 点垂直于 $\mathscr{S}(q)$ 的测地线的集合 $\mathscr{C}(q)$ 局部构成一个 370
在 I_q 下不变的二维曲面（因为 I_q 在 $\mathscr{S}(q)$ 内顺序改变关于 q 点的方向，保持垂直于 $\mathscr{S}(q)$ 的方向不变）。由于 I_q 保持 $\mathscr{C}(q)$ 不变，故在 $\mathscr{C}(q)$ 的任何其他点 r，I_q 也顺序改变垂直于 $\mathscr{C}(q)$ 的方向。因为 I_q 必然作用在过 r 的群轨道 $\mathscr{S}(r)$，故这个轨道垂直于 $\mathscr{C}(q)$。因此群轨道 $\mathscr{S}$ 与曲面 $\mathscr{C}$ 正交（Schmidt(1967)）。而且，这些曲面局部定义了群轨道之间的一一映射，其中 q 在 $\mathscr{S}(r)$ 的像 $f(q)$ 是 $\mathscr{C}(q)$ 和 $\mathscr{S}(r)$ 的交。由于映射在 I_q 下不变，故 $\mathscr{S}(q)$ 在 q 点的等模向量被映射成

$\mathscr{S}(r)$在$f(q)$的等模向量。由于$\mathscr{S}(q)$的所有点皆等价，从$\mathscr{S}(q)$的点到其在$\mathscr{S}(r)$的像的向量映射将出现相同的模乘积因子。因此，正交曲面 $\mathscr{C}$ 共形到上地将一个轨道映射到另一个轨道 $\mathscr{S}$（Schmidt (1967)）。

如果我们选取坐标$\{t,r,\theta,\phi\}$，使群轨道 $\mathscr{S}$为曲面$\{t,r=常数\}$，而正交曲面 $\mathscr{C}$为曲面$\{\theta,\phi=常数\}$，于是度规形式为 $ds^2=d\tau^2(t,r)+Y^2(t,r)d\Omega^2(\theta,\phi)$，其中 $d\tau^2$ 是不定二维曲面，$d\Omega^2$ 是正常曲率曲面。如果我们进一步选取函数 t,r 使$\{t=常数\}$和$\{r=常数\}$在二维曲面 $\mathscr{C}$ 上正交（参见 Bergmann，Cahen and Komar (1965)），则可将度规写成

$$ds^2=\frac{-dt^2}{F^2(t,r)}+X^2(t,r)dr^2+Y^2(t,r)(d\theta^2+\sin^2\theta d\phi^2)。\tag{A1}$$

（注意，这个表达式仍允许在这些曲面上任意选取 r 或 t。）

设沿 t 线运动的观察者测得能量密度 μ、各向同性压强 p、能流 q，而各向异性压强为零，于是度规(A1)的场方程可写为如下形式：

$$-8\pi q=\frac{2X}{F}\left(\frac{Y^{\cdot\prime}}{Y}-\frac{X^{\cdot}Y'}{XY}+\frac{Y^{\cdot\prime}}{YF}\right),\tag{A2}$$

$$8\pi\mu=\frac{1}{Y^2}+\frac{2}{X}\left(-\frac{Y'}{XY}\right)'-3\left(\frac{Y'}{XY}\right)^2+2F^2\frac{X^{\cdot}Y^{\cdot}}{XY}+F^2\left(\frac{Y^{\cdot}}{Y}\right),\tag{A3}$$

$$-8\pi p=\frac{1}{Y^2}+2F\left(F\frac{Y^{\cdot}}{Y}\right)^{\cdot}+3\left(\frac{Y^{\cdot}}{Y}\right)^2F^2+\frac{2}{X^2}\frac{Y'F'}{YF}-\left(\frac{Y'}{XY}\right)^2,\tag{A4}$$

$$\begin{aligned}4\pi(\mu+3p)=&\frac{1}{X}\left(-\frac{F'}{FX}\right)-F\left(F\frac{X^{\cdot}}{X}\right)^{\cdot}-2F\left(F\frac{Y^{\cdot}}{Y}\right)^{\cdot}\\&-F^2\left(\frac{X^{\cdot}}{X}\right)-2F^2\left(\frac{Y^{\cdot}}{Y}\right)^2+\frac{1}{X^2}\left(\frac{F'}{F}\right)^2-\frac{2}{X^2}\frac{Y'F'}{YF},\end{aligned}\tag{A5}$$

其中′代表$\partial/\partial r$，·代表$\partial/\partial t$。

371 我们首先考虑虚空空间场方程 $R_{ab}=0$；这意味着在(A2)～(A5)中必须设定 $\mu=p=q=0$。其局部解取决于曲面$\{Y=常数\}$的性质；这些曲面可以是类时的、类空的或零的，它们甚至可以没定义（如果 Y 是常数）。对在某个开集 $\mathscr{U}$ 上 $Y^{;a}Y_{;a}=0$ 的例外情形（包括 Y 为常数的情形），

$$\frac{Y'}{X}=FY^{\cdot}\tag{A6}$$

在 $\mathscr{U}$ 上成立。但当(A6)成立时，由(A2)确定的 $Y^{\cdot\prime}$ 值却与(A3)不一

致。因此我们可考虑 $Y^{;a}Y_{;a}<0$ 或 $Y^{;a}Y_{;a}>0$ 情形的某一点 p;同样的不等式在 p 点的某个开邻域 $\mathscr{U}$ 上也必然成立。

先考虑 $\overline{Y}^{;a}\,\overline{Y}_{;a}<0$ 情形。这时曲面$\{Y=\text{常数}\}$是 $\mathscr{U}$ 中类时曲面。我们可将 Y 取作坐标 r,(故 r 是**面积坐标**,因为二维曲面$\{r,t=\text{常数}\}$的面积为 $4\pi r^2$。)此时 $Y^{\cdot}=0, Y'=1$,同时(A2)表明,$X^{\cdot}=0$;又(A4)表明,$(F'/F)^{\cdot}=0$。故我们可选取新的时间坐标$t'(t)$使 $F=F(r)$。这样,我们有 $F=F(r), X=X(r), Y=r$,其解**必然是静态的**。现在,方程(A3)说明 $\mathrm{d}(r/X^2)/\mathrm{d}r=1$,故解有形式 $X^2=(1-2m/r)^{-1}$,其中 $2m$ 是积分常数。通过选取适当积分常数,我们可积分方程(A4)得到 $F^2=X^2$,于是(A5)自动满足。由 F 和 X 的这些表达式,度规(A1)变成

$$\mathrm{d}s^2=-\left(1-\frac{2m}{r}\right)\mathrm{d}t^2+\frac{\mathrm{d}r^2}{\left(1-\frac{2m}{r}\right)}+r^2(\mathrm{d}\theta^2+\sin^2\theta\mathrm{d}\phi^2);\quad\text{(A7)}$$

这就是 $r>2m$ 时的 Schwarzschild 度规。

现在假定 $\overline{Y}^{;a}\,\overline{Y}_{;a}>0$。此时曲面$\{Y=\text{常数}\}$是 $\mathscr{U}$ 中类空曲面。我们可将 Y 取作坐标 t,故 $Y^{\cdot}=1, Y'=0$,由(A2),$F'=0$。我们可选取 r 坐标使 $X=X(t)$。于是 $F=F(t), X=X(t), Y=t$;其解是**空间均匀的**。现在我们可积分(A4)和(A5)得到解

$$\mathrm{d}s^2=-\frac{\mathrm{d}t^2}{\left(\frac{2m}{t}-1\right)}+\left(\frac{2m}{t}-1\right)\mathrm{d}r^2+t^2(\mathrm{d}\theta^2+\sin^2\theta\mathrm{d}\phi^2)。\quad\text{(A8)}$$

这是 Schwarzschild 半径以内的 Schwarzschild 解,因为变换$t\to r', r\to t'$
可将此度规变换到 $r'<2m$ 条件下的(A7)式。最后,如果曲面$\{Y=\text{常 372
数}\}$在开集 $\mathscr{V}$ 的某一区域是类空曲面,而在另一区域是类时曲面,则我们可在这些区域内得到相应的解(A8)和(A7),然后像在§5.5 那样,将两个解拼结起来穿过 $Y^{;a}Y_{;a}=0$ 的曲面得到最大的 Schwarzschild 解在 $\mathscr{V}$ 内的部分。这样,我们就证明了 **Birkhoff 定理**:开集 $\mathscr{V}$ 中呈球对称的虚空空间 Einstein 方程的 C^2 解,局部等价于最大扩展的 Schwarzschild 解在 $\mathscr{V}$ 内的部分。(即使空间是 C^0 的,分段 C^1 的,这个结论也是对的。见 Bergmann,Cahen and Komar (1965)。)

现在我们来考虑球对称**静态理想流体解**。此时我们可找到坐标$\{t,r,\theta,\phi\}$使度规具有(A1)形式。流体沿 t 线运动(故 $q=0$),且 $F=$

$F(r)$，$X=X(r)$，$Y=Y(r)$。这时，场方程(A3)和(A4)表明，若 $Y'=0$，则 $\mu+p=0$。我们排除这个对物理流体不合理的解，而假定 $Y'\neq 0$。由此我们可再次将 Y 取为坐标 r，这时度规形式为

$$ds^2=-\frac{dt^2}{F^2(r)}+X^2(r)dr^2+r^2(d\theta^2+\sin^2\theta d\phi^2)。\tag{A9}$$

缩并的 Bianchi 恒等式 $T^{ab}_{;b}=0$ 表明

$$p'-(\mu+p)F'/F=0;\tag{A10}$$

若(A3)，(A4)和(A10)式满足，则(A5)式自动满足。直接积分方程(A3)给出

$$X^2=\left(1-\frac{2\hat{M}}{r}\right)^{-1},\tag{A11}$$

其中 $$\hat{M}(r)\equiv 4\pi\int_0^r \mu r^2 dr,$$

并用了边界条件 $X(0)=1$(即流体球有常态中心)。再由(A10)，(A11)，方程(A4)取如下形式

$$\frac{dp}{dr}=-\frac{(\mu+p)(\hat{M}+4\pi p r^3)}{r(r-2\hat{M})}\tag{A12}$$

如果物态方程已知，则它将 p 确定为 r 的函数。最后，(A10)表明

$$F(r)=C\exp\int_{p(0)}^{p(r)}\frac{dp}{\mu+p},\tag{A13}$$

这里 C 是常数。方程(A11)～(A13)确定了流体球面的度规，即球面半径直到代表流体表面的值 r_0 的度规。

参考文献

Ames, W.L., and Thorne, K.S. (1968), 'The optical appearance of a star that is collapsing through its gravitational radius', *Astrophys.* J. 151, 659—670.

Arnett, W.D. (1966), 'Gravitational collapse and weak interactions', *Can. J. Phys.* 44, 2553—2594.

Auslander, L., and Markus, L. (1958), 'Flat Lorentz manifolds', Memoir 30, *Amer. Math. Soc.*

Avez, A. (1963), 'Essais de géométrie Riemannienne hyperbolique globale. Applications à la Relativité Générale', *Ann. Inst. Fourier (Grenoble)*, 132, 105—190.

Belinskii, V.A., Khalatnikov, I.M., and Lifshitz, E.M. (1970), 'Oscillatory approach to a singular point in relativistic cosmology', *Adv. in Phys.* 19, 523—573.

Bergmann, P.G., Cahen, M., and Komar, A.B. (1965), 'Spherically symmetric gravitational fields', *J. Math. Phys.* 6, 1—5.

Bianchi, L. (1918), *Lezioni sulla teoria dei gruppi continui finiti transformazioni* (Spoerri, Pisa).

Bludman, S. A., and Ruderman, M. A. (1968), 'Possibility of the speed of sound exceeding the speed of light in ultradense matter', *Phys. Rev.* 170, 1176—1184.

Bludman, S.A., and Ruderman, M.A. (1970), 'Noncausality and instability in ultradense matter', *Phys. Rev.* D1, 3243—3246.

Bondi, H. (1960), *Cosmology* (Cambridge University Press, London).

Bondi, H. (1964), 'Massive spheres in General Relativity', *Proc. Roy. Soc. Lond.* A 282, 303—317.

Bondi, H., and Gold, T. (1948), 'The steady-state theory of the expanding universe', *Mon. Not. Roy. Ast. Soc.* 108, 252—270.

Bondi, H., Pirani, F. A. E., and Robinson, I. (1959), 'Gravitational waves in General Relativity, Ⅲ. Exact plane waves', *Proc. Roy. Soc. Lond.* A251, 519—533.

Boyer, R. H. (1969), 'Geodesic Killing orbits and bifurcate Killing horizons', *Proc. Roy. Soc. Lond.* A311, 245—252.

Boyer, R. H., and Lindquist, R. W. (1967), 'Maximal analytic extension of the Kerr metric', *J. Math. Phys.* 8, 265—281.

Boyer, R. H., and Price, T. G. (1965), 'An interpretation of the Kerr metric in General Relativity', *Proc. Camb. Phil. Soc.* 61, 531—534.

Bruhat, Y. (1962), 'The Cauchy problem', in *Gravitation: an introduction to current research*, ed. L. Witten (Wiley, New York), 130—168.

Burkill, J.C. (1956), *The Theory of Ordinary Differential Equations* (Oliver and Boyd, Edinburgh).

Calabi, E., and Marcus, L. (1962), 'Relativistic space forms', *Ann. Math.* 75, 63—76.

Cameron, A.G.W. (1970), 'Neutron stars', in *Ann. Rev. Astronomy and Astrophysics*, eds. L. Goldberg, D. Layzer, J. G. Phillips (Ann. Rev. Inc., Palo Alto, California), 179—208.

Carter, B. (1966), 'The complete analytic extension of the Reissner-Nordström metric in the special case $e^2=m^2$', *Phys. Lett.* 21, 423—424.

Carter, B. (1967), 'Stationary axisymmetric systems in General Relativity', *Ph.D.Thesis*, Cambridge University.

Carter, B. (1968*a*), 'Global structure of the Kerr family of gravitational fields', *Phys. Rev.* 174, 1559—1571.

Carter, B. (1968*b*), 'Hamilton-Jacobi and Schrödinger separable solutions of Einstein's equations', *Comm. Math. Phys.* 10, 280—310.

Carter, B. (1969), 'Killing horizons and orthogonally transitive groups in space-time', *J. Math. Phys.* 10, 70—81.

Carter, B. (1970), 'The commutation property of a stationary axisymmetric system', *Comm. Math. Phys.* 17, 233—238.

Carter, B. (1971*a*), 'Causal structure in space-time', *J. General*

Relativity and Gravitation, 1,349—391.

Carter, B. (1971*b*), 'Axisymmetric black hole has only two degrees of freedom', *Phys. Rev. Lett.* 26, 331—332.

Choquet-Bruhat, Y. (1968), 'Espace-temps Einsteiniens gèneraux, chocs gravitationnels', *Ann. Inst. Henri Poincaré*, 8, 327—338.

Choquet-Bruhat, Y. (1971), 'Equations aux derivées partielles-solutions C^{∞} d'equations hyperboliques non-lineaires', *C. R. Acad. Sci.* (Paris).

Choquet-Bruhat, Y., and Geroch, R.P. (1969), 'Global aspects of the Cauehy problem in General Relativity', *Comm. Math. Phys.* 14, 329—335.

Christodoulou, D. (1970), 'Reversible and irreversible transformation in black hole physics', *Phys. Rev. Lett.* 25, 1596—1597.

Clarke, C.J.S. (1971), 'On the geodesic completeness of causal space-times', *Proe. Camb. Phil. Soc.* 69, 319—324.

Colgate, S.A. (1968), 'Mass ejection from supernovae', *Astrophys. J.* 153,335—339.

Colgate, S.A. and White, R.H. (1966), 'The hydrodynamic behaviour of supernovae explosions', *Astrophys. J.* 143, 626—681.

Courant, R., and Hilbert, D. (1962), *Methods of Mathematical Physics. Volume II: Partial Differential Equations* (Interscience, New York).

Demianski, M., and Newman, E. (1966), 'A combined Kerr-NUT solution of the Einstein field equations', *Bull. Acad. Pol. Sci.* (*Math. Act. Phys.*) 14,653—657.

De Witt, B.S. (1967), 'Quantum theory of gravity: Ⅰ. The canonical theory', *Phys. Rev.* 160, 1113—1148 ; 'Ⅱ. The manifestly covariant theory', *Phys. Rev.*162, 1195—1239 ;'Ⅲ. Applications of the covariant theory', *Phys. Rev.*162, 1239—1256.

Dicke, R. H. (1964), *The theoretical significance of Experimental Relativity* (Blackie, New York).

Dionne, P. A. (1962), 'Sur les problèmes de Cauchy hyperboliques bien posés', *Journ. d'Analyses Mathematique*, 10, 1—90.

Dirac, P. A. M. (1938), 'A new basis for cosmology', *Proc. Roy. Soc. Lond.* A 165, 199—208.

Dixon, W.G. (1970), 'Dynamics of extended bodies in General Relativity: Ⅰ. Momentum and angular momentum', *Proc. Roy. Soc. Lond.* A 314, 499—527; 'Ⅱ. Moments of the charge-current vector', *Proc. Roy. Soc. Lond.* A 319, 509—547.

Doroshkevich, A. G., Zel'dovich, Ya. B., and Novikov, I. D. (1966), 'Gravitational collapse of non-symmetric and rotating masses', *Soy. Phys. J.E.T.P.* 22, 122—130.

Ehlers, J., Geren, P., and Sachs, R. K. (1968), 'Isotropic solutions of the Einstein-Liouville equations', *J. Math. Phys.* 8, 1344—1349.

Ehlers, J., and Kundt, W. (1962), 'Exact solutions of the gravitational field equations', in *Gravitation: an Introduction to Current Research*, ed. L. Witten (Wiley, New York), 49—101.

Ehresmann, C. (1957), 'Les connexions infinitesimates dans un espace fibre differentiable', in *Colloque de Topologie* (*Espaces Fibres*) *Bruxelles* 1950 (Masson, Paris), 29—50.

Ellis, G. F. R., and Sciama, D. W. (1972), 'Global and non-global problems in cosmology', in *Studies in Relativity* (Synge Festschrift), ed. L. O'Raiffeartaigh (Oxford University Press, London).

Field, G.B. (1969), 'Cosmie background radiation and its interaction with cosmic matter', *Rivista del Nuovo Cimento*, 1, 87—109.

Foley, K. J, Jones, R. S., Lindebaum, S. J., Love, W. A., Ozaki, S., Platner, E.D., Quarles, C.A., and Willen, E. H. (1967), 'Experimental test of the pion-nucleon forward dispersion relations at high energies', *Phys. Rev. Lett.* 19, 193—198, and 622.

Geroeh, R.P. (1966), 'Singularities in closed universes', *Phys. Rev. Lett.* 17, 445—447.

Geroch, R. P. (1967*a*), 'Singularities in the space-time of General Relativity', *Ph.D. Thesis* (Department of Physics, Princeton University).

Geroch, R.P. (1967*b*), 'Topology in General Relativity', *J. Math.*

Phys. 8,782—6.

Geroch, R. P. (1968*a*), 'Local characterization of singularities in General Relativity', *J. Math. Phys.* 9, 450—465.

Geroch, R. P. (1968*b*), 'What is a singularity in General Relativity?', *Ann. Phys.* (New York), 48, 526—540.

Geroch, R. P. (1968*c*), 'Spinor structure of space-times in General Relativity. I', *J. Math. Phys.* 9, 1739—1744.

Geroch, R. P. (1970*a*), 'Spinor structure of space-times in General Relativity. II', *J. Math. Phys.* 11,343—348.

Geroch, R.P. (1970*b*), 'The domain of dependence', *J. Math. Phys.* 11,437—439.

Geroch, R.P. (1970*c*), 'Singularities', in *Relativity*, ed. S. Fiekler, M. Carmeli and L. Witten (Plenum Press, New York), 259—291.

Geroch, R. P. (1971), 'Space-time structure from a global view point', in *General Relativity and Cosmology*, Proceedings of International School in Physics 'Enrico Fermi', Course XLVII, ed. R. K. Sachs (Academic Press, New York), 71—103.

Geroch, R. P., Kronheimer, E. H., and Penrose, R. (1972), 'Ideal points in space-time', *Prec. Roy. Soc. Lond.* A 327, 545—567.

Gibbons, G., and Penrose, R. (1972), to be published.

Gödel, K. (1949), 'An example of a new type of cosmological solution of Einstein's field equations of gravitation', *Rev. Mod. Phys.* 21,447—450.

Gold, T. (1967), ed., *The Nature of Time* (Cornell University Press, Ithaca).

Graves, J.C., and Brill, D.R. (1960), 'Oscillatory character of Reissner- Nordström metric for an ideal charged wormhole', *Phys. Rev.* 120, 1507—1513.

Grischuk, L. P. (1967), 'Some remarks on the singularities of the cosmological solutions of the gravitational equations', *Sov. Phys. J.E.T.P.* 24, 320—324.

Hajicek, P. (1971), 'Causality in non-Hausdorff space-times', *Comm. Math. Phys.* 21, 75—84.

Hajicek, P. (1973), 'General theory of vacuum ergospheres', *Phys. Rev.* D7, 2311—2316.

Harrison, B. K., Thorne, K. S., Wakano, M., and Wheeler, J. A. (1965), *Gravitation Theory and Gravitational Collapse* (Chicago University Press, Chicago).

Hartle, J. B., and Hawking, S. W. (1972*a*), 'Solutions of the Einstein-Maxwell equations with many black holes', *Commun. Math. Phys.* 26, 87—101.

Hartle, J .B., and Hawking, S.W. (1972*b*), 'Energy and angular momentum flow into a black hole', *Commun. Math. Phys.* 27, 283—290.

Hawking, S.W. (1966*a*), 'Perturbations of an expanding universe', *Astrophys. J.* 145, 544—554.

Hawking, S.W. (1966*b*), 'Singularities and the geometry of space-time', *Adams Prize Essay* (unpublished).

Hawking, S. W. (1967), 'The occurrence of singularities in cosmology. Ⅲ. Causality and singularities', *Proc. Roy. Soe. Lond.* A 300, 187—201.

Hawking, S.W., and Ellis, G.F.R. (1965), 'Singularities in homogeneous world models', *Phys. Lett.* 17, 246—247.

Hawking, S.W., and Penrose, R. (1970), 'The singularities of gravitational collapse and cosmology', *Proc. Roy. Soc. Lond.* A 314, 529—548.

Heckmann, O., and Schücking, E. (1962), 'Relativistic cosmology', in *Gravitation: an Introduction to Current Research*, ed. L. Witten (Wiley, New York), 438—469.

Hocking, J. G., and Young, G. S. (1961), *Topology* (Addison-Wesley, London).

Hodge, W.V.D. (1952), *The Theory and Application of Harmonic Integrals* (Cambridge University Press, London).

Hogarth, J.E. (1962), 'Cosmological considerations on the absorber theory of radiation', *Proc. Roy. Soc. Lond.* A 267, 365—383.

Hoyle, F. (1948), 'A new model for the expanding universe', *Mon.*

Not. Roy. Ast. Soc. 108, 372—382.

Hoyle, F., and Narlikar, J. V. (1963), 'Time-symmetric electrodynamics and the arrow of time in cosmology', *Proc. Roy. Soc. Lond.* A 277, 1—23.

Hoyle, F., and Narlikar, J.V. (1964), 'A new theory of gravitation', *Proc. Roy. Soc. Lond.* A 282, 191—207.

Israel, W. (1966), 'Singular hypersurfaces and thin shells in General Relativity', *Nuovo Cimento*, 44B, 1—14; erratum, *Nuovo Cimento*, 49B, 463 (1967).

Israel, W. (1967), 'Event horizons in static vacuum space-times', *Phys. Rev.* 164, 1776—1779.

Isracl, W. (1968), 'Event horizons in static electrovac space-times', *Comm. Math. Phys.* 8, 245—260.

Jordan, P. (1955), *Schwerkraft und Weltall* (Friedrich Vieweg, Braunschweig).

Kantowski, R., and Sachs, R. K. (1967), 'Some spatially homogeneous anisotropic relativistic cosmological models', *J. Math. Phys.* 7, 443—446.

Kelley, J.L. (1965), *General Topology* (van Nostrand, Princeton).

Khan, K.A., and Penrose, R. (1971), 'Scattering of two impulsive gravitational plane waves', *Nature*, 229, 185—186.

Kinnersley, W., and Walker, M. (1970), 'Uniformly accelerating charged mass in General Relativity', *Phys. Rev.* D2, 1359—1370.

Kobayashi, S., and Nomizu, K. (1963), *Foundations of Differential Geometry: Volume I* (Interscience, New York).

Kobayashi, S., and Nomizu, K. (1969), *Foundations of Differential Geometry: Volume II* (Interscience, New York).

Kreuzer, L.B. (1968), 'Experimental measurement of the equivalence of active and passive gravitational mass', *Phys. Rev.* 169, 1007—1012.

Kronheimer, E. H., and Penrose, R. (1967), 'On the structure of causal spaces', *Proc. Camb. Phil. Soc.* 63, 481—501.

Kruskal, M. D. (1960), 'Maximal extension of Schwarzschild metric', *Phys. Rev.* 119, 1743—1745.

Kundt, W. (1956), 'Trägheitsbahnen in einem von Gödel angegebenen kosmologischen Modell', *Zs. f Phys.* 145, 611—620.

Kundt, W. (1963), 'Note on the completeness of space-times', *Zs. f. Phys.* 172, 488—489.

Le Blanc, J.M., and Wilson, J.R. (1970), 'A numerical example of the collapse of a rotating magnetized star', *Astrophys. J.* 161, 541—552.

Leray, J. (1952), 'Hyperbolic differential equations', duplicated notes (Princeton Institute for Advanced Studies).

Lichnerowicz, A. (1955), *Theories Relativistes de la Gravitation et de l'Electromagnétisme* (Masson, Paris).

Lifschitz, E.M., and Khalatnikov, I.M. (1963), 'Investigations in relativistic cosmology', *Adv. in Phys.* (*Phil. Mag. Suppl.*) 12, 185—249.

Löbell, F. (1931), 'Beispele geschlossener drei-dimensionaler Clifford-Kleinsche Räume negativer Krümmung', *Ber. Verhandl. Sächs. Akad. Wiss. Leipzig, Math. Phys. Kl.* 83, 167—174.

Milnor, J. (1963), *Morse Theory*, Annals of Mathematics Studies No. 51 (Princeton University Press, Princeton).

Misner, C. W. (1963), 'The flatter regions of Newman, Unti and Tamburino's generalized Schwarzschild space', *J. Math. Phys.* 4, 924—937.

Misner, C.W. (1967), 'Taub-NUT space as a counterexample to almost anything', in *Relativity Theory and Astrophysics I: Relativity and Cosmology*, ed. J.Ehlers, Lectures in Applied Mathematics, Volume 8 (American Mathematical Society), 160—169.

Misner, C.W. (1968), 'The isotropy of the universe', *Astrophys. J.* 151, 431—457.

Misner, C.W. (1969), 'Quantum cosmology. I', *Phys. Rev.* 186, 1319—1327.

Misner, C.W. (1972), 'Minisuperspace', in *Magic without Magic*, ed. J.R. Klauder (Freeman, San Francisco).

Misner, C.W., and Taub, A.H. (1969), 'A singularity-free empty universe', *Sov. Phys. J.E.T.P.* 28, 122—133.

Müller zum Hagen, H. (1970), 'On the analyticity of stationary vacuum solutions of Einstein's equations', *Proe. Camb. Phil. Soc.* 68, 199—201.

Müller zum Hagen, H., Robinson, D.C., and Seifert, H.J. (1973), 'Black holes in static vacuum space-times', *Gen. Rel. and Grav.* 4, 53.

Munkres, J.R. (1954), *Elementary Differential Topology*, Annals of Mathematics Studies No. 54 (Princeton University Press, Princeton).

Newman, E. T., and Penrose, R. (1962), 'An approach to gravitational radia- tion by a method of spin coefficients', *J. Math. Phys.* 3, 566—578.

Newman, E.T., and Penrose, R. (1968), 'New conservation laws for zero-rest mass fields in asymptotically flat space-time', *Proc. Roy. Soc. Lond.* A305, 175—204.

Newman, E. T., Tamburino, L., and Unti, T. J. (1963), 'Empty space generalization of the Schwarzschild metric', *Journ. Math. Phys.* 4, 915—923.

Newman, E.T., and Unti, T.W.J. (1962), 'Behaviour of asymptotically flat empty spaces', *J. Math. Phys.* 3, 891—901.

North, J. D. (1965), *The Measure of the Universe* (Oxford University Press, London).

Ozsváth, I., and Schüicking, E. (1962), 'An anti-Mach metric', in *Recent Developments in General Relativity* (Pergamon Press-PWN), 339—350.

Papapetrou, A. (1966), 'Champs gravitationnels stationnares à symmétrie axiale', *Ann. Inst. Henri Poincaré*, A Ⅳ, 83—105.

Papapetrou, A., and Hamoui, A. (1967), 'Surfaces caustiques dégénérées dans la solution de Tolman. La Singularité physique en Relativité Générale', *Ann. Inst. Henri Poincaré*, Ⅵ, 343—364.

Peebles, P.J.E. (1966), 'Primordial helium abundance and the primordial fireball. II', *Astrophys. J*. 146, 542—552.

Penrose, R. (1963), 'Asymptotic properties of fields and space-times', *Phys. Rev. Lett*. 10, 66—68.

Penrose, R. (1964), 'Conformal treatment of infinity', in *Relativity, Groups and Topology*, ed. C.M. de Witt and B. de Witt, Les Houches Summer School, 1963 (Gordon and Breach, New York).

Penrose, R. (1965*a*), 'A remarkable property of plane waves in General Relativity', *Rev. Mod. Phys*. 37, 215—220.

Penrose, R. (1965*b*), 'Zero rest-mass fields including gravitation: asymptotic behaviour', *Proc. Roy. Soc. Lond*. A 284, 159—203.

Penrose, R. (1965*c*), 'Gravitational collapse and space-time singularities', *Phys. Rev. Lett*. 14, 57—59.

Penrose, R. (1966), 'General Relativity energy flux and elementary opties', in *Perspectives in Geometry and Relativity* (Hlavaty Festschrift), ed. B.Hoffmann (Indiana University Press, Bloomington), 259—274.

Penrose, R. (1968), 'Structure of space-time', in *Battelle Rencontres*, ed. C.M. de Witt and J.A. Wheeler (Benjamin, New York), 121—235.

Penrose, R. (1969), 'Gravitational collapse: the role of General Relativity', *Rivista del Nuovo Cimento*, 1,252—276.

Penrose, R. (1972*a*), 'The geometry of impulsive gravitational waves', in *Studies in Relativity* (Synge Festschrift), ed. L. O'Raiffeartaigh (Oxford University Press, London).

Penrose, R. (1972*b*), 'Techniques of differential topology in relativity' (Lectures at Pittsburgh, 1970), A.M.S. Colloquium Publications.

Penrose, R., and MacCalhun, M.A.H. (1972), 'A twistor approach to space-time quantization', *Physics Reports* (*Phys. Lett*. Section C), 6, 241—316.

Penrose, R., and Floyd, R.M. (1971), 'Extraction of rotational energy from a black hole', *Nature*, 229, 177—179.

Penzias, A.A., Schraml, J., and Wilson, R.W. (1969), 'Observational constraints on a discrete source model to explain the microwave background', *Astrophys. J.* 157, L49—L51.

Pirani, F.A.E. (1955), 'On the energy-momentum tensor and the creation of matter in relativistic cosmology', *Proc. Roy. Soc.* A 228, 455—462.

Press, W.H. (1972), 'Time evolution of a rotating black hole immersed in a static scalar field', *Astrophys. Journ.* 175, 245—252.

Price, R.H. (1972), 'Nonspherical perturbations of relativistic gravitational collapse. Ⅰ: Scalar and gravitational perturbations. Ⅱ: Integer spin, zero rest-mass fields', *Phys. Rev.* 5, 2419—2454.

Rees, M.J., and Sciama, D.W. (1968), 'Large-scale density inhomogeneities in the universe', *Nature*, 217, 511—516.

Regge, T., and Wheeler, J.A. (1957), 'Stability of a Schwarzschild singularity', *Phys. Rev.* 108, 1063—1069.

Riesz, F., and Sz-Nagy, B. (1955), *Functional Analysis* (Blackie and Sons, London).

Robertson, H.P. (1933), 'Relativistic cosmology', *Rev. Mod. Phys.* 5, 62—90.

Rosenfeld, L. (1940), 'Sur le tenseur d'impulsion-energie', *Mem. Roy. Acad. Belg. Cl. Sci.* 18, No. 6.

Ruse, H.S. (1937), 'On the geometry of Dirac's equations and their expression in tensor form', *Proc. Roy. Soc. Edin.* 57, 97—127.

Sachs, R.K., and Wolfe, A.M. (1967), 'Perturbations of a cosmological model and angular variations of the microwave background', *Astrophys. J.* 147, 73—90.

Sandage, A. (1961), 'The ability of the 200-inch telescope to discriminate between selected world models', *Astrophys. J.* 133, 355—392.

Sandage, A. (1968), 'Observational cosmology', *Observatory*, 88, 91—106.

Schmidt, B.G. (1967), 'Isometry groups with surface-orthogonal trajectories', *Zs. f. Naturfor.* 22a, 1351—1355.

Schmidt, B. G. (1971), 'A new definition of singular points in General Relativity', *J. Gen. Rel. and Gravitation*, 1, 269—280.

Schmidt, B. G. (1972), 'Local completeness of the b-boundary', *Commun. Math. Phys.* 29, 49—54.

Schmidt, H. (1966), 'Model of an oscillating cosmos which rejuvenates during contraction', *J. Math. Phys.* 7, 494—509.

Schouten, J.A. (1954), *Ricci Calculus* (Springer, Berlin).

Schrödinger, E. (1956), *Expanding Universes* (Cambridge University Press, London).

Sciama, D. W. (1953), 'On the origin of inertia', *Mon. Not. Roy. Ast. Soc.* 113, 34—42.

Sciama, D. W. (1967), 'Peculiar velocity of the sun and the cosmic microwave background', *Phys. Rev. Lett.* 18, 1065—1067.

Sciama, D. W. (1971), 'Astrophysical cosmology', in *General Relativity and Cosmology*, ed. R.K. Sachs, Proceedings of the International School of Physics 'Enrico Fermi', Course xLⅧ (Academic Press, New York), 183—236.

Seifert, H.J. (1967), 'Global connectivity by timelike geodesics', *Zs. f. Naturfor.* 22a, 1356—1360.

Seifert, H. J. (1968), 'Kausal Lorentzräume', *Doctoral Thesis*, Hamburg University.

Smart, J. J. C. (1964), *Problems of Space and Time*, Problems of Philosophy Series, ed. P. Edwards (Collier-Macmillan, London; Macmillan, New York).

Sobolev, S.L. (1963), *Applications of Functional Analysis to Physics*, Vol. 7, Translations of Mathematical Monographs (Am. Math. Soc., Providence).

Spanier, E. H. (1966), *Algebraic Topology* (McGraw Hill, New York).

Spivak, M. (1965), *Calculus on Manifolds* (Benjamin, New York).

Steenrod, N.E. (1951), The *Topology of Fibre Bundles* (Princeton University Press, Princeton).

Stewart, J.M.S., and Sciama, D.W. (1967), 'Peculiar velocity of the sun and its relation to the cosmic microwave background', *Nature*, 216, 748—753.

Streater, R.F., and Wightman, A.S. (1964), *P.C.T., Spin, Statistics, and All That* (Benjamin, New York).

Thom, R. (1969), *Stabilité Structurelle et Morphogenése* (Benjamin, New York).

Thorne, K.S. (1966), 'The General Relativistic theory of stellar structure and dynamics', in *High Energy Astrophysics*, ed. L. Gratton, Proceedings of the International School in Physics 'Enrico Fermi', Course xxxv (Academic Press, New York), 166—280.

Tsuruta, S. (1971), 'The effects of nuclear forces on the maximum mass of neutron stars', in *The Crab Nebula*, ed. R. D. Davies and F. G. Smith (Reidel, Dordrecht).

Vishveshwara, C.V. (1968), 'Generalization of the "Schwarzschild Surface" to arbitrary static and stationary Metrics', *J. Math. Phys.* 9, 1319—1322.

Vishveshwara, C.V. (1970), 'Stability of the Schwarzschild metric', *Phys. Rev.* D1, 2870—2879.

Wagoner, R.V., Fowler, W.A., and Hoyle, F. (1968), 'On the synthesis of elements at very high temperatures', *Astrophys. J.* 148, 3—49.

Walker, A.G. (1944), 'Completely symmetric spaces', *J. Lond. Math. Soc.* 19, 219—226.

Weymann, R.A. (1963), 'Mass loss from stars', in *Ann. Rev. Ast. and Astrophys.* Vol. 1 (Ann. Rev. Inc., Palo Alto), 97—141.

Wheeler, J. A. (1968), 'Superspace and the nature of quantum geometro-dynamics', in *Batelle Rencontres*, ed. C. M. de Witt and J. A. Wheeler (Benjamin, New York), 242—307.

Whitney, H. (1936), 'Differentiable manifolds', *Annals of Maths.* 37, 645.

Yano, K. and Bochner, S. (1953), 'Curvature and Betti numbers', *Annals of Maths. Studies* No. 32 (Princeton University Press, Princeton).

Zel'dovich, Ya.B., and Novikov, I.D. (1971), *Relativistic Astrophysics. Volume* Ⅰ: *Stars and Relativity*, ed. K. S. Thorne and W. D. Arnett (University of Chicago Press, Chicago).

符号说明

说明文字后的数字为该符号定义在原书中的页码

$\equiv$ 定义　$\Rightarrow$ 蕴涵　$\exists$ 存在　$\sum$ 求和　$\square$ 证明毕

集合

$\cup$，$A\cup B$，A 与 B 的并

$\cap$，$A\cap B$，A 与 B 的交

$\supset$，$A\subset B$，$B\supset A$，A 包含于 B

$-$　$A-B$，A 减去 B

$\in$，$x\in A$，x 为 A 的一个元素

$\varnothing$　空集

映射

ϕ：$\mathscr{U}\to\mathscr{V}$，　映射 ϕ 将流形上某点 $p\in\mathscr{U}$ 映射到 R^n 上相应点 $\phi(p)\in\mathscr{V}$

$\phi(\mathscr{U})$　在映射 ϕ 下开集 U 在 R^n 上的像

ϕ^{-1}　ϕ 的逆映射

$f\circ g$　复合映射，先作映射 f 再作映射 g

ϕ_*，ϕ^*　映射 ϕ 诱导的张量映射，22～24

拓扑

$\overline{A}$　A 的闭包

$\dot{A}$　A 的边界，183

int$A$　A 的内部，209

可微性

C^0，C^r，C^{r-}，C^∞　可微性条件，11

流形

$\mathscr{M}$　n 维流形，11

($\mathscr{U}_\alpha$，ϕ_α)　用来确定局部坐标 x^α 的局部坐标卡，12

$\partial\mathscr{M}$　$\mathscr{M}$的边界，12

R^n　n 维 Euclid 空间，11

$\frac{1}{2}R^n$　$x^1\leqslant 0$ 的 R^n 区域，11

S^n　n 维球面，13

$\times$　笛卡儿积，15

张量

$(\partial/\partial t)_\lambda$,$\mathbf{X}$　向量，15

$\boldsymbol{\omega}$，$\mathrm{d}f$　1一形式，16，17

$\langle\boldsymbol{\omega}, \mathbf{X}\rangle$　向量与 1一形式的标积，16

$\{\mathbf{E}_a\}$，$\{\mathbf{E}^a\}$　向量和 1一形式的对偶基，16，17

$T^{a1\ldots ar}{}_{b1\ldots b_s}$，($r$，$s$) 型的张量 $\mathbf{T}$ 的分量，17～19

$\otimes$　张量积，18

$\wedge$　斜积，21

( )　对称化（例如　$T_{(ab)}$），20

[ ]　反对称化（例如　$T_{[ab]}$），20

$\delta^a{}_b$　Kroneck 符号（+1，若 $a=b$；0，若 $a\neq b$）

T_p，$T^*{}_p$　p 点的切空间及其对偶空间，16

T^r_s (p)　p 点的（r，s）型张量空间，18

T^r_s ($\mathscr{M}$)　流形 $\mathscr{M}$上的（r，s）型张量丛，51

T ($\mathscr{M}$)　流形 $\mathscr{M}$的切丛，51

L ($\mathscr{M}$)　流形 $\mathscr{M}$的线性标架丛，51

导数和联络

$\partial/\partial x^i$　对坐标 x^i 的偏导数

$(\partial/\partial t)_\lambda$　沿曲线 $\lambda(t)$的导数，15

d　外导数，17，25

$L_\mathbf{X}\mathbf{Y}$，$[\mathbf{X}, \mathbf{Y}]$ $\mathbf{Y}$ 对 $\mathbf{X}$ 的 Lie 导数，27～28

∇，$\nabla_\mathbf{X}$，$T_{ab;c}$　协变导数，30～32

D/∂t　沿曲线的协变导数，31
$\Gamma^{i}{}_{jk}$　联络分量，31
exp　指数映射，33

黎曼空间

($\mathscr{M}$, **g**)　具有度规 **g** 和 Christoffel 联络的流形
η　体积元，48
R_{abcd}　Riemann 张量，35
R_{ab}　Ricci 张量，36
R　曲率标量，41
C_{abcd}　Weyl 张量，41
$O(p,q)$ 用于分离度规不变量 G_{ab} 的正交群，52
G_{ab}　对角度规的 diag（+1，+1,…，+1，−1，−1,…，−1）
（其中 p 项+1，q 项−1）
$O(\mathscr{M})$　规范正交标架丛，52

时空

时空是一个四维 Riemann 空间（$\mathscr{M}$, **g**）具有度规的正则形式 diag（+1，+1，+1，−1）。局域坐标取为（x^1，x^2，x^3，x^4）。
T_{ab}　物质的能量-动量张量，61
$\Psi_{(i)}{}^{a\ldots b}{}_{c\ldots d}$　物质场，60
L　Lagrange 函数，64
Einstein 场方程取

$$R_{ab}-\frac{1}{2}Rg_{ab}+\Lambda g_{ab}=8\pi T_{ab}$$

形式，这里 Λ 是宇宙常数。
($\mathscr{S}$，**ω**)　初始数据集，233

类时曲线

⊥　垂直投影，79
$\mathrm{D}_F/\partial s$　Fermi 导数，80～81
θ　膨胀，83
ω^a，ω_{ab}，ω　涡量，82～84

σ_{ab}，σ　剪切，83～84

零测地线

$\hat{\theta}$　膨胀，88

$\hat{\omega}_{ab}$，$\hat{\omega}$　涡量，88

$\hat{\sigma}_{ab}$，$\hat{\sigma}$　剪切，88

因果结构

I^+，I^-　时序性未来、过去，182

J^+，J^-　因果性未来、过去，183

E^+，E^-　未来、过去的边界，184

D^+，D^-　未来、过去的 Cauchy 发展，201

H^+，H^-　未来、过去的 Cauchy 视界，202

时空边界

$\mathscr{M}^* = \mathscr{M} \cup \Delta$　这里 Δ 是 c—边界，220

$\mathscr{I}^+$，$\mathscr{I}^-$，i^+，i^-　渐近简单虚空空间的 c—边界，122，225

$\overline{\mathscr{M}} = \mathscr{M} \cup \partial\mathscr{M}$　当 $\mathscr{M}$ 是弱渐近简单空间时；$\mathscr{M}$ 的边界 $\partial\mathscr{M}$ 由 $\mathscr{I}^+$ 和 $\mathscr{I}^-$ 构成，221，225

$\mathscr{M}^+ = \mathscr{M} \cup \partial$　这里 ∂ 是 b—边界，283

名词索引

斜体页码为原文主要参考或定义的出处。

译后记

这部被专业物理学家认为读不到第10页(迈克尔·怀特,约翰·格里宾著《斯蒂芬·霍金传》,上海译文出版社,2002年第1版,118页,下同)的著作的译文终于可以脱稿了。搁笔之际,有些话还想借此机会絮叨几句。

这是霍金与合作者乔治·埃利斯断断续续写了6年才得以完成的一部关于经典宇宙学理论的著作,初版于1973年。其实在出版之前,霍金已经转向用量子理论解释黑洞物理等方面工作(这在书中已有所反映),而且"霍金关于黑洞的工作进展很快,他们来不及对书中的内容作修改",使得书中内容在当时就显得有些过时。但正是这么一本初版后再也未作修订的著作却几乎年年重印(从原版的版权页上可见,至上世纪末它已重印达15次之多),成为一部名副其实的经典之作。尽管有些学生是慕名购置,"他们的阅读不会超过第二页",但很多学校是把它当作宇宙学专业研究生的必读文献开列的。因此,中文版的发行会对我国在该领域的研究起到良好的推动作用。

宇宙学作为人类的一种终极思考,它的每一项进展几乎都会作为人类认识世界的重要成就而列入当年的十大科学进展。这不,"一个2004年12月27日记录下来的、来自银河系中心附近的短暂、强烈的辐射脉冲,可能是一个短γ射线暴"(《南方周末》,2006年1月5日)作为黑洞吞噬中子星的可能证据成为2005年度的十大科学进展之一。算来这已是γ射线暴自1997年以来第4次被《科学》评为年度十大进展(其他三次分别是1997年、1999年和2004年)。如果说2005年由于黑猩猩基因组全序列的测定成功(位列2005年科学进展之首)而称为生物进化年的话,那么2004年可以说是真正的宇宙年了。这一年里,有两项与宇宙起源有关的研究(暗能量测量和γ射线暴)被《科学》排在当年十大科学进展的前两位。装载于卫星上的威尔金森微波各向异性探测器(WMAP)对宇宙学参数的精确测量,有力地支持了大爆炸宇宙学模型。“由美国匹兹堡大学斯克兰顿领导的这一研究被认为是找到了暗能量存在的直接证据。它与其他观测结果(斯隆数字巡天(SDSS)计划)一起,终止了关于宇宙本质长达几十年的争论。”(《科学》评语)另一项进展 γ 射线暴则清楚地确认了 γ 射线暴与大质量恒星的核心坍缩之间的联系。如果您有兴趣在网上搜索一下“黑洞”、“宇宙学”、“爆胀”等条目,就会深切地感受到近年来宇宙学的发展是如此迅猛,它早已超出了纯理论研究的范畴,正成为一门可经观测和实验验证的科学。但之所以有今天这种蓬勃的发展,理论的先导功不可没。因为当今的物理学发展,特别是关于时间-空间的起源和物质-能量的本质等基本概念的认识,早已不是直接诉诸经验事实就可以获得的,而必须用另外一些离开直接经验领域较远的概念来代替它们,才能更深入地理解事物的各种联系。这就是为什么我们仍然需要像本书这样的建立在严谨的数学符号体系基础上的物理理论的真正原因。

对于宇宙学的系统思考在我已是 20 年前的“往事”了,尽管我一直对此保有浓厚的兴趣。翻译本书可以说有些自不量力,好在有李泳先生鼎力相助,他认真审读了每一章,纠正了许多错讹,添补了漏译之处,才使译作有目前这个水平。当然,书中一定还存在不少舛误和疏忽,这些都由我自己负责。诚盼学界各位专家、学者批评指正,以期有机会更臻完善。

在此我还要对张卜天博士表达我真诚的谢意。是他引荐我初涉翻译这个领域,使我在一段思绪飘忽不定的日子里有了件非常有价值的事情可做。

译　者

2006 年元旦于北京